U0246615

焊工实用技术手册

（第二版）

邱言龙　雷振国　聂正斌　主编

周少玉　魏天普　审稿

内 容 提 要

随着“中国制造”的崛起，对技能型人才的需求增强，技术更新也不断加快。《机械工人实用技术手册》丛书应形势的需求，进行再版，本套丛书与人力资源和社会保障部最新颁布的《国家职业标准》相配套、内容新、资料全、操作讲解详细。

本书为其中一本。共十六章，主要内容包括：常用资料及其计算、金属材料及其热处理知识、焊条电弧焊、埋弧焊、气体保护焊、等离子弧焊接与切割、电渣焊、热喷涂、钎焊、电阻焊、气焊与气割、焊接应力与变形、焊接检验、焊接质量与焊接管理、焊接与切割安全技术、焊接新工艺及发展趋势等。

本书可供广大焊工和有关技术人员使用，也可供相关专业学生参考。

图书在版编目(CIP)数据

焊工实用技术手册/邱言龙，雷振国，聂正斌主编 .—2 版 .—北京：中国电力出版社，2018. 6

ISBN 978-7-5198-1765-7

Ⅰ. ①焊… Ⅱ. ①邱… ②雷… ③聂… Ⅲ. ①焊接-技术手册 Ⅳ. ①TG4-62

中国版本图书馆 CIP 数据核字(2018)第 034757 号

出版发行：中国电力出版社
地　　址：北京市东城区北京站西街 19 号（邮政编码 100005）
网　　址：http://www.cepp.sgcc.com.cn
责任编辑：马淑范
责任校对：王小鹏
装帧设计：王英磊　赵姗姗
责任印制：杨晓东

印　　刷：三河市万龙印装有限公司
版　　次：2008 年 7 月第一版　2018 年 6 月第二版
印　　次：2018 年 6 月北京第三次印刷
开　　本：880 毫米×1230 毫米　32 开本
印　　张：22. 375
字　　数：630 千字
印　　数：5001—7000 册
定　　价：**68. 00** 元

《焊工实用技术手册(第二版)》

编 委 会

主 编 邱言龙 雷振国 聂正斌

参 编 郭志祥 彭燕林 王仕宏

审 稿 周少玉 魏天普

再版前言

新世纪以来，随着新一轮科技革命和产业变革的孕育兴起，全球科技创新呈现出新的发展态势和特征。这场变革是信息技术与制造业的深度融合，是以制造业数字化、网络化、智能化为核心，建立在物联网和务（服务）联网基础上，同时叠加新能源、新材料等方面的突破而引发的新一轮变革，给世界范围内的制造业带来了广泛而深刻的影响。

十年前，随着我国社会主义经济建设的不断快速发展，为适应我国工业化改革进程的需要，特别是机械工业和汽车工业的蓬勃兴起，对机械工人的技术水平提出越来越高的要求。为满足机械制造行业对技能型人才的需求，为他们提供一套内容起点低、层次结构合理的初、中级机械工人实用技术手册，我们特组织了一批职业技术院校、技师学院、高级技工学校有多年丰富理论教学经验和高超的实际操作技能水平的教师，编写了这套《机械工人实用技术手册》系列丛书。首批丛书包括：《车工实用技术手册》《钳工实用技术手册》《铣工实用技术手册》《磨工实用技术手册》《装配钳工实用技术手册》《机修钳工实用技术手册》《模具钳工实用技术手册》《工具钳工实用技术手册》和《焊工实用技术手册》一共九本，后续又增加了《钣金工实用技术手册》《电工实用技术手册》和《维修电工实用技术手册》。这套丛书的出版发行，为广大机械工人理论水平的提升和操作技能的提高起到了很好的促进作用，受到广大读者的一致好评。应读者的迫切要求，丛书多本多次重印。

为贯彻落实党的十八大和十八届三中全会、四中全会精神，贯彻落实《国家中长期教育改革和发展规划纲要（2010～2020年）》

《国务院关于加快发展现代职业教育的决定》，加快发展现代职业教育，建设现代职业教育体系，服务实现全面建成小康社会的宏伟目标，教育部、国家发展改革委、财政部、人力资源社会保障部、农业部、国务院扶贫办组织编制了《现代职业教育体系建设规划(2014～2020年)》，把我国现代职业教育和职业技能人才培养提高到了一个非常重要的高度。一是在传统的加工制造业方面，旨在加快培养适应工业转型升级需要的技术技能人才，使劳动者素质的提升与制造技术、生产工艺和流程的现代化保持同步，实现产业核心技术技能的传承、积累和创新发展，促进制造业由大变强。李克强总理在全国职教工作会议上强调，中国经济发展已进入换档升级的中高速增长时期，要支撑经济社会持续、健康发展，实现中华民族伟大复兴的目标，就必须推动中国经济向全球产业价值链中高端升级。"这种升级的一个重要标志，就是让我们享誉全球的'中国制造'，从'合格制造'变成'优质制造''精品制造'，而且还要补上服务业的短板。要实现这一目标，需要大批的技能人才作支撑。"二是在关系国家竞争力的重要产业部门和战略性新兴产业领域：坚持自主创新带动与技术技能人才支撑并重的人才发展战略，推动技术创新体系建设，强化协同创新，促进劳动者素质与技术创新、技术引进、技术改造同步提高，实现新技术产业化与新技术应用人才储备同步。与此同时，加强战略性新兴产业相关专业建设，培养、储备应用先进技术、使用先进装备和具有工艺创新能力的高层次技术技能人才。

截至2012年，中国制造业增加值达2.08万亿美元，占全球制造业20%，与美国大致相当，但却大而不强。主要制约因素是自主创新能力不强，核心技术和关键元器件受制于人；产品质量问题突出；资源利用效率偏低；产业结构不合理，大多数产业尚处于价值链的中低端。

由百余名院士专家着手制定的《中国制造2025》，为中国制造业未来10年设计顶层规划和路线图，通过努力实现中国制造向中国创造、中国速度向中国质量、中国产品向中国品牌三大转变，推动中国到2025年基本实现工业化，迈入制造强国行列。

"中国制造2025"的总体目标：2025年前，大力支持对国民经济、国防建设和人民生活休戚相关的数控机床与基础制造装备、航空装备、海洋工程装备与船舶、汽车、节能环保等战略必争产业优先发展；选择与国际先进水平已较为接近的航天装备、通信网络装备、发电与输变电装备、轨道交通装备等优势产业，进行重点突破。

"中国制造2025"提出了我国制造强国建设三个十年的"三步走"战略，是第一个十年的行动纲领。"中国制造2025"应对新一轮科技革命和产业变革，立足我国转变经济发展方式实际需要，围绕创新驱动、智能转型、强化基础、绿色发展、人才为本等关键环节，以及先进制造、高端装备等重点领域，提出了加快制造业转型升级、提升增效的重大战略任务和重大政策举措，力争到2025年从制造大国迈入制造强国的行列。

由此看来，技术技能型人才资源已经成为最为重要的战略资源，拥有一大批技艺精湛的专业化技能人才和一支训练有素的技术队伍，已经日益成为影响企业竞争力和综合实力的重要因素之一。机械工人就是这样一支肩负历史使命和时代需求的特殊队伍，他们将为我国从"制造大国"向"制造强国"，从"中国制造"向"中国智造"迈进做出巨大贡献。

在新型工业化道路的进程中，我国机械工业的发展充满了机遇和挑战。面对新的形势，广大机械工人迫切需要知识更新，特别是学习和掌握与新的应用领域有关的新知识和新技能，提高核心竞争力。为此，我们专门为他们再版编著了这套《机械工人实用技术手册》系列丛书。丛书第二版在删除第一版中过于陈旧的知识和用处不大的技术基础上，新增加的知识点、技能点占全书内容的25%～

35%，更加能够满足广大读者对知识增长和技术更新的要求。

本套丛书力求简明扼要，不过于追求系统及理论的深度、难度，突出中、高级工实用技术的特点，既可以看作是第一版的补充和延伸，又可看作是第一版的提高和升华，而且丛书在材料、工艺、技术、设备及标准、名词术语、计量单位等各个方面都贯穿着一个“新”字，以便于工人尽快与现代工业化生产接轨，与时俱进，开拓创新，更快、更好地适应现代高科技机械工业发展的需要。

本书由邱言龙、雷振国、聂正斌任主编，参与编写的人员还有郭志祥、彭燕林、王仕宏等，本书由周少玉、魏天普、邱学军担任审稿工作，周少玉任主审，全书由邱言龙统稿。

由于编者水平所限，加之时间仓促，以及搜集整理资料方面的局限，知识更新不及时，挂一漏十，书中错误在所难免，望广大读者不吝赐教，以利提高！欢迎读者通过 E-mail：qiuxm6769@sina.com 与作者联系！

编 者

2017.12

前　言

当前和今后一个时期，是我国全面建设小康社会、开创中国特色社会主义事业新局面的重要战略机遇期。建设小康社会需要科技创新，离不开技能人才。国务院组织召开的“全国人才工作会议”、“全国职教工作会议”都强调要把“提高技术工人素质、培养高技能人才”作为重要任务来抓。当今世界，谁掌握了先进的科学技术并拥有大量技术娴熟、手艺高超的技能人才，谁就能生产出高质量的产品，创出自己的名牌；谁就能在激烈的市场竞争中立于不败之地。我国有近一亿技术工人，他们是社会物质财富的直接创造者。技术工人的劳动，是科技成果转化为生产力的关键环节，是经济发展的重要基础。

高级技术工人应该具备技术全面、一专多能、技艺高超、生产实践经验丰富的优良的技术素质。他们需要担负组织和解决本工种生产过程中出现的关键或疑难技术问题，开展技术革新、技术改造，推广、应用新技术、新工艺、新设备、新材料以及组织、指导初、中级工人技术培训、考核、评定等工作任务。而要想这些技术工人做到这些，则需要不断地学习和提高。

为此，我们编写了本书，以期满足广大焊工学习的需要，帮助他们提高相关理论与技能操作水平。本书的主要特点如下：

（1）标准新。本书采用了国家新标准、法定计量单位和最新名词术语。

（2）内容新。本书除了讲解传统焊工应掌握的内容之外，还加入了一些新技术、新工艺、新设备、新材料等方面的内容。

（3）注重实用。在内容组织和编排上特别强调实践，书中的大量实例来自生产实际和教学实践。实用性强，除了必须的基础知识和专业理论以外，还包括许多典型的加工实例、操作技能及最新技术的应用，兼顾先进性与实用性，尽可能地反映现代加工技术领域内的实用技术和应用经验。

（4）写作方式易于理解和学习。本书在讲解过程中，多以图和表来讲解，更加直观和生动，易于读者学习和理解。

本书共十六章，主要内容包括：常用资料及其计算，金属材料及其热处理知识，焊条电弧焊、埋弧焊、气体保护焊、等离子弧焊接与切割、电渣焊、热喷涂、钎焊、电阻焊、气焊与气割、焊接应力与变形、焊接检验、焊接质量与焊接管理、焊接与切割安全技术、焊接新工艺及发展趋势等。附录还收录了焊缝的符号及标注示例。

由于编者水平有限，加之时间仓促，书中错误在所难免，望广大读者不吝赐教，以利提高！欢迎读者通过 E-mail：qiuxm6769@sina.com 与作者联系！

编　者

2008 于古城荆州

目 录

再版前言
前言

第一章 常用资料及其计算 …… 1
第一节 常用的字母、代号与符号 …… 1
一、常用的字母及符号 …… 1
二、常用的标准代号 …… 2
三、电工的常用符号 …… 3
四、主要金属元素的化学符号、相对原子质量和密度 …… 4
第二节 常用数表 …… 5
一、π的重要函数表 …… 5
二、π的近似分数表 …… 5
三、25.4的近似分数表 …… 6
四、镀层金属的特性 …… 6
五、常用材料的线膨胀系数 …… 6
第三节 常用三角函数的计算 …… 7
一、30°、45°、60°的三角函数值 …… 7
二、常用三角函数的计算公式 …… 7
第四节 常用几何图形的计算 …… 8
一、常用几何图形的面积计算公式 …… 8
二、常用几何体的表面积和体积计算公式 …… 11
三、圆周等分系数表 …… 15
四、角度与弧度换算表 …… 16
第五节 法定计量单位及其换算 …… 17
一、国际单位制 …… 17

二、常用法定计量单位与非法定计量单位的换算 …………… 19
三、单位换算 ……………………………………………… 25
第六节 机械制造的基础知识……………………………… 28
一、圆锥的各部分尺寸计算 ………………………………… 28
二、机械加工定位、夹紧符号 ……………………………… 30
三、标准件与常用件的画法 ………………………………… 43
四、孔的标注方法…………………………………………… 52
第二章 金属材料及其热处理知识 ………………… 56
第一节 常用金属材料的性能 ……………………………… 56
一、金属材料的基本性能 ………………………………… 56
二、钢的分类及其焊接性能 ……………………………… 59
第二节 有色金属分类及其焊接特点 …………………… 94
一、铝及铝合金的分类和焊接特点………………………… 94
二、铜及铜合金的分类和焊接特点 ……………………… 105
三、钛及钛合金的分类和焊接特点 ……………………… 115
四、轴承钢及轴承合金 …………………………………… 124
五、硬质合金 ……………………………………………… 132
第三节 金属材料的热处理知识…………………………… 139
一、钢的热处理种类和目的 ……………………………… 139
二、钢的化学热处理常用方法和用途 …………………… 144
三、钢的热处理分类及代号 ……………………………… 149
四、非铁金属材料热处理知识 …………………………… 154
五、热处理工序的安排 …………………………………… 161
第三章 焊条电弧焊 ………………………………… 165
第一节 概述………………………………………………… 165
一、焊条电弧焊的定义 …………………………………… 165
二、焊条电弧焊的特点 …………………………………… 165
第二节 焊条电弧焊的基础知识…………………………… 166
一、电弧的特性 …………………………………………… 166
二、焊接冶金的特点 ……………………………………… 168

第三节　焊条电弧焊的基本操作技术 …………………………… 169
一、引弧 ………………………………………………………… 169
二、运条 ………………………………………………………… 170
三、接头 ………………………………………………………… 172
四、收弧 ………………………………………………………… 173
五、各种位置的焊接技术 ……………………………………… 174
六、单面焊双面成形技术 ……………………………………… 178
第四节　焊条 …………………………………………………… 194
一、焊条的分类 ………………………………………………… 194
二、焊条的型号 ………………………………………………… 194
三、焊条的选用原则 …………………………………………… 202
第五节　焊条电弧焊设备 ……………………………………… 203
一、焊条电弧焊对焊机的要求 ………………………………… 203
二、焊机的种类 ………………………………………………… 203
三、逆变弧焊机 ………………………………………………… 211
四、焊条电弧焊设备的选择 …………………………………… 214
五、焊条电弧焊的辅助设备及工具 …………………………… 215
六、焊条电弧焊设备常见的故障及解决方法 ………………… 220
第六节　常用金属材料的焊接 ………………………………… 222
一、碳素钢的焊接 ……………………………………………… 222
二、低合金结构钢的焊接 ……………………………………… 229
三、耐热钢的焊接 ……………………………………………… 232
四、低温钢的焊接 ……………………………………………… 235
五、不锈钢的焊接 ……………………………………………… 237
六、异种钢的焊接 ……………………………………………… 244
七、铜及铜合金的焊接 ………………………………………… 254
八、铝及铝合金的焊接 ………………………………………… 255
九、耐磨合金的堆焊 …………………………………………… 258
十、铸铁的焊接 ………………………………………………… 264
第七节　锅炉、压力容器焊接的典型工艺 …………………… 268
一、板对接平焊的焊接工艺 …………………………………… 268

二、板对接立焊的焊接工艺 …… 269
三、板对接横焊的焊接工艺 …… 270
四、板对接仰焊的焊接工艺 …… 272
五、小管对接垂直固定焊的焊接工艺 …… 273
六、小管对接水平固定焊的焊接工艺 …… 274

第四章 埋弧焊 …… 276

第一节 概述 …… 276
一、埋弧焊的特点 …… 276
二、埋弧焊的应用范围 …… 277
第二节 埋弧焊设备 …… 277
一、埋弧焊电源 …… 277
二、埋弧焊机 …… 278
三、埋弧焊的辅助设备 …… 279
四、埋弧焊机的常见故障及排除方法 …… 282
第三节 埋弧焊接头坡口的基本形式 …… 284
第四节 埋弧焊用焊接材料 …… 286
一、焊丝 …… 286
二、焊剂的分类与用途 …… 287
三、焊剂的化学成分 …… 290
四、常用焊剂与焊丝的匹配 …… 293
第五节 常用金属材料的埋弧焊 …… 294
一、焊接工艺及焊接参数的选择 …… 294
二、碳素钢埋弧焊 …… 296
三、不锈钢埋弧焊 …… 299
四、铜及铜合金埋弧焊 …… 301
第六节 埋弧焊焊接缺陷产生的原因及防止方法 …… 304

第五章 气体保护焊 …… 306

第一节 概述 …… 306
一、气体保护焊的定义 …… 306
二、气体保护焊的特点 …… 306

三、气体保护焊常用的保护气体 …………………………… 307
四、气体保护焊的分类及应用范围 ……………………… 309
第二节 手工钨极氩弧焊 ………………………………… 310
一、手工钨极氩弧焊的应用特点 ………………………… 310
二、焊丝、钨极和保护气体 ……………………………… 311
三、钨极氩弧焊设备 ……………………………………… 316
四、手工钨极氩弧焊焊接技术 …………………………… 325
第三节 熔化极气体保护焊 ……………………………… 333
一、熔化极气体保护焊原理 ……………………………… 333
二、熔化极气体保护焊的分类及特点 …………………… 333
三、熔化极气体保护电弧焊的设备 ……………………… 335
四、CO_2气体保护电弧焊工艺 …………………………… 343
五、CO_2气体保护电弧焊焊接技术 ……………………… 352
第六章 等离子弧焊接与切割 ………………………… 369
第一节 概述 ……………………………………………… 369
一、等离子弧的特点 ……………………………………… 369
二、等离子弧的形成 ……………………………………… 370
三、等离子弧的类型 ……………………………………… 370
四、等离子弧的应用 ……………………………………… 372
第二节 焊接与切割设备 ………………………………… 372
一、等离子弧焊接设备 …………………………………… 372
二、等离子弧切割设备 …………………………………… 381
第三节 等离子弧焊的焊接工艺 ………………………… 383
一、等离子弧焊的基本方法 ……………………………… 383
二、等离子弧焊的接头形式 ……………………………… 385
三、等离子弧焊的焊件装配与夹紧 ……………………… 385
四、双弧现象 ……………………………………………… 386
五、等离子弧焊气体的选择 ……………………………… 387
六、常用金属等离子弧焊的焊接参数 …………………… 388

第四节　等离子弧的切割工艺 …… 392
一、等离子弧切割的分类 …… 392
二、等离子弧切割气体的选择 …… 393
三、常用金属的等离子弧切割工艺参数 …… 394
第五节　等离子弧焊接与切割的质量分析 …… 396
一、焊接缺陷及防止措施 …… 396
二、切割缺陷及防止措施 …… 397
第六节　等离子弧焊接与切割的工程实例 …… 398
一、不锈钢筒体的等离子弧焊 …… 398
二、双金属锯条的等离子弧焊 …… 400
三、波纹管部件的微束等离子弧焊 …… 404
四、螺旋焊管的水再压缩式空气等离子弧在线切割 …… 406
第七章　电渣焊 …… 407
第一节　概述 …… 407
一、电渣焊的特点 …… 407
二、电渣焊的分类及应用 …… 409
第二节　电渣焊设备 …… 411
一、电渣焊设备的组成 …… 411
二、电渣焊焊接的过程控制 …… 413
三、电渣焊机的技术数据 …… 415
第三节　电渣焊用焊接材料 …… 417
一、电极材料 …… 417
二、焊剂 …… 419
三、管极涂料 …… 419
第四节　电渣焊工程实例 …… 421
一、立辊轧机机架的熔嘴电渣焊 …… 421
二、ϕ250mm 轧机中辊支架的板极电渣焊 …… 423
第八章　热喷涂 …… 425
第一节　概述 …… 425
一、热喷涂的特点 …… 425

二、热喷涂工艺的分类及特性 …… 427
三、喷涂层的结合形式 …… 427
第二节　喷涂材料 …… 427
一、热喷涂材料的分类 …… 427
二、热喷涂用合金粉末 …… 428
第三节　热喷涂的喷涂方法 …… 438
一、电弧线材喷涂 …… 438
二、气体火焰喷涂 …… 439
三、等离子喷涂 …… 446
第四节　热喷涂工程实例 …… 448
一、水闸门火焰线材喷涂的防腐涂层 …… 448
二、200m^3 球罐的火焰粉末喷涂修复 …… 448
三、大制动鼓密封盖的等离子弧喷涂修复 …… 449
第九章　钎焊 …… 451
第一节　概述 …… 451
一、钎焊的特点 …… 451
二、钎焊的分类 …… 451
第二节　钎料 …… 453
一、对钎料的基本要求 …… 453
二、钎料的分类 …… 454
三、钎料的选择 …… 454
第三节　钎剂 …… 458
一、对钎剂的基本要求 …… 458
二、钎剂的分类 …… 458
第四节　钎焊工艺 …… 464
一、钎焊接头的设计 …… 464
二、焊前焊件的表面处理 …… 465
三、焊件装配及钎料放置 …… 467
四、钎焊方法 …… 469
五、钎焊的焊接参数 …… 473
六、钎焊后的清洗 …… 474

七、钎焊接头的缺陷 …………………………………… 474
第五节　常用金属材料的钎焊………………………………… 475
一、碳素钢及低合金钢的钎焊 …………………………… 475
二、不锈钢的钎焊 ………………………………………… 476
三、铜及铜合金的钎焊 …………………………………… 477
四、铝及铝合金的钎焊 …………………………………… 480
第六节　钎焊工程实例 …………………………………… 482
一、铜管翅式散热器的软钎焊 …………………………… 482
二、大型铝板换热器的盐浴浸渍钎焊 …………………… 484

第十章　电阻焊 …………………………… 487

第一节　概述…………………………………………… 487
一、电阻焊的特点 ………………………………………… 487
二、电阻焊的分类 ………………………………………… 487
第二节　点焊…………………………………………… 488
一、点焊的过程 …………………………………………… 488
二、点焊工艺 ……………………………………………… 488
三、常用金属材料的点焊………………………………… 489
四、点焊接头的质量 ……………………………………… 492
五、点焊设备 ……………………………………………… 492
第三节　缝焊…………………………………………… 494
一、缝焊的基本形式 ……………………………………… 494
二、缝焊工艺 ……………………………………………… 495
三、常用金属材料的缝焊………………………………… 496
四、焊接接头的质量 ……………………………………… 499
五、缝焊设备 ……………………………………………… 499
第四节　凸焊…………………………………………… 500
一、凸焊的过程 …………………………………………… 500
二、凸焊接头的准备 ……………………………………… 500
三、凸焊焊接的工艺参数………………………………… 501
四、凸焊机 ………………………………………………… 501

第五节　对焊 …………………………………………………… 502
一、电阻对焊 …………………………………………………… 502
二、闪光对焊 …………………………………………………… 502
三、对焊设备 …………………………………………………… 503
第六节　电阻焊工程实例 ………………………………………… 503
一、铝合金轿车门的点焊………………………………………… 503
二、钛框构件的闪光对焊………………………………………… 504

第十一章　气焊与气割 ………………………………………… 505

第一节　概述……………………………………………………… 505
一、气焊的应用范围及特点 ……………………………………… 505
二、气割的应用范围及特点 ……………………………………… 505
第二节　气体火焰 ………………………………………………… 506
一、可燃气体的发热量及火焰温度 ……………………………… 506
二、氧乙炔焰的种类与应用 ……………………………………… 507
第三节　气焊、气割工具及设备………………………………… 509
一、气焊炬、割炬的分类及特点 ………………………………… 509
二、气焊与气割设备 ……………………………………………… 511
三、常用回火器的种类及特点 …………………………………… 513
四、切割机 ………………………………………………………… 513
第四节　其他切割方法 …………………………………………… 514
一、氢氧源切割 …………………………………………………… 514
二、激光切割 ……………………………………………………… 514
三、水射流切割 …………………………………………………… 515
四、碳弧气割 ……………………………………………………… 516
五、电弧刨割条 …………………………………………………… 516
六、氧熔剂切割 …………………………………………………… 517
七、氧矛切割 ……………………………………………………… 518
八、火焰气刨 ……………………………………………………… 518
九、水下切割 ……………………………………………………… 518
十、钢板下料最优化技术………………………………………… 519

第五节 气割工艺及实例 …… 519
一、合金结构钢的气焊 …… 519
二、不锈钢的气焊 …… 520
三、铸铁的补焊 …… 521
四、铜及铜合金的气焊 …… 521
五、铝及铝合金的气焊 …… 522
第六节 气割工艺 …… 523
一、低碳钢气割工艺 …… 523
二、叠板气割的工艺要点 …… 524
三、大厚度钢板气割的工艺要点 …… 524
四、不锈钢振动气割的工艺要点 …… 525
五、铸铁振动气割的工艺要点 …… 526
第七节 气割的缺陷及防止方法 …… 526
一、火焰切割的质量要求 …… 526
二、气割质量的检验 …… 527
三、气割的缺陷及防止方法 …… 527
第八节 气焊气割中常见的故障及排除方法 …… 529
一、割炬“不冲” …… 529
二、割嘴漏气 …… 529
三、火焰不正常 …… 530
第十二章 焊接应力与变形 …… 532
第一节 概述 …… 532
第二节 焊接应力和变形产生的原因 …… 533
一、焊接应力和变形的概念 …… 533
二、焊接应力和变形产生的原因 …… 533
三、焊接变形的基本形式 …… 535
四、影响焊接变形的因素 …… 537
第三节 焊接变形及其控制 …… 539
一、设计措施 …… 539
二、工艺措施 …… 540

第四节　焊接变形的矫正方法 …………………………………… 543
第五节　焊接应力及其控制 …………………………………… 544
一、焊接应力的分类 …………………………………………… 544
二、影响焊接应力的因素……………………………………… 545
三、消除焊接残余应力的方法 ……………………………… 547

第十三章　焊接检验 …………………………………………… 549

第一节　概述…………………………………………………… 549
第二节　焊接缺陷及其产生的原因 ………………………… 549
一、电阻焊接头的缺陷 ……………………………………… 549
二、钎焊接头缺陷及其产生原因 …………………………… 552
第三节　常用的检验方法 …………………………………… 554
一、非破坏性检验 …………………………………………… 554
二、破坏性试验 ……………………………………………… 558
第四节　焊、割件的质量检验标准 ………………………… 560
一、钢结构焊缝的外形尺寸 ………………………………… 560
二、主题内容与适用范围…………………………………… 561
三、外形尺寸 ………………………………………………… 561
四、钢熔化焊接头的要求和缺陷分级 ……………………… 563
五、钢熔化焊对接接头射线探伤标准 ……………………… 566
六、钢管熔化焊对接接头的射线照相 ……………………… 569
七、锅炉和钢制压力容器对焊接的超声波探伤 …………… 570
八、氧—乙炔切割面的质量标准 …………………………… 572

第十四章　焊接质量与焊接管理 ……………………………… 576

第一节　概述…………………………………………………… 576
一、术语和定义 ……………………………………………… 576
二、全面质量管理 …………………………………………… 578
第二节　质量保证体系 ……………………………………… 578
一、基本概念 ………………………………………………… 578
二、典型产品的质量保证体系 ……………………………… 579

第三节 焊工培训与考核 …… 580
一、基本要求 …… 580
二、典型专业焊工的考试要求 …… 580
第四节 焊接工艺评定 …… 586
一、焊接工艺评定过程 …… 586
二、焊接工艺因素 …… 586
三、焊接工艺的评定试件 …… 586
四、试件与试样的检验 …… 588
五、焊接工艺评定格式表 …… 588
第五节 焊接工艺规程的编制 …… 594
一、焊接工艺规程的内容与要求 …… 594
二、焊接工艺卡片 …… 596
第六节 影响焊接质量的技术因素 …… 597
第十五章 焊接与切割安全技术 …… 600
第一节 概述 …… 600
第二节 焊接的有害因素 …… 600
一、电弧辐射 …… 602
二、金属烟尘 …… 604
三、有毒气体 …… 606
四、其他有害因素 …… 608
第三节 焊接设备的安全技术 …… 608
一、用电的安全知识 …… 608
二、乙炔发生器的安全知识 …… 610
三、气瓶安全要求 …… 611
四、焊炬与送气胶管的安全知识 …… 614
五、管道安全知识 …… 615
第四节 焊接劳动卫生及个人防护 …… 617
第五节 常用焊接方法的安全技术 …… 623
一、气焊、气割的安全技术 …… 623
二、手工电弧焊的安全技术 …… 626
三、氩弧焊、等离子弧焊及等离子弧切割的安全问题 …… 627

第六节　高空作业的安全技术…… 627
第七节　事故案例 …… 628
一、焊条电弧焊操作触电 …… 628
二、气焊回火爆炸 …… 629
第十六章　焊接新工艺及发展趋势 …… 631
第一节　焊接新技术与新工艺…… 631
一、激光焊 …… 631
二、爆炸焊 …… 637
三、超声波焊 …… 645
第二节　特殊材料的焊接 …… 646
一、陶瓷的焊接 …… 646
二、塑料的焊接 …… 649
第三节　焊接自动化控制技术…… 651
一、焊接生产线机器人 …… 652
二、数字程序控制电弧焊与切割 …… 666
附录　焊缝的图示符号及其标注示例 …… 678
附录 A　焊缝的图示法（GB/T 12212—2012） …… 678
附录 B　焊缝的基本符号（摘自 GB/T 324—2008） …… 680
附录 C　焊缝基本符合的组合形式（GB/T 324—2008） …… 682
附录 D　焊缝基本符号的应用示例（GB/T 324—2008） …… 683
附录 E　焊缝补充符号（GB/T 324—2008） …… 684
附录 F　焊缝补充符号应用示例（GB/T 324—2008） …… 684
附录 G　焊缝补充符号标注示例（GB/T 324—2008） …… 685
附录 H　焊缝尺寸符号（GB/T 324—2008） …… 686
附录 I　焊缝尺寸的标注示例（GB/T 324—2008） …… 687
附录 J　焊缝符号应用举例（GB/T 324—2008） …… 689

第一章

常用资料及其计算

第一节　常用的字母、代号与符号

一、常用的字母及符号

1. 拉丁字母（见表1-1）

表1-1　拉　丁　字　母

大写	小写	大写	小写	大写	小写
A	*a*	*J*	*j*	*S*	*s*
B	*b*	*K*	*k*	*T*	*t*
C	*c*	*L*	*l*	*U*	*u*
D	*d*	*M*	*m*	*V*	*v*
E	*e*	*N*	*n*	*W*	*w*
F	*f*	*O*	*o*	*X*	*x*
G	*g*	*P*	*p*	*Y*	*y*
H	*h*	*Q*	*q*	*Z*	*z*
I	*i*	*R*	*r*		

2. 希腊字母（见表1-2）

表1-2　希　腊　字　母

大写	小写	大写	小写	大写	小写
A	α	*I*	ι	*P*	ρ
B	β	*K*	κ	Σ	σ
Γ	γ	Λ	λ	*T*	τ
Δ	δ	*M*	μ	Υ	υ
E	ε	*N*	ν	Φ	φ
Z	ζ	Ξ	ξ	*X*	χ
H	η	*O*	ο	Ψ	ψ
Θ	θ	Π	π	Ω	ω

3. 罗马数字(见表1-3)

表 1-3　罗 马 数 字

数母	Ⅰ	Ⅱ	Ⅲ	Ⅳ	Ⅴ	Ⅵ	Ⅶ	Ⅷ	Ⅸ	Ⅹ	L	C	D	M
数	1	2	3	4	5	6	7	8	9	10	50	100	500	1000
汉字	壹	贰	叁	肆	伍	陆	柒	捌	玖	拾	伍拾	佰	伍佰	仟

注　罗马数字有7种基本符号Ⅰ、Ⅴ、Ⅹ、L、C、D和M，两种符号拼列时：小数放在大数左边，表示大数和小数之差；小数放在大数右边，则表示小数与大数之和。在符号上面加一段横线，表示这个符号的数增加1000倍。

二、常用的标准代号

1. 国家标准代号(见表1-4)

表 1-4　国家标准代号及其含义

序　号	代　号	含　义
1	GB	中华人民共和国强制性国家标准
2	GB/T	中华人民共和国推荐性国家标准

2. 常用行业的标准代号(见表1-5)

表 1-5　常用行业的标准代号

序　号	代　号	含　义	序　号	代　号	含　义
1	CB	船　舶	12	NY	农　业
2	DL	电　力	13	QB	轻　工
3	FZ	纺　织	14	QC	汽　车
4	HB	航　空	15	QJ	航　天
5	HG	化　工	16	SH	石油化工
6	HJ	环境保护	17	SJ	电　子
7	JB	机　械	18	TB	铁路运输
8	JG	建筑工业	19	YB	黑色冶金
9	JT	交　通	20	YS	有色冶金
10	LY	林　业	21	YZ	邮　政
11	MH	民用航空			

注　行业标准分为强制性标准和推荐性标准。表中给出的是强制性行业标准代号，推荐性行业标准的代号是在强制性行业标准代号后面加“/T”，例如：JB/T 5061—2006。

三、电工的常用符号

电工的常用符号及其名称见表 1-6。

表 1-6　电工的常用符号及其名称

符　号	名　称	符　号	名　称	符　号	名　称
R	电阻(器)	KM	接触器	mA	毫安
L	电感(器)	A	安培	C	电容(器)
L	电抗(器)	A	调节器	W	瓦特
RP	电位(器)	V	晶体管	kW	千瓦
G	发电机	V	电子管	var	乏
M	电动机	U	整流器	Wh	瓦时
GE	励磁机	B	扬声器	Ah	安时
A	放大器(机)	Z	滤波器	warh	乏时
W	绕组或线圈	H	指示灯	Hz	频率
T	变压器	W	母线	$\cos\varphi$	功率因数
P	测量仪表	μA	微安	Ω	欧姆
A	电桥	kA	千安	MΩ	兆欧
S	开关	V	伏特	φ	相位
Q	断路器	mV	毫伏	n	转速
F	熔断器	kV	千伏	T	温度
K	继电器				

四、主要金属元素的化学符号、相对原子质量和密度（见表1-7）

表 1-7　主要金属元素的化学符号、相对原子质量和密度

元素名称	化学符号	相对原子质量	密度(g/cm³)	元素名称	化学符号	相对原子质量	密度(g/cm³)
银	Ag	107.88	10.5	钼	Mo	95.95	10.2
铝	Al	26.97	2.7	钠	Na	22.997	0.97
砷	As	74.91	5.73	铌	Nb	92.91	8.6
金	Au	197.2	19.3	镍	Ni	58.69	8.9
硼	B	10.82	2.3	磷	P	30.98	1.82
钡	Ba	137.36	3.5	铅	Pb	207.21	11.34
铍	Be	9.02	1.9	铂	Pt	195.23	21.45
铋	Bi	209.00	9.8	镭	Ra	226.05	5
溴	Br	79.916	3.12	铷	Rb	85.48	1.53
碳	C	12.01	1.9～2.3	镣	Ru	101.7	12.2
钙	Ca	40.08	1.55	硫	S	32.06	2.07
镉	Cd	112.41	8.65	锑	Sb	121.76	6.67
钴	Co	58.94	8.8	硒	Se	78.96	4.81
铬	Cr	52.01	7.19	硅	Si	28.06	2.35
铜	Cu	63.54	8.93	锡	Sn	118.70	7.3
氟	F	19.00	1.11	锶	Sr	87.63	2.6
铁	Fe	55.85	7.87	钽	Ta	180.88	16.6
锗	Ge	72.60	5.36	钍	Th	232.12	11.5
汞	Hg	200.61	13.6	钛	Ti	47.90	4.54
碘	I	126.92	4.93	铀	U	238.07	18.7
铱	Ir	193.1	22.4	钒	V	50.95	5.6
钾	K	39.096	0.86	钨	W	183.92	19.15
镁	Mg	24.32	1.74	锌	Zn	65.38	7.17
锰	Mn	54.93	7.3				

第二节　常用数表

一、π的重要函数表（见表1-8）

表1-8　　π的重要函数表

函　数	数　值	函　数	数　值
π	3.141593	$\sqrt{2\pi}$	2.506628
π^2	9.869604	$\sqrt{\frac{\pi}{2}}$	1.253314
$\sqrt{\pi}$	1.772454	$\sqrt[3]{\pi}$	1.464592
$\frac{1}{\pi}$	0.318310	$\sqrt{\frac{1}{2\pi}}$	0.398942
$\frac{1}{\pi^2}$	0.101321	$\sqrt{\frac{2}{\pi}}$	0.797885
$\sqrt{\frac{1}{\pi}}$	0.564190	$\sqrt[3]{\frac{1}{\pi}}$	0.682784

二、π的近似分数表（见表1-9）

表1-9　　π的近似分数表

近似分数	误　差	近似分数	误　差
$\pi\approx3.1400000=\frac{157}{50}$	0.0015927	$\pi\approx3.1417112=\frac{25\times47}{22\times17}$	0.0001185
$\pi\approx3.1428571=\frac{22}{7}$	0.0012644	$\pi\approx3.1417004=\frac{8\times97}{13\times19}$	0.0001077
$\pi\approx3.1418181=\frac{32\times27}{25\times11}$	0.0002254	$\pi\approx3.1416666=\frac{13\times29}{4\times30}$	0.0000739
$\pi\approx3.1417322=\frac{19\times21}{127}$	0.0001395	$\pi\approx3.1415929=\frac{5\times71}{113}$	0.0000002

三、25.4的近似分数表（见表1-10）

表1-10　　25.4的近似分数表

近似分数	误差	近似分数	误差
$25.40000=\frac{127}{5}$	0	$25.39683=\frac{40\times40}{7\times9}$	0.00317
$25.41176=\frac{18\times24}{17}$	0.01176	$25.38461=\frac{11\times30}{13}$	0.01539

四、镀层金属的特性（见表1-11）

表1-11　　镀层金属的特性

种类	密度ρ (g/cm³)	熔解点 (℃)	抗拉强度σ_b (N/mm²)	伸长率δ (%)	硬度 (HV)
锌	7.133	419.5	100～130	65～50	35
铝	2.696	660	50～90	45～35	17～23
铅	11.36	372.4	11～20	50～30	3～5
锡	7.298	231.9	10～20	96～55	7～8
铬	7.19	1875	470～620	24	120～140

五、常用材料的线膨胀系数（见表1-12）

表1-12　　常用材料的线膨胀系数　　(1/℃)

材料	温度范围(℃)					
	20～100	20～200	20～300	20～400	20～600	20～700
工程用铜	(16.6～17.1)×10⁻⁶	(17.1～17.2)×10⁻⁶	17.6×10⁻⁶	(18～18.1)×10⁻⁶	18.6×10⁻⁶	
纯铜	17.2×10⁻⁶	17.5×10⁻⁶	17.9×10⁻⁶			
黄铜	17.8×10⁻⁶	18.8×10⁻⁶	20.9×10⁻⁶			
锡青铜	17.6×10⁻⁶	17.9×10⁻⁶	18.2×10⁻⁶			
铝青铜	17.6×10⁻⁶	17.9×10⁻⁶	19.2×10⁻⁶			
碳钢	(10.6～12.2)×10⁻⁶	(11.3～13)×10⁻⁶	(12.1～13.5)×10⁻⁶	(12.9～13.9)×10⁻⁶	(13.5～14.3)×10⁻⁶	(14.7～15)×10⁻⁶
铬钢	11.2×10⁻⁶	11.8×10⁻⁶	12.4×10⁻⁶	13×10⁻⁶	13.6×10⁻⁶	
40CrSi	11.7×10⁻⁶					
30CrMnSiA	11×10⁻⁶					
3Cr13	10.2×10⁻⁶	11.1×10⁻⁶	11.6×10⁻⁶	11.9×10⁻⁶	12.3×10⁻⁶	12.8×10⁻⁶
1Cr18Ni9Ti	16.6×10⁻⁶	17.0×10⁻⁶	17.2×10⁻⁶	17.5×10⁻⁶	17.9×10⁻⁶	18.6×10⁻⁶
铸铁	(8.7～11.1)×10⁻⁶	(8.5～11.6)×10⁻⁶	(10.1～12.2)×10⁻⁶	(11.5～12.7)×10⁻⁶	(12.9～13.2)×10⁻⁶	

第三节　常用三角函数的计算

一、30°、45°、60°的三角函数值（见表 1-13）

表 1-13　　**30°、45°、60°的三角函数值**

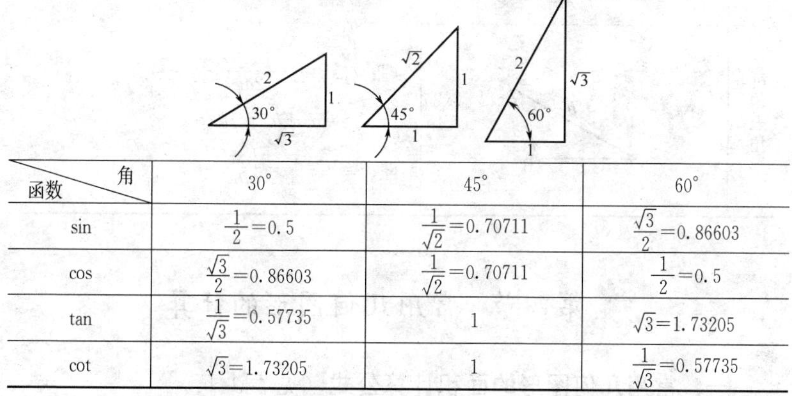

角 函数	30°	45°	60°
sin	$\frac{1}{2}=0.5$	$\frac{1}{\sqrt{2}}=0.70711$	$\frac{\sqrt{3}}{2}=0.86603$
cos	$\frac{\sqrt{3}}{2}=0.86603$	$\frac{1}{\sqrt{2}}=0.70711$	$\frac{1}{2}=0.5$
tan	$\frac{1}{\sqrt{3}}=0.57735$	1	$\sqrt{3}=1.73205$
cot	$\sqrt{3}=1.73205$	1	$\frac{1}{\sqrt{3}}=0.57735$

二、常用三角函数的计算公式（见表 1-14）

表 1-14　　**常用三角函数的计算公式**

名称	图　形	计　算　公　式
直角三角形	A　B　C　a　b　c　α　β	α 的正弦 $\sin\alpha=\frac{a}{c}$ α 的余弦 $\cos\alpha=\frac{b}{c}$ α 的正切 $\tan\alpha=\frac{a}{b}$ α 的余切 $\cot\alpha=\frac{b}{a}$ α 的正割 $\sec\alpha=\frac{c}{b}$ α 的余割 $\csc\alpha=\frac{c}{a}$ $\alpha+\beta=90°$　$c^2=a^2+b^2$ 或$c=\sqrt{a^2+b^2}$；$a=\sqrt{c^2-b^2}$ $b=\sqrt{c^2-a^2}$ 余角函数：$\sin(90°-\alpha)=\cos\alpha$ $\cos(90°-\alpha)=\sin\alpha$ $\tan(90°-\alpha)=\cot\alpha$ $\cot(90°-\alpha)=\tan\alpha$ 反三角函数 $x=\sin\alpha$ 的反函数为 $\alpha=\arcsin x$ $x=\cos\alpha$ 的反函数为 $\alpha=\arccos x$ $x=\tan\alpha$ 的反函数为 $\alpha=\arctan x$ $x=\cot\alpha$ 的反函数为 $\alpha=\mathrm{arccot}\,x$

续表

名称	图形	计算公式
锐角三角形	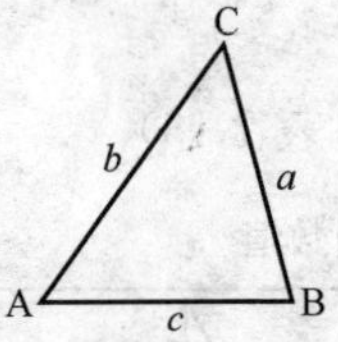	正弦定理：$\frac{a}{\sin A}=\frac{b}{\sin B}=\frac{c}{\sin C}$ 余弦定理：$a^2=b^2+c^2-2bc\cos A$ 即：$\cos A=\frac{b^2+c^2-a^2}{2bc}$ $b^2=a^2+c^2-2ac\cos\beta$ 即：$\cos B=\frac{a^2+c^2-b^2}{2ac}$ $c^2=a^2+b^2-2ab\cos C$ 即：$\cos C=\frac{a^2+b^2-c^2}{2ab}$
钝角三角形	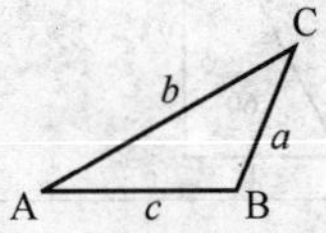	

第四节　常用几何图形的计算

一、常用几何图形的面积计算公式（见表 1-15）

表 1-15　　常用几何图形的面积计算公式

名称	图形	计算公式
正方形	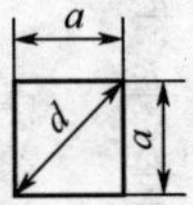	面积 $A=a^2$　$a=0.707d$ $d=1.414a$
长方形	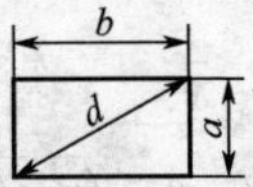	面积 $A=ab$　$d=\sqrt{a^2+b^2}$ $a=\sqrt{d^2-b^2}$ $b=\sqrt{d^2-a^2}$
平行四边形	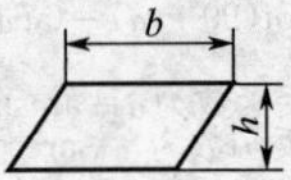	面积 $A=bh$　$h=\frac{A}{b}$ $b=\frac{A}{h}$

续表

名称	图　　形	计 算 公 式
菱形	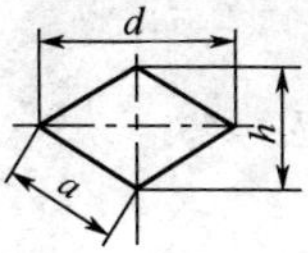	面积 $A=\frac{dh}{2}$　$a=\frac{1}{2}\sqrt{d^2+h^2}$ $h=\frac{2A}{d}$；　$d=\frac{2A}{h}$
梯形	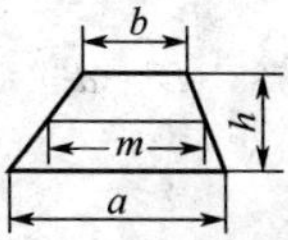	面积 $A=\frac{a+b}{2}h$ $m=\frac{a+b}{2}$ $h=\frac{2A}{a+b}$ $a=\frac{2A}{h}-b$ $b=\frac{2A}{h}-a$
斜梯形	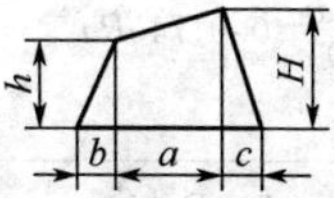	面积 $A=\frac{(H+h)\ a+bh+cH}{2}$
等边三角形	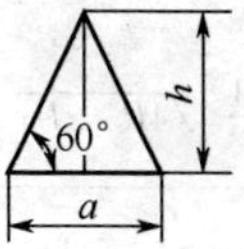	面积 $A=\frac{ah}{2}=0.433a^2=0.578h^2$ $a=1.155h$ $h=0.866a$
直角三角形	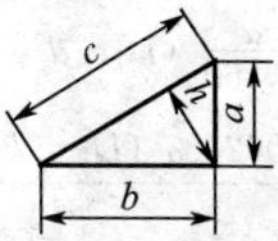	面积 $A=\frac{ab}{2}$　$c=\sqrt{a^2+b^2}$ $h=\frac{ab}{c}$
圆形	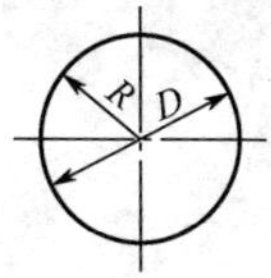	面积 $A=\frac{1}{4}\pi D^2$ $=0.7854D^2$　　周长 $c=\pi D$ $=\pi R^2$　　$D=0.318c$

续表

名称	图　形	计算公式
椭圆形	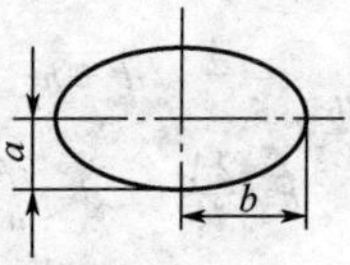	面积 $A=\pi ab$
圆环形	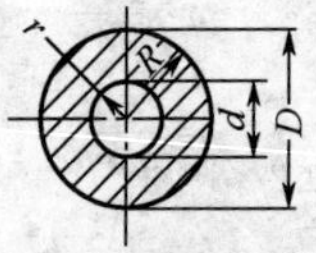	面积 $A=\frac{\pi}{4}(D^2-d^2)$ $=0.785(D^2-d^2)$ $=\pi(R^2-r^2)$
扇形	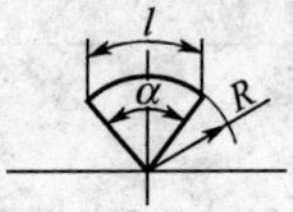	面积$A=\frac{\pi R^2\alpha}{360}=0.008727\alpha R^2=\frac{Rl}{2}$ $l=\frac{\pi R\alpha}{180°}=0.01745Ra$
弓形	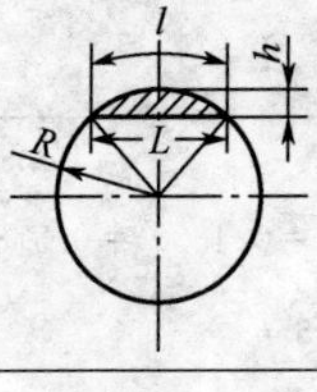	面积$A=\frac{lR}{2}-\frac{L(R-h)}{2}$ $R=\frac{L^2+4h^2}{8h}$ $h=R-\frac{1}{2}\sqrt{4R^2-L^2}$
局部圆环形	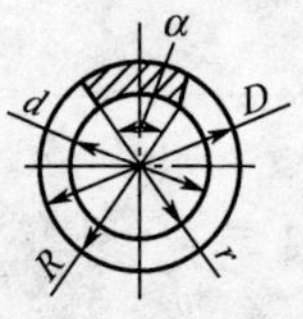	面积 $A=\frac{\pi\alpha}{360}(R^2-r^2)$ $=0.00873\alpha(R^2-r^2)$ $=\frac{\pi\alpha}{4\times360}(D^2-d^2)$ $=0.00218\alpha(D^2-d^2)$
抛物线弓形	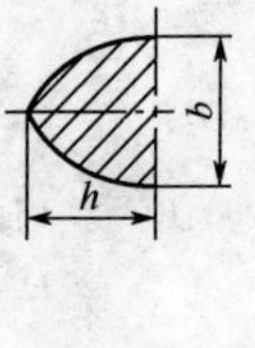	面积 $A=\frac{2}{3}bh$

续表

名称	图　形	计　算　公　式
角橼	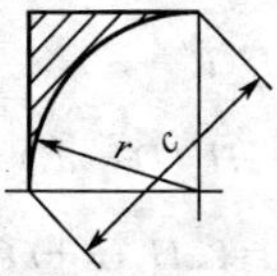 r c	面积 $A=r^2-\frac{\pi r^2}{4}=0.215r^2$ $=0.1075c^2$
正多边形	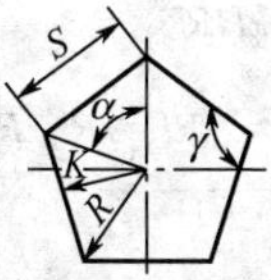 S α γ K R	面积 $A=\frac{SK}{2}n=\frac{1}{2}nSR\cos\frac{\alpha}{2}$ 圆心角 $\alpha=\frac{360°}{n}$ 内角 $\gamma=180°-\frac{360°}{n}$ 式中　S——正多边形边长； n——正多边形边数
圆柱体	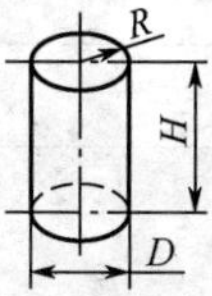 R H D	体积 $V=\pi R^2H=\frac{1}{4}\pi D^2H$ 侧表面积 $A_0=2\pi RH$

二、常用几何体的表面积和体积计算公式（见表 1-16）

表 1-16　　常用几何体的表面积和体积计算公式

名称	图　形	计　算　公　式
斜底圆柱体	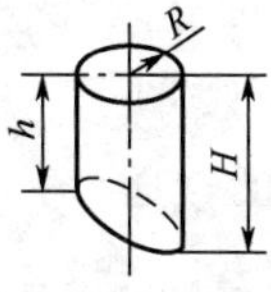 R h H	体积 $V=\pi R^2\frac{H+h}{2}$ 侧表面积 $A_0=\pi R(H+h)$

续表

名称	图形	计算公式
空心圆柱体	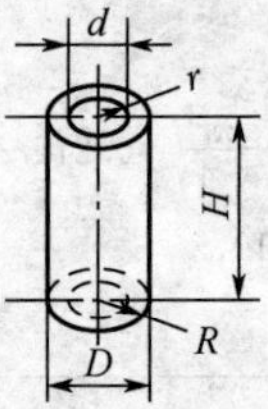	体积 $V=\pi H\ (R^2-r^2)$ $=\frac{1}{4}\pi H\ (D^2-d^2)$ 侧表面积 $A_0=2\pi H\ (R+r)$
圆锥体	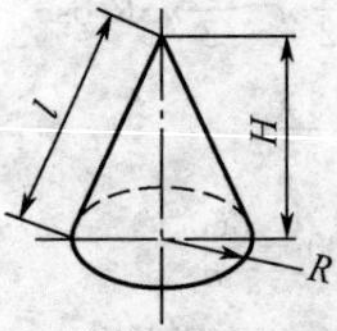	体积 $V=\frac{1}{3}\pi HR^2$ 侧表面积 $A_0=\pi Rl=\pi R\sqrt{R^2+H^2}$ 母线 $l=\sqrt{R^2+H^2}$
截顶圆锥体	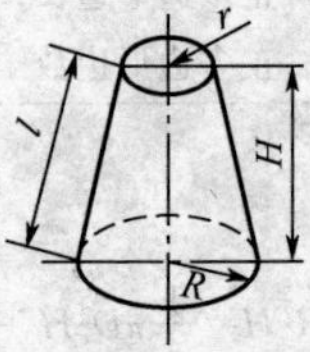	体积 $V=(R^2+r^2+Rr)\ \frac{\pi H}{3}$ 侧表面积 $A_0=\pi l\ (R+r)$ 母线 $l=\sqrt{H^2+(R-r)^2}$
正方体	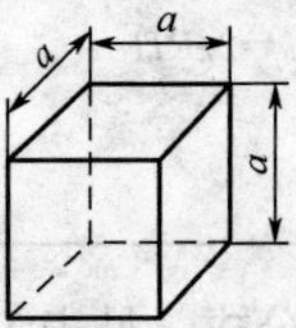	体积 $V=a^3$
长方体	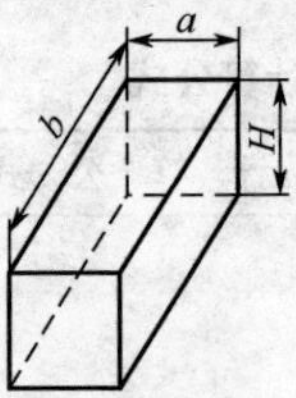	体积 $V=abH$
角锥体	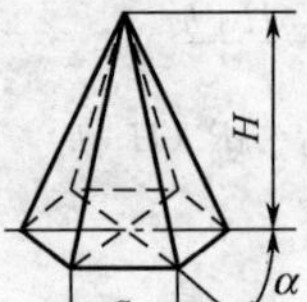	体积 $V=\frac{1}{3}H\times$底面积 $=\frac{na^2H}{12}\cot\frac{\alpha}{2}$ 式中　n——正多边形边数 $\alpha=\frac{360°}{n}$

续表

名称	图形	计算公式
截顶角锥体	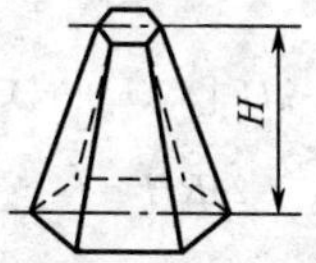	体积 $V=\frac{1}{3}H\ (A_1+A_2+\sqrt{A_1+A_2})$ 式中　A_1——顶面积 　　　A_2——底面积
正方锥体	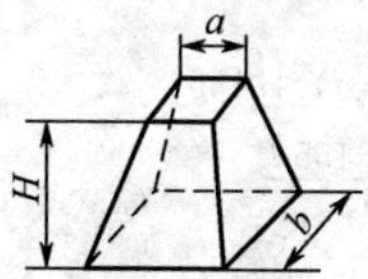	体积 $V=\frac{1}{3}H\ (a^2+b^2+ab)$
正六角体	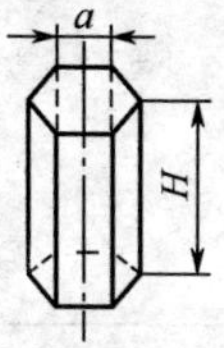	体积 $V=2.598a^2H$
球体	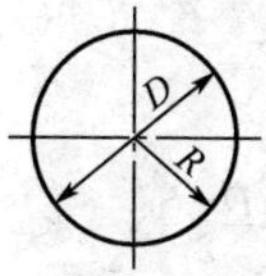	体积 $V=\frac{4}{3}\pi R^3=\frac{1}{6}\pi D^3$ 表面积 $A_n=12.57R^2=3.142D^2$
圆球环体	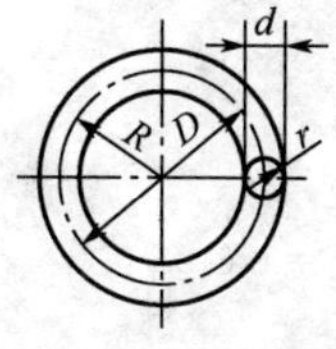	体积 $V=2\pi^2Rr^2=19.739Rr^2$ $=\frac{1}{4}\pi^2Dd^2$ $=2.4674Dd^2$ 表面积 $A_n=4\pi^2Rr=39.48Rr$
截球体	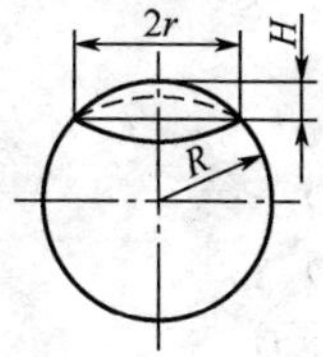	体积 $V=\frac{1}{6}\pi H\ (3r^2+H^2)$ $=\pi H^2\left(R-\frac{H}{3}\right)$ 侧表面积 $A_0=2\pi RH$

续表

名称	图形	计算公式
球台体	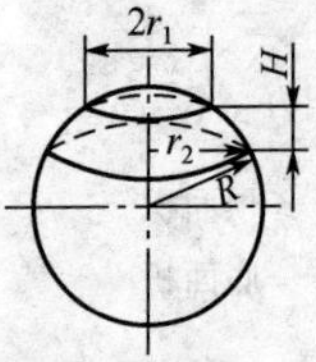	体积 $V=\frac{1}{6}\pi H\left[3\left(r_1^2+r_2^2\right)+H^2\right]$ 侧表面积 $A_0=2\pi RH$
内接三角形	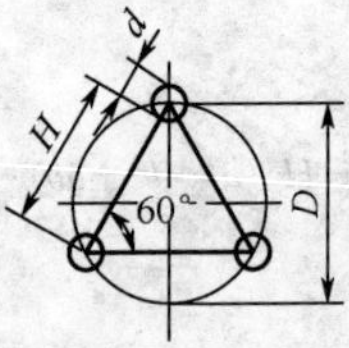	$D=(H+d)\ 1.155$ $H=\frac{D-1.155d}{1.155}$
	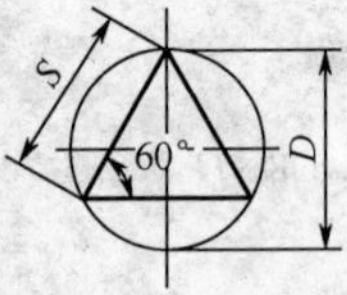	$D=1.154S$ $S=0.866D$
内接四边形	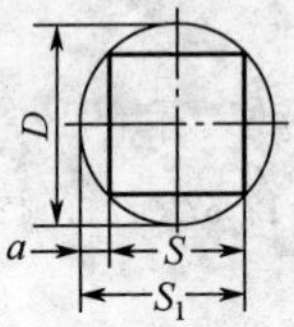	$D=1.414S$ $S=0.707D$ $S_1=0.854D$ $a=0.147D=\frac{D-S}{2}$
内接五边形	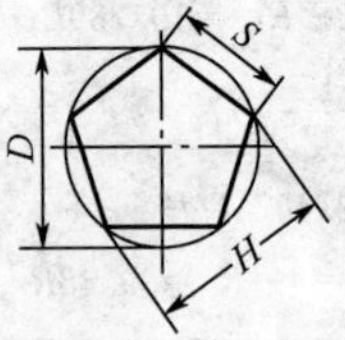	$D=1.701S$ $S=0.588D$ $H=0.951D=1.618S$
内接六边形	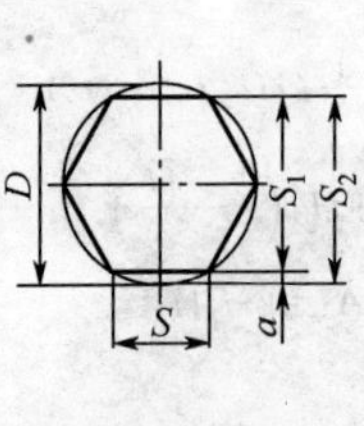	$D=2S=1.155S_1$ $S=\frac{1}{2}D$ $S_1=0.866D$ $S_2=0.933D$ $a=0.067D=\frac{D-S_1}{2}$

三、圆周等分系数表（见表 1-17）

表 1-17　　**圆周等分系数表**

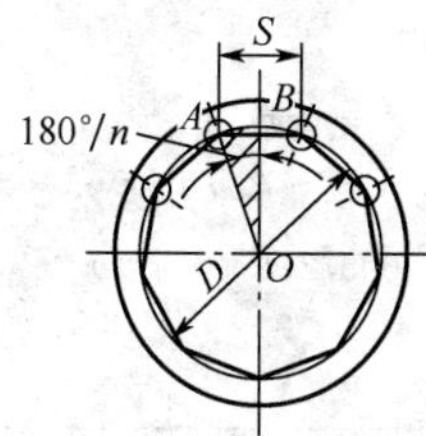

$$S=D\sin\frac{180^\circ}{n}=DK$$

$$K=\sin\frac{180^\circ}{n}$$

式中　n——等分数

K——圆周等分系数（查表）

等分数 n	系数 K	等分数 n	系数 K	等分数 n	系数 K	等分数 n	系数 K
3	0.86603	28	0.11197	53	0.059240	78	0.040265
4	0.70711	29	0.10812	54	0.058145	79	0.039757
5	0.58779	30	0.10453	55	0.057090	80	0.039260
6	0.50000	31	0.10117	56	0.056071	81	0.038775
7	0.43388	32	0.098015	57	0.055087	82	0.038302
8	0.38268	33	0.095056	58	0.054138	83	0.037841
9	0.34202	34	0.092269	59	0.053222	84	0.037391
10	0.30902	35	0.089640	60	0.052336	85	0.036951
11	0.28173	36	0.087156	61	0.051478	86	0.036522
12	0.25882	37	0.084805	62	0.050649	87	0.036102
13	0.23932	38	0.082580	63	0.049845	88	0.035692
14	0.22252	39	0.080466	64	0.049067	89	0.035291
15	0.20791	40	0.078460	65	0.048313	90	0.034899
16	0.19509	41	0.076549	66	0.047581	91	0.034516
17	0.18375	42	0.074731	67	0.046872	92	0.034141
18	0.17365	43	0.072995	68	0.046183	93	0.033774
19	0.16459	44	0.071339	69	0.045514	94	0.033415
20	0.15643	45	0.069756	70	0.044864	95	0.033064
21	0.14904	46	0.068243	71	0.044233	96	0.032719
22	0.14232	47	0.066792	72	0.043619	97	0.032881
23	0.13617	48	0.065403	73	0.043022	98	0.032051
24	0.13053	49	0.064073	74	0.042441	99	0.031728
25	0.12533	50	0.062791	75	0.041875	100	0.031410
26	0.12054	51	0.061560	76	0.041325		
27	0.11609	52	0.060379	77	0.040788		

四、角度与弧度换算表（见表1-18）

表1-18　　角度与弧度换算表

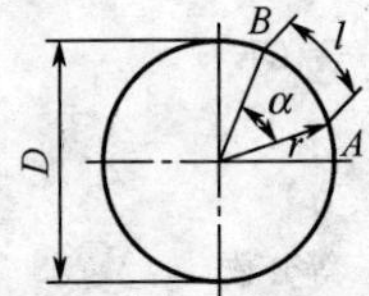

AB 弧长 $l=r\times$ 弧度数

或 $l=0.017453r\alpha$（弧度）

$=0.008727D\alpha$（弧度）

角度	弧　度	角度	弧　度	角度	弧　度
1″	0.000005	6′	0.001745	20°	0.349066
2″	0.000010	7′	0.002036	30°	0.523599
3″	0.000015	8′	0.002327	40°	0.698132
4″	0.000019	9′	0.002618	50°	0.872665
5″	0.000024	10′	0.002909	60°	1.047198
6″	0.000029	20′	0.005818	70°	1.221730
7″	0.000034	30′	0.008727	80°	1.396263
8″	0.000039	40′	0.011636	90°	1.570796
9″	0.000044	50′	0.014544	100°	1.745329
10″	0.000048	1°	0.017453	120°	2.094395
20″	0.000097	2°	0.034907	150°	2.617994
30″	0.000145	3°	0.052360	180°	3.141593
40″	0.000194	4°	0.069813	200°	3.490659
50″	0.000242	5°	0.087266	250°	4.363323
1′	0.000291	6°	0.104720	270°	4.712389
2′	0.000582	7°	0.122173	300°	5.235988
3′	0.000873	8°	0.139626	360°	6.283185
4′	0.001164	9°	0.157080	1rad（弧度）=57°17′44.8″	
5′	0.001454	10°	0.174533		

第五节　法定计量单位及其换算

一、国际单位制（SI）

1. 国际单位制的基本单位（见表1-19）

表1-19　国际单位制的基本单位

量的名称	单位名称	单位符号	量的名称	单位名称	单位符号
长　度	米	m	热力学温度	开［尔文］	K
质　量	千克（公斤）	kg	物质的量	摩［尔］	mol
时　间	秒	s	发光强度	坎［德拉］	cd
电　流	安［培］	A			

2. 国际单位制的辅助单位（见表1-20）

表1-20　国际单位制的辅助单位

量 的 名 称	单 位 名 称	单 位 符 号
平 面 角	弧　度	rad
立 体 角	球 面 度	sr

3. 国际单位制中具有专门名称的导出单位（见表1-21）

表1-21　国际单位制中具有专门名称的导出单位

量 的 名 称	单位名称	单位符号	其他表示示例
频率	赫［兹］	Hz	s^{-1}
力	牛［顿］	N	$kg \cdot m/s^2$
压力，压强，应力	帕［斯卡］	Pa	N/m^2
能［量］，功，热量	焦［耳］	J	$N \cdot m$
功率，辐［射能］通量	瓦［特］	W	J/s
电荷［量］	库［仑］	C	$s \cdot A$
电位，电压，电动势	伏［特］	V	W/A
（电势）电容	法［拉］	F	C/V
电阻	欧［姆］	Ω	V/A
电导	西［门子］	S	A/V，Ω^{-1}
磁通［量］	韦［伯］	Wb	$V \cdot s$
磁通［量］密度，磁感应强度	特［斯拉］	T	Wb/m^2
电感	亨［利］	H	Wb/A
摄氏温度	摄氏度	℃	
光通量	流［明］	lm	$cd \cdot sr$
［光］照度	勒［克斯］	lx	lm/m^2
［放射性］活度	贝可［勒尔］	Bq	s^{-1}
吸收剂量	戈［瑞］	Gy	J/kg
剂量当量	希［沃特］	Sv	J/kg

4. 国家选定的非国际单位制单位（见表 1-22）

表 1-22　　国家选定的非国际单位制单位

量的名称	单位名称	单位符号	与 SI 单位的关系
时　间	分	min	1min=60s
	[小]时	h	1h=60min=3600s
	日(天)	d	1d=24h=86400s
平面角	[角]秒	″	1″=(π/648000)rad(π 为圆周率)
	[角]分	′	1′=60″=(π/10800)rad
	度	°	1°=60′=(π/180)rad
旋转速度	转每分	r/min	$1r/min=(1/60)s^{-1}$
长　度	海　里	n mile	1n mile=1852m(只用于航程)
速　度	节	kn	1kn=1n mile/h=(1852/3600)m/s（只用于航行）
质　量	吨	t	$1t=10^3kg$
	原子质量单位	u	$1u\approx1.6605655\times10^{-27}kg$
体　积	升	L,(l)	$1L=1dm^3=10^{-3}m^3$
能	电子伏	eV	$1eV\approx1.6021892\times10^{-19}J$
级　差	分贝	dB	
线密度	特[克斯]	tex	1tex=1g/km
面　积	公顷	hm^2	$1hm^2=10^4m^2$

5. 国际单位制的 SI 词头（见表 1-23）

表 1-23　　国际单位制的 SI 词头

因数	词头名称	符号	因数	词头名称	符号
10^{24}	尧［它］	Y	10^{-1}	分	d
10^{21}	泽［它］	Z	10^{-2}	厘	c
10^{18}	艾［可萨］	E	10^{-3}	毫	m
10^{15}	拍［它］	P	10^{-6}	微	μ
10^{12}	太［拉］	T	10^{-9}	纳［诺］	n
10^{9}	吉［咖］	G	10^{-12}	皮［可］	p
10^{6}	兆	M	10^{-15}	飞［母托］	f
10^{3}	千	k	10^{-18}	阿［托］	a
10^{2}	百	h	10^{-21}	仄［普托］	z
10^{1}	十	da	10^{-24}	幺［科托］	y

二、常用法定计量单位与非法定计量单位的换算（见表 1-24）

表 1-24　　常用法定计量单位与非法定计量单位的换算

物理量名称	物理量符号	法定计量单位		非法定计量单位		单位换算
		单位名称	单位符号	单位名称	单位符号	
长度	l，L	米	m	费密		1 费密＝1fm＝10^{-15}m
				埃	Å	1Å＝0.1mm＝10^{-10}m
				英尺	ft	1ft＝0.3048m
				英寸	in	1in＝0.0254m
				密耳	mil	1mil＝25.4×10^{-6}m
面积	A，(S)	平方米	m^2	平方英尺	ft^2	$1ft^2$＝0.0929030m^2
				平方英寸	in^2	$1in^2$＝6.4516×$10^{-4}$$m^2$
体积、容积	V	立方米	m^3	立方英尺	ft^3	$1ft^3$＝0.0283168m^3
		升	L（l）	立方英寸	in^3	$1in^3$＝1.63871×$10^{-5}$$m^3$
				英加仑	UKgal	1UKgal＝4.54609dm^3
				美加仑	USgal	1USgal＝3.78541dm^3
质量	m	千克(公斤)	kg	磅	lb	1lb＝0.45359237kg
		吨	t	英担	cwb	1cwb＝50.8023kg
		原子质量单位	u	英吨	ton	1ton＝1016.05kg
				短吨	sh ton	1sh ton＝907.185kg
				盎司	oz	1oz＝28.3495kg
				格令	gr，gn	1gr＝0.0647989lg
				夸特	qr，qtr	1qr＝12.7006kg
				米制克拉		1 米制克拉＝2×10^{-4}kg
热力学温度	T	开［尔文］	K			表示温度差和温度间隔时 1℃＝1K
摄氏温度	t	摄氏度	℃			表示温度的数值时：摄氏温度值（℃） $\frac{t}{℃}=\frac{T}{K}-273.15$
				华氏度	℉	表示温度差和温度间隔时 1℉＝°R＝$\frac{5}{9}$K
				兰氏度	°R	表示温度数值时 $\frac{T}{K}=\frac{5}{9}\left(\frac{\theta}{F}+459.67\right)$ $\frac{t}{℃}=\frac{5}{9}\left(\frac{\theta}{F}-32\right)$

续表

物理量名称	物理量符号	法定计量单位		非法定计量单位		单位换算
		单位名称	单位符号	单位名称	单位符号	
转速	n	转每分	r/min	转每秒	rpm	1rpm=1r/min
力	F	牛[顿]	N	达因	dyn	$1dyn=10^{-5}N$
				千克力	kgf	1kgf=9.80665N
				磅力	lbf	1lbf=4.44822N
				吨力	tf	$1tf=9.80655\times10^{3}N$
压力,压强	p	帕[斯卡]	Pa	巴	bar	$1bar=10^{5}Pa$
正应力	σ			千克力每平方厘米	kgf/cm^2	$1kgf/cm^2=0.0980665MPa$
切应力	τ					
				毫米水柱	mmH_2O	$1mmH_2O=9.80665Pa$
				毫米汞柱	mmHg	1mmHg=133.322Pa
				托	Torr	1Torr=133.322Pa
				工程大气压	at	1at=98066.5Pa =98.0665kPa
				标准大气压	atm	1atm=101325Pa =101.325kPa
				磅力每平方英尺	lbf/ft^2	$1lbf/ft^2=47.8803Pa$
				磅力每平方英寸	lbf/in^2	$1lbf/in^2=6894.76Pa$ =6.89476kPa
能[量]	E	焦[耳]	J	尔格	erg	$1erg=10^{-7}J$
功	W	电子伏	eV	千瓦时	kW·h	1kW·h=3.6MJ
热量	Q			千克力米	kgf·m	1kgf·m=9.80665J
				英马力[小]时	hp·h	1hp·h=2.68452MJ
				卡	cal	1cal=4.1868J
				热化学卡	cal_{th}	$1cal_{th}=4.1840J$
				马力[小]时		1马力小时=2.64779MJ
				电工马力[小]时		1电工马力小时=2.68560MJ
				英热单位	Btu	1Btu=1055.06J=1.05506kJ

续表

物理量名称	物理量符号	法定计量单位		非法定计量单位		单位换算
		单位名称	单位符号	单位名称	单位符号	
功率	P	瓦［特］	W	千克力米每秒	kgf·m/s	1kgf·m/s=9.80665W
				马力（米制马力）	德 PS (法 ch,CV)	1PS=735.499W
				英马力	hp	1hp=745.700W
				电工马力		1 电工马力=746W
				卡每秒	cal/s	1cal/s=4.1868W
				千卡每［小］时	kcal/h	1kcal/h=1.163W
				热化学卡每秒	cal_{th}/s	$1cal_{th}/s$=4.184W
				伏安	VA	1VA=1W
				乏	var	1var=1W
				英热单位每［小］时	Btu/h	1Btu/h=0.293071W
电导	G	西［门子］	S	欧姆	Ω	1Ω=1S
磁通［量］	Φ	韦［伯］	Wb	麦克斯韦	Mx	$1Mx=10^{-8}Wb$
磁通［量］密度，磁感应强度	B	特［斯拉］	T	高斯	Gs，G	$1Gs=10^{-4}T$
［光］照度	E	勒［克斯］	lx	英尺烛光	lm/ft^2	$1lm/ft^2$=10.76lx
速度	v，u，w	米每秒	m/s	英尺每秒	ft/s	1ft/s=0.3048m/s
				英里每小时	mile/h	1mile/h=0.44704m/s
	c	千米每小时	km/h			1km/h=0.277778m/s
		米每分	m/min			1m/min=0.0166667m/s

续表

物理量名称	物理量符号	法定计量单位		非法定计量单位		单位换算
		单位名称	单位符号	单位名称	单位符号	
加速度	a	米每二次方秒	m/s^2	标准重力加速度	gn	$1gn=9.80665m/s^2$
				英尺每二次方秒	ft/s^2	$1ft/s^2=0.3048m/s^2$
				伽	Gal	$1Gal=10^{-2}m/s^2$
线密度，线质量	ρ_l	千克每米	kg/m	旦[尼尔]	den	$1den=0.111112\times10^{-6}kg/m$
				磅每英尺	lb/ft	1lb/ft=1.48816kg/m
				磅每英寸	lb/in	1lb/in=17.8580kg/m
密度	ρ	千克每立方米	kg/m^3	磅每立方英尺	lb/ft^3	$1lb/ft^3=16.0185kg/m^3$
				磅每立方英寸	lb/in^3	$1lb/in^3=276.799kg/m^3$
质量体积，比体积	v	立方米每千克	m^3/kg	立方英尺每磅	ft^3/lb	$1ft^3/lb=0.0624280m^3/kg$
				立方英寸每磅	in^3/lb	$1in^3/lb=3.61273\times10^{-5}m^3/kg$
质量流量	q_m	千克每秒	kg/s	磅每秒	lb/s	1lb/s=0.453592kg/s
				磅每小时	lb/h	$1lb/h=1.25998\times10^{-4}kg/s$
体积流量	q_v	立方米每秒	m^3/s	立方英尺每秒	ft^3/s	$1ft^3/s=0.0283168m^3/s$
		升每秒	L/S	立方英寸每小时	in^3/h	$1in^3/h=4.55196\times10^{-6}L/s$
转动惯量（惯性矩）	J (I)	千克二次方米	$kg\cdot m^2$	磅二次方英尺	$lb\cdot ft^2$	$1lb\cdot ft^2=0.0421401kg\cdot m^2$
				磅二次方英寸	$lb\cdot in^2$	$1lb\cdot in^2=2.92640\times10^{-4}kg\cdot m^2$
动量	p	千克米每秒	$kg\cdot m/s$	磅英尺每秒	$lb\cdot ft/s$	$1lb\cdot ft/s=0.138255kg\cdot m/s$
动量矩，角动量	L	千克二次方米每秒	$kg\cdot m^2/s$	磅二次方英尺每秒	$lb\cdot ft^2/s$	$1lb\cdot ft^2/s=0.0421401kg\cdot m^2/s$

续表

物理量名　称	物理量符号	法定计量单位		非法定计量单位		单　位　换　算
		单位名称	单位符号	单位名称	单位符号	
力矩	M	牛顿米	N・m	千克力米	kgf・m	1kgf・m=9.80665N・m
				磅力英尺	lbf・ft	1lbf・ft=1.35582N・m
				磅力英寸	lbf・in	1lbf・in=0.112985N・m
［动力］黏度	η,（μ）	帕斯卡秒	Pa・s	泊	P	$1P=10^{-1}Pa \cdot s$
				厘泊	cP	$1cP=10^{-3}Pa \cdot s$
				千克力秒每平方米	$kgf \cdot s/m^2$	$1kgf \cdot s/m^2=9.80665Pa \cdot s$
				磅力秒每平方英尺	$lbf \cdot s/ft^2$	$1lbf \cdot s/ft^2=47.8803Pa \cdot s$
				磅力秒每平方英寸	$lbf \cdot s/in^2$	$1lbf \cdot s/in^2=6894.76Pa \cdot s$
运动黏度	ν	二次方米每秒	m^2/s	斯［托克斯］	St	$1St=10^{-4}m^2/s$
				厘斯［托克斯］	cSt	$1cSt=10^{-6}m^2/s=1mm^2/s$
				二次方英尺每秒	ft^2/s	$1ft^2/s=9.29030\times10^{-2}m^2/s$
				二次方英寸每秒	in^2/s	$1in^2/s=6.4516\times10^{-4}m^2/s$
热扩散率	a	平方米每秒	m^2/s	二次方英尺每秒	ft^2/s	$1ft^2/s=9.29030\times10^{-2}m^2/s$
				二次方英寸每秒	in^2/s	$1in^2/s=6.4516\times10^{-4}m^2/s$
质量能，比能	e	焦耳每千克	J/kg	千卡每千克	kcal/kg	1kcal/kg=4186.8J/kg
				热化学千卡每千克	$kcal_{th}/kg$	$1kcal_{th}/kg=4184J/kg$
				英热单位每磅	Btu/lb	1Btu/lb=2326J/kg

续表

物理量名称	物理量符号	法定计量单位		非法定计量单位		单位换算
		单位名称	单位符号	单位名称	单位符号	
质量热容	c	焦耳每千克开尔文	J/(kg·K)	千卡每千克开尔文	kcal/(kg·K)	1kcal/(kg·K)=4186.8J/(kg·K)
比热容，比熵(质量熵)	s			热化学千卡每千克开尔文	$kcal_{th}$/(kg·K)	1$kcal_{th}$/(kg·K)=4184J/(kg·K)
				英热单位每磅华氏度	Btu/(lb·℉)	1Btu/(lb·℉)=4186.8J/(kg·K)
传热系数	K	瓦特每平方米开尔文	W/(m^2·K)	卡每平方厘米秒开尔文	cal/(cm^2·s·K)	1cal/(cm^2·s·K)=41868W/(m^2·K)
				千卡每平方米小时开尔文	kcal/(m^2·h·K)	1kcal/(m^2·h·K)=1.163W/(m^2·K)
				英热单位每平方英尺小时华氏度	Btu/(ft^2·h·℉)	1Btu/(ft^2·h·℉)=5.67862W/(m^2·K)
热导率	λ,k	瓦[特]每米开[尔文]	W/(m·K)	卡每厘米秒开尔文	cal/(cm·s·K)	1cal/(cm·s·K)=418.68W/(m·K)
				千卡每米小时开尔文	kcal/(m·h·K)	1kcal/(m·h·K)=1.163W/(m·K)
				英热单位每英尺小时华氏度	Btu/(ft·h·℉)	1Btu/(ft·h·℉)=1.73073W/(m·K)

三、单位换算

1. 长度单位换算（见表1-25）

表1-25　长度单位换算

米（m）	厘米（cm）	毫米（mm）	英寸（in）	英尺（ft）	码（yd）	市　尺
1	10^2	10^3	39.37	3.281	1.094	3
10^{-2}	1	10	0.394	3.281×10^{-2}	1.094×10^{-2}	3×10^{-2}
10^{-3}	0.1	1	3.937×10^{-3}	3.281×10^{-3}	1.094×10^{-3}	3×10^{-3}
2.54×10^{-2}	2.54	25.4	1	8.333×10^{-2}	2.778×10^{-2}	7.62×10^{-2}
0.305	30.48	3.048×10^2	12	1	0.333	0.914
0.914	91.44	9.10×10^2	36	3	1	2.743
0.333	33.333	3.333×10^2	13.123	1.094	0.366	1

2. 面积单位换算（见表1-26）

表1-26　面积单位换算

米²（m²）	厘米²（cm²）	毫米²（mm²）	英寸²（in²）	英尺²（ft²）	码²（yd²）	市尺²
1	10^4	10^6	1.550×10^3	10.764	1.196	9
10^{-4}	1	10^2	0.155	1.076×10^{-3}	1.196×10^{-4}	9×10^{-4}
10^{-6}	10^{-2}	1	1.55×10^{-3}	1.076×10^{-5}	1.196×10^{-6}	9×10^{-6}
6.452×10^{-4}	6.452	6.452×10^2	1	6.944×10^{-3}	7.617×10^{-4}	5.801×10^{-3}
9.290×10^{-2}	9.290×10^2	9.290×10^4	1.44×10^2	1	0.111	0.836
0.836	8361.3	0.836×10^6	1296	9	1	7.524
0.111	1.111×10^3	1.111×10^5	1.722×10^2	1.196	0.133	1

3. 体积单位换算（见表1-27）

表1-27　体积单位换算

米³（m³）	升(L)	厘米³（cm³）	英寸³（in³）	英尺³（ft³）	加仑(US)美	加仑(qal)英
1	10^3	10^6	6.102×10^4	35.315	2.642×10^2	2.200×10^2
10^{-3}	1	10^3	61.024	3.532×10^{-2}	0.264	0.220
10^{-6}	10^{-3}	1	6.102×10^{-2}	3.532×10^{-5}	2.642×10^{-4}	2.200×10^{-4}
1.639×10^{-5}	1.639×10^{-2}	16.387	1	5.787×10^{-4}	4.329×10^{-3}	3.605×10^{-3}
2.832×10^{-2}	28.317	2.832×10^4	1.728×10^3	1	7.481	6.229
3.785×10^{-3}	3.785	3.785×10^3	2.310×10^2	0.134	1	0.833
4.546×10^{-3}	4.546	4.546×10^3	2.775×10^2	0.161	1.201	1

4. 质量单位换算（见表 1-28）

表 1-28　质量单位换算

千克(kg)	克(g)	毫克(mg)	吨(t)	英吨(tn)	美吨(shtn)	磅(lb)
1000			1	0.9842	1.1023	2204.6
1	1000		0.001			2.2046
0.001	1	1000				
1016.05			1.0161	1	1.12	2240
907.19			0.9072	0.8929	1	2000
0.4536	453.59					1

5. 力的单位换算（见表 1-29）

表 1-29　力的单位换算

牛顿（N）	千克力（kgf）	达因（dyn）	磅力（lbf）	磅达（pdl）
1	0.102	10^5	0.2248	7.233
9.80665	1	9.80665×10^5	2.2046	70.93
10^{-5}	1.02×10^{-6}	1	2.248×10^6	7.233×10^3
4.448	0.4536	4.448×10^5	1	32.174
0.1383	1.41×10^{-2}	1.383×10^4	3.108×10^{-2}	1

6. 压力单位换算（见表 1-30）

表 1-30　压力单位换算

工程大气压 (at)	标准大气压 (atm)	千克力/毫米^2 (kgf/mm^2)	毫米水柱 (mmH_2O)	毫米汞柱 (mmHg)	牛顿/米^2 (N/m^2)
1	0.9678	0.01	10^4	735.6	98067
1.033	1		10332	760	101325
100	96.78	1	10^6	73556	98.07×10^5
0.0001	0.9678×10^{-4}		1	0.0736	9.807
0.00136	0.00132		13.6	1	133.32
1.02×10^{-5}	0.99×10^{-5}	1.02×10^{-7}	0.102	0.0075	1

7. 功率单位换算（见表 1-31）

表 1-31　功率单位换算

瓦（W）	千瓦 (kW)	米制马力 (PS)	英制马力 (hp)	千克力・米/秒 (kgf・m/s)	英尺・磅力/秒 (ft・lbf/s)	千卡/秒 (kcal/s)
1	10^{-3}	1.36×10^{-3}	1.341×10^{-3}	0.102	0.7376	239×10^{-6}
1000	1	1.36	1.341	102	737.6	0.239
735.5	0.7355	1	0.9863	75	542.5	0.1757
745.7	0.7457	1.014	1	76.04	550	0.1781
9.807	9.807×10^{-3}	13.33×10^{-3}	13.15×10^{-3}	1	7.233	2.342×10^{-3}
1.356	1.356×10^{-3}	1.843×10^{-3}	1.82×10^{-3}	0.1383	1	0.324×10^{-3}
4186.8	4.187	5.692	5.614	426.935	3083	1

8. 温度单位换算（见表 1-32）

表 1-32　温度单位换算

摄氏度(℃)	华氏度(℉)	兰氏[①]度(°R)	开尔文(K)
C	$\frac{9}{5}C+32$	$\frac{9}{5}C+491.67$	$C+273.15$[②]
$\frac{5}{9}(F-32)$	F	$F+459.67$	$\frac{5}{9}(F+459.67)$
$\frac{5}{9}(R-491.67)$	$R-459.67$	R	$\frac{5}{9}R$
$K-273.15$[②]	$\frac{9}{5}K-459.67$	$\frac{9}{5}K$	K

① 原文是 Rankine，故也叫兰金度。

② 摄氏温度的标定是以水的冰点为一个参照点，作为 0℃，相对于开尔文温度上的 273.15K。开尔文温度的标定是以水的三相点为一个参照点，作为 273.15K，相对于摄氏 0.01℃（即水的三相点高于水的冰点 0.01℃）。

9. 热导率单位换算（见表 1-33）

表 1-33　热导率单位换算

瓦/(米・K) [W/(m・K)]	千卡/(米・时・℃) [kcal/(m・h・℃)]	卡/(厘米・秒・℃) [cal/(cm・s・℃)]	焦耳/(厘米・秒・℃) [J/(cm・s・℃)]	英热单位/(英尺・时・℉) [Btu/(ft・h・℉)]
1.16	1	0.00278	0.0116	0.672
418.68	360	1	4.1868	242
1	0.8598	0.00239	0.01	0.578
100	85.98	0.239	1	57.8
1.73	1.49	0.00413	0.0173	1

10. 速度单位换算(见表 1-34)

表 1-34　　速度单位换算

米/秒(m/s)	千米/时(km/h)	英尺/秒(ft/s)
1	3.600	3.281
0.278	1	0.911
0.305	1.097	1

11. 角速度单位换算(见表 1-35)

表 1-35　　角速度单位换算

弧度/秒(rad/s)	转/分(r/min)	转/秒(r/s)
1	9.554	0.159
0.105	1	0.017
6.283	60	1

第六节　机械制造的基础知识

一、圆锥的各部分尺寸计算

1. 圆锥表面

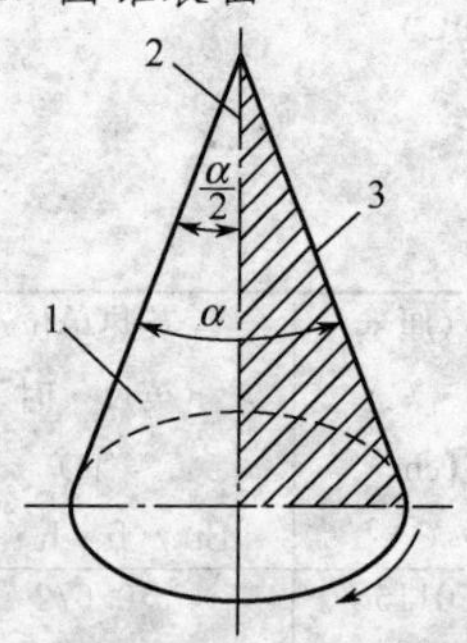

图 1-1　圆锥表面
1—圆锥表面;2—轴线;3—圆锥素线

与轴线成一定角度,且一端相交于轴线的一条直线,围绕该轴线旋转形成的表面称为圆锥表面,如图 1-1 所示。

2. 圆锥

由圆锥表面与一定尺寸所限定的几何体,称为圆锥。圆锥分外圆锥和内圆锥两种,如图 1-2 所示。

3. 圆锥的基本参数及计算

见图 1-3 和表 1-36。

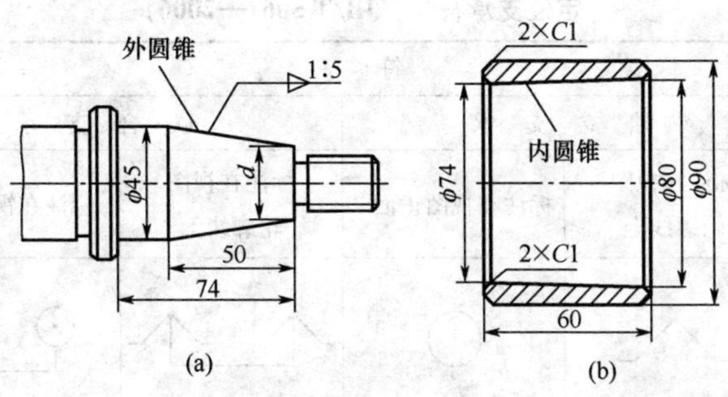

图 1-2　圆锥工件

(a) 带外圆锥的工件；(b) 带内圆锥的工件

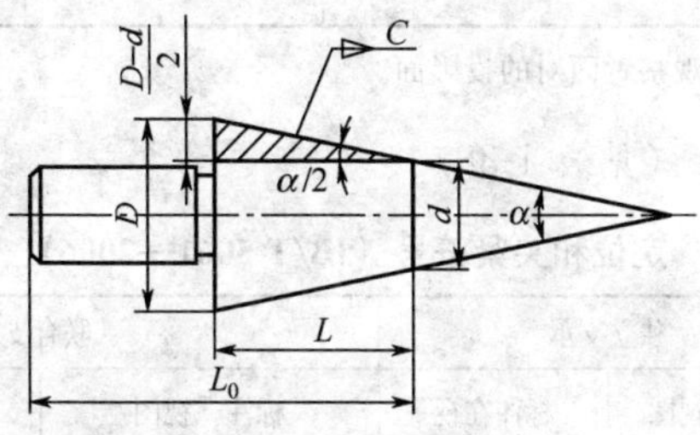

图 1-3　圆锥的基本参数

表 1-36　　圆锥的基本参数及计算

基本参数代号	名 称 及 定 义	计 算 公 式
D	最大圆锥直径，简称大端直径	$D=d+CL$
d	最小圆锥直径，简称小端直径	$d=D-CL$
L	圆锥长度，大端直径与小端直径之间的轴向距离	$L=\frac{D-d}{C}$
α	圆锥角，通过圆锥轴线的截面内，两条素线间的夹角	$\tan(\alpha/2)=\frac{D-d}{2L}=\frac{C}{2}$
C	锥度，最大圆锥直径与最小圆锥直径之差对圆锥长度之比	$C=\frac{D-d}{L}=2\tan(\alpha/2)$

二、机械加工定位、夹紧符号

1. 定位支承符号（见表 1-37）

表 1-37　　定位支承符号（JB/T 5061—2006）

定位支承类型	符号			
	独立支承		联合支承	
	标注在视图轮廓线上	标注在视图正面①	标注在视图轮廓线上	标注在视图正面①
固定式				
活动式				

① 视图正面是指观察者面对的投影面。

2. 夹紧符号（见表 1-38）

表 1-38　　定位和夹紧符号（JB/T 5061—2006）

分类 \ 标注位置		独立支承		联合支承	
		标注在视图轮廓线上	标注在视图正面上	标注在视图轮廓线上	标注在视图正面上
主要定位支承	固定式				
	活动式				
辅助（定位）支承					

续表

标注位置 \ 分类	独立夹紧		联合夹紧	
	标注在视图轮廓线上	标注在视图正面上	标注在视图轮廓线上	标注在视图正面上
手动夹紧				
液压夹紧	Y	Y	Y	Y
气动夹紧	Q	Q	Q	Q
电磁夹紧	D	D	D	D

3. 定位、夹紧元件及装置符号（见表 1-39）

表 1-39　定位、夹紧元件及装置符号（JB/T 5061—2006）

序号	符　号	名称	定位夹紧元件及装置简图
1		固定顶尖	
2		内顶尖	

续表

序号	符　号	名称	定位夹紧元件及装置简图
3		回转顶尖	
4		外拨顶尖	
5		内拨顶尖	
6		浮动顶尖	
7		伞形顶尖	
8		圆柱心轴	
9		锥度心轴	
10		螺纹心轴	(花键心轴也用此符号)

续表

序号	符　　号	名称	定位夹紧元件及装置简图
11	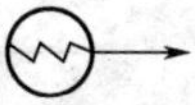	弹性心轴	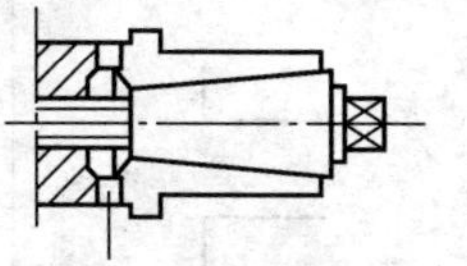 （包括塑料心轴）
		弹簧夹头	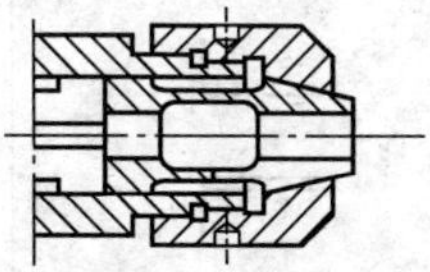
12		三爪卡盘	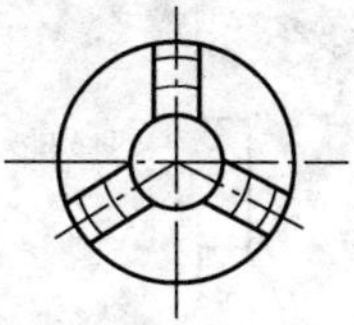
13		四爪卡盘	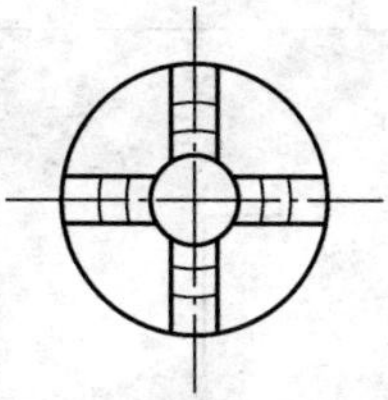
14	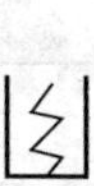	中心架	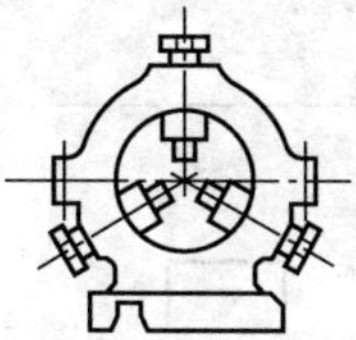
15	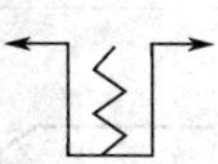	跟刀架	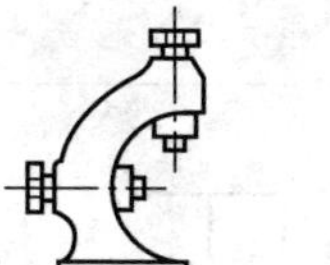

续表

序号	符　　号	名称	定位夹紧元件及装置简图
16		圆柱衬套	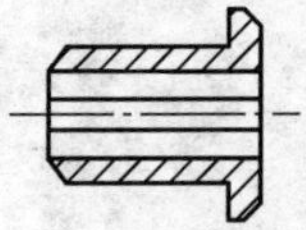
17	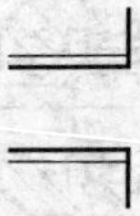	螺纹衬套	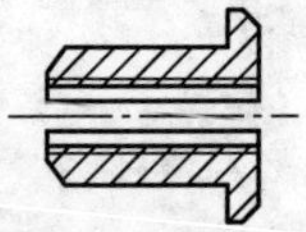
18		止口盘	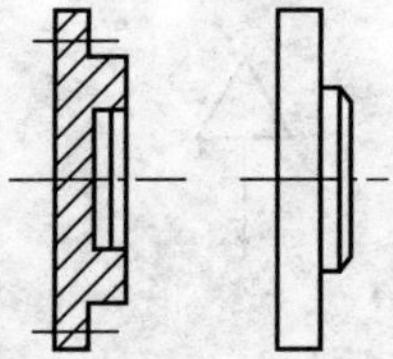
19		拨杆	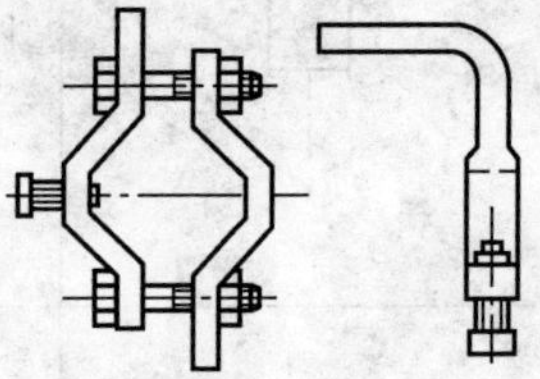
20		垫铁	
21	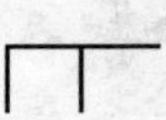	压板	

续表

序号	符　　号	名称	定位夹紧元件及装置简图
22		角铁	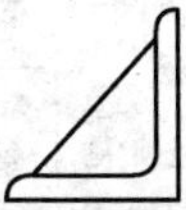
23		可调支承	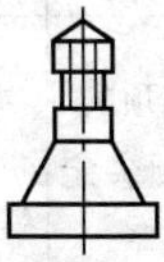
24		平口钳	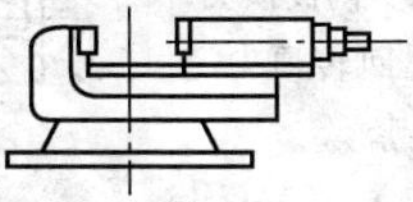
25	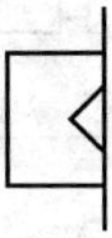	中心堵	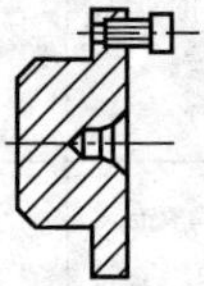
26		V形铁	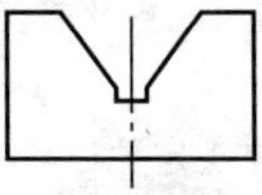
27		软爪	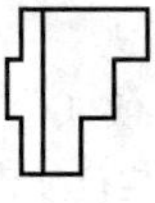

4. 定位、夹紧元件及装置符号综合标注示例（见表 1-40）

表 1-40　定位、夹紧元件及装置符号综合标注示例（JB/T 5061—2006）

序号	说明	定位、夹紧符号标注示意图	装置符号标注或与定位、夹紧符号联合标注示意图
1	床头固定顶尖、床尾固定顶尖定位，拨杆夹紧	2　2	
2	床头固定顶尖、床尾浮动顶尖定位，拨杆夹紧	2　2	
3	床头内拨顶尖、床尾回转顶尖定位夹紧	3　2　回转	
4	床头外拨顶尖、床尾回转顶尖定位夹紧	2　3　回转	
5	床头弹簧夹头定位夹紧，夹头内带有轴向定位，床尾内顶尖定位	2　2	
6	弹簧夹头定位夹紧	4	
7	液压弹簧夹头定位夹紧，夹头内带有轴向定位	Y　4	Y

续表

序号	说　明	定位、夹紧符号标注示意图	装置符号标注或与定位、夹紧符号联合标注示意图
8	弹性心轴定位夹紧	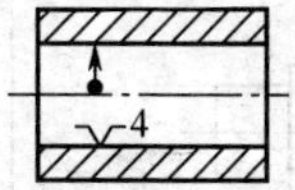	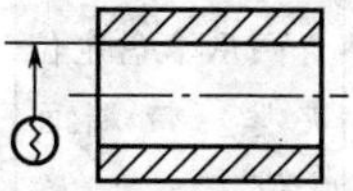
9	气动弹性心轴定位夹紧，带端面定位	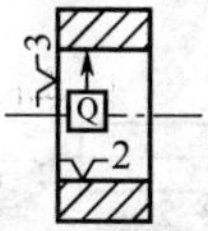	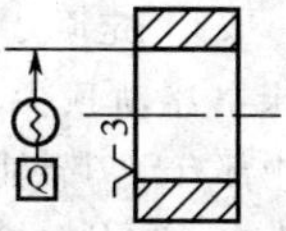
10	锥度心轴定位夹紧	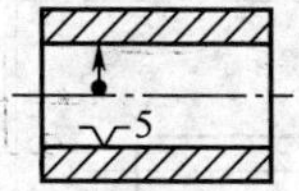	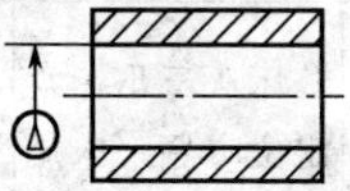
11	圆柱心轴定位夹紧，带端面定位	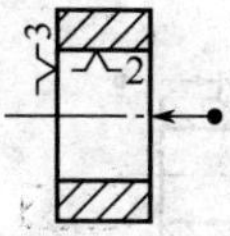	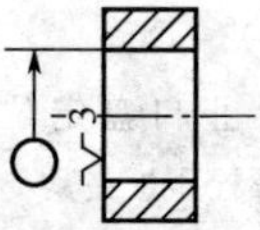
12	三爪卡盘定位夹紧	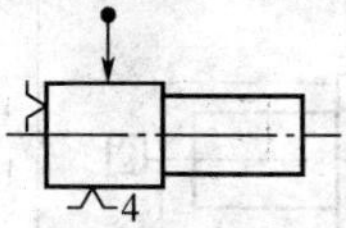	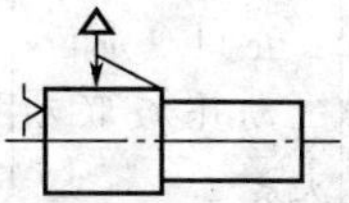
13	液压三爪卡盘定位夹紧，带端面定位	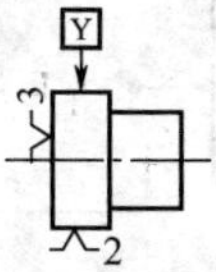	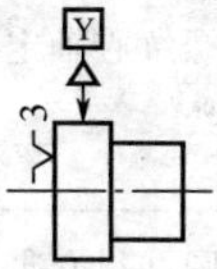
14	四爪卡盘定位夹紧，带轴向定位	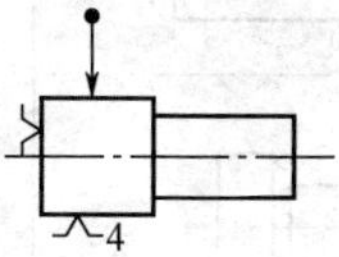	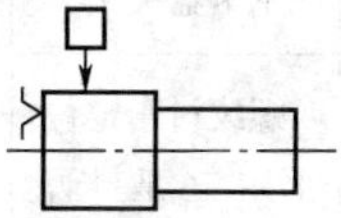

续表

序号	说　明	定位、夹紧符号标注示意图	装置符号标注或与定位、夹紧符号联合标注示意图
15	四爪卡盘定位夹紧，带端面定位	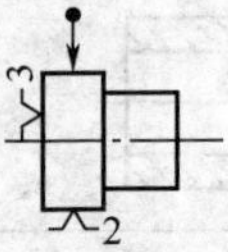	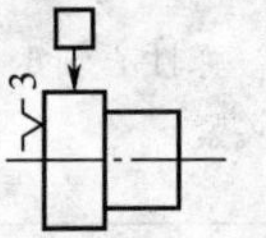
16	床头固定顶尖、床尾浮动顶尖，中部有跟刀架辅助支承定位，拨杆夹紧	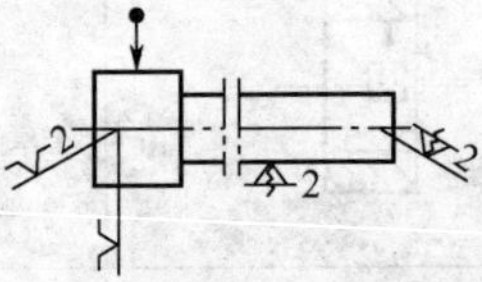	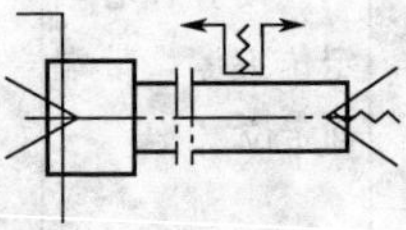
17	床头三爪卡盘定位夹紧，床尾中心架支承定位	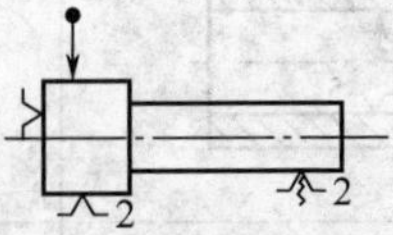	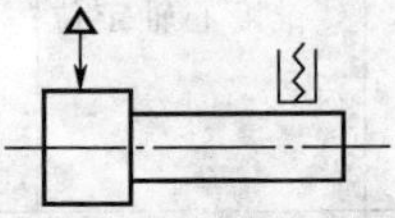
18	止口盘定位，螺栓压板夹紧	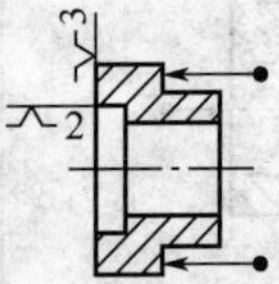	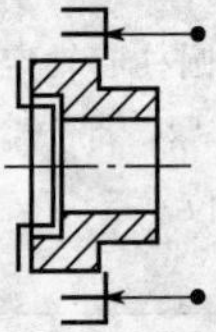
19	止口盘定位，气动压板联动夹紧	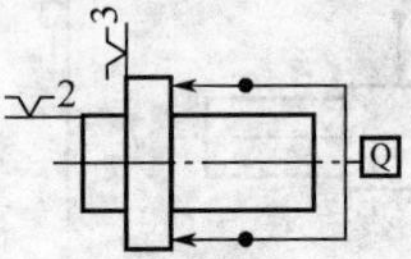	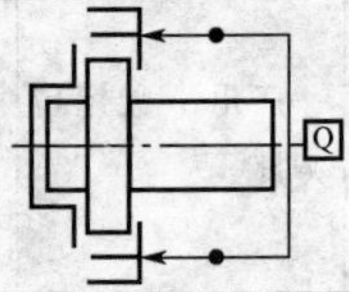
20	螺纹心轴定位夹紧	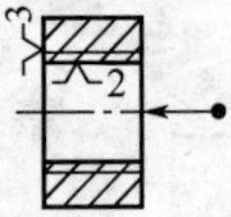	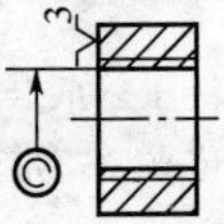
21	圆柱衬套带有轴向定位，外用三爪卡盘夹紧	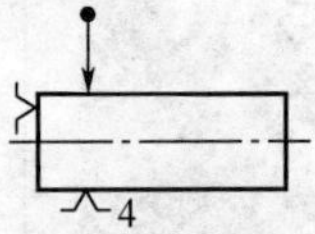	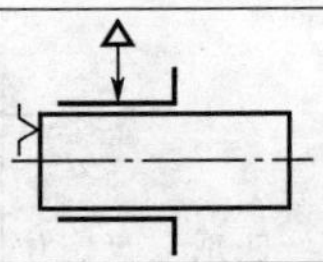
22	螺纹衬套定位，外用三爪卡盘夹紧	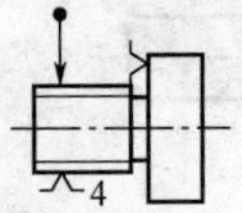	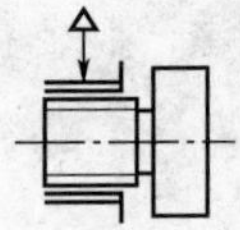

续表

序号	说　明	定位、夹紧符号标注示意图	装置符号标注或与定位、夹紧符号联合标注示意图
23	平口钳定位夹紧	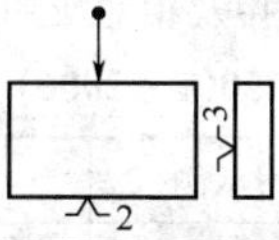	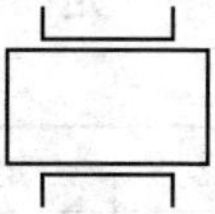
24	电磁盘定位夹紧	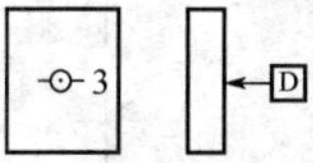	
25	软爪三爪卡盘定位夹紧	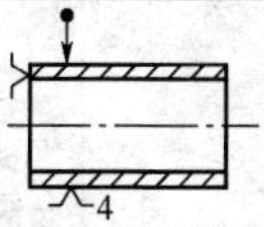	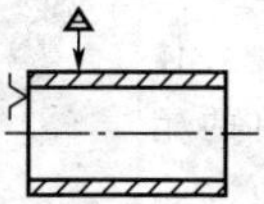
26	床头伞形顶尖，床尾伞形顶尖定位，拨杆夹紧	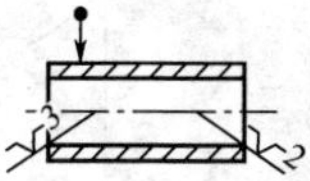	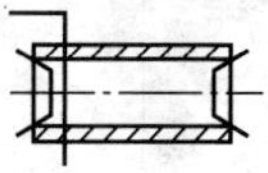
27	床头中心堵，床尾中心堵定位，拨杆夹紧	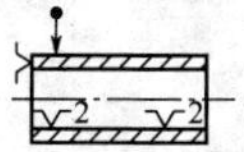	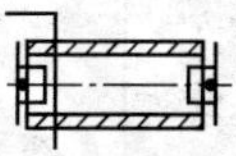
28	角铁及可调支承定位，下部加辅助可调支承，压板联动夹紧	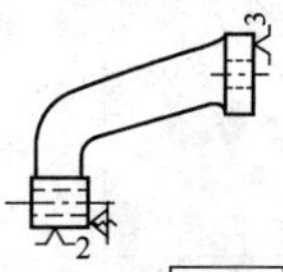 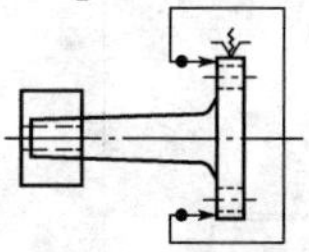	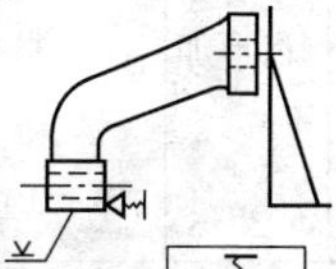 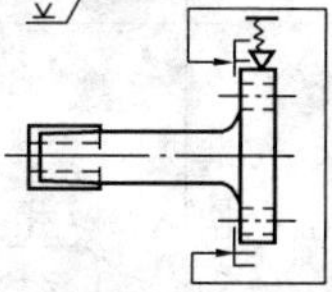
29	一端固定V形铁，工件下平面用垫铁定位 另一端用可调V形铁定位夹紧	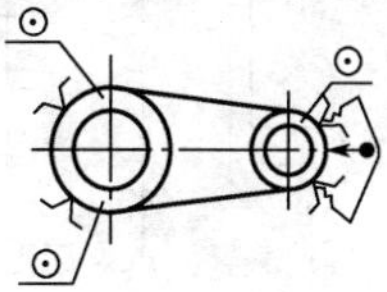 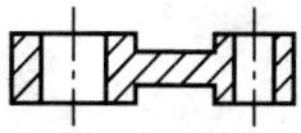	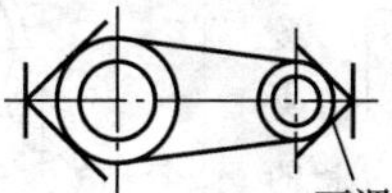 可调 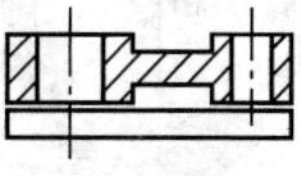

5. 定位、夹紧符号的应用及相对应的夹具结构示例（见表 1-41）

表 1-41　定位、夹紧符号的应用及相对应的夹具结构示例(JB/T 5061—2006)

序号	说明	定位、夹紧符号应用示例	夹具结构示例
1	安装在V形夹具体内的销轴（铣槽）	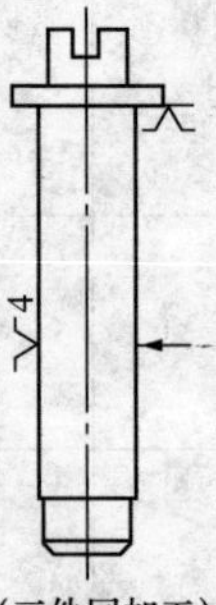 (三件同加工)	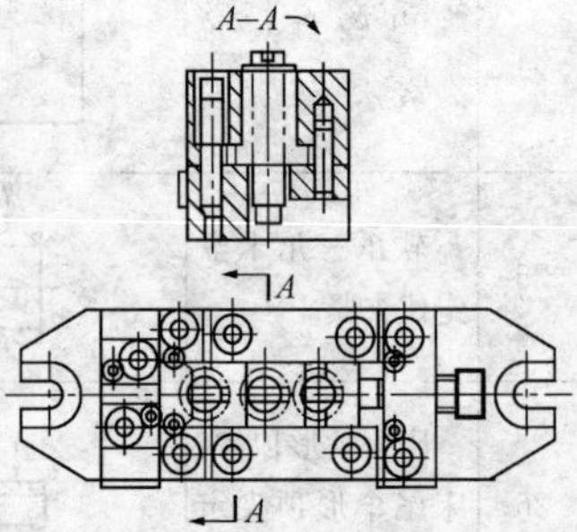 A–A
2	安装在铣齿底座上的齿轮(齿形加工)	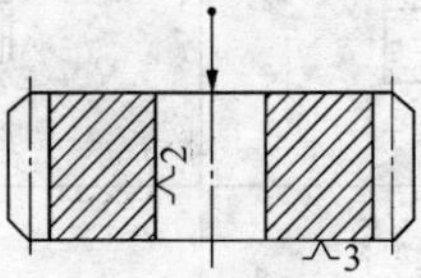	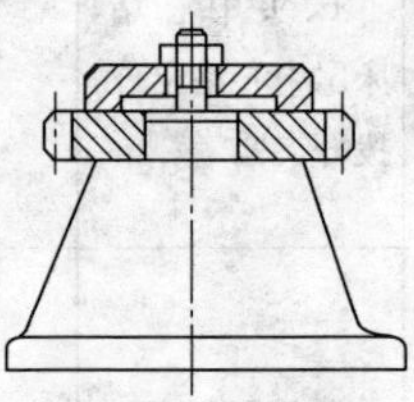
3	安装在一圆柱销和一菱形销夹具上的箱体（箱体镗孔）	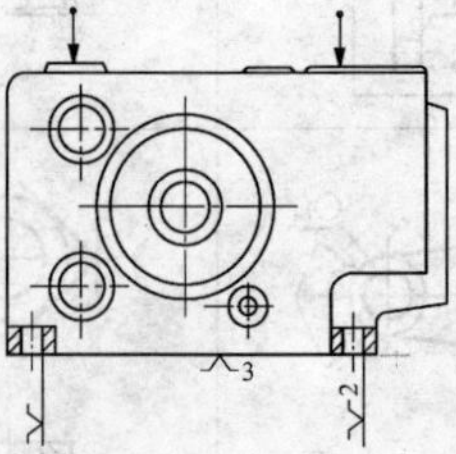	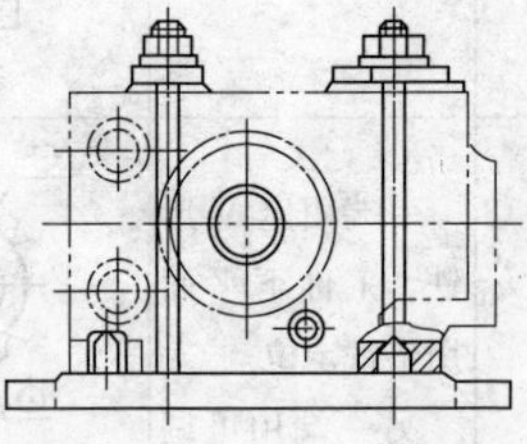

续表

序号	说明	定位、夹紧符号应用示例	夹具结构示例
4	安装在三面定位夹具上的箱体（箱体镗孔）	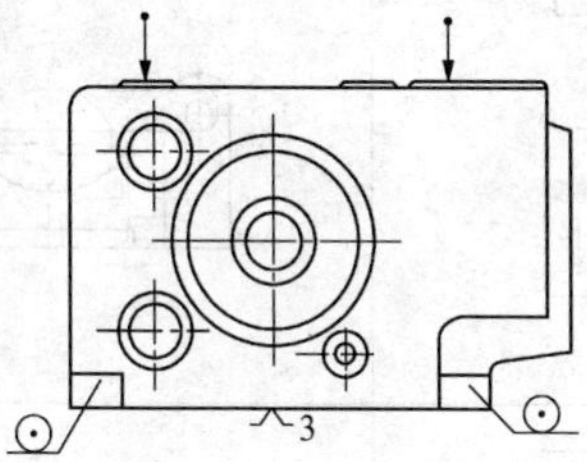	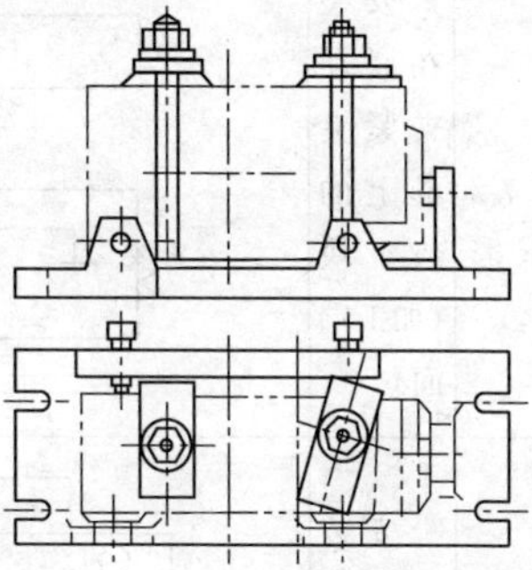
5	安装在钻模上的支架（钻孔）	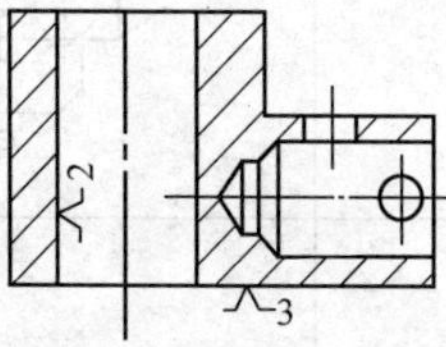	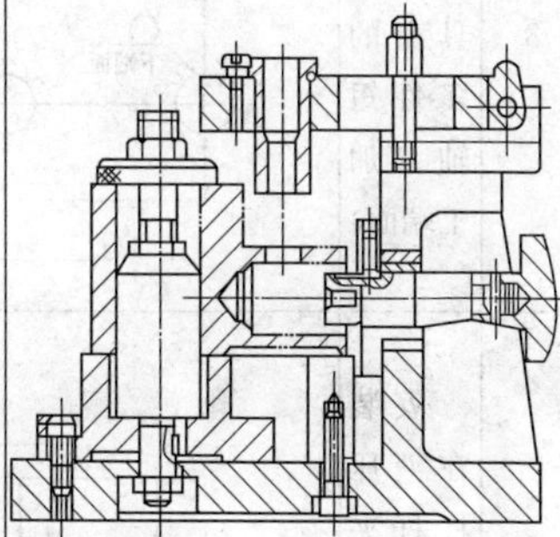
6	安装在专用曲轴夹具上的曲轴（铣曲轴侧面）	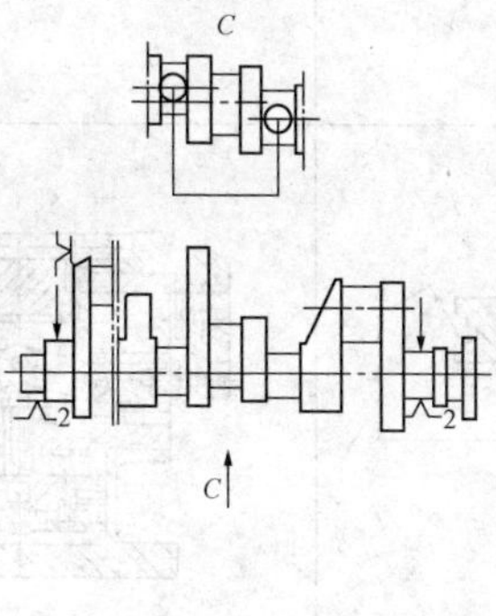	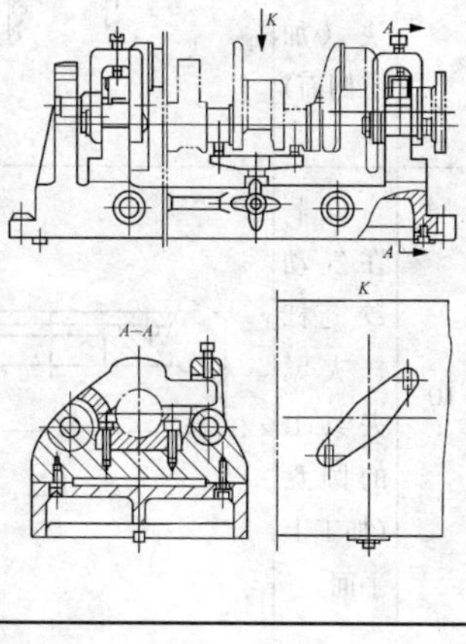

续表

序号	说明	定位、夹紧符号应用示例	夹具结构示例
7	安装在联动夹紧夹具上的垫块(加工端面)	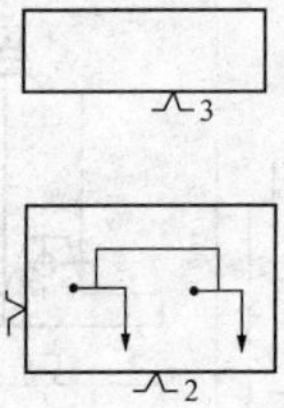 3 2	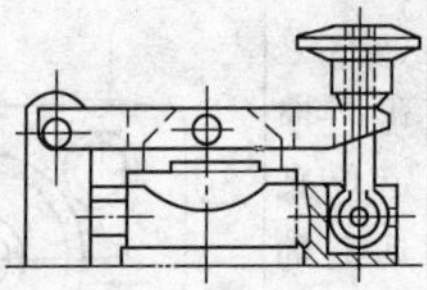
8	安装在联动夹紧夹具上的多件短轴(加工端面)	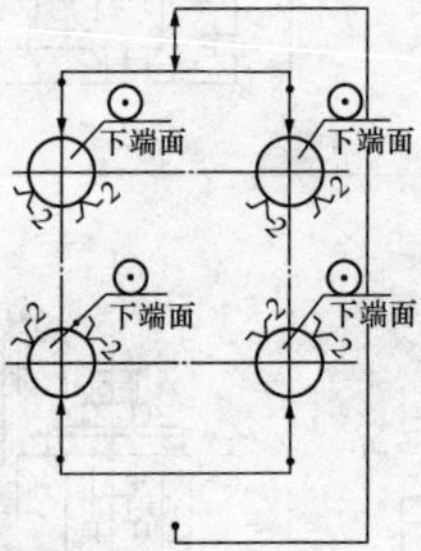 下端面 下端面 下端面 下端面	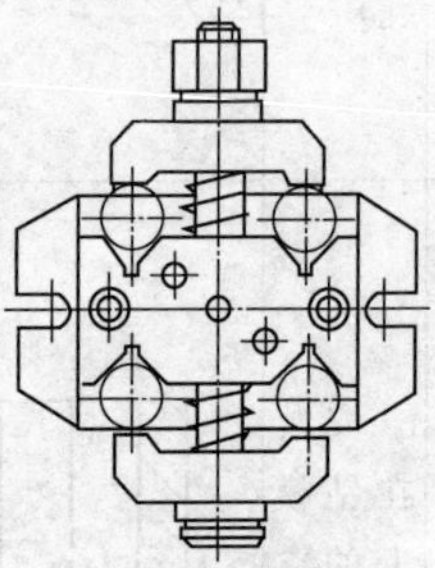
9	安装在液压杠杆夹紧夹具上的垫块(加工侧面)	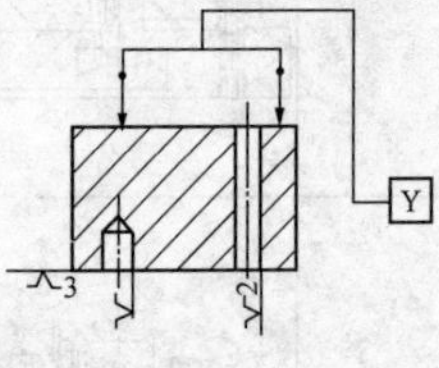 Y 3 2	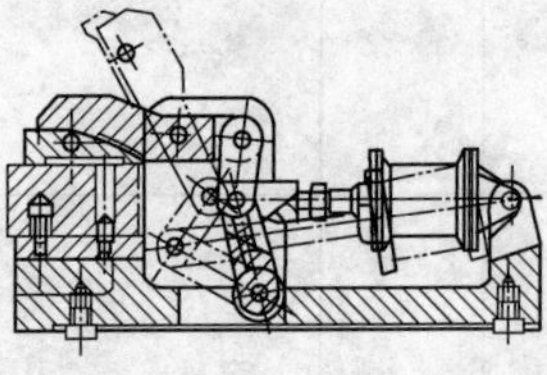
10	安装在气动铰链杠杆夹紧夹具上的圆盘(加工上平面)	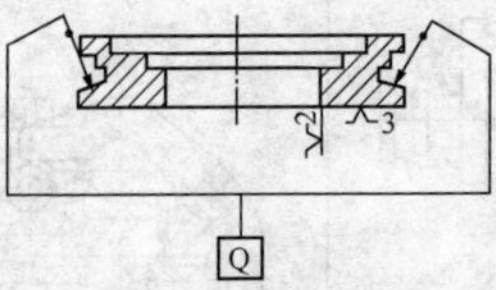 2 3 Q	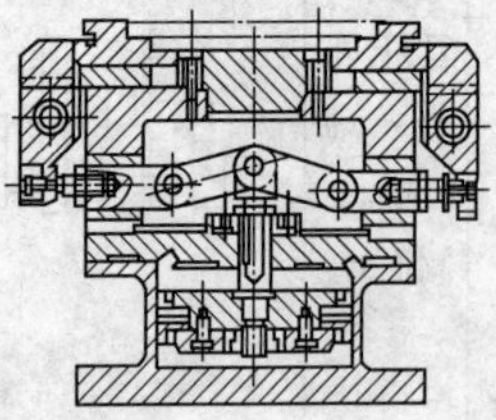

三、标准件与常用件的画法

1. 螺纹及螺纹紧固件的画法

(1) 螺纹的规定画法（见表 1-42）。

表 1-42　　螺纹的规定画法

种类	绘制说明	图　例
外螺纹	螺纹的牙顶（大径）及螺纹终止线用粗实线表示；牙底（小径）用细实线表示，并画到螺杆的倒角或倒圆部分 在垂直于螺纹轴线方向的视图中，表示牙底的细实线圆只画约 3/4 圈，此时不画螺杆端面的倒角圆	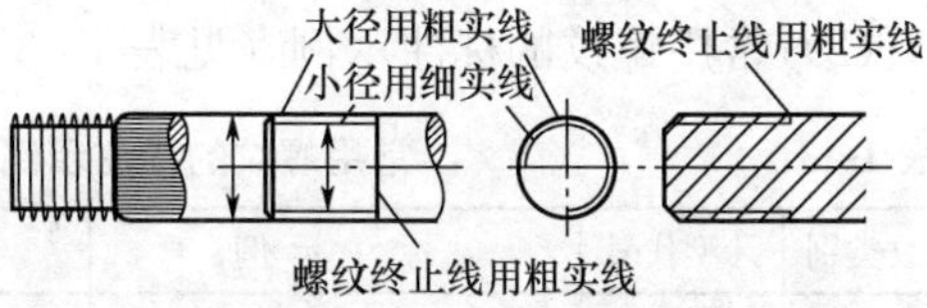 大径用粗实线 小径用细实线 螺纹终止线用粗实线 螺纹终止线用粗实线
内螺纹	在螺孔作剖视时，牙底（大径）用细实线，牙顶（小径）及螺纹终止线用粗实线 不作剖视时，牙底、牙顶和螺纹终止线都用虚线 在垂直于螺纹轴线方向的视图中，牙底画成约 3/4 圈的细实线圆，不画出螺纹孔口的倒角圆	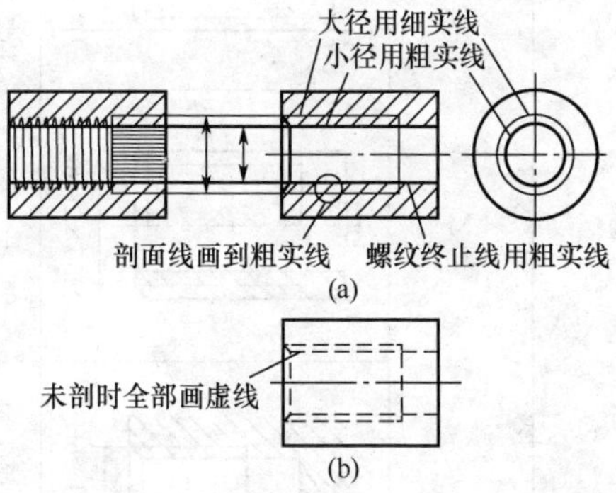 大径用细实线 小径用粗实线 剖面线画到粗实线 螺纹终止线用粗实线 (a) 未剖时全部画虚线 (b)
螺纹连接	国标中规定，在通过轴线的剖视图中表达螺纹连接时，其旋合部分应按外螺纹的画法表示，螺杆按不剖绘制 其余部分仍按各自的画法表示，在垂直于轴线的剖视图中，螺杆也作剖切	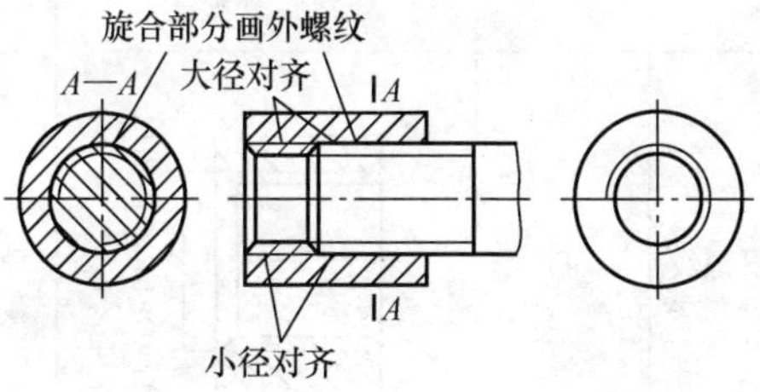 旋合部分画外螺纹 A—A 大径对齐 A A 小径对齐

续表

种类	绘制说明	图例
螺纹牙型表达	标准螺纹一般不画牙型，需画时可按(a)、(b)的形式绘制；对非标准螺纹应画出牙型，如图(c)所示	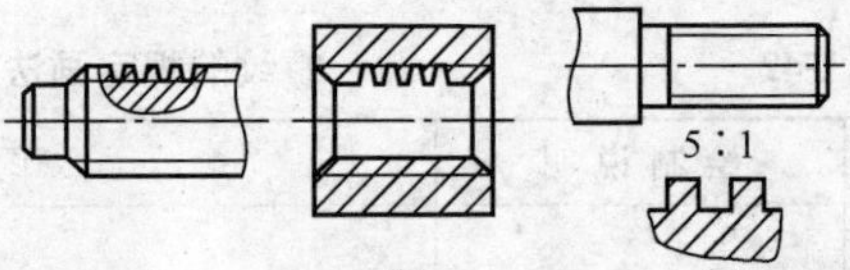 5∶1 (a) (b) (c)

（2）常用螺纹的标注示例（见表1-43）。

表1-43 常用螺纹的标注示例

螺纹类别	牙型代号	标注示例	标注的含义
普通螺纹	M	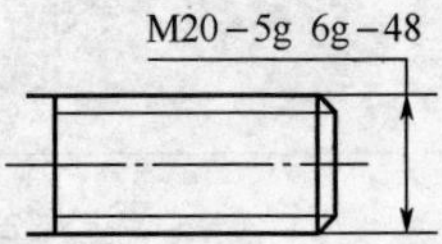 M20－5g 6g－48	粗牙普通螺纹，大径为20mm，螺距为2.5mm，右旋；螺纹中径公差带代号为5g；大径公差带代号为6g；旋合长度为48mm
		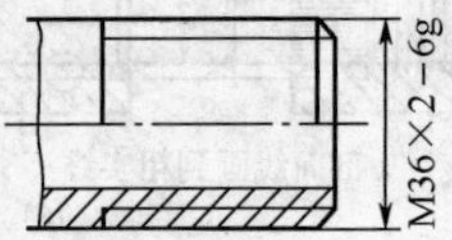 M36×2－6g	细牙普通螺纹，大径为36mm，螺距为2mm，右旋；螺纹中径和大径公差带代号相同，均为6g；中等旋合长度
		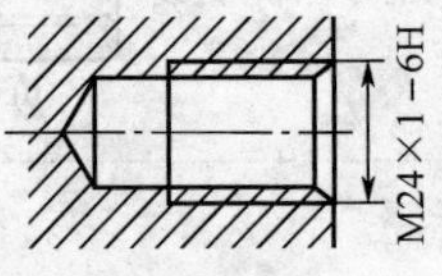 M24×1－6H	细牙普通螺纹，大径为24mm，螺距为1mm，右旋；螺纹中径和小径的公差带代号相同，均为6H；中等旋合长度
梯形螺纹	Tr	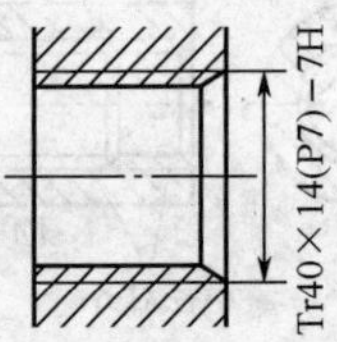 Tr40×14(P7)－7H	梯形螺纹，公称直径为40mm，导程为14mm，螺距为7mm，中径公差带代号为7H

续表

螺纹类别	牙型代号	标注示例	标注的含义
锯齿形螺纹	B	B32×6LH－7e	锯齿形螺纹，大径为 32mm，单线，螺距为 6mm，左旋，中径公差带代号为 7e
非螺纹密封的管螺纹	G	*G*1*A*　(φ1in)　*G*1	非螺纹密封的管螺纹，尺寸代号为 1in，外螺纹公差等级为 A 级
用螺纹密封的管螺纹	R R_c R_p	$R_c3/4$　$R_p3/4$	用螺纹密封的管螺纹，尺寸代号为 3in/4，内、外均为圆锥螺纹

2. 螺纹紧固件

（1）常用的螺纹紧固件及标注举例（见表 1-44）。

表 1-44　　常用的螺纹紧固件及标注举例

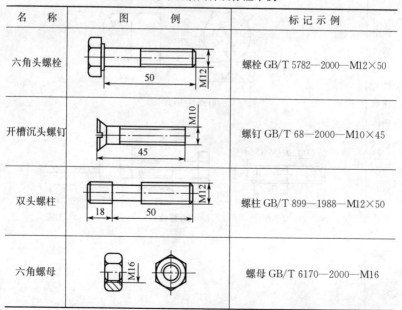

名　称	图　例	标记示例
六角头螺栓	50　M12	螺栓 GB/T 5782—2000—M12×50
开槽沉头螺钉	M10　45	螺钉 GB/T 68—2000—M10×45
双头螺柱	M12　18　50	螺柱 GB/T 899—1988—M12×50
六角螺母	M16	螺母 GB/T 6170—2000—M16

续表

名　称	图　例	标记示例
垫　圈	$\phi17$	垫圈 GB/T 97.1—2002—16

(2) 常用螺纹紧固件连接的画法（见表 1-45）。

表 1-45　　螺纹紧固件连接的画法

名称	图　例
常用螺纹紧固件的比例画法	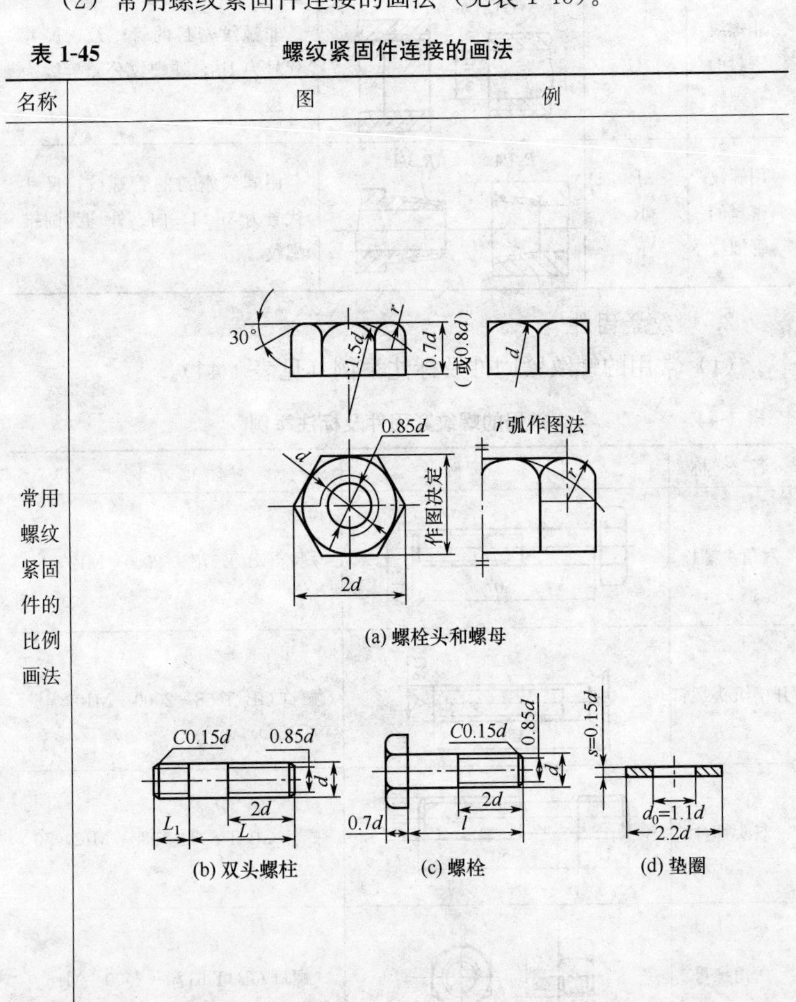 (a) 螺栓头和螺母 (b) 双头螺柱　(c) 螺栓　(d) 垫圈

续表

名称	图例
螺栓连接	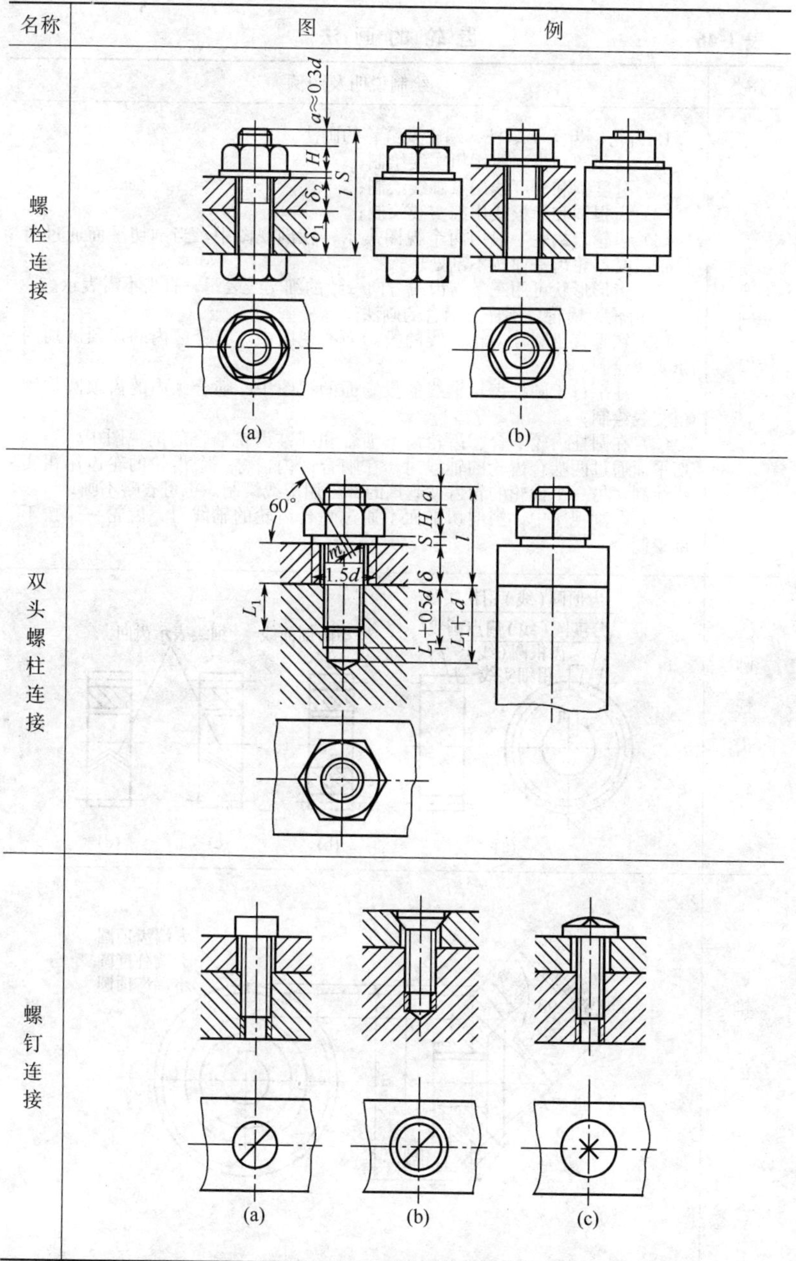
双头螺柱连接	
螺钉连接	

3. 齿轮的画法（见表 1-46）

表 1-46　　齿轮的画法

分类	绘制说明及图例
绘制说明	1. 齿轮、齿条、蜗杆、蜗轮及链轮的画法。 (1) 齿顶圆和齿顶线用粗实线绘制； (2) 分度圆和分度线用点画线绘制； (3) 齿根圆和齿根线用细实线绘制； (4) 齿轮、蜗轮一般用两个视图表示，在剖视图中，当剖切平面通过齿轮轴线时，轮齿一律按不剖处理； (5) 齿形形状可用三条与齿线方向一致的细实线表示，直齿不需表示。 2. 齿轮、蜗轮、蜗杆、啮合的画法。 (1) 在垂直于圆柱齿轮轴线的投影面的视图中，啮合区内的齿顶圆均用粗实线绘制； (2) 在平行于圆柱齿轮轴线的投影面的视图中，啮合区内的齿顶圆均用粗实线绘制； (3) 在圆柱齿轮啮合、齿轮齿条啮合和圆锥齿轮啮合的剖视图中，当剖切平面通过两啮合齿轮的轴线时，在啮合区内，将一个齿轮的轮齿用粗实线绘制，另一个齿轮的轮齿被遮挡的部分用虚线绘制，也可省略不画； (4) 在剖视图中，当剖切平面不通过啮合齿轮的轴线时，齿轮一律按不剖绘制
圆柱齿轮	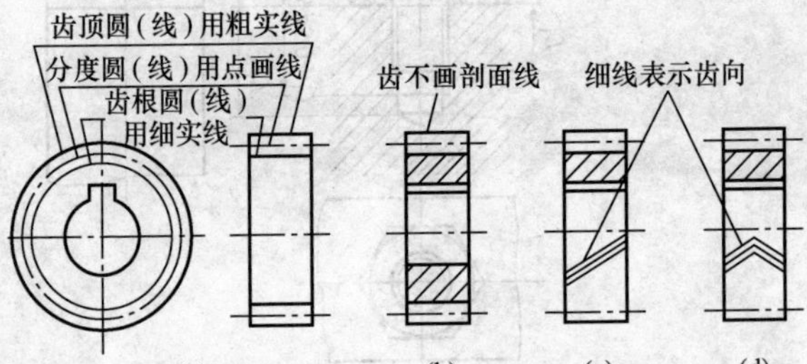 齿顶圆（线）用粗实线 分度圆（线）用点画线 齿根圆（线）用细实线 齿不画剖面线 细线表示齿向 (a)　(b)　(c)　(d)
锥齿轮	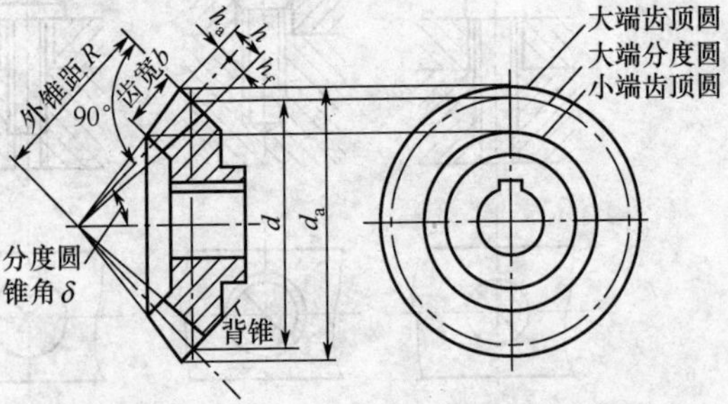 外锥距 R 齿宽 b h_a　h_f 90° d　d_a 分度圆锥角 δ 背锥 大端齿顶圆 大端分度圆 小端齿顶圆

续表

分类	绘制说明及图例
齿条的画法	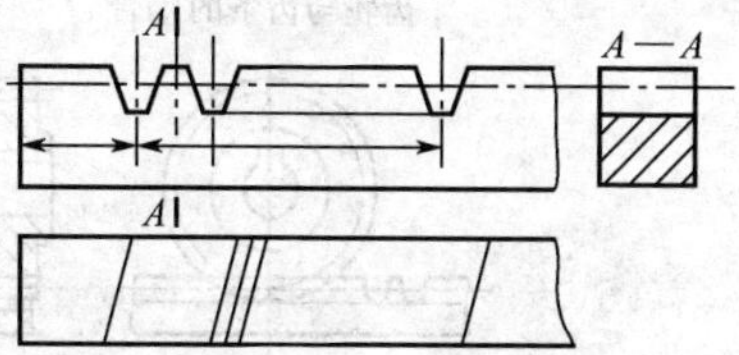 A A—A A
蜗轮蜗杆的画法	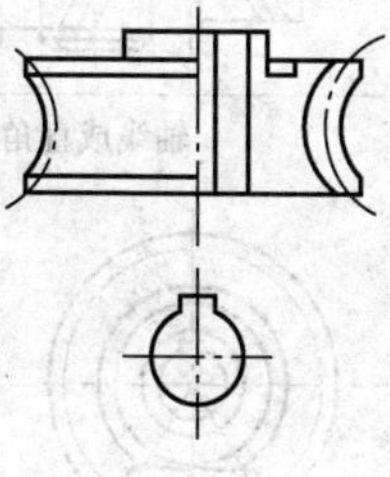
圆柱齿轮啮合的画法	外啮合 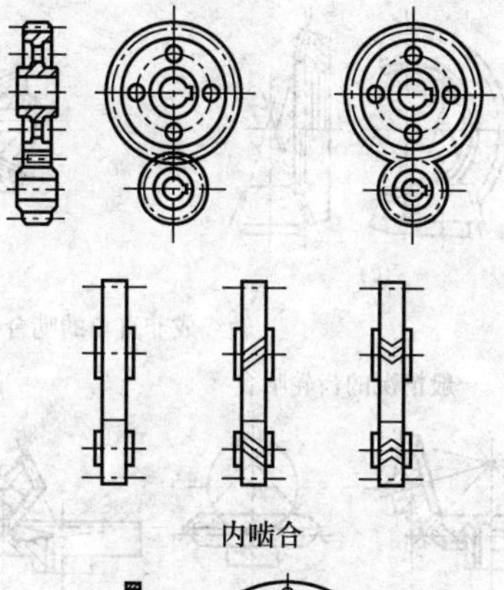 内啮合 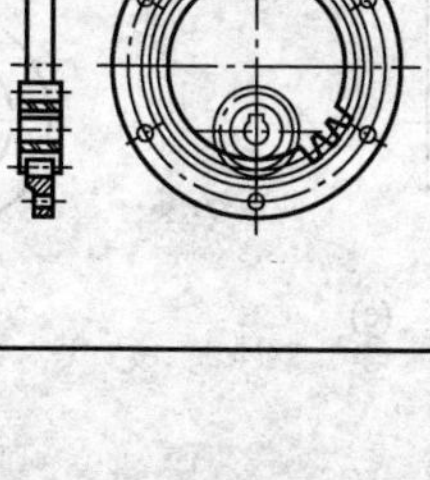

续表

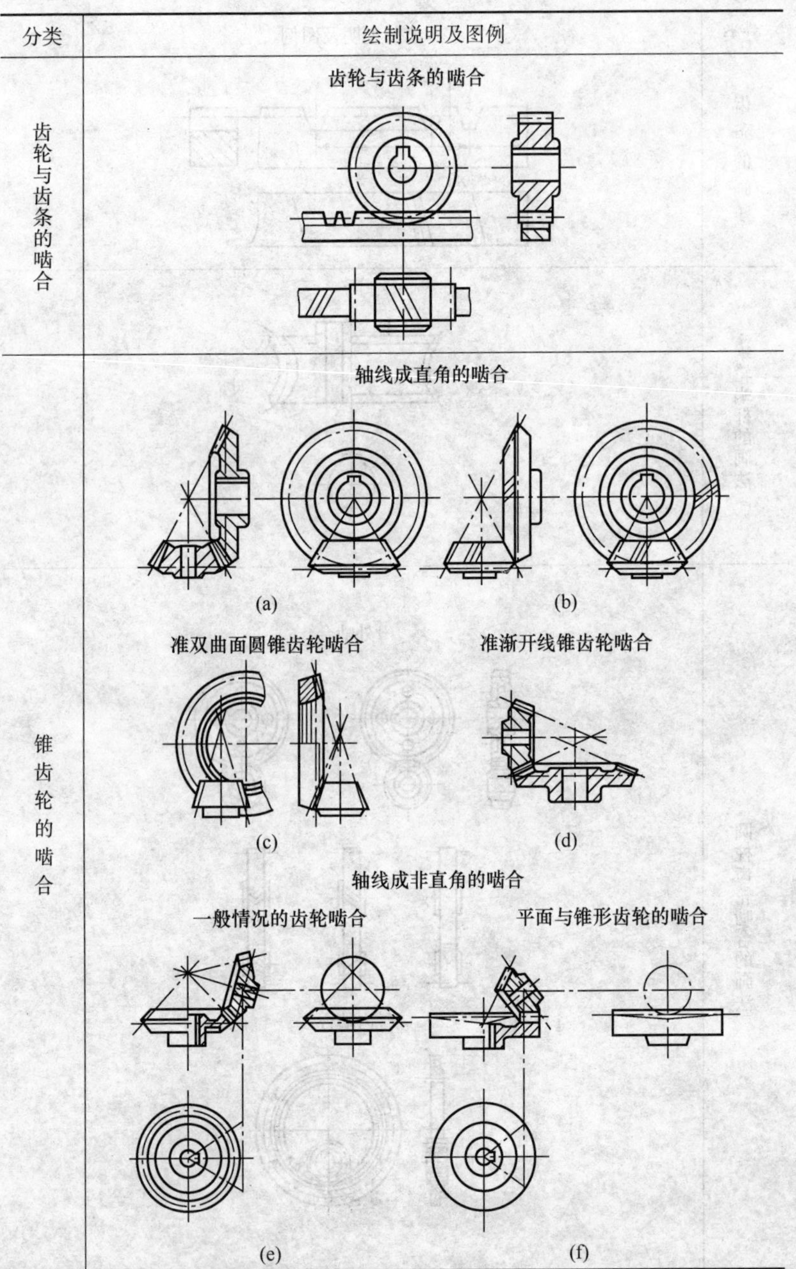

分类	绘制说明及图例
齿轮与齿条的啮合	齿轮与齿条的啮合
锥齿轮的啮合	轴线成直角的啮合 (a) (b) 准双曲面圆锥齿轮啮合 准渐开线锥齿轮啮合 (c) (d) 轴线成非直角的啮合 一般情况的齿轮啮合 平面与锥形齿轮的啮合 (e) (f)

续表

分类	绘制说明及图例
弧齿锥齿轮的啮合	轴线成直角的啮合　　轴线成非直角的啮合
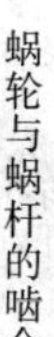 蜗轮与蜗杆的啮合	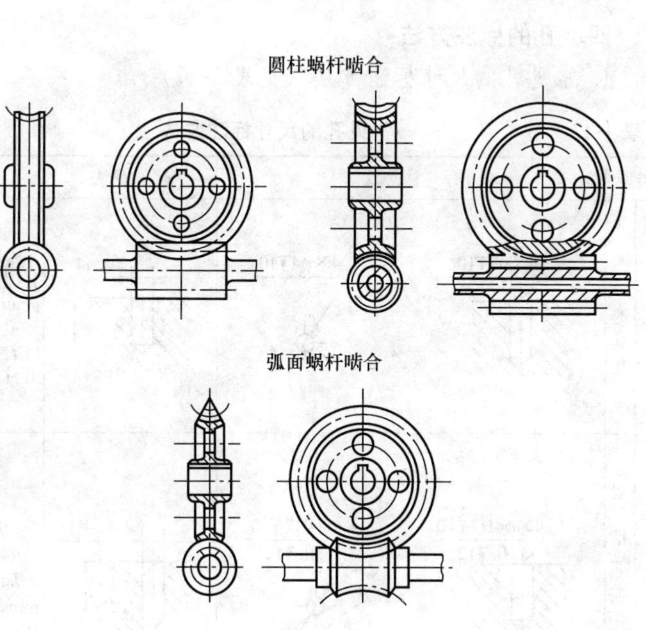

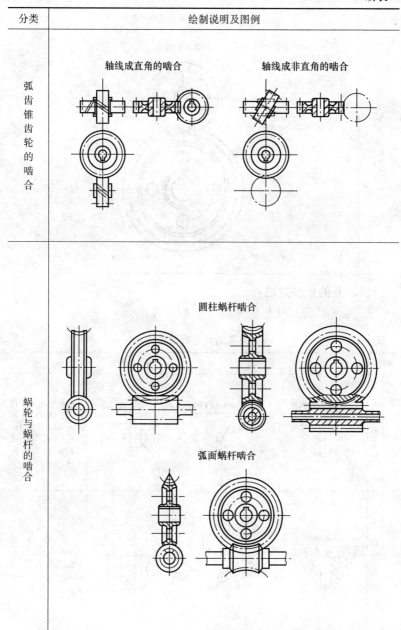

续表

分类	绘制说明及图例
圆弧齿轮的啮合	圆弧齿轮啮合 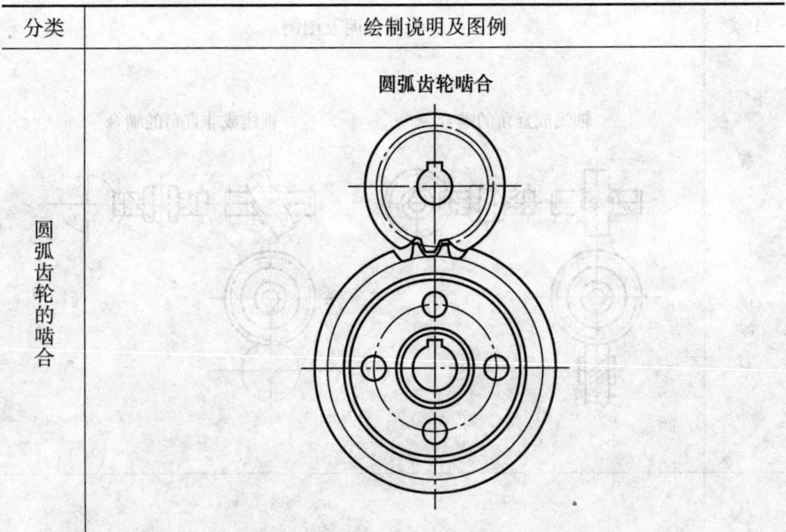

四、孔的标注方法

1. 常见孔的尺寸标注方法（见表 1-47）

表 1-47　常见孔的尺寸标注方法

类型		旁注法		普通注法	说明
光孔	一般孔	4×ϕ4↧10	4×ϕ4↧10	4×ϕ4 10	4×ϕ4 表示直径为 4mm 均匀分布的 4 个光孔 孔深可与孔径连注，也可以分开注出
	精加工孔	4×ϕ4H7↧10 孔↧12	4×ϕ4H7↧10 孔↧12	4×ϕ4H7 10　12	光孔深为 12mm；钻孔后需精加工至 $\phi4_{0}^{+0.012}$ mm，深度为 10mm

续表

类型		旁注法	普通注法	说明
沉孔	锥形沉孔	6×ϕ7 ⌴ ϕ13×90° 6×ϕ7 ⌴ ϕ13×90°	90° ϕ13 6×ϕ7	6×ϕ7 表示直径为 7mm 均匀分布的 6 个孔，锥形部分尺寸可以旁注，也可直接注出
	柱形沉孔	4×ϕ6.4 ⌴ ϕ12↧4.5 4×ϕ6.4 ⌴ ϕ12↧4.5	ϕ12 4.5 4×ϕ6.4	柱形沉孔的小直径为 ϕ6.4，大直径为 ϕ12，深度为 4.5mm，均需标注
	锪平孔	4×ϕ9 ⌴ ϕ20 4×ϕ9 ⌴ ϕ20	ϕ20 4×ϕ9	锪平 ϕ20 的深度不需标注，一般锪平到不出现毛面为止
螺孔	通孔	3×M6-7H 3×M6-7H	3×M6-7H	3×M6 表示直径为 6mm 均匀分布的三个螺孔 可以旁注，也可直接注出

续表

类型		旁 注 法	普通注法	说 明
螺孔	不通孔	3×M6-7H▼10　　3×M6-7H▼10	3×M6-7H　10	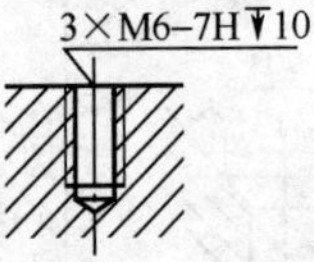  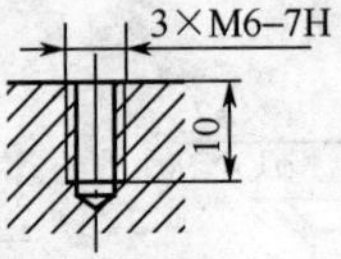 螺孔深度可与螺孔直径连注，也可分开注出
		3×M6-7H▼10 孔▼12　　3×M6-7H▼10 孔▼12	3×M6-7H　10　12	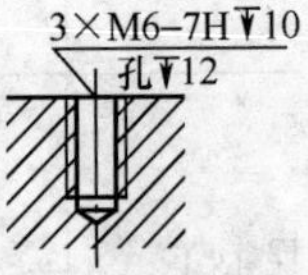 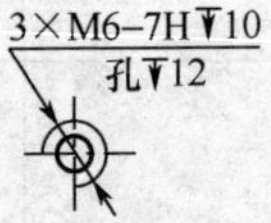 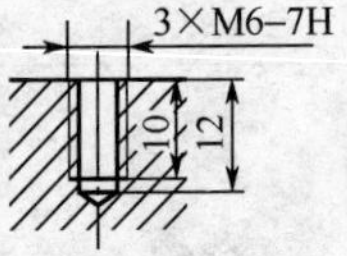 需要注出孔深时，应明确标注孔深尺寸

2. 中心孔

(1) 中心孔的符号（见表1-48）。

表1-48　　中心孔的符号（GB/T 145—2001）

要　求	符 号	标 注 示 例	解　释
在完工的零件上要求保留中心孔	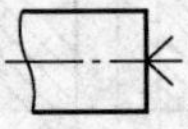	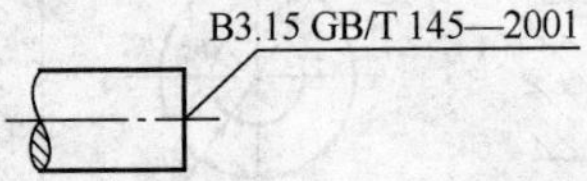 B3.15 GB/T 145—2001	要求作出B型中心孔 $d=3$，$D_{max}=7.5$；在完工的零件上要求保留中心孔
在完工的零件上可以保留中心孔		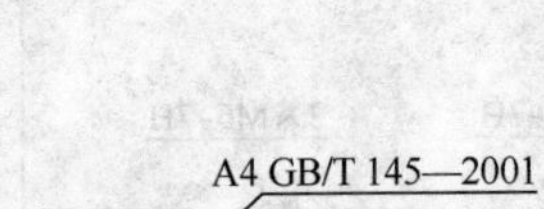 A4 GB/T 145—2001	用A型中心孔 $d=4$，$D_{max}=10$；在完工的零件上是否保留中心孔都可以

续表

要　求	符　号	标　注　示　例	解　释
在完工的零件上不允许保留中心孔		A1 GB/T 145—2001	用 A 型中心孔，$d=1.5$，$D_{\max}=4$；在完工的零件上不允许保留中心孔

（2）中心孔的标注方法（见表 1-49）。

表 1-49　　中心孔的标注方法（GB/T 145—2001）

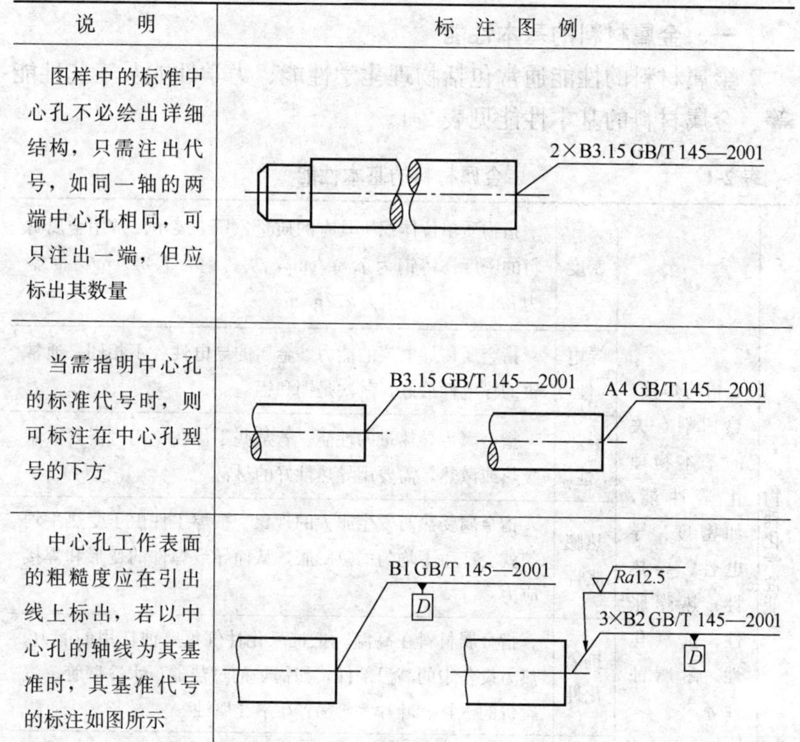

说　明	标　注　图　例
图样中的标准中心孔不必绘出详细结构，只需注出代号，如同一轴的两端中心孔相同，可只注出一端，但应标出其数量	2×B3.15 GB/T 145—2001
当需指明中心孔的标准代号时，则可标注在中心孔型号的下方	B3.15 GB/T 145—2001 A4 GB/T 145—2001
中心孔工作表面的粗糙度应在引出线上标出，若以中心孔的轴线为其基准时，其基准代号的标注如图所示	B1 GB/T 145—2001 D Ra12.5 3×B2 GB/T 145—2001 D

第二章

金属材料及其热处理知识

第一节 常用金属材料的性能

一、金属材料的基本性能

金属材料的性能通常包括物理化学性能、力学性能及工艺性能等。金属材料的基本性能见表 2-1。

表 2-1 金属材料的基本性能

物理化学性能	指与焊接、热切割有关的基本物理化学性能，如密度、导电性、导热性、热膨胀性、抗氧化性、耐腐蚀性等	密度	指物质单位体积所具有的质量，用 ρ 表示。常用金属材料的密度：铸钢为 7.8g/cm^3，灰铸钢为 7.2g/cm^3，黄铜为 8.63g/cm^3，铝为 2.7g/cm^3
		导电性	指金属传导电流的能力。金属的导电性各不相同，通常银的导电性最好，其次是铜和铝
		导热性	指金属传导热量的性能。若某些零件在使用时需要大量吸热或散热，需要用导热性好的材料
		热膨胀性	指金属受热时发生胀大的现象。被焊工件由于受热不均匀就会产生不均匀的热膨胀，从而导致焊件的变形和焊接应力
		抗氧化性	指金属材料在高温时抵抗氧化性气氛腐蚀作用的能力。热力设备中的高温部件，如锅炉的过热器、水冷壁管、汽轮机的汽缸、叶片等，易产生氧化腐蚀
		耐腐蚀性	指金属材料抵抗各种介质（如大气、酸、碱、盐等）侵蚀的能力。化工、热力等设备中许多部件是在苛刻的条件下长期工作的，所以选材时必须考虑焊接材料的耐腐蚀性，用时还要考虑设备及其附件的防腐措施

续表

<table>
<tr><td rowspan="5">力学性能</td><td rowspan="5">指金属材料在外部负荷作用下，从开始受力直至材料破坏的全部过程中所呈现的力学特征，是衡量金属材料使用性能的重要指标，如强度、硬度、塑性和韧性</td><td rowspan="2">强度</td><td rowspan="2">它代表金属材料对变形和断裂的抗力，用单位界面上所受的力（称为应力）表示。常用的强度指标有屈服强度及拉伸强度等</td><td>屈服强度</td><td>指钢材在拉伸过程中，当应力达到某一数值而不再增加时，其变形继续增加的拉力值，用 σ_s 表示。σ_s 值越高，材料强度越高</td></tr>
<tr><td>拉伸强度</td><td>指金属材料在破坏前所承受的最大拉应力，用 σ_s 表示，单位 MPa。σ_s 越大，金属材料抗衡断裂的能力越大，强度越高</td></tr>
<tr><td>塑性</td><td colspan="3">指金属材料在外力作用下产生塑性变形的能力，表示金属材料塑性性能的指标有伸长率、断面收缩率及冷弯角等</td></tr>
<tr><td>冲击韧性</td><td colspan="3">它是衡量金属材料抵抗动载荷或冲击力的能力，用冲击实验可以测定材料在突加载荷时对缺口的敏感性。冲击值是冲击韧性的一个指标，以 α_k 表示，α_k 大，材料的韧性大</td></tr>
<tr><td>硬度</td><td colspan="3">它是金属材料抵抗表面变形的能力。常用的硬度有：布氏硬度 HB、洛氏硬度 HR、维氏硬度 HV 三种</td></tr>
<tr><td rowspan="3">工艺性能</td><td rowspan="3">指承受各种冷、热加工的能力</td><td>切削性能</td><td colspan="3">指金属材料是否易于切削的性能。切削时，切削刀具不易磨损，切削力较小且被切削后工件表面质量好，则此材料的切削性能好，灰口铸铁具有较好的切削性能</td></tr>
<tr><td>铸造性能</td><td colspan="3">主要是指金属在液态时的流动性以及液态金属在凝固过程中的收缩和偏析程度。金属的铸造性能指保证铸件质量的重要性能之一</td></tr>
<tr><td>焊接性能</td><td colspan="3">指材料在限定的施工条件下，焊接成符合规定设计要求的构件，能满足预定使用要求的能力。焊接性能受材料、焊接方法、构件类型及使用要求等因素的影响。焊接性能有多种评定方法，其中广泛使用的方法是碳当量法，这种方法是基于合金元素对钢的焊接性能有不同程度的影响，将钢中合金元素（包括碳）的含量按其作用换算成碳的相当含量，可作为评定钢材焊接性能的一种参考指标</td></tr>
</table>

1. 常用金属材料的弹性模量

材料在弹性范围内，应力与应变的比值称为材料的弹性模量。

根据材料的受力状况的不同，弹性模量可分为：

（1）材料拉伸（压缩）的弹性模量

$$E=\frac{\sigma}{\varepsilon}$$

式中 E——拉伸（压缩）弹性模量，Pa；

σ——拉伸（压缩）的应力，Pa；

ε——材料轴向线应变。

（2）材料剪切的切变模量。

$$G=\frac{\tau}{\nu}$$

式中 G——切变模量，Pa；

τ——材料的剪切应力，Pa；

ν——材料轴向剪切应变。

常用材料的弹性模量见表 2-2。

表 2-2 常用材料的弹性模量

名 称	弹性模量 E（GPa）	切变模量 G（GPa）	名 称	弹性模量 E（GPa）	切变模量 G（GPa）
灰口、白口铸铁	115～160	45	轧制锰青铜	108	39.2
可锻铸铁	155	—	轧制铝	68	25.5～26.5
碳钢	200～220	81	拔制铝线	70	—
镍铬钢、合金结构钢	210	81	铸铝青铜	105	42
铸钢	202	—	硬铝合金	70	26.5
轧制纯铜	108	39.2	轧制锌	84	32
冷拔纯铜	127	48	铅	17	2
轧制磷青铜	113	41.2	玻璃	55	1.92
冷拔黄铜	89～97	35～37	混凝土	13.7～39.2	4.9～15.7

2. 常用金属材料的熔点

金属或合金从固态向液态转变时的温度称为熔点。单质金属都有固定的熔点，常用金属的熔点见表 2-3。

表 2-3　　常用金属材料的线胀系数

金属名称	符号	密度(20℃) ρ(kg/m³)	熔点 (℃)	热导率 λ (W/m·K)	线胀系数 (0～100℃) $\alpha_l(10^{-6}/℃)$	电阻率(0℃)ρ $(10^{-6}\Omega\cdot cm)$
银	Ag	10.49×10^3	960.8	418.6	19.7	1.5
铜	Cu	8.96×10^3	1083	393.5	17	1.67～1.68(20℃)
铝	Al	2.7×10^3	660	221.9	23.6	2.655
镁	Mg	1.74×10^3	650	153.7	24.3	4.47
钨	W	19.3×10^3	3380	166.2	4.6(20℃)	5.1
镍	Ni	4.5×10^3	1453	92.1	13.4	6.84
铁	Fe	7.87×10^3	1538	75.4	11.76	9.7
锡	Sn	7.3×10^3	231.9	62.8	2.3	11.5
铬	Cr	7.19×10^3	1903	67	6.2	12.9
钛	Ti	4.508×10^3	1677	15.1	8.2	42.1～47.8
锰	Mn	7.45×10^3	1244	4.98(−192℃)	37	185(20℃)

合金的熔点取决于它们的成分，如钢和生铁都是铁、碳为主的合金，但由于含碳量不同，熔点也不相同。熔点是金属或合金冶炼、铸造、焊接等工艺的重要参数。

3. 常用金属材料的线胀系数

金属材料随温度变化而膨胀、收缩的特性称为热膨胀性。一般来说，金属受热时膨胀而体积增大，冷却时收缩而体积减小。

热膨胀性的大小用线胀系数和体胀系数来表示。线胀系数计算公式如下

$$\alpha_l = \frac{l_2 - l_1}{l_1 \Delta t}$$

式中　α_l——线胀系数，K^{-1}或$℃^{-1}$；

l_1——膨胀前的长度，m；

l_2——膨胀后的长度，m；

Δt——温度变化量，K 或℃。

体胀系数近似为线胀系数的 3 倍。常用金属材料的线胀系数见表 2-3。

二、钢的分类及其焊接性能

钢和铁都是以铁和碳为主要元素的合金。以铁为基础和碳及其

他元素组成的合金，通常称为黑色金属，黑色金属又按铁中含碳量的多少分为生铁和钢两大类。含碳量在 2.11% 以下的铁碳合金称为钢；含碳量为 2.11 %～6.67% 的铁碳合金称为铸铁。

（一）常用钢的分类、力学性能和用途

1. 按化学成分分类

(1) 碳素结构钢。碳素结构钢中除铁以外，主要还含有碳、硅、锰、硫、磷等几种元素，这些元素的总量一般不超过 2% 。

碳素结构钢的牌号由代表屈服点的拼音字母“Q”、屈服点数值、质量等级符号和脱氧方法符号四部分按顺序组成。

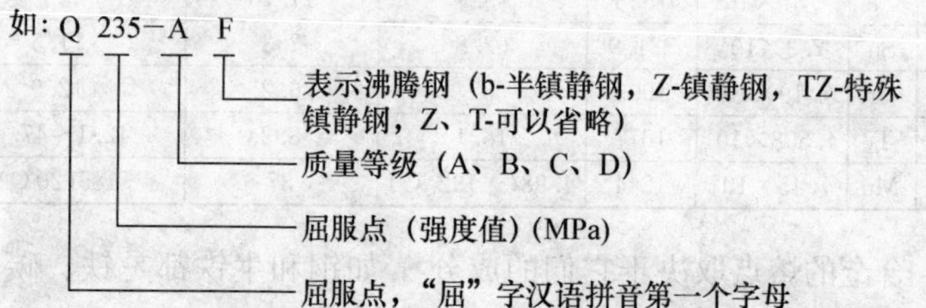

碳素结构钢的化学成分、力学性能、主要特性和用途见表 2-4～表 2-6。

表 2-4　碳素结构钢的牌号及化学成分（GB/T 700—2006)

牌号	统一数字代号	等级	厚度（或直径）(mm)	脱氧方法	化学成分(质量分数,%)≤				
					C	Si	Mn	P	S
Q195	U11952	—	—	F、Z	0.12	0.30	0.50	0.035	0.040
Q215	U12152	A	—	F、Z	0.15	0.35	1.20	0.045	0.050
	U12155	B							0.045
Q235	U12352	A	—	F、Z	0.22	0.35	1.40	0.045	0.050
	U12355	B			0.20				0.045
	U12358	C		Z	0.17			0.040	0.040
	U12359	D		TZ				0.035	0.935
Q275	U12752	A	—	F、Z	0.24	0.35	1.50	0.045	0.050
	U12755	B	≤40	Z	0.21			0.045	0.045
			>40		0.22				
	U12758	C	—	Z	0.20			0.040	0.040
	U12759	D		TZ				0.035	0.035

表 2-5　　碳素结构钢的力学性能（GB/T 700—2006）

牌号	等级	上屈服强度/MPa≥						抗拉强度/MPa≥	断后伸长率（%）≥					冲击试验（V形缺口）	
		厚度（或直径，mm）							厚度（或直径，mm）					温度/℃	冲击吸收能量（纵向）/J≥
		≤16	>16～40	>40～40	>60～100	>100～150	>150～200		≤40	>40～60	>60～100	>100～150	>150～200		
Q195	—	195	185	—	—	—	—	315～430	33	—	—	—	—	—	—
Q215	A	215	205	195	185	175	165	335～450	31	30	29	27	26	—	—
	B													+20	27
Q235	A	235	225	215	215	195	185	370～500	26	25	24	22	31	—	—
	B													+20	27
	C													0	
	D													−20	
Q275	A	275	265	255	245	225	215	410～540	22	21	20	18	17	—	—
	B													+20	27
	C													0	
	D													−20	

表 2-6 碳素结构钢的特性和用途

牌号	主要特性	用途举例
Q195	含碳、锰量低，强度不高，塑性好，韧性高，具有良好的工艺性能和焊接性能	广泛用于轻工、机械、运输车辆、建筑等一般结构件，自行车、农机配件、五金制品、焊管坯，输送水、煤气等用管，烟筒、屋面板、拉杆、支架及机械用一般结构零件
Q215	含碳、锰量较低，强度化Q195稍高，塑性好，具有良好的韧性、焊接性能和工艺性能	用于厂房、桥梁等大型结构件，建筑桁架、铁塔、井架及车船制造结构件，轻工、农业等机械零件，王金工具、金属制品等
Q235	含碳量适中，具有良好的塑性、韧性、焊接性能、冷加工性能以及一定的强度	大量生产钢板、型钢、钢筋，用以建造厂房房架、高压输电铁塔、桥梁、车辆等。其C、D级钢含硫、磷量低，相当于优质碳素结构钢，质量好，适于制造对焊接性及韧性要求较高的工程结构机械零部件、如机座、支架，受力不大的拉杆、连杆、销、轴、螺钉（母)、轴、套圈等
Q275	碳及硅、锰含量高一些，具有较高的强度，较好的塑性，较高的硬度和耐磨性，一定的焊接性能和较好的切削加工性能。完全淬火后，其硬度可达270～400HBW	用于制造心轴、齿轮、销轴、链轮、螺栓（母)、垫圈、制动杆、鱼尾板、垫板，农机用型材、机架、耙齿、播种机开沟器架、输送链条等

(2) 优质碳素结构钢。优质碳素结构钢的牌号用两位数表示，这两位数字表示该钢平均含碳量的万分数。优质碳素结构钢根据钢中的含锰量不同，分为普通含锰量钢（Mn 的质量分数小于0.80%）和较高含锰量钢（Mn 的质量分数为 0.70%～1.2%）两组。较高含锰量钢在牌号后面标出元素符号“Mn”或汉字“锰”。

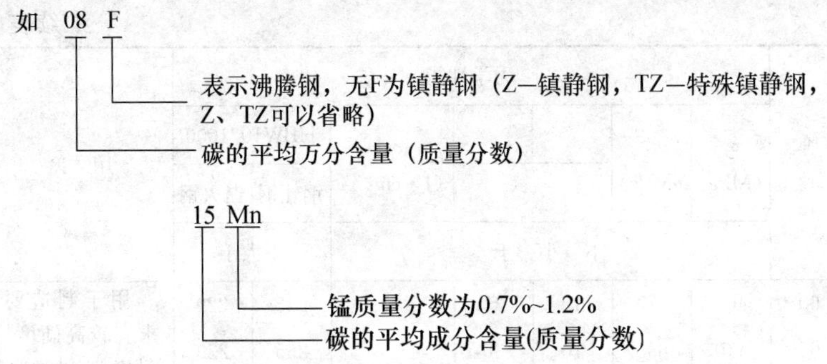

优质碳素结构钢的力学性能及用途见表 2-7 。

表 2-7　优质碳素结构钢的力学性能及用途（GB/T 699—1999）

牌号	力学性能							用途
	σ_s (MPa)	σ_b (MPa)	δ (%)	ψ (%)	σ_k ($J \cdot cm^{-2}$)	HBW10/1000 钢轧钢	HBW10/1000 退火钢	
	不小于					不大于		
08F	175	295	35	60	—	131	—	用于制作冲压件、焊结构件及强度要求不高的机械零件和渗碳件。如深冲器件、压力容器、小轴、销子、法兰盘、螺钉和垫圈等
08	195	325	33	60	—	131	—	
10F	185	315	33	55	—	137	—	
10	205	335	31	55	—	137	—	
15F	205	355	29	55	—	143	—	
15	225	375	27	55	—	143	—	
20	245	410	25	55	—	156	—	
25	275	450	23	50	88.3	170	—	
30	295	490	21	50	78.5	179	—	
35	315	530	20	45	68.7	197	—	用于制造受力较大的机械零件、如连杆、曲轴、齿轮和联轴器等
40	335	570	19	45	58.8	217	187	
45	355	500	16	40	49	229	197	
50	375	630	14	40	39.2	241	207	
55	380	645	13	35	—	255	217	

续表

牌号	力学性能							用　途
	σ_s (MPa)	σ_b (MPa)	δ	ψ	σ_k ($J \cdot cm^{-2}$)	HBW10/1000		
			(%)			钢轧钢	退火钢	
	不　小　于					不大于		
60	400	675	12	35	—	255	229	用于制造要求有较高硬度、耐磨性和弹性的零件,如气门弹簧、弹簧垫圈、板簧和螺旋弹簧等弹性元件及耐磨件
65	410	695	10	30	—	255	229	
70	420	715	9	30	—	269	229	
75	880	1080	7	30	—	285	241	
80	930	1080	6	30	—	285	241	
85	980	1130	6	30	—	302	255	
15Mn	245	410	25	55	—	163	—	锰钢用于制造较相同含碳量结构钢截面更大、力学性能稍高的机械零件
20Mn	275	450	24	50	—	197	—	
25Mn	295	490	22	50	88.3	207	—	
30Mn	315	540	20	45	78.5	217	187	
35Mn	335	560	18	45	68.7	329	197	
40Mn	355	590	17	45	58.8	229	207	
45Mn	375	620	15	40	49	241	217	
50Mn	390	645	13	40	39.2	255	217	
60Mn	410	695	11	35	—	269	229	
65Mn	430	735	9	30	—	285	229	
70Mn	450	785	8	30	—	285	229	

(3)合金结构钢。合金结构钢中除碳素钢所含有的各元素外，尚有其他一些元素，如铬、镍、钛、钼、钨、钒、硼等。如果碳素钢中锰的含量超过 0.8%，或硅的含量超过 0.5%，则这种钢也称为合金结构钢。

根据合金元素的多少，合金结构钢又可分为:普通低合金结构钢（普低钢），合金元素总含量小于 5%;中合金结构钢，合金元素总含量为 5%～10%;高合金结构钢，合金元素总含量大于

10%。

1)低合金结构钢。低合金结构钢是一种低碳(C的质量分数小于0.20%)、低合金的钢，由于合金元素的强化作用,这类钢较相同含碳量的碳素结构钢力学性能要好，一般焊成构件后不再进行热处理。低合金结构钢牌号含义如下:

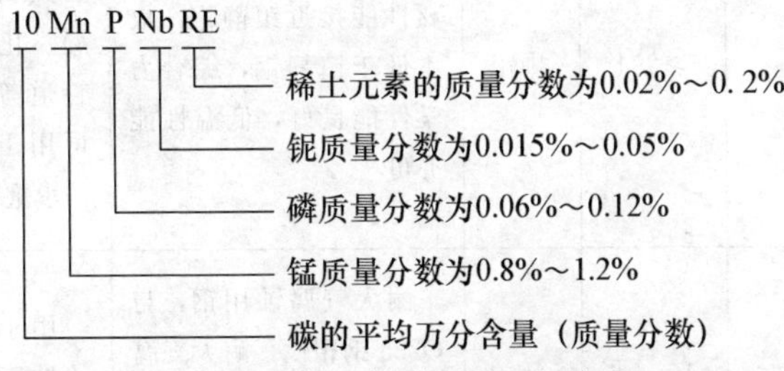

常用低合金结构钢的牌号、性能和用途见表2-8。

表2-8　　常用低合金结构钢的牌号、性能和用途

序号	牌号	强度级别/MPa	使用状态	主要特性	用途举例
1	09MnV	≥294	热轧或正火	塑性良好、韧性、冷弯性及焊接性也较好，但耐蚀性一般，09MnNb钢可用于－50℃低温	车辆部门的冲压件、建筑金属构件、容器、拖拉机轮圈
2	09MnNb				
3	09Mn2	≥294	热轧或正火	焊接性优良，塑性、韧性极高、薄板冲压性能好，低温性能亦可	低压锅炉汽包、中低压化工容器、薄板冲压件、输油管道、储油罐等
4	12Mn	≥294	热轧	综合性能良好（塑性、焊接性、冷热加工性、低中温性能都较好）、成本较低	低压锅炉板以及用于金属结构、造船、容器、车辆和有低温要求的工程

续表

序号	牌号	强度级别/MPa	使用状态	主要特性	用途举例
5	18Nb	≥294	热轧	为含铌半镇静钢，钢材性能接近镇静钢，成本低于镇静钢，综合力学性能良好，低温性能亦可	用在起重机、鼓风机、原油油罐、化工容器、管道等方面，也可用于工业厂房的承重结构
6	09MnCuPTi	≥343	热轧	耐大气腐蚀用钢，与Q235钢相比，耐大气腐蚀性能高1～1.5倍，强度高50%左右。此钢的塑性、韧性、冷变形性、焊接性均良好，在−50℃时仍具有一定的低温冲击韧度	用于潮湿多雨的地区和腐蚀气氛工业区制造厂房、工程、桥梁构件和焊接件，车辆电站、矿井机械构件
7	10MnSiCu	≥343	热轧	塑性、韧性、冷变形性、焊接性均良好，有一定的耐大气腐蚀性	用于潮湿多雨的地区和腐蚀气氛工业区制造桥梁、工程构件和焊接件
8	12MnV	≥343	热轧或正火	强度、韧性高于12Mn钢，其他性能都和12Mn钢接近	车辆及一般金属结构件、机械零件（此钢为一般结构用钢）
9	14MnNb	≥343	热轧或正火	综合力学性能良好、特别是塑性、焊接性能良好，低温韧性相当于16Mn钢	工作温度为−20～450℃的容器及其他焊接件

续表

序号	牌号	强度级别/MPa	使用状态	主要特性	用途举例
10	16Mn	≥343	热轧或正火	综合力学性能、焊接性及低温韧性、冷冲压及切削性均好，与Q235A钢相比，强度提高50%，耐大气腐蚀能力提高20%～38%，低温冲击韧度也比Q235A钢优越，但缺口敏感性较碳素钢大，价廉，应用广泛	各种大型船舶、铁路车辆、桥梁、管道、锅炉、压力容器、石油储罐、起重及矿山机械、电站设备、厂房钢架等承受动负荷的各种焊接结构上，－40℃以下寒冷地区的各种金属构件，也可代15Mn钢作渗碳零件
11	16MnRE	≥343	热轧或正火	性能同16Mn钢，但冲击韧度和冷变形性能较高	和16Mn钢相同（汽车大梁用钢）
12	10MnPNbRE	≥392	热轧	综合力学性能、焊接性及耐蚀性良好，其耐海水腐蚀能力比16Mn钢高60%，低温韧性也优于16Mn钢，冷弯性能特别好，强度高	为耐海水及大气腐蚀用钢，用作耐大气及海水腐蚀的港口码头设施、石油井架、车辆、船舶、桥梁等方面的金属结构件

2）合金结构钢。合金结构钢的牌号采用两位数字（碳的平均万分含量）、元素符号（或汉字）加上数字来表示。合金结构钢牌号含义如下：

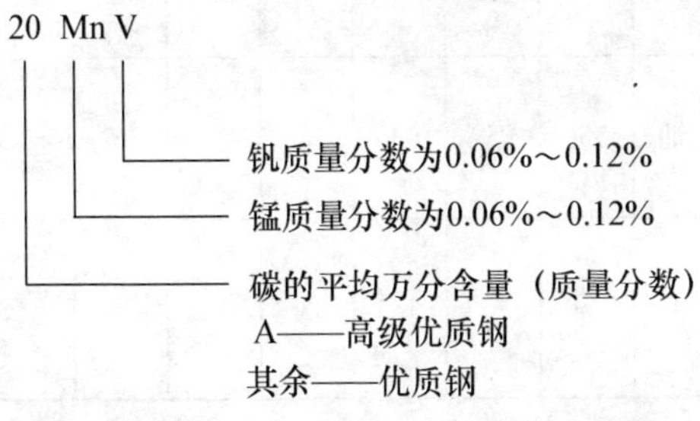

合金结构钢根据含碳量的不同又可分为合金渗碳钢和合金调质钢。常用合金渗碳钢的牌号、性能和用途见表2-9，常用调质钢的牌号、热处理及力学性能见表2-10。

表2-9　常用合金渗碳钢的牌号、性能和用途

牌号	试样毛坯尺寸(mm)	力学性能					用途
		σ_b (MPa)	σ_s (MPa)	σ_5 (%)	ψ (%)	α_k (J/cm^2)	
		不小于					
20Cr	15	835	540	10	40	60	齿轮、齿轮轴、凸轮、活塞销
20Mn2B	15	980	785	10	45	70	齿轮、轴套、气阀挺杆、离合器
20MnVB	15	1080	885	10	45	70	重型机床的齿轮和轴、汽车后桥齿轮
20CrMnTi	15	1080	835	10	45	70	汽车、拖拉机上的变速齿轮，传动轴
12CrNi3	15	930	685	11	50	90	重负荷下工作的齿轮、轴、凸轮轴
20Cr2Ni4	15	1175	1080	10	45	80	大型齿轮和轴，也可用作调质件

表2-10　常用调质钢的牌号、热处理及力学性能

牌号	热处理				力学性能					用途
	淬火		回火		σ_b (MPa)	σ_s (MPa)	δ (%)	ψ (%)	α_k (J/cm^2)	
	温度/℃	介质	温度/℃	介质	不小于					
40Cr	850	油	520	水、油	980	785	9	45	60	齿轮、花键轴、后半轴、连杆、主轴
45Mn2	840	油	550	水、油	885	735	10	45	60	齿轮、齿轮轴、连杆盖、螺栓
35CrMo	850	油	550	水、油	980	835	12	45	80	大电动机轴、锤杆、连杆、轧钢机曲轴

续表

牌号	热处理				力学性能					用途
	淬火		回火		σ_b (MPa)	σ_s (MPa)	δ (%)	ψ (%)	α_k (J/cm^2)	
	温度(℃)	介质	温度(℃)	介质	不小于					
30CrMnSi	880	油	520	水、油	1080	835	10	45	50	飞机起落架、螺栓
40MnVB	850	油	520	水、油	980	785	10	45	60	代替40Cr制作汽车和机床上的轴、齿轮
30CrMnTi	850	油	220	水、空气	1470	—	9	40	60	汽车主动锥齿轮、后主齿轮、齿轮轴
38CrMoAlA	940	水、油	640	水、油	980	835	14	50	90	磨床主轴、精密丝杠、量规、样板

注 30CrMnTi 钢淬火前需加热到 880℃，进行第一次淬火或正火。

2. 按用途分类

常用钢按用途不同分类有结构钢、工具钢、特殊用途钢（如不锈钢、耐酸钢、耐热钢、低温钢等）。

（1）弹簧钢。弹簧钢中碳的质量分数一般为 0.45%～0.70%，具有高的弹性极限（即有高的屈服点或屈强比），高的疲劳极限与足够的塑性和韧性。

弹簧钢的牌号与结构钢牌号相似，含义如下：

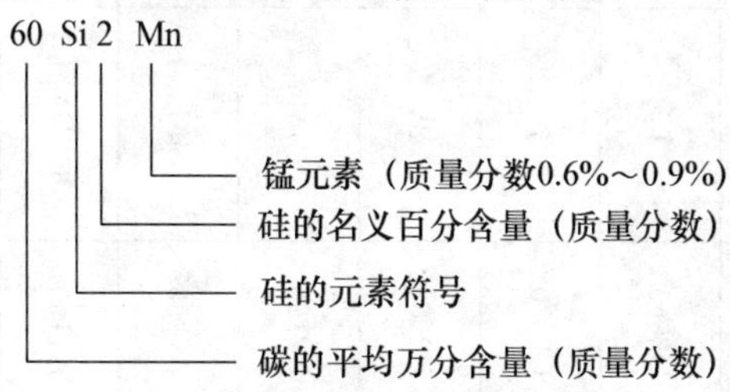

常用弹簧钢的牌号、化学成分、交货硬度、力学性能、特性及用途见表 2-11～表 2-14。常用弹簧材料的特性及用途见表 2-15。

表 2-11 常用弹簧钢的牌号及化学成分（GB/T 1222 — 2007）

序号	统一数字代号	牌号	化学成分（质量分数,%）										
			C	Si	Mn	Cr	V	W	B	Ni	Cu	P	S
										≤			
1	U20652	65	0.62～0.70	0.17～0.37	0.50～0.80	≤0.25	—	—	—	0.25	0.25	0.035	0.035
2	U20702	70	0.62～0.75	0.17～0.37	0.50～0.80	≤0.25	—	—	—	0.25	0.25	0.035	0.035
3	U20852	85	0.82～0.90	0.17～0.37	0.50～0.80	≤0.25	—	—	—	0.25	0.25	0.035	0.035
4	U21653	65Mn	0.62～0.70	0.17～0.37	0.90～1.20	≤0.25	—	—	—	0.25	0.25	0.035	0.035
5	A77552	55SiMnVB	0.52～0.60	0.70～1.00	1.00～1.30	≤0.35	0.08～0.16	—	0.0005～0.0035	0.35	0.25	0.35	0.035
6	A11602	60Si2Mn	0.54～0.64	1.50～2.00	0.70～1.00	≤0.35	—	—	—	0.35	0.25	0.035	0.035
7	A11603	60Si2MnA	0.56～0.64	1.60～2.00	0.70～1.00	≤0.35	—	—	—	0.35	0.25	0.025	0.025
8	A21603	60Si2CrA	0.56～0.64	1.40～1.80	0.40～0.70	0.70～1.00	—	—	—	0.35	0.25	0.025	0.025

续表

序号	统一数字代号	牌号	化学成分(质量分数,%)										
			C	Si	Mn	Cr	V	W	B	Ni	Cu	P	S
										≤			
9	A28603	60Si2CrVA	0.56～0.64	1.40～1.80	0.40～0.70	0.90～1.20	0.10～0.20	—	—	0.35	0.25	0.025	0.025
10	A21553	55SiCrA	0.51～0.59	0.20～1.60	0.50～0.80	0.50～0.80	—	—	—	0.35	0.25	0.025	0.025
11	A22553	55CrMnA	0.52～0.60	0.17～0.37	0.65～0.95	0.65～0.95	—	—	—	0.35	0.25	0.025	0.025
12	A22603	60CrMnA	0.56～0.64	0.17～0.37	0.70～1.00	0.70～1.00	—	—	—	0.35	0.25	0.025	0.025
13	A23503	50CrVA	0.46～0.54	0.17～0.37	0.50～0.80	0.80～1.10	0.10～0.20	—	—	0.35	0.25	0.025	0.025
14	A22613	60CrMnBA	0.56～0.64	0.17～0.37	0.70～1.00	0.70～1.00	—	—	0.0005～0.0040	0.35	0.25	0.025	0.025
15	A27303	30W4Cr2VA	0.26～0.34	0.17～0.37	≤0.40	2.00～2.50	0.50～0.80	4.00～4.50	—	0.35	0.25	0.025	0.025

注 1. 用平炉或转炉冶炼时，不带 A 的钢 S、P 的质量分数均不大于 0.04%，加 A 的钢 S、P 的质量分数均不大于 0.03%。
2. 当钢材不按淬透性交货时，在牌号上加“Z”。

表 2-12　常用弹簧钢的力学性能（GB/T 1222 — 2007）

序号	牌号	热处理制度			力学性能≥				
		淬火温度（℃）	淬火冷却介质	回火温度（℃）	抗拉强度（MPa）	下屈服强度（MPa）	断后伸长率		断面收缩率（%）
							δ（%）	$\delta_{11.3}$（%）	
1	65	840	油	500	980	785	—	9	35
2	70	830	油	480	1030	835	—	8	30
3	85	820	油	480	1130	980	—	6	30
4	65Mn	830	油	540	980	785	—	8	30
5	55SiMnVB	860	油	460	1375	1225	—	5	30
6	60Si2Mn	870	油	480	1275	1180	—	5	25
7	60Si2MnA	870	油	440	1570	1375	—	5	20
8	60Si2CrA	870	油	420	1765	1570	6	—	20
9	60Si2CrVA	850	油	410	1860	1665	6	—	20
10	55SiCrA	860	油	450	1450～1750	1300（$\sigma_{p0.2}$）	6	—	25
11	55CrMnA	830～860	油	460～510	1225	1080（$\sigma_{p0.2}$）	9	—	20
12	60CrMnA	830～860	油	460～520	1225	1080（$\sigma_{p0.2}$）	9	—	20
13	50CrVA	850	油	500	1275	1130	10	—	40
14	60CrMnBA	830～860	油	460～520	1225	1080（$\sigma_{p0.2}$）	9	—	20
15	30W4Cr2VA	1050～1100	油	600	1470	1325	7	—	40

表 2-13　　常用合金弹簧钢的交货硬度（GB/T 1222—2007）

<table>
<tr><th>组合</th><th>牌　　号</th><th>交货状态</th><th>布氏硬度 HBW≤</th></tr>
<tr><td>1</td><td>65 70</td><td rowspan="3">热轧</td><td>285</td></tr>
<tr><td>2</td><td>85 65Mn</td><td>302</td></tr>
<tr><td>3</td><td>60Si2Mn 60Si2MnA 50CrVA
55SiMnVB 55CrMnA 60CrMnA</td><td>321</td></tr>
<tr><td rowspan="2">4</td><td rowspan="2">60Si2CrA 60Si2CrVA 60CrMnBA
55SiCrA 30W4Cr2VA</td><td>热轧</td><td>供需双方协商</td></tr>
<tr><td>热轧＋热处理</td><td>321</td></tr>
<tr><td>5</td><td rowspan="2">所有牌号</td><td>冷拉＋热处理</td><td>321</td></tr>
<tr><td>6</td><td>冷拉</td><td>供需双方协商</td></tr>
</table>

表 2-14　　常用弹簧钢的特性和用途

序号	系列	牌号	主 要 特 性	用 途 举 例
1	碳素钢	65	经适当热处理后强度与弹性相当高，回火脆性不敏感，切削加工性差，大尺寸工件淬火时易裂，宜采用正火，小尺寸工件可淬火	主要用于制造气门弹簧、弹簧圈、弹簧垫片、琴钢丝等
2	碳素钢	70	强度和弹性均较 65 钢稍高，其他性能相近，淬透性较低，弹簧线径超过 15mm 不能淬透	用于制造截面不大的弹簧以及扁弹簧、圆弹簧、阀门弹簧、琴钢丝等
3	碳素钢	85	强度较 70 钢稍高，弹性略低，淬透性较差	制造截面不大和承受强度不太高的振动弹簧，如铁道车辆、汽车、拖拉机及一般机械上的扁形板簧、圆形螺旋弹簧等

续表

序号	系列	牌号	主要特性	用途举例
4	碳素钢	65Mn	强度高，淬透性较大，脱碳倾向小，有过热敏感性，易生淬火裂纹，有回火脆性	适宜制作较大尺寸的各种扁、圆弹簧，如座垫板簧、弹簧发条、弹簧环、气门弹簧、钢丝冷卷形弹簧、轻型载货汽车及小汽车的离合器弹簧与制动弹簧，热处理后可制作板簧片及螺旋弹簧与变截面弹簧等
5	硅锰钒硼钢	55SiMnVB	有较好的淬透性，较好的综合力学性能和较长的疲劳寿命，过热敏感性小，耐回火性高	适用于制造中小型汽车及其他中等截面尺寸的板簧和螺旋弹簧
6	硅锰钢	60Si2Mn	强度和弹性极限比55Si2Mn钢稍高，其他性能相近，工艺性能稳定	用于制造铁道车辆、汽车和拖拉机上的板簧和螺旋弹簧、安全阀簧，各种重型机械上的减振器，仪表中的弹簧、摩擦片等
7	硅锰钢	60Si2MnA	钢质较60Si2Mn钢更纯净	均与60Si2Mn钢同，但用途更广泛
8	硅铬钢	60Si2CrA	淬透性和耐回火性高，过热敏感性较硅锰钢低，热处理工艺性和强度、屈强比均优于硅锰钢	可用作承受负载大、冲击振动负载较大、截面尺寸大的重要弹簧，如工作温度为200～300℃的汽轮机汽封阀簧、冷凝器支撑弹簧、高压水泵碟形弹簧等
9	硅铬钒钢	60Si2CrVA	铬、钒提高钢的淬透性和耐回火性，降低钢的过热敏感性和脱碳倾向，细化晶粒。因此该钢的热处理工艺性、强度、屈服比均优于硅锰钢	可用作承受负载大、冲击振动负载较大、截面尺寸大的重要弹簧，如工作温度小于或等于450℃的重要弹簧

续表

序号	系列	牌号	主要特性	用途举例
10	硅铬钢	55SiCrA	抗弹性减退性能优良，强度高，耐回火性好	主要用于制造在较高工作温度下耐高应力的内燃机阀门及其他重要螺旋弹簧
11	铬锰钢	55CrMnA	具有较高的强度、塑性和韧性，淬透性优于硅锰钢，过热敏感性比硅锰钢高，比锰钢低，对回火脆性敏感，焊接性能低	制造负载较重，应力较大的板簧和直径较大的螺旋弹簧
12	铬锰钢	60CrMnA	与 55CrMnA 钢基本相同	用于制造叠板弹簧、螺旋弹簧、扭转弹簧等
13	铬钒钢	50CrVA	经适当热处理后具有较好的韧性，高的比例极限，高的疲劳强度及较低的弹性模数，屈强比高，并有高的淬透性和较低的过热敏感性，冷变形塑性低，焊接性低	用于制造特别重要的承受大应力的各种尺寸的螺旋弹簧，发动机气门弹簧，大截面的及在 400℃以下工作的重要弹性零件
14	铬锰硼钢	60CrMnBA	与 55CrMnA 钢基本相同，但淬透性更好	用于制作大型叠板弹簧、扭转弹簧、螺旋弹簧等
15	钨铬钒钢	30W4Cr2VA	具有良好的室温及高温性能，强度高，淬透性好，高温抗松弛性能及热加工性能均良好	用于制造在 500℃以下工作的耐热弹簧，如汽轮机的主蒸汽阀弹簧、汽封弹簧片、锅炉的安全阀弹簧等

（2）工具钢。

1）碳素工具钢。碳素工具钢的牌号以汉字“碳”或汉语拼音字母字头“T”后面标以阿拉伯数字表示，碳素工具钢的牌号含义如下

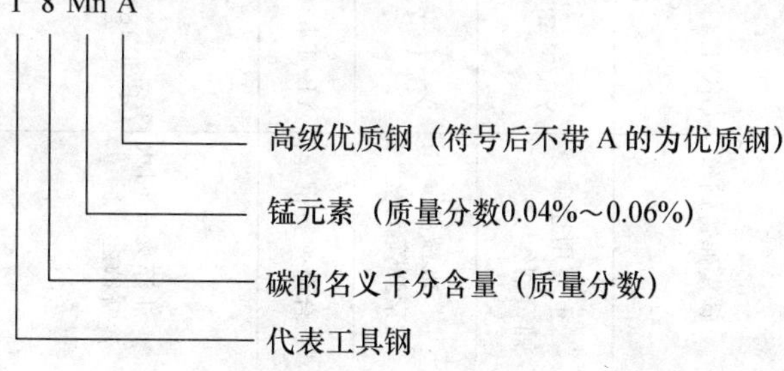

表 2-15 常用弹簧材料的特性和用途

材料名称	标准号	材料牌号	规格（mm）	主要特性	用途举例
碳素弹簧钢丝	GB/T 4357—2009	25、30、35、40、45、50、55、60、65、70、75、80、40Mn、45Mn、50Mn、60Mn、65Mn、70Mn	A组：ϕ0.08～ϕ10 B、C组：ϕ0.08～ϕ13	强度高，性能好，适用温度为−40～130℃，价格低	A组用于一般用途弹簧，B组用于较低应力弹簧，C组用于较高应力
重要用途碳素弹簧钢丝	YB/T 5311—2010	60、65、70、75、80、T8Mn、T9、T9A、60Mn、65Mn、70Mn	G1，G2组：ϕ0.08～ϕ6 F组：ϕ2～ϕ6	强度高，韧性好，适用温度为−40～130℃	用于重要的小型弹簧，F组用于阀门弹簧
非机械弹簧用碳素弹簧钢丝	YB/T 5220—1993	优质碳素结构钢或碳素工具钢	ϕ0.2～ϕ7	较高的强度和耐疲劳性能，成形性好	用于家具、汽车座靠垫、室内装饰
合金弹簧钢丝	YB/T 5318—2010	50CrVA、55SiCrA、60Si2MnA	ϕ0.5～ϕ14	—	用于承受中、高应力的机械弹簧
油淬火＋回火弹簧钢丝	GB/T 18983—2003	65、70、65Mn、50CrVA、60Cr2MnA、55SiCrA	ϕ0.5～ϕ17	强度高、弹性好	静态钢丝适用于一般用途钢丝 中疲劳强度钢丝用于离合器弹簧、悬架弹簧 高疲劳钢丝用于剧烈运动场合，如阀门弹簧等
闸门用铬钒弹簧钢丝	YB/T 5136—1993	50CrVA	ϕ0.5～ϕ12	较高的综合力学性能	适用于在中温、中应力条件下使用的弹簧

续表

材料名称	标准号	材料牌号	规格（mm）	主要特性	用途举例
弹簧用不锈钢丝	YB（T）11—1983①	A组 1Cr18Ni9 0Cr19Ni10 0Cr17Ni12Mo2	ϕ0.08～ϕ12	耐腐蚀，耐高温，耐低温，适用温度为－200～300℃	用于有腐蚀介质，高温或低温环境中的小型弹簧
		B组 1Cr18Ni9 0Cr19Ni10			
		C组 0Cr17Ni18Al			
热轧弹簧钢	GB/T 1222—2007	65Mn	圆钢：ϕ5～ϕ80 薄板：0.7～4 钢板厚度：4.5～60	弹性好，工艺性好，价格低，油淬时可淬透ϕ12mm	用于普通机械弹簧、座垫弹簧、发条弹簧
		60Si2Mn 60Si2MnA		强度高，弹性好，适用温度为－40～200℃	用于汽车、拖拉机、铁道车辆的板簧、螺旋弹簧、碟形弹簧等
		55CrMnA 60CrMnA		具有较高强度、塑性、韧性，油淬时可淬透ϕ30mm，适用温度为－40～250℃	用于较重负荷，应力较大的板簧和直径较大的螺旋弹簧
		50CrVA		有良好的综合力学性能，静强度，疲劳强度都高，淬透直径为ϕ45mm	用于较高温度下工作的较大弹簧

续表

材料名称	标准号	材料牌号	规格（mm）	主要特性	用途举例
弹簧钢、工具钢冷轧钢带	YB/T 5058—2005 等	70Si2CrA 60Si2Mn T7～T13A 50CrVA	厚度：0.1～3.0	硬度高，成形后不再进行热处理	用于制造片弹簧、平面蜗卷弹簧和小型碟形弹簧
热处理弹簧钢带	YB/T 5063—2007	60Mn T7A～T10A 60Si2MnA 70Si2CrA	厚度＜1.5	分Ⅰ、Ⅱ、Ⅲ级，Ⅲ级强度最高	用于制造片弹簧、平面蜗卷弹簧和小型碟形弹簧
弹簧用不锈冷轧钢带	YB/T 5310—2010	12Cr17Ni7 06Cr19Ni10 3Cr13 07Cr17Ni7Al	厚度：0.1～1.6	耐腐蚀、耐高温和耐低温	用于在高温、低温或腐蚀介质中工作的片弹簧、平面蜗卷弹簧
硅青铜线	GB/T 21652—2008	QSi3-1	ϕ0.1～ϕ6.0 丝带板厚度 0.05～1.2 0.4～12	有较高的耐腐蚀和防磁性能，适用温度为－40～120℃	用于机械或仪表中的弹性元件
锡青铜线	GB/T 21652—2008	QSn4-3， QSn6.5-0.1， QSn6.5-0.4， QSn7-0.2	ϕ0.1～ϕ6.0 带板厚度 0.05～1.50 0.2～10	有较高的耐腐蚀、耐磨损和防磁性能，适用温度为－250～120℃	用于机械或仪表中的弹性元件
铍青铜线	YS/T 571—2009	QBe2	ϕ0.03～ϕ6.0	有较高的耐腐蚀、耐磨损、防磁和导电性能，适用温度为－200～120℃	用于电气或仪表的精密弹性元件

① 该标准中的材料牌号过旧，但仍在使用，在应用过程中注意与 GB/T 20878—2007 中的牌号对应。

常用碳素工具钢的牌号、化学成分、硬度值、物理性能、特性和用途见表 2-16～表 2-19。

表 2-16　碳素工具钢的牌号及化学成分（GB/T 1298—2008）

<table>
<tr><th rowspan="2">序号</th><th rowspan="2">牌号</th><th colspan="3">化学成分（质量分数,%）</th></tr>
<tr><th>C</th><th>Mn</th><th>Si</th></tr>
<tr><td>1</td><td>T7</td><td>0.65～0.74</td><td rowspan="2">≤0.40</td><td rowspan="8">≤0.35</td></tr>
<tr><td>2</td><td>T8</td><td>0.75～0.84</td></tr>
<tr><td>3</td><td>T8Mn</td><td>0.80～0.90</td><td>0.40～0.60</td></tr>
<tr><td>4</td><td>T9</td><td>0.85～0.94</td><td rowspan="5">≤0.40</td></tr>
<tr><td>5</td><td>T10</td><td>0.95～1.04</td></tr>
<tr><td>6</td><td>T11</td><td>1.05～1.14</td></tr>
<tr><td>7</td><td>T12</td><td>1.15～1.24</td></tr>
<tr><td>8</td><td>T13</td><td>1.25～1.35</td></tr>
</table>

注　高级优质钢在牌号后加“A”。

表 2-17　碳素工具钢的硬度值（GB/T 1298—2008）

<table>
<tr><th rowspan="3">序号</th><th rowspan="3">牌号</th><th colspan="2">交货状态</th><th colspan="2">试样淬火</th></tr>
<tr><th>退火</th><th>退火后冷拉</th><th rowspan="2">淬火温度和冷却介质</th><th rowspan="2">洛氏硬度 HRC≥</th></tr>
<tr><th colspan="2">布氏硬度 HBW≤</th></tr>
<tr><td>1</td><td>T7</td><td rowspan="3">187</td><td rowspan="8">241</td><td>800～820℃，水</td><td rowspan="8">62</td></tr>
<tr><td>2</td><td>T8</td><td rowspan="2">780～800℃，水</td></tr>
<tr><td>3</td><td>T8Mn</td></tr>
<tr><td>4</td><td>T9</td><td>192</td><td rowspan="5">760～780℃，水</td></tr>
<tr><td>5</td><td>T10</td><td>197</td></tr>
<tr><td>6</td><td>T11</td><td rowspan="2">207</td></tr>
<tr><td>7</td><td>T12</td></tr>
<tr><td>8</td><td>T13</td><td>217</td></tr>
</table>

表 2-18　　碳素工具钢的物理性能（参考数据）

序号	牌号	物理性能											
1	T7	临界温度(℃)				热导率							
		临界点	Ac_1	Ac_3	Ar_1	温度(℃)	20	100	300				
		温度(近似值)	730	770	700	λ/[W/(m·K)]	44.0	44.0	41.9				
		线胀系数					密度	比热容	弹性模量				
		温度/℃	20～100	20～200	20～300	20～400	ρ/(g/cm³)	c/[J/(kg·K)]	E/MPa				
		$\alpha_1/(10^{-6}/K)$	11.8	12.6	13.3	14.0	7.80	—	—				
2	T8	临界温度/℃			线胀系数					密度			
		临界点	Ac_1	Ar_1	温度/℃	20～100	20～200	20～300	20～400	ρ/(g/cm³)			
		温度(近似值)	730	700	$\alpha_1/(10^{-6}/K)$	11.5	12.3	13.0	13.8	—			
		比热容											
		温度/℃	50～100	150～200	200～250	250～300	300～350	350～400	450～500	550～600	650～700	700～750	750～800
		c/[J/(kg·K)]	489.8	531.7	548.4	565.2	586.2	607.1	669.9	711.8	770.4	2080.9	615.5

续表

序号	牌号	物理性能										
3	T10	临界温度/℃				热导率						密度
		临界点	Ac_1	Ac_{cm}	Ar_1	温度(℃)	20	100	300	600	900	ρ(g/cm³)
		温度(近似值)	730	800	700	λ/[W/(m·K)]	40.20	43.96	41.03	38.10	33.91	—
		线胀系数										
		温度(℃)	20～100	20～200	20～300	20～400	20～500	20～600	20～700	20～800	20～900	
		α_1(10⁻⁶/K)	11.5	13.0	14.3	14.8	15.1	16.0	15.8	32.1	32.4	
4	T11	临界温度(℃)				密度	热导率					
		临界点	Ac_1	Ac_{cm}	Ar_1	ρ(g/cm³)	λ[W/(m·K)]					
		温度(近似值)	730	810	700	7.80	—					
5	T12	临界温度(℃)				比热容						
		临界点	Ac_1	Ac_{cm}	Ar_1	温度(℃)	300	500	700	900		
		温度(近似值)	730	820	700	c[J/(kg·K)]	548.4	728.5	649.0	636.4		
		线胀系数						密度	热导率			
		温度(℃)	20～100	20～200	20～300	20～500	20～700	20～900	ρ(g/cm³)	λ[W/(m·K)]		
		α_1/(10⁻⁶/K)	11.5	13.0	14.3	15.1	15.8	32.4	7.80	—		

表 2-19 碳素工具钢的特性和用途

序号	牌号	主要特性	用途举例
1	T7	亚共析钢，具有较好的韧性和硬度，用于制造刀具时切削能力稍差	用于制造能承受冲击负荷的工具（如錾子、冲头等）、木工用的锯和凿、锻模、压模、铆钉模、机床顶尖、钳工工具、锤子、冲模、手用大锤的锤头、钢印、外科医疗用具等
2	T8	共析钢，淬火加热时容易过热，变形量也大，塑性及强度比较低，因此，不宜制造承受较大冲击的工具，但热处理后具有较高的硬度及耐磨性	用于制造切削刃口在工作时不变热的工具，加木工用的铣刀、埋头钻、斧、凿、錾、纵向手用锯、圆锯片、滚子、铝锡合金压铸板和型芯以及钳工装配工具、铆钉冲模、中心孔冲和冲模、切削钢材用的工具、轴承、刀具、台虎钳牙、煤矿用凿等
3	T8Mn	共析钢，硬度高，塑性和强度都较差，但淬透性比 T8 钢稍好	用于制造断面较大的木工工具、手锯锯条、横纹锉刀、刻印工具、铆钉冲模、发条、带锯锯条、圆盘锯片、笔尖、复写钢板、石工和煤矿用凿
4	T9	过共析钢，具有高的硬度，但塑性和强度均比较差	用于制造具有一定韧性且要求有较高硬度的各种工具，如刻印工具、铆钉冲模、压床模、发条、带锯条、圆盘锯片、笔尖、复写钢板、锉和手锯，还可用于制作铸模的分流钉等
5	T10	过共析钢、晶粒细，在淬火加热时（温度达 800℃）不会过热，仍能保持细晶粒组织，淬火后钢中有末溶的过剩碳化物，所以比 T8 钢耐磨性高，但韧性差	可用于制造切削刃口在工作时不变热、不受冲击负荷且具有锋利刃口和有少许韧性的工具，如加工木材用的工具、手用横锯、手用细木工具、麻花钻、机用细木工具、拉丝模、冲模、冷镦模、扩孔刀具、刨刀、铣刀、货币用模、小尺寸断面均匀的冷切边模及冲孔模、低精度的形状简单的卡板、钳工刮刀、硬岩石用钻子制铆钉和钉子用的工具、螺钉旋具、锉刀、刻纹用的凿子等

续表

序号	牌号	主要特性	用途举例
6	T11	过共析钢，碳的质量分数在 T10 钢和 T12 钢之间，具有较好的综合力学性能，如硬度、耐磨性和韧性。该钢的晶粒更细，而且在加热时对晶粒长大和形成网状碳化物的敏感性较小	用于制造在工作时切削刃口不变热的工具，如锯、錾子、丝锥、锉刀、刮刀、发条、仪规、尺寸不大和截面无急剧变化的冷冲模以及木工用刀具
7	T12	过共析钢。由于含碳量高，淬火后仍有较多的过剩碳化物，因此，硬度和耐磨性均高，但韧性低，淬透性差，而且淬火变形量大，所以，不适于制造切削速度高和受冲击负荷的工具	用来制造不受冲击负荷、切削速度不高、切削刃口不受热的工具，如车刀、铣刀、钻头、铰刀、扩孔钻、丝锥、板牙、刮刀、量规、刀片、小形冲头、钢锉、锯、发条、切烟草刀片以及断面尺寸小的冷切边模和冲模

2）合金工具钢。合金工具钢包括：量具、刀具用钢、耐冲击工具用钢、冷作模具用钢、热作模具用钢、无磁模具钢和塑料模具钢等。其代号的含义如下：

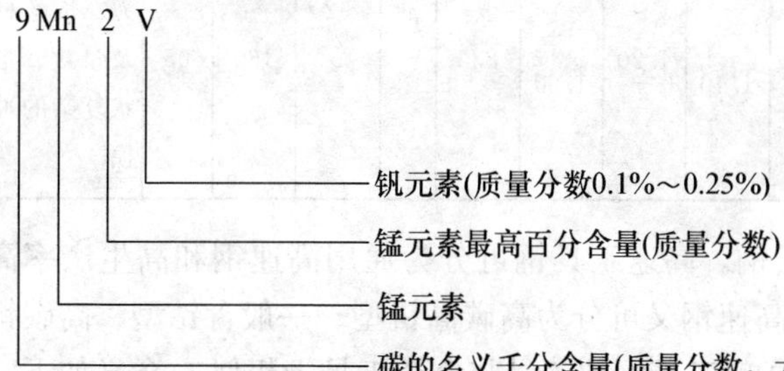

常用低合金刀具钢的牌号、化学成分的质量分数、热处理及用

途见表 2-20。

表 2-20　　常用低合金刀具钢的牌号、化学成分及用途

牌号	质量分数(%)					热处理					用途举例
						淬火			回火		
	C	Cr	Si	Mn	其他	温度(℃)	介质	HRC(不小于)	温度(℃)	HRC	
9CrSi	0.85～0.95	1.20～1.60	0.30～0.60	0.95～1.25		820～860	油	62	180～200	60～62	冷冲模、板牙、丝锥、钻头、铰刀、拉刀、齿轮铣刀
8MnSi	0.75～0.85	0.30～0.60	0.80～1.10			800～820	油	62	180～200	58～60	木工凿子、锯条或其他工具
9Mn2V	0.85～0.95	≤0.40	1.70～2.40		V 0.10～0.25	780～810	油	62	150～200	60～62	量规、量块、精密丝杠、丝锥、板牙
CrWMn	0.90～1.05	≤0.40	0.80～1.10	0.90～1.20	W 1.20～1.60	800～830	油	62	140～160	62～65	用作淬火后变形小的刀具，如拉刀、长丝杠及量规、形状复杂的冲模

3) 高速工具钢。高速工具钢可分为通用高速钢和高生产率高速钢；高生产率高速钢又可分为高碳高钒型、一般含钴型、高碳钒钴型、超硬型。高速工具钢的牌号与合金工具钢相似，含义如下：

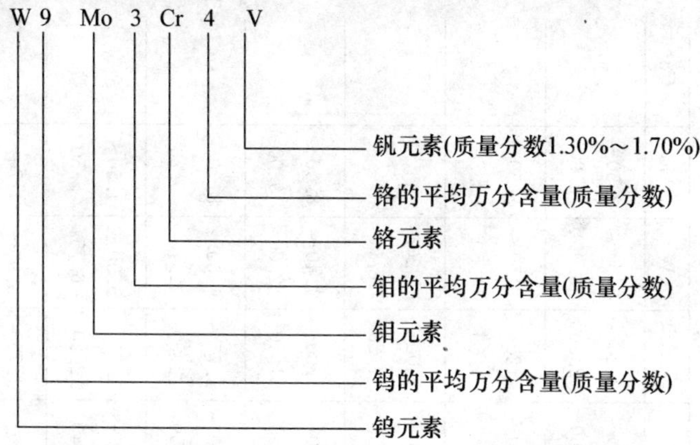

常用高速工具钢的分类、牌号、化学成分、特性及用途见表2-21～表2-23。

表 2-21　常用高速工具钢的分类（GB/T 9943—2008）

分类方法	分类名称	分类方法	分类名称
按化学成分分	钨系高速工具钢	按性能分	低合金高速工具钢（HSS-L）
			普通高速工具钢（HSS）
	钨钼系高速工具钢		高性能高速工具钢（HSS-E）

3. 按使用性能和用途分类

钢材按照使用性能和用途综合分类如图 2-1 所示。

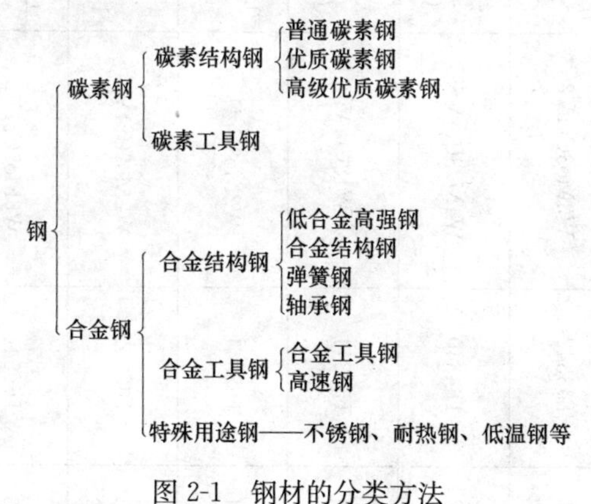

图 2-1　钢材的分类方法

表 2-22 常用高速工具钢的化学成分(GB/T 9943—2008)

序号	统一数字代号	牌号	化学成分(质量分数,%)									
			C	Mn	Si	S	P	Cr	V	W	Mo	Co
1	T63342	W3Mo3Cr4V2	0.95~1.03	≤0.40	≤0.45	≤0.030	≤0.030	3.80~4.50	2.20~2.50	2.70~3.00	2.50~2.90	—
2	T64340	W4Mo3Cr4VSi	0.83~0.93	0.20~0.40	0.70~1.00	≤0.030	≤0.030	3.80~4.40	1.20~1.80	3.50~4.50	2.50~3.50	—
3	T51841	W18Cr4V	0.73~0.83	0.10~0.40	0.20~0.40	≤0.030	≤0.030	3.80~4.50	1.00~1.20	17.20~18.70	—	—
4	T62841	W2Mo8Cr4V	0.77~0.87	≤0.40	≤0.70	≤0.030	≤0.030	3.50~4.50	1.00~1.40	1.40~2.00	8.00~9.00	—
5	T62942	W2Mo9Cr4V2	0.95~1.05	0.15~0.40	≤0.70	≤0.030	≤0.030	3.50~4.50	1.75~2.20	1.50~2.10	8.20~9.20	—
6	T66541	W6Mo5Cr4V2	0.80~0.90	0.15~0.40	0.20~0.45	≤0.030	≤0.030	3.80~4.40	1.75~2.20	5.50~6.75	4.50~5.50	—
7	T66542	CW6Mo5Cr4V2	0.86~0.94	0.15~0.40	0.20~0.45	≤0.030	≤0.030	3.80~4.50	1.75~2.10	5.90~6.70	4.70~5.20	—

续表

序号	统一数字代号	牌号	化学成分(质量分数,%)									
			C	Mn	Si	S	P	Cr	V	W	Mo	Co
8	T66642	W6Mo6Cr4V2	1.00~1.10	≤0.40	≤0.45	≤0.030	≤0.030	3.80~4.50	2.30~2.60	5.90~6.70	5.50~6.50	—
9	T69341	W9Mo3Cr4V	0.77~0.87	0.20~0.40	0.20~0.40	≤0.030	≤0.030	3.80~4.40	1.30~1.70	8.50~9.50	2.70~3.30	—
10	T66543	W6Mo5Cr4V3	1.15~1.25	0.15~0.40	0.20~0.45	≤0.030	≤0.030	3.80~4.50	2.70~3.20	5.90~6.70	4.70~5.20	—
11	T66545	CW6Mo5Cr4V3	1.25~1.32	0.15~0.40	≤0.70	≤0.030	≤0.030	3.75~4.50	2.70~3.20	5.90~6.70	4.70~5.20	—
12	T66544	W6Mo5Cr4V4	1.25~1.40	≤0.40	≤0.45	≤0.030	≤0.030	3.80~4.50	3.70~4.20	5.20~6.00	4.20~5.00	—
13	T66546	W6Mo5Cr4V2Al	1.05~1.15	0.15~0.40	0.20~0.60	≤0.030	≤0.030	3.80~4.40	1.75~2.20	5.50~6.75	4.50~5.50	Al:0.80~1.20

续表

序号	统一数字代号	牌　号	化学成分(质量分数,%)									
			C	Mn	Si	S	P	Cr	V	W	Mo	Co
14	T71245	W12Cr4V5Co5	1.50～1.60	0.15～0.40	0.15～0.40	≤0.030	≤0.030	3.75～5.00	4.50～5.25	11.75～13.00	—	4.75～5.25
15	T76545	W6Mo5Cr4V2Co5	0.87～0.95	0.15～0.40	0.20～0.45	≤0.030	≤0.030	3.80～4.50	1.70～2.10	5.90～6.70	4.70～5.20	4.50～5.00
16	T76438	W6Mo5Cr4V3Co8	1.23～1.33	≤0.40	≤0.70	≤0.030	≤0.030	3.80～4.50	2.70～3.20	5.90～6.70	4.70～5.30	8.00～8.80
17	T77445	W7Mo4Cr4V2Co5	1.05～1.15	0.20～0.60	0.15～0.50	≤0.030	≤0.030	3.75～4.50	1.75～2.25	6.25～7.00	3.25～4.25	4.75～5.75
18	T72948	W2Mo9Cr4VCo8	1.05～1.15	0.15～0.40	0.15～0.65	≤0.030	≤0.030	3.5～4.25	0.95～1.35	1.15～1.85	9.00～10.00	7.75～8.75
19	T71010	W10Mo4Cr4V3Co10	1.20～1.35	≤0.40	≤0.45	≤0.030	≤0.030	3.80～4.50	3.00～3.50	9.00～10.00	3.20～3.90	9.50～10.50

表 2-23　　　　常用高速工具钢的特性和用途

表 2-22 中的序号	牌号	主要特性	用途举例
3	W18Cr4V	钨系高速工具钢，具有较高的硬度、热硬性和高温强度，在 500℃及 600℃时硬度值仍能分别保持在 57～58HRC 和 52～53HRC。其热处理范围较宽，淬火时不易过热，易于磨削加工，在热加工及热处理过程中不易氧化脱碳。W18Cr4V 钢的碳化物不均匀度，高温塑性比钼系高速钢的差，但其耐磨性好	用于制造各种切削刀具，如车刀、刨刀、铣刀、拉刀、铰刀、钻头、锯条、插齿刀、丝锥和板牙等。由于 W18Cr4V 钢的高温强度和耐磨性好，所以也可用于制造高温下耐磨损的零件、如高温轴承、高温弹簧等，还可以用于制造冷作模具，但不宜制造大型刀具和热塑成形的刀具
5	W2Mo9Cr4V2	是一种钼系通用的高速工具钢，容易热处理，较耐磨，热硬性及韧性较高，密度小，可磨削性优良。用该钢制造的切削工具在切削一般硬度的材料时，可获得良好的效果，基本上可代替 W18Cr4V 钢。由于钼的含量高，易于氧化脱碳，所以在进行热加工和热处理时应注意保护	用来制造钻头、铣刀、刀片、成形刀具、车削及刨削刀具、丝锥，特别适用于制造机用丝锥和板牙、锯条以及各种冷冲模具等

续表

表 2-22 中的序号	牌号	主要特性	用途举例
6	W6Mo5Cr4V2	钨钼系常用的高速工具钢，碳化物细小均匀，韧性高，热塑性好，是代替W18Cr4V钢的较理想的牌号，通常称为6542。其韧性、耐磨性、热塑性均比W18Cr4V钢好，而硬度、热硬性、高温硬度与W18Cr4V钢相当。该钢由于热塑性好，所以可热塑成形，但由于容易氧化脱碳，加热时必须注意保护	除用于制造各种类型的一般工具外，还可用于制造大型刀具。由于热塑性好，所以制造工具时可以热塑成形，如热塑成形钻头和要求韧性好的刀具。因为其强度高、耐磨性好，所以还可用于制造高负荷条件下使用的耐磨损的零件，如冷挤压模具等，但必须注意适当降低淬火温度，以满足强度和韧性的配合
7	CW6Mo5Cr4V2	其特性与W6Mo5Cr4V2钢相似，但因含碳量高，所以其硬度和耐磨性比W6Mo5Cr4V2钢好。此钢较难磨削，而且更容易脱碳，在热加工时，应注意保护	用途基本与W6Mo5Cr4V2钢相同，但出于其硬度和耐磨性好，所以多用来制造切削较难切削材料的刀具
9	W9Mo3Cr4V	具有较高的硬度和力学性能，热处理稳定性好，经1220～1240℃淬火，540～560℃回火，硬度、晶粒度、热硬性均能满足一般刀具的使用要求。与W6Mo5Cr4V2钢比，其热塑性好，可加工性、可磨削性好，特别是摩擦焊可适应的工艺参数范围比较宽，焊接成品率高，切削性能与W6Mo5Cr4V2钢相当或略高，热处理工艺制度与W6Mo5Cr4V2钢相同，便于大生产管理：W9Mo3Cr4V钢的脱碳敏感性小，可不用盐浴炉处理	用于制造各种类型的一般刀具，如车刀、刨刀、钻头、铣刀等。这种钢可以用来代替W6Mo5Cr4V2钢，而且成本较低

续表

表 2-22 中的序号	牌号	主要特性	用途举例
10	W6Mo5Cr4V3	高碳、高钒型高速工具钢。此钢的碳化物细小、均匀。此钢的韧性高、热塑性好，耐磨性比 W6Mo5Cr4V2 钢好，但可磨削性差。在热加工和热处理时，应注意防氧化脱碳	用于制造各种类型一般工具，如拉刀、成形铣刀、滚刀、钻头、螺纹梳刀、丝锥、车刀、刨刀等。用这种钢制造的刀具，可切削难切削的材料，但由于其可磨削性差，不宜用于制造复杂刀具
11	CW6Mo5Cr4V3	其特性基本与 W6Mo5Cr4V3 钢相似。因含碳量高，其硬度和耐磨性均比 W6Mo5Cr4V3 钢好，但可磨削性能较差，热加工时更容易脱碳，所以应注意防氧化脱碳	用途与 W6Mo5Cr4V3 钢基本相同，但由于它的碳含量高，硬度高，耐磨性好，多用来制造切削难切削材料的刀具。其由于可磨削性差，所以不宜用于制造复杂的刀具
12	W6Mo5Cr4V2A1	超硬型高速工具钢，硬度高，可达 68～69HRC，耐磨性、热硬性好，高温强度高，热塑性好，但可磨削性差，且极易氧化脱碳，因此在热加工和热处理时，应注意采取保护措施	用于制造刨刀、滚刀、拉刀等切削工具，也可制造用于加工高温合金、超高强度钢等难切削材料的刀具
14	W12Cr4V5Co5	钨系高碳高钒含钴的高速工具钢，因含有较多的碳和钒，并形成大量的硬度极高的碳化钒，从而具有很高的耐磨性、硬度和耐回火性。质量分数为 5%的钴提高了钢的高温硬度和热硬性，因此，此钢可在较高的温度下使用。由于含碳量和含钒量都很高，所以其可磨削性能差	用于制造钻削工具、螺纹梳刀、车刀、铣削工具，成形刀具、滚刀、刮刀刀片、丝锥等切削工具，还可用于制造冷作模具等，但不宜制造高精度复杂刀具。用 W12Cr4V5Co5 钢制造的工具，可以加工中高强度钢、冷轧钢、铸造合金钢、低合金超高强度钢等较难加工的材料

续表

表 2-22 中的序号	牌号	主要特性	用途举例
15	w6Mo5Cr4V2Co5	含钴高速工具钢，在W6Mo5Cr4V2 钢的基础上增加质量分数为5%的钴，并将钒的质量分数提高 0.05%而形成，从而提高了钢的热硬性和高温硬度，改善了耐磨性。W6Mo5Cr4V2Co5 钢容易氧化脱碳，在进行热加工和热处理时，应注意采取保护措施	用来制造齿轮刀具、铣削工具以及冲头、刀头等。用该钢制造的切削工具，多数用于加工硬质材料，特别适用于切削耐热合金和制造高速切削工具
17	W7Mo4Cr4V2Co5	钨钼系含钴高速工具钢，由于钴的质量分数为 4.75%～5.75%，所以提高了钢的高温硬度和热硬性，在较高温度下切削时刀具不变形，而且耐磨性能好。该钢的磨削性能差	用来制造切削最难切削材料用的刀具、刃具，如用于制造切削高温合金、钛合金和超高强度钢等难切削材料的车刀、刨刀、铣刀等
18	W2Mo9Cr4VCo8	钼系高碳含钴超硬型高速工具钢，硬度高，可达 70HRC，热硬性好，高温硬度高，容易磨削。用该钢制造的切削工具，可以切削铁基高温合金、铸造高温合金、钛合金和超高强度钢等，但韧性稍差，淬火时温度应采用下限	由于可磨削性能好，所以可用来制造各种高精度复杂刀具，如成形铣刀、精密拉刀等，还可用来制造专用钻头、车刀以及各种高硬度刀头和刀片等

（二）钢材的性能及焊接特点

（1）低碳钢的性能及焊接特点。低碳钢由于含碳量低，强度、硬度不高，塑性好，所以焊接性好，应用非常广泛。适于焊接常用的低碳钢有 Q235、20 钢、20g 和 20R 等。低碳钢的焊接特点如下：

1）淬火倾向小，焊缝和近缝区不易产生冷裂纹，可制造各类大型构架及受压容器。

2）焊前一般不需预热，但对大厚度结构或在寒冷地区焊接时，需将焊件预热至 100～150℃。

3）镇静钢杂质很少，偏析很小，不易形成低熔点共晶，所以对热裂纹不敏感；沸腾钢中硫（S）、磷（P）等杂质较多，产生热裂纹的可能性要大些。

4）如工艺选择不当，可能出现热影响区晶粒长大现象，而且温度越高，热影响区在高温停留时间越长，则晶粒长大越严重。

5）对焊接电源没有特殊要求，工艺简单，可采用交、直流弧焊机进行全位置焊接。

（2）中碳钢的性能及焊接特点。中碳钢含碳量比低碳钢高，强度较高，焊接性较差。常用的有 35、45、55 钢。中碳钢焊条电弧焊及其铸件焊补的特点如下：

1）热影响区容易产生淬硬组织。含碳量越高，板厚越大，这种倾向也越大。如果焊接材料和工艺参数选用不当，容易产生冷裂纹。

2）基体金属含碳量较高，故焊缝的含碳量也较高，容易产生热裂纹。

3）由于含碳量增大，对气孔的敏感性增加，因此对焊接材料的脱氧性，基体金属的除油、除锈，焊接材料的烘干等，要求更加严格。

（3）高碳钢的性能及焊接特点。高碳钢因含碳量高，强度、硬度更高，塑性、韧性更差，因此，焊接性能很差。高碳钢的焊接特点如下：

1）导热性差，焊接区和未加热部分之间存在显著的温差，当熔池急剧冷却时，在焊缝中引起的内应力很容易形成裂纹。

2）对淬火更加敏感，近缝区极易形成马氏体组织。由于组织应力的作用，近缝区易产生冷裂纹。

3）由于焊接高温的影响，晶粒长大快，碳化物容易在晶界上积聚、长大，使得焊缝脆弱，焊接接头强度降低。

4）高碳钢焊接时比中碳钢更容易产生热裂纹。

（4）普通低合金结构钢的性能及焊接特点。普通低合金高强度钢简称普低钢。与碳素钢相比，钢中含有少量合金元素，如锰、硅、钒、钼、钛、铝、铌、铜、硼、磷、稀土等。钢中有了一种或几种这样的元素后，具有强度高、韧性好等优点。由于加入的合金元素不多，故称为低合金高强度钢。常用的普通低合金高强度钢有16Mn、16MnR 等。普通低合金结构钢的焊接特点如下。

1）热影响区的淬硬倾向是普低钢焊接的重要特点之一。随着强度等级的提高，热影响区的淬硬倾向也随着变大。影响热影响区淬硬程度的因素有材料因素、结构形式和工艺条件等。焊接施工应通过选择合适的工艺参数，例如增大焊接电流，减小焊接速度等措施来避免或减缓热影响区的淬硬。

2）焊接接头易产生裂纹。焊接裂纹是危害性最大的焊接缺陷，冷裂纹、再热裂纹、热裂纹、层状撕裂和应力腐蚀裂纹是焊接中常见的几种缺陷。

某些钢材淬硬倾向大，焊后冷却过程中，由于相变产生很脆的马氏体，在焊接应力和氢的共同作用下引起开裂，形成冷裂纹。延迟裂纹是钢的焊接接头冷却到室温后，经一定时间才出现的焊接冷裂纹，因此具有很大的危险性。防止延迟裂纹可以从焊接材料的选择及严格烘干、工件清理、预热及层间保温、焊后及时热处理等方面加以控制。

第二节　有色金属分类及其焊接特点

有色金属是指钢铁材料以外的各种金属材料，所以又称非铁金属材料。有色金属及其合金具有许多独特的性能，例如强度高、导电性好、耐蚀性及导热性好等。所以有色金属材料在航空、航天、航海等工业中具有重要的作用，并在机电、仪表工业中广泛应用。

一、铝及铝合金的分类和焊接特点

1. 铝

纯铝是银白色的金属，是自然界储量最为丰富的金属元素。其性能如下：

(1) 密度为 2.69g/cm^3，仅为铁的 1/3，是一种轻型金属。

(2) 导电性好，仅次于铜、银。

（3）铝表面能形成致密的氧化膜，具有较好的抗大气腐蚀的能力。

（4）铝的塑性好，可以冷、热变形加工，还可以通过热处理强化提高铝的强度，也就是说具有较好的工艺性能。

铝的物理性能和力学性能见表 2-24。

表 2-24　　铝的物理性能和力学性能

物理性能				力学性能	
项目	数值	项目	数值	项目	数值
密度 γ（g/cm²,20℃）	2.69	比热容 c[J/(kg·K)](20℃)	900	抗拉强度 σ_1/MPa	40～50
熔点(℃)	600.4	线胀系数 α_1 (10^{-6}/K)	23.6	屈服强度 $\sigma_{0.2}$/MPa	15～20
沸点(℃)	2494	热导率 λ[W/(m·K)]	247	断后伸长率 δ(%)	50～70
熔化热(kJ/mol)	10.47	电阻率 ρ（nΩ·m)	26.55	硬度 HBW	20～35
汽化热(kJ/mol)	291.4①	电导率 κ（% IACS)	64.96	弹性模量（拉伸）E/GPa	62

铝及铝合金的分类如图 2-2 所示，铝及铝合金的性能特点见表 2-25。

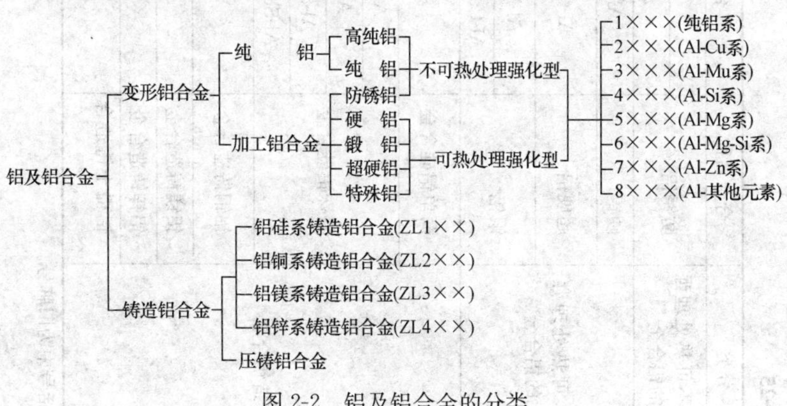

图 2-2　铝及铝合金的分类

注：加工产品按纯铝、加工铝合金分类，供参考。

表 2-25 各类铝合金的性能特点

分类		合金名称	合金系	性能特点	牌号举例
加工铝合金	不可热处理强化的铝合金	防锈铝	Al-Mn	耐蚀性、压力加工性和焊接性能好，但强度较低	3A21(LF21)
			Al-Mg		5A05(LF5)
	可热处理强化的铝合金	硬铝	Al-Cu-Mg	耐蚀性差，力学性能高	2A11(LY11)、2A12(LY12)
		超硬铝	Al-Cu-Mg-Zn	室温强度最高的铝合金，耐蚀性差	7A04(LC4)
		锻铝	Al-Mg-Si-Cu	锻造性能和耐热性能好	2A50(LD5)、2A14(LD10)
			Al-Cu-Mg-Fe-Ni		2A80(LD8)、2A70(LD7)
铸造铝合金		简单铝硅合金	Al-Si	铸造性能好，不能热处理强化，力学性能低	ZL101
		特殊铝硅合金	Al-Si-Mg	铸造性能良好，可热处理强化，力学性能较高	ZL102
			Al-Si-Cu		ZL107
			Al-Si-Mg-Cu		ZL105
			Al-Si-Mg-Cu-Ni		ZL109
		铝铜铸造合金	Al-Cu	耐热性能好，但铸造性能和耐蚀性能差	ZL201
		铝镁铸造合金	Al-Mg	耐蚀性好，力学性能尚可	ZL301
		铝锌铸造合金	Al-Zn	能自动淬火，适宜压铸	ZL401
		铝稀土铸造合金	Al-RE	耐热性能好	—

注 括号中为旧牌号。

GB/T 16474—2011《变形铝及铝合金牌号表示方法》中规定铝的牌号采用国际四位数字体系牌号和四位字符体系牌号两种命名。牌号的第一位数字表示铝及铝合金的组别，1×××，2×××，3×××，…，8×××，分别按顺序代表纯铝（含铝量大于99.00%），以铜为主要合金元素的铝合金，以锰、硅、镁、镁和硅、锌，以及其他合金元素为主要合金元素的铝合金及备用合金组；牌号的第二位数字（国际四位数字体系）或字母（四位数字体系）表示原始纯铝或铝合金的改型情况，数字 0 或字母 A 表示原始纯铝和原始合金，如果 1～8 或 B～Y 中的一个，则表示为改型情况；最后两位数字用以标识同一组中不同的铝合金，纯铝则表示铝的最低质量分数中小数点后面的两位。变形铝合金的特性和用途见表 2-26。

表 2-26　变形铝合金的特性和用途

大类		类别	典型合金	主要特性	用途举例
变形铝	不可热处理强化	工业纯铝	1060、1050A、1100	强度低，塑性高，易加工，热导率、电导率高，耐蚀性好，易焊接，但可加工性差	导电体、化工储存罐、反光板、炊具、焊条、热交换器、装饰材料
变形铝合金	不可热处理强化	防锈铝	3A21、5A02、5A03、5083	不能热处理强化，退火状态塑性好，加工硬化后强度比工业纯铝高，耐蚀性能和焊接性能好，可加工性较好	飞机的油箱和导油管、船舶、化工设备，其他中等强度耐蚀、可焊接零件 3A21 可用于饮料罐
变形铝合金	可热处理强化	锻铝	2A14、2A70、6061、6063、6A02	热状态下有高的塑性，易于锻造，淬火、人工时效后强度高，但有晶间腐蚀倾向。2A70 耐热性能好	航空、航海、交通、建筑行业中要求中等强度的锻件或模锻件 2A70 用于耐热零件

续表

大类		类别	典型合金	主要特性	用途举例
变形铝合金	可热处理强化	硬铝	2A01、2A11、2B11、2A12、2A16	退火、刚淬火状态下塑性尚好，有中等以上强度，可进行氩弧焊，但耐蚀性能不高。2A12为用量最大的铝合金，2A16耐热性能好	航空、交通工业的中等以上强度的结构件，如飞机骨架、蒙皮等
		超硬铝	7A04、7A09、7A10	强度高，退火或淬火状态下塑性尚可，耐蚀性能不好，特别是耐应力腐蚀性能差，硬状态下的可加工性好	飞机上的主受力件，如大梁、桁条、起落架等，其他工业中的高强度结构件

铝中常见的杂质是铁和硅，杂质越多，铝的导电性、耐蚀性及塑性越低。工业纯铝按杂质的含量分为一号铝、二号铝……

工业用铝的牌号、化学成分和用途见表 2-27。

表 2-27　工业用铝的牌号、化学成分和用途

旧牌号	新牌号	化学成分（%）		用途举例
		Al	杂质总量（≤）	
L1	1070	99.7	0.3	垫片、电容、电子管隔罩、电缆、导电体和装饰件
L2	1060	99.6	0.4	
L3	1050	99.5	0.5	
L4	1035	99.4	1.00	
L5	1200	99.0	1.00	不受力而具有某种特性的零件，如电线保护导管、通信系统零件、垫片
L6	8A06	98.8	1.20	

2. 铝合金

纯铝的强度很低，但加入适量的硅、铜、镁、锌、锰等合金元素，形成铝合金，再经过冷变形和热处理后，强度可大大提高。

铝合金按其成分和工艺特点不同分为变形铝合金和铸造铝

合金。

（1）变形铝合金。GB 3190—1996《变形铝及铝合金化学成分》，将变形铝合金分为防锈铝合金（LF）、硬铝合金（LY）、超硬铝合金（LC）、锻铝合金（LD）四类。GB/T 3190—2008《变形铝及铝合金化学成分》规定了新的牌号，现将新旧铝合金的牌号、力学性能及用途列于表 2-28。

表 2-28　常用变形铝合金的牌号、力学性能和用途（GB/T 3190—2008）

类别	原牌号	新牌号	半成品种类	状态[①]	力学性能		用途举例
					σ_b（MPa）	σ（%）	
防锈铝合金	LF2	5A02	冷轧板材 热轧板材 挤压板材	O H112 O	167～226 117～157 ≤226	16～18 7～6 10	在液体中工作的中等强度的焊接件、冷冲压件和容器、骨架零件等
	LF21	3A21	冷轧板材 热轧板材 挤制厚壁管材	O H112 H112	98～147 108～118 ≤167	18～20 15～12 —	要求高的很好的焊接性、在液体或介质中工作的低载荷零件，如油箱、油管等
硬铝合金	LY11	2A11	冷轧板材（包铝） 挤压棒材 拉挤制管材	O T4 O	226～235 353～373 245	12 10～12 10	用作各种要求中等强度的零件和构件、冲压的连接部件、空气螺旋桨叶片、如螺栓、铆钉等
	LY12	2A12	铆钉线材 挤压棒材 拉挤制管材	T4 T4 O	407～427 255～275 ≤245	10～13 8～12 10	用作各种要求高的载荷零件和构件（但不包括冲压件的锻件）如飞机上的蒙皮、骨架、翼梁、铆钉等
	LY8	2B11	铆钉线材	T4	J225	—	主要用作铆钉材料

续表

类别	原牌号	新牌号	半成品种类	状态①	力学性能		用途举例
					σ_b (MPa)	σ (%)	
超硬铝合金	LC3	7A03	铆钉线材	T6	J284	—	受力结构的铆钉
	LC4 LC9	7A04 7A09	挤压棒材 冷轧板材 热轧板材	T6 O T6	490～510 ≤240 490	5～7 10 3～6	用作承力构件和高载荷零件，如飞机上的大梁、桁条、加强框、起落架零件，通常多用以取代2A12
锻铝合金	LD5 LD7 LD8	2A50 2A70 2A80	挤压棒材 冷轧板材 挤压棒材	T6 T6 T6	353 353 441～432	12 8 8～15	用作形状复杂和中等强度的锻件和冲压件，内燃机活塞、压气机叶片、叶轮等
	LD10	2A14	热轧板材	T6	432	5	高负荷和形状简单的锻件和模锻件

① 状态符号采用GB/T 16475—2008《变形铝合金状态代号》规定代号：O—退火，T1—热轧冷却＋自然时效，T3—固溶处理＋冷加工＋自然时效，T4—淬火＋自然时效，T6—淬火＋人工时效，H111—加工硬化状态，H112—热加工。

(2) 铸造铝合金。其种类很多，常用的有铝硅系、铝铜系、铝镁系和铝锌系合金。铸造铝合金按GB/T 1173—1995《铸造铝合金》标准规定，其代号用“铸铝”两字的汉语拼音字母的字头“ZL”及后面三位数字表示。第一位数字表示铝合金的类别（1为铝硅合金，2为铝铜合金，3为铝镁合金，4为铝锌合金）；后两位数字表示合金的顺序号。

常用铸造铝合金的牌号、化学成分、力学性能和用途如表2-29所示。

(3) 压铸铝合金。压铸的特点是生产效率高，铸件的精度高、合金的强度、硬度高，是少切削和无切削加工的重要工艺。发展压铸是降低生产成本的重要途径。压铸铝合金在汽车、拖拉机、航空、仪表、纺织、国防等工业得到了广泛的应用。压铸铝合金的化学成分及力学性能见表2-30、表2-31。

表 2-29 **常用铸造铝合金的牌号、化学成分、力学性能和用途**(GB/T 1173—1995)

合金牌号	化学成分(%)				铸造方法与合金状态	力学性能(不低于)			用途举例
	Si	Cu	Mg	其他		σ_b (MPa)	σ(%)	HBS	
ZL 105	4.5～5.5	1.0～1.5	0.4～0.6		J，T5 S，T5 S，T6	231 212 222	0.5 1.0 0.5	70 70 70	形状复杂，在＜225℃下工作的零件。如机匣、油泵体
ZL 108	11.0～13.0	1.0～2.0	0.4～1.0		J，T1 J，T6	192 251	— —	85 90	要求高温强度及低膨胀系数的零件，如高速内燃机活塞
ZL 201		4.5～5.3		0.6～1.0 Mn 0.15～0.35 Ti	S，T4 S，T5	290 330	8 4	70 90	在300℃以下工作的零件，如活塞、支臂、汽缸
ZL 202		9.0～11.0	9.0～11.5		S，J S，J，T6	104 163	— —	50 100	形状简单、要求表面光洁的中等承载零件
ZL 301			0.1～0.3		J，S T4	280	9	60	工作温度＜150℃的大气或海水中工作，承受大振动载荷的零件
ZL 401	6.0～8.0			9.0～13.0 Zn	J，T1 S，T1	241 192	1.5 2	90 80	工作温度＜200℃，形状复杂的汽车、飞机零件

注 铸造方法与合金状态的符号：J—金属型铸造；S—砂型铸造；B—变质处理；T1—人工时效(不进行淬火)；T2—290℃退火；T4—淬火＋自然时效；T5—淬火＋不完全时效(时效温度低或时间短)；T6—淬火＋人工时效(180℃下，时间较长)。

表 2-30　压铸铝合金的牌号及化学成分(GB/T 15115—2009)

序号	合金牌号	合金代号	化学成分(质量分数,%)										
			Si	Cu	Mn	Mg	Fe	Ni	Ti	Zn	Pb	Sn	Al
1	YZAlsi10Mg	YL101	9.0～10.0	≤0.6	≤0.35	0.45～0.65	≤1.0	≤0.50	—	≤0.40	≤0.10	≤0.15	余量
2	YZAlSi12	YL102	10.0～13.0	≤1.0	≤0.35	≤0.10	≤1.0	≤0.50	—	≤0.40	≤0.10	≤0.15	余量
3	YZAlSi10	YL104	8.0～10.5	≤0.3	0.2～0.5	0.30～0.50	0.5～0.8	≤0.10	—	≤0.30	≤0.05	≤0.01	余量
4	YZAlSi9Cu4	YL112	7.5～9.5	3.0～4.0	≤0.50	≤0.10	≤1.0	≤0.50	—	≤2.90	≤0.10	≤0.15	余量
5	YZAlSi11Cu3	YL113	9.5～11.5	2.0～3.0	≤0.50	≤0.10	≤1.0	≤0.30	—	≤2.90	≤0.10	—	余量
6	YZAlSi17Cu5Mg	YL117	16.0～18.0	4.0～5.0	≤0.50	0.50～0.70	≤1.0	≤0.10	≤0.20	≤1.40	≤0.10	—	余量
7	YZA1Mg5Si1	YL302	≤0.35	≤0.25	≤0.35	4.50～5.50	≤1.1	≤0.15	—	≤0.15	≤0.10	≤0.15	余量

表 2-31　　压铸铝合金的力学性能

序号	合金牌号	合金代号	抗拉强度 (MPa)	断后伸长率 (%，L_0=50)	布氏硬度 HBW
1	YZAlSi10Mg	YL101	200	2.0	70
2	YZAlSi12	YL102	220	2.0	60
3	YZAlSi10	YL104	220	2.0	70
4	YZAlSi9Cu4	YL112	320	3.5	85
5	YZAlSi11Cu3	YL113	230	1.0	80
6	YZAlSi17Cu5Mg	YL117	220	<1.0	—
7	YZAlMg5Si1	YL302	220	2.0	70

注　表中未特殊说明的数值均为最小值。

3. 铝及铝合金的焊接特点

(1) 铝及铝合金的可焊性。工业纯铝、非热处理强化变形铝镁和铝锰合金，以及铸造合金中的铝硅和铝镁合具有良好的可焊性；可热处理强化变形铝合金的可焊性较差，如超硬铝合金 LC4 (7A04)，因焊后的热影响区变脆，故不推荐弧焊。铸造铝合金 ZL1、ZL4 及 ZL5 可焊性较差。几种铝及铝合金的可焊性见表 2-32。

表 2-32　　几种铝及铝合金的可焊性

焊接方式	材料牌号和铝合金的可焊性					适用厚度范围 /mm
	L1L6	LF21	LF5 LF6	LF2 LF3	LY11 LY12 LY16	
钨极氩弧焊（手工、自动）	好	好	好	好	差	1～25[①]
熔化极氩弧焊（半自动、自动）	好	好	好	好	尚可	≥3
熔化极脉冲氩弧焊（半自动、自动）	好	好	好	好	尚可	≥0.8
电阻焊（点焊、缝焊）	较好	较好	好	好	较好	≤4
气焊	好	好	差	尚可	差	0.5～25[①]
碳弧焊	较好	较好	差	差	差	1～10

续表

焊接方式	材料牌号和铝合金的可焊性					适用厚度范围/mm
	L1L6	LF21	LF5 LF6	LF2 LF3	LY11 LY12 LY16	
焊条电弧焊	较好	较好	差	差	差	3～8
电子束焊	好	好	好	好	较好	3～75
等离子焊	好	好	好	好	尚可	1～10

① 厚度大于10mm时，推荐采用熔化极氩弧焊。

(2) 铝及铝合金的焊接特点。

1) 表面容易氧化，生成致密的氧化铝（Al_2O_3）薄膜，影响焊接。

2) 氧化铝（Al_2O_3）熔点高（约2025℃），焊接时，它对母材与母材之间的熔合起阻碍作用，影响操作者对熔池金属熔化情况的判断，还会造成焊缝金属夹渣和气孔等缺陷，影响焊接质量。

3) 铝及其合金熔点低，高温时强度和塑性低（纯铝在640～656℃的延伸率<0.69%），高温液态无显著颜色变化，焊接操作不慎时会出现烧穿、焊缝反面焊瘤等缺陷。

4) 铝及其合金线膨胀系数（23.5×10^{-6}℃）和结晶收缩率大，焊接时变形较大；对厚度大或刚性较大的结构，大的收缩应力可能导致焊接接头产生裂纹。

5) 液态可大量溶解氢，而固态铝几乎不溶解氢。氢在焊接熔池快速冷却和凝固过程中易在焊缝中聚集形成气孔。

6) 冷硬铝和热处理强化铝合金的焊接接头强度低于母材，焊接接头易发生软化，给焊接生产造成一定困难。

铝及铝合金焊接主要采用氩弧焊、气焊、电阻焊等方式，其中氩弧焊（钨极氩弧焊和熔化极氩弧焊）应用最广泛。

铝及铝合金焊前应用机械法或化学清洗法去除工件表面氧化膜。焊接时钨极氩弧焊（TIG焊）采用交流电源，熔化极氩弧焊（MIG焊）采用直流反接，以获得“阴极雾化”作用，清除氧化膜。

二、铜及铜合金的分类和焊接特点

在金属材料中，铜及铜合金的应用范围仅次于钢铁。在非铁金属材料中，铜的产量仅次于铝。

铜的物理性能和力学性能见表 2-33。

表 2-33　　铜的物理性能和力学性能

物理性能				力学性能	
项　目	数值	项　目	数值	项　目	数值
密度 γ/(g/cm^3)(20℃)	8.93	比热容 c/[J/(kg·K)](20℃)	386	抗拉强度 σ_b/MPa	209
熔点/℃	1084.88	线胀系数 α_1/(10^{-6}/K)	16.7	屈服强度 $\sigma_{0.2}$/MPa	33.3
沸点/℃	2595	热导率 λ/[W/(m·K)]	398	伸长率 δ(%)	60
熔化热/(kJ/mol)	13.02	电阻率 ρ/(nΩ·m)	16.73	硬度 HBW	37
汽化热/(kJ/mol)	304.8	电导率 κ(%IACS)	103.06	弹性模量(拉伸)E/GPa	128

习惯上将铜及铜合金分为纯铜、黄铜、青铜和白铜，以铸造和压力加工产品（棒、线、板、带、箔、管）提供使用，广泛应用于电气、电子、仪表、机械、交通、建筑、化工、兵器、海洋工程等几乎所有的工业和民用部门。

铜合金分为加工铜合金和铸造铜合金，其总分类及化学成分、铜及铜合金的组成、加工铜的化学成分、加工铜的工艺性能、加工铜的特性和用途见表 2-34～表 2-38。

表 2-34　　铜合金总分类及化学成分

类型	名　称	化学成分
加工铜合金	纯铜	w(Cu)>99%
	高铜合金	w(Cu)>96%
	黄铜	Cu-Zn

续表

类型	名　称	化学成分
加工铜合金	加铅黄铜	Cu-Zn-Pb
	锡黄铜	Cu-Zn-Sn-Pb
	磷青铜	Cu-Sn-P
	加铅磷青铜	Cu-Sn-Pb-P
	铜-银-磷合金	Cu-Ag-P
	铝青铜	Cu-Al-Fe-Ni
	硅青铜	Cu-Si
	其他铜合金	…
	普通白铜	Cu-Ni-Fe
	锌白铜	Cu-Ni-Zn
铸造铜合金	纯铜	$w(Cu)>99\%$
	高铜合金	$w(Cu)>94\%$
	红色黄铜和加铅红色黄铜	Cu-Zn-Sn-Pb[$w(Cu)=75\%\sim89\%$]
	黄色黄铜及加铅黄色黄铜	Cu-Zn-Sn-Pb[$w(Cu)=57\%\sim74\%$]
	锰黄铜和加铅锰黄铜	Cu-Zn-Mn-Fe-Pb
	硅青铜、硅黄铜	Cu-Zn-Si
	锡青铜和加铅锡青铜	Cu-Sn-Zn-Pb
	镍-锡青铜	Cu-Ni-Sn-Zn-Pb
	铝青铜	Cu-Al-Fe-Ni
	普通白铜	Cu-Ni-Fe
	锌白铜	Cu-Ni-Zn-Pb-Sn
	加铅铜	Cu-Pb
	其他铜合金	…

表 2-35　　铜及铜合金的组成

名称	组成	分组	成分与用途
黄铜	以锌为主要合金元素的铜合金	普通黄铜	铜锌二元合金，其锌的质量分数小于 50%
		特殊黄铜	在普通黄铜的基础上加入了 Fe、Zn、Mn、Al 等辅助合金元素的铜合金
青铜	以除锌和镍以外的其他元素为主要合金元素的铜合金	锡青铜	锡的含量是决定锡青铜性能的关键，锡质量分数为 5%～7%的锡青铜塑性最好，适于冷、热加工；而当锡的质量分数大于 10%时，合金强度升高，但塑性却很低，只适于做铸造用材
		铝青铜	铝青铜中铝的质量分数一般控制在 12%以下。工业上压力加工用铝青铜中铅的质量分数一般低于 5%～7%；铝质量分数为 10%左右的合金，强度高，可用于热加工或铸造用材
		铍青铜	铍质量分数为 1.7%～2.5%的铜合金，其时效硬化效果极为明显，通过淬火时效，可获得很高的强度和硬度，抗拉强度可达：$\sigma_b = 1250 \sim 1500$MPa，硬度为 350～400HBW，远远超过其他铜合金，且可与高强度合金钢相媲美。由于铍青铜没有自然时效效应，故其一般以淬火态供应，易于加工成形，可直接制成零件后再时效强化
白铜	以镍为主要合金元素（质量分数低于 50%）的铜合金	简单白铜	铜镍二元合金
		特殊白铜	在简单白铜的基础上加入了 Fe、Zn、Mn、Al 等辅助合金元素的铜合金

表 2-36　　加工铜的化学成分(GB/T 5231—2001)

组别	序号	牌号		化学成分(质量分数,%)													产品形状
		名称	代号	Cu+Ag	P	Ag	Bi	Sb	As	Fe	Ni	Pb	Sn	S	Zn	O	
纯铜	1	一号铜	T1	99.95	0.001	—	0.001	0.002	0.002	0.005	0.002	0.003	0.002	0.005	0.005	0.02	板、带、箔、管
纯铜	2	二号铜	T2	99.90	—	—	0.001	0.002	0.002	0.005	—	0.005	—	0.005	—	—	板、带、箔、管、棒、线
纯铜	3	三号铜	T3	99.70	—	—	0.002	—	—	—	—	0.01	—	—	—	—	板、带、箔、管、棒、线
无氧铜	4	零号无氧铜	TU0 [C10100]	Cu 99.99	0.0003	0.0025	0.0001	0.0004	0.0005	0.0010	0.0010	0.0005	0.0002	0.0015	0.0001	0.0005	板、带、箔、管、棒、线
				Se:0.0003　Te:0.0002　Mn:0.00005　Cd:0.0001													
无氧铜	5	一号无氧铜	TU1	99.97	0.002	—	0.001	0.002	0.002	0.004	0.002	0.003	0.002	0.004	0.003	0.002	板、带、箔、管、棒、线
无氧铜	6	二号无氧铜	TU2	99.95	0.002	—	0.001	0.002	0.002	0.004	0.002	0.004	0.002	0.004	0.003	0.003	板、带、管、棒、线
磷脱氧铜	7	一号脱氧铜	TP1 [C12000]	99.90	0.004～0.012	—	—	—	—	—	—	—	—	—	—	—	板、带、管
磷脱氧铜	8	二号脱氧铜	TP2 [C12200]	99.9	0.015～0.040	—	—	—	—	—	—	—	—	—	—	—	板、带、管
银铜	9	0.1银铜	TAg0.1	Cu 99.5	—	0.06～0.12	0.002	0.005	0.01	0.05	0.2	0.01	0.05	0.01	—	0.1	板、管、线

表 2-37 加工铜的工艺性能

合金	熔炼与铸造工艺	成形性能	焊接性能	可切削性（HPb63-3的切削性为100%）(%)
纯铜	采用反射炉熔炼或工频有芯感应炉熔炼。采用铜模或铁模浇注，熔炼过程中应尽可能减少气体来源，并使用经过煅烧的木炭作溶剂，也可用磷作脱氧剂。浇注过程在氮气保护或覆盖烟灰下进行，建议铸造温度为1150～1230℃，线收缩率为2.1%	有极好的冷、热加工性能，能用各种传统的加工工艺加工，如拉伸、压延、深冲、弯曲、精压和旋压等。热加工时应控制加热介质气氛，使之呈微氧化性。热加工温度为800～950℃	易于锡焊、铜焊，也能进行气体保护焊、闪光焊、电子束焊和气焊，但不宜进行接触点焊、对焊和埋弧焊	20
无氧铜	使用工频有芯感应电炉熔炼，原料选用 $w(Cu)>99.97\%$ 及 $w(Zn)<0.003\%$ 的电解铜。熔炼时应尽量减少气体来源，并使用经过煅烧的木炭作溶剂，也可用磷作脱氧剂。浇注过程在氮气保护或覆盖烟灰下进行，铸造温度为1150～1180℃	有极好的冷、热加工性能，能用各种传统的加工工艺加工，如拉伸、压延、挤压、弯曲、冲压、剪切、镦锻、旋锻、滚花、缠绕、旋压、螺纹轧制等。可煅性极好，为锻造黄铜的65%，热加工温度为800～900℃	易于熔焊、钎焊、气体保护焊，但不宜进行金属弧焊和大多数电阻焊	20
磷脱氧铜	使用工频有芯感应电炉熔炼。高温下纯铜吸气性强，熔炼时应尽量减少气体来源，并使用经过煅烧的木炭作溶剂，也可用磷作脱氧剂。浇注过程在氮气保护或覆盖烟灰下进行，锻造温度为1150～1800℃	有优良的冷、热加工性能，可以进行精冲、拉伸、墩铆、挤压、深冲、弯曲和旋压等。热加工温度为800～900℃	易于熔焊、钎焊、气体保护焊，但不宜进行电阻对焊	20

1. 铜

按化学成分不同，铜加工产品分为纯铜材和无氧铜两类，纯铜呈紫红色，故又称为紫铜。其密度为 8.96×10³ kg/m³，熔点为 1083℃，它的导电性和导热性仅次于金和银，是最常用的导电、导热材料。纯铜的塑性非常的好，易于冷、热加工。在大气及淡水中有很好的抗腐蚀性能。

表 2-38　　加工铜的特性和用途

<table>
<tr><th>代号</th><th>主要特性</th><th>用途举例</th></tr>
<tr><td>T1</td><td rowspan="2">有良好的导电、导热、耐蚀和加工性能，可以焊接和钎焊。含降低导电、导热性的杂质较少，微量的氧对导电、导热和加工等性能影响不大，但易引起氢脆，不宜在高温（＞370℃）还原性气氛中加工（退火、焊接等）和使用</td><td rowspan="2">除标准圆管外，其他材料可用作建筑物正面装饰、密封垫片、汽车散热器、母线、电线电缆、绞线、触点、无线电元件、开关、接线柱、浮球、铰链、扁销、钉子、铆钉、烙铁、平头钉、化工设备、铜壶、锅、印刷滚筒、膨胀板、容器。在还原性气氛中加热到 370℃以上，例如在退火、硬钎焊或焊接时，材料会变脆。若还原气氛中有 H_2 或 CO 存在，则会加速脆化</td></tr>
<tr><td>T2</td></tr>
<tr><td>T3</td><td>有较好的导电、导热、耐蚀和加工性能，可以焊接和钎焊，但含降低导电、导热性的杂质较多、含氧量更高，更易引起氢脆，不能在高温还原性气氛中加工和使用</td><td>建筑方面：正面板、落水管、防雨板、流槽、屋顶材料、网、流道；汽车方面：密封圈、散热器；电工方面：汇流排、触点、无线电元件、整流器扇形片、开关、端子；其他方面：化工设备、釜、锅、印染辊、旋转带、路基膨胀板、容器。在 370℃以上退火、硬钎焊或焊接时，若为还原性气氛，则易发脆，如有 H_2 或 CO 存在，则会加速脆化</td></tr>
<tr><td>TU1、TU2</td><td>纯度高，导电、导热性极好，无氢脆或极少氢脆，加工性能和焊接、耐蚀、耐寒性均好</td><td>母线、波导管、阳极、引入线、真空密封、晶体管元件、玻璃金属密封、同轴电缆、速度调制电子管、微波管</td></tr>
</table>

续表

代号	主要特性	用途举例
TP1 TP2	焊接性能和冷弯性能好，一般无氢脆倾向，可在还原性气氛中加工和使用，但不宜在氧化性气氛中加工和使用。TP1 的残留磷量比 TP2 少，故其导电、导热性较 TP2 高	主要以管材应用，也可以板、带或棒、线供应，用作汽油或气体输送管、排水管、冷凝管、水雷用管、冷凝器、蒸发器、热交换器、火车车厢零件
TAg0.1	铜中加入少量的银，可显著提高软化温度（再结晶温度）和蠕变强度，而很少降低铜的导电、导热性和塑性。实用的银铜时效硬化效果不显著，一般采用冷作硬化来提高强度。它具有很好的耐磨性、电接触性和耐蚀性，在制成电车线时，使用寿命比一般硬铜高 2～4 倍	用于耐热、导电器材，如电动机换向器片、发电机转子用导体、点焊电极、通信线、引线、导线、电子管材料等

2. 铜合金

工业上广泛采用的多是铜合金。常用的铜合金可分为高铜合金、黄铜、青铜和白铜（又分为普通白铜和锌白铜）等几大类。

（1）黄铜。黄铜可分为普通黄铜和特殊黄铜，普通黄铜的牌号用“黄”字汉语拼音字母的字头“H”＋数字表示。数字表示平均含铜量的百分数，按照化学成分的不同，在普通黄铜中加入其他合金元素所组成的合金，称为特殊黄铜。特殊黄铜的代号由“H”＋主加元素的元素的符号（除锌外）＋铜含量的百分数＋主元素含量的百分数组成。例如 HPb59-1，则表示铜含量为 59％，铅含量为 1％的铅黄铜。常用黄铜的牌号、化学成分、力学性能和用途见表 2-39。

（2）青铜。除了黄铜和白铜（铜和镍的合金）外，所有的铜基合金都称为青铜。参考 GB/T 5231—2001《加工青铜的牌号和化学成分》标准，按主加元素种类的不同，青铜主要可分为锡青铜、铝青铜、硅青铜和铍青铜等。按加工工艺可分为普通青铜和铸造青铜。

表 2-39　常用黄铜的牌号、化学成分、力学性能和用途

组别	牌号	化学成分（%）		力学性能			用途举例
		Cu	其他	σ_b (MPa)	σ (%)	HBS	
普通黄铜	H90	88.0～91.0	余量 Zn	260/480	45/4	53/130	双金属片、供水和排水管、艺术品、证章
	H68	67.0～70.0	余量 Zn	320/660	55/3	/150	复杂的冲压件、轴套、散热器外壳、波纹管、弹壳
	H62	60.5～63.5	余量 Zn	330/600	49/3	56/140	销钉、铆钉、螺钉、螺母、垫圈、夹线板、弹簧
特殊黄铜	HSn90-1	88.0～91.0	0.25～0.75Sn 余量 Zn	280/520	45/5	/82	船舶零件、汽车和拖拉机的弹性套管
	HSi80-3	79.0～81.0	2.5～4.0Sn 余量 Zn	300/600	58/4	90/110	船舶零件、蒸汽（<265℃）条件下工作的零件
	HMn58-2	57.0～60.0	1.0～2.0Si 余量 Zn	400/700	40/10	85/175	弱电电路用的零件
	HPb59-1	57.0～60.0	0.8～1.9Pb 余量 Zn	400/650	45/16	44/80	热冲压及切削加工零件，如销、螺钉、轴套等
	HAl59-3-2	57.0～60.0	2.5～3.5Al 2.0～3.0Ni 余量 Zn	380/650	50/15	75/155	船舶、电动机及其他在常温下工作的高强度、耐蚀零件

注　力学性能数值中分母数值为50%变形程度的硬化状态测定，分子数值为600℃下退火状态下测定。

青铜的代号由“青”字的汉语拼音的第一个字母“Q”＋主加元素的元素符号及含量＋其加入元素的含量组成。例如 QSn4-3 表示含锡 4%，含锌 3%，其余为铜的锡青铜。QAl7 表示含铝 7%，其余为铜的铝青铜。铸造青铜的牌号的表示方法和铸造黄铜的表示方法相同。常用青铜和铸造青铜的牌号、化学成分、力学性能和用途见表 2-40 和表 2-41。

表 2-40　普通青铜的牌号、化学成分、力学性能和用途

牌号	化学成分		力学性能			用途举例
	第一主加元素	其他	σ_b (MPa)	σ (%)	HBS	
QSn4-3	Sn 3.5～4.5	2.7～3.3Zn 余量 Cu	350/350	40/4	60/160	弹性元件、管配件、化工机械中耐磨零件及抗磁零件
QSn6.5-0.1	Sn 6.0～7.0	1.0～0.25P 余量 Cu	$\frac{350/450}{700/800}$	$\frac{60/70}{7.5/12}$	$\frac{70/90}{160/200}$	弹簧、接触片、振动片、精密仪器中的耐磨零件
QSn4-4-4	Sn 3.0～5.0	3.5～4.5Pb 3.0～5.0Zn 余量 Cu	220/250	3/5	890/90	重要的减零件，如轴承、轴套、蜗轮、丝杠、螺母
QAl7	Al 6.0～8.0	余量 Cu	470/980	3/70	70/154	重要用途的弹性元件
QAl9-4	Al 8.0～10.0	2.0～4.0Fe 余量 Cu	550/900	4/5	110/180	耐磨零件和在蒸汽及海水中工作的高强度、耐蚀零件
QBe2	Be 1.8～2.1	0.2～0.5Ni 余量 Cu	500/850	3/40	84/247	重要的弹性元件，耐磨件及在高速、高压、高温下工作的轴承
QSi3-1	Si 2.7～3.5	1.0～1.5Mn 余量 Cu	370/700	3/55	80/180	弹性元件；在腐蚀介质下工作的耐磨零件，如齿轮

注　力学性能数值中分母数值为 50%变形程度的硬化状态测定，分子数值为 600℃下退火状态下测定。

表 2-41　铸造青铜的牌号、化学成分、力学性能和用途

牌号	化学成分		力学性能			用途举例
	第一主加元素	其他	σ_b（MPa）	σ（%）	HBS	
ZCuSn5Pb5Zn5	Sn 4.0～6.0	4.0～6.0Zn 4.0～6.0Pb 余量 Cu	$\frac{200}{200}$	13/3	60/60	较高负荷、中速的耐磨、耐蚀零件，如轴瓦、缸套、蜗轮
ZCuSn10Pb1	Sn 9.0～11.5	0.5～1.0Pb 余量 Cu	$\frac{200}{310}$	3/2	80/90	高负荷、高速的耐磨零件，如轴瓦、衬套、齿轮
ZCuPb30	Pb 27.0～33.0	余量 Cu			/25	高速双金属轴瓦
ZCuAl9Mn2	Al 8.0～10.0	1.5～2.5Mn 余量 Cu	$\frac{390}{440}$	20/20	85/95	耐蚀、耐磨零件，如齿轮、衬套、蜗轮

注　力学性能中分子为砂型铸造试样测定，分母为金属型铸造测定。

3. 铜及铜合金的焊接特点

(1) 铜的导热系数大，焊接时有大量的热量被传导损失，容易产生未熔合和未焊透等缺陷，因此，焊接时必须采用大功率热源，焊件厚度大于 4mm 时，要采取预热措施。

(2) 由于铜的热导率高，要获得成型均匀的焊缝宜采用对接接头，而丁字接头和搭接接头不推荐。

(3) 铜的线膨胀系数大，凝固收缩率也大，焊接构件易产生变形，当焊件刚度较大时，则有可能引起焊接裂纹。

(4) 铜的吸气性很强，氢在焊缝凝固过程中溶解度变化大（液固态转变时的最大溶解度之比达 3.7，而铁仅为 1.4），来不及逸出，易使焊缝中产生气孔。氧化物及其他杂质与铜生成低熔点共晶体，分布于晶粒边界，易产生热裂纹。

(5) 焊接黄铜时，由于锌沸点低，易蒸发和烧损，会使焊缝中含锌量低，从而降低接头的强度和耐蚀性。向焊缝中加入硅和锰，可减少锌的损失。

(6) 铜及铜合金在熔焊过程中，晶粒会严重长大，使接头塑性

和韧性显著下降。

铜及铜合金焊接主要采用气焊、惰性气体保护焊、埋弧焊、钎焊等方法。铜及铜合金导热性能好，所以焊接前一般应预热。钨极氩弧焊采用直流正接。气焊时，纯铜采用中性焰或弱碳化焰，黄铜则采用弱氧化焰，以防止锌的蒸发。

三、钛及钛合金的分类和焊接特点

钛及其合金是20世纪50年代出现的一种新型结构材料。由于它的密度小（约为钢的1/2）、强度高、耐高温、抗腐蚀、资源丰富，现在已成为机械、医疗、航天、化工、造船和国防工业生产中广泛应用的材料。

1. 钛

纯钛是银白色的，密度小（4.5g/cm^3），熔点高（1667℃），热膨胀系数小。钛有塑性好，强度低，容易加工成形，可制成细丝、薄片；在550℃以下有很好的抗腐蚀性，不易氧化，在海水和水蒸气的抗腐蚀能力比铝合金、不锈钢和镍合金还高。

钛的物理性能、力学性能，钛及钛合金的分类及特点、钛合金的有关术语、钛合金的特性和用途见表2-42～表2-45。

表2-42　钛的物理性能和力学性能

物理性能				力学性能	
项　目	数值	项　目	数值	项　目	数值
密度 γ (g/cm^3)(20℃)	4.507	比热容 c [J/(kg·K)](20℃)	522.3	抗拉强度 σ_b (MPa)	235
熔点(℃)	1668±10	线胀系数 α_1 (10^{-6}/K)	10.2	屈服强度 $\sigma_{0.2}$ (MPa)	140
沸点(℃)	3260	热导率 λ [W/(m·K)]	11.4	断后伸长率 δ(%)	54
熔化热 (kJ/mol)	18.8①	电阻率 ρ (nΩ·m)	420	硬度(HBW)	60～74
汽化热 (kJ/mol)	425.8	电导率 κ (%IACS)	—	弹性模量(拉伸)E(GPa)	106

①　估算值。

表 2-43　　钛及钛合金的分类及特点

分类		成分特点	显微组织特点	性能特点	典型合金
α型钛合金	全α合金	含有质量分数在6%以下的铝和少量的中性元素	退火后，除杂质元素造成的少量β相外，几乎全部是α相	密度小，热强性好，焊接性能好，低间隙元素含量及有好的超低温韧性	TA4、TA5 TA6、TA7
	近α合金	除铝和中性元素外，还有少量（质量分数不超过4%）的β稳定元素	退火后，除大量α相外，还有少量的（体积分数为10%左右）β相	可热处理强化，有很好的热强性和热稳定性，焊接性能良好	—
	α+化合物合金	在全α合金的基础上添加少量活性共析元素	退火后，除大量α相外，还有少量的β相及金属间化合物	有沉淀硬化效应，提高了室温及高温抗拉强度和蠕变强度，焊接性良好	TA8 及 TA13
α+β型钛合金		含有一定量的铝（质量分数在6%以下）和不同量的β稳定元素及中性元素	退火后，有不同比例的α相及β相	可热处理强化，强度及淬透性随着β稳定元素含量的增加而提高，可焊性较好，一般冷成型及切削加工性能差。TC4 合金在低间隙元素含量时具有良好的超低温韧性	TC1、TC2、 TC3、TC4、 TC6、TC8 TC9、TC10、 TC11、TC12
β型钛合金	热稳定β合金	含有大量β稳定元素，有时还有少量其他元素	退火后全部为β相	室温强度较低，冷成型和切削加工性能强，在还原性介质中耐蚀性较好，热稳定性、可焊性好	TB7

续表

分类		成分特点	显微组织特点	性能特点	典型合金
β型钛合金	亚稳定β合金	含有临界含量以上的β稳定元素，少量的铝（一般质量分数不大于3%）和中性元素	从β相区固溶处理（水淬或空冷）后，几乎全部为亚稳定β相。在提高温度进行时效后的组织为α相、β相，有时还有少量化合物相	固溶处理后，室温强度低，冷成型和切削加工性能强，焊接性好。经时效后，室温强度高。在高屈服强度下具有高的断裂韧性，在350℃以上热稳定性差。此类合金淬透性好	TB2 TB3
	近β合金	含有临界含量左右的β稳定元素和一定量的中性元素及铝	从β相区固溶处理后有大量亚稳定β相，可能有少量其他亚稳定相（α′相或ω相），时效后，主要是α相和β相，此外，亚稳定β相可发生应变转变	除有亚稳定β合金的特点外，在固溶处理后，屈服强度低，均匀伸长率高，时效后，断裂韧性及锻件塑性较高	TB6

表 2-44　　钛及钛合金的有关术语

名　称	说　明
海绵钛	用 Mg 或 Na 还原 $TiCl_4$ 获得的非致密金属钛
碘法钛	用碘作载体从海绵钛提纯得到的纯度较高的致密金属钛，钛的质量分数可达99.9%
工业纯钛	钛的质量分数不低于99%并含有少量Fe、C、O、N和H等杂质的致密金属钛
钛合金	以钛为基体金属，含有其他元素及杂质的合金
α钛合金	含有α稳定剂，在室温稳定状态基本为α相的钛合金
近α钛合金	α合金中加入少量β稳定剂，在室温稳定状态β相的质量分数一般小于10%的钛合金

续表

名称	说明
α-β钛合金	含有较多的β稳定剂，在室温稳定状态由α及β相所组成的钛合金，β相的质量分数一般为10%～50%
β钛合金	含有足够多的β稳定剂，在适当的冷却速度下能使其室温组织全部为β相的钛合金

表 2-45　钛合金的特性和用途

名称	特性和用途
α型钛合金	室温强度较低，但高温强度和蠕变强度却居钛合金之首，且该类合金组织稳定，耐蚀性优良，塑性及加工成形性好，还具有优良的焊接性能和低温性能，常用于制作飞机蒙皮、骨架、发动机压缩机盘和叶片、涡轮壳以及超低温容器等
β型钛合金	在淬火态塑性、韧性很好，冷成形性好。但由于这种合金密度大，组织不够稳定，耐热性差，因此使用不太广泛，主要是用来制造飞机中使用温度不高但强度要求高的零部件，如弹簧、紧固件及厚截面构件等
α+β型钛合金	兼有α型及β型钛合金的特点，有非常好的综合力学性能，是应用最广泛的钛合金，在航空航天工业及其他工业部门都得到了广泛的应用

加工钛及钛合金的化学成分参见GB/T 3620.1—2007。

工业纯钛的牌号、力学性能和用途见表2-46。

表 2-46　工业纯钛的牌号、力学性能和用途

牌号	材料状态	力学性能			用途
		σ_b (MPa)	σ_5 (%)	α_k (J/cm^2)	
TA1	板材	350～500	30～40	—	航空：飞机骨架、发动机部件 化工：热交换机、泵体、搅拌器 造船：耐海水腐蚀的管道、阀门、泵、柴油发动机活塞、连杆 机械：低于350℃条件下工作且受力较小的零件
	棒板	343	25	80	
TA2	板材	450～600	25～30	—	
	棒板	441	20	75	
TA3	板材	550～700	20v25	—	
	棒板	539	15	50	

2. 钛合金

(1) 加工钛及钛合金。钛具有同素异构现象，在882℃以下为密排六方晶格，称为α—钛（α—Ti），在882℃以上为体心立方晶体，称为β—钛（β—Ti）。因此钛合金有三种类型：α—钛合金，β—钛合金，α+β—钛合金。

常温下α—钛合金的硬度低于其他钛合金，但高温（500～600℃）条件下其强度最高，它的组织稳定，焊接性良好；β—钛合金具有很好的塑性，在540℃以下具有较高的强度，但其生产工艺复杂，合金密度大，故在生产中用途不广；α+β—钛合金的强度、耐热性和塑性都比较好，并可以热处理强化，应用范围较广。应用最多的是TC4（钛铝钒合金），它具有较高的强度和很好的塑性。在400℃时，组织稳定，强度较高，抗海水腐蚀的能力强。

常用钛合金、α+β—钛合金的牌号、力学性能和用途见表2-47、表2-48。

表2-47　常用钛合金的牌号、力学性能和用途

牌号	力学性能		用途
	σ_b（MPa）	σ_5（%）	
TA5	686	15	与TA1和TA2等用途相似
TA6	686	20	飞机骨架、气压泵体、叶片，温度小于400℃环境下工作的焊接零件
TA7	785	20	温度小于500℃环境下长期工作的零件和各种模锻件

注　伸长率值指板材的厚度在0.8～1.5mm状态下。

表2-48　α+β—钛合金的牌号、力学性能和用途

牌号	力学性能		用途
	σ_b（MPa）	σ_5（%）	
TC1	588	25	低于400℃环境下工作的冲压零件和焊接件
TC2	686	15	低于500℃环境下工作的焊接件和模锻件
TC4	902	12	低于400℃环境下长期工作的零件，各种锻件、各种容器、泵、坦克履带、舰船耐压的壳体

续表

牌号	力学性能		用途
	σ_b (MPa)	σ_5 (%)	
TC6	981	10	低于350℃环境下工作的零件
TC10	1059	10	低于450℃环境下长期工作的零件，如飞机结构件、导弹发动机外壳、武器结构件

注 伸长率值指在板材厚1.0～2.0mm的状态下。

钛及钛合金的应用情况见表2-49。

表2-49　　钛及钛合金的应用情况

产业	应用领域	具体的使用部位
航空、宇宙航行	喷气发动机部件、机身部件、火箭、人造卫星、导弹等部件	压气机和风扇叶片、盘、机匣、导向叶片、轴、起落架、襟翼、阻流板、发动机舱、隔板、翼梁、燃料箱、火箭燃烧室、助推器
化学、石油化工及其他一般工业	尿素、乙酸、丙酮、三聚氰酰胺、硝酸、IPA、PO、己二酸、对苯二甲酸、丙烯腈、丙烯内酰胺、丙烯酸酯、无水马来酸、谷氨酸、浓漂白粉、造纸、纸浆	热交换器、反应槽、反应塔、压力釜、蒸馏塔、凝缩器、离心分离机、搅拌器、鼓风机、阀、泵、管道、计测器
	苏打、氯气	电极基板、电解槽
	表面处理	电镀用夹具、电极
	冶金	铜箔用滚筒、电解精炼用电极、ECL电镀电极
	环保（排气、排液、除尘）	粪尿处理设备
发电、海水淡化	原子能、火力、地热发电、蒸发式海水淡化装置	透平冷凝器、冷凝器、管板、透平叶片、传热管
海洋开发、能源	石油、天然气开采	提升管
	石油精炼、LNG	热交换器
	深海潜艇、海洋温差发电	耐压壳体
	水产养殖	渔网
	核废物处理/再处理/浓缩	离心分离机、磁体外套

续表

产业	应用领域	具体的使用部位
土木建筑	屋顶、大厦的外装、港湾设施（如桥梁、海底隧道）	屋顶、外壁、装饰物、小配件类、立柱装饰、外装、纪念碑、标牌、门牌、栏杆、管道、耐蚀被覆、工具类
运输机械	汽车部件（四轮车、二轮车）	连杆、阀门、护圈、弹簧、螺栓、螺母、油箱
	船用部件	热交换器、喷射簧片、水翼、通气管、螺旋桨
	铁路（直线性电机车及其他）	架势受电弓、低温恒温器、超导电动机
医疗及其他	通信、光学仪器	照相机、曝光装置、印相装置、电池、海底中继器
	音响设备	振动板
	医疗、保健、福利	人工关节、齿科材料、手术器具、起波器、轮椅、手杖、碱离子净水器
体育用品	自行车零件	构架、胎圈、辐条、脚踏
	装饰品、佩带物	手表、眼镜框架、装饰品、剪子、剃须刀、打火机
	体育娱乐用品及其他	高尔夫球头、网球拍、登山工具、滑雪板、套架、雪橇、雪铲、马掌铁、击剑面具、钓具、游艇部件、氧气瓶、潜水刀、热水瓶、炒锅、家具、记录用具、印章、玩具

（2）铸造钛及钛合金。铸造钛及钛合金的化学成分、特性和用途见表 2-50、表 2-51。

表 2-50　铸造钛及钛合金的化学成分（GB/T 15073—1994）

铸造钛及钛合金		化学成分（质量分数,%）													
		主要成分						杂质≤							
牌号	代号	Ti	Al	Sn	Mo	V	Nb	Fe	Si	C	N	H	O	其他元素 单个	其他元素 总和
ZTi1	ZTA1	基	—	—	—	—	—	0.25	0.10	0.10	0.03	0.015	0.25	0.10	0.40
ZTi2	ZTA2	基	—	—	—	—	—	0.30	0.15	0.10	0.05	0.015	0.35	0.10	0.40
ZTi3	ZTA3	基	—	—	—	—	—	0.40	0.15	0.10	0.05	0.015	0.40	0.10	0.40
ZTiAl4	ZTA5	基	3.3～4.7	—	—	—	—	0.30	0.15	0.10	0.04	0.015	0.20	0.10	0.40
ZTiAl5Sn2.5	ZTA7	基	4.0～6.0	2.0～3.0	—	—	—	0.50	0.15	0.10	0.05	0.015	0.20	0.10	0.40
ZTiMo32	ZTB32	基	—	—	30.0～34.0	—	—	0.30	0.15	0.10	0.05	0.015	0.15	0.10	0.40
ZTiAl6V4	ZTC4	基	5.5～6.8	—	—	3.5～4.5	—	0.40	0.15	0.10	0.05	0.015	0.25	0.10	0.40
ZTiAl6Sn4.5Nb2Mo1.5	ZTC21	基	5.5～6.5	4.0～5.0	1.0～2.0	—	1.5～2.0	0.30	0.15	0.10	0.05	0.015	0.20	0.10	0.40

表 2-51　铸造钛及钛合金的特性和用途

代号	牌号	主要特性	用途举例
ZTA1	ZTi1	与 TA1 相似	与 TA1 相近
ZTA2	ZTi2	与 TA2 相似	与 TA2 相近
ZTA3	ZTi3	与 TA3 相似	与 TA3 相近
ZTA5	ZTiAl4	与 TA5 相似	与 TA5 相近
ZTA7	ZTiAl5Sn2.5	与 TA7 相似	与 TA7 相近
ZTC4	ZTiAl6V4	与 TC4 相似	与 TC4 相近
ZTB32	ZTiMo32	耐蚀性高，在沸腾的体积分数为40%硫酸和体积分数为 20%的盐酸溶液中的耐蚀性能比工业纯钛有显著提高，是目前最耐还原性介质腐蚀的钛合金之一，但在氧化性介质中的耐蚀性能很低 随着含钼量提高（过高），合金将变脆，加工工艺性能变差	主要用于化学工业中制作受还原性介质腐蚀的各种化工容器和化工机器结构件

3. 钛及钛合金的焊接特点

（1）易受气体等杂质污染而脆化。常温下钛及钛合金比较稳定，与氧生成致密的氧化膜具有较高的耐腐蚀性能。但在540℃以上高温生成的氧化膜则不致密，随着温度的升高，容易被空气、水分、油脂等污染，吸收氧、氢、碳等，降低了焊接接头的塑性和韧性，在熔化状态下尤为严重。因此，焊接时对熔池及温度超过400℃的焊缝和热影响区（包括熔池背面）都要加以妥善保护。

在焊接工业纯钛时，为了保证焊缝质量，对杂质的控制均应小于国家现行技术条件 GB/T 3621—2007《钛及钛合金板材》规定的钛合金母材的杂质含量。

（2）焊接接头晶粒易粗化。由于钛的熔点高，热容量大，导热性差，焊缝及近缝区容易产生晶粒粗大，引起塑性和断裂韧度下降。因此，对焊接热输入要严格控制，焊接时通常用小电流、快速焊。

（3）焊缝有易形成气孔的倾向。钛及钛合金焊接，气孔是较为常见的工艺性缺陷。形成的因素很多，也很复杂，O_2、N_2、H_2、CO 和 H_2O 都可能引起气孔。但一般认为氢气是引起气孔的主要原因。气孔大多集中在熔合线附近，有时也发生在焊缝中心线附近。氢在钛中的溶解度随着温度的升高而降低，在凝固温度处就有跃变。熔池中部比熔池边缘温度高，故熔池中部的氢易向熔池边缘扩散富集。

防止焊缝气孔的关键是杜绝有害气体的一切来源，防止焊接区域被污染。

（4）易形成冷裂纹。由于钛及钛合金中的硫、磷、碳等杂质很少，低熔点共晶难以在晶界出现，而且结晶温度区较窄和焊缝凝固时收缩量小时，所以很少会产生热裂纹。但是焊接钛及钛合金时极易受到氧、氢、氮等杂质污染，当这些杂质含量较高时，焊缝和热影响区性能变脆，在焊接应力作用下易产生冷裂纹。其中氢是产生冷裂纹的主要原因。氢从高温熔池向较低温度的热影响区扩散，当该区氢富集到一定程度将从固溶体中析出 TiH_2 使之脆化；随着 TiH_2 析出将产生较大的体积变化而引起较大的内应力。这些因素，促成了冷裂纹的生成，而且具有延迟性质。

防止钛及钛合金焊接冷裂纹的重要措施，主要是避免氢的有害作用，减少和消除焊接应力。

四、轴承钢及轴承合金

1. 轴承钢

轴承钢具有高的硬度、抗压强度、接触疲劳强度和耐磨性，必要的韧性，以及能够满足某些条件下的耐蚀性、耐高温性能要求。从成分和特性上看，轴承钢分为高碳铬轴承钢、渗碳轴承钢、不锈轴承钢和高温轴承钢。

(1) 高碳铬轴承钢。高碳铬轴承钢淬透性好，淬火后可获得高而均匀的硬度，耐磨性好，组织均匀，疲劳寿命长，但大载荷冲击时的韧性较差，主要用作一般使用条件下滚动轴承的套圈和滚动体。高碳铬轴承钢的化学成分、硬度、特性及用途见表 2-52～表 2-54。

表 2-52　高碳铬轴承钢的化学成分（GB/T 18254—2002）

牌号	化学成分（质量分数，%）										
	C	Si	Mn	Cr	Mo	P	S	Ni	Cu	Ni+Cu	O
											模铸钢	连铸钢
						≤						
GCr4	0.95～1.05	0.15～0.30	0.15～0.30	0.35～0.50	≤0.08	0.025	0.020	0.25	0.20	—	15×10^{-6}	12×10^{-6}
GCr15	0.95～1.05	0.15～0.35	0.25～0.45	1.40～1.65	≤0.10	0.025	0.025	0.30	0.25	0.50	15×10^{-6}	12×10^{-6}
GCr15SiMn	0.95～1.05	0.45～0.75	0.95～1.25	1.40～1.65	≤0.10	0.025	0.025	0.30	0.25	0.50	15×10^{-6}	12×10^{-6}
GCr15SiMo	0.95～1.05	0.65～0.85	0.20～0.40	1.40～1.70	0.30～0.40	0.027	0.020	0.30	0.25	—	15×10^{-6}	12×10^{-6}

续表

牌号	化学成分（质量分数,%）										
	C	Si	Mn	Cr	Mo	P	S	Ni	Cu	Ni+Cu	O 模铸钢	O 连铸钢
						≤						
GCr18Mo	0.95～1.05	0.20～0.40	0.25～0.40	1.65～1.95	0.15～0.25	0.025	0.020	0.25	0.25	—	15×10^{-6}	12×10^{-6}

表 2-53　　高碳铬轴承钢的球化和软化退火钢材硬度（GB/T 18254—2002）

牌号	布氏硬度 HBW	牌号	布氏硬度 HBW
GCr4	179～207	GCr15SiMo	179～217
GCr15	179～207	GCr18Mo	179～207
GCr15SiMn	179～217		

表 2-54　　高碳铬轴承钢的特性和用途

牌号	主要特性	用途举例
GCr4	国内研制的新牌号，是一种节能、节资源（Cr、Mn、Si、Mo）、抗冲击的低淬透性轴承钢。采用全淬透热处理的整体感应淬火处理方法，既可使材料表层具有全淬硬高碳铬轴承钢的高硬度、高耐磨性优点，又可使心部获得高韧性、抗冲击的特性	成功应用于铁道车辆的轴箱轴承，改善了用 GCr15SiMn 钢或 GCr15 钢制造轴承内圈及挡边时因脆断而造成的轴承失效，使轴承寿命较原来提高一倍
GCr15	综合性能良好；淬火和回火后硬度高而均匀，耐磨性、接触疲劳强度高；热加工性好，球化退火后有良好的可加工性，但对形成白点敏感	制造内燃机、电机车、机床、拖拉机、轧钢设备、钻探机、铁道车辆以及矿山机械等传动轴上的钢球、滚子和轴套等

续表

牌号	主要特性	用途举例
GCr15SiMn	该牌号是在GCr15钢的基础上适当提高Si、Mn的含量制成的，改善了淬透性和弹性极限，耐磨性也较GCr15好，但白点形成敏感，有回火脆性，冷加工塑性变形中等	制造大型轴承、钢球和滚子等
GCr15SiMo	新型高淬透性轴承材料，具有良好的淬透性、淬硬性及高的抗接触疲劳性能	用于制造特大型重载轴承
GCr18Mo	新型高淬透性轴承材料，与GCr15钢、GCr15SiMn钢比，明显提高了Cr的含量，添加了适量的Mo元素。采用下贝氏体等温淬火热处理工艺，可获得下贝氏体组织和较低的残留奥氏体含量，与具有贝氏体组织的GCr15钢相比，具有更高的冲击韧度和断裂韧度	用于制造铁道车辆等重型机械的大型轴承

(2) 高碳铬不锈轴承钢。95Cr18钢是高碳、高铬马氏体不锈钢，淬火后有高硬度和高耐蚀性。102Cr17Mo钢是在95Cr18钢中加入钼发展起来的。和95Cr18钢相比，102Cr17Mo钢淬火后的硬度和稳定性更好。这两种不锈钢可用于制造在腐蚀环境下及无润滑的强氧化气氛中工作的轴承，好船舶、化工、石油机械中的轴承及航海仪表上的轴承等，也可作为耐蚀高温轴承材料，但使用温度不能超过250℃。此外，它们还可以用作医疗手术刀具。

高碳铬不锈轴承钢的牌号、化学成分、力学性能、特性和用途见表2-55～表2-57。

表2-55 高碳铬不锈轴承钢的化学成分(GB/T 3086—2008)

序号	统一数字代号	新牌号	旧牌号	化学成分(质量分数,%)									
				C	Si	Mn	P	S	Cr	Mo	Ni	Cu	Ni+Cu
					≤						≤		
1	B21800	C95Cr18	9Cr18	0.90～1.00	0.80	0.80	0.035	0.030	17.00～19.00	—	0.30	0.25	0.50

续表

序号	统一数字代号	新牌号	旧牌号	化学成分（质量分数，%）									
				C	Si	Mn	P	S	Cr	Mo	Ni	Cu	Ni+Cu
					≤						≤		
2	B21810	G102Cr18Mo	9Cr18Mo	0.95～1.10	0.80	0.80	0.035	0.030	16.00～18.00	0.40～0.70	0.30	0.25	0.50
3	B21410	G65Cr14Mo	—	0.60～0.70	0.80	0.80	0.035	0.030	13.00～15.00	0.50～0.80	0.30	0.25	0.50

表 2-56　高碳铬不锈轴承钢的力学性能（GB/T 3086—2008）

序号	指　标
1	直径大于 16mm 的钢材退火状态的布氏硬度应为 197～255HBW
2	直径不大于 16mm 的钢材退火状态的抗拉强度应为 590～835MPa
3	磨光状态的钢材力学性能允许比退火状态波动＋10%

表 2-57　高碳铬不锈轴承钢的特性和用途

牌号	主要特性	用途举例
G95Cr18	高碳马氏体不锈钢，淬火后具有较高的硬度和耐磨性，在大气、水以及某些酸类和盐类的水溶液中具有优良的耐蚀性	用于制造在腐蚀条件下承受高度摩擦的轴承等零件
G102Cr18Mo	高碳高铬马氏体不锈钢，具有较高的硬度和耐回火性，良好的耐蚀性	制造在腐蚀环境和无润滑强氧化气氛中工作的轴承零件，如船舶、石油、化工机械中的轴承、航海仪表轴承等

（3）渗碳轴承钢。渗碳轴承钢的含碳量低，经表面渗碳后心部仍具有良好的韧性，能够承受较大的冲击载荷，表面硬度高、耐磨，主要用作大型机械、受冲击载荷较大的轴承。

渗碳轴承钢的牌号、化学成分、力学性能、特性和用途见表 2-58～表 2-60。

表 2-58　　渗碳轴承钢的化学成分（GB/T 3203—1982）

牌号	化学成分（质量分数,%）								
	C	Si	Mn	Cr	Ni	Mo	Cu	P	S
							≤	≤	≤
G20CrMo	0.17～0.23	0.20～0.35	0.65～0.95	0.35～0.65	—	0.08～0.15	0.25	0.030	0.030
G20CrNiMo	0.17～0.23	0.15～0.40	0.60～0.90	0.35～0.65	0.40～0.70	0.15～0.30	0.25	0.030	0.030
G20CrNi2Mo	0.17～0.23	0.15～0.40	0.40～0.70	0.35～0.65	1.60～2.00	0.20～0.30	0.25	0.030	0.030
G20Cr2Ni4	0.17～0.23	0.15～0.40	0.30～0.60	1.25～1.75	3.25～3.75	—	0.25	0.030	0.030
G10CrNi3Mo	0.08～0.13	0.15～0.40	0.40～0.70	1.00～1.40	3.00～3.50	0.80～0.15	0.25	0.030	0.030
G20Cr2Mn2Mo	0.17～0.23	0.15～0.40	1.30～1.60	1.70～2.00	≤0.30	0.20～0.30	0.25	0.030	0.030

表 2-59　　渗碳轴承钢的纵向力学性能（GB/T 3203—1982）

牌号	试样毛坯直径（mm）	淬火			回火		力学性能			
		温度/℃		淬火冷却介质	温度（℃）	冷却介质	抗拉强度 σ_b（MPa）	断后伸长率 δ_5（%）	断面收缩率 ψ（%）	冲击韧度 α_k（kJ/m^2）
		第一次淬火	第二次淬火				≤	≤	≤	≤
G20CrNiMo	15	880±20	790±20	油	150～200	空气	1176	9	45	784
G20CrNi2Mo	25	880±20	800±20	油	150～200	空气	980	13	45	784
G20Cr2Ni4	15	870±20	790±20	油	150～200	空气	1176	10	45	784
G10CrNi3Mo	15	880±20	790±20	油	180～200	空气	1078	9	45	784
G20Cr2Mn2Mo	15	880±20	810±20	油	180～200	空气	1274	9	40	686

表 2-60　　渗碳轴承钢的特性和用途

牌号	主要特性	用途举例
G20CrMo	G20CrMo 钢为低合金渗碳钢，经过渗碳、淬火、回火之后，表层硬度较高、耐磨性较好，而心部硬度低、韧性好	适于制作耐冲击载荷的机械零件，如汽车齿轮、活塞杆、螺栓、滚动轴承等
G20CrNiMo	G20CrNiMo 钢有良好的塑性、韧性和强度。在渗碳或碳氮共渗后，其疲劳强度比 GCr15 钢高很多，淬火后表面耐磨性与 GCr15 钢相近，二次淬火后表面耐磨性比 GCr15 钢高得多，耐心部韧性好	用于制作受冲击载荷的汽车轴承及其他用途的中小型轴承，也可制作汽车、拖拉机用的齿轮及钻探用牙轮钻头的牙爪及牙轮体
G20CrNi2Mo	G20CrNi2Mo 钢的表面硬化性能中等，冷加工和热加工塑性较好，可制成棒材、板材、钢带及无缝钢管	适于制作汽车齿轮、活塞杆、圆头螺栓、万向联轴器及滚动轴承等
G20Cr2Ni4	G20Cr2Ni4 钢是常用的渗碳合金结构钢。在渗碳、淬火、回火后，其表面有高硬度、高耐磨性及高接触疲劳强度，而心部有良好的韧性，可承受强烈的冲击载荷。其焊接性中等，焊前需预热到 150℃。G20Cr2Ni4 钢对白点有敏感性，有回火脆性	用于制作耐冲击载荷的大型轴承，如轧钢机轴承，也用于制作坦克、推土机上的轴、齿轮等
G10CrNi3Mo	—	用于制作承受冲击载荷大的大中型轴承
G20Cr2Mn2Mo	G20Cr2Mn2Mo 钢是优质低碳合金钢，在渗碳、淬火、回火后有相当高的硬度、耐磨性和高接触疲劳强度，同时心部又有较高的韧性。与 G20Cr2Ni4 钢相比，两者基本性能相近，工艺性各有特点	制造高冲击载荷的特大型轴承，如轧钢机、矿山机械的轴承，也用于制造承受冲击载荷大、安全性要求高的中小型轴承，是适应我国资源特点创新的新钢种

2. 轴承合金

(1) 轴承合金的性能。轴承合金是用来制造滑动轴承的材料，滑动材料是机床、汽车和拖拉机的重要零件，在工作中要承受较大的交变载荷，因此轴承合金应具有下列性能：

1) 足够的强度和硬度，以承受轴颈较大有压力。

2) 高的耐磨性和小的摩擦因数，以减小轴颈的磨损。

3) 足够的塑性和韧性，较高抗疲劳强度，以承受轴颈交变载荷，并抵抗冲击和振动。

4) 良好的导热性和耐蚀性，以利于热量的散失和抵抗润滑油的腐蚀。

5) 良好的磨合性，使其与轴颈能较快地紧密配合。

(2) 轴承合金的分类。常用的轴承合金有锡基轴承合金、铅基轴承合金和铝基轴承合金三类。

1) 锡基轴承合金。锡基轴承合金也叫锡基巴氏合金，简称巴氏合金，它是以锡为基，加入了锑、铜等元素组成的合金。这种合金具有适中的硬度，小的摩擦因数，较好的塑性及远见卓识性。优良的导热性和耐蚀性等优点，常用于重要的轴承。

这类合金的代号表示方法为："Zch"（"铸"及"承"两字的汉语拼音字母字头）＋基体元素和主加元素符号＋主加元素与辅加元素的含量。如 ZchSnSb11-6 为锡基轴承合金，主加元素锑的含量为 11%，辅加元素铜的含量为 6%，其余为锡。

锡基轴承合金的牌号、化学成分、力学性能和用途见表 2-61。

表 2-61　锡基轴承合金的牌号、化学成分、力学性能和用途

牌　号	化学成分（%）					HBS（不低于）	用　途
	Sb	Cu	Pb	杂质	Sn		
ZchSnSb12-4-10	11.0～13.0	2.5～5.0	9.0～11.0	0.55	量余	29	一般发动机的主轴承，但不适于高温条件
ZchSnSb11-6	10.0～12.0	5.5～6.5	—	0.55	量余	27	1500kW 以上蒸汽机、3700kW 涡轮压缩机、涡轮泵及高速内燃机的轴承

续表

牌　号	化学成分（%）					HBS（不低于）	用　途
	Sb	Cu	Pb	杂质	Sn		
ZchSnSb8-4	7.0～8.0	3.0～4.0	—	0.55	量余	24	大型机器轴承及重载汽车发动机轴承
ZchSnSb4-4	4.0～5.0	4.0～5.0	—	0.50	量余	20	涡轮内燃机的高速轴承及轴承衬套

2）铅基轴承合金。铅基轴承合金也叫铅基巴氏合金，它通常是以铅锑为基，加入锡、铜元素组成的轴承合金。它的强度、硬度、韧性无益氏于锡基轴承合金，且摩擦因数较大，故只用于中等负荷的轴承，由于其价格便宜，在可能的情况下应尽量用其代替锡基轴承合金。

铅基轴承合金的牌号表示方法与锡基轴承合金的表示方法相同，见表2-62。

表2-62　铅基轴承合金的牌号、化学成分、力学性能和用途

牌　号	化学成分（%）					HBS（不低于）	用　途
	Sb	Cu	Sn	杂质	Pb		
ZchSnSb16-16-2	15.0～17.0	1.5～2.0	1.5～17.0	0.60	量余	30	110～880kW蒸汽涡轮机、150～750kW电动机和小于1500kW起重机中重载推力轴承
ZchSnSb15-5-3	14.0～16.0	2.5～3.0	5.0～6.0	0.40	Cd 1.75～2.25 As 0.6～1.0 Pb量余	32	船舶机械、小于250kW电动机、水泵轴承

续表

牌　号	化学成分（%）					HBS（不低于）	用　途
	Sb	Cu	Sn	杂质	Pb		
ZchSnSb 15-10	14.0～16.0	—	9.0～11.0	0.50	余量	24	高温、中等压力下机械轴承
ZchSnSb 15-5	14.0～15.5	0.5～1.0	4.0～5.5	0.75	量余	20	低速、轻压力下机械轴承
ZchSnSb 10-6	9.0～11.0	—	5.0～7.0	0.75	量余	18	重载、耐蚀、耐磨轴承

3）铝基轴承合金。目前采用的铝基轴承合金有铝锑镁轴承合金和高锡铝基轴承合金。这类合金不是直接浇铸成形的，而是采用铝基轴承合金带与低碳钢带（08 钢）一起轧成双金属带然后制成轴承。

铝锑镁轴承合金以铝为基，加入了锑（3.5%～4.5%）和镁（0.3%～0.7%）。由于镁的加入改善了合多的塑性和韧性，提高了屈服点。目前这种合金已大量应用在低速柴油机等轴承上。

高锡铝基轴承合金经铝为基，加入了约 20%的锡和 1%的铜。这种合金具有较高的抗疲劳强度，良好的耐热、耐磨和抗蚀性。已在汽车、拖拉机、内燃机车上推广应用。

五、硬质合金

硬质合金由硬度和熔点均很高的碳化钨、碳化钛和金属粘结剂钴（Co）用粉末冶金技术烧结制成的材料，与由冶炼技术制成的钢材性质完全不同。其特点是硬度高、红硬性高、耐磨性好、抗压强度高，是热膨胀系数很小的一种工具材料，因而将硬质合金与工具钢可以归于同一体系。但其性脆不耐冲击，其工艺性也较差。

硬质合金按其成分和性能可分为三类：钨钴类硬质合金、钨钛钴类硬质合金、钨钛钽（铌）钴类硬质合金。由于这三类硬质合金中，主要硬质相均为 WC，称为 WC 基硬质合金。

(1) 钨钴类（WC-Co）硬质合金。合金中的硬质相是 WC，粘结相是 Co，代号为“K”。旧标准中用“YG”（“硬”“钴”两字的汉语拼音字母字头）＋数字（含钴量的百分数）来表示。如 YG8，表示钨钴类硬质合金，含钴量为 8%。

（2）钨钛钴类（WC-TiC-Co）硬质合金。合金中的硬质相是 WC，TiC，粘结相是 Co，代号为“P”。旧标准中用用“YT”（“硬”“钛”两字的汉语拼音字母字头）＋数字（含钛量的百分数）来表示。

（3）钨钛钽（铌）钴类［WC-TiC-TaC（NbC）-Co］硬质合金。它是在 P 类合金中加 TaC（NbC）烧结出来的，其代号为“M”。旧标准又称“通用硬质合金”，用“YW”（“硬”“万”两字的汉语拼音字母字头）＋数字（顺序号）来表示。

常用硬质合金的牌号、化学成分和力学性能见表 2-63。

表 2-63　　常用硬质合金的牌号、化学成分和力学性能

类别	牌号	化学成分（质量分数，%）				物理性能			力学性能				
		WC	TiC	TaC（NbC）	Co	密度（g/cm³）	热导率［W/（m·K）］	线胀系数（10^{-6}/K）	硬度（HRA）	抗弯强度（MPa）	抗压强度（MPa）	弹性模量（GPa）	冲击韧度（kJ/m²）
钨钴类	K01（YG3）	97	—	—	3	14.9～15.3	87.9	—	91	1200	—	680～690	—
	K01（YG3X）	96.5	—	<0.5	3	15.0～15.3	—	4.1	91.5	1100	5400～5630	—	—
	K20（YG6）	94	—	—	6	14.6～15.0	79.6	4.5	89.5	1450	4600	630～640	约 30
	K10（YG6X）	93.5	—	<0.5	6	14.6～15.0	79.6	4.4	91	1400	4700～5100	—	约 20
	K30（YG8）	92	—	—	8	14.5～14.9	75.4	4.5	89	1500	4470	600～610	约 40
	K30（YG8C）	92	—	—	8	14.5～4.9	75.4	4.8	88	1750	3900	—	约 60
	K10（YG6A）	91	—	3	6	14.9～15.3	—	—	91.5	1400	—	—	—
	K20，K30（YG8N）	91	—	1	8	14.5～14.9	—	—	89.5	1500	—	—	—

续表

类别	牌号	化学成分（质量分数，%）				物理性能			力学性能				
		WC	TiC	TaC (NbC)	Co	密度 (g/cm³)	热导率 [W/(m·K)]	线胀系数 (10^{-6}/K)	硬度 (HRA)	抗弯强度 (MPa)	抗压强度 (MPa)	弹性模量 (GPa)	冲击韧度 (kJ/m²)
钨钛钴类	P01 (YT30)	66	30	—	4	9.3～9.7	20.9	7.0	92.5	900	—	400～410	3
	P10 (YT15)	79	15	—	6	11.0～11.7	33.5	6.51	91	1150	3900	520～530	—
	P20 (YT14)	78	14	—	8	11.2～12.0	33.5	6.21	90.5	1200	4200	—	7
	P30 (YT5)	85	5	—	10	12.5～13.2	62.8	6.06	89.5	1400	4600	590～600	—
钨钛钽（铌）钴类	M10 (YW1)	84	6	4	6	12.6～13.5	—	—	91.5	1200	—	—	—
	M20 (YW2)	82	6	4	8	12.4～13.5	—	—	90.5	1350	—	—	—

注　“牌号”栏中，括号内为旧牌号。

常用硬质合金的主要特性和用途举例见表 2-64，切削加工用硬质合金的分类和用途见表 2-65 和表 2-66，切削加工用硬质合金的基本成分和力学性能见表 2-67。

表 2-64　　常用硬质合金的主要特性和用途举例

牌号	主要特性	用途举例
K01 (YG3)	属于中晶粒合金，在 K 类合金中，耐磨性仅次于 K01、K10 合金，能使用较高的切削速度，对冲击和振动比较敏感	适于铸铁、非铁金属及其合金、非金属材料（橡皮、纤维、塑料、板岩、玻璃、石墨电极等）连续切削时的精车、半精车及精车螺纹
K01 (YG3X)	属于细晶粒合金，是 K 类合金中耐磨性最好的一种，但冲击韧度较差	适于铸铁、非铁金属及其合金的精车、精镗等，也可用于合金钢、淬硬钢及钨、钼材料的精加工

续表

牌号	主要特性	用途举例
K20（YG6）	属于中晶粒合金，耐磨性较高，但低于K10、K01合金，可使用较K30合金高的切削速度	适于铸铁、非铁金属及其合金、非金属材料连续切削时的粗车、间断切削时的半精车、精车，小端面精车，粗车螺纹，旋风车丝，连续端面的半精铣与精铣，孔的粗扩和精扩
K10（YG6X）	属于细晶粒合金，其耐磨性较K20合金高，而使用强度接近K20合金	适于冷硬铸铁、耐热钢及合金钢的加工，也适于普通铸铁的精加工，并可用于仪器仪表工业小型刀具及小模数滚刀
K30（YG8）	属于中晶粒合金，使用强度较高，抗冲击和抗振动性能较K20合金好，耐磨性和允许的切削速度较低	适于铸铁、非铁金属及其合金、非金属材料加工中的不平整端面和间断切削时的粗车、粗刨、粗铣，一般孔和深孔的钻孔、扩孔
K30（YG8C）	属于粗晶粒合金，使用强度较高，接近于K40合金	适于重载切削下的车刀、刨刀等
K10（YG6A）（YA6）	属于细晶粒合金，耐磨性和使用强度与K10（YG6X）合金相似	适于冷硬铸铁、灰铸铁、球磨铸铁、非铁金属及其合金、耐热合金钢的半精加工，也可用于高锰钢、淬硬钢及合金钢的半精加工和精加工
K20 K30（YG8N）	属于中晶粒合金，其抗弯强度与K30合金相同，而硬度和K20合金相同，高温切削时热稳定性较好	适于冷硬铸铁、灰铸铁、球磨铸铁、白口铸铁和非铁金属的粗加工，也适于不锈钢的粗加工和半精加工
P30（YT5）	在P类合金中，强度最高，抗冲击和抗振动性能最好，不易崩刀，但耐磨性较差	适于碳素钢及合金钢，包括钢铸件、冲压件及铸件的表皮加工，以及不平整断面和间断切削时的粗车、粗刨、半精刨，不连续面的粗铣、钻孔等

续表

牌号	主要特性	用途举例
P20（YT14）	使用强度高，抗冲击性能和抗振动性能好，但较P30合金稍差，耐磨性及允许的切削速度较P30合金高	适于在碳素钢和合金钢加工中不平整断面和连续切削时的粗车，间断切削时的半精车和精车，连续面的粗铣，铸孔的扩钻与粗扩
P10（YT15）	耐磨性优于P20合金，但冲击韧度较P20合金差	适于碳素钢和合金钢加工中连续切削时的精车、半精车，间断切削时的小断面精车，旋风车丝，连续面的半精铣与精铣，孔的粗扩与精扩
P01（YT30）	耐磨性及允许的切削速度较P10合金高，但使用强度及冲击韧度较差，焊接及刃磨时极易产生裂纹	适于碳素钢及合金钢的精加工，如小断面精车、精镗、精扩等
M10（YW1）	热稳定性较好，能承受一定的冲击负荷，通用性较好	适于耐热钢、高锰钢、不锈钢等难加工钢材的精加工和半精加工，也适于一般钢材、铸铁及非铁金属的精加工
M20（YW2）	耐磨性稍次于M10合金，但使用强度较高，能承受较大的冲击负荷	适于耐热钢、高锰钢、不锈钢及高级合金钢等难加工钢材的精加工、半精加工，也适于一般钢材和铸铁及非铁金属的加工

注 “牌号”栏中，括号内的代号为旧牌号。

表 2-65 切削加工用硬质合金的分类和用途（GB/T 2075—2007）

用途大组			用途小组			
字母符号	识别颜色	被加工材料	硬切削材料			
P	蓝色	钢：除不锈钢外所有带奥氏体结构的钢和铸钢	P01 P10 P20 P30 P40 P50	P05 P15 P25 P35 P45	↑①	↓②

续表

用途大组			用途小组			
字母符号	识别颜色	被加工材料	硬切削材料			
M	黄色	不锈钢：不锈奥氏体钢或铁素体钢、铸钢	M01 M10 M20 M30 M40	M05 M15 M25 M35	↑①	↓②
K	红色	铸铁：灰铸铁、球墨铸铁、可锻铸铁	K01 K10 K20 K30 K40	K05 K15 K25 K35	↑①	↓②
N	绿色	非铁金属：铝、其他非铁金属、非金属材料	N01 N10 N20 N30	N05 N15 N25	↑①	↓②
S	褐色	超级合金和钛：基于铁的耐热特种合金、镍、钴、钛、钛合金	S01 S10 S20 S30	S05 S15 S25	↑①	↓②
H	灰色	硬材料：硬化钢、硬化铸铁材料、冷硬铸铁	H01 H10 H20 H30	H05 H15 H25	↑①	↓②

① 增加速度后，切削材料的耐磨性增加。

② 增加进给量后，切削材料的韧性增加。

表 2-66　切削加工用硬质合金的类型（GB/T 18376.1—2008）

类别	使用领域
P	长切屑材料的加工，如钢、铸钢、长切削可锻铸铁等的加工
M	通用合金，用于不锈钢、铸钢、锰钢、可锻铸铁、合金钢、合金铸铁等的加工
K	短切屑材料的加工，如铸铁、冷硬铸铁、短切屑可锻铸铁、灰铸铁等的加工

续表

类别	使用领域
N	非铁金属、非金属材料的加工，如铝、镁、塑料、木材等的加工
S	耐热和优质合金材料的加工，如耐热钢，含镍、钴、钛的各类合金材料的加工
H	硬切削材料的加工，如淬硬钢、冷硬铸铁等材料的加工

表 2-67　切削加工用硬质合金的基本成分和力学性能（GB/T 18376.1—2008）

组别		基本成分	力学性能		
类别	分组号		洛氏硬度 HRA ≥	维氏硬度 HV3 ≥	抗弯强度 /MPa ≥
P	01	以 TiC、WC 为基，以 Co（Ni+Mo、Ni+Co）作粘结剂的合金/涂层合金	92.3	1750	700
	10		91.7	1680	1200
	20		91.0	1600	1400
	30		90.2	1500	1550
	40		89.5	1400	1750
M	01	以 WC 为基，以 Co 作粘结剂，添加少量 TiC（TaC、NbC）的合金/涂层合金	92.3	1730	1200
	10		91.0	1600	1350
	20		90.2	1500	1500
	30		89.9	1450	1650
	40		88.9	1300	1800
K	01	以 WC 为基，以 Co 作粘结剂，或添加少量 TaC、NbC 的合金/涂层合金	92.3	1750	1350
	10		91.7	1680	1460
	20		91.0	1600	1550
	30		89.5	1400	1650
	40		88.5	1250	1800
N	01	以 WC 为基，以 Co 作粘结剂，或添加少量 TaC、NbC 或 CrC 的合金/涂层合金	92.3	1750	1450
	10		91.7	1680	1560
	20		91.0	1600	1650
	30		90.0	1450	1700

续表

组别		基本成分	力学性能		
类别	分组号		洛氏硬度 HRA ≥	维氏硬度 HV3 ≥	抗弯强度 /MPa ≥
S	01	以 WC 为基，以 Co 作粘结剂，或添加少量 TaC、NbC 或 TiC 的合金/涂层合金	92.3	1730	1500
	10		91.5	1650	1580
	20		91.0	1600	1650
	30		90.5	1550	1750
H	01	以 WC 为基，以 Co 作粘结剂，或添加少量 TaC、NbC 或 TiC 的合金/涂层合金	92.3	1730	1000
	10		91.7	1680	1300
	20		91.0	1600	1650
	30		90.5	1520	1500

第三节　金属材料的热处理知识

一、钢的热处理种类和目的

1. 热处理的目的

热处理是使固态金属通过加热、保温、冷却工序来改变其内部组织结构，以获得预期性能的一种工艺方法。

要使金属材料获得优良的机械、工艺、物理和化学等性能，除了在冶炼时保证所要求的化学成分外，往往还需要通过热处理才能实现。正确地进行热处理，可以成倍、甚至数十倍地提高零件的使用寿命。如用软氮化法处理的 3Cr2W8V 压铸模，使模具变形大为减少，热疲劳强度和耐磨性显著提高，由原来每个模具生产 400 只工件提高到可生产 30000 个工件。在机械产品中多数零件都要进行热处理，机床中需进行热处理的零件占 60%～70%，在汽车、拖拉机中占 70%～80%，而在轴承和各种工具、模具、量具中，则几乎占 100%。

热处理工艺在机械制造业中应用极为广泛，它能提高工件的使用性能，充分发挥钢材的潜力，延长工件的使用寿命。此外，热处理还可以改善工件的加工工艺性，提高加工质量。焊接工艺中也常通过热处理方法来减少或消除焊接应力，防止变形和产生裂缝。

2. 热处理的种类

根据工艺不同，钢的热处理方法可分为退火、正火、淬火、回火及表面热处理等，具体种类如图 2-3 所示。

热处理方法虽然很多，但任何一种热处理工艺都是由加热、保温和冷却三个阶段组成的。因此，热处理工艺过程可用“温度—时间”为坐标的曲线图表示，如图 2-4 所示，此曲线称为热处理工艺曲线。

热处理之所以能使钢的性能发生变化，其根本原因是由于铁有同素异构转变，从而使钢在加热和冷却过程中，其内部发生了组织与结构变化的结果。

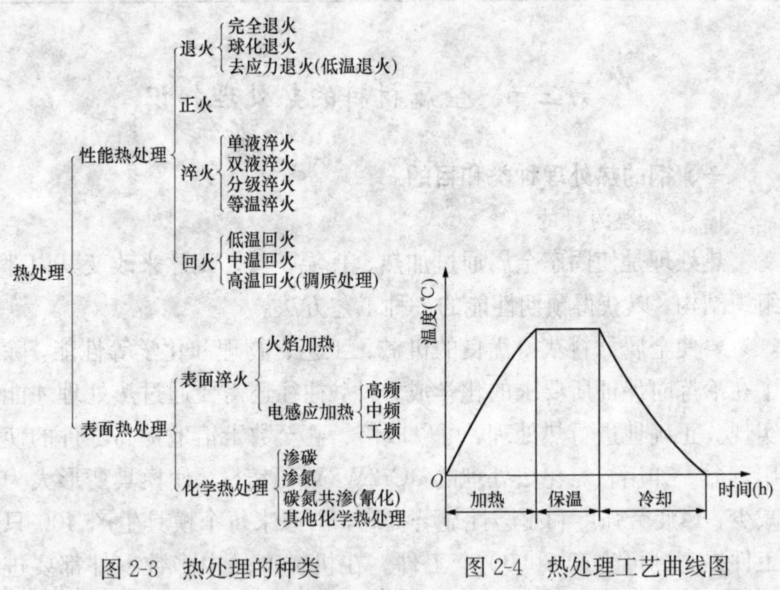

图 2-3　热处理的种类　　　　图 2-4　热处理工艺曲线图

(1) 退火。将工件加热到临界点 Ac_1（或 Ac_3）以上 30～50℃，停留一定时间（保温），然后缓慢冷却到室温，这一热处理工艺称为退火。退火的目的：

1）降低钢的硬度，使工件易于切削加工；

2）提高工件的塑性和韧性，以便于压力加工（如冷冲及冷拔）；

3）细化晶粒，均匀钢的组织及成分，改善钢的性能或为以后的热处理作准备；

4）消除钢中的残余应力，以防止变形和开裂。

常用退火工艺分类及应用见表 2-68。

表 2-68　　常用退火工艺的分类及应用

分　类	退火工艺	应　用
完全退火	加热到 Ac_3 以上 20～60℃保温缓冷	用于低碳钢和低碳合金结构钢
等温退火	将钢奥氏体化后缓冷至 600℃以下空冷到常温	用于各种碳素钢和合金结构钢以缩短退火时间
扩散退火	将铸锭或铸件加热到 Ac_3 以上 150～250℃（通常是 1000～1200℃）保温 10～15h，炉冷至常温	主要用于消除铸造过程中产生的枝晶偏析现象
球化退火	将共析钢或过共析钢加热到 Ac_1 以上 20～40℃，保温一定时间，缓冷到 600℃以下出炉空冷至常温	用于共析钢和过共析钢的退火
去应力退火	缓慢加热到 600～650℃保温一定时间，然后随炉缓慢冷却（≤100℃/h）至 200℃出炉空冷	去除工件的残余应力

（2）正火。正火是将工件加热到 Ac_3（或 Ac_m）以上 30～50℃，经保温后，从炉中取出，放在空气中冷却的一种热处理方法。

正火后钢材的强度、硬度较退火要高一些，塑性稍低一些，主要因为正火的冷却速度增加，能得到索氏体组织。

正火是在空气中冷却的，故缩短了冷却时间，提高了生产效率和设备利用率，是一种比较经济的方法，因此，其应用较广泛。正火的目的：

1）消除晶粒粗大、网状渗碳体组织等缺陷，得到细密的结构组织，提高钢的力学性能。

2）提高低碳钢硬度，改善切削加工性能。

3）增加强度和韧性。

4）减少内应力。

(3) 淬火。钢加热到 Ac_1（或 Ac_3）以上 30～50℃，保温一定时间，然后以大于钢的临界冷却速度 $v_{临}$冷却时，奥氏体将被过冷到 Ms 以下并发生马氏体转变，然后获得马氏体组织，从而提高钢的硬度和耐磨性的热处理方法，称为淬火。淬火的目的：

1）提高材料的硬度和强度。

2）增加耐磨性。如各种刀具、量具、渗碳件及某些要求表面耐磨的零件都需要用淬火方法来提高硬度及耐磨性。

3）将奥氏体化的钢淬成马氏体，配以不同的回火，获得所需的其他性能。

通过淬火和随后的高温回火能使工件获得良好的综合性能，同时提高强度和塑性，特别是提高钢的力学性能。

淬火常用的冷却介质和冷却性能见表 2-69。

表 2-69　常用介质的冷却烈度

搅动情况	淬火冷却烈度（*H* 值）			
	空 气	油	水	盐 水
静 止	0.02	0.25～0.30	0.9～1.0	2.0
中 等	—	0.35～0.40	1.1～1.2	—
强	—	0.50～0.80	1.6～2.0	—
强 烈	0.08	0.18～1.0	4.0	5.0

常用淬火方法及冷却方式如图 2-5 所示。

(4) 回火。将淬火或正火后的钢加热到低于 Ac_1 的某一选定温度，并保温一定的时间，然后以适宜的速度冷却到室温的热处理工艺，叫作回火。回火的目的：

1）获得所需要的力学性能。在通常情况下，零件淬火后强度和硬度有很大的提高，但塑性和韧性却有明显降低，而零件的实际工作条件要求有良好的强度和韧性。选择适当的温度进行回火后，提高钢的韧性，适当调整钢的强度和硬度，可以获得所需要的力学性能。

2）稳定组织、稳定尺寸。淬火组织中的马氏体和残余奥氏体有自发转化的趋势，只有经回火后才能稳定组织，使零件的性能与尺寸得到稳定，保证工件的精度。

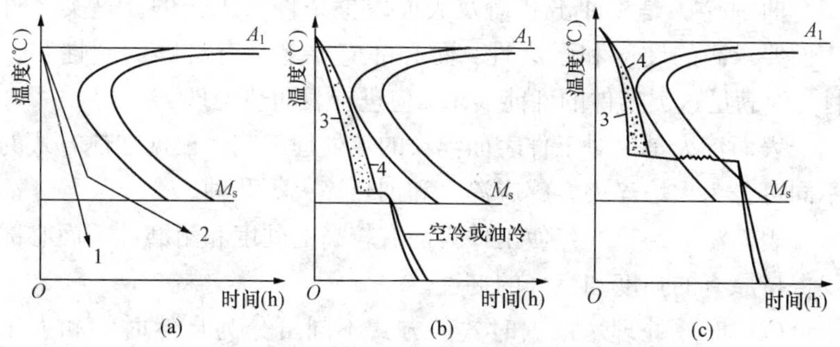

图 2-5　常用淬火方法的冷却示意图

(a) 介质淬火；(b) 马氏体分级淬火；(c) 下贝氏体等温淬火

1—单介质淬火；2—双介质淬火；3—表面；4—心部

3）消除内应力。一般淬火钢内部存在很大的内应力，如不及时消除，也将引起零件的变形和开裂。因此，回火是淬火后不可缺少的后续工艺。焊接结构回火处理后，能减少和消除焊接应力，防止裂缝。

回火工艺的种类、组织及应用见表 2-70。

表 2-70　回火工艺的种类、组织及应用

种　类	温度范围	组织及性能	应　用
低温回火	150～250℃	回火马氏体 硬度 58～64HRC	用于刃具、量具、拉丝模等高硬度高耐磨性的零件
中温回火	350～500℃	回火托氏体 硬度 40～50HRC	用于弹性零件及热锻模等
高温回火	500～600℃	回火索氏体 硬度 25～40HRC	螺栓、连杆、齿轮、曲轴等

（5）调质处理。调质是指生产中将淬火和高温回火复合的热处理工艺。

调质处理的目的：使材料得到高的韧性和足够的强度，即具有良好的综合力学性能。

(6) 表面淬火。在机械设备中，有许多零件（如齿轮、活塞销、曲轴等）是在冲击载荷及表面摩擦条件下工作的。这类零件表面要求高的硬度和耐磨性，而心部应要求具有足够的塑性和韧性，为满足这类零件的性能要求，应进行表面热处理。

表面淬火是仅对工件表面淬火的热处理工艺。根据加热方式的不同可分为火焰淬火、感应淬火和加热淬火等几种。

表面淬火的目的：使工件表面有较高的硬度和耐磨性，而心部仍保持原有的强度和良好的韧性。

(7) 时效处理。根据时效的方式不同可分为自然时效和人工时效。

1) 自然时效是将工件在空气中长期存放，利用温度的自然变化，多次热胀冷缩，使工件的内应力逐渐消失、达到尺寸稳定的时效方法。

2) 人工时效是将工件放在炉内加热到一定温度（钢加热到100～150℃，铸铁钢加热到500～600℃），进行长时间（8～15h）的保温，再随炉缓慢冷却到室温，以达到消除内应力和稳定尺寸目的的时效方法。

时效的目的：消除毛坯制造和机械加工过程中所产生的内应力，以减少工件在加工和使用时的变形，从而稳定工件的形状和尺寸，使工件在长期使用过程中保持一定的几何精度。

二、钢的化学热处理常用方法和用途

(一) 化学热处理的分类

化学热处理的种类很多，根据渗入的元素不同，可分为渗碳、渗氮、碳氮共渗、渗金属等多种。常用的渗入元素及作用见表2-71。

(二) 钢的化学热处理的工艺方法

1. 钢的渗碳

(1) 渗碳的目的及用钢。渗碳是将钢置于渗碳介质（称为渗碳剂）中，加热到单相奥氏体区，保温一定时间，使碳原子渗入钢表层的化学热处理工艺。

表 2-71　　化学热处理常用的渗入元素及其作用

渗入元素	渗层深度/mm	表面硬度	作　用
C	0.3～1.6	57～63HRC	提高钢件的耐磨性、硬度及疲劳极限
N	0.1～0.6	700～900HV	提高钢件的耐磨性、硬度、疲劳极限、抗蚀性及抗咬合性，零件变形小
C、N（共渗）	0.25～0.6	58～63HRC	提高钢件的耐磨性、硬度和疲劳极限
S	0.006～0.08	70HV	减磨，提高抗咬合性能
S、N（共渗）	硫化物<0.01 氮化物 0.01～0.03	300～1200HV	提高钢件的耐磨性及疲劳极限
S、C、N（共渗）	硫化物<0.01 碳氮化合物 0.01～0.03	600～1200HV	提高钢件的耐磨性及疲劳极限
B	0.1～0.3	1200～1800HV	提高钢件的耐磨性、红硬性及抗蚀性

渗碳的目的：提高钢件表层的含碳量和一定的碳浓度梯度。使工件渗碳后，经淬火及低温回火，表面获得高硬度，而其内部又具有良好的韧性。

渗碳件的材料一般是低碳钢或低碳合金钢。

（2）渗碳的方式。渗碳的方法根据渗碳介质的不同可分为固体渗碳、盐浴渗碳和气体渗碳三种。

1）固体渗碳：对加热炉要求不高，渗碳时间最长，劳动条件较差，工件表面的碳浓度不易控制。适用于小批量生产。

2）盐浴渗碳：操作简单，渗碳时间短，可直接淬火；多数渗剂有毒，工件表面留有残盐，不易清洗，已限制使用。适用于小批量生产。

3）气体渗碳：生产效率高，易于机械化、自动化和控制渗碳质量，渗碳后便于直接淬火。适用于大批量生产。

各种渗碳的方式及渗碳剂的使用见表2-72～表2-74。

表2-72　钢的固体渗碳方式和渗碳剂的使用

渗剂质量分数(%)		使用方法与效果
Na_2CO_3	10	根据使用中催渗剂损耗情况，添加一定比例的新剂，混合均匀后重复使用
木炭	90	
$BaCO_3$	10	
木炭	90	
$BaCO_3$	15	新旧渗剂的比例为3∶7，920℃渗碳层深1.0～1.5mm时，平均渗速为0.11mm/h，表面碳质量分数为1%
Na_2CO_3	5	
木炭	80	
Na_2CO_3	10	由于含碳酸钠(或醋酸钠)，渗碳活性较高，速度较快，表面碳浓度高；含有焦炭时，渗剂强度高，抗烧结性能好，适于深层的大零件
焦炭	30～50	
木炭	55～60	
重油	2～3	
Na_2CO_3	10	
焦炭	75～80	
木炭	10～15	
0.154mm木炭粉	50	“603”渗碳剂，用作液体渗碳盐浴的渗剂
NaCl	5	
KCl	10	
Na_2CO_3	15	
$(NH_3)CO_3$	20	

表 2-73　　钢的盐浴渗碳方式和渗碳剂的使用

<table>
<tr><th colspan="2">盐浴质量分数(%)</th><th>使用方法和效果</th></tr>
<tr><td>渗碳剂
NaCl
KCl
Na_2CO_3
(渗碳剂中含 0.154～0.280mm 木炭粉，质量分数为 70%，NaCl 质量分数为 30%)</td><td>10
40
40</td><td>20Cr 在 920～940℃下的渗碳速度<table><tr><th>渗碳时间(h)</th><th>渗碳层深度(mm)</th></tr><tr><td>1</td><td>0.55～0.65</td></tr><tr><td>2</td><td>0.90～1.00</td></tr><tr><td>3</td><td>1.40～1.50</td></tr><tr><td>4</td><td>1.56～1.62</td></tr></table></td></tr>
<tr><td>Na_2CO_3
NaCl
SiC</td><td>78～85
10～15
6～8</td><td>800～900℃渗碳 30min，总层深 0.15～0.20mm，共析层 0.07～0.10mm，硬度达 72～78HRA</td></tr>
<tr><td>“603”渗碳剂
KCl
NaCl
Na_2CO_3</td><td>10
40～45
30～40
10</td><td>在 920～940℃，装炉量为盐浴总量的50%～70%，20 钢随炉渗碳试棒的渗碳速度<table><tr><th>保温时间(h)</th><th>渗碳层深度(mm)</th></tr><tr><td>1</td><td>>0.5</td></tr><tr><td>2</td><td>>0.7</td></tr><tr><td>3</td><td>>0.9</td></tr></table></td></tr>
<tr><td>NaCN
$BaCl_2$
NaCl</td><td>4～6
80
14～16</td><td>低氰盐浴较易控制，渗碳零件表面含碳量较稳定，如 20CrMnTi 和 20Cr 钢齿轮零件在 920℃渗碳 3.8～4.5h，表面碳的质量分数为 83%～87%</td></tr>
</table>

表 2-74　　钢的气体渗碳方式和渗碳剂的使用

<table>
<tr><th>渗剂质量分数</th><th>使用方法</th></tr>
<tr><td>煤油，硫的质量分数在 0.04%者均可</td><td rowspan="2">滴入或用泵喷入渗碳炉内</td></tr>
<tr><td>甲醇与丙酮，或甲醇与醋酸乙酯按比例混合</td></tr>
<tr><td>天然气主要成分为甲烷，含有少量的乙烷及氮气等</td><td>直接通入炉内裂解</td></tr>
<tr><td>工业丙烷及丁烷是炼油厂副产品</td><td>直接通入炉内或添加少量空气在炉内裂解</td></tr>
<tr><td>由天然气或工业内烷、丁烷或焦炉煤气与空气按一定比例混合后在高温下进行裂解</td><td>一般用吸热式气作运载气体，用天然气或丙烷作为富化气，以调整炉气碳势</td></tr>
</table>

(3) 渗碳后的组织及热处理。零件渗碳后，其表面碳的质量分数可达0.85%～1.05%。含碳量从表面到心部逐渐减少，心部仍保持原来的含碳量。在缓冷的条件下，渗碳层的组织由表向里依次为：过共析区、共析区、亚共析区（过渡层）。中心仍为原来的组织。渗碳只改变了工件表面的化学成分，要使其表层有高硬度、高耐磨性和心部良好的韧性相配合，渗碳后必须使零件淬火及低温回火。回火后表层显微组织为细针状马氏体和均匀分布的细粒渗碳体，硬度高达58～64HRC。心部因是低碳钢，其显微组织仍为铁素体和珠光体（某些低碳合金钢的心部组织为低碳马氏体及铁素体），所以心部有较高的韧性和适当的强度。

2. 钢的渗氮

(1) 渗氮工艺及目的。渗氮是指在一定温度下，使活性氮原子渗入工件表面的化学热处理工艺。

渗氮的目的是为了提高零件表面硬度、耐磨性、耐蚀性及疲劳强度。

(2) 渗氮的方法。常用的渗氮方法有：气体渗氮和离子渗氮。渗氮的方法和特点见表2-75 。

表2-75　　常用渗氮方法及特点

方法	工　艺	特　点
气体渗氮	将工件放在密闭的炉内，加热到500～600℃通入氨气(NH_3)，氨气分解出活性氮原子 $2NH_3 \longrightarrow 2[N]+3H_2$ 活性氮原子被工件表面吸收，与工件表层Al、Cr、Mo等元素形成氮化物并向心部扩散，形成0.1～0.6mm的氮化层	渗氮层硬度高，工件变形小，工件渗气后具有良好的耐蚀性。但生产周期长，成本高
离子渗氮	在低于0.1MPa的渗氮气氛中利用工件(阴极)和阳极之间产生的辉光放电进行渗氮	除具气体渗气的优点外，还具有速度快，生产周期短，渗氮质量高，对材料适应性强等优点

3. 碳氮共渗

（1）碳氮共渗及特点。碳氮共渗是指在一定温度下，将碳、氮同时渗入工件表层奥氏体中，并以渗碳为主的化学热处理工艺。

碳氮共渗的方法有：固体碳氮共渗、液体碳氮共渗和气体碳氮共渗。目前使用最广泛的是气体碳氮共渗，目的在于提高钢的疲劳极限和表面硬度与耐磨性。

气体碳氮共渗的温度为 820～870℃，共渗层表面碳的质量分数为 0.7%～1.0%，氮的质量分数为 0.15%～0.5% 。热处理后，表层组织为含碳、氮的马氏体及呈细小分布的碳氮化合物。

1）碳氮共渗的特点：加热温度低，零件变形小，生产周期短，渗层有较高的硬度、耐磨性和疲劳强度。

2）用途：碳氮共渗目前主要用来处理汽车和机床上的齿轮、蜗杆和轴类等零件。

（2）软氮化。软氮化是以渗氮为主的液体碳氮共渗。其常用的共渗介质是尿素[$(NH_2)_2CO$]。处理温度一般不超过 570℃，处理时间仅为 1～3h 。与一般渗氨相比，渗层硬度低，脆性小。软氮化常用于处理模具、量具、高速钢刀具等。

4. 其他化学热处理

根据使用要求不同，工件还采用其他化学热处理方法。如渗铝可提高零件抗高温氧化性；渗硼可提高工件的耐磨性、硬度及耐蚀性；渗铬可提高工件的抗腐蚀性、抗高温氧化及耐磨性等。此外化学热处理还有多元素复合渗，使工件表面具有综合的优良性能。

三、钢的热处理分类及代号

参照 GB/T 12603—2005《金属热处理工艺分类及代号》标准，钢的热处理工艺分类及代号说明如下。

1. 分类

热处理分类由基础分类和附加分类组成。

（1）基础分类。根据工艺类型、工艺名称和实现工艺的加热方法，将热处理工艺按三个层次进行分类，见表 2-76。

（2）附加分类。对基础分类中某些工艺的具体条件进一步分类。包括退火、正火、淬火、化学热处理工艺的加热介质见表 2-

77；退火工艺方法见表2-78；淬火介质或冷却方法见表2-79。渗碳和碳氮共渗的后续冷却工艺，以及化学热处理中非金属、渗金属、多元共渗、熔渗四种工艺按渗入元素分类。

表2-76　　热处理工艺分类及代号（GB/T 12603—2005）

工艺总称	代号	工艺类型	代号	工艺名称	代号
热处理	5	整体热处理	1	退火	1
				正火	2
				淬火	3
				淬火和回火	4
				调质	5
				稳定化处理	6
				固溶处理，水韧处理	7
				固溶处理＋时效	8
		表面热处理	2	表面淬火和回火	1
				物理气相沉积	2
				化学气相沉积	3
				等离子体增强化学气相沉积	4
				离子注入	5
		化学热处理	3	渗碳	1
				碳氮共渗	2
				渗氮	3
				氮碳共渗	4
				渗其他非金属	5
				渗金属	6
				多元共渗	7

表2-77　　加热介质及代号

加热介质	可控气氛（气体）	真空	盐浴（液体）	感应	火焰	激光	电子束	等离子体	固体装箱	流态床	电接触
代号	01	02	03	04	05	06	07	08	09	10	11

表2-78　　退火工艺及代号

退火工艺	去应力退火	均匀化退火	再结晶退火	石墨化退火	脱氢处理	球化退火	等温退火	完全退火	不完全退火
代号	St	H	R	G	D	Sp	I	F	P

表 2-79　　淬火冷却介质和冷却方法及代号

冷却介质和方法	空气	油	水	盐水	有机聚合物水溶液	盐浴	加压淬火	双介质淬火	分级淬火	等温淬火	形变淬火	气冷淬火	冷处理
代号	A	O	W	B	Po	H	Pr	I	M	At	Af	G	C

2. 代号

（1）热处理工艺代号 。热处理工艺代号由以下几部分组成：基础分类工艺代号由三位数组成，附加分类工艺代号与基础分类工艺代号之间用半字线连接，采用两位数和英文字头做后缀的方法。热处理工艺代号标记规定如下：

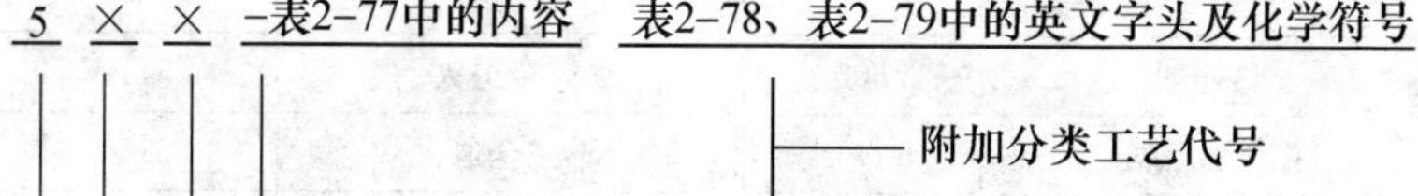

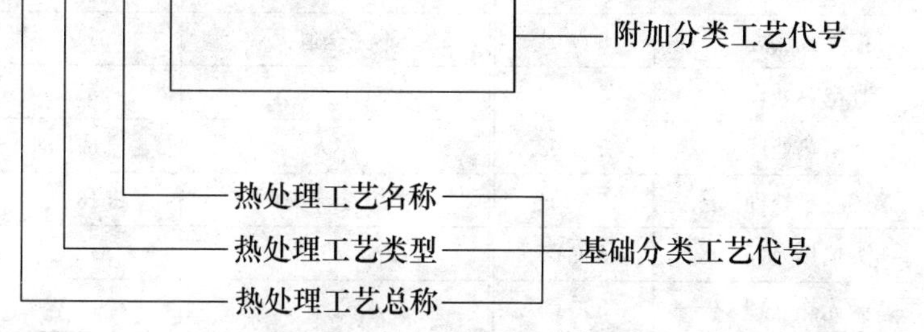

（2）基础分类工艺代号。基础分类工艺代号由三位数组成，三位数均为 JB/T5992.7 中表示热处理的工艺代号。第一位数字“5”为机械制造工艺分类与代号中表示热处理的工艺代号；第二、三位数分别代表基础分类中的第二、三层次中的分类代号。

（3）附加分类工艺代号 。

1）当对基础工艺中的某些具体实施条件有明确要求时，使用附加分类工艺代号。

附加分类工艺代号接在基础分类工艺代号后面。其中加热方式采用两位数字，退火工艺和淬火冷却介质和冷却方法则采用英文字头表示。具体代号见表 2-77～表 2-79 。

2）附加分类工艺代号，按表 2-77～表 2-79 顺序标注。当工艺在某个层次不需要分类时，该层次用阿拉伯数字“0”代替。

3）当对冷却介质和冷却方法需要用表2-79中两个以上字母表示时，用加号将两或几个字母连接起来，如H+M代表盐浴分级淬火。

4）化学热处理中，没有表明渗入元素的各种工艺，如多元共渗、渗金属、渗其他非金属，可在其代号后用括号表示出渗入元素的化学符号。

(4) 多工序热处理工艺代号。多工序热处理工艺代号用破折号将各工艺代号连接组成，但除第一工艺外，后面的工艺均省略第一位数字“5”，如5151-33-01表示调质和气体渗碳。

(5) 常用热处理的工艺代号。常用热处理工艺代号见表2-80。

表2-80 常用热处理工艺代号（GB/T 12603—2005）

工艺	代号	工艺	代号
热处理	500	完全退火	511-F
可控气氛热处理	500-01	不完全退火	511-P
真空热处理	500-02	正火	512
盐浴热处理	500-03	淬火	513
感应热处理	500-04	空冷淬火	513-A
火焰热处理	500-05	油冷淬火	513-O
激光热处理	500-06	水冷淬火	513-W
电子束热处理	500-07	盐水淬火	513-B
离子轰击热处理	500-08	有机水溶液淬火	513-Po
流态床热处理	500-10	盐浴淬火	513-H
整体热处理	510	加压淬火	513-Pr
退火	511	双介质淬火	513-I
去应力退火	511-St	分级淬火	513-M
均匀化退火	5111-H	等温淬火	513-At
再结晶退火	511-R	形变淬火	513-Af
石墨化退火	511-G	气冷淬火	513-G
脱氢退火	511-D	淬火及冷处理	513-C
球化退火	511-Sp	可控气氛加热淬火	513-01
等温退火	511-I	真空加热淬火	513-02

续表

工艺	代号	工艺	代号
盐浴加热淬火	513-03	渗氮	533
感应加热淬火	513-04	气体渗氮	533-01
流态床加热淬火	513-10	液体渗氮	533-03
流态床加热分级淬火	513-10M	离子渗氮	533-08
流态床加热盐浴分级淬火	513-10H＋M	流态床渗氮	533-10
淬火和回火	514	氮碳共渗	534
调质	515	渗其他非金属	535
稳定化处理	516	渗硼	535(B)
固溶处理，水韧化处理	517	气体渗硼	535-01(B)
固溶处理＋时效	518	液体渗硼	535-03(B)
表面热处理	520	离子渗硼	535-08(B)
表面淬火和回火	521	固体渗硼	535-09(B)
感应淬火和回火	521-04	渗硅	535(Si)
火焰淬火和回火	521-05	渗硫	535(S)
激光淬火和回火	521-06	渗金属	536
电子束淬火和回火	521-07	渗铝	536(Al)
电接触淬火和回火	521-11	渗铬	536(Cr)
物理气相沉积	522	渗锌	536(Zn)
化学气相沉积	523	渗钒	536(V)
等离子体增强化学气相沉积	524	多元共渗	537
离子注入	525	硫氮共渗	537(S-N)
化学热处理	530	氧氮共渗	537(O-N)
渗碳	531	铬硼共渗	537(Cr-B)
可控气氛渗碳	531-01	钒硼共渗	537(V-B)
真空渗碳	531-02	铬硅共渗	537(Cr-Si)
盐浴渗碳	531-03	铬铝共渗	537(Cr-Al)
离子渗碳	531-08	硫氮碳共渗	537(S-N-C)
固体渗碳	531-09	氧氮碳共渗	537(O-N-C)
流态床渗碳	531-10	铬铝硅共渗	537(Cr-Al-Si)
碳氮共渗	532		

四、非铁金属材料热处理知识

1. 常用非铁金属材料的主要特性

常用非铁金属材料的主要特性见表 2-81。

表 2-81　　常用非铁金属材料的主要特性

序号	名称	主要特性
1	铜及铜合金	有优良的导电、导热性，有较好的耐蚀性，有较高的强度和好的塑性，易加工成材和铸造各种零件
2	铝及铝合金	密度小（约 2.7g/cm³），比强度大，耐蚀性好，导电、导热、无铁磁性，反光能力强，塑性大，易加工成材和铸造各种零件
3	钛及钛合金	密度小（约 4.5g/cm³），比强度大，高、低温性能好，有优良的耐蚀性
4	镍及镍合金	有高的力学性能和耐热性能，有好的耐蚀性以及特殊的电、磁、热胀等物理性能
5	镁及镁合金	密度小（约 1.7g/cm³），比强度和比刚度大，能承受大的冲击载荷，有良好的切削加工和抛光性能，对有机酸、碱类和液体燃料有较高的耐蚀性
6	锌及锌合金	有较高的力学性能，熔点低，易加工成材及进行压力铸造
7	锡及锡合金、铅及铅合金	熔点低，导热性好，耐磨。铅合金耐蚀，密度大（约 11g/cm³），X 射线和 γ 射线的穿透率低

2. 非铁金属材料的常用热处理规范

非铁金属材料的常用热处理规范见表 2-82。

表 2-82　　非铁金属材料的常用热处理规范

热处理类型		工艺方法	目的及应用
退火	均匀化退火	加热温度为合金熔化温度下 20～30℃，保温时间不宜过长，加热速度和冷却速度一般不作严格要求（有相变的合金必须缓冷）	铸造后或加工前用于消除应力、降低硬度和提高塑性

续表

<table>
<tr><th colspan="3">热处理类型</th><th>工艺方法</th><th>目的及应用</th></tr>
<tr><td rowspan="4">退火</td><td colspan="2">再结晶退火</td><td>加热温度高于再结晶温度，保温时间不宜过长，冷却可在空气中或水中进行，但有相变的合金不宜急冷</td><td>改变材料的力学性能和物理性能，在某些情况下是恢复到原来的性能</td></tr>
<tr><td rowspan="2">低温退火</td><td>回复退火</td><td>加热温度低于再结晶温度</td><td>消除应力</td></tr>
<tr><td>部分软化退火</td><td>加热温度在合金再结晶开始和终止温度之间</td><td>消除应力和控制半硬产品（HX6、HX4、HX2）的性能，避免应力腐蚀</td></tr>
<tr><td colspan="2">光亮退火</td><td>在保护气氛中或真空炉中退火
纯铜退火，气体中氢的体积分数不应超过3%</td><td>防止氧化，节省侵蚀经费，获得光亮表面
多用于铜和铜合金</td></tr>
<tr><td rowspan="3">淬火—时效</td><td colspan="2">淬火</td><td>加热温度高于溶解度曲线且接近于共晶温度或固相线温度，可采用快速加热，冷却一般采用水，有些合金（如铸造铝合金）也有采用油淬或其他淬火冷却介质</td><td>淬火和时效是提高非铁合金强度和硬度的一种有效方法（即可热处理强化），淬火和时效应连续进行，多用于铝、硅、镁和铝铜合金以及铍青铜</td></tr>
<tr><td rowspan="2">时效</td><td>自然时效</td><td>淬火后在室温下停留较长时间</td><td rowspan="2">对于淬火和时效效果不明显的合金（如黄铜、锡青铜和铝镁合金），工业上不采用热处理进行强化</td></tr>
<tr><td>人工时效</td><td>淬火后再将合金加热到100～200℃范围内保温一段时间</td></tr>
</table>

3. 铜合金的热处理规范

铜合金的热处理规范见表 2-83。

表 2-83　　铜合金的热处理规范

热处理类型	目的	适用合金	备注
退火（再结晶退火）	消除应力及冷作硬化，恢复组织，降低硬度，提高塑性 消除铸造应力，均匀组织、成分，改善加工性	除铍青铜外所有的铜合金	可作为黄铜压力加工件的中间热处理，青铜件毛坯的中间热处理 退火温度：黄铜一般为 500～700℃，铝青铜为 600～750℃，变形锡青铜为 600～650℃，铸造锡青铜约为 420℃
去应力退火（低温退火）	消除内应力，提高黄铜件（特别是薄冲压件）耐腐蚀破裂（季裂）的能力	黄铜，如 H62、H68、HPb59-1 等	一般作为机械加工或冲压后的热处理工序，加热温度为260～300℃
致密化退火	消除铸件的显微疏散，提高其致密性	锡青铜、硅青铜	—
淬火	获得过饱和固溶体并保持良好的塑性	铍青铜	铍青铜淬火温度一般为 780～800℃，水冷，硬度为 120HBW，断后伸长率可以达 25%～50%
淬火＋时效	淬火后的铍青铜经冷变形后再进行时效，更好地提高硬度、强度、弹性极限和屈服极限	铍青铜如 QBe1.7、QBe1.9 等	冷压成形零件加热至 300～350℃，保温 2h，铍青铜抗拉强度可达到 1250～1400MPa，硬度为 330～400HBW，但断后伸长率仅为 2%～4%

续表

热处理类型	目的	适用合金	备注
淬火＋回火	提高青铜铸件和零件的硬度、强度和屈服强度	QAl9-2、QAl9-4、QAl10-3-1.5，QAl10-4-4	—
回火	消除应力，恢复和提高弹性极限	QSn6.5-0.1、QSn4-3、QSi3-1、QA17	一般作为弹性元件成品的热处理工序
	稳定尺寸	HPb59-1	可作为成品的热处理工序

4. 变形铝合金的热处理规范

变形铝合金的热处理规范见表 2-84。

表 2-84　变形铝合金的热处理规范

热处理类型	合金类型	目的	备注
高温退火	热处理不强化的铝合金，如 1070A、1060、1050A、1035、1200、5A02、5A03、5A05、3A21 等	降低硬度、提高塑性，达到充分软化的目的，以便进行变形程度较大的深冲压加工	一般在制作半成品板材时进行，如铝板坯的热处理或高温压延，3A21 合金的适宜温度为 350～400℃
低温退火		为保持一定程度的加工硬化效果，提高塑性，消除应力，稳定尺寸	在最终冷变形后进行，3A21 合金的加热温度为 250～280℃，保温 60～150min，空冷
完全退火	热处理强化的铝合金，如 2A02、2A06、2A11、2A12、2A13、2A16、7A04、7A09、6A02、2A50、2B50、2A70、2A80、2A90、2A14	用于消除原材料淬火、时效状态的硬度，或当退火不良未达到完全软化而用它制造形状复杂的零件时，也可消除内应力和冷作硬化，适用于变形量很大的冷压加工	变形量不大，冷作硬化程度不超过 10% 的 2A11、2A12、7A04 等板材不宜使用，以免引起晶粒粗大 一般加热到强化相溶解温度（400～450℃），保温、慢冷（30～50℃/h）到一定温度（硬铝为 250～300℃）后，空冷

续表

热处理类型	合金类型	目的	备注
中间退火（再结晶退火）	热处理强化的铝合金，如 2A02、2A06、2A11、2A12、2A13、2A16、7A04、7A09、6A02、2A50、2B50、2A70、2A80、2A90、2A14	消除加工硬化，提高塑性，以便进行冷变形的下一工序，也用于无淬火、时效强化后的半成品及零件的软化，部分消除内应力	对于 2A06、2A11、2A12 合金，可在硝盐槽中加热，保温 1～2h，然后水冷；对于飞机制造中形状复杂的零件，冷变形-退火要交替多次进行
淬火		将高温下的固溶体固定到室温，得到均匀的过饱和固溶体，以便在随后的时效过程中使合金强化 淬火后强度有提高，但塑性也相当高，可进行铆接、弯边、拉深和校正等冷塑性变形工序；不过对自然时效的零件，只能在短时间保持良好塑性，超过一定时间，强度、硬度急剧增长，故变形工序应在淬火后的短时间内进行	淬火加热的温度，上下限一般只有±5℃，为此应采用硝盐槽或空气循环炉加热，以便准确地控制温度 自然时效铝合金，淬火后能保持良好塑性的时间：2A12 为 1.5h，2A11、2A02、2A06、6A02、2A50、2A70、2A80、2A14 等为 2～3h，7A04、7A09 则为 6h。变形工序应在淬火后这段时间内完成，如不能如期完成，则应在淬火后低温(如－50℃)状态下保存
时效	—	将淬火得到的过饱和固溶体在低温(人工时效)或室温(自然时效)保持一定时间，使强化相从固溶体中呈弥散质点析出，从而使合金进一步强化，获得较高的力学性能	一般硬铝采用自然时效，超硬铝及锻铝采用人工时效；但硬铝在高于 150℃的温度下使用时则进行人工时效，锻铝 6A02、2A50、2A14 也可采用自然时效

续表

热处理类型	合金类型	目的	备注
稳定化处理(回火)	—	消除切削加工应力与稳定尺寸，用于精密零件的切削工序间，有时需进行多次	回火温度不高于人工时效的温度，时间为5～10h；对自然时效的硬铝，可采用90℃±10℃，时间为2h
回归处理		使自然时效的铝合金恢复塑性，以便继续加工或适应修理时变形的需要	重新加热到200～270℃，经短时间保温，然后在水中急冷，但每次处理后，强度有所下降

注 淬火也称为固溶处理。

5. 铸造铝合金的热处理规范

铸造铝合金的热处理规范见表2-85。

表2-85 铸造铝合金的热处理规范

热处理类型及代号	目的及用途	适用合金	备 注
不预先淬火的人工时效(T1)	改善铸件切削加工性，提高某些合金(如ZL105)零件的硬度和强度(约30%) 用来处理承受载荷不大的硬模铸造零件	ZL104 ZL105 ZL401	用湿砂型或金属型铸造时，可获得部分淬火效果，即固溶体有着不同程度的过饱和度。时效温度为150～180℃，保温1～24h
退火(T2)	消除铸件的铸造应力和由机械加工引起的冷作硬化，提高塑性 用于要求使用过程中尺寸很稳定的零件	ZL101 ZL102	一般铸件在铸造后或粗加工后常进行此处理。退火温度为280～300℃，保温2～4h

续表

热处理类型及代号	目的及用途	适用合金	备　注
淬火，自然时效(T4)	提高零件的强度并保持高的塑性，提高100℃以下工作零件的耐蚀性 用于受动载荷冲击作用的零件	ZL101 ZL201 ZL203 ZL301	这种处理也称为固溶化处理，对具有自然时效特性的合金 T4 也表示淬火并自然时效。淬火温度为 500～535℃，铝镁系合金为 435℃
淬火后短时间不完全人工时效(T5)	获得足够高的强度(较 T4 为高)并保持较高的屈服强度 用于承受高静载荷及在不很高温度下工作的零件	ZL101 ZL105 ZL201 ZL203	在低温或瞬时保温条件下进行人工时效，时效温度为 150～170℃
淬火后完全时效至最高硬度(T6)	使合金获得最高强度而塑性稍有降低 用于承受高静载荷而不受冲击作用的零件	ZL101 ZL104 ZL204A	在较高温度和长时间保温条件下进行人工时效，时效温度为 175～185℃
淬火后稳定回火(T7)	获得足够的强度和较高的稳定性，防止零件高温工作时力学性能下降和尺寸变化 适用于高温工作的零件	ZL101 ZL105 ZL207	最好在接近零件工作温度(超过 T5 和 T6 的回火温度)下进行回火，回火温度为 190～230℃，保温 4～9h
淬火后软化回火(T8)	获得较高的塑性，但强度特性有所降低 适用于要求高塑性的零件	ZL101	回火温度比 T7 更高，一般为 230～270℃，保温时间为 4～9h

续表

热处理类型及代号	目的及用途	适用合金	备　注
冷处理或循环处理（冷后又热）（T9）	使零件几何尺寸进一步稳定，适用于仪表的壳体等精密零件	ZL101 ZL102	机械加工后冷处理是在－50、－70℃或－195℃保持3～6h 循环处理是冷至－70～－196℃，然后加热到350℃，根据具体要求多次循环

注　热处理类型中的淬火也称固溶处理。

五、热处理工序的安排

1. 热处理工序安排诀窍

热处理是为了改善工件材料的工艺性能或提高其机械性能和减小内应力，但热处理后的零件也会产生变形、脱碳、氮化等现象，所以热处理工序在加工过程中的位置就有着十分重要的作用，其位置的安排主要取决于零件材料和热处理的目的与要求。一般热处理工序的安排参见表2-86。

表2-86　　**热处理工序的安排**

热处理项目	目的和要求	应用场合	工序位置安排
退火	降低材料硬度，改善切削性能，消除内应力，细化组织使其均匀	用于铸、锻件及焊接件	在切削加工前
正火	改善组织，细化晶粒，消除内应力，改善切削性能	低碳钢及中碳钢	在切削加工之前或粗加工之后
调质	提高材料硬度、塑性和韧性等综合机械性能	中碳钢结构	粗加工之后，精加工之前

续表

热处理项目	目的和要求	应用场合	工序位置安排
淬火	提高材料的硬度、强度和耐磨性	中等含碳量以上的结构钢和工具钢	半精加工之后，磨削之前
感应淬火	提高零件的表面硬度和耐磨性	含碳量较高的结构钢	半精加工之后部分除碳后再淬火
渗碳淬火	增加低碳钢表层含碳量，然后经淬火、回火处理，直一步提高其表层的硬度、耐磨性、疲劳强度等，而其内部仍保持着原来的塑性和韧性	低碳钢和低碳合金钢	精磨削或研磨之前
氮化	使钢件层形成高硬度的氮化层，增加其耐磨性、耐蚀性和疲劳强度等	38CrMoAlA 和 25Cr2MoV 等氮化钢	半精车后或粗磨、半精磨之后，精磨之前

2. 焊后热处理工艺技巧与诀窍

焊后加热处理与焊后热处理有着本质的区别，焊后加热处理是指对冷裂敏感性较大的低合金钢和拘束度较大的焊件，焊接结束和焊完一条焊缝后，立即将焊件或焊接区加热。强度级别较高的低合金和大厚度的焊接结构，后热处理温度一般在 200～350℃范围内。保温时间也与焊件厚度有关，不能低于 0.5h，一般为 2～6 h。后热处理也叫“消氢处理”。后热处理的主要目的是防止焊缝金属或热影响区内形成冷裂纹。如果焊接技术要求中已经明确要焊后加热处理，焊后应立即进行加热处理，否则可不做焊后加热处理。

焊后热处理则是把焊接接头按不同钢种所严格规定的温度和保温时间均匀加热，然后按规定条件冷却。焊后热处理的类型、目的及效果见表 2-87。

表 2-87　　焊后热处理的类型、目的及效果

<table>
<tr><th colspan="2">热处理类型</th><th>控制温度范围</th><th>热处理目的及效果</th></tr>
<tr><td colspan="2">淬火</td><td>亚共析钢加热到 A_3 线以上30～50℃；共析钢或过共析钢加热到 A_1 线以上30～50℃</td><td>淬火后的钢得到高硬度马氏体。主要用于提高钢的硬度，但焊接接头要防止淬火</td></tr>
<tr><td rowspan="3">回火</td><td>低温回火</td><td>回火温度为 150～200℃</td><td>得到回火马氏体。主要用于要求高硬度和高耐磨性的刀具及量具等</td></tr>
<tr><td>中温回火</td><td>回火温度为 300～450℃</td><td>得到回火屈氏体（铁素体与渗碳体极细的机械混合物），主要用于弹簧和锻模的回火</td></tr>
<tr><td>高温回火</td><td>回火温度为 500～650℃</td><td rowspan="2">得到回火索氏体（铁素体和细粒渗碳体的混合组织），主要用于综合机械性能好的重要零件和焊件以及消除焊接残余应力</td></tr>
<tr><td colspan="2">调质</td><td>淬火后又进行高温回火</td></tr>
<tr><td colspan="2">退火</td><td>亚共析钢加热到 A_3 线以上20～30℃，共析钢或过共析钢加热到 A_1 线以上20～30℃</td><td>降低钢的硬度，细化晶粒并消除内应力</td></tr>
<tr><td colspan="2">正火</td><td>亚共析钢加热到 A_3 线以上30～50℃，共析钢或过共析钢加热到 A_{cm} 线以上 30～50℃</td><td>主要用于破坏网状渗碳体以改善切削加工性能。对亚共析钢常用正火代替退火，但对过共析钢应用较少</td></tr>
</table>

焊后热处理规范主要包括：升温速度、热处理温度、保温时间、冷却速度等。常用钢号焊后热处理规范见表 2-88。

表 2-88　　常用钢号焊后热处理的工艺规范

<table>
<tr><th rowspan="2">钢　号</th><th colspan="2">焊后热处理温度(℃)</th><th rowspan="2">最短保温时间(h)</th></tr>
<tr><th>电弧焊</th><th>电渣焊</th></tr>
<tr><td>10、20G、20、20R、20g、Q235-A、Q235-B、Q235-C</td><td>600～640</td><td>—</td><td rowspan="10">(1) 当焊后热处理厚度 $\delta_{PWHT} \leqslant$ 50mm 时，保温时间为$\frac{\delta_{PWHT}}{25}$h，且不低于$\frac{1}{4}$h。
(2) 当 $\delta_{PWHT} > 50$mm 时，保温时间为 $\left(2+\frac{1}{4}\times\frac{\delta_{PWHT}-50}{25}\right)$h</td></tr>
<tr><td>09MnD</td><td>580～620</td><td>—</td></tr>
<tr><td>16MnR</td><td rowspan="2">600～640</td><td>900～930 正火后，600～640 回火</td></tr>
<tr><td>16Mn、16MnD、16MnDR</td><td>—</td></tr>
<tr><td>15MnVR、15MnNbR</td><td>540～580</td><td>—</td></tr>
<tr><td>20MnMo、20MnMoD</td><td>580～620</td><td>—</td></tr>
<tr><td>18MnMoNbR、13MnNiMoNbR</td><td rowspan="2">600～640</td><td>950～980 正火后，600～640 回火</td></tr>
<tr><td>20MnMoNb</td><td>—</td></tr>
<tr><td>07MnCrMoVR、07MnNiCrMoVDR、08MnNiCrMoVD</td><td>550～590</td><td>—</td></tr>
<tr><td>09MnNiD、09MnNiDR、15MnNiDR</td><td>540～580</td><td>—</td></tr>
<tr><td>12CrMo、12CrMoG</td><td>≥600</td><td>—</td><td rowspan="6">(1) 当焊后热处理厚度 $\delta_{PWHT} \leqslant$ 125mm 时，保温时间为$\frac{\delta_{PWHT}}{25}$h，且不低于$\frac{1}{4}$h。
(2) 当 $\delta_{PWHT} > 125$mm 时，保温时间为 $\left(5+\frac{1}{4}\times\frac{\delta_{PWHT}-125}{25}\right)$h</td></tr>
<tr><td>15CrMo、15CrMoG</td><td>≥600</td><td>—</td></tr>
<tr><td>15CrMoR</td><td></td><td>800～950 正火后，≥600 回火</td></tr>
<tr><td>12Cr1MoV、12Cr1MoVG、14Cr1MoR、14Cr1Mo</td><td>≥640</td><td>—</td></tr>
<tr><td>12Cr2Mo、12Cr2Mo1、12Cr2MoG、12Cr2Mo1R</td><td>≥660</td><td>—</td></tr>
<tr><td>1Cr5Mo</td><td>≥660</td><td>—</td></tr>
</table>

第三章

焊条电弧焊

第一节 概 述

一、焊条电弧焊的定义

焊条电弧焊是利用焊条与焊件间产生的电弧，将焊条和焊件局部加热到熔化状态而进行焊接的一种手工操作的电弧焊方法。

二、焊条电弧焊的特点

焊条电弧焊是目前运用最广泛的一种焊接方法，其主要特点如下。

（1）操作灵活，可达性好，适合在空间任意位置的焊缝，凡是焊条操作能够达到的地方都能进行焊接。

（2）设备简单，使用方便，无论采用交流弧焊机还是直流弧焊机，焊工都能很容易地掌握，而且使用方便、简单、投资少。

（3）应用范围广，选择合适的焊条可以焊接许多常用的金属材料。

（4）焊接质量不够稳定，焊接的质量受焊工的操作技术、经验、情绪的影响。

（5）劳动条件差，焊工不仅劳动强度大，还要受到弧光辐射、烟尘、臭氧、氮氧化合物、氟化物等有毒物质的危害。

（6）生产效率低，受焊工体能的影响，焊接工艺参数中的焊接电流受到限制，加之辅助时间较长，因此生产效率低。

第二节 焊条电弧焊的基础知识

一、电弧的特性

1. 电弧的构造

焊接电弧的构造可分为三个区域：阴极区、阳极区、弧柱（见图 3-1）。

（1）阴极区。电弧紧靠负电极的区域称为阴极区，阴极区很窄，约为 10^{-5}～10^{-6}cm。在阴极区的阴极表面有一个明显的光亮斑点，它是电弧放电时，负电极表面上集中发射电子的微小区域，称为阴极辉点。

（2）阳极区。电弧紧靠正电极的区域称为阳极区，阳极区较阴极区宽，约为 10^{-3}～10^{-4}cm。在阳极区的阳极表面也有光亮的斑点，它是电弧放电时，正电极表面上集中接收电子的微小区域，称为阳极辉点。

（3）弧柱。电弧阴极区和阳极区之间的部分称为弧柱。由于阴极区和阳极区都很窄，因此弧柱的长度基本上等于电弧的长度。

（4）电弧电压。电弧两端（两电极）之间的电压降称为电弧电压。当弧长一定时，电弧电压的分布如图 3-2 所示。

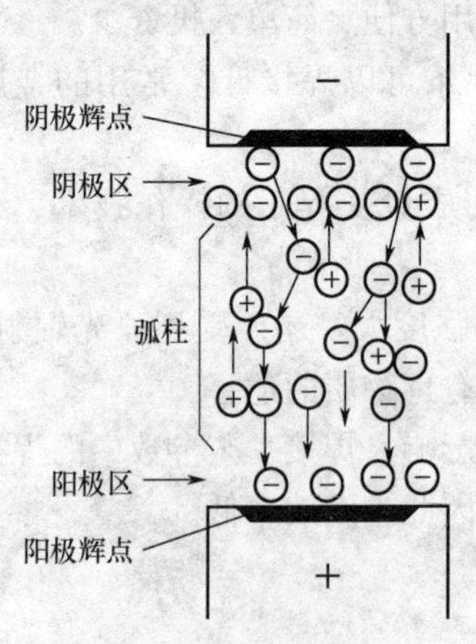

图 3-1　焊接电弧的构造

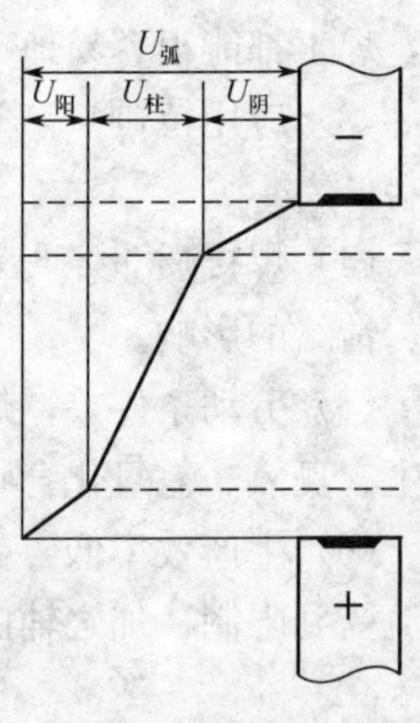

图 3-2　电弧各区域的电压分布示意图

电弧电压用下式表示：

$$U_{弧}=U_{阴}+U_{阳}+U_{柱}=U_{阴}+U_{阳}+bl_{弧}$$

式中 $U_{弧}$——电弧电压，V；

$U_{阴}$——阴极压降，V；

$U_{阳}$——阳极压降，V；

$U_{柱}$——弧柱压降，V；

b——单位长度的弧柱压降，一般为20～40V/cm；

$l_{弧}$——电弧长度，cm。

2. 电弧的静特性

在电极材料、气体介质和弧长一定的情况下，电弧稳定燃烧时，焊接电流与电弧电压变化的关系称为电弧静特性，一般也称伏—安特性。表示它们关系的曲线叫做电弧的静特性曲线，如图3-3所示。

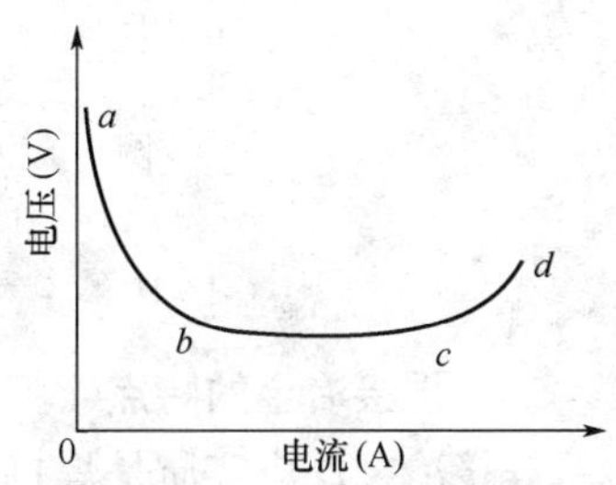

图3-3 电弧的静特性曲线

电弧的静特性曲线呈U形（见图3-3），它有三个不同的区域，当电流较小时（图3-3中的ab区），电弧的静特性属下降特性区，即随着电流的增加，电压减小；当电流稍大时（图3-3中的bc区），电弧的静特性属平特性区，即电流的大小变化时，而电压几乎不变；当电流较大时（图3-3中的cd区），电弧的静特性属上升特性区，即电压随电流的增加而增加。

3. 电弧电源的极性

在焊接过程中，直流弧焊发电机的两个极（正极和负极）分别接到焊件和焊钳上。从点火的构造及温度可知，当焊件或焊钳所接的正、负极不同时，温度也相应不同。因此，在使用直流弧焊发电机时，应考虑选择电源的极性问题，以保证电弧的稳定燃烧和焊接的质量。

所谓电弧的极性就是在直流电弧焊或电弧切割时，焊件与电源输出端正、负极的接法有正接和反接两种。所谓正接就是焊件接电源正极，焊条接电源负极的接线法，正接也称正极性。反接就是焊件接电源负极，焊条接电源正极的接线法，反接也称反极性（见图3-4）。对于交流电焊机来说，由于电源的极性是交变的，所以不存在正接和反接。

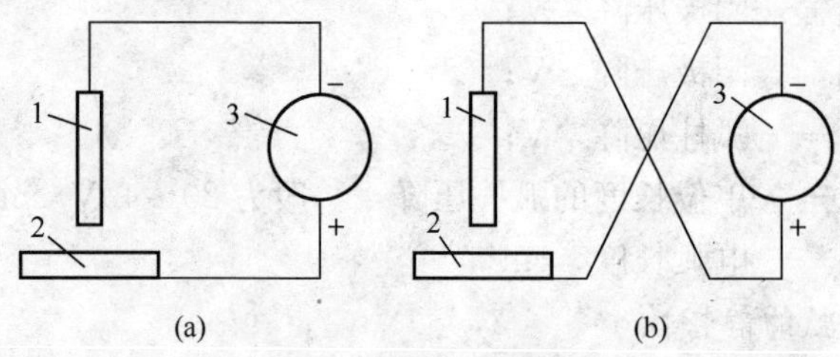

图 3-4　焊接电源的极性

(a) 正极性；(b) 反极性

1—焊条；2—焊件；3—直流弧焊机

二、焊接冶金的特点

焊接冶金反应实质是焊接填充金属和母材金属的再冶炼过程，在金属熔化过程中，将在金属—熔渣—气体之间发生复杂的化学反应和物理反应。

焊接冶金过程与普通化学冶金不同，它是分区域连续进行的。焊条电弧焊过程中有三个反应区，即：熔滴反应区、药皮反应区和熔池反应区。

1. 熔滴反应区

在这个反应区内，从熔滴的形成、长大直至过渡到熔池中去，具有以下特点。

（1）温度高、温度变化大。电弧的弧柱区温度为 4500～7800℃，焊接黑色金属时，熔滴上的活性斑点温度接近于焊芯材料的沸点（约为 2800℃）；由于焊接参数不同，熔滴的平均温度为 1800～2400℃。在这样高的温度下，金属将强烈蒸发。

（2）反应时间短。熔滴在焊条末端的停留时间约为 0.01～0.1s。熔滴向熔池过渡的速度高达 7.5～10m/s，熔滴通过弧柱区的时间只有 0.0001～0.001s。在这个区内各相接触的平均时间为 0.01～1s。

(3) 熔滴金属与气体、熔渣的反应接触面积大。由于熔滴的尺寸很小，所以熔滴的比表面积大（单位质量熔滴所占有的表面积）极大，可达 1000～10000cm²/kg，比炼钢时约大 1000 倍，熔滴与气体、熔渣极易发生冶金反应。

总之，在这个反应区内主要进行的物理化学反应是：金属的蒸发、气体的分解和溶解、金属的氧化还原以及合金化等。

2. 药皮反应区

在这个反应区内，焊条药皮被加热，在固态下它的各种组成物之间也会发生物理化学反应，主要是水分的蒸发、某些物质的分解和铁合金的氧化，对整个焊接化学冶金过程（焊接质量）有一定的影响。

3. 熔池反应区

在这个反应区内，熔池的平均温度比较低，约在 1600～1900℃；熔池的体积小，质量一般在 5g 以下，冷却速度大，平均冷却速度为4～100℃/s。因此，熔池的冶金反应时间非常短，冶金反应不充分。

由于散热和导热的作用，金属熔池的温度分布极不均匀，同一熔池的前后部分往往发生相应的反应。如熔池前部的高温区发生金属的熔化和气体的吸收以及硅、锰的还原反应；在熔池的后半部则发生金属的凝固和气体的析出，以及硅、锰的氧化反应。

在焊接电弧的热作用下，上述三个反应区内除了发生金属熔化以外，还要进行一系列的冶金反应，主要有：氧化还原反应、脱氮反应、脱硫反应、脱磷反应、合金化等。

第三节 焊条电弧焊的基本操作技术

一、引弧

引弧一般有两种方法：划擦法和直击法。

1. 划擦法

先将焊条末端对准焊缝，然后将手腕扭转一下，使焊条在焊件表面轻微划一下，动作有点像划火柴，用力不能过猛。引燃电弧后焊条不能离开焊件过高，一般为 2～4cm，且不能超出焊缝范围。然后手腕扭平，将电弧拉回到起头位置，并使电弧保持适当的长度，开始焊接（见图 3-5）。

2. 直击法

先将焊条末端对准焊缝，然后稍点一下手腕，使焊条轻轻碰一下焊件，随即将焊条提起引燃电弧，迅速将电弧移至起头位置，并使电弧保持一定的长度，开始焊接（见图 3-6）。

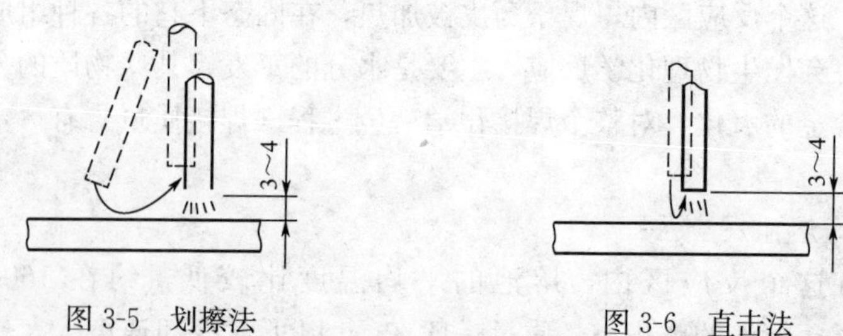

图 3-5　划擦法　　　图 3-6　直击法

一般来说，划擦法对初学者容易掌握，但操作不当易损伤焊件表面，不如直击法好。直击法对初学者来说较难掌握，容易使焊条粘住焊件或用力过猛使药皮大块脱落，但经过一段时间的练习，手腕动作灵活后两种方法都不难掌握。不管采用哪种方法，引弧都应该在焊缝内进行，避免引弧时击伤焊件表面。

二、运条

所谓运条就是焊工在焊接过程中，对焊条运动的手法，它与焊条角度、焊接速度及焊条运动三动作共同构成了焊工操作技术，都是能否获得优良焊缝的重要操作因素。因此，如何根据不同的焊缝位置、接头形式、焊件材质，以及焊条的直径和性质、焊接电源、焊件厚度、焊缝层次等各种因素来选择正确的焊条角度、运条方法和焊接速度，是衡量一名焊工操作技能的重要标志。下面介绍几种常用的运条方法及其适用范围（见图 3-7）。

1. 直线形运条法

直线形运条法要求在焊接时保持一定的弧长，沿着焊接方向不作横向摆动的前移，如图 3-7（a）所示。由于焊条不作横向摆动，所以电弧较稳定，能获得较大的熔深，焊速也较快，对于怕过热的

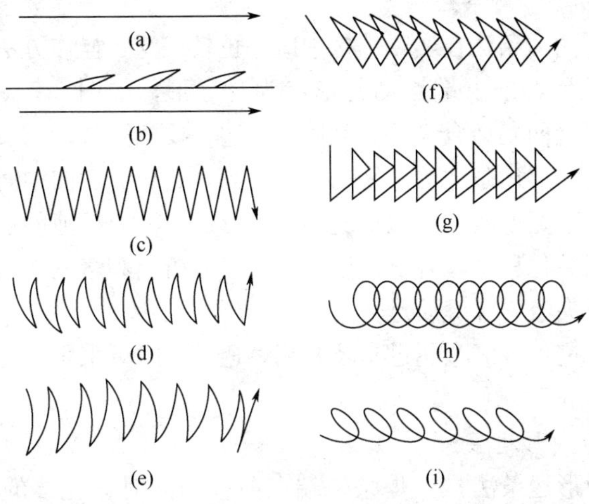

图 3-7 手工电弧焊的运条方法

（a）直线形；（b）直线往返形；（c）锯齿形；（d）月牙形；（e）反月牙形；（f）斜三角形；（g）正三角形；（h）正圆圈形；（i）斜圆圈形

焊件及薄板的焊接有利，但焊缝比较窄。这种方法适用于板厚为3～5mm的不开坡口对接平焊、多层焊的第一层和多层多道焊。

2. 直线往返形运条法

直线往返形运条法是指焊条末端沿焊缝方向作来回的直线摆动，如图 3-7（b）所示。在实际操作中，电弧的长度是变化的。焊接时应保持较短的电弧；焊接一小段后，电弧接长，向前挑动，待熔池稍凝，又回到熔池继续焊接。这种方法速度快、焊缝窄、散热快，适用于薄板和对接间隙较大的底层焊接。

3. 锯齿形运条法

锯齿形运条法是指在焊条末端向前移动的同时作锯齿形的连续摆动，如图 3-7（c）所示，并在两旁稍加停顿，停顿时间与工件厚度、电流的大小、焊缝宽度及焊接位置有关，这样做主要是保证两侧熔化良好，且不产生咬边。左右摆动是为了控制熔化金属的成形及得到所需要的焊缝宽度。这种运条方法操作容易，在实际操作中运用较广，多用于厚板的焊接。

4. 月牙形运条法

月牙形运条法在实际焊接中应用也较广泛，操作方法与锯齿形相似，只是焊条末端摆动的形状为月牙形，如图 3-7（d）所示，为了使焊缝两侧熔合良好，且避免咬边，要注意月牙两尖端的停留时间。月牙形运条法焊出来的焊缝较高，熔化金属向中间集中，所以不适用于宽度较小的立焊缝。月牙形运条法对熔池的加热时间较长，金属熔化良好，容易使熔池中的气体析出和熔渣浮出，不易造成气孔及夹渣，焊缝质量较高。

为了避免焊缝金属过高及两侧熔透，有时可采用反月牙形运条法，如图 3-7（e）所示。

5. 三角形运条法

三角形运条法是指焊条末端在前移的同时作连续的三角形运动，根据适用场合的不同，可分为斜三角形与正三角形两种，如图 3-7（f）、（g）所示。

正三角形运条法适合于开坡口的对接接头和 T 字接头的立焊，尤其是内层受坡口两侧斜面的限制，宽度较小的时候，在三角形折角处也要稍加停顿，使焊缝两侧熔化充分，避免产生夹渣，同时也能得到焊缝断面较大的焊缝。

斜三角形运条法适用于除了立焊外的角接焊缝和有坡口的对接横焊缝。它的优点是能够借焊条的不对称摆动来控制熔化金属，借以得到良好的焊缝成形。

6. 圆圈形运条法

圆圈形运条法是指焊条末端在前移的同时作圆圈形运动，根据焊缝位置的不同，有正圆圈形和斜圆圈形两种，如图 3-7（h）、（i）所示。

正圆圈形运条法适合于较厚工件的平焊缝。它的优点是熔池高温时间停留长，使熔池中的气体和熔渣都易于排出。

斜圆圈形运条法适用于除了立焊外的角接焊缝，与斜三角形运条法相似，有利于控制熔化金属的形成。

三、接头

在手工电弧焊操作中，焊缝的接头是不可避免的。焊缝接头的好坏，不仅影响焊缝的外观成形，也影响焊缝的质量。接头一般是在弧坑前约 15mm 处引弧，然后移动到原弧坑位置进行焊接，如图 3-8 所示。用酸性焊条时，引燃电弧后可稍拉长些电弧，转移到接头位置时再压低电弧；用碱性焊条时，电弧不可拉长，否则容易出气孔。用这种方法时，必须准确掌握接头部位，接头部位过于退后，会出现焊肉重叠高起现象；接头部位过前，又会出现脱节凹陷现象（见图 3-9）。在接头时更换焊条的动作越快越好，当熔池温度没有完全冷却时，能增加电弧的稳定性，以保证和前焊缝的结合性能，减少气孔，并且使接头美观。

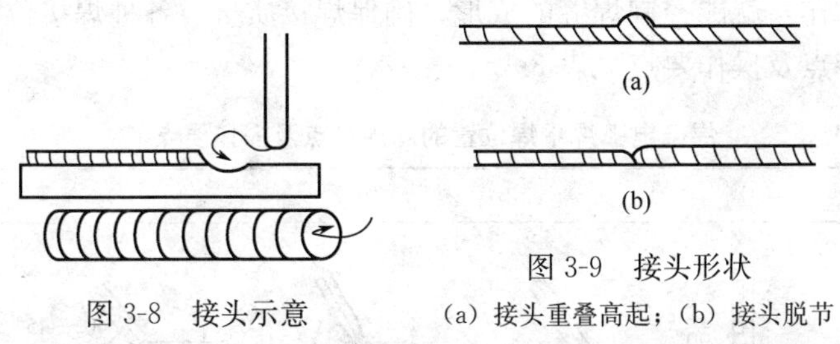

图 3-8　接头示意

图 3-9　接头形状

（a）接头重叠高起；（b）接头脱节

在进行底层焊时，为了保证接头处焊透，特别要将熔池前端重新熔化，然后再将焊条移至熔池后部进行接头。如果前焊缝的熄弧处呈凸形，应将凸起部分去除，加工成斜坡形，再进行接头。

四、收弧

收弧指的是焊缝结束时的收尾，由于每根焊条焊完时的熄弧方式不同。因此，每根焊条焊完时的熄弧，一般都留下弧坑，从而影响下一根焊条再焊时接头。在进行焊缝的收尾操作时，应保持正常的熔池温度，做无直线移动的横摆点焊动作，逐渐填满熔池后再将电弧拉向一侧熄弧。每条焊缝结束时必须填满弧坑。过深的弧坑不仅会影响美观，还会使焊缝收尾处产生缩孔、应力集中而产生裂纹。

为了填满弧坑，一般采用以下三种操作方法。

（1）划圈收尾法：当焊条移至焊缝终点时，作圆圈运动，直到填满弧坑再拉断电弧，此法适合于厚板收尾。

（2）反复断弧收尾法：当焊接进行到焊缝终点时，在弧坑处反复熄弧数次，直到填满弧坑为止。此法适用于薄板和大电流焊接，但不适用于碱性焊条，容易产生气孔。

（3）回焊收尾法：焊条移至焊缝收尾处稍加停顿，接着改变焊条角度往回焊一小段，相当于收尾处变成一个起头，此法适用于碱性焊条的焊接。

五、各种位置的焊接技术

焊接位置的变化，对操作技术提出了不同的要求，这主要是由于熔化金属的重力作用造成了焊缝成形困难。所以，在焊接操作中，只要仔细观察并控制熔池的形状和大小，及时调整焊条角度和运条动作，就能控制焊缝的成形，确保焊接质量。各种焊接位置的焊接特点及操作要点见表 3-1～表 3-4。

表 3-1　　焊条电弧焊平焊位置的焊接特点及操作要点

项目	图　例
焊条角度图示	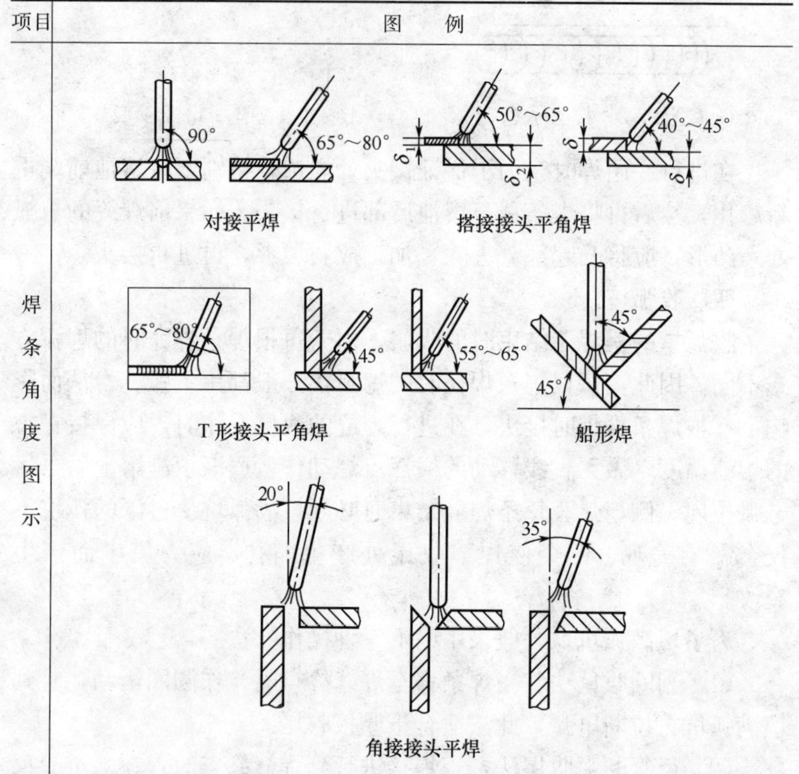

续表

项目	图　例
焊接特点	(1) 熔滴主要依靠重力向熔池过渡 (2) 溶池形状和熔池金属容易保持 (3) 焊接同样板厚的金属，平焊位置焊接电流比其他焊接位置大，生产效率高 (4) 液态金属和熔渣容易混在一起，特别是焊接角焊缝时，熔渣容易往熔池前部流动造成夹渣 (5) 焊接参数和操作不正确时，可能产生未焊透、咬边和焊瘤等缺陷 (6) 平板对接焊接时，若焊接参数或焊接顺序选择不当，容易产生焊接变形
操作要点	(1) 由于焊缝处于水平位置，熔滴主要靠重力过渡，所以根据板厚可以选用直径较粗的焊条和较大的焊接电流焊接 (2) 最好采用短弧焊接 (3) 焊接时焊条与焊件成40°～90°的夹角，控制好电弧长度和运条速度，使熔渣与液态金属分离，防止熔渣向前流动 (4) 若板厚在5mm以下，焊接时一般开I形坡口，可用$\phi3$或$\phi4$的焊条，采用短弧法焊接，背面封底焊前，可以不铲除焊根（重要构件除外） (5) 焊接水平倾斜焊缝时，应采用上坡焊，防止熔渣向熔池前方流动，避免焊缝产生夹渣缺陷 (6) 采用多层多道焊时，应注意选好焊道数及焊道顺序 (7) T形、角接、搭接的平角焊接头，若两板厚度不同，应调整焊条角度，将电弧偏向厚板，使两板受热均匀 (8) 选用正确的运条方法 1) 板厚在5mm以下、I形坡口对接平焊、采用双面焊时，正面焊缝应采用直线形运条方法，熔深应大于$2/3\delta$；背面焊缝也应采用直线形运条，焊接电流应比焊正面焊缝时稍大一些，运条速度要快 2) 板厚在5mm以上，开其他坡口[①]对接平焊，可采用多层焊或多层多道焊，打底焊宜用于小直径焊条、小焊接电流、直线形运条焊接。多层焊缝的填充层及盖面层焊缝，应根据具体情况分别选用直线形、月牙形、锯齿形运条。多层多道焊时，宜采用直线形运条 3) 当T形接头的焊脚尺寸较小时，可选用单层焊，用直线形、斜环形或锯齿形运条方法；当焊脚尺寸较大时，宜采用多层焊或多层多道焊，打底焊都采用直线形运条方法，其后各层的焊接可选用斜锯齿形、斜环形运条方法。多层多道焊宜选用直线形运条方法焊接 4) 搭接、角接平角焊时，运条操作与T形接头平角焊运条相似 5) 船形焊的运条操作与开坡口对接平焊相似

① 开其他坡口是指除I形坡口以外的其他形状坡口，如V形、X形、Y形等。

表 3-2　　焊条电弧焊立焊位置的焊接特点及操作要点

焊条角度图示	90°　60°～80°　45°
焊接特点	(1) 熔化金属在重力的作用下易向下淌，形成焊瘤、咬边、夹渣等缺陷，焊缝成形不良 (2) 熔池金属与熔渣容易分离 (3) T 形接头焊缝根部容易产生未焊透现象 (4) 焊接过程和熔透程度容易控制 (5) 焊接生产效率较平焊低 (6) 采用短弧焊接
操作要点	(1) 保持正确的焊条角度 (2)选用较小的焊条直径(≤ϕ4mm)和较小的焊接电流(80%～85%I_F①)，采用短弧施焊 (3) 采用正确的运条方法 1) I 形坡口对接向上立焊时，可选用直线形、锯齿形、月牙形运条和挑弧法焊接 2) 开其他形坡口对接立焊时，第一层焊缝常用挑弧法或摆幅不大的月牙形、三角形运条法焊接，其后可采用月牙形或锯齿形运条方法 3) T 形接头立焊时，运条操作与开其他坡口对接立焊相似。为防止焊缝两侧咬边、根部未焊透，点弧应在焊缝两侧及顶角有适当的停留时间 4) 焊接盖面层应根据对焊缝表面的要求选用运条方法。焊缝表面要求稍高的可采用月牙形运条方法；如只要求焊缝表面平整的可采用锯齿形运条方法

① I_F 表示平焊位置的焊接电流。

表 3-3　　焊条电弧焊横焊位置的焊接特点及操作要点

焊条角度图示	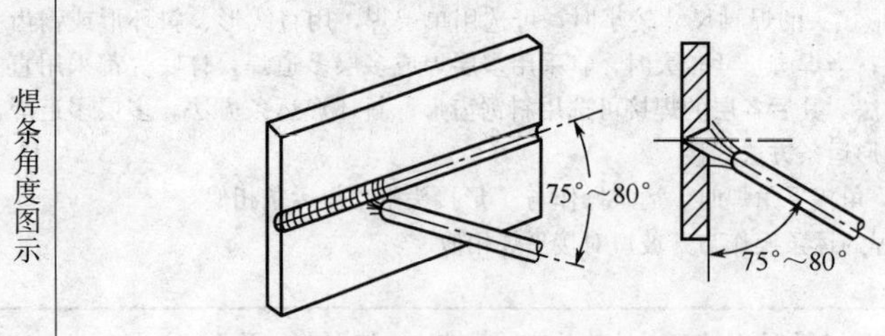

续表

焊接特点	(1) 熔化金属受重力作用易向下淌，造成坡口上侧产生咬边缺陷，下侧形成泪滴形焊瘤或未焊透 (2) 其他形式坡口的对接横焊，常选用多层多道焊施焊法，防止熔化金属下淌 (3) 焊接电流较平焊焊接电流小些
操作要点	(1) 选用小直径焊条、小焊接电流、短弧操作，能较好地控制熔化金属流淌 (2) 厚板横焊时打底焊缝以外的焊缝，易采用多层多道焊法施焊 (3) 多层多道焊时，要特别注意控制焊道间的重叠距离。每道叠焊，应在前一道焊缝的1/3处开始焊接，以防止焊缝产生凹凸不平的现象 (4) 根据具体情况保持适当的焊条角度 (5) 采用正确的运条方法 1) 开I形坡口对接横焊时，正面焊缝采用往复直线形运条方法较好，稍厚件宜选用直线形或小斜环形运条方法，背面焊缝选用直线形运条方法，焊接电流可适当加大 2) 开其他形坡口对接多层横焊、间隙较小时，可采用直线形运条方法，间隙较大时，打底层可采用往复直线形运条方法，其后各层多层焊时，可采用斜环形运条方法，多层多道焊时，易采用直线形运条方法

表 3-4　　焊条电弧焊仰焊位置的焊接特点及操作要点

特点	操 作 要 点
焊条角度图示	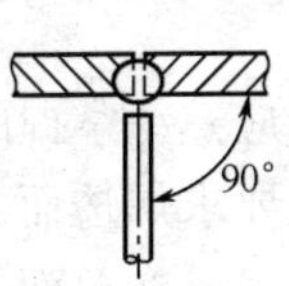 90°　70°～80°　70°～80° Ⅰ形坡口对接仰焊 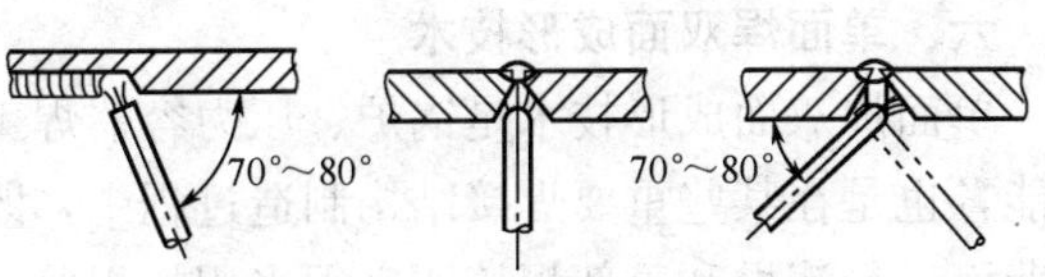　其他形式坡口对接仰焊 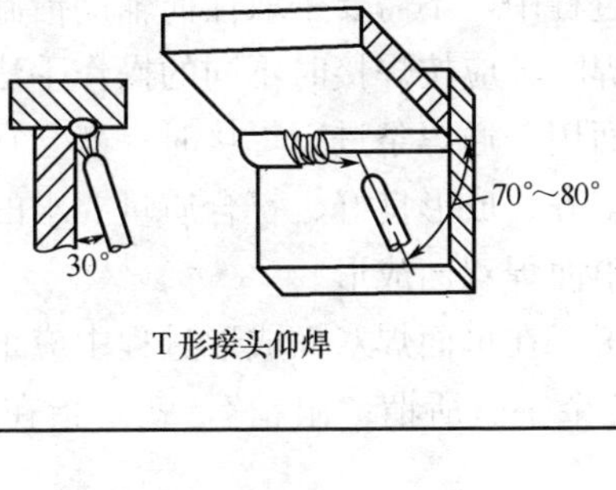 30°　70°～80° T形接头仰焊

续表

特点	操 作 要 点
焊接特点	(1) 熔化的金属因重力作用易下坠，造成熔滴过渡、焊缝成形较困难 (2) 熔池金属温度高，熔池尺寸大 (3) 焊缝正面容易形成焊瘤、背面则会出现内凹缺陷 (4) 流淌的熔化金属以飞溅形式扩散，若防护不当，容易造成烫伤事故 (5) 仰焊比其他空间位置焊接效率低
操作要点	(1) 为便于熔滴过渡，焊接过程中应采用最短的弧长施焊 (2) 打底层焊应采用小直径和小焊接电流施焊，以免焊缝两侧产生凹陷和夹渣 (3) 根据具体情况，选用正确的运条方法： 1) 开I形坡口对接仰焊时，直线形运条方法适用于小间隙焊接，往复直线形运条方法适用于大间隙焊接 2) 开其他形坡口对接多层仰焊时，打底层焊接的运条方法，应根据坡口间隙的大小，决定选用直线形或往复直线形运条方法，其后各层可选用锯齿形或月牙形运条方法。多层多道焊宜采用直线形运条方法。无论采用哪一种运条方法，每一次向熔池过渡的熔化金属质量均不宜过多 3) T形接头仰焊时，焊脚尺寸如果较小，可采用直线形或往复直线形运条方法，由单层焊接完成。若焊脚尺寸较大，可用多层或多层多道焊施焊，第一层易采用直线形运条方法，其后各层可选用斜三角形或斜环形运条方法

六、单面焊双面成形技术

单面焊双面成形技术是锅炉、压力容器焊工应熟练掌握的操作技能，也是在某些重要焊接结构制造过程中，既要求焊透而又无法在背面进行清根和重新焊接所必须采用的焊接技术。在单面焊双面成形的操作过程中，不需要采取任何辅助措施，只是坡口根部在进行组装定位焊时，应按焊接时不同的操作手法留出不同的间隙，当在坡口的正面用普通焊条进行焊接时，就会在坡口的正、背两面都能得到均匀整齐、成形良好、符合质量要求的焊缝，这种特殊的焊接操作称为单面焊双面成形。

作为焊工，在单面焊双面成形过程中应牢记“眼精、手稳、心静、气匀”8个字。所谓“眼精”，就是指在焊接过程中，焊工的眼睛要时刻注意观察焊接熔池的变化、熔孔的尺寸、每个焊点与前一个焊点重合面积的大小、熔池中液态金属与熔渣的分离等。所谓“手稳”，是指眼睛看到哪儿，焊条就应该按选用的运条方法以合适的弧长准确无误地送到哪儿，保证正、背两面焊缝表面成形良好。所谓“心静”，是要求焊工在焊接过程中，专心焊接，别无他想。任何与焊接无关的私心杂念，都会使焊工分心，使其在运条、断弧频率、焊接速度等方面出现差错，从而导致焊缝产生各种焊接缺陷。所谓“气匀”，是指焊工在焊接过程中，无论是站立焊接、蹲位焊接还是躺位焊接，都要求焊工能保持呼吸平稳均匀。在焊接时，既不要大憋气，以免焊工因缺氧而烦躁，影响焊接技能的发挥，也不要大喘气，在焊接过程中，这种呼吸方法会使焊工身体上下浮动而影响手稳。总之，这 8 个字是焊工经过多年实践总结而得到的，指导焊工进行单面焊双面成形操作时收效很大。“心静、气匀”是前提，是对焊工思想素质的要求，在焊接岗位上，每个焊工都要专心于焊接工作，一心不可二用，否则，不仅焊接质量不高，也容易出现安全事故。只有做到“心静、气匀”，焊工的“眼精、手稳”才能发挥作用，所以这 8 个字既有各自独立的特性，又有相互依托的共性，需要焊工在焊接实践中仔细体会其中的奥秘。

（1）打底层的单面焊双面成形技法。单面焊双面成形按其操作手法大体上可分为连弧焊法和断弧焊法两大类，而断弧焊法又可分为一点焊法、二点焊法和三点焊法等三种。单面焊双面成形技术的关键是第一层打底焊缝的熔孔成形操作，其他各填充层的操作要点与各种位置普通焊接操作技术相同。

对于连弧焊法打底层焊接，电弧引燃后，中间不允许人为的熄弧，一直保持短弧连续运条直至更换另一根焊条时才熄弧。由于在连弧保护焊接时，熔池始终处于电弧连续燃烧的保护下，液态金属和熔渣易于分离，气孔也容易从熔池中溢出，保护效果较好，所以焊缝不容易产生缺陷，力学性能也较好。用碱性焊条焊接时，多采用连弧焊操作方法焊接。

断弧焊法打底层焊接时，利用电弧周期性的燃弧—断弧（灭弧）过程，使母材坡口钝边金属有规律地熔化成一定尺寸的熔孔，在电弧作用正面熔池的同时，使 1/3～2/3 的电弧穿过熔孔而形成背面焊道。连弧与断弧焊单面焊双面成形技法的具体内容见表 3-5 和表 3-6。

表 3-5　　　连弧焊打底层单面焊双面成形技法

项目	内　容
引弧	在定位焊缝上划擦引弧，焊至定位焊缝尾部时，以稍长的电弧（弧长约为 3.5mm）在该处摆动 2～3 个来回进行预热。当看到定位焊缝与坡口根部金属有“出汗”现象时，表明预热温度已经合适，此时应立即压低电弧（弧长约 2mm），待 1s 之后听到电弧穿透坡口而发出扑扑声，同时看到定位焊缝以及坡口根部两侧金属开始熔化并形成熔池，说明引弧工作结束，可以进行连弧焊接
焊条角度	板平焊
	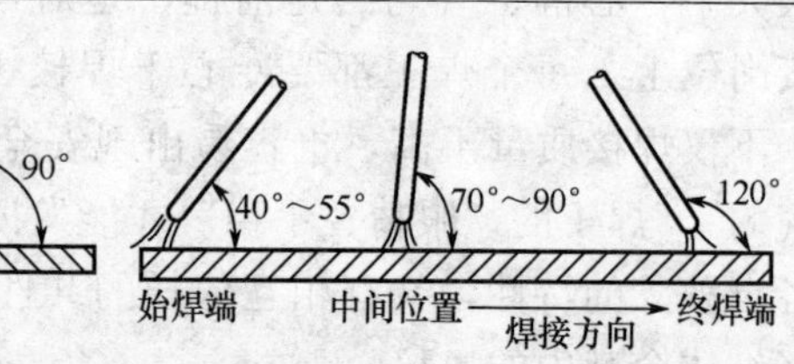 在焊接过程中，要始终让焊接电弧对准坡口间隙中间，并随着熔池温度的变化不断地改变焊条角度
	板立焊
	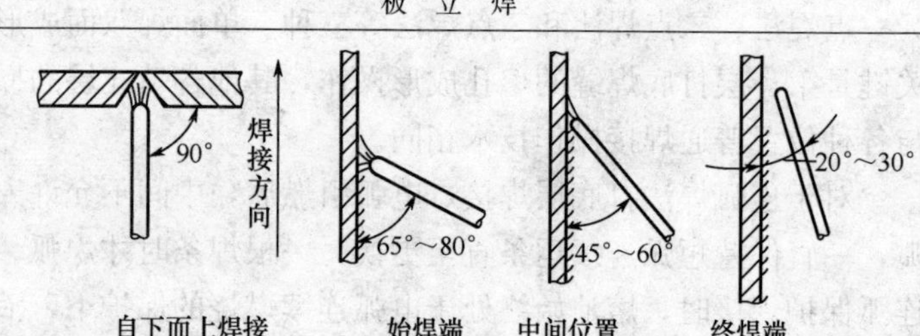 在焊接过程中，焊条与两侧板成 90°，自下而上焊接，焊条与焊接方向始焊端成 65°～80°角，中间位置成 45°～60°角，终端焊缝处的温度已很高，为防止背面余高过大，可使角度变小为 20°～30°

续表

项目	内　容
焊条角度	板　横　焊
	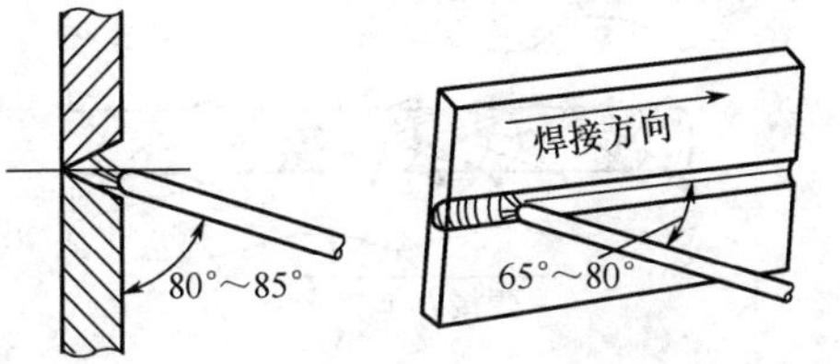
	为防止背面焊缝产生咬边、未焊透缺陷，焊条与板下方角度为 80°～85°。在横焊过程中还应注意电弧应指向横板对接坡口下侧根部，每次运条时，电弧在此处应停留 1～1.5s，让熔化的液态金属铺向上侧坡口，形成良好的根部成形
	板　仰　焊
	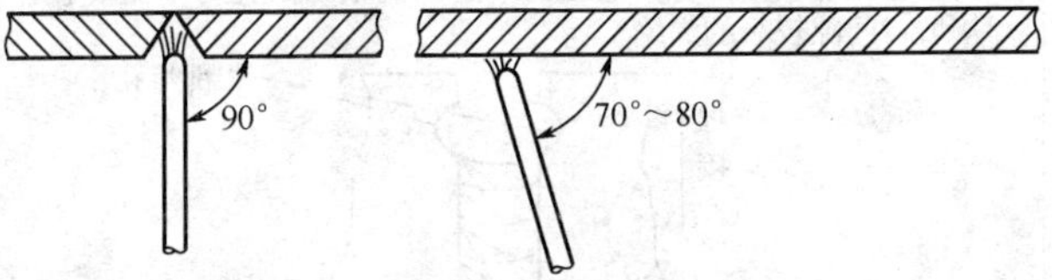
	焊条引弧后采用短弧，并让电弧始终在对接板的间隙中间燃烧。焊条与焊接方向成 70°～80°角，焊接时尽量控制熔池温度应低些，以减少背面焊缝下凹
运条方法	板　平　焊
	（1）采用直线小摆动运条方法，焊条摆动应始终保持在钝边口两侧之间进行，每边的熔化缺口应控制在 0.5mm 为宜 （2）进退清根法：焊接过程在运条时采用前后进退操作。焊条向前进时为焊接，时间较长；向后退时降低熔池金属温度，看清熔孔大小，为下个焊点的焊接做好准备，这个过程时间较短 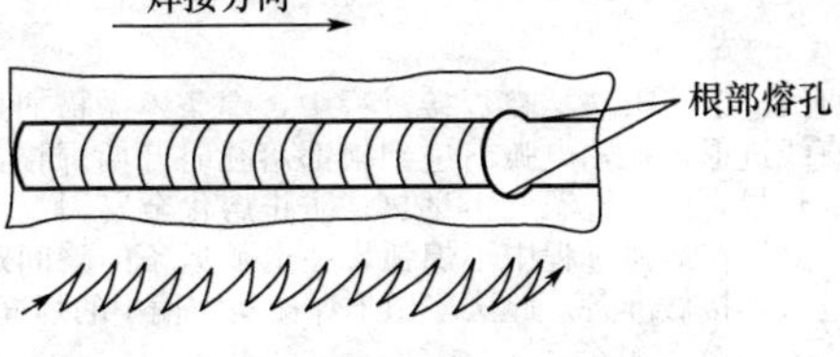

续表

项目	内容
运条方法	(3) 左右清根法：主要应用在焊接坡口间隙大的焊缝上。在焊接过程中，电弧在坡口两侧交替进退清根 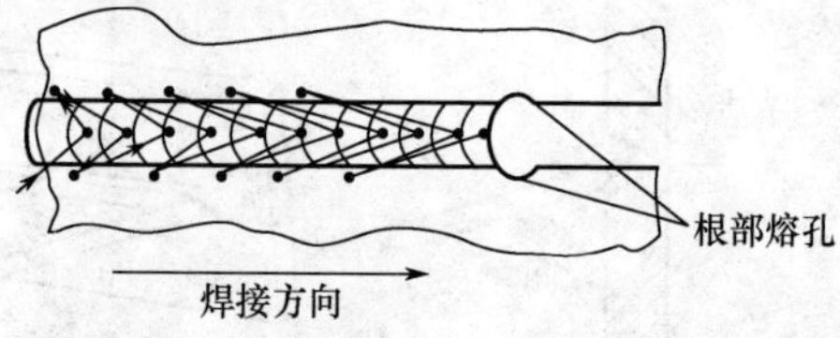
	板立焊
	(1) 上下运弧法：电弧向上运弧时，用以降低熔池温度，不拉断电弧，是为了观察熔孔的大小，为电弧向下运弧焊接做准备，电弧向下运弧到根部熔孔时开始焊接。该法适用于焊接坡口间隙较小的焊缝 (2) 左右挑焊法：在焊接过程中将电弧左右挑起，用以分散热量，降低熔池温度，左右挑弧时，并不熄灭电弧，而是观察此时焊缝熔孔的大小，为电弧向下运弧焊接做准备，电弧向下运弧到根部熔孔时开始焊接。此法适用于焊接坡口间隙较小的焊缝 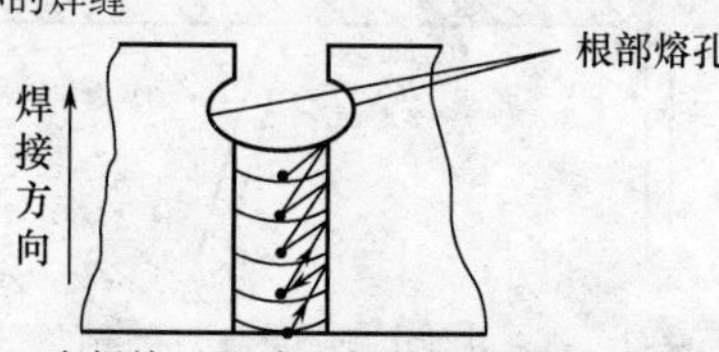 (3) 左右凸摆法：在焊接过程中，焊接电弧在坡口间隙中左右交替焊接，以分散焊接电弧的热量，使熔池温度不过热，防止液态金属因温度过高而外溢流淌。电弧左右摆动时，中间为凸形圆弧。此法在左右摆动中不熄弧，多用于间隙偏大的焊缝 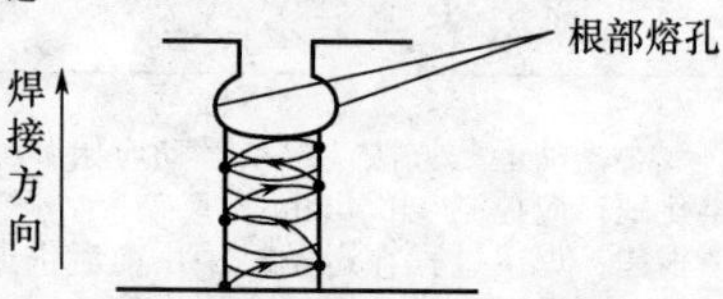
	板横焊
	(1) 直线进退清根法：在焊接过程中，焊条不做横向摆动，而是按一定的频率做直线进退运弧，电弧前进到根部熔孔时开始焊接，退弧运条是为了分散电弧的热量，使熔池温度不过热，防止熔化金属因温度过高而外溢流淌形成焊瘤。此法在运弧过程中不熄弧，在退弧运条的瞬间观察熔孔的大小及位置，为进弧焊接做准备。此法多用于焊接间隙偏小的焊缝

续表

项目	内　容
运条方法	(2) 直线运条法：在焊接过程中，焊条不做横向摆动，由始焊端起弧，以短弧直线运条，直到焊条焊完为止，多用于焊接小间隙焊缝 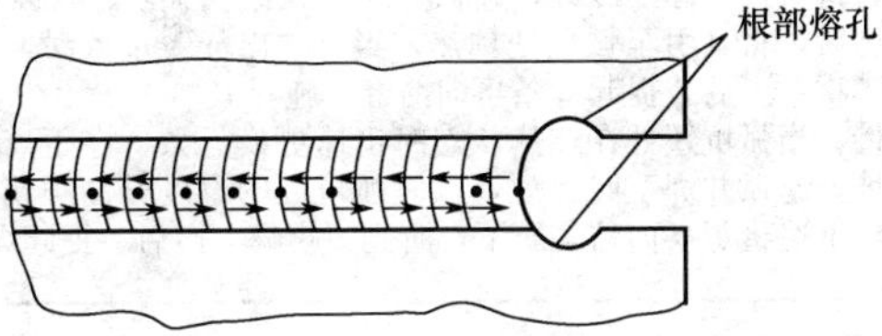 根部熔孔
	板　仰　焊
	采用直线运弧左右略有小摆动法。在焊接过程中，为克服熔池液态金属下坠而造成凹陷，焊条应伸入坡口间隙，尽量向焊缝背面送电弧，把熔化的液态金属向上顶，为使坡口的两侧边熔化，焊条应略有左右小摆动，主要作用有二：其一是分散电弧的热量，防止由于熔池温度过高使液态金属流淌，造成背面焊缝内凹过大；其二是左右略有小摆动，使坡口左右钝边熔化均匀
焊接要领	一看、二听、三准
	看：要认真观察熔池的形状和熔孔的大小。在焊接过程中注意将熔渣与液态金属分开，熔池是明亮而清晰的，熔渣在熔池内是黑色的。熔孔的大小以电弧能将两侧钝边完全熔化并深入每侧母材 0.5～1mm 为好。熔孔过大时，背面焊缝余高大，甚至形成焊瘤或烧穿；熔孔过小时，坡口两侧根部容易造成未焊透 听：在焊接过程中，电弧击穿试件坡口根部时会发出“噗噗”的声音，表明焊缝熔透良好。如果没有这种声音出现，表明坡口根部没有被电弧击穿，继续向前焊接，会造成焊透缺陷。所以，在焊接时，应认真听电弧击穿试件坡口根部发出的“噗噗”的声音 准：焊接过程中，要准确掌握好熔孔形成的尺寸，即每一个新焊点应与前一个焊点搭接 2/3，保持电弧的 1/3 部分在试件背面燃烧，用于加热和击穿坡口根部钝边，形成新的焊点。与此同时，在控制熔孔形成的尺寸过程中，电弧应将坡口两侧钝边完全熔化，并准确地深入每侧母材0.5～1mm
收弧	在需要更换焊条而熄弧之前，应将焊条下压，使熔孔稍微扩大后往回焊接 15～20mm，形成斜坡形再熄弧，为下根焊条引弧打下良好的接头基础

续表

项目	内　容
接头方法	接头方法有两种：冷接和热接 冷接：更换焊条时，要把距离弧坑 15～20mm 长斜坡上的焊渣敲掉并清理干净，这时弧坑已经冷却，起弧点应该在距离弧坑 15～20mm 的斜坡上。电弧引燃后，将其引至弧坑处预热，当有“出汗”现象时，将电弧下压直至听到“噗噗”声后，提起焊条再向前继续施焊 热接：当弧坑还处在红热状态时迅速更换焊条，在距离弧坑 15～20mm 焊缝斜坡上起弧并焊至收弧处，这时弧坑处的温度升高很快，当有“出汗”现象时，迅速将焊条向熔孔压下，听到“噗噗”声后，提起焊条继续向前施焊

表 3-6　　断弧焊打底层单面焊双面成形技法

项目	内　容
引弧	在定位焊缝上划擦引弧，然后沿直线运条至定位焊缝与坡口根部相接处，以稍长的电弧（弧长约 3.5mm）在该处摆动 2～3 个来回进行预热，当呈现“出汗”现象时，立即压低电弧（弧长约 2mm），听到“噗噗”的电弧穿透坡口发出的声音，同时还看到坡口两侧、定位焊缝与坡口根部相接处的金属开始熔化，形成熔池并有熔孔，说明引弧工作结束，可以进行断弧打底层焊接
焊条角度	板平焊 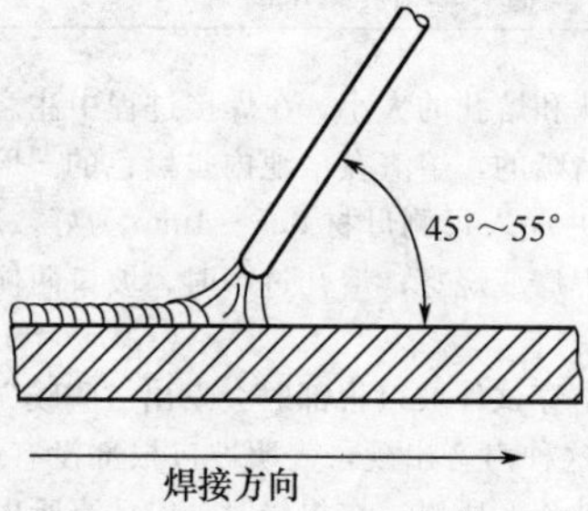 焊条与焊接方向的夹角为 45°～55°，若坡口根部的钝边大，夹角要大些；反之，夹角可选小些 板立焊 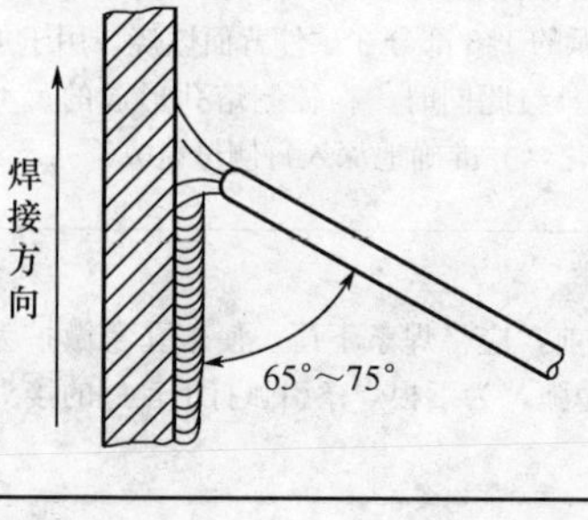 焊条与焊接方向的夹角为 65°～75°。若始焊端温度较低，夹角应大些；终焊端温度较高，夹角可以小些

续表

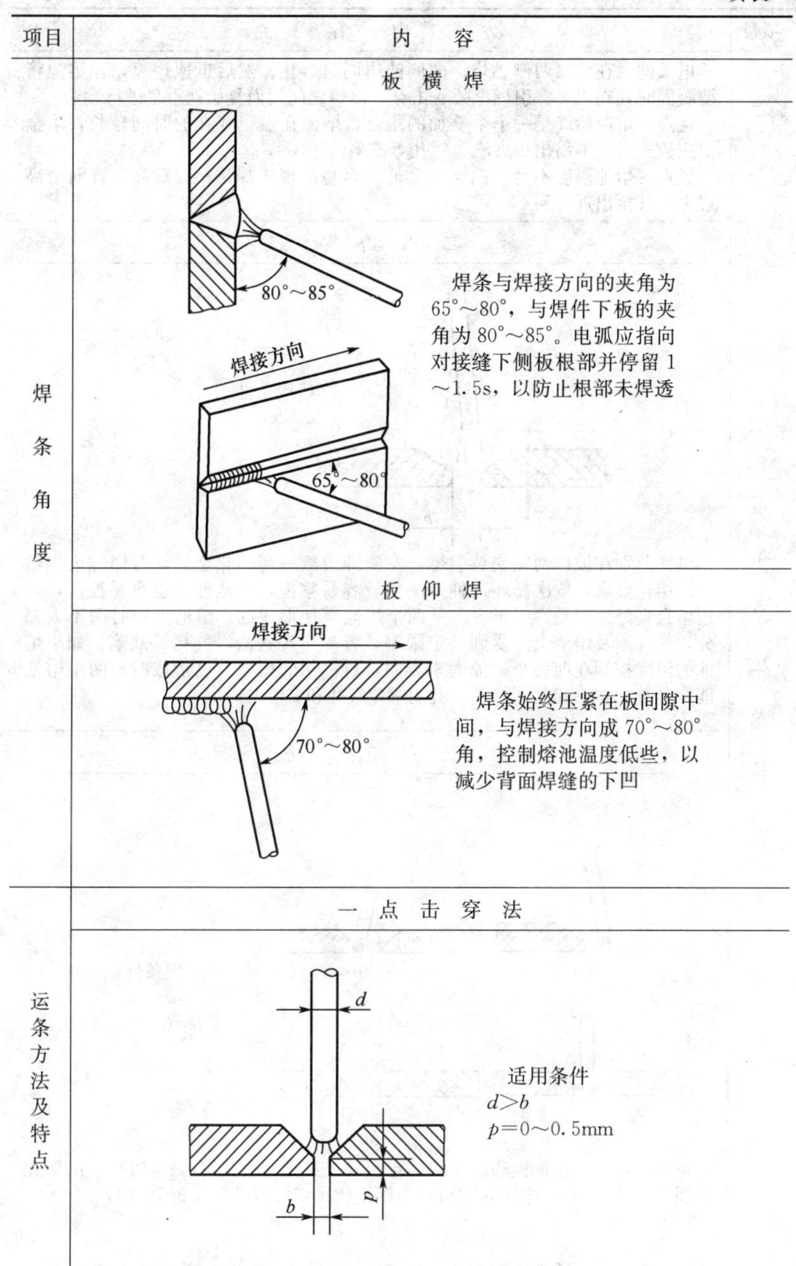

项目	内　　容
焊条角度	板　横　焊
	焊条与焊接方向的夹角为65°～80°，与焊件下板的夹角为80°～85°。电弧应指向对接缝下侧板根部并停留1～1.5s，以防止根部未焊透
	板　仰　焊
	焊条始终压紧在板间隙中间，与焊接方向成70°～80°角，控制熔池温度低些，以减少背面焊缝的下凹
运条方法及特点	一　点　击　穿　法
	适用条件 $d>b$ $p=0$～0.5mm

续表

项目	内　容
运条方法及特点	电弧同时在坡口两侧燃烧，两侧钝边同时熔化，然后迅速熄弧，在熔池将要凝固时，在灭弧、引燃电弧、击穿、停顿之间周而复始地重复进行 优点：熔池始终是一个个叠加的集合。熔池在液态存在的时间较长，冶金反应较充分，不易出现夹渣、气孔等缺陷 缺点：熔池温度不易控制。温度低，容易出现未焊透；温度高，背面余高过大，甚至出现焊瘤
	二　点　击　穿　法
	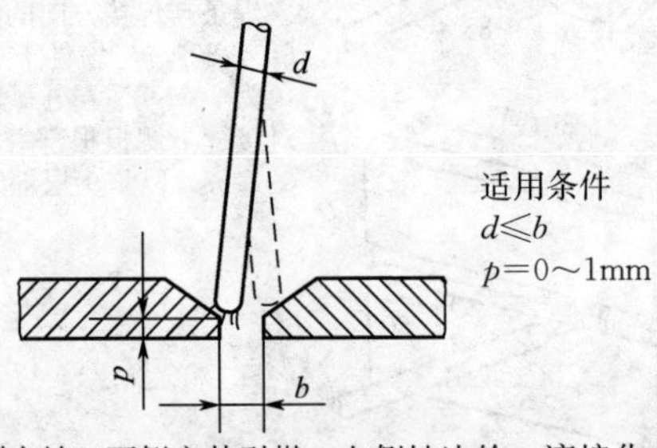 电弧分别在坡口两侧交替引燃，左侧钝边给一滴熔化金属，右侧钝边也给一滴熔化金属，依次循环这种方法比较容易掌握，熔池温度也容易控制，钝边熔合良好。但是，由于焊道是两个熔池叠加形成的，熔池反应时间不太充分，使气泡及熔渣上浮受到一定限制，容易出现夹渣、气孔等缺陷。如果熔池的温度控制在前一个熔池尚未凝固，对称侧的熔池就已形成时，两个熔池能充分叠加在一起共同结晶，就能避免气孔和夹渣的产生
	三　点　击　穿　法
	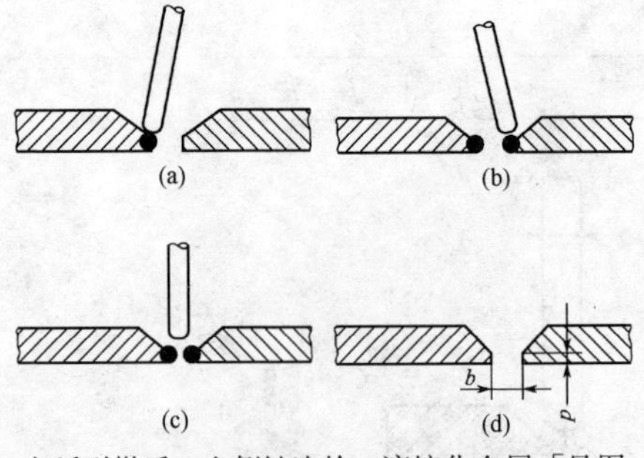 适用条件 $b>d$ $p=0.5\sim1.5$mm 电弧引燃后，左侧钝边给一滴熔化金属［见图（a)］，右侧印边给一滴熔化金属［见图（b)］，中间间隙给一滴熔化金属［见图（c)］，依次循环

续表

项目	内　容
运条方法及特点	这种方法比较适合于根部间隙较大的情况，因两焊点中间熔化的金属较少，第三滴熔化金属补在中央是非常必要的。否则，在熔池凝固前析出气泡时，由于没有较多的熔化金属愈合孔穴，在背面容易出现冷缩孔缺陷
焊接要领	一看、二听、三准、四短
	看：要认真观察熔池的形状和熔孔的大小，在焊接过程中注意分离熔渣与液态金属，熔池中的液态金属明亮、清晰，而熔渣是黑色的。熔孔的大小以电弧能将坡口两侧钝边完全熔化，并深入每侧母材 0.5～1mm 为好。熔孔过大时，背面焊缝余过高，甚至形成焊瘤或烧穿；熔孔过小时，坡口两侧根部容易造成未焊透 听：焊接过程中，电弧击穿试件坡口根部时，会发出“噗噗”的声音，这表明焊缝熔透良好。没有这种声音，表明坡口根部没被电弧击穿，继续往前焊接，则会造成未焊透缺陷。所以，在焊接过程中，应认真听电弧击穿试件坡口根部发出的“噗噗”声音 准：在焊接过程中，要准确掌握好熔孔形成的尺寸。每一个新焊点应与前一个焊点搭接 2/3，保持电弧的 1/3 部分在试件的背面燃烧，以加热和击穿坡口根部钝边。当听到电弧击穿坡口根部而发出“噗噗”声时，迅速向熔池后方灭弧，灭弧的瞬间熔池金属凝固，形成一个熔透坡口的焊点 短：灭弧与重新引燃电弧之间的时间间隔要短，若间隔时间过长，熔池温度过低，熔池存在的时间较短，冶金反应不充分，容易造成气孔、夹渣等缺陷。间隔时间如果过短，熔池温度过高，会使背面焊缝余高过大，甚至出现焊瘤或烧穿
收弧	在更换焊条之前，应将焊条下压，使熔池前方的熔孔稍微扩大些，然后往回焊 15～20mm，形成斜坡状后再熄弧，为下根焊条引弧打下良好的接头基础
接头方法	接头方法有冷接和热接两种 冷接：换完新焊条，将距弧坑 15～20mm 斜坡上的焊渣敲掉并清理干净。这时弧坑已经冷却，要在距弧坑 15～20mm 的斜坡上起弧，电弧引燃后将其引至弧坑处预热，当坡口根部有“出汗”现象时，将电弧迅速下压直至听到“噗噗”声后，提起焊条继续向前施焊 热接：当弧坡还处在红热状态时，在距弧坑 15～20mm 的焊缝斜坡上起弧并焊至收弧处，这时弧坑温度已很高，当有“出汗”现象时，迅速将焊条向熔孔压下，听到“噗噗”声后，提起焊条正常向前焊接

（2）填充层的单面焊双面成形技法。焊接单面焊双面成形填充层时，焊条除了向前移动外，还要有横向摆动。在摆动过程中，焊道中央移弧要快，即在滑弧过程中，电弧在两侧时要稍作停留，使熔池左、右侧温度均衡，两侧圆滑过渡。在焊接第一层填充层时

(打底层焊后的第一层)，应注意焊接电流的选择，过大的焊接电流会使第一层金属组织过烧，使焊缝根部的塑性、韧性降低，因而在弯曲试验时，背弯不合格者居多。除了焊缝熔合不良、有气孔、夹渣、裂纹、未焊透等缺陷外，大部分缺陷是由于第一层填充层焊接电流过大，造成金属组织过烧、晶粒粗大、塑性、韧性降低所致。所以，填充层焊接也要限制焊接电流。各种位置板材对接填充层的焊接要点见表 3-7。

表 3-7　　各种位置板材对接填充层的焊接要点

项目	内　容
	板　平　焊
清渣	对前一层焊缝要仔细清渣，特别是死角处的焊渣更要清理干净，防止焊缝产生夹渣
引弧	在距焊缝起始端 10～15mm 处引弧，然后将电弧拉回到起始端施焊
运条方法	月牙形或横向锯齿形运条 焊条摆动到坡口两侧处要稍做停顿，使熔池和坡口两侧的温度均衡，防止填充金属与母材交界处形成死角，因清渣不彻底而造成焊缝夹渣 最后一层填充层应比母材表面低 0.5～1.5mm，并且焊缝中心要凹，而两边与母材交界处要高，使盖面层焊接时，能看清坡口，保证盖面焊缝边缘平直
焊条角度	焊条与焊接前进方向成 75°～85°夹角 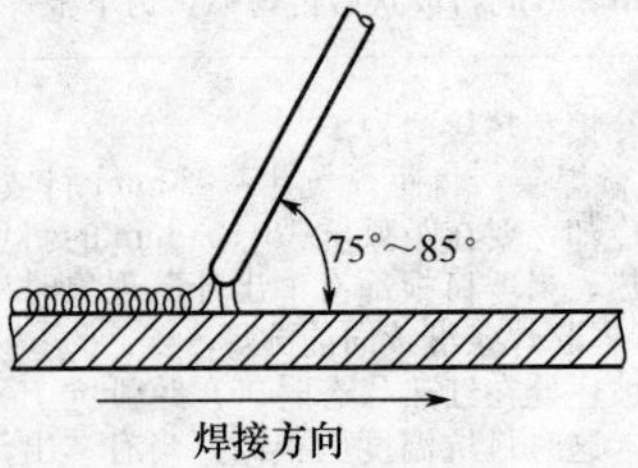 75°～85° 焊接方向
	板　立　焊
清渣	对前一层焊缝要仔细清渣，特别是焊点叠加处和焊缝与母材交界的死角位置更要认真清理
引弧	在距焊缝起始 10～15mm 处引弧后，将电弧拉回到始焊端施焊，每次接头或其他填充层也都按此方法操作，防止产生焊接缺陷

续表

项目	内　容
运条方法	采用月牙形或横向锯齿形运条方法 焊接过程中，焊条摆动到坡口两面侧时要稍做停顿，使熔池和坡口两侧的温度均衡，以利于良好的熔合排渣，防止立焊缝两边产生死角 最后一层填充层应比母材表面低 1～1.5mm，而且中间凹，两边与母材交界处要高，以便在盖面层焊接时，能看清坡口，保证盖面焊缝边缘平直
焊条角度	焊条与试板下倾角为 65°～75° 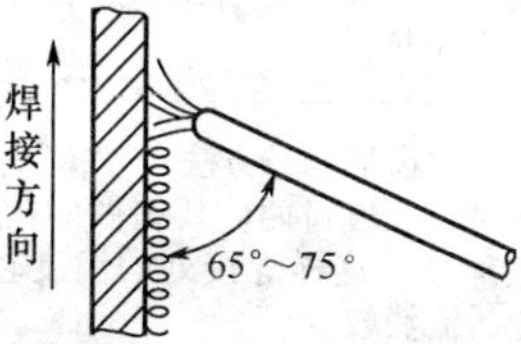
	板　横　焊
清渣	应仔细清理前一层焊道之间和焊道与坡口两侧之间的焊渣，避免焊缝夹渣
引弧	在距焊缝始焊端 10～15mm 处引弧，然后将电弧拉至始焊端开始焊接
运条方法	采用直线运条法，焊接过程中不做任何摆动，直至每根焊条焊完 焊道之间的搭接要适量，以不产生深沟为准，为避免在焊道之间的深沟内产生夹渣缺陷，通常两焊道之间搭接 1/3～1/2，最后一层填充高度距母材表面以 1.5～2mm 为宜
焊条角度	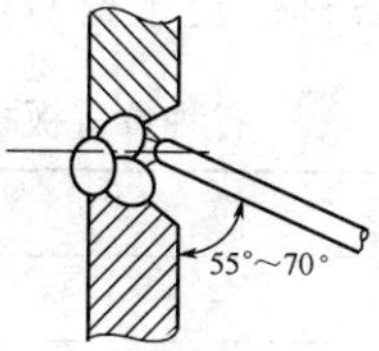 为防止板横焊填充层焊接操作的不正确，使盖面层焊缝产生下坠现象，在焊接填充层时，焊条与上、下试板的夹角要有区别 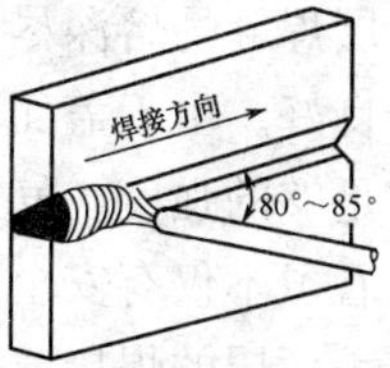 焊条与焊接方向夹角为 80°～85° 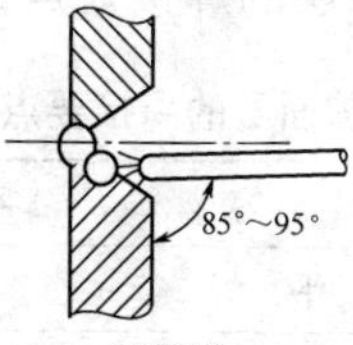 下侧焊道　　上侧焊道 焊条与下试板的夹角为 85°～95°　　焊条与下试板的夹角为 55°～70°

续表

项目	内　容
	板　仰　焊
清渣	注意清除打底层焊缝与坡口两侧之间的焊渣。此外，填充层之间的焊渣、各填充层与坡口两侧间夹角处的焊渣也要仔细清除，因为仰焊时，焊接电流偏小，电弧吹力很难将熔渣清除，所以，焊前的清渣效果对保证焊缝质量有很重要的作用
引弧	在距焊缝始焊端 10～15mm 处引弧，然后将电弧拉回始焊处施焊，填充层的每次接头引弧也应如此
运条方法	采用短弧月牙形或锯齿形运条方法 焊条在运条摆动时，在坡口两侧要稍做停顿，在坡口中间处的运条动作要稍快，以滑弧手法运条，这样焊接处的温度较均衡，能够形成较薄的焊道，焊接飞溅及熔化金属流淌较少 焊接速度要快些，使熔池形状始终呈椭圆形并保持其大小一致，这样焊缝成形美观，同时，均匀的鱼鳞纹也使清渣容易
焊条角度	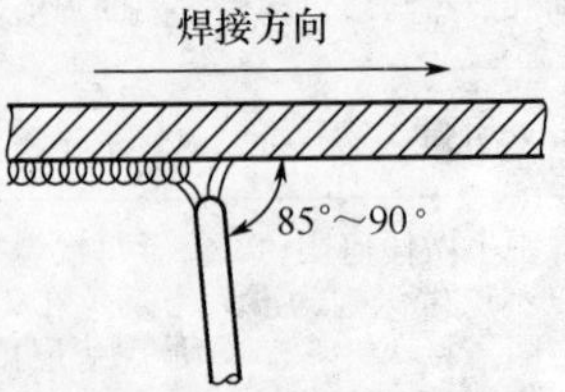 焊接方向 85°～90° 焊条与焊接方向的夹角为 85°～90°

（3）盖面层的单面焊接双面成形技法。盖面层焊接和中间填充层相似，在焊接过程中，焊条角度应尽可能与焊缝垂直，以使在焊接电弧的直吹作用下，使盖面层焊缝的熔深尽可能大些，使其与最后一层填充层的焊缝能够熔合良好。由于盖面层焊缝是金属结构上最外表的一层焊缝，除了要求足够的强度、气密性外，还要求焊缝成形美观、鱼鳞纹整齐，让人看了不仅有安全感，还要有恰似艺术品的美感。各种位置板材对接盖面层的焊接要点见表 3-8。

表 3-8　　各种位置板材对接盖面层的焊接要点

项目	内　容
	板　平　焊
清理	焊前仔细清除最后一层填充层与坡口两侧母材夹角处和填充层焊道间的焊渣以及焊道表面的油、污、锈、垢

续表

项目	内　　容
引弧	在距焊缝始端 10～15mm 处引弧，然后将电弧拉回到始焊端施焊
运条方法	采用月牙形或横向锯齿形运条方法 焊接电流要适当小些。焊条摆动到坡口边缘时，要稳住电弧并稍做停留，注意控制坡口边缘，使之熔化 1～2mm 即可 控制弧长及摆动幅度，防止焊缝发生咬边缺陷 焊接速度要均匀一致，使焊缝表面的高低差符合技术文件要求
焊条角度	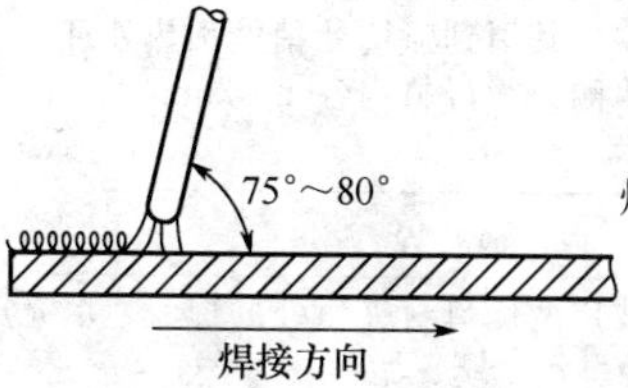 75°～80° 焊接方向 焊条与焊接方向的夹角为 75°～80°
接头技术	（1）采用热接法。更换焊条前，应向熔池内稍填些液态金属，然后迅速更换焊条，在弧坑前 10～15mm 处引弧，并将其引到弧坑处划一个小圆圈预热弧坑。待弧坑重新熔化，形成的熔池延伸进坡口两侧边缘各 1～2mm 时，即可进行正常焊接 （2）接头的位置很重要，如果接头部位离弧坑较远偏后，盖面层接头的焊缝就偏高；如果接头部位离弧坑较近偏前，在盖面层焊缝接头部位会造成焊缝脱节
清理	板　立　焊
	焊前仔细清除最后一层填充层与坡口两侧母材夹角处的焊渣、填充层焊道间的焊渣以及焊道表面的油、污、锈、垢
引弧	在距焊缝始焊端 10～15mm 处引弧，然后将电弧拉回到始焊端施焊，更换焊条引弧时，也按此方法操作
运条方法	采用月牙形或横向锯齿形摆动。焊条摆动到坡口边缘时，要稍做停留，并注意控制坡口边缘的母材熔化 1～2mm 认真控制弧长及摆动幅度，防止出现咬边缺陷 焊条摆动的频率应比板对接平焊稍快，焊接速度要均匀，每个新熔池应覆盖前一个熔池 2/3～3/4

续表

项目	内容
焊条角度	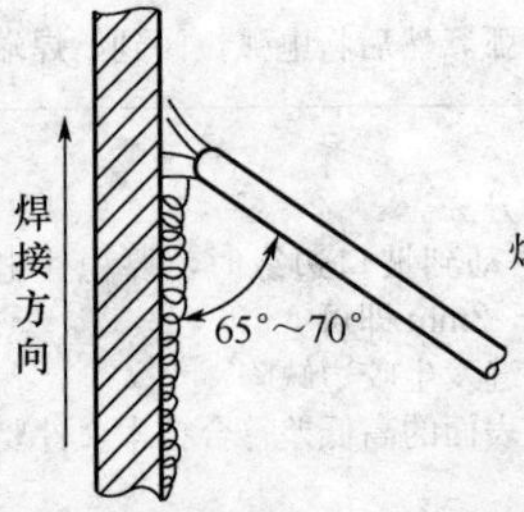 焊接方向 65°～70° 焊条与试板下倾角为 65°～70°
焊接技术	采用热接法。更换焊条前，应给熔池稍填些液态金属，然后迅速更换焊条，在弧坑前 10～15mm 处引弧，并将其引到弧坑处稍做预热处理，当弧坑重新熔化，形成的熔池延伸进坡口两侧边缘母材内各 1～2mm 时，即可进行正常焊接
	板横焊
清理	焊前仔细清理填充层焊道与坡口两侧母材夹角处的焊渣、填充层焊道与焊道之间的焊渣以及焊道表面的油、污、锈、垢
引弧	在距焊缝始焊端 10～15mm 处引弧，然后将电弧回拉到始焊端开始施焊
运条方法	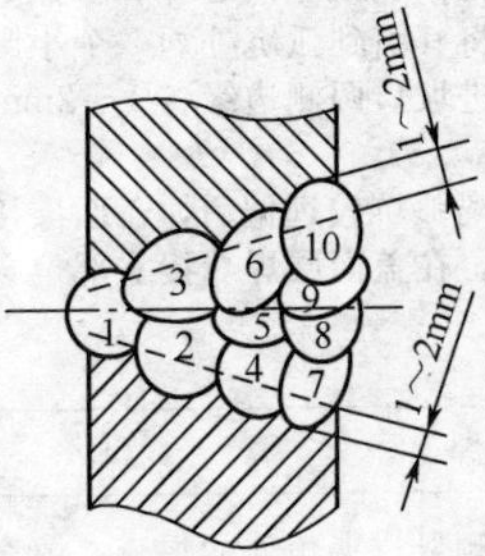 1～2mm 1 2 3 4 5 6 7 8 9 10 1～2mm 采用直线运条法，不做任何摆动 每层焊缝，均由下板坡口始焊，直线焊到终点。每层的若干条焊道也是采取由下板焊起，一道道焊缝叠加，直至熔进上板母材 1～2mm 焊接过程中，采用短弧施焊，控制熔池金属的流动，防止产生“泪滴”现象
焊条角度	焊接各道焊缝时，应合理选择焊条与下板的夹角 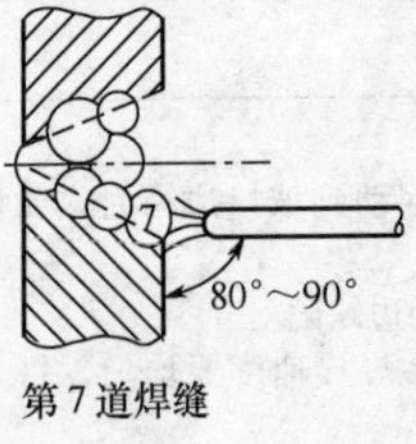 7 80°～90° 第 7 道焊缝 焊接第 7 道焊缝时，焊条与下板的夹角为 80°～90°，焊道 1/3 在母材上，约熔进母材 1～2mm，其余 2/3 落在填充层上

续表

项目	内　容
焊条角度	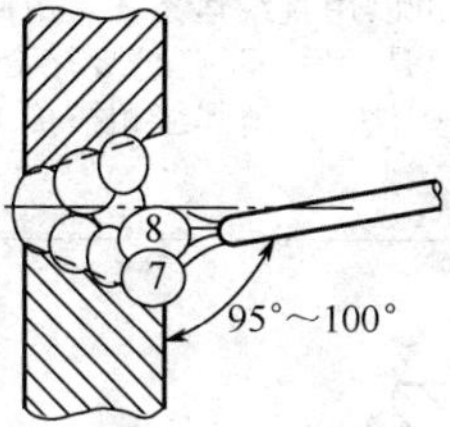 第8道焊缝 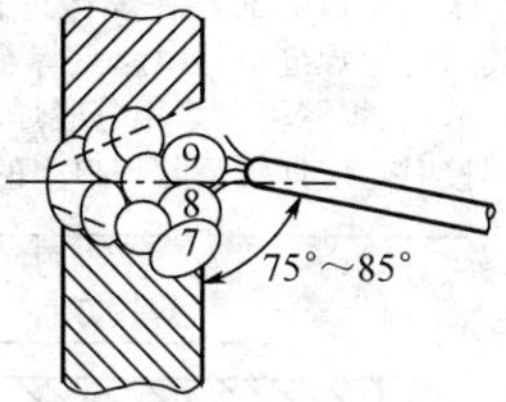　　第9道焊缝 施焊焊缝中心线左右的焊缝时，焊条与下板的夹角分别是：95°～100°（第8道焊缝）；75°～85°（第9道焊缝），各与前一道焊缝搭接1/2 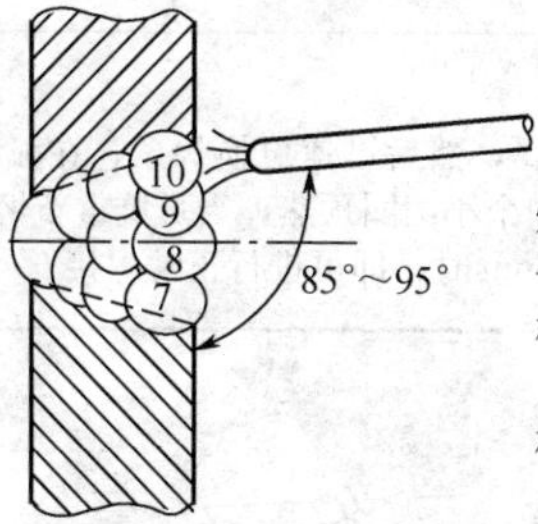 焊接与上板相接的盖面层焊道时（第10道焊缝），焊条与下板的夹角为85°～95°，与前一道焊缝搭接1/2，与母材搭接1/2，熔进母材约1～2mm 盖面层的各条焊道应平直、搭接平整，与母材相交应圆滑过渡，无咬边 第10道焊缝
接头技术	采用热接法 更换焊条前往熔池中稍填些液态金属，然后迅速更换焊条。在弧坑前10～15mm处引弧，并将电弧引到弧坑处稍做预热处理，当弧坑重新熔化并形成熔池后，即可以进行正常焊接
	板　仰　焊
清理	焊前仔细清理填充层焊缝与坡口两侧母材夹角处的焊渣及焊道与焊道叠加处的焊渣
运条方法	采用短弧月牙形或锯齿形运条 合理选择焊接电流。当焊条摆动到坡口边缘时，要稳住电弧并稍做停留，将坡口两侧边缘熔化并深入每侧母材1～2mm 控制弧长及摆动幅度，防止焊缝发生咬边及背面焊缝下凹过大等缺陷 焊接速度要均匀一致，焊点与焊点的搭接要均匀，焊缝的余高差应符合技术要求

续表

项目	内　容
运条方法	采用多道焊时，在焊接过程中，也可以用直线运条法，由起点焊至终点，其后各道焊缝也是由起点焊至终点，但是，后一道焊缝要熔合前一道焊缝的1/3，长焊缝可以采用分段焊法或退步焊法。两道焊缝相搭接 1/3，每道焊缝焊接时，应仔细清除焊道上的焊渣
焊条角度	焊接方向 90° 焊条与焊接方向的夹角为 90°
接头技术	采用热接法 更换焊条前，往熔池中稍填些液态金属，然后迅速更换焊条，在弧坑前 10～15mm 处引弧，并将其引至弧坑处划一个小圆圈预热，当弧坑重新熔化，形成的熔池延伸进坡口两侧边缘内各 1～2mm 时，即可进行正常焊接

第四节　焊　　条

一、焊条的分类

焊条是由焊芯（金属芯）和药皮组成的。在焊条电弧焊过程中，焊条一方面起传导电流和引燃电弧的作用；另一方面又作为填充金属，与熔化的母材形成焊缝。焊条按用途可以分为以下几类：碳钢焊条、低合金钢焊条、钼和铬钼耐热钢焊条、不锈钢焊条、堆焊焊条、低温钢焊条、铸铁焊条、镍及镍合金焊条、铜及铜合金焊条、铝及铝合金焊条、特殊用途焊条等。

二、焊条的型号

近年来，许多焊条标准已等效采用国际先进标准，目前已推行的有碳钢焊条、低合金钢焊条、不锈钢焊条、铜及铜合金焊条等新标准。

1. 碳钢焊条

（1）焊条型号的表示方法。

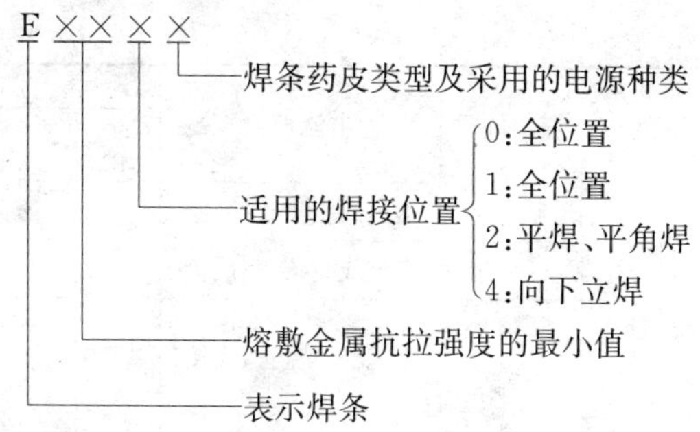

（2）碳钢焊条型号的划分。根据 GB/T 5117—2012《非合金钢及细晶粒钢焊条》标准规定，碳钢焊条的型号按熔敷金属的抗拉强度、药皮类型、焊接位置和焊接电流种类划分，见表 3-9。碳钢焊条型号的编制方法如下：字母“E”表示焊条；前两位数字表示熔敷金属抗拉强度的最小值，单位为 kgf/mm^2（$1kgf/mm^2=9.81MPa$）；第三位数字表示焊条的焊接位置，“0”及“1”表示焊条适用于全位置焊接，“2”表示焊条适用于平焊及平角焊，“4”表示焊条适用于向下立焊；第三位和第四位数字组合时表示焊接电流的种类及药皮的类型。在第四位数字后面附加“R”表示耐吸潮焊条，附加“M”表示对吸潮和力学性能有特殊规定的焊条，附加“－1”表示冲击性能有特殊规定的焊条。

表 3-9　　碳钢焊条型号的划分

<table>
<tr><th rowspan="2">焊条型号</th><th rowspan="2">药皮类型</th><th rowspan="2">焊接位置</th><th rowspan="2">电流种类</th><th colspan="3">力学性能</th></tr>
<tr><th>σ_b (MPa)</th><th>$\sigma_{0.2}$ (MPa)</th><th>δ (%)</th></tr>
<tr><td colspan="7">E43 系列：熔敷金属的抗拉强度≥420MPa（$43kgf/mm^2$）</td></tr>
<tr><td>E4300</td><td>特殊型</td><td rowspan="9">平、立、仰、横</td><td rowspan="3">交流或直流正、反接</td><td rowspan="9">≥420</td><td rowspan="9">≥330</td><td rowspan="5">≥22</td></tr>
<tr><td>E4301</td><td>钛铁矿型</td></tr>
<tr><td>E4303</td><td>钛钙型</td></tr>
<tr><td>E4310</td><td>高纤维钠型</td><td>直流反接</td></tr>
<tr><td>E4311</td><td>高纤维钾型</td><td>交流或直流反接</td></tr>
<tr><td>E4312</td><td>高钛钠型</td><td>交流或直流正接</td><td rowspan="2">≥17</td></tr>
<tr><td>E4313</td><td>高钛钾型</td><td>交流或直流正、反接</td></tr>
<tr><td>E4315</td><td>低氢钠型</td><td>直流反接</td><td rowspan="2">≥22</td></tr>
<tr><td>E4316</td><td>低氢钾型</td><td>交流或直流反接</td></tr>
</table>

续表

焊条型号	药皮类型	焊接位置	电流种类	力学性能		
				σ_b (MPa)	$\sigma_{0.2}$ (MPa)	δ (%)
E4320	氧化铁型	平角焊	交流或直流正接	≥420	≥330	≥22
E4322		平	交流或直流正、反接		不要求	
E4323	铁粉钛钙型	平、平角焊	交流或直流正、反接		≥330	≥22
E4324	铁粉钛型					≥17
E4327	铁粉氧化铁型		交流或直流正接			≥22
E4328	铁粉低氢型		交流或直流反接			
E50 系列:熔敷金属的抗拉强度≥490MPa(50kgf/mm²)						
E5001	钛铁矿型	平、立仰、横	交流或直流正、反接	≥490	≥400	≥22
E5002	铁钙型					
E5011	高纤维钾型		交流或直流反接			
E5014	铁粉钛型		交流或直流正、反接			≥17
E5015	低氢钠型		直流反接			≥22
E5016	低氢钾型		交流或直流反接			≥22
E5018	铁粉低氢型					
E5018M			直流反接		365～500	≥24
E5023	铁粉钛钙型	平、平角焊	交流或直流正、反接		≥400	≥17
E5024	铁粉钛型					
E5027	铁粉氧化铁型		交流或直流正接			≥22
E5028	铁粉低氢型		交流或直流反接			
E5048		平、立、仰、立向下				

注 1. 焊接位置栏中文字的含义：平——平焊，立——立焊，仰——仰焊，横——横焊，平角焊——水平角焊，立向下——立向下焊。

2. 直径不大于 4.0mm 的 E5014、E5015、E5016 和 E5018 焊条及直径不大于 5.0mm 其他型号的焊条可适用于立焊和仰焊。

3. E4322 型焊条适宜单道焊。

（3）碳钢焊条的型号举例。

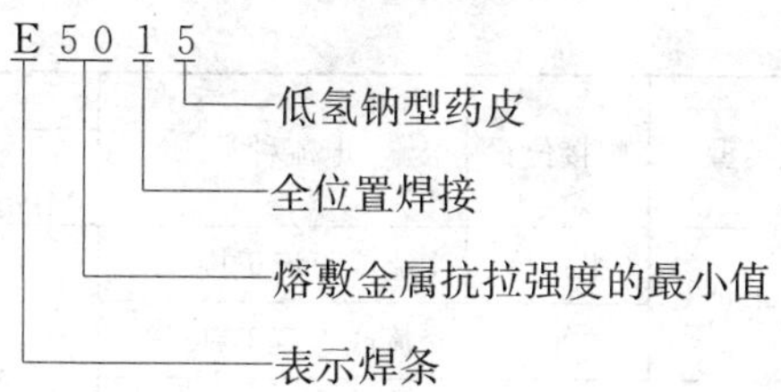

2. 低合金钢焊条（GB/T 5118—2012）

（1）焊条型号的表示方法。

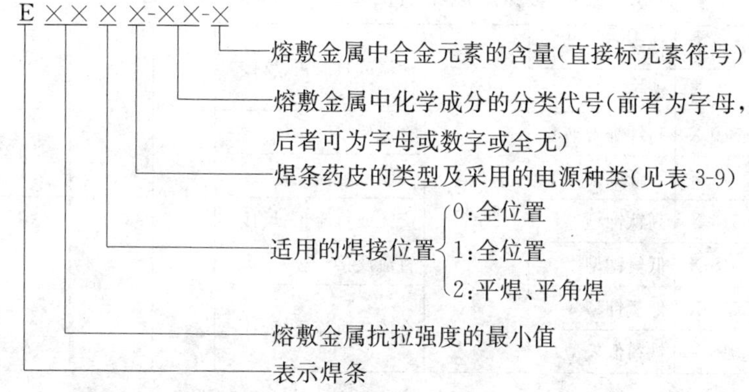

（2）低合金钢焊条型号的划分。根据 GB/T 5118—2012《热强钢焊条》标准的规定，低合金钢焊条型号按熔敷金属的力学性能、化学成分、药皮类型、焊接位置和焊接电流种类划分，见表 3-10。

表 3-10　　低合金钢焊条型号的划分

焊条型号	药皮类型	焊接位置	电流种类	力学性能		
				σ_b (MPa)	$\sigma_{0.2}$ (MPa)	δ (%)
E50 系列——熔敷金属的抗拉强度≥490MPa(50kgf/mm²)						
E5003-X	钛钙型	平、立、仰、横	交流或直流正、反接	≥490	≥390	≥20
E5010-X	高纤维素钠型		直流反接			≥22
E5011-X	高纤维素钾型		交流或直流反接			
E5015-X	低氢钠型		直流反接			
E5016-X	低氢钾型		交流或直流反接			
E5018-X	铁粉低氢型					

续表

焊条型号	药皮类型	焊接位置	电流种类	力学性能		
				σ_b (MPa)	$\sigma_{0.2}$ (MPa)	δ (%)
E5020-X	高氧化铁型	平角焊	交流或直流正接	≥490	≥390	≥22
		平	交流或直流正、反接			
E5027-X	铁粉氧化铁型	平角焊	交流或直流正接			
		平	交流或直流正、反接			
E55系列——熔敷金属的抗拉强度≥540MPa(55kgf/mm²)						
E5500-X	特殊型	平、立、仰、横	交流或直流正、反接	≥540	≥440	≥16
E5503-X	钛钙型					
E5510-X	高纤维素钠型		直流反接			≥17
E5511-X	高纤维素钾型		交流或直流反接			
E5513-X	高钛钾型		交流或直流正、反接			≥16
E5515-X	低氢钠型		直流反接			≥22
E5516-X	低氢钾型		交流或直流反接			
E5518-X	铁粉低氢型					
E60系列——熔敷金属的抗拉强度≥590MPa(60kgf/mm²)						
E6000-X	特殊型	平、立、仰、横	交流或直流正、反接	≥590	≥490	≥14
E6010-X	高纤维素钠型		直流反接			≥15
E6011-X	高纤维素钾型		交流或直流反接			
E6013-X	高钛钾型		交流或直流正、反接			≥14
E6015-X	低氢钠型		直流反接			≥15
E6016-X	低氢钾型		交流或直流反接			
E6018-X	铁粉低氢型					
E6018-M			直流反接			≥22
E70系列——熔敷金属的抗拉强度≥690MPa(70kgf/mm²)						
E7010-X	高纤维素钠型	平、立、仰、横	直流反接	≥690	≥590	≥15
E7011-X	高纤维素钾型		交流或直流反接			
E7013-X	高钛钾型		交流或直流正、反接			≥13

续表

焊条型号	药皮类型	焊接位置	电流种类	力学性能		
				σ_b（MPa）	$\sigma_{0.2}$（MPa）	δ（%）
E7015-X	低氢钠型	平、立、仰、横	直流反接	≥690	≥590	≥15
E7016-X	低氢钾型		交流或直流反接			≥15
E7018-X	铁粉低氢型					
E7018-M			直流反接			≥16
E75 系列——熔敷金属的抗拉强度≥740MPa（75kgf/mm²）						
E7505-X	低氢钠型	平、立、仰、横	直流反接	≥740	≥640	≥13
E7516-X	低氢钾型		交流或直流反接			
E7518-X	铁粉低氢型					
E7518-M			直流反接			≥18
E80 系列——熔敷金属的抗拉强度≥780MPa（80kgf/mm²）						
E8015-X	低氢钠型	平、立、仰、横	直流反接	≥780	≥690	≥13
E8016-X	低氢钾型		交流或直流反接			
E8018-X	铁粉低氢型					
E85 系列——熔敷金属的抗拉强度≥830MPa（85kgf/mm²）						
E8515-X	低氢钠型	平、立、仰、横	直流反接	≥830	≥740	≥12
E8516-X	低氢钾型		交流或直流反接			
E8518-X	铁粉低氢型					≥15
E8518-M			直流反接			
E90 系列——熔敷金属的抗拉强度≥880MPa（90kgf/mm²）						
E9015-X	低氢钠型	平、立、仰、横	直流反接	≥880	≥780	≥12
E9016-X	低氢钾型		交流或直流反接			
E9018-X	铁粉低氢型					
E100 系列——熔敷金属的抗拉强度≥980MPa（100kgf/mm²）						
E10015-X	低氢钠型	平、立、仰、横	直流反接	≥980	≥880	≥12
E10016-X	低氢钾型		交流或直流反接			
E10018-X	铁粉低氢型					

注　1. 后缀字母 X 代表熔敷金属化学成分的分类代号 A1、B1、B2 等。

2. 焊接位置栏中文字的含义：平——平焊，立——立焊，仰——仰焊，横——横焊，平角焊——水平角焊。

3. 直径不大于 4.0mm 的 EXX15-X、EXX16-X 及 EXX18-X 型的焊条及直径不大于 5.0mm 的其他型号焊条可适用于立焊和仰焊。

4. 力学性能栏中符号的含义：σ_b——抗拉强度，$\sigma_{0.2}$——屈服强度，δ——伸长率。

(3)低合金钢焊条的型号举例。

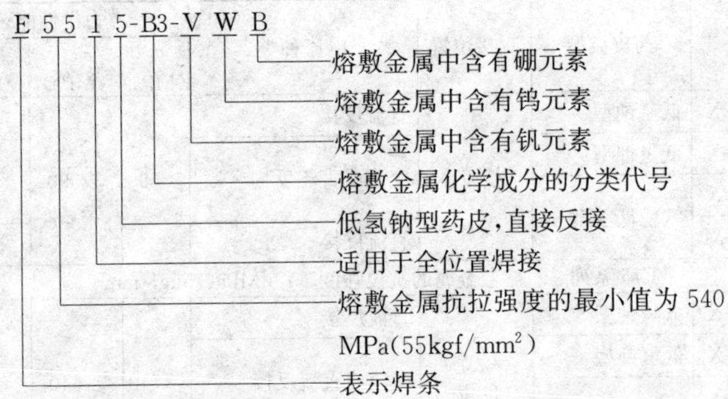

3. 不锈钢焊条(GB/T 983—2012)

(1)焊条型号的表示方法。

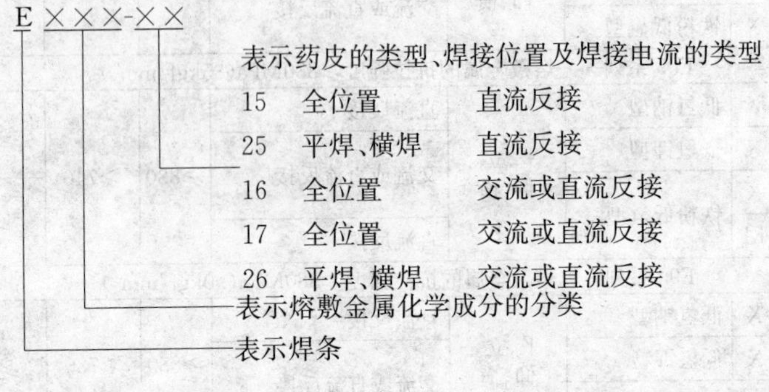

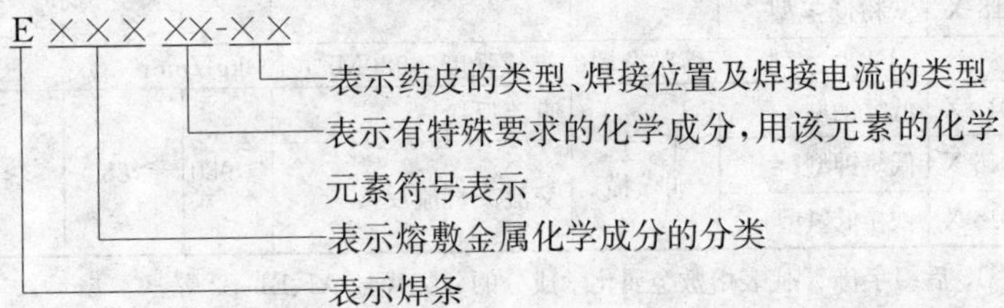

与GB/T 983—1995焊条表示方法相比，原来型号直接以熔敷金属中碳、铬、镍的平均含量表示，而现在则以代号表示，该代号与美国、日本等工业发达国家的不锈钢材的牌号相同。世界上大多数工业国家都将不锈钢焊条的型号与不锈钢钢材的代号一致，这样

有利于焊条的选择和使用，也便于国际交往。

(2) 不锈钢焊条的型号举例。

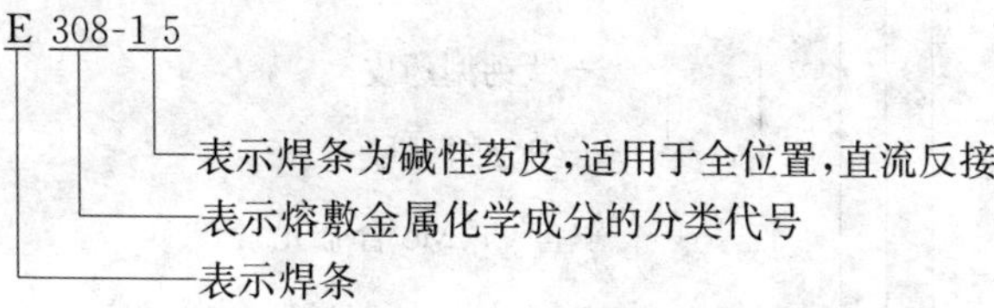

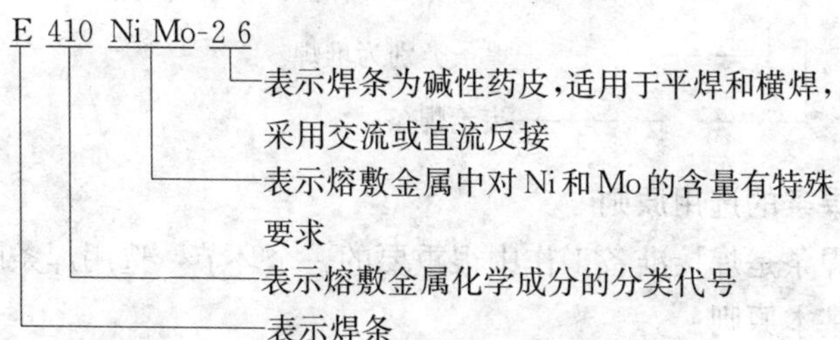

4. 堆焊焊条 (GB/T 984—2001)

(1) 焊条型号的表示方法。

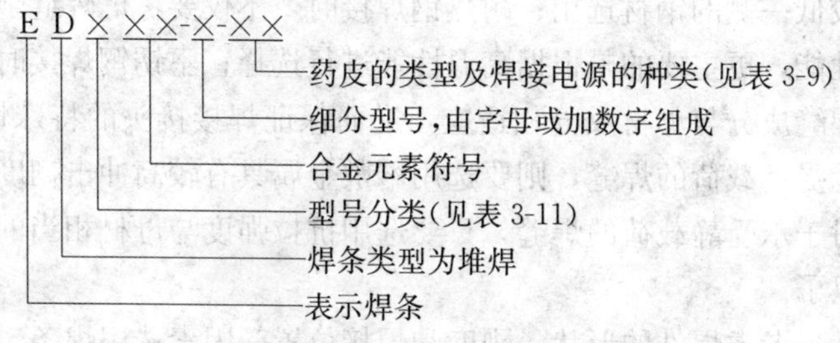

表 3-11　　堆焊的焊条型号与成分类型

型号分类	熔化金属化学成分的组成类型	对应的焊条牌号
EDP××－××	普通低、中合金钢	D10×～24×
EDR××－××	热强合金钢	D30×～49×
EDCr××－××	高铬钢	D50×～59×
EDMn××－××	高锰钢	D25×～29×
EDCrMn××－××	高铬锰钢	D50×～59×
EDCrNi××－××	高铬镍钢	D50×～59×
EDD××－××	高速钢	D30×～49×
EDZ××－××	合金铸铁	D60×～69×
EDZCr××－××	高铬铸铁	D60×～69×
EDCoCr××－××	钴基合金	D80×～89×
EDW××－××	碳化钨	D70×～79×
EDT××－××	特殊型	D00×～09×

(2) 堆焊焊条的型号举例。

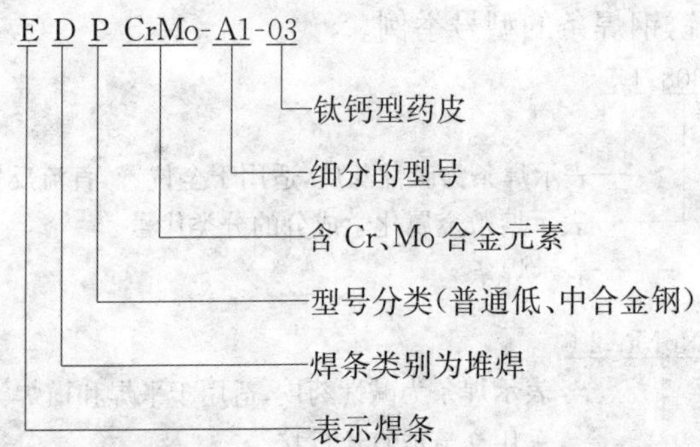

三、焊条的选用原则

选用焊条是焊接准备工作中很重要的一个环节，选用焊条时应遵循以下基本原则。

(1) 焊缝金属的使用性能要求。对于结构钢焊件，在同种钢焊接时，按与钢材抗拉强度等强的原则选用焊条；异种钢焊接时，按强度较低一侧的钢材选用；耐热钢焊接时，不仅要考虑焊缝金属的室温性能，更主要的是根据高温性能进行选择；不锈钢焊接时，要保证焊缝成分与母材成分相适应，进而保证焊接接头的特殊性能；对于承受动载荷的焊缝，则要选用熔敷金属具有较高冲击韧度的焊条；对于承受静载荷的焊缝，只要选用抗拉强度与母材相当的焊条就可以了。

(2) 考虑焊件的形状、刚度和焊接位置等因素选用焊条。对于结构复杂、刚度大的焊件，由于焊缝金属收缩时，产生的应力大，则应选用塑性较好的焊条；同一种焊条，在选用时不仅要考虑力学性能，还要考虑焊接接头形状的影响。因为，如果当焊接对接焊缝时，强度和塑性适中的话，焊接角焊缝时，强度就会偏高而塑性就会偏低；对于焊接部位难以清理干净的焊件，选用氧化性强的且对铁锈、油污等不敏感的酸性焊条，更能保证焊缝的质量。

(3) 考虑焊缝金属的抗裂性。焊件刚度较大，母材中碳、硫、磷的含量偏高或外界温度偏低时，焊件容易出现裂纹，焊接时最好选用抗裂性较高的碱性焊条。

（4）考虑焊条操作的工艺性。焊接过程中，应做到电弧稳定、飞溅少、焊缝成形美观、脱渣容易，而且适用于全位置焊接。为此，应尽量选用酸性焊条，但是首先得保证焊缝的使用性能和抗裂性要求。

（5）考虑设备及施工条件。在没有直流电焊机的情况下，不能选用没有特别加稳弧剂的低氢型焊条；当焊件不能翻转而必须进行全位置焊接时，则应选用能适合各种空间位置焊接的焊条；在密闭的容器内进行焊接时，除考虑加强通风外，还要尽可能地避免使用碱性低氢型焊条，因为这种焊条在焊接过程中会放出大量的有害气体和粉尘。

（6）考虑经济合理性。在同样能保证焊缝性能要求的条件下，应当先用成本较低的焊条。如钛铁矿型焊条的成本比钛钙型焊条低得多，在保证性能的前提下，应选用钛铁矿型焊条。

第五节 焊条电弧焊设备

一、焊条电弧焊对焊机的要求

为使焊条电弧焊过程的电弧燃烧稳定，不发生断弧，对焊条电弧焊用焊机提出下列基本要求。

（1）为满足引燃焊接电弧的要求，空载电压一般控制在80～90V（旋转式直流焊机空载电压最大不超过100V，该产品现在已淘汰）。

（2）能承受焊接回路短时间的持续短路，要求焊机能限制短路电流值，使之不超过焊接电流的50%，防止焊机因短路过热而烧坏。

（3）具有良好的动特性。短路时，电弧、电压等于零，要求恢复到工作电压的时间不超过0.05s，与此同时，要求短路电流的上升速度应为15～180kA/s。

（4）具有足够的电流调节范围和功率，以适应不同的焊接需要。

（5）使用和维修方便。

二、焊机的种类

焊条电弧焊用焊机按电源的种类可分为交流弧焊机和直流弧焊

机两大类。其中直流弧焊机按变流的方式不同又分为：弧焊整流器、逆变弧焊机等。各类焊机的型号及技术数据见表 3-12、表 3-13 和表 3-16。

表 3-12　　常用的交流弧焊变压器及技术数据

主要技术数据	同体式	动铁心式		
	BX-500 (BA-500)	BX1-160	BX1-250	BX1-400
额定焊接电流(A)	500	160	250	400
电流的调节范围(A)	150～500	32～160	50～250	80～400
一次电压(V)	380	380	380	380
额定空载电压(V)	80	80	78	77
工作电压(V)	30	21.6～27.8	22.5～32	24～39.2
额定一次电流(A)	15	—	—	—
额定输入容量(kVA)	40.5	13.5	20.5	31.4
额定负载持续率(%)	60	60	60	60
额定焊接电流时电流的衰减时间(s)	5～15	—	—	—
外形尺寸 A(mm)×B(mm)×C(mm)	570×810×1100	587×325×680	600×380×750	640×390×780
质量(kg)	—	93	116	144
用　　途	作为焊条电弧焊、电弧切割的电源	作为焊条电弧焊的电源，适用于1～8mm厚低碳钢板的焊接	作为焊条电弧焊的电源，适用于中等厚度低碳钢板的焊接	作为焊条电弧焊的电源，适用于中等厚度低碳钢板的焊接

主要技术数据	动铁分磁式	动圈式			
	BX1-500	BX3-250	BX3-300	BX3-400	BX3-500
额定焊接电流(A)	500	250	300	400	500
电流的调节范围(A)	80～690	36～360	40～400	50～500	60～612
一次电压(V)	380	380	380	380	380
额定空载电压(V)	80	78/70	75/60	75/70	73/66
额定工作电压(V)	40	30	22～36	36	40
额定一次电流(A)	110	48.5	72	78	101.4
额定输入容量(kVA)	42	18.4	20.5	29.1	38.6

续表

主要技术数据	动铁分磁式	动圈式			
	BX1-500	BX3-250	BX3-300	BX3-400	BX3-500
额定负载持续率(%)	60	60	60	60	60
额定焊接电流时电流的衰减时间(s)	—	—	—	—	—
外形尺寸 A(mm)×B(mm)×C(mm)	740×520×860	630×480×810	580×600×800	695×530×905	610×666×970
质量(kg)	300	150	190	200	225
用　途	作为焊条电弧焊的电源，适用于3mm厚以上低碳钢板的焊接	作为焊条电弧焊的电源，适用于3mm厚以下低碳钢板的焊接	作为焊条电弧焊的电源和电弧切割的电源	作为焊条电弧焊的电源	作为手工氩弧焊、焊条电弧焊及电弧切割的电源

主要技术数据	抽头式		多站式
	BX6-120	BX6-200	BP-3X500
额定焊接电流(A)	120	200	3×500×(12×155)
电流的调节范围(A)	50～160	65～200	35～210
一次电压(V)	220/380	380	220/380
额定空载电压(V)	35～60(6挡)	48～70	70
额定工作电压(V)	22～26	22～28	25
额定一次电流(A)	28/16	40	320/185
额定输入容量(kVA)	6.24	15	122
额定负载持续率(%)	20	20	100
额定焊接电流时电流的衰减时间(s)	—	—	95
外形尺寸 A(mm)×B(mm)×C(mm)	345×246×188	480×282×398	—
质量(kg)	22	40≤	700
用　途	手提式焊条电弧焊电源	手提式焊条电弧焊电源	可同时供12个焊工工作的焊条电弧焊电源

表 3-13　　常用弧焊整流器的型号及技术数据

主要技术数据		动铁心式		
		交直流两用		
		ZXE1-160	ZXE1-300	ZXE1-500
输出	额定焊接电流(A)	160	300	500
	电流的调节范围(A)	交流:8～180 直流:7～150	50～300	交流:100～500 直流:90～450
	额定工作电压(V)	27	32	交流:24～40 直流:24～38
	空载电压(V)	80	60～70	80(交流)
	额定负载持续率(%)	35	35	60
	额定输出功率(kW)	—	—	—
输入	电压(V)	380	380	380
	额定输出电流(A)	40	59	—
	相数	1	1	1
	频率(Hz)	50	50	50
	额定输入容量(kVA)	15.2	22.4	41
功率因素		—	—	—
效率(%)		—	—	—
质量(kg)		150	200	250
用途		作为焊条电弧焊、交直流钨极氩弧焊的电源	作为焊条电弧焊、交直流钨极氩弧焊的电源	作为焊条电弧焊、交直流钨极氩弧焊的电源

主要技术数据		动　圈　式			
		下降特性			
		ZX3-160	ZX3-250	ZX3-400	ZX3-500
输出	额定焊接电流(A)	160	250	400	500
	电流的调节范围(A)	32～192	50～300	80～480	100～600
	额定工作电压(V)	22～28	22～32	23～39	24～44
	空载电压(V)	72	72	71.5	72
	额定负载持续率(%)	60	60	60	60
	额定输出功率(kW)	—	—	—	—

续表

主要技术数据		动圈式			
		下降特性			
		ZX3-160	ZX3-250	ZX3-400	ZX3-500
输入	电压(V)	380	380	380	380
	额定输出电流(A)	16.8	26.3	42	54
	相数	—	—	—	—
	频率(Hz)	50	50	50	50
	额定输入容量(kVA)	11	17.3	27.8	35.5
功率因数		—	—	—	—
效率(%)		—	—	—	—
质量(kg)		138	182	270	238
用途		焊条电弧焊电源		中厚板焊条电弧焊电源	

主要技术数据		磁放大器式			
		下降特性			
		ZX-160	ZX-250	ZX-400	ZX-1000
输出	额定焊接电流(A)	160	250	400	1000
	电流的调节范围(A)	20～200	30～300	40～480	100～1000
	额定工作电压(V)	21～28	21～32	21.6～40	24～44
	空载电压(V)	70	70	70	90/80
	额定负载持续率(%)	60	60	60	60
	额定输出功率(kW)	—	—	—	—
输入	电压(V)	380	380	380	380
	额定输出电流(A)	18	28	53	152
	相数	3	3	3	3
	频率(Hz)	50	50	50	50
	额定输入容量(kVA)	12	19	34.9	100
功率因数		—	—	—	—
效率(%)		—	—	—	—

续表

主要技术数据	磁放大器式			
	下降特性			
	ZX-160	ZX-250	ZX-400	ZX-1000
质量(kg)	170	200	330	820
用途	作为焊条电弧焊、钨极氩弧焊的电源	作为焊条电弧焊、钨极氩弧焊的电源及等离子喷镀、碳弧气刨的电源		可作为埋弧焊、粗丝 CO_2 气体保护焊和碳弧切割的电源

主要技术数据		磁放大器式			
		下降特性	下降特性	具有平直及陡降外特性	
		ZX-1500	ZX-1600	ZDG-500-1	ZDG-1000R
输出	额定焊接电流(A)	1500	1600	500	1000
	电流的调节范围(A)	200～1500	400～1600	50～500	100～1000
	额定工作电压(V)	34～45	36～44	15～40(平特性)	24～44
	空载电压(V)	95	90/80	95	90/80
	额定负载持续率(%)	100	80	60	80
	额定输出功率(kW)	—	—	20	—
输入	电压(V)	380	380	380	380
	额定输出电流(A)	320	243	—	152
	相数	3	3	3	3
	频率(Hz)	50	50	50	50
	额定输入容量(kVA)	210	160	37	100
功率因数		—	—	—	—
效率(%)		—	—	—	—
质量(kg)		1300	1200	55	820
用途		主要用作埋弧焊的电源	主要用作埋弧焊、粗丝 CO_2 气体保护焊及碳弧切割的电源	用作 CO_2 气或 Ar 气保护下,进行熔化极或不熔化极电弧焊的电源	用作埋弧焊和碳弧切割电源,也可用作粗丝气体保护焊的电源

续表

主要技术数据		晶闸管式		
		ZX5-800	ZX5-250	ZX5-400
输出	额定焊接电流(A)	800	250	400
	电流的调节范围(A)	100～800	50～250	40～400
	额定工作电压(V)	—	30	36
	空载电压(V)	73	55	60
	额定负载持续率(%)	60	60	60
	额定输出功率(kW)	—	—	—
输入	电压(V)	380	380	380
	额定输出电流(A)	—	23	37
	相数	3	3	3
	频率(Hz)	50	50	50
	额定输入容量(kVA)	—	15	24
功率因数		0.75	0.7	0.75
效率(%)		75	70	75
质量(kg)		300	160	200
用途		作为焊条电弧焊或钨极氩弧焊、以及碳弧切割的电源	焊条电弧焊电源	焊条电弧焊电源特别适于碱性低氢焊条焊接低碳、中碳钢以及低合金结构钢

主要技术数据		晶闸管式			
		ZX5-160B	ZX5-250B	ZX5-400B	ZX5-630B
输出	额定焊接电流(A)	160	250	400	630
	电流调节范围(A)	30～160	40～250	40～400	63～630
	额定工作电压(V)	—	—	36	40
	空载电压(V)	60	65	67	67
	额定负载持续率(%)	60	60	60	60
	额定输出功率(kW)	—	—	—	—

续表

主要技术数据		晶闸管式			
		ZX5-160B	ZX5-250B	ZX5-400B	ZX5-630B
输入	电压(V)	380	380	380	380
	额定输出电流(A)	—	—	48	80
	相数	3	3	3	3
	频率(Hz)	50	50	50	50
	额定输入容量(kVA)	11	19	32	53
功率因数		—	—	0.6	0.6
效率(%)		—	—	75	78
质量(kg)		—	—	—	—
用途		作为焊条电弧焊、TIG焊、埋弧焊、碳弧气焊、碳弧气刨的电源	作为焊条电弧焊、TIG焊、埋弧焊、碳弧气刨的电源	作为焊条电弧焊、TIG焊、埋弧焊、碳弧气刨的电源,控制线路稍加改动可作为各种气体保护焊的电源	

目前市场上还出现一批小型焊机,从焊机的质量和性能上都能满足焊接要求,并且售价低廉,维修简易,焊接生产中搬运轻便、灵活,是晶闸管焊机研究中的重大突破。焊机型号及主要技术参数见表3-14。

表3-14　　小型直流弧焊机的型号及技术参数

技术数据	型号	
	ZX5-63	ZX5-100
电源电压(V)	220	220
空载电压(V)	76	76
额定焊接电流(A)	63	100
电流的调节范围(A)	8～63	8～100
额定负载持续率(%)	35	35
额定输入容量(kVA)	2.6	4.2
频率(Hz)	50	50
质量(kg)	8	13

三、逆变弧焊机

逆变弧焊机是一种新型、高效、节能的直流焊接电源，这种焊机具有极高的综合指标。它的出现，作为直流焊接电源的更新和换代产品，已普遍受到各个国家的重视。

回顾直流电焊机的发展历史，大体经历了 6 代，详见表 3-15。目前我国市场上的逆变弧焊机以晶闸管逆变弧焊机居多，这种直流电焊机比直流弧焊发电机、硅整流弧焊机、晶闸管整流弧焊机有很大进步，具有效率高、空载损耗小、输出电流稳定、节能、节材、焊机体积小、质量轻等优点，详见表 3-16。但由于晶闸管本身固有的缺点，使焊机还不能达到理想的境地。

IGBT 逆变弧焊机集中了场效管开关频率高和晶体管通过电流能力强的优点，使焊接设备真正体现了当代的最新科技水平。这种焊机主要用 IGBT（绝缘门极双极性晶体管）作开关器件，其特点见表 3-17。

表 3-15　　直流电焊机的发展历史和特点

发展过程	名　称	主 要 特 点
第一代	旋转直流弧焊机	体积大、质量大、噪声大、能耗高、特性差
第二代	硅整流弧焊机	在噪声、体积、能耗上比第一代焊机有所改进
第三代	晶闸管整流弧焊机	在控制线路上比第二代焊机有所改善
第四代	晶闸管逆变弧焊机	比前几代焊机虽有较大的改善，但晶闸管的固有缺点（开通容易，关断难）使其距理想焊机仍有距离
第五代	晶体管逆变弧焊机和场效应管逆变弧焊机	在国外得到了广泛应用，但由于晶体管的开关频率还较低，场效应管的功率还不够大，所以内阻损耗大，在国内基本上还没进入实用阶段
第六代	IGBT 逆变弧焊机	集中了晶体管通过电流能力强和场效应管开关频率高的优点，是理想的焊接电源

表 3-16　　ZX7 系列逆变弧焊机的主要参数

名称 \ 型号	ZX7-200S/ST	ZX7-315S/ST	ZX7-400S/ST
电源	三相　380V　50Hz		
额定输入功率（kW）	8.75	16	21

续表

名称 \ 型号	ZX7-200S/ST	ZX7-315S/ST	ZX7-400S/ST
额定输出电流（A）	13.3	24.3	32
额定焊接电流（A）	200	315	400
额定负载持续率（%）	60	60	60
最高空载电压（V）	70～80	70～80	70～80
焊接电流的调节范围（A）	20～200	30～315	40～400
效率（%）	83	83	83
外形尺寸（mm）	600×355×540	600×355×540	640×355×470
质量（kg）	59	66	66
用途	用于 ϕ2.5mm 以各种焊条进行焊条电弧焊，也可以进行手工钨极氩弧焊	可作为焊条电弧焊和手工钨极氩弧焊两用焊机。氩弧焊时，采用划擦法引弧。焊条电焊时，适用于直径在 6mm 以下的各种焊条的焊接	

名称 \ 型号	ZX7-300S/ST	ZX7-500S/ST	ZX7-300S/ST
电源	三相 380V 50Hz		
额定输入功率（kW）	—	—	—
额定输出电流（A）	—	—	—
额定焊接电流（A）	300	500	630
额定负载持续率（%）	60	60	60
最高空载电压（V）	70～80	70～80	70～80
焊接电流的调节范围（A）	Ⅰ挡：30～100 Ⅱ挡：90～300	Ⅰ挡：50～167 Ⅱ挡：150～500	Ⅰ挡：60～210 Ⅱ挡：180～630
效率（%）	83	83	83
外形尺寸（mm）	640×355×470	690×375×490	720×400×560
质量（kg）	58	84	98
用途	"S"：焊条电弧焊电源 "ST"：焊条电弧焊、氩弧焊两用电源		

续表

名称＼型号	ZX7-125	ZX7-200	ZX7-250	ZX7-315	ZX7-400
	场效应管式				
电源	一相 220V 50Hz	三相　380V　50Hz			
额定输入功率（kW）	3.5	6.6	8.3	11.1	16
额定输出电流（A）	15	11	13	17	22
额定焊接电流（A）	125	200	250	315	400
额定负载持续率（%）	60	60	60	60	60
最高空载电压（V）	50	<80	60	65	65
焊接电流的调节范围（A）	20～125	8～200	40～250	50～315	60～400
效率（%）	90	>85	90	90	90
外形尺寸（mm）	350×150×200	413×193×318	400×160×250	450×200×300	560×240×355
质量（kg）	10	23	15	25	30
用途	具有电流响应速度快、静、动特性好，功率因数高、空载电流小、效率高等特点，适用于各种低碳钢、低合金钢及不同类型结构钢的焊接				

名称＼型号	ZX7-160	ZX7-200	ZX7-250	ZX7-315	ZX7-400	ZX7-500	ZX7-630
	晶闸管式						
电源	三相　380V　50Hz						
额定输入功率（kW）	4.9	6.5	8.8	12	16.8	23.4	32.4
额定输出电流（A）	7.5	10	13.3	18.2	25.6	35.5	49.2
额定焊接电流（A）	160	200	250	315	400	500	630
额定负载持续率（%）	60	60	60	60	60	60	60
最高空载电压（V）	75	75	75	75	75	75	75
焊接电流的调节范围（A）	16～160	20～200	25～250	30～315	40～400	50～500	60～630
效率（%）	≥90	≥90	≥90	≥90	≥90	≥90	≥90
外形尺寸（mm）	500×290×390			550×320×390			
质量（kg）	25	30	35	35	40	40	45
用途	采用脉冲宽度调制（PWM）、20kHz 绝缘门极双极型晶体管（IGBT）模块逆变技术，具有引弧迅速可靠、电弧稳定、飞溅小、体积小、质量轻、高效节能、焊缝成形好、可“防粘”等特点，用于焊条电弧焊、碳弧气刨的电源						

表 3-17　　IGBT 逆变弧焊机的特点

项　目	特　点
电压驱动，输入阻抗高	不像晶闸管那样需要专门触发电路，输入阻抗比同规格的场效应管高几倍，简化了驱动电路
开关速度快	IGBT 关断时间只有晶体管的 1/10，最佳工作频率范围是 60～2000Hz，比晶闸管大 10 倍左右
开关和通态功耗小，饱和压降低	关断和通态功率损耗只有同规格晶闸管和场效应管的 1/10，大大减小了电能消耗和发热量，提高了可靠性
电流密度高，载流容量大	电流密度是同规格场效应管和晶闸管的几倍，载流容量是同规格场效应管的 5～10 倍
安全工作区宽	无二次击穿现象，高压安全工作区比晶体宽

四、焊条电弧焊设备的选择

(1) 根据焊条类型、母材材质、焊接结构来选用弧焊设备。如果用酸性焊条焊接，应当首先考虑选用 BX3-300、BX3-500、BX1-300、BX1-500 等交流弧焊机。如果用碱性焊条焊接或焊接较重要的焊接结构时，应首先选用 ZX2-250、ZX3-400、ZX5-250、ZX5-400、ZX5-400B、ZX7-315、ZX7-400 等直流弧焊机。如果资金较紧张，焊接材料类型又较多，可以考虑选用通用性较强的交、直流两用焊机或多用途的焊接设备，如 ZXE1-160、ZXE1-300、ZXE1-500 以及 WSE1-315 等。

(2) 根据焊接结构所选用材料的厚度、所需的焊机容量等选用相应的焊接设备。选用焊接设备时，应注意观察该设备铭牌上所标注的额定焊接电流值，该值是指在额定负载持续率条件下允许使用的最大焊接电流。焊接过程中使用的焊接电流值如果超过额定焊接电流值，就要考虑更换额定电流值大些的焊机或者降低焊机的负载持续率，否则，长期在过热状态下使用，容易使焊机损坏。

负载持续率是表示焊接电源工作状态的参数。我国标准规定 500A 以下的焊机选定工作时间周期为 5min，在 5min 的时间内，焊条电弧焊总有一段时间来换焊条、清理焊渣、移动焊接位置等。所以，电弧燃烧的时间总是小于 5min，因此，负载持续率也就小于 100%。通常额定负载持续率为 60%，即每 5min 之内通过额定焊接电流的时间不得超过 3min（5min×60%），其余 2min 时间为“休息”时间，只有这样，焊机才能正常工作，不至于因过载升温而损坏。不同负载持续率时焊机所允许的焊接电流值见表 3-18。

表 3-18　　不同负载持续率下的焊接电流对照表

负载持续率（%）	100	80	60	40	20
焊接电流（A）	116	130	150	183	260
	230	257	300	363	516
	387	434	500	611	868

（3）根据综合情况选择焊接设备。

1）根据焊接现场情况选择。焊接现场在野外并且移动性大，这时要考虑选用质量较轻的交流弧焊机 BX1-120、BX-120、BX-200、BX5-120、BX6-120 或直流弧焊机 ZX-160、ZX7-200S/ST、ZX7-315S/ST、ZX7-500S/ST 等。

2）根据自有资金多少选购焊接设备。企业自有资金雄厚，可选购综合性能好的设备，如直流弧焊机 ZX5-400、ZX5-400B 和 IGBT 逆变弧焊机等。企业自有资金较紧张，可以选用 BX 系列、BX3 系列或 ZX 系列焊机。

3）根据设备综合功能选择焊接设备。目前市场上的焊接设备品种很多，同一类焊接设备在功能上也各有所长，所以，在选用焊接设备时，要注意焊接的功能及特点。

五、焊条电弧焊的辅助设备及工具

1. 焊钳

用以夹持焊条并传导电流以进行焊接的工具即焊钳，俗称焊把，主要有 300A 和 500A 两种规格，详见表 3-19。

表 3-19　　常用焊钳的型号及规格

型　号	160A 型		300A 型		500A 型	
额定焊接电流(A)	160		300		500	
负载持续率(%)	60	35	60	35	60	30
焊接电流(A)	160	220	300	400	500	560
适用的焊条直径(mm)	1.6～4		2～5		3.2～8	
连接电缆的截面积(mm²)①	25～35		35～50		70～95	
手柄温度(℃)②	≤40		≤40		≤40	

续表

型 号	160A 型	300A 型	500A 型
外形尺寸	220×70×30	235×80×36	258×86×38
质量(kg)	0.24	0.34	0.40
参考价格(元)	6.10	7.40	8.40

① 小于最小截面积时,必须将导电良好的材料填充到最小截面积内。

② 按 IEC26、29 号文规定的标准要求试验。

目前市场上出现了一种不烫手焊钳，该产品先后荣获中国专利新技术新产品、全国“七·五”星火计划成果博览会两项银奖。它集新型、高效于一体，不改变传统的操作习惯，节能、节材 60%，与国内外轻型焊钳相比，在质量上下降 30%。焊接过程中，该产品的手柄温升低（≤11℃），主要性能远低于国际标准。不烫手焊钳的主要型号及特点见表 3-20。

表 3-20　　不烫手焊钳的型号及主要特点

型号	专利号	主 要 特 点
QY-90（超轻）型	发明专利号 891072055	焊接电缆线可以从手柄腔内引出。也可以从手柄前的旁通腔中引出，使手柄内的高温电缆线减少 90%的热源，从而达到不烫手的目的，不影响传统的使用习惯
QY-93（加长）型	实用新型专利号 9112299363	焊接电缆线的紧固接头延伸在手柄尾端后的护套内，采用特殊的结构使手柄内的热辐射减少 80%，从而达到不烫手的目的，电缆线的安装极为简单
QY-95（三叉）型	申请刊号 93242600X	焊钳为三根圆棒形式，设有防电弧辐射热护罩，维修方便，焊钳头部细长，适合于各种环境的焊接，手柄升温低而不烫手

上述产品能安全通过的最大电流有 300A、500A 两种规格。

2. 面罩和滤光玻璃

面罩是为防止焊接时产生的飞溅、弧光及其他辐射对焊工面部及颈部造成损伤的一种遮盖工具。面罩有两种形式：头盔式（戴在头顶上）和手持式。滤光玻璃是指用以遮蔽焊接时产生的有害光线的黑色玻璃，其常用的规格见表 3-21。

表 3-21　　滤光玻璃的常用规格

颜　色　号	7～8	9～10	11～12
颜色深度	较浅	中等	较深
适用的焊接电流范围（A）	<100	100～350	≥350
玻璃尺寸厚(mm)×宽(mm)×长(mm)	2×50×107	2×50×107	2×50×107

3. 焊条保温筒

焊条保温筒可使焊条保持一定的温度。重要的焊接结构用低氢型焊条焊接时，焊前焊条必须在 250～400℃的条件下烘干，并且保温 1～2h。焊条从烘箱中取出后应放在焊条保温筒内送到施工现场。在现场施工时，焊条随用随逐根地从焊条保温筒内取出。常用的焊条保温筒的型号及技术数据见表 3-22。

表 3-22　　常用的焊条保温筒的型号及技术数据

功　能	型　号			
	PR-1	PR-2	PR-3	PR-4
电压范围(V)	25～90	25～90	25～90	25～90
加热功率(W)	400	100	100	100
工作温度(℃)	300	200	200	200
绝缘性能(mΩ)	>3	>3	>3	>3
可容纳的焊条质量(kg)	5	2.5	5	5
可容纳的焊条长度(mm)	410/450	410/450	410/450	410/450
质量(kg)	3.5	2.8	3	3.5
外形尺寸直径 φ(mm)×高(mm)	145×550	110×570	155×690	195×700

4. 焊缝检验尺

焊缝检验尺是用以测量焊接接头的坡口角度、间隙、错边以及焊缝的宽度、余高、角焊缝厚度等尺寸的工具，焊缝检验尺由探尺、直尺和角度规等组成。焊缝检验尺的测量范围见表 3-23。

表 3-23　焊缝检验尺的测量范围

角度样板的角度(°)	坡口角度(°)	钢直尺的规格(mm)	间隙(mm)	错边(mm)	焊缝宽度(mm)	焊缝余高(mm)	角焊缝的厚度(mm)	角焊缝的余高(mm)
15 30 45 60 92	≤150	40	1～5	1～20	≤40	≤20	1～20	≤20

5. 气动清渣工具及高速角向砂轮机

气动清渣工具及高速角向砂轮机主要用于焊后清渣、焊缝修整及焊接接头的坡口准备与修整等，各工具的名称及型号见表 3-24。

表 3-24　焊接用气动、电动工具的名称及型号

名　　称	型　　号	主　要　用　途
气动刮铲	CZ2	焊后清理焊渣、毛边、飞溅残存物等，还可用来开坡口
长柄气动打渣机	CZ3	
气动针束打渣机	XCD2	
轻便气动钢刷机	—	
气动角向砂轮机	MJ1-180	修整焊缝，准备坡口
高速气动角向砂轮机	ϕ100 砂轮	
高速电动角向砂轮机	S5MJ-180	
砂轮机	S40	

6. 气动管子坡口机

管子对接焊接时，为了满足对接焊缝的熔透要求，焊前需要将管子的待焊处开坡口。气动管子坡口机是以压缩空气为动力，在管子装夹上采用内涨定位就能自定中心，在管子待焊处加工出各种形式的坡口。加工时，根据图样技术要求，选择不同形状的刀具，在任意空间位置上，它可对 ϕ8～ϕ630mm 的碳钢、不锈钢、铜等金属材料的管子进行 V 形、U 形坡口以及倒棱、倒角、削边的加工。气动管子坡口机具有加工质量好、效率高、携带方便、操作简单等优点。气动管子坡口机的型号及主要技术参数见表 3-25。

表 3-25　　气动管子坡口机的型号及主要技术参数

项目＼型号	GPJ-30	GPJ-80	GPJ-150	GPJ-350
空气压力（MPa）	0.6	0.6	0.6	0.6
最大输出功率（kg）	0.23	0.47	0.49	0.74
最大耗气量（L/min）	310	630	960	1000
额定转数（r/min）	110	75	17	6
空载转数（r/min）	220	150	34	9
额定扭矩（N·m）	10	45	98	180
胀紧管内径（mm）	10～29	28～78	70～145	150～300
加工管子直径（mm）	8～30	28～80	65～150	125～350
最大进给行程（mm）	10	35	50	55
质量（kg）	约 2.7	约 7	约 12.5	约 42

7. 焊条烘干、保温设备

焊条烘干、保温设备主要用于焊前焊条的烘干和保温，减少或防止在焊接过程中因焊条药皮吸湿而造成焊缝中出现气孔、裂纹等缺陷。常用的焊条烘干、保温设备见表 3-26。

表 3-26　　常用的焊条烘干、保温设备

名　称	型号规格	容量（kg）	主要功能
自动远红外电焊条烘干箱	RDL4-30	30	采用远红外辐射加热、自动控温、不锈钢材料的炉膛、分层抽屉结构，最高烘干温度可达 500℃。100kg 容量以下的烘干箱设有保温储藏箱 RDL4 系列电焊条烘干箱，代替 YHX、ZYH、ZYHC、DH 系列，使用性能不变
	RDL4-40	40	
	RDL4-60	60	
	RDL4-100	100	
	RDL4-150	150	
	RDL4-200	200	
	RDL4-300	300	
	RDL4-500	500	
	RDL4-1000	1000	

续表

名　称	型号规格	容量（kg）	主要功能
记录式数控远红外电焊条烘干箱	ZYJ-500 ZYJ-150 ZYJ-100 ZYJ-60	500 150 100 60	采用三数控带 P、I、D 超高精度仪表，配置自动平衡记录仪，使焊条的烘干温度、温升时间曲线有实质记录供焊接参考，最高温度达 500℃
节能型自控远红外电焊条烘干箱	BHY-500 BHY-100 BHY-60 BHY-30	500 100 60 30	设有自动控温、自动保温、烘干定时、报警技术，具有多种功能，最高温度达 500℃

六、焊条电弧焊设备常见的故障及解决方法

1. 弧焊变压器常见的故障及解决方法

弧焊变压器在焊接领域应用得最广泛，但是，由于使用、维护不当，也会使焊机出现各种故障，弧焊变压器常见的故障特征、产生原因及解决方法见表 3-27。

表 3-27　弧焊变压器常见故障产生原因及解决方法

故障特征	产生原因	解决方法
变压器外壳带电	1. 电源线漏电并碰到外壳上 2. 一次或二次绕组碰外壳 3. 弧焊变压器未接地线或地线接触不良 4. 焊机电缆线碰焊机外壳	1. 消除电源线漏电或解决碰外壳问题 2. 检查绕组的绝缘电阻值，并解决线圈碰外壳现象 3. 检查地线接地情况并使之接触良好 4. 解决焊接电缆碰外壳现象
变压器过热	1. 变压器绕组短路 2. 铁心螺杆绝缘损坏 3. 变压器过载	1. 检查并消除短路现象 2. 恢复铁心螺杆损坏的绝缘 3. 减小焊接电流
导线接触处过热	导线电阻过大或连接螺钉太松	认真清理导线接触面并拧紧连接处的螺钉，使导线接触良好
焊接电流不稳	1. 焊接电缆与焊件接触不良 2. 动铁心随变压器的振动而滑动	1. 使焊件与焊接电缆接触良好 2. 将动铁心或其节手柄固定

续表

故障特征	产生原因	解决方法
焊接电流过小	1. 电缆线接头之间或与焊件接触不良 2. 焊接电缆线过长，电阻大 3. 焊接电缆线盘成盘形，电感大	1. 使接头之间，包括接头与焊件之间的接触良好 2. 缩短电缆线的长度或加大电缆线的直径 3. 将焊接电缆线散开，不形成盘形
焊接过程中变压器产生强烈的“嗡嗡”声	1. 可动铁心的制动螺钉或弹簧太松 2. 铁心活动部分的移动机构损坏 3. 一次、二次绕组短路 4. 部分电抗线圈短路	1. 旋紧制动螺钉，调整弹簧拉力 2. 检查、修理移动机构 3. 消除一次、二次绕组的短路 4. 拉紧弹簧并拧紧螺母
电弧不易引燃或经常断弧	1. 电源电压不足 2. 焊接回路中的各接头接触不良 3. 二次侧或电抗线圈短路 4. 可动铁心严重振动	1. 调整电压 2. 检查焊接回路，使接头接触良好 3. 消除短路 4. 解决可动铁心在焊接过程中的松动
焊接过程中，变压器输出电流反常	1. 铁心磁回路中，由于绝缘损坏而产生涡流，使焊接电流变小 2. 电路中起感抗作用的线圈绝缘损坏，使焊接电流过大	检查电路或磁路中的绝缘状况，排除故障

2. 弧焊整流器常见的故障及解决方法

弧焊整流器是替代耗电高、噪声大、设备笨重的旋转直流弧焊机的新型直流弧焊电源。目前广泛应用在焊接生产中，由于存在对网路电压波动较敏感及整流元件易损坏等缺点，容易出现各种故障，常见的弧焊整流器故障特征、产生原因及解决方法见表 3-28。

表 3-28　直流弧焊整流器常见特征、故障产生原因及解决方法

故障特征	产生原因	解决方法
焊接电流不稳	1. 风压开关抖动 2. 控制线圈接触不良 3. 主回路交流接触器抖动	1. 消除风压开关抖动 2. 恢复良好的接触 3. 寻找原因，解决抖动现象

续表

故障特征	产 生 原 因	解 决 方 法
焊机壳漏电	1. 电源接线误碰机壳 2. 焊机接地线不正确或接触不良 3. 变压器、电抗器、电风扇及控制线路的元件等碰外壳	1. 解决与焊机壳体接触的电源线 2. 检查地线接法或清理接触点 3. 逐一检查并解决碰外壳的问题
弧焊整流器空载电压过低	1. 网路电压过低 2. 磁力起动器接触不良 3. 变压器的绕组短路	1. 调整电压 2. 恢复磁力起动器的良好接触状态 3. 消除短路
电风扇的电动机不转	1. 电风扇的电动机线圈断线 2. 按钮开关的触头接触不良 3. 熔丝熔断	1. 恢复接触器功能 2. 更换坏损元件 3. 更换熔丝
焊接电流调节失灵	1. 焊接电流控制器接触不良 2. 整流器控制回路中的元件被击穿 3. 控制线圈的匝间短路	1. 修复接触器 2. 更换坏损元件 3. 消除控制线圈中的短路，恢复控制线圈的功能
焊接时电弧电压突然降低	1. 整流元件被击穿 2. 控制回路断路 3. 主回路全部或局部发生短路	1. 更换损坏元件 2. 检修控制回路 3. 检修主回路线路
电表无指示	1. 主回路出现故障 2. 饱和电抗器和交流绕组断线 3. 电表或相应的接线短路	1. 修复主回路故障 2. 消除断线故障 3. 检修电表

第六节 常用金属材料的焊接

一、碳素钢的焊接

碳素钢按含碳量的多少可分为：低碳钢、中碳钢和高碳钢三类。

1. 低碳钢的焊接

(1) 焊前预热。低碳钢的焊接性能良好，一般不需要采用焊前预热的特殊工艺措施，只有当母材成分不合格（硫、磷含量过高）、焊件的刚度过大、焊接时环境温度过低时，才需要采取预热措施。常用的低碳钢容器类等产品，采用碱性焊条焊接时的预热温度见表 3-29。

表 3-29　　常见的低碳钢典型产品的焊前预热温度

焊接场地环境温度（℃）（小于）	焊件厚度（mm）		预热温度（℃）
	导管、容器类	柱、桁架、梁类	
0	41～50	51～70	100～150
－10	31～40	31～50	
－20	17～30	—	
－30	16 以下	30 以下	

（2）焊条的选择。按照焊接接头与母材等强度的原则选择焊条。几种常用的低碳钢焊接时选用的焊条见表 3-30。

表 3-30　　常用的低碳钢焊接时选用的焊条

牌　　号	焊　条　型　号	
	普通结构件	重要结构件
Q195、Q215、Q235、08、10、15、20	E4313、E4303、E4301、E4320、E4311	E4316、E4315、E5016、E5015
20R、25、20g、22g	E4316、E4315	E5016、E5015

（3）层间温度及回火温度。焊件刚度较大、焊缝很长时，为避免焊接过程中的焊接裂纹倾向加大，要采取控制层间温度和焊后消除应力热处理等措施。焊接低碳钢时的层间温度及回火温度见表 3-31。

表 3-31　　焊接低碳钢时的层间温度及回火温度

牌　　号	材料厚度（mm）	层间温度（℃）	回火温度（℃）
Q235、08、10、15、20	50 左右	＜350	600～650
	＞50～100	＞100	
25、20g、22g	25 左右	＞50	600～650
	＞50	＞100	600～650

（4）焊接工艺要点。

1）焊前焊条要按规定进行烘干，为防止产生气孔、裂纹等缺陷，焊前要清除焊件待焊处的油、污、锈、垢。

2）避免采用深而窄的坡口形式，以免出现夹渣、未焊透等缺陷。

3）控制热影响区的温度，不能太高，其在高温停留的时间不能太长，防止造成晶粒粗大。

4）尽量采用短弧施焊。

5）多层焊时，每层焊缝金属的厚度不应大于 5mm，最后一层盖面焊缝要连续焊完。

6）低碳钢、低合金钢焊条电弧焊的焊接参数见表 3-32。

表 3-32　　低碳钢、低合金钢焊条电弧焊的焊接参数

焊缝的空间位置	焊件厚度或焊脚尺寸（mm）	第一层焊缝		各层焊缝		打底焊缝	
		焊条直径（mm）	焊接电流（A）	焊条直径（mm）	焊接电流（A）	焊条直径（mm）	焊接电流（A）
平对接焊缝	2	2	55～60			2	55～60
	2.5～3.5	3.2	90～120			3.2	90～120
	4～5	3.2	100～130			3.2	100～130
		4	160～200	—	—	4	160～210
		5	200～260			5	220～250
	5～6	4	160～210			3.2	100～130
						4	180～210
	>6			4	160～210	4	180～210
				5	220～280	5	220～260
	≥12			4	160～210	—	—
				5	220～280		
立对接焊缝	2	2	50～55			2	50～55
	2.5～4	3.2	80～110	—	—	3.2	80～110
	5～6		90～120				90～120
	7～10	3.2	90～120	4	120～160	3.2	90～120
		4	120～160				
	≥11	3.2	90～120				
		4	120～160	5	160～200		
	12～18	3.2	90～120	4	120～160	—	—
		4	120～160				
	≥19	3.2	90～120				
		4	120～160	5	160～200		

续表

焊缝的空间位置	焊件厚度或焊脚尺寸（mm）	第一层焊缝		各层焊缝		打底焊缝	
		焊条直径（mm）	焊接电流（A）	焊条直径（mm）	焊接电流（A）	焊条直径（mm）	焊接电流（A）
横对接焊缝	2	2	50～55	—	—	2	50～55
	2.5	3.2	80～110			3.2	80～110
	3～4		90～120				90～120
		4	120～160			4	120～160
	5～8	3.2	90～120	3.2	90～120	3.2	90～120
				4	140～160	4	120～160
	≥9					3.2	90～120
		4	140～160			4	120～160
	14～18	3.2	90～120			—	—
		4	140～160				
	≥19	4	140～160				
仰对接焊缝	2	—	—	—	—	2	50～55
	3～5					3.2	90～110
						4	120～160
	5～8	3.2	90～120	3.2	90～120	—	—
				4	140～160		
	≥9						
		4	140～160				
	12～18	3.2	90～120				
		4	140～160				
	≥19						
平角焊缝	2	2	55～65	—	—	—	—
	3	3.2	100～120				
	4	4	160～200				
	5～6	4	160～200	—	—		
		5	220～280				
	≥7	4	160～200	5	220～280		
		5	220～280				

续表

<table>
<tr><th rowspan="2">焊缝的空间位置</th><th rowspan="2">焊件厚度或焊脚尺寸(mm)</th><th colspan="2">第一层焊缝</th><th colspan="2">各层焊缝</th><th colspan="2">打底焊缝</th></tr>
<tr><th>焊条直径(mm)</th><th>焊接电流(A)</th><th>焊条直径(mm)</th><th>焊接电流(A)</th><th>焊条直径(mm)</th><th>焊接电流(A)</th></tr>
<tr><td rowspan="9">船形焊缝</td><td>2</td><td>2</td><td>50～60</td><td rowspan="4">—</td><td rowspan="4">—</td><td rowspan="6"></td><td rowspan="6"></td></tr>
<tr><td>3～4</td><td>3.2</td><td>90～120</td></tr>
<tr><td rowspan="2">5～8</td><td>3.2</td><td>90～120</td></tr>
<tr><td>4</td><td>120～160</td></tr>
<tr><td rowspan="2">9～12</td><td>3.2</td><td>90～120</td><td rowspan="2">4</td><td rowspan="2">120～160</td></tr>
<tr><td>4</td><td>120～160</td></tr>
<tr><td rowspan="2">Ⅰ形坡口</td><td>3.2</td><td>90～120</td><td rowspan="2">4</td><td rowspan="2">120～160</td><td rowspan="2">3.2</td><td rowspan="2">90～120</td></tr>
<tr><td>4</td><td>120～160</td></tr>
<tr></tr>
<tr><td rowspan="6">仰角焊缝</td><td>2</td><td>2</td><td>50～60</td><td rowspan="3">—</td><td rowspan="3">—</td><td rowspan="4">—</td><td rowspan="4">—</td></tr>
<tr><td>3～4</td><td>3.2</td><td>90～120</td></tr>
<tr><td>5～6</td><td rowspan="2">4</td><td rowspan="2">120～160</td></tr>
<tr><td>≥7</td><td>4</td><td>140～160</td></tr>
<tr><td rowspan="2">Ⅰ形坡口</td><td>3.2</td><td>90～120</td><td rowspan="2">4</td><td rowspan="2">140～160</td><td>3.2</td><td>90～120</td></tr>
<tr><td>4</td><td>140～160</td><td>4</td><td>140～160</td></tr>
</table>

2. 中碳钢的焊接

中碳钢的含碳量较高，中碳钢焊接及焊补过程中容易产生的焊接缺陷是：

1）焊接接头脆化。

2）焊接接头易产生裂纹：热裂纹、冷裂纹、热应力裂纹。

3）焊缝中易产生气孔。

为保证中碳钢焊后获得满意的焊缝成形和力学性能，通常采取如下措施。

(1) 焊前预热。预热是焊接和焊补中碳钢的主要工艺措施。预热方法有整体预热和局部预热两种。整体预热除了有利于防止裂纹和淬硬组织外，还能有效地减小焊件的残余应力。

预热温度的选择与含碳量、焊件尺寸、刚度和材料厚度有关。

一般预热温度为 150～300℃，当含碳量高、焊件厚度和结构刚度大时，预热温度可达到 400℃，如 $\delta \geqslant 100$mm 的 45 钢，预热温度为 200℃＜$t_{预热}$＜400℃。

（2）焊条的选择。按照焊接接头与母材等强度的原则选择焊条，焊接中碳钢选用的焊条见表 3-33。

表 3-33　　　　　焊接中碳钢选用的焊条

牌　　号	焊 条 型 号（牌号）		
	要求等强构件	不要求等强构件	塑性好的焊条
30、35 ZG270-500	E5016 E5516-G、 （J506）（J556RH） E5015 E5515-G （J507）（J557）	E4303 E4301 （J422）（J423） E4346 E4315 （J426）（J427）	E308-16 （A101）、（A102） E309-15 （A307）
40、45 ZG310-570	E5516-G （J556）、（J556RH） E5515-G （J557）、（J557Mo） E6016-D1 （J606） E6015-D1 （J607）	E4303（J422） E4316（J426） E4315（J427） E4301（J423） E5015（J507） E5016（J506）	E310-16 （A402） E310-15 （A407）
50、55 ZG340-640	E6016-D1（J606） E6015-D1（J607）		

（3）层间温度及回火温度。焊件在焊接过程中的层间温度及焊后回火处理温度与焊件含碳量多少、焊件厚度、焊件刚度及焊条类型有关，常用的中碳钢焊接的层间温度及回火温度见表 3-34。

表 3-34　　　常用的中碳钢焊接的层间温度及回火温度

牌号	板厚（mm）	操 作 工 艺		
		预热及层间温度（℃）	消除应力回火温度（℃）	锤击
25	～25	＞50	—	不要
		＞50	600～650	不要
30	＞25 ～50	＞100	600～650	要
		＞150	600～650	要
35	＞50 ～100	＞150	600～650	要
45	～100	＞200	600～650	要

(4) 焊接工艺要点。

1) 选用直径较小的焊条，通常为 (ϕ3.2～ϕ4) mm。

2) 焊接坡口尽量开成U形，以减少母材的熔入量。

3) 焊后尽可能缓冷。

4) 焊接过程中，宜采用锤击焊缝金属的方法减少焊接的残余应力。

5) 采用局部预热时，坡口两侧的加热范围为150～200mm。

6) 焊接过程中宜采取逐步退焊法和短段多层焊法。

7) 采用直流反接电源。

8) 在焊条直径相同时，焊接电流比焊接低碳钢时小10%～15%。

3. 高碳钢的焊接

高碳钢的含碳量较高 (ω_c>0.6%)，淬硬倾向和裂纹敏感性很大，属于焊接性差的钢种。

高碳钢在焊接及焊补过程中容易产生的缺陷如下。

1) 焊接接头脆化。

2) 焊接接头易产生裂纹。

3) 焊缝中易产生气孔。

4) 使焊缝与母材金属的力学性能完全相同比较困难。

为保证高碳钢焊后获得较满意的力学性能及焊缝成形，通常采取如下措施。

(1) 焊前预热。高碳钢焊前预热的温度较高，一般在250～400℃范围，对于个别结构复杂、刚度较大、焊缝较长、板厚较厚的焊件，预热温度要高于400℃。

(2) 焊条的选择。焊接接头的力学性能要求比较高时，应选用E7015-D2 (J707) 或E6015-D1 (J607) 焊条；力学性能要求较低时，可选用E5016或E5015等焊条施焊，焊前焊件要预热，焊后要配合热处理，也可以使用不锈钢焊条：E310-15 (A407)、E1-23-13-15、E2-26-21-16，这时，焊前可不必预热。

(3) 层间温度及回火温度。高碳钢多层焊接时，各焊层的层间温度应控制与预热温度等同。施焊结束后，应立即将焊件送入加热炉中，加热至600～650℃，然后缓冷。

(4) 焊接工艺要点。

1）仔细清除焊件待焊处的油、污、锈、垢。

2）采用小电流施焊，焊缝熔深要浅。

3）焊接过程中要采用引弧板和引出板。

4）防止产生裂纹，可采用隔离焊缝焊接法，即先在焊接坡口上用低碳钢焊条堆焊一层，然后在堆焊层上进行焊接。

5）为减少焊接应力，焊接过程中，可采用锤击焊缝金属的方法减少焊件的残余应力。

二、低合金结构钢的焊接

1. 低合金结构钢的焊接性

低合金结构钢之所以具有较高的强度和其他特殊性能，是由于在钢中加入了一定数量的合金元素，通过合金元素对钢的组织产生作用，使钢达到了一定的性能要求，同时也影响着钢的焊接性。低合金结构钢的焊接性及影响因素见表3-35。

表3-35　低合金结构钢的焊接性及影响因素

焊接性	影响因素
热影响区的淬硬倾向	1. 化学成分：碳当量越大，淬硬倾向也越大 2. 冷却速度：冷却速度越大，则淬硬倾向越大
氢白点	1. 焊条的烘干温度 2. 焊丝及待焊处的油、污 3. 焊前预热温度，焊后热处理温度 4. 大直径焊条、大电流连续施焊
冷裂纹	1. 焊缝金属内的氢 2. 热影响区或焊缝金属的淬硬组织 3. 焊接接头的拉应力
焊缝金属内的热裂纹	1. 焊缝金属的化学成分（如碳、硫、钢等元素的含量） 2. 搭接接头的刚度 3. 搭接熔池的形状系数 4. Mn/S的比值

2. 焊接低合金结构钢焊条的选择

焊接低合金结构钢时，通常要根据所焊钢材的化学成分、力学性能、裂纹倾向、焊接结构的工作条件、受力情况、焊接结构的形状及焊接施工条件等因素综合考虑选用焊条。焊条的选用原则如下。

(1) 按等强度原则。

1) 要求焊缝的强度等于或略高于母材金属的强度，不要使焊缝的强度超出母材的强度太多。

2) 当强度等级不同的低合金结构钢或者低合金结构钢与低碳钢相焊接时，要选用与强度等级较低的钢材相匹配的焊条焊接。

3) 焊条是按抗拉强度分类的，钢材是按屈服强度分类的，两者的分类方法不同，焊前选用焊条时，必须考虑所焊钢种的抗拉强度。

(2) 按焊接结构的重要程度选用酸、碱性焊条。选用酸、碱性焊条的原则，主要取决于钢材的抗裂性能、焊接结构的工作条件、施工条件、焊接结构的形态复杂程度、焊接结构的刚度等因素。对于重要的焊接结构，可选用碱性焊条。对于非重要的焊接结构，或坡口表面有油、污、锈、垢、氧化皮等脏物而又难于清理时，在焊接结构性能允许的前提下，也可以选用酸性焊条。

3. 低合金结构钢的焊前预热、层间温度及焊后热处理

预热有防止冷裂纹、降低焊缝和热影响区的冷却速度、减小内应力等重要作用。低合金结构钢焊前是否需要预热，要慎重考虑。常用下列方法来确定低合金结构钢焊前是否需要预热。

(1) 从施焊的环境温度考虑。板材施焊的温度低于0℃时，焊前要将引弧点四周80mm范围内预热至150℃左右。当板材金属温度低于−30℃时，应停止焊接施工。

(2) 从待焊件的板厚考虑。对于强度等级在500～550MPa的低合金钢，当板厚大于25mm时，一般要考虑进行100℃以上温度的预热。强度等级越高，预热温度也应相应提高。

焊后热处理的目的是为了改善焊缝的接头组织及力学性能，消除焊接内应力，提高构件尺寸的稳定性，增强抗应力腐蚀的性能、提高长期使用的质量稳定性和工作安全性。

4. 低合金结构钢的焊接工艺要点

低合金结构钢的碳当量与钢材强度有关，碳当量低的，强度也低，焊接性较好。如屈服点为300～400MPa的钢种，焊接性较好，焊接工艺也较简单。碳当量越大的钢种，其强度级别越高，焊接性

也越差，焊接工艺也就越复杂。常用的低合金结构钢的焊接工艺要点见表3-36。

表3-36 常用的低合金结构钢的焊接工艺要点

牌号	供货状态	屈服点 σ_s（MPa）及碳当量WCE（%）	焊接特点	工艺措施
Q295（09MnNb 09MnV 12Mn）	热轧	σ_s：295 WCE 0.28～0.34	碳当量较低，强度不高，塑性、韧性、焊接性良好。钢材淬硬倾向小，一般情况下不出现淬硬组织，热影响区的最高硬度HV在350以下，稍大于低碳钢 当焊接环境温度较低、焊件板材较厚、焊接接头刚度较大时，焊缝容易产生冷裂纹	1. 对于需要焊缝与母材等强度的焊件，应选用相应强度级别的焊条 2. 对于不需要焊缝与母材等强度的焊件，为提高韧性、塑性，可选用强度略低于母材的焊条 3. 在施焊场地环境温度<0℃时焊接，焊件应预热至100～150℃ 4. 焊件板厚增加，其刚度也变大，则预热温度应提高 5. 尽量选用低氢型焊条，当非动载荷的构件、板材强度也较低时，也可以用酸性焊条
Q345（12MnV 14Mnb 16Mn 18Nb）		σ_s：345 WCE 0.28～0.39		
Q390（15MnV 15MnTi 16MnNb）		σ_s：390 WCE 0.31～0.35		
Q420（14MnVTiRE 15MnVN）	正火	σ_s：440 WCE 0.44	碳当量较高，焊接性变差，热影响区产生硬脆组织和焊接接头产生冷裂纹的可能性增大。焊后在500～800℃冷却时，冷却速度越大，淬硬也越严重，产生冷裂纹的倾向亦加大 焊接热输入过小，热影响区产生淬硬组织，易产生裂纹；热输入过大，焊接接头的塑性降低	1. 根据设计要求，可选用与焊缝和母材等强度的焊条，也可选用强度略低于母材的焊条施焊 2. 适当控制焊接的热输入和焊后的冷却速度 3. 尽量用低氢型焊条。焊件、焊条应保持在低氢状态 4. 定位焊时，也应进行焊前预热 5. 焊件板厚较大或强度级别较高时，焊后应及时进行热处理，或在200～350℃下保温2～6h 6. 严禁在非焊接部分引弧

三、耐热钢的焊接

具有热稳定性和热强性的钢，称为耐热钢，耐热钢与普通碳素钢相比较，有两个特殊的性能：高温强度和高温抗氧化性。耐热钢按组织状态分类有：珠光体耐热钢、奥氏体耐热钢、马氏体耐热钢和铁素体耐热钢 4 种，以珠光体耐热钢使用最广泛。

1. 常用耐热钢的焊接性及工艺措施

耐热钢中含有不同的合金元素，碳与合金元素共同作用导致焊接过程中形成淬硬组织，使焊缝的塑性、韧性降低，焊接性较差，所以耐热钢的焊接需要一定的工艺措施。常用耐热钢的焊接性及工艺措施见表 3-37。

表 3-37　常用耐热钢的焊接性及工艺措施

类别	牌　号	焊 接 性	工 艺 措 施
珠光体耐热钢	10Cr2Mo1 12CrMo 12Cr5Mo 12Cr9Mo1 12Cr1MoV 12Cr2MoWVB 12Cr3MoVSiTiB 15CrMo 15Cr1Mo1V 17CrMo1V 20Cr3MoWV	珠光体耐热钢由于含碳及合金元素较多，焊缝及热影响区容易出现淬硬组织，使塑性和韧性降低，焊接性变差。当焊件刚度及接头应力较大时，容易产生冷裂纹。在焊后热处理过程中，易产生再热裂纹	1. 按焊缝与母材化学成分及性能相近的原则选用低氢型焊条 2. 焊前仔细清除焊件待焊处的油、污、锈 3. 焊件在焊前要预热，包括装配定位焊前的预热 4. 在焊接过程中，层间温度应不低于预热温度 5. 焊接过程应避免中断，尽量一次连续焊完 6. 焊后应缓冷，为了消除应力，焊后需要进行高温回火 7. 焊件、焊条应严格保持低氢状态
马氏体耐热钢	1Cr5Mo 1Cr11MoV 1Cr11Ni2W2MoV 1Cr12 1Cr12WMoV 1Cr13 1Cr13Mo 1Cr17Ni2	马氏体耐热钢淬硬倾向大，焊缝及热影响区极易产生硬度很高的马氏体和奥氏体组织，使接头脆性增大，残余应力增大，容易产生冷裂纹，含碳量越高，淬硬和裂纹倾向也越大	1. 仔细消除焊件待焊处的油、污、锈、垢 2. 按与母材化学成分及性能相近的原则，选用低氢型焊条。为防止冷裂纹，可选用奥氏体焊条 3. 焊接时宜用大电流，减慢焊缝的冷却速度 4. 焊前应预热（包括装配定位焊），层间温度应保持在预热温度之上 5. 焊后应分级缓慢冷却到150～200℃，再进行高温回火处理 6. 焊件、焊条应严格保持在低氢状态

续表

类别	牌 号	焊 接 性	工 艺 措 施
铁素体耐热钢	00Cr12 0Cr11Ti 0Cr13A1 1Cr17 1Cr19A13 2Cr25N	在高温作用下，近缝区的晶粒急剧长大而引起475℃脆化，还会析出 σ 脆化相。接头室温冲击韧度低，容易产生裂纹	1. 仔细清除焊件待焊处的油、污、锈、垢 2. 采用低温预热并严格控制层间温度 3. 采用小热输入、窄焊道、高速焊接的方法，减少焊接接头的高温停留时间 4. 多层焊时，不宜采取连续施焊，应待前层焊缝冷却后，再焊下一道焊缝 5. 采取冷却措施，提高焊缝的冷却速度 6. 为确保焊缝的塑性和韧性，应选用奥氏体不锈钢焊条
奥氏体耐热钢	0Cr18Ni13Si4 0Cr23Ni13 1Cr16Ni35 1Cr20Ni14Si2 1Cr22Ni20Co20Mo3W3NbN 1Cr25Ni20Si2 2Cr20Mn9Ni2Si2N 2Cr23Ni13	焊缝金属及热影响区容易产生热裂纹。在600～850℃下长时间停留会出现 σ 脆化相和475℃脆化倾向	1. 仔细清除焊件待焊处的油、污、锈、垢 2. 限制 S、P 等杂质的含量 3. 为防止热裂纹产生，应采用短弧、窄焊道的操作方法，还要用小电流、高速焊来减少过热 4. 焊接过程中可采用强制冷却措施来减少过热 5. 焊后可不进行热处理，但对刚度较大的焊件，必要时可进行800～900℃的稳定化处理 6. 对固溶＋时效处理的耐热钢焊件，焊后应作固溶＋时效热处理

2. 耐热钢焊条的选用及焊前预热、焊后热处理

耐热钢的组织不同，焊条的选用及焊前预热、焊后热处理也有所不同。耐热钢的焊条选用原则及焊前预热、焊后热处理的目的见表 3-38。

表 3-38　耐热钢的焊条选用原则及焊前预热、焊后热处理的目的

分类	焊条的选用原则	焊前预热的目的	焊后热处理的目的
低合金耐热钢	焊缝金属的合金成分、力学性能应基本上与母材的相应指标一致或应达到产品技术条件的最低性能指标 如果焊缝焊后需要进行热处理或热加工，则应选择合金成分或强度级别较高的焊条。为提高焊缝金属的抗裂能力，焊条中碳的总含量应略低于母材	防止低合金耐热钢的焊接产生冷裂纹和消除应力裂纹 为防止氢致裂纹的产生，规定预热温度最高不应高于马氏体转变结束后 M_f 点的温度	不仅消除焊接的残余应力，而且更重要的是改善组织、提高接头的综合力学性能，包括提高接头的高温蠕变强度和组织稳定性，降低焊缝及热影响区的硬度等
中合金耐热钢	焊条应是超低氢型的，在保证焊接接头与母材相同的高温蠕变强度和抗氧化性的前提下，提高其抗裂性 为防止铌在中铬钢内会急剧提高焊缝金属的热裂倾向，所以，中铬钢焊条的含铌质量分数一般控制在0.2%以下 钒是对碳亲和力最大的活性元素，也能作为脱氧剂和细化晶粒的元素起到有利作用，降低空淬倾向，焊条中的钒含量以控制在碳含量的2～3倍为宜 碳含量应控制在能保证焊接接头具有足够蠕变强度的低水平	是防止裂纹、降低焊接接头各区的硬度和应力峰值以及提高韧性的有效措施	改善焊缝金属及其热影响区的组织、降低焊接接头各区的硬度、提高焊接接头的韧性、变形能力和高温持久强度以及消除焊接的内应力
高合金耐热钢	马氏体耐热钢：由于这种钢具有相当高的冷裂倾向，所以要选用超低氢型焊条，且要具有防止产生冷裂纹的措施。通常采用铬含量和母材基本相同的焊条，如E410-16（G202）、E410-15（G207）等，此时，焊缝与母材的热膨胀系数相差不大	防止产生焊接裂纹。预热温度的高低对焊缝及热影响区硬度的影响很小，但过高的预热温度（马氏体转变点以上）将导致焊接接头韧性丧失	首先是降低焊缝和热影响区的硬度和改善韧性或提高强度，其次是减小焊接的残余应力

续表

分类	焊条的选用原则	焊前预热的目的	焊后热处理的目的
高合金耐热钢	铁素体耐热钢：焊接这种耐热钢可以使用三种焊条：①奥氏体铬镍高合金焊条，对于长时间处于高温运行的焊接接头，不推荐使用这类焊条。②镍基合金焊条，由于其价格较高，只在极特殊场合下使用。③成分基本与母材匹配的高铬钢焊条，我国标准中的铁素体耐热钢焊条有两种：E430-16（G302）和 E430-15（G307），适用于含铬质量分数在 17%以下的各种铁素体耐热钢的焊接	对厚度小于 6～8mm 的焊件，焊前可不必预热，应采用尽可能低的热接，慎重选择预热和层间温度，防止焊接接头影响区的晶粒过热而急剧长大，并在缓慢冷却时丧失韧性	通常在亚临界温度范围内进行，防止晶粒更加粗大 对于厚度在 10mm 以下的高纯度铁素钢焊件，焊后一般不作焊后热处理
	奥氏体耐热钢：焊接这类钢的焊条，焊后在无裂纹的前提下，保证焊缝金属的热强性与母材基本等强。这就要求其合金成分大致与母材成分匹配，同时，还要控制焊缝金属内铁素体的含量，使长期处在高温运行的奥氏体焊缝金属内含铁素体的质量分数小于 5%。为方便焊后清渣，保持焊道表面光滑，最好选用工艺性能良好的钛钙型药皮焊条	可不进行预热	1. 消除焊接残余应力，提高焊接结构尺寸的稳定性 2. 消除 σ 相 3. 提高焊接接头的蠕变强度

四、低温钢的焊接

1. 低温钢的化学成分及力学性能

低温钢焊接接头近缝区的淬硬倾向小，不易出现硬化组织和冷裂纹，焊接性较好。按照合金元素的含量和组织特点，国产低温钢分为两大类：第一类是用于－120～－40℃的低温钢，含碳量低，合金元素含量不多，组织呈现铁素体和“少量珠光球”，属于低碳低合金结构钢；第二类是用于－253～－196℃的低温钢，它是铁锰一铝系统中的单相奥氏体钢，以热轧或固溶处理的状态供应。

2. 低温钢的焊接性及工艺措施

低温钢实质上属于屈服点为 350～400MPa 级的低碳低合金钢，其焊接关键是保证焊缝和粗晶区的低温韧性。为避免焊缝金属及近缝区形成粗晶组织而降低低温韧性，要求采用小的焊接热输入。焊接电流不宜过大，宜用快速多道焊以减小焊道过热，并通过多层焊的重热作用细化晶粒，多层焊时要控制层间温度，因此，掌握低温钢的焊接特点和制定严密的焊接工艺措施是获得低温钢优质焊缝的关键。常用低温钢的焊接性及工艺措施见表 3-39。

表 3-39　常用低温钢的焊接性及工艺措施

温度级别(℃)	牌　号	焊接性	工艺措施			预热温度(℃)	层间温度(℃)
				环境温度(℃)	板厚(mm)		
−40	Q345(16Mn)	焊接板厚在16mm以下的钢材时，一般不需预热处理。厚板、大刚度结构、在低温环境下焊接时，才适当预热和焊后消除应力回火	1. 仔细清除焊件待焊处的油、污、锈、垢 2. 焊件、焊条应保持在低氢状态 3. 正确选用焊条 4. 按钢材的温度级别、使用条件、结构、刚度、合理制定焊接工艺	低于−10	<16	100~150	100~150
				低于−5	16~24	100~150	100~150
				低于0	25~40	100~150	100~150
				任意温度	>40	100~150	100~150
−70	09Mn2V	由于含碳量低，淬硬倾向小，具有较好的韧性、塑性、焊接性。焊接时注意确保接头的低温韧性。含镍量大于4%的奥氏体低温钢在焊接时，易产生回火脆性和热裂纹	5. 严格控制母材中P、S、O、N杂质的含量，尤其是含镍量大于4%的低温钢，接头脆性大，要严格控制杂质含量 6. 为细化晶粒，提高韧性，采用小热输入、小电流、快速多层多道焊的方法。多层多道焊不宜连续焊，层间温度应在200~300℃之间 7. 合理设计焊接接头，尽量避免和减小应力集中 8. 避免和消除焊接缺陷，在焊接大刚度件时，注意填满弧坑 9. 严格执行工艺规程，控制焊接的热输入，减小焊接区的高温停留时间			—	200
	09MnTiCuRE					—	200
类−90	06MnNb					—	200
−120	06AlNbCuN					—	200
	06AlCu					—	200
−196	20Mn23Al					—	200
	9Ni					100~150	200
−253	15Mn26Al4					—	200

3. 低温钢焊条的选择

低温钢焊条电弧焊时，正确地选用焊条是保证焊接接头具有合格低温使用性能的重要因素。而合金系统的选择和化学成分的确定主要应以满足低温性能为依据，所以要选用能够得到良好的低温韧性、特定合金系统和成分的焊条。

五、不锈钢的焊接

1. 不锈钢的焊接性及工艺措施

不锈钢按其成分可分为以铬为主和以铬、镍为主两大类，由这两种类型还可以发展出一系列的耐热耐蚀钢，常用不锈钢的焊接性及工艺措施见表 3-40。

表 3-40 常用不锈钢的焊接性及工艺措施

类别	牌号	焊接性	工艺措施
奥氏体不锈钢	1Cr18Ni12 1Cr18Ni9 1Cr18Ni9Ti 1Cr18Ni12Mo2Ti 1Cr18Ni12Mo3Ti 1Cr18Ni11Nb 1Cr18Ni8Ni5N 0Cr25Ni20	1. Cr、Ti 等合金元素在焊接时极易氧化烧损 2. 晶间腐蚀是 18-8 型钢极危险的一种破坏形式 3. Cr-Ni 不锈钢的应力腐蚀占湿态腐蚀事例的 50%，在化工工程中用量最大的 18-8 型和 18-12Mo 型不锈钢设备的应力腐蚀可占不锈钢应力腐蚀事例的 80% 之多 4. 焊接时容易出现热裂纹 5. 焊缝中容易产生气孔 6. 熔合线附近被加热到 1300℃ 以上的部位被敏化温度重复加热，在腐蚀液中工作会发生刀状腐蚀 7. 18-8 钢在 500～875℃下经一定时间加热后，会在焊缝中析出一种特殊性 σ 相 8. 焊接过程中的焊接变形大 9. 焊条中焊芯电阻率大，焊条容易发红	1. 用短弧施焊，选用氧化性低的焊条，以稳定化元素 Nb 代替 Ti 渗合金 2. 使焊缝金属呈奥氏体＋质量分数为 5%铁素体的双相组织，可减少和防止热裂纹 3. 焊前仔细清除待焊处的油、污、锈、垢 4. 采用直流反接电源、短弧、高速焊，尽量减少焊缝的截面积，焊条做横向摆动 5. 焊接过程中，焊接处应采取强冷措施，减小焊接区在 450～850℃ 的停留时间 6. 焊后进行固溶化热处理（加热至 1050～1100℃，然后迅速冷却，稳定奥氏体组织），防止产生晶间腐蚀 7. 多层焊时，层间温度＜60℃，每焊完一层焊缝，应仔细清除焊渣，与腐蚀介质接触的焊缝应最后施焊 8. 严禁在焊接点以外处引弧，引弧时要用引弧板，收弧时必须填满弧坑 9. 含有 Nb、Ti 稳定化元素的不锈钢，焊后进行稳定化处理（在 850～950℃下保温 2h） 10. 选用合适的焊接材料，可以减少热裂纹（如减少 C、S、P，增加 Cr、Mo、Mn、Si 等元素） 11. 母材、焊材应严格保持在低氢状态 12. 合理选择焊接电流、焊接顺序及夹具钢固定等措施，防止产生焊接变形现象

续表

类别	牌号	焊接性	工艺措施
铁素体不锈钢	00Cr12 0Cr11Ti 0Cr13A1 1Cr17	1. 热影响区在900℃以上的部位由于晶粒长大，使焊接接头的塑性、韧性急剧下降，焊后热处理不能使晶粒细化 2. 在600～800℃温度下长时间停留，会析出σ的脆性相 3. 高铬铁素体不锈钢（$w_{Cr}>16\%$）常温下韧性较低，当焊接接头刚度较大时，焊后容易产生裂纹 4. 长时间在400～600℃温度下停留，会发生"475℃"脆化 5. 焊接过程中，应选用小的焊接热输入、大焊速、窄焊道焊接，焊条不做横向摆动	1. 焊前仔细清除待焊接处的油、污、锈、垢 2. 视焊件的具体情况（如：结构刚度、使用情况、焊缝数量等）合理选用焊条 3. 选用小的焊接热输入，缩短高温停留时间，不要连续施焊 4. 高铬不锈钢焊前要预热到70～150℃，防止产生裂纹 5. 焊件出现475℃脆化倾向，焊后应进行700～760℃回火处理，然后空冷 6. 焊接厚度较大的焊件时，每焊完一道焊缝，用铁锤轻轻敲击焊接表面，改善接头性能 7. 对于多层多道焊缝，后道焊缝应等前道焊缝冷至预热温度时，再进行焊接 8. 为消除焊件中已析出的σ脆性相，可以在930～980℃下加热，然后于水中急冷，得到均匀的铁素体组织
马氏体不锈钢	1Cr13 2Cr13 1Cr17Ni2	1. 这类钢焊接时的主要问题是淬火裂纹和延迟裂纹。热影响区具有强烈的淬硬化倾向，并形成很硬的马氏体组织 当焊接接头的刚度大或含氢量高时，在焊接应力作用下，由高温直接冷至100～120℃以下，很容易产生冷裂纹。含碳量越高、裂纹倾向越大	1. 焊前仔细清洗待焊处的油、污、锈、垢 2. 正确选择焊接顺序 3. 采用与母材同成分的焊条焊接时，需预热及焊后热处理。用奥氏体焊条焊接的接头，一般在焊后状态下使用，视焊件厚度可不预热或低温预热 4. 为提高塑性、减少应力，焊前应进行200～320℃预热，焊接过程中要控制层间温度 5. 可以采用大电流焊接，以减缓冷却速度

续表

类别	牌号	焊接性	工艺措施
马氏体不锈钢	1Cr13 2Cr13 1Cr17Ni2	2. 使用与母材同成分的焊条焊接时，焊前应预热，预热温度一般为200～320℃，最好不要高于马氏体的开始转变温度 3. 焊件焊后不应从焊接高温直接升温进行回火处理，应先使焊件冷却，让焊缝和热影响区的奥氏体基本分解完毕。对于刚度较小的构件，可冷至室温后再回火 4. 马氏体不锈钢的导热性低，易过热，在热影响区产生粗大的组织	6. 对大厚度的焊件，焊后冷至100～150℃，保温0.5～1h，然后再加热至回火温度，进行焊后回火处理 7. 必须填满弧坑，防止产生弧坑裂纹 8. 多层焊时，要严格进行每道焊缝的清渣，保证焊透 9. 对于焊后不能进行热处理的焊件，可选用高塑性、韧性的奥氏体不锈钢焊条或镍基合金焊条

2. 不锈钢的焊接工艺

不锈钢在焊接过程中，焊条选择得是否正确，焊前预热和焊后热处理是否得当，都直接影响着焊接接头的质量。所以，焊条的选择主要根据焊件金属的化学成分、金属组织类别、焊件的工作条件及要求、焊件刚度大小等因素决定。根据上述因素再决定焊前预热、层间温度及焊后热处理温度。常用不锈钢的焊前预热、焊条选用及焊后热处理见表3-41。

表3-41 常用不锈钢的焊前预热、焊条选用及焊后热处理

类别	牌号	工作条件及要求	焊条型号及牌号	热规范（℃）	
				预热、层温	焊后热处理
奥氏体不锈钢	0Cr19Ni9	工作温度低于300℃，要求良好的耐腐蚀性	E308-16 （A102） E308-15 （A107）	原则上不进行预热	原则上不进行

续表

<table>
<tr><th rowspan="2">类别</th><th rowspan="2">牌　号</th><th rowspan="2">工作条件及要求</th><th rowspan="2">焊条型号及牌号</th><th colspan="2">热规范（℃）</th></tr>
<tr><th>预热、层温</th><th>焊后热处理</th></tr>
<tr><td rowspan="11">奥氏体不锈钢</td><td rowspan="2">1Cr18Ni9
1Cr18Ni9Ti</td><td>抗裂、抗腐蚀性较高</td><td>(A122)</td><td rowspan="11">原则上不进行预热</td><td rowspan="11">原则上不进行</td></tr>
<tr><td>工作温度低于300℃，要求良好的耐腐蚀性</td><td>E347-16
(A132)
E347-15
(A137)</td></tr>
<tr><td>00Cr19Ni11</td><td>耐腐蚀性要求极高</td><td>E308L-16
(A002)</td></tr>
<tr><td rowspan="2">0Cr17Ni12Mo2</td><td>抗无机酸、有机酸、碱及盐腐蚀</td><td>E316-16
(A202)
E316-15
(A207)</td></tr>
<tr><td>要求有良好的抗晶间腐蚀性能</td><td>E318-16
(A212)</td></tr>
<tr><td>0Cr19Ni13Mo3</td><td>抗非氧化性酸及有机酸性能较好</td><td>E308L-16
(A002)
E317-16
(A242)</td></tr>
<tr><td>0Cr18Ni11Ti
1Cr18Ni9Ti
0Cr18Ni12Mo2Ti</td><td>要求一般耐热及耐腐蚀性能</td><td>E318V-16
(A232)
E318V-15
(A237)</td></tr>
<tr><td>0Cr18Ni12Mo2Cu2</td><td>在硫酸介质中要求更好的耐腐蚀性能</td><td>E317MoCu-16
(A032)
E317MoCu-16
(A222)</td></tr>
<tr><td>0Cr18Ni14Mo2Cu2</td><td>抗有机酸、无机酸，异种钢焊接</td><td>E317MoCu-16
(A032)
E317MoCu-16
(A222)</td></tr>
<tr><td>0Cr23Ni13</td><td>耐热、耐氧化，异种钢焊接</td><td>E309-16
(A302)
E309-15
(A307)</td></tr>
<tr><td>0Cr25Ni20</td><td>高温，异种钢焊接</td><td>E310-16
(A402)
E310-15
(A407)</td></tr>
</table>

续表

类别	牌号	工作条件及要求	焊条型号及牌号	热规范（℃）	
				预热、层温	焊后热处理
铁素体不锈钢	1Cr17 Y1Cr17	耐热及耐硝酸	E430-16 （G302）	120～200	750～800
	1Cr17 Y1Cr17	耐热及耐有机酸	E430-15 （G307）		
	0Cr13A1	提高焊缝的塑性	E308-15 （A107） E309-15 （A307）	不进行	不进行
	Cr25Ti	抗氧化性	E309-15 （A307）		760～780 回火
	1Cr17Mo	提高焊缝的塑性	E308-16 （A102） E308-15 （A107） E309-16 （A302） E309-15 （A307）		不进行
马氏体不锈钢	1Cr13 2Cr13	耐大气腐蚀及气蚀	E410-16 （G202） E410-15 （G207）	250～350	700～730 回火
		耐热及有机酸腐蚀	E1-13-1-15 （G217）		
		要求焊缝有良好的塑性	E308-16 （A102） E308-15 （A107） E316-16 （A202） E316-15 （A207） E310-16 （A402） E310-15 （A407）	不进行（厚大件可预热至200）	不进行

续表

类别	牌号	工作条件及要求	焊条型号及牌号	热规范（℃）	
				预热、层温	焊后热处理
马氏体不锈钢	1Cr17Ni2	耐腐蚀、耐高温	E430-16 (G302) E430-15 (G307)	200	750～800 回火
		焊缝的塑性、韧性好	E309-16 (A302) E309-15 (A307)		
		焊缝的塑性、韧性好	E310-16 (A402) E310-15 (A407)		
	1Cr12	在一定温度下能承受高应力，在淡水、蒸汽中耐腐蚀	E410-16 (G202) E410-15 (G207)	250～350	700～730 回火

3. 不锈钢复合板的焊接工艺

不锈钢复合钢板是用较薄的不锈钢板（如 1Cr18Ni9Ti、1Cr18Ni12Mo2Ti、12CrMo 等）作复层，通常是布置在容器或管道的内部，防止侵蚀，再用较厚的结构钢板［如：20、20g、Q235 (09Mn2)、Q345（16Mn)、12CrMo 等］作基层，以满足结构强度和塑性的要求。两种异种金属经轧制后就成为双金属的不锈钢复合钢板。

不锈钢复合钢板的焊接过程是：先焊基层一侧，然后从复层一侧铲除焊根，并用砂轮片打磨干净，经检验合格后，再焊过渡层及复层。

由于复合板中两种金属成分的物理性能和力学性能有很大差别，所以基层的焊接以保证接头的力学性能为原则，一般可参照碳素钢或低合金钢的焊接工艺。复层的焊接既要保证接头的耐腐蚀性能，又要获得满意的力学性能，焊接过程要遵守不锈钢的焊接工艺。

基层焊接时要避免熔化不锈钢复层，复层焊接时要防止基层金属熔入焊缝而降低铬、镍的含量，从而降低复层焊缝的耐腐蚀性和塑性。常用的不锈钢复合钢板焊接的焊条选用见表3-42。不锈钢复合钢板焊条电弧焊的焊接参数见表3-43。

表3-42　常用的不锈钢复合钢板焊接的焊条选用

<table>
<tr><th rowspan="2">不锈钢复合钢板的种类</th><th colspan="3">焊　条</th></tr>
<tr><th>基层</th><th>过渡层</th><th>复层</th></tr>
<tr><td rowspan="2">0Cr13＋Q235</td><td>E4303</td><td>E309-（A302）</td><td>E308-（A102）</td></tr>
<tr><td>E4315</td><td>E309-（A307）</td><td>E308-（A107）</td></tr>
<tr><td rowspan="2">0Cr13＋16Mn</td><td>E5003</td><td>E309-（A302）</td><td>E308-（A102）</td></tr>
<tr><td>E5015</td><td>E309-（A307）</td><td>E308-（A107）</td></tr>
<tr><td rowspan="2">0Cr13＋12CrMo</td><td rowspan="2">E5515-B1
（R207）</td><td>E309-16
（A302）</td><td>E308-16
（A102）</td></tr>
<tr><td>E309-15
（A307）</td><td>E308-15
（A107）</td></tr>
<tr><td rowspan="2">1Cr18Ni9Ti＋Q235</td><td>E4303</td><td>E309-16
（A302）</td><td>E347-16
（A132）</td></tr>
<tr><td>E4315</td><td>E309-15
（A307）</td><td>E347-15
（A137）</td></tr>
<tr><td rowspan="2">1Cr18Ni9Ti＋Q345
（16Mn）</td><td>E5003</td><td>E309-16
（A302）</td><td>E347-16
（A132）</td></tr>
<tr><td>E5015</td><td>E309-15
（A307）</td><td>E347-15
（A137）</td></tr>
<tr><td rowspan="2">Cr18Ni12MoTi＋Q235</td><td>E4303</td><td rowspan="2">E309Mo-16
（A312）</td><td rowspan="2">E318-16
（A212）</td></tr>
<tr><td>E4315</td></tr>
<tr><td rowspan="2">Cr18Ni12MoTi＋Q345
（16Mn）</td><td>E5003</td><td rowspan="2">E309Mo-16
（A312）</td><td rowspan="2">E318-16
（A212）</td></tr>
<tr><td>E5015</td></tr>
<tr><td>0Cr13＋Q390（15MnV）</td><td rowspan="2">E5003
E5015</td><td rowspan="2">E309-16（A302）
E309-15（A307）</td><td>E308-16（A102）
E308-15（A107）</td></tr>
<tr><td>1Cr18Ni9Ti＋Q390
（15MnV）</td><td>E347-16（A132）
E347-15（A137）</td></tr>
<tr><td>Cr18Ni12Mo2Ti＋Q390
（15MnTi）</td><td>E5515-G
E6015-D1</td><td>E309Mo-16（A312）
E309-15（A307）
E309-16（A302）</td><td>E318-16（A212）
E316-16（A202）
E316-15（A207）</td></tr>
</table>

表 3-43　不锈钢复合钢板焊条电弧焊的焊接参数

<table>
<tr><th rowspan="3">复合板的总厚度(mm)</th><th colspan="10">基层焊缝</th><th colspan="4">复层焊缝</th></tr>
<tr><th rowspan="2">总层数(层)</th><th colspan="5">焊条直径(mm)</th><th colspan="4">焊接电流(A)</th><th rowspan="2">总层数(层)</th><th rowspan="2">焊条直径(mm)</th><th colspan="2">焊接电流(A)</th></tr>
<tr><th>第一层</th><th>第二层</th><th>第三层</th><th>第四层</th><th>第五层</th><th>第一层</th><th>第二层</th><th>第三层</th><th>第四、五层</th><th>第一层</th><th>第二层</th></tr>
<tr><td>8～10</td><td rowspan="2">3</td><td>3</td><td>4</td><td>4</td><td rowspan="2">—</td><td rowspan="3">—</td><td>120～140</td><td>150～170</td><td>150～170</td><td rowspan="2">—</td><td>1～2</td><td>4</td><td>130～140</td><td>130～150</td></tr>
<tr><td>12～14</td><td rowspan="4">4</td><td rowspan="4">5</td><td rowspan="4">5</td><td>150～170</td><td>200～250</td><td>200～250</td><td rowspan="4">2</td><td rowspan="4">4</td><td rowspan="2">140～150</td><td rowspan="2">140～160</td></tr>
<tr><td rowspan="2">16～18</td><td rowspan="2">4</td><td rowspan="3">5</td><td rowspan="3">150～170</td><td rowspan="3">200～250</td><td rowspan="3">200～250</td><td rowspan="3">200～250</td></tr>
<tr><td rowspan="2">5</td><td rowspan="2">150～160</td><td rowspan="2">150～170</td></tr>
<tr><td>20</td><td>5</td></tr>
</table>

六、异种钢的焊接

由化学成分、物理性能和晶相组织不同的钢材焊接而成的焊接结构，称为异种钢焊接结构。

异种钢焊接主要有如下几种。

(1) 碳素钢、低合金结构钢与珠光体耐热钢的焊接。

(2) 碳素钢、珠光体耐热钢与奥氏体不锈钢、奥氏体－铁素体不锈钢的焊接。

(3) 珠光体耐热钢与高铬马氏体钢和高铬铁素体不锈钢的焊接。

(4) 奥氏体不锈钢与奥氏体－铁素体不锈钢的焊接。

(5) 高铬马氏体钢、高铬铁素体不锈钢与奥氏体－铁素体不锈钢的焊接。

1. 异种钢焊条电弧焊的焊接性能及工艺措施

(1) 异种钢焊接的主要问题是熔合线附近的金属冲击韧度下降，受到热应力作用容易产生裂纹。

(2) 接头形式、预热温度、焊接参数、操作技术等都直接决定焊缝的稀释率。

(3) 焊接接头的设计应有助于焊缝稀释率的减少和避免焊缝中产生应力集中现象。

（4）为减少金属的稀释率，采用小电流、细直径焊条及高焊速进行焊接。

（5）当被焊的两种钢材之一是淬硬钢时，必须按焊接性差的钢材选择预热温度。采用奥氏体不锈钢焊条焊接异种钢接头时，可适当降低预热温度或不预热。

（6）装配定位焊的截面不能太小，复杂结构按部件组装焊比整体组装焊有助于减小焊接应力及刚度。

（7）奥氏体不锈钢与其他钢材焊接时，可在非不锈钢一侧的坡口边缘处预先堆焊一层高铬高镍的金属，然后再用相应的奥氏体不锈钢焊条焊接。

（8）焊接过程中断收尾时，必须仔细填满弧坑，还要防止焊缝冷作硬化。

（9）异种钢的热处理规范一般按淬硬钢的要求选择。用奥氏体不锈钢焊条焊成的异种钢接头，焊后一般不进行热处理。

（10）不锈钢复合钢板焊接时，一般是先焊基层，当焊到基层与复层交界处时，开始用高铬镍奥氏体不锈钢过渡层焊条，也可以用超低碳的纯铁焊条，然后再改用盖面焊条。

2. 异种钢的焊接工艺

钢材的品种繁多，根据不同的设计、工艺、使用要求，在焊接结构中可以构成数百种异种钢接头。异种钢的焊条电弧焊焊接质量的好坏，除与焊工技术水平有关外，还与焊条的选用、焊前预热温度、焊后热处理温度有很大的关系。常用的异种钢焊接的焊条选用原则见表3-44；常用的异种钢焊接的焊条选用、焊前预热及焊后热处理见表3-45。

表3-44　　常用异种钢焊接的焊条选用原则

异种钢	焊条选用原则
碳钢与低合金结构钢的焊接或异种低合金结构钢的焊接	一般要求焊缝及接头的强度高于较低母材的强度，选用的焊条应能保证焊缝及接头强度高于强度较低一侧的钢材，而焊缝的塑性及冲击韧度不低于强度较高而塑性、韧性较低的钢材

续表

异种钢	焊条选用原则
异种低合金结构钢的焊接	低合金结构钢的化学成分和物理性能都较接近，焊接性较好。焊接时只要采用相应的低合金结构钢焊条及合理的焊接工艺，就能获得满意的焊接接头
异种珠光体的焊接	原则上应满足强度较低一侧钢材的要求，选用与强度较低钢材成分接近的焊条，但焊缝的热强性应等于或高于母材金属。在某种情况下，为防止焊后热处理或在使用过程中出现碳迁移现象，应选用合金成分介于两种母材金属之间的焊条 如果产品不允许进行预热和焊后热处理，可以采用奥氏体钢焊缝，奥氏体钢焊缝的塑性、韧性都很好，既满足了焊缝金属的力学性能，又可以有效地防止产生冷裂纹
珠光体钢与铁素体钢的焊接	通常既可以选用珠光体钢焊条，又可以选用铁素体钢焊条。这类钢在焊接时不仅需要预热，而且需要焊后缓冷或及时回火处理
异种奥氏体钢的焊接	选用奥氏体钢焊条。对于在低温下工作和承受冲击载荷的异种奥氏体钢接头，要选用镍含量较高的焊条，以减少熔合线附近脆性马氏体层的宽度和冲击韧度下降的温度
不锈钢与低碳钢的焊接	为了防止熔合区产生脆性层，主要措施有：其一，在满足工艺要求的前提下，选用大的焊接电流，增强熔池搅拌作用和熔池边缘金属的流动性，改善结晶条件，使熔合区域脆性的宽度变小。其二，选用含镍量高的填充材料，如选用奥氏体能力较强的焊条焊接，脆性层宽度将显著减小。若填充用镍基焊条焊接时，脆性层宽度会完全消失
珠光体钢与铬镍奥氏体钢的焊接	选用镍含量较高的铬镍奥氏体钢焊条，为防止焊缝产生热裂纹，焊条中应含有质量分数为5%～10%的一次铁素体
含镍量为2.5%～3.5%的低温钢与奥氏体不锈钢的焊接	选择焊条的原则是确保焊接区域的低温韧性

表 3-45　　常用异种钢焊接的焊条选用、焊前预热及焊后热处理

类别	钢材牌号		焊条型号（牌号）	预热温度（℃）	焊后热处理温度（℃）	备注
碳素钢、低合金结构钢与珠光体钢的焊接	Q195 Q215-A Q235-A Q255-A 08 10 15 20 25	Q275 Q345(旧牌号16Mn、14MNNb) Q390(旧牌号 15MnV) 15Cr 20Cr 30Cr 20CrV	E4315(J427) E5015(J507)	不预热或预热100～200，$\omega_C \leqslant 0.3\%$时可不预热	不处理或600～640 回火	板厚≥35mm 或要求机加工精度时必须回火
	Q195 Q215-A Q235-A Q255-A 08 10 15 20 25	35、40、45、50 40Cr、45Cr、50Cr 35Mn2、40Mn2 45Mn2、50Mn2 30CrMnTi 40CrMn 40CrV 25CrMnSi 30CrMnSi 35CrMnSiA	E4316(J426) E4315(J427) E5015(J507)	300～400	焊后立即进行热处理600～650	
			E310-15(A407)	200～300 C≤0.3% 不预热	不回火	

续表

类别	钢材牌号		焊条型号(牌号)	预热温度(℃)	焊后热处理温度(℃)	备注
碳素钢、低合金结构钢与珠光体钢的焊接	Q195 Q215-A Q235-A Q255-A 08 10 15 20 25	12CrMo 15CrMo 20CrMo 30CrMo 35CrMo 38CrMoA1	E4316(J426) E4315(J427) E5015(J507)	150～250 ω_C≤0.3%时，不预热(工作温度在450℃以下)	640～670	—
	Q195 Q215-A Q235-A Q255-A 08 10 15 20 25	12Cr1MoV 20Cr3MoWVA	E5015-A1(R107)	250～350	670～690	工作温度≤400℃

续表

<table>
<tr><th>类别</th><th colspan="2">钢 材 牌 号</th><th>焊条型号
（牌号）</th><th>预热温度
（℃）</th><th>焊后热处理温度
（℃）</th><th>备 注</th></tr>
<tr><td rowspan="3">珠光体钢与珠光体钢焊接</td><td>12CrMo
15CrMo
20CrMo
30CrMo
35CrMo
38CrMoA1</td><td>12Cr1MoV
20Cr3MoWVA</td><td>E5015-A1(R107)
E5515-B1(R207)
E5515-B2(R307)</td><td>250～350</td><td>700～720</td><td>工作温度在500～520℃，焊后立即回火</td></tr>
<tr><td rowspan="2">12CrMo
15CrMo
20CrMo
30CrMo
35CrMo
38CrMoA1</td><td rowspan="2">35 、40、45、50
40Cr、45Cr、50Cr
35Mn2、40Mn2
45Mn2、50Mn2
30CrMnTi
40CrMn
40CrV
25CrMnSi
30CrMnSi
35CrMnSiA</td><td>E7015-G(J707)</td><td>300～400</td><td>640～670</td><td>工作温度≤400℃，焊后立即回火</td></tr>
<tr><td>E16-25MoN-15
（A507）</td><td>200～300</td><td>不回火</td><td>工作温度≤350℃，无法进行热处理时采用</td></tr>
</table>

续表

类别	钢材牌号		焊条型号（牌号）	预热温度（℃）	焊后热处理温度（℃）	备注
珠光体钢与珠光体钢焊接	12CrMo 15CrMo 20CrMo 30CrMo 35CrMo 38CrMo	12CrMo 15CrMo 20CrMo 30CrMo 35CrMo 38CrMo	E5015-A1(R107) E6015-B3(R407) E5515-B1(R207) E5515-B2(R307)	150～250	660～700	ω_C≤0.3%、工作温度≤530℃可不预热
	35、40、45、50 40Cr、45Cr、50Cr 35Mn2、40Mn2 45Mn2、50Mn2 30CrMnTi 40CrMn 40CrV 25CrMnSi 30CrMnSi 35CrMnSiA	35、40、45、50 40Cr、45Cr、50Cr 35Mn2、40Mn2 45Mn2、50Mn2 30CrMnTi 40CrMn 40CrV 25CrMnSi 30CrMnSi 35CrMnSiA	E6015-G(J607) E7015-G(J707)	300～400	600～650	焊后立即回火
			E310-15(A407)	200～300	不回火	
	12Cr1MoV 20Cr3MoWVA	12Cr1MoV 20Cr3MoWVA	E5515-B2-V(R317) E5515-B1(R207) E5515-B2(R307)	250～350	720～750	工作温度≤550℃，焊后立即回火

续表

类别	钢材牌号		焊条型号 （牌号）	预热温度 （℃）	焊后热处理温度 （℃）	备注
珠光体钢与珠光体钢焊接	Q345 （16Mn）	Q390 （15MnV、15MnTi）	E5016（J506） E5015（J507） E5003（J502）	不预热	550～650 回火	—
		40Cr	E5001（J503） E5015（J507）	200		
		20CrMo	E5515-G（J557）	300～400		
异种高铬不锈钢的焊接	0Cr13 1Cr13 2Cr13 3Cr13	0Cr13 1Cr13 2Cr13 3Cr13	E410-15（G207）	200～300	700～740 回火	—
	0Cr13 1Cr13 2Cr13 3Cr13	1Cr17 1Cr17Ni2	E410-15（G207）	200～300	700～740 回火	
			E309-15（A307）	不预热或预热 150～200	不回火	
	1Cr17 1Cr17Ni2	1Cr17Ni2 1Cr17	E309-15（A307）	150～200	不回火	焊缝不耐晶间腐蚀，用于干燥浸蚀性介质中

续表

类别	钢材牌号		焊条型号(牌号)	预热温度(℃)	焊后热处理温度(℃)	备注
珠光体钢与铁素体钢的焊接	Q195 Q215-A Q235-A Q255-A 08、10、15、20、25	1Cr17 1Cr17Ni2	E5515-B1(R207) E5515-B2(R307)	不预热	不回火	焊缝不耐晶间腐蚀，不能承受冲击载荷，不能用于浸蚀性液体中
	Q275 09Mn2 Q345(16Mn、14MnNb) 15Cr	1Cr17 1Cr17Mo	E309-16(A302) E309-15(A307)	不预热	不回火	
	20Cr 30Cr 20CrV	1Cr17 1Cr17Mo	E309-16(A302) E309-15(A307)	不预热	不回火	焊缝不耐晶间腐蚀，不能承受冲击载荷，不能用于浸蚀性中

续表

类别	钢材牌号		焊条型号（牌号）	预热温度（℃）	焊后热处理温度（℃）	备注
珠光体钢与铁素体钢的焊接	35、40、45、50 40Cr、45Cr、50Cr 35Mn2、40Mn2 45Mn2、50Mn2 30CrMnTi 40CrMn 40CrV 25CrMnSi 30CrMnSi 35CrMnSiA	1Cr17 1Cr17Mo	E309-16（A307） E309-15（A302）	250～350	不回火	焊缝不耐晶间腐蚀，工作温度<350℃，不能用在浸蚀性液体中
	12CrMo 15CrMo 20CrMo 30CrMo 35CrMo 38CrMoAl	1Cr17 1Cr17Mo	E309-16（A302） E309-15（A307）	不预热和预热 150～200	不回火	焊缝不耐晶间腐蚀，不能承受冲击载荷，不能用于浸蚀性液体中
	12Cr1MoV 20Cr3MoWVA	1Cr17 1Cr17Mo	E309-16（A302） E309-15（A307）	150～200	不回火	焊缝不耐晶间腐蚀，不能承受冲击载荷，不能用于浸蚀性液体中

七、铜及铜合金的焊接

1. 铜及铜合金的焊接

铜及铜合金的焊接较钢的焊接困难，容易产生金属氧化、金属元素蒸发、气孔、裂纹以及变形等缺陷，所以，在焊接时要特别予以注意。常用的铜及铜合金焊条电弧焊的工艺要点见表3-46。

表3-46　常用的铜及铜合金焊条电弧焊的工艺要点

<table>
<tr><th>类别</th><th>预热、层温及热处理</th><th>焊条型号（牌号）</th><th>主要特点</th><th>工艺措施</th></tr>
<tr><td>纯铜</td><td>预热400～500℃</td><td>ECu（T107）
ECuSi-B（T207）
ECuSn-B（T227）
ECuAl-C（T237）</td><td rowspan="6">1. 铜的导热性很好，焊接热输入不足，容易造成焊接接头未熔合或未焊透
2. 容易在焊缝中、熔合线附近及热影响区出现裂纹，裂纹呈晶间断裂，可见到明显的氧化色
3. 焊接过程中易产生气孔
4. 焊后接头的力学性能降低</td><td rowspan="6">1. 采用较大的焊接电流和较高的预热温度及层间温度
2. 严格控制母材金属及焊缝中的氧、铅、铋、硫、磷等的含量。采用预热和热量集中的方法；合理选用装配、焊接顺序及焊接参数，尽量降低接头刚度
3. 严格控制氧、氢的来源。焊前仔细清除待焊处的油、污、锈、垢。采用焊前预热或加入脱氧、氢的元素的方法
4. 尽可能采用高焊速，减少熔池的高温停留时间，焊件焊后进行再结晶退火
5. 采用直流反接电源和短弧焊
6. 焊后用平头锤锤击焊缝
7. 铜镍流动性好，尽量用平焊位置焊接
8. 焊接接头时须有较大的间隙和坡口角度以及较多的定位焊接</td></tr>
<tr><td>黄铜</td><td>预热200～300℃</td><td>ECuSn-B（T227）
ECuAl-C（T237）</td></tr>
<tr><td>锡青铜</td><td>预热150～200℃，焊后480℃后快冷</td><td>ECuSn-B（T227）</td></tr>
<tr><td>铝青铜</td><td>含铝量<7%，预热温度<200℃，含铝量>7%预热温度为620℃，δ<3mm时不预热，焊后视焊件结构大小可进行620℃退火消除应力</td><td>ECuAl-C（T237）</td></tr>
<tr><td>硅青铜</td><td>不预热，层温<100℃，焊后锤击焊缝，消除应力</td><td>ECuSi-B（T207）</td></tr>
<tr><td>白铜</td><td>不预热，层温<70℃</td><td>ECuAl-C（T237）</td></tr>
</table>

2. 异种铜及铜合金的焊接

异种铜及铜合金焊接焊条的选用原则：主要考虑结构的使用条件，如用在导电结构上，焊缝的导电率要比母材大或等于母材，要综合考虑焊缝的力学性能，使其不低于母材；要考虑施工工艺的难易程度、耐磨性、耐腐蚀性等；还要考虑焊条的成本高低。异种铜及铜合金焊接时焊条的选用见表 3-47。

表 3-47　异种铜及铜合金焊接时焊条的选用

异种铜及铜合金	纯铜	黄铜	硅青铜	锡青铜	铝青铜
镍青铜	T307 T107	T307 T237	T207 T307	T227 T307	T207 T307
铝青铜	T207 T227	T207 T227 T237	T207 T237	T237 T227	T237
锡青铜	T107 T227	T227 T237	T207 T227	T227	
硅青铜	T107 T207	T207 T227	T207		
黄铜	T207 T227	T207 T237 T227			
纯铜	T107 T207				

八、铝及铝合金的焊接

铝的密度为 2.7g/cm³，比铜轻 2/3，铝为银白色轻金属，熔点为 658℃，导电率仅次于金、银、铜，而居第 4 位。铝有较高的热容量和熔化潜热以及良好的耐腐蚀性，在低温下亦能保持良好的力学性能。铝及铝合金的分类如下。

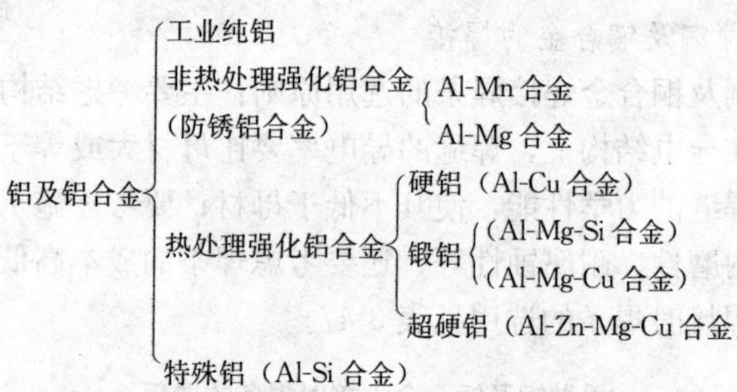

1. 铝及铝合金的焊接特点及工艺措施（见表 3-48）

表 3-48　　常用铝及铝合金的焊接特点及工艺措施

焊接特点	工艺措施
1. 铝极易氧化成难熔氧化膜（Al_2O_3），其熔点高达 2050℃，而纯铝的熔点是 658℃，故极易造成焊缝金属夹渣	1. 加强待焊处的焊前清理，可以用机械或化学方法清理。清理完的待焊处必须在 8h 内焊完，否则焊前仍需重复清理待焊处
2. 吸氢严重，容易在焊缝中形成气孔	2. 焊前焊条需要在 150～160℃下烘焙 2h。采用大电流焊接及对焊件进行预热，能改善气体的逸出条件
3. 铝的线膨胀系数和结晶收缩率比钢大两倍，易产生较大的焊接变形和内应力，对刚度较大的结构会导致裂纹的产生	3. 装配、焊接时，不使焊缝经受很大的刚性拘束，采用分段焊法及预热等措施
4. 焊接过程中，合金元素将蒸发和烧损	4. 采用直流反接电源，焊速约是焊钢焊速的 2～3 倍，并要短弧操作
5. 铝合金有较高的导热性	5. 焊前对待焊处的预热达 100～300℃
6. 耐高温强度和塑性低，容易造成焊缝金属塌落和烧穿现象	6. 在焊缝背面增加衬垫或合理选择坡口、钝边大小，合理选择焊接热输入及焊接工艺和设备
7. 固一液态转变无颜色变化，容易使焊条运行偏离焊缝或使焊缝烧穿	7. 合理选择焊接热输入及焊接手法
8. 焊接接头容易腐蚀	8. 焊后仍要对焊接接头进行清洗，因为焊条药皮大都是盐基型的，对铝有腐蚀性

2. 铝及铝合金焊件焊前、焊后的清理

为确保铝及铝合金的焊接质量，焊前要对其待焊处进行清理或清洗。焊后，为了防止焊渣对接头的腐蚀，还要将残留在焊缝表面及其两侧的焊渣在规定时间（3～6h）内清理掉。铝及铝合金常用的焊前清理及清洗方法见表 3-49；常用的焊后清洗方法见表 3-50。

表 3-49　　铝及铝合金常用的焊前清理及清洗方法

<table>
<tr><th>目的</th><th colspan="11">清理内容及工艺措施</th></tr>
<tr><td>去油污</td><td colspan="11">1. 去氧化膜之前，将待焊处坡口及两侧各 30mm 内的油、污、脏物清洗掉。可以用汽油、丙酮、醋酸乙酯或四氯化碳等溶剂进行清洗
2.
工业磷酸三钠 40～50g
碳酸钠 40～50g
水玻璃 20～30g
水 1L
加热 60～70℃ → 对坡口除油（5～8min） → 50℃热水冲洗 2min → 在冷水中冲洗 2min</td></tr>
<tr><td rowspan="5">去除氧化膜</td><td>机械清理</td><td colspan="10">用直径≤0.3mm 的不锈钢丝轮或刮刀将待焊处表面清理干净。此法用于对清洗要求不高、尺寸较大、不易用化学清洗的焊件，以及化学清洗后又被局部玷污的焊件</td></tr>
<tr><td rowspan="4">化学清洗</td><td rowspan="2">被清洗材料</td><td colspan="3">碱洗</td><td rowspan="2">冷水冲洗时间(min)</td><td colspan="3">中和清洗</td><td rowspan="2">冷水冲洗时间(min)</td><td rowspan="2">烘干温度(℃)</td></tr>
<tr><td>NaOH溶液(%)</td><td>温度(℃)</td><td>时间(min)</td><td>HNO_3溶液(%)</td><td>温度(℃)</td><td>时间(min)</td></tr>
<tr><td>纯铝</td><td>6～10</td><td>40～50</td><td>10～20</td><td>2</td><td>30</td><td>室温</td><td>2～3</td><td>2</td><td>风干或100～150</td></tr>
<tr><td>铝合金</td><td>6～10</td><td>50～60</td><td>5～7</td><td>2</td><td>30</td><td>室温</td><td>2～3</td><td>2</td><td>风干或100～150</td></tr>
</table>

表 3-50　　铝及铝合金常用的焊后清理及清洗方法

清洗方案编号	清洗内容及工艺过程
1	在 60～80℃热水中 → 用硬毛刷将焊缝正、背两面仔细刷洗
2	重要焊接结构 在 60～80℃热水中 → 用硬毛刷仔细刷洗焊缝的正、背两面 → 体积分数为 2%～3%的稀铬酸水溶液 60～80℃ → 浸洗 5～10min → 热水冲洗 → 干燥

续表

清洗方案编号	清洗内容及工艺过程
3	60～80℃热水洗刷 → 硝酸的体积分数为50%、重铬酸的体积分数为2%的混合液清洗 → 热水冲洗 → 干燥
4	体积分数为10%的硝酸溶液浸洗 15～20℃ 10～20min；体积分数为10%的硝酸溶液浸洗 60～65℃ 5～15min → 冷水冲洗 → 干燥

3. 铝及铝合金的焊接工艺

铝及铝合金焊条电弧焊操作较困难，对焊工的熟练程度要求较高，主要用于纯铝、铝锰、铸铝及部分铝镁合金结构的焊接和补焊。焊条选用原则主要根据焊件的工作条件和对力学性能的要求而定。纯铝焊条主要用来焊接对接头性能要求不高的铝合金，铝硅焊条的焊缝有较高的抗热裂性，铝锰焊条有较好的耐蚀性。根据以上原则，铝及铝合金焊条电弧焊的焊条选用见表3-51。

表3-51　　铝及铝合金焊条电弧焊的焊条选用

牌号	型号	焊芯成分（%）			焊接接头的抗拉强度（MPa）	用　途
		ω_{Al}	ω_{Si}	ω_{Mn}		
L109	TA	约99.5	≤0.5	≤0.05	≥64	焊接纯铝及接头强度要求不高的铝合金
L209	TASi	余量	4.5～6	≤0.05	≥118	焊接纯铝及铝合金，不适合用铝镁合金的焊接
L309	TAMn	余量	≤0.5	1～1.5	≥118	焊接纯铝及铝合金

九、耐磨合金的堆焊

堆焊技术实质上是焊接技术的特殊应用，是制造、修复耐磨零件和工、模具的重要工艺手段之一。由于各种机械设备中的零部件以及工、模具的工况条件各不相同，其表面磨损、破坏的机理也各有所异，所以，堆焊合金的使用性主要包括合金的耐磨性、耐冲击性、耐腐蚀性、耐气蚀性和满足在高温下的使用性能等。在进行修复堆焊时，必须弄清楚被修复零件的原始条件，据此确定合适的堆焊材料、堆焊方法和堆焊工艺。堆焊修复工艺的合理标志大致有两点：其一，修复成本为新件成本的（1/3～1/2）；其二，修复后的工件寿命等于或大于新件寿命。常见堆焊金属表面磨损的类型见表3-52。

表3-52 常见堆焊金属表面磨损的类型

磨损类型	造成磨损的原因
磨粒磨损	金属零部件受到土、砂、岩石碎粒、金属碎屑的冲刷以及刮擦造成的磨损
冲击磨损	金属零件与坚硬物体撞击后，使金属表面碎裂或变形造成的磨损
腐蚀磨损	在腐蚀性酸、碱、盐的溶液或雾气中，或在高温条件下结合机械摩擦作用使金属表面腐蚀，氧化面造成的磨损
金属间的磨损	金属与金属表面之间因摩擦剥离造成的磨损，如轴、衬套、阀座及各种锻模具、刀具的磨损等
侵蚀或气蚀磨损	快速流动的液体、蒸汽对金属锤击发生疲劳损坏而造成的磨损，如：水轮机叶片、泵的磨损

1. 耐磨合金堆焊的特点

各种类型的耐磨合金焊条电弧堆焊时，为确保堆焊质量，必须共同遵守以下两个要点。

（1）减少熔深。从提高合金化效率来说，堆焊层内母材金属所占的比例要小，这样母材金属的冲淡作用就小，有利于保障堆焊的质量。

（2）防止堆焊层产生裂纹或剥落。大多数堆焊金属含碳及合金较高，焊缝组织中存有一定量的碳化物甚至莱氏体碳化物，在堆焊后的冷却过程中很容易产生裂纹或在应力作用下发生堆焊层剥落。各类耐磨合金堆焊的焊接性见表3-53。

表3-53 各类耐磨合金堆焊的焊接性

堆焊类别	堆 焊 的 焊 接 性
碳化钨的堆焊	碳化钨的熔点高达3000℃，在电弧的高温作用下部分熔化，并熔入母材金属中，使表层堆焊层的母材组织多是马氏体钢或马氏体合金铸铁，产生裂纹倾向大

续表

堆焊类别	堆焊的焊接性
合金铸铁的堆焊	母材组织有马氏体、奥氏体两类 马氏体合金铸铁裂纹倾向很大，堆焊前需要预热，堆焊后需要缓冷，焊后不能进行热处理，不能进行加工，磨削加工也较困难，仅适用于焊后不需要加工零件的堆焊 奥氏体合金铸铁的硬度比马氏体合金铸铁低，焊后容易产生冷裂纹，焊前需预热，焊后需在预热的熳度下随炉缓冷，仅适用于焊后不需加工零件的堆焊
受气蚀和泥沙磨损合金的堆焊	大多数采用低碳铬锰奥氏体焊条堆焊，堆焊层为奥氏体加铁素体的双相组织，堆焊不需预热。堆焊层的抗裂性好，原始硬度不高，受到冲击时能迅速强化，抗气蚀性能也很好
耐冲击磨损合金的堆焊	高锰钢表面受到冲击压力后引起表层塑性变形，使原先高韧性的奥氏体组织转变成高硬度的马氏体和析出碳化物，变得内层韧性好、耐冲击、表面硬而耐磨 焊件不能预热，堆焊时焊层温度不能高，要短道焊、分散焊。要控制层间温度，必要时将冷却水浇在焊件上或将焊件部分浸入水中强制冷却 堆焊时尽量减小热输入，采用小电流、大焊速，使堆焊层有足够快的冷却速度 每层堆焊后即锤击，对堆焊后的焊件进行水韧处理
耐高温腐蚀和磨损合金的堆焊	工作温度低于450℃的铬不锈钢堆焊金属能耐蒸汽、弱酸的腐蚀，抗裂性好，可不预热堆焊。工作温度在450～580℃的奥氏体不锈钢堆焊金属用于中、高压阀门密封面的堆焊。由于堆焊层是奥氏体加一定数量的铁素体的双相组织，抗裂性较好，一般可不预热。工作温度为500～650℃的高铬合金铸铁堆焊金属，由于含碳量高，碳化物和其他化物使堆焊层具有较高的硬度（HRC≥40～48），需要充分预热才能避免裂纹。多层短段往返堆焊ZG200-400料钟材料时，后道焊缝必须在前道焊缝金属尚处在亮红色时就堆敷上去，否则易出现裂纹
常温下金属与金属间摩擦磨损的堆焊	主要用于修理磨损后的零件，一般只要求恢复尺寸，并不要求得到更高的硬度和耐磨性。这类堆焊金属合金元素总质量分数不超过5%。低碳低合金钢堆焊金属的抗裂性好，可进行切削加工。中碳低合金钢堆焊金属组织主要是马氏体，还有少量的珠光体或残余奥氏体，堆焊层硬度为350～550HBS，含碳量和合金量偏高时可达50HRC，退火后可经机械加工，堆焊金属裂纹倾向较大

续表

堆焊类别	堆焊的焊接性
冷变形模具磨损的堆焊	在冷变形模具的堆焊金属中，一类是高碳铬12型，堆焊金属耐磨性很好，但抗裂性较差，焊前需预热550℃，焊后需立即放入700℃的炉中随炉冷却；另一类是低铬型，堆焊前的预热温度为300～400℃
热加工模具的堆焊	热锻模、热轧辊和热剪切刀具堆焊金属易淬硬而产生裂纹，焊前应预热，焊接时控制并保持一定的层间温度，焊后应缓冷。每道堆焊层的层间停顿时间约25～35s。多层堆焊时，后道焊缝应在前道焊缝的弧坑处引弧，并将弧坑堆满。要在引弧板上引弧，在堆高层上收弧。堆焊结束后，立即将焊件送入200℃的炉（或烘箱）中保温2h，再随炉冷却
高速钢刀具的堆焊	高速钢刀具材料堆焊时，预热、冷却速度要适当，堆焊层内的莱氏体共晶和网状碳化物就会减少，高速钢刀具的使用寿命就会提高。堆焊后的高速钢刀具应立即入炉退火或在热的石棉灰中缓冷 堆焊后的高速钢需经热处理后才能使用

2. 耐磨合金焊前预热、焊条选用及焊后热处理（见表3-54）

表3-54　各类耐磨合金的焊前预热、焊条选用及焊后热处理

堆焊合金的类别	焊条型号（牌号）	焊前预热及层温（℃）	焊后热处理	堆焊层硬度（HRC）	堆焊层组织
碳化钨的堆焊	EDW-A-15（D707） EDW-B-15（D717）	300～500	焊后立即在700℃退火，然后缓冷	60	马氏体形中马氏体合金铸铁
合金铸铁的堆焊	马氏体合金铸铁 EDZ-A1-08（D608）	400～600	不进行热处理，焊后缓冷	55	马氏体
	EDZ-B1-08（D678）			50	
	EDZ-B2-08（D698）			60	
	奥氏体合金铸铁 高铬（ω_{Cr}达30%） EDZCr-C-15（D667）	600～800	焊后立即送入600～800℃的炉子中保温2h后随炉冷却	48	
	EDZCr-D-15（D687）			58	
	中铬（ω_{Cr}达10%） 斯大利尼特 （ω_C3.5%；ω_{Mn}7%；ω_{Cr}7%）				

续表

堆焊合金的类别	焊条型号（牌号）	焊前预热及层温（℃）	焊后热处理	堆焊层硬度（HRC）	堆焊层组织
受气蚀和泥沙磨损零件的堆焊	(D217) (D272) EDCrMn-B-16（D276） EDCrMn-B-15（D277） EDZCr-B-03（D642）	视具体情况进行焊前预热	—	≥50 ≥20 ≥20 ≥20 ≥50	马氏体 奥氏体 奥氏体 奥氏体 高铬铸铁
耐冲击磨损合金的堆焊	EDMn-A-16 (D256) EDMn-B-16 (D266)	要预热，层温不能高，必要时用水浇急冷	—	≥180 HBS ≥180 HBS	—
耐高温腐蚀和磨损合金的堆焊	铬不锈钢，使用温度≤450℃ EDCr-A1-03（D502） EDCr-A1-15（D507） EDCr-B-03（D512） EDCr-B-15（D517）	小件不预热 大件预热：200～300	750～800℃退火软化，可进行机加工，再经950～1000℃空淬或油淬可重新硬化	≥40 ≥40 ≥45 ≥45	马氏体+铁素体
	铬镍奥氏体不锈钢，使用温度为450～580℃ E316-16（A202）	300～400 小件焊前可不预热	焊后缓冷		奥氏体+铁素体
	E316-15 (A207) (D532) (D537) EDCrNi-A-15 (D547)	大件预热 500～600		270～320 HBS	
	高铬合金铸铁，使用温度为500～580℃ EDCrMn-D-15（D567） EDZCr-B-03（D642） EDZCr-C-15（D667）	大件预热 500～600	焊后立即在600～700℃下回火1h，然后缓冷	40～48	奥氏体+碳化物

续表

堆焊合金的类别	焊条型号（牌号）	焊前预热及层温（℃）	焊后热处理	堆焊层硬度（HRC）	堆焊层组织
耐高温腐蚀和磨损合金的堆焊	使用温度≤600℃的铁基硬质合金 EDCrNi-C-15（D557）	300～450	焊后缓冷	≥37	—
	使用温度≤650℃的钴基硬质合金 （D807） EDCoCr-A-03 （D802） （D817） EDCoCr-B-03（D812）	300～600	焊后立即在 600 ～700℃下回火 1h，然后缓冷	≥40 ≥44	奥氏体 + 碳化物
常温金属间磨损合金的堆焊	EDPMn2-15（D107）	200	—	≥22	—
	EDPCrMo-A1-03 （D112）	200		≥220	
	EDPMn3-15（D127）	300		≥30	
	EDPCrMo-A2-03 （D132）	300		≥30	
	EDPCrMo-A3-03 （D172）	300		≥40	
	EDPMn6-15（D167）	250～350		≥40	
冷变形模具的堆焊	EDRCrMoWV-A3-15 （D317） EDRCrMoWV-A1-03 （D322） （D357） （D377） （D387）	高碳铬 12 型 550 低铬型 300～400	焊后立即在 700℃的温度下随炉冷却	≥55	—
热加工模具的堆焊	EDRCrW-15 （D337） （D342） （D346） EDRCrMnMo-15 （D397） EDCoCr-B-03 （D812） （D817）	300～400 250 以上 300～600	缓冷 300℃回火 500℃ 回火，炉冷 600 ～700℃回火，1h后再缓冷	≥48 ≥40 ≥44	—

续表

堆焊合金的类别	焊条型号(牌号)	焊前预热及层温(℃)	焊后热处理	堆焊层硬度(HRC)	堆焊层组织
高速钢刀具的堆焊	EDD-D-15(D307)	350～450	焊后500℃经2～3h,升温至920～930℃,保温3～4h,经2h后降至720～740℃,保温2～4h,再经3～5h降温至500℃出炉空冷,淬火后必须经三次560℃回火,保温1h	退火后26～29 淬火、回火后62～65	—

十、铸铁的焊接

铸铁是含碳质量分数大于2%的铁碳合金,按碳在铸铁中存在形态的不同,可分为白口铸铁、灰铸铁、可锻铸铁和球墨铸铁等。常用铸铁的种类、用途及碳的存在形式见表3-55。

表3-55　　常用铸铁的种类、用途及碳的存在形式

种　类	白口铸铁	灰铸铁	可锻铸铁	球墨铸铁
碳的存在形式	以渗碳体(Fe_3C)形式存在	以片状石墨形式存在	以团絮状石墨形式存在	以球状石墨形式存在
主要用途	性质硬而脆,切削加工困难,很少用于铸件,可制成可锻铸铁	有良好的铸造性能、切削加工性能及一定的力学性能,应用较广泛	由白口铸铁长期退火而成。适宜铸成形状复杂、受冲击的薄形零件	可用来代替铸钢,被广泛用来制造耐磨损、受冲击的重要零件

1. 铸铁焊条电弧焊的工艺要点

铸铁的焊补主要用4种焊接方法,这4种焊接方法的要点见表3-56。

表 3-56　　铸铁焊条电弧焊的工艺要点

焊接方法	工　艺　要　点
冷焊	（1）较小的焊接电流，较高的焊接速度，焊条不做横向摆动，直流正接，短弧焊 （2）每次只焊 10～15mm 长的焊缝，层间温度≤60℃ （3）焊后及时锤击焊缝 （4）对于形状较复杂的薄形铸件，焊前将待焊处局部预热到 150～200℃ （5）铸件冷焊后，需进行后热处理，后热处理的温度薄形铸件为 100～150℃，厚壁铸件为 200～300℃。后热加温后，需用干燥石棉布覆盖铸件，使其缓冷 （6）焊前在裂纹两端钻止裂孔
铸铁芯焊条不预热电弧焊	（1）小而浅的缺陷要开坡口予以扩大，面积须大于 8cm²，深度要大于 7mm，坡口角度为 20°～30°，铲挖出的待补焊的型槽形状应当圆滑。为防止焊接时液态金属流散，在坡口周围边缘应用黄泥条或耐火泥围筑（高 6～8mm） （2）用较大的焊接电流，长电弧连接焊接，熔池温度过高时可稍停一下再焊（薄壁可用小电流） （3）为达到焊后熔合区缓冷的目的，补焊处的缺陷铪缝与母材齐平后，还应继续焊接，使余高加大，达到 6～8mm 高的凸台为止 （4）焊前在裂纹两端钻止裂孔 （5）每焊完一小段后，立即进行锤击处理 （6）焊前应仔细清除待焊处的油、污、锈、垢
半热焊	（1）焊前铸件的待焊处应预热至 400℃左右 （2）为使焊缝缓慢冷却，应选用大电流、连续焊，电弧应适当拉长并且一次焊成 （3）焊后，加热被焊部位（600～700℃），使之缓冷 （4）焊补裂纹时，注意在裂纹两端钻止裂孔。焊前仔细清理待焊处的油、污、锈、垢
热焊	（1）将焊件局部整体预热至 550～650℃，并保持焊件待焊处的温度在焊接过程中不低于 400℃ （2）焊后再进行 600～650℃的消除应力退火 （3）用较大的焊接电流连续施焊（每毫米焊芯直径按 50～60A 选用焊接电流），在焊边角处或缺陷底部时，焊接电流要小些 （4）焊补裂纹时，应先在裂纹两端钻止裂孔

2. 铸铁焊条的选用原则

铸铁焊接时，焊条选择得正确与否，对保障焊缝质量有很重大的影响，具体选用原则见表 3-57。

表 3-57　铸铁焊条的选用原则

选用原则＼分类方式	铸铁材料的分类	焊条型号（牌号）
按铸铁材料类别选用	一般灰铸铁	EZFe（Z100）、EZV（Z116） EZV（Z117）、EZC（Z208） EZNi-1（Z308）、EZNiFe-1（Z408） EZNiCu-1（Z508）、Z607、Z612）
	高强铸铁 焊后进行锤击	EZV（Z116）、EZV（Z117）、EZNiFe-1（Z408）
	球墨铸铁 焊前要预热至 500～700℃，焊后有正火或退火处理要求	EZCQ（Z238）、（Z238SnCu）
按焊后焊缝的切削加工性能要求选用	焊后不能进行切削加工	EZFe（Z100）、（Z607）
	焊前预热，焊后经热处理后可能进行切削加工	EZC（Z208）
	焊前预热，焊后经热处理后可以切削加工	EZCQ（Z238）、（Z238SnCu）
	冷焊后可以切削加工	EZV（Z116）、EZNi-（Z308） EZNiFe-1（Z408）、EZNiCu-1（Z508）、（Z612）

3. 设备修理中铸铁件的焊补方法及应用范围

机械设备中有些零部件是铸铁材料，当出现缺陷需要进行焊补时，其补焊方法及应用范围见表 3-58。

表 3-58　　铸铁件的焊补方法及应用范围

补焊铸铁件的类别	材　质	补焊要求	基本补焊方法	也可以采用的方法
机床导轨面研伤	灰铸铁	1. 硬度较均匀，可以切削加工 2. 基本上无变形	采用冷焊法，焊条为 EZNiCu-1(Z508)、EZNi-1(Z308)，或采用预热温度小于200℃的热焊法	—
100t 冲床床身裂纹	灰铸铁	1. 保证补焊处的强度 2. 消除焊接的内应力	焊前用气焊炬局部预热至 100～150℃，用 EZNiFe-1（Z408）和 ENi-1（Z308）焊条交替焊接 每焊好一个焊段，立即进行锤击处理 焊后进行 100～150℃ 的后热处理，然后覆盖石棉布缓冷	为增加焊补区域的强度，焊缝两侧用 20mm 厚板用螺钉与床身相连接，板的四周用 EZNiFe-1（Z408）焊条与冲床床身焊接
压缩机缸或其他受压力较大的壳体、缸体或容器	灰铸铁、球墨铸铁或合金铸铁	1. 要求承受较大压力的水压试验 2. 可能有切削加工要求	用 EZNi-1(Z308)、EZNiFe-1（Z408）、EZV(Z116、Z117)焊条冷焊	奥氏体、铜铁焊条冷焊
受压不大的缸体或容器	灰铸铁	要求承受较小压力的水压试验或煤油渗漏试验	用铜铁铸铁焊条或奥氏体铜铁焊条冷焊 要求切削加工的补焊处用镍基铸铁焊条补焊	—
大型立车卡盘裂纹	灰铸铁	焊后局部需切削加工	用 EZNiFe-1(Z408)焊条进行冷焊	在受力大的焊缝加工中补强板

续表

补焊铸铁件的类别	材　质	补焊要求	基本补焊方法	也可以采用的方法
1250 轧辊辊脖磨损	球墨铸铁	焊后切削加工	用球墨铸铁焊芯焊条或用 EZCQ 型焊条	也可用 EZNiFe-1(Z408)和 EZV(Z116、Z117)焊条冷焊
镗床立面导轨研伤	灰铸铁	变形小并能切削加工	用 EZNi-1(Z308)焊条冷焊	—
龙门刨导轨研伤	灰铸铁	变形小并能切削加工	用 EZNiCu-1(Z508)焊条冷焊	—
汽车缸体和缸盖裂纹、穿孔及外形磨损	灰铸铁	焊后不加工	铜铁焊条冷焊	用 EZNi-1(Z308)和 EZV(Z116、Z117)焊条冷焊
		焊后焊缝要求切削加工	用 EZNi-1(Z308)或 EZNiFe-1(Z408)焊条冷焊	用 EZC (Z208) 焊条热焊也可以

第七节　锅炉、压力容器焊接的典型工艺

一、板对接平焊的焊接工艺

板对接平焊的焊接工艺见表 3-59。

表 3-59　　板对接平焊的焊接工艺

坡口形式及尺寸简图	焊缝层次分布简图

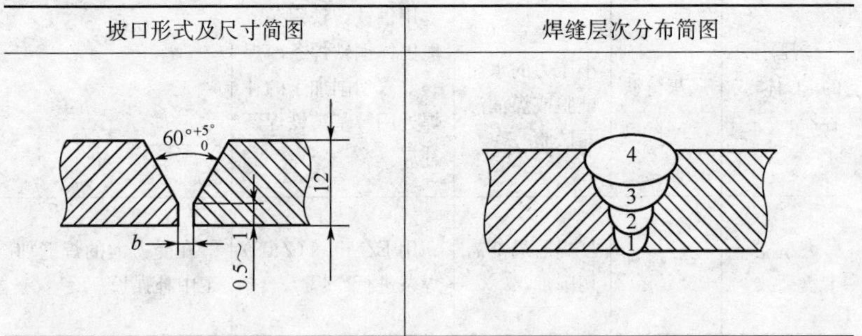

续表

坡口形式及尺寸简图				
焊接方法：焊条电弧焊		焊机型号：BX3-500 电流种类：交流		
母材牌号：20g 规　　格：12mm 尺　　寸：300mm×200mm×12mm		焊条型号（牌号）：E4303（J422） 焊条直径：ϕ3.2mm 焊条烘干温度：150～200℃ 保温时间：1～2h		
组对间隙 b 始焊端：3.2mm 终焊端：4mm		反变形角度：3°～4° 焊接手法（打底层焊缝）：两点击穿法 灭弧频率：45～55 次/min		
焊　接　参　数				
层次（道数）	焊条直径（mm）	焊接电流（A）	电弧电压（V）	
打底层（1）	3.2	105～115	22～26	
填充层（2）	3.2	115～125	22～26	
填充层（3）	4	175～185	22～26	
盖面层（4）	4	170～180	22～26	
焊条与焊接方向的夹角	焊打底层时，焊条与焊接方向的夹角：40°～55° 采用月牙形或横向锯齿形运条方法 焊填充层时，焊条与焊接方向的夹角：80°～85° 焊盖面层时，焊条与焊接方向的夹角：75°～80°			
焊 缝 尺 寸 要 求（mm）				
焊缝宽度		余高	余高差	焊缝宽度差
正面	比坡口每侧增宽 0.5～2	0～3	<2	<2
背面	—	<3	<2	≤2

注：表头第二栏为“焊缝层次分布简图”。

二、板对接立焊的焊接工艺

板对接立焊的焊接工艺见表 3-60。

表 3-60　　板对接立焊的焊接工艺

坡口形式及尺寸简图	焊缝层次分布简图
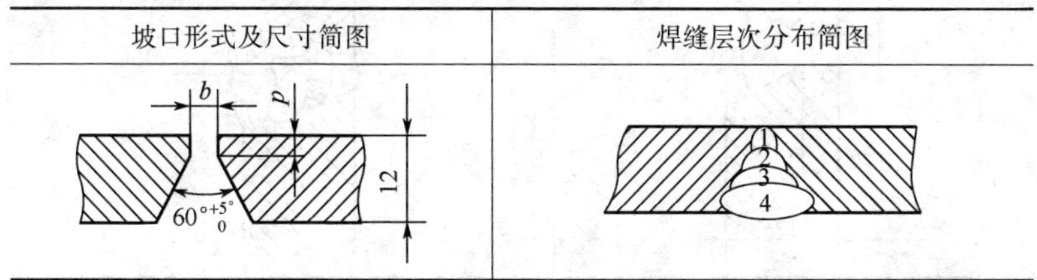	

续表

坡口形式及尺寸简图			焊缝层次分布简图
焊接方法：焊条电弧焊			焊机型号：BX3-500 电流种类：交流
母材牌号：20g 规　　格：12mm 尺　　寸：300mm×200mm×12mm			焊条型号（牌号）：E4303（J422） 焊条直径：ϕ3.2mm 焊条烘干温度：150～200℃ 保温时间：1～2h
组对间隙：b 始焊端：3.2mm 终焊端：4mm 钝边 p：0.5～1mm			反变形角度：3°～4° 打底层焊接方法：两点击穿法，灭弧频率为 30～40 次/min
焊　接　参　数			
层次（道数）	焊条直径（mm）	焊接电流（A）	电弧电压（V）
打底层	3.2	100～105	22～26
填充层		105～115	
填充层			
盖面层		95～105	
焊条与焊接方向的夹角	焊打底层时，焊条与立板下倾角为 70°～80° 采用月牙形或横向锯齿形运条方法 焊填充层时，焊条与立板下倾角为 70°～80° 焊盖面层时，焊条与立板下倾角为 70°～75°		

焊缝尺寸要求（mm）				
焊缝宽度		余高	余高差	焊缝宽度差
正面	比坡口每侧增宽 0.5～2	0～4	<3	<2
背面	—	<4	<3	≤2

三、板对接横焊的焊接工艺

板对接横焊的焊接工艺见表 3-61。

表 3-61　　板对接横焊的焊接工艺

坡口形式及尺寸简图	焊缝层次分布简图

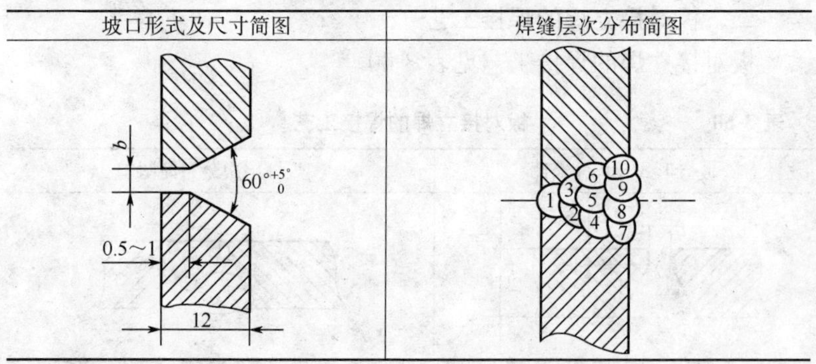

续表

坡口形式及尺寸简图	焊缝层次分布简图
焊接方法：焊条电弧焊	焊机型号：BX3-500 电流种类：交流
母材牌号：20g 规　格：12mm 尺　　寸：300mm×200mm×12mm	焊条型号（牌号）：E4303（J422） 焊条直径：ϕ3.2mm 焊条烘干温度：150～200℃ 保温时间：1～2h
组对间隙：b 始焊端：3.2mm 终焊端：4mm	反变形角度：5°～6° 打底层焊接方法：两点击穿法，灭弧频率为35～45次/min

焊 接 参 数

层次（道数）	焊条直径（mm）	焊接电流（A）	电弧电压（V）
打底层（1）	3.2	105～115	22～26
填充层（2～6）	3.2	120～130	22～26
盖面层（7～10）	3.2	95～105	22～26

<table>
<tr><td rowspan="3">焊条角度</td><td>打底层</td><td>焊条与下试板的夹角为85°～90°，与焊接方向的夹角为70°左右</td><td>两点击穿法焊接</td></tr>
<tr><td>填充层</td><td>焊接下侧焊道时，焊条与下试板的夹角为85°～90°
焊接上侧焊道时，焊条与下试板的夹角为65°～75°
焊条与焊接方向的夹角为80°～85°</td><td>采用直线运条法，不做任何摆动</td></tr>
<tr><td>盖面层</td><td>焊接焊道7，焊条与下试板的夹角为75°～85°，焊道1/3在母材上，约1～2mm，其余2/3在填充层上
焊接焊道8，焊条与下试板的夹角为90°～100°，与焊道7搭接1/2
焊接焊道9，焊条与下试板的夹角为80°～90°，与焊道8搭接1/2
焊接焊道10，焊条与下试板的夹角为90°～100°，与焊道9搭接1/2，与母材相交1/2</td><td>采用直线运条法，不做任何摆动</td></tr>
</table>

焊缝尺寸要求（mm）

焊缝宽度		余高	余高差	焊缝宽度差
正面	比坡口每侧增宽0.5～2	0～3	<2	<2
背面		<3	<2	≤2

四、板对接仰焊的焊接工艺

板对接仰焊的焊接工艺见表 3-62。

表 3-62　　板对接仰焊的焊接工艺

坡口形式及尺寸简图	焊缝层次分布简图
焊接方法：焊条电弧焊	焊机型号：BX3-500 电流种类：交流
母材牌号：20g 规　　格：12mm 尺　　寸：300mm×200mm×12mm	焊条型号（牌号）：E4303（J422） 焊条直径：ϕ3.2mm 焊条烘干温度：150～200℃ 保温时间：1～2h
组对间隙：b 始焊端：3.2mm 终焊端：4mm 钝边 p：0.5～1mm	反变形角度：3°～4° 打底层焊接方法：单点平拉焊法，灭弧频率为 30～35 次/min

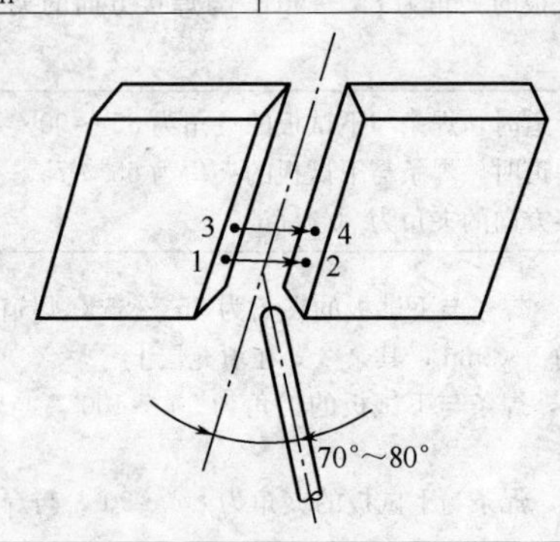

焊接参数			
层次（道数）	焊条直径（mm）	焊接电流（A）	电弧电压（V）
打底层（1）	3.2	95～105	22～26
填充层（2～3）	3.2	105～105	22～26
盖面层（4～16）	3.2	95～105	22～26

焊条角度		
焊条角度	打底层	焊条与焊接方向的夹角为 70°～80° 单点平拉焊法，采用短弧月牙形或锯齿形运条法
	填充层	焊条与焊接方向的夹角为 85°～90°
	盖面层	焊条与焊接方向的夹角为 90°

续表

焊缝尺寸要求（mm）				
焊缝宽度		余高	余高差	焊缝宽度差
正面	比坡口每侧增宽 0.5～2	0～3	<2	<2
背面		<3	<2	≤2
背面凹坑：深度≤20%δ（板厚），且≤2mm				

五、小管对接垂直固定焊的焊接工艺

小管对接垂直固定焊的焊接工艺见表 3-63。

表 3-63　　　　小管对接垂直固定焊的焊接工艺

坡口形式及尺寸简图	焊缝层次分布简图
b　65°$^{+5°}_{0}$　p　φ51×3.5	1　2　3
焊接方法：焊条电弧焊	焊机型号：BX3-500 电流种类：交流
母材牌号：10 规　　格：φ51mm×3.5mm 尺　　寸：φ51mm×3.5mm×200mm	焊条型号（牌号）：E4303（J422） 焊条直径：φ2.5mm 焊条烘干温度：150～200℃ 保温时间：1～2h
组对间隙：b=2.5mm 钝边 p：0.5～1mm	定位焊缝为两条，两条定位焊缝的间距为 120°，且与起始焊位置各距 120°，定位焊缝的长度为 8～12mm
焊接手法（打底层）：一点击穿轴向拉开焊法 灭弧频率：70～80 次/min	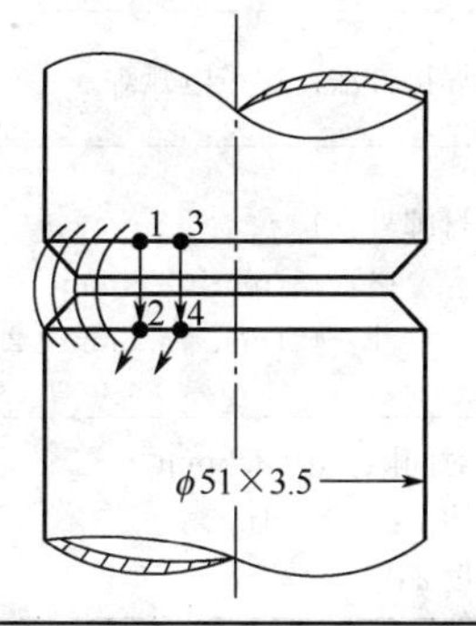

续表

焊接参数				
层次（道数）		焊条直径（mm）	焊接电流（A）	电弧电压（V）
打底层（1）		2.5	70～80	22～26
盖面层（2、3）		2.5	75～85	22～26
焊条角度	打底层	焊条与管切线焊接方向呈70°～75°角 焊条与管下侧的夹角为70°～80° 采用单点击穿轴向拉开法焊接		
	盖面层	焊条与管切线焊接方向的夹角为70°～75° 焊接焊道2时，焊条与管下侧的夹角为75°～80° 焊接焊道3时，焊条与管下侧的夹角为80°～90° 采用直线不摆动运条法，自左向右、自下而上焊接		

焊缝尺寸要求（mm）				
	焊缝宽度	余高	余高差	焊缝宽度差
正面	比坡口每侧增宽0.5～2	0～4	<3	<2
背面		通球检验0.85$D_{内}$	<2	<2

六、小管对接水平固定焊的焊接工艺

小管对接水平固定焊的焊接工艺见表3-64。

表3-64　小管对接水平固定焊的焊接工艺

坡口形式及尺寸简图	焊缝层次分布简图
α　p　b　ϕ51×3.5	②　①
焊接方法：焊条电弧焊	焊机型号：BX3-500 电流种类：交流
母材牌号：10 规　格：ϕ51mm×3.5mm 尺　寸：ϕ51mm×3.5mm×200mm	焊条型号（牌号）：E4303（J422） 焊条直径：ϕ2.5mm 焊条烘干温度：150～200℃ 保温时间：1～2h
组对间隙：b=2.5mm 钝边p：0.5～1mm 角度α：65°+5°	定位焊缝为两条，即在时钟2点、10点的位置，定位焊缝长度为8～12mm，时钟6点的仰焊位为始焊点

续表

焊接手法（打底层）：单点击穿法

灭弧频率：在仰焊、平焊区段为 35～40 次/min

在立焊区段为 40～45 次/min

焊 接 参 数

层次（道数）	焊条直径（mm）	焊接电流（A）	电弧电压（V）
打底层（1）	2.5	75～85	22～26
盖面层（2）		70～80	

焊接角度

在仰焊位置，焊条与焊接方向管切线的夹角为 80°～85°

在仰焊爬坡位置，焊条与焊接方向管切线的夹角为 100°～105°

在立焊位置，焊条与焊接方向管切线的夹角为 90°

在立焊爬坡位置，焊条与焊接方向管切线的夹角为 80°～90°

在平焊位置，焊条与焊接方向管切线的夹角呈 70°～75°

盖面层焊接采用月牙形或横向锯齿形运条法

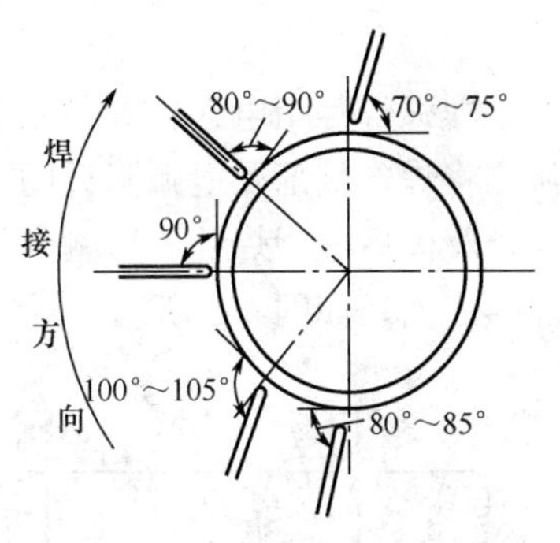

焊 缝 尺 寸 要 求（mm）

焊缝宽度		余高	余高差	焊缝宽度差
正面	比坡口每侧增宽 0.5～2	0～4	<3	<2
背面		通球检验 0.85$D_{内}$	<2	<2

埋弧焊

第一节 概 述

埋弧焊是指电弧在焊剂层下燃烧进行焊接的方法。埋弧焊时电弧热将焊丝端部及电弧附近的母材和熔剂熔化，熔入的金属形成熔池，凝固后成为焊缝，熔融的焊剂形成熔渣，凝固成为渣壳覆盖于焊缝表面，如图 4-1 所示。

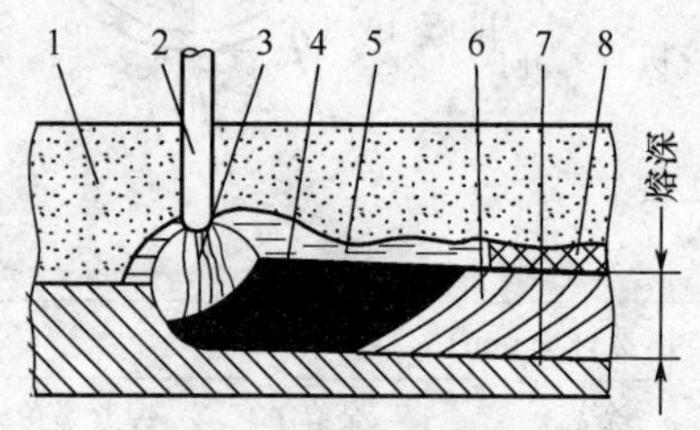

图 4-1 埋弧焊过程

1—焊剂；2—焊丝；3—电弧；4—熔池金属；5—熔渣；6—焊缝；7—焊件；8—渣壳

一、埋弧焊的特点

1. 埋弧焊的优点

（1）生产率高。埋弧焊时焊接电流大，则电流密度高，见表 4-1，由于熔渣具有隔热作用，所以热效率高，熔深大。单丝埋弧焊在焊件开 I 形坡口的情况下，熔深可达 20mm，同时埋弧焊的焊接速度高，厚 8～10mm 的钢板对接，单丝埋弧焊的焊接速度可达 50～80cm/min，而手工焊仅为 10～13cm/min。为了提高生产效率，还可应用多丝埋弧焊，如双丝焊、三丝焊。

（2）焊接接头质量好。由于焊剂的存在，保护了电弧及熔池，避免了环境的影响，而且熔池凝固缓慢，熔池冶金反应充分，对防止气孔、夹渣、裂纹的形成很有利。同时通过焊剂可向熔池内渗合金，以提高焊缝金属的力学性能。可以说，在通用的各种焊接方法

表 4-1 焊接电流、电流密度的对比

焊条、焊丝直径（mm）	埋弧焊		焊条电弧焊	
	焊接电流（A）	电流密度（A/mm^2）	焊接电流（A）	电流密度（A/mm^2）
2	200～400	63～125	50～65	16～25
3	350～600	50～85	80～130	11～18
4	500～800	40～63	125～200	10～16
5	700～1000	30～50	190～250	10～18

中，埋弧焊的质量最好。

（3）自动调节。埋弧焊时，焊接参数可自动调节、保持稳定，这样既保证了焊缝的质量，又减轻了焊工的劳动强度。

（4）劳动条件好。由于埋弧，没有电弧光的辐射，焊工的劳动条件较好。

2. 埋弧焊的缺点

埋弧焊不足的是：由于埋弧，电弧与坡口的相对位置不易控制。必要时应采用焊缝自动跟踪装置，防止焊偏；由于使用颗粒状焊剂，所以非平焊位置不易采用埋弧焊，若采用埋弧焊则应有特殊的工艺措施，如使用磁性焊剂等；不适于厚度小于 1mm 的薄板焊接。

二、埋弧焊的应用范围

由于埋弧具有上述优点，所以它广泛地应用于工业生产的各个部门和领域，如：金属结构、桥梁、造船、铁路车辆、工程机械、化工设备、锅炉与压力容器、冶金机械、武器装备等，是国内外焊接生产中最普遍的焊接方法。

埋弧焊还可以在基体表面上堆焊，以提高金属的耐磨、耐腐蚀等性能。

埋弧焊除广泛地应用于碳素钢、低合金结构钢、不锈钢、耐热钢等的焊接外，还可以用于焊接镍基合金和铜合金，使用无氧焊剂还可以焊接钛合金。

第二节 埋弧焊设备

一、埋弧焊电源

埋弧焊电源可以用交流、直流或交直流并用，见表 4-2。对于单丝、小电流（300～500A），可用直流电源，也可以采用矩形波交流弧焊电源；对于单丝、中大电流（600～1000A），可用交流或直流电源；对于单丝、大电流（1200～1500A），宜用交流电源。弧焊逆变器作为弧焊电源的新发展很有前途，其特点是高效节能、体积小、质量轻，具有多种外特性，具有良好的动特性和弧焊工艺性能，调节速度快而且焊接参数可无级调节，可用计算机或单旋钮控制调节（ZX7-400）。

表 4-2　　单丝埋弧焊电源的选用

焊接电流（A）	焊接速度（cm/min）	电源类型
300～500	>100	直　流
600～1000	3.8～75	交流、直流
≥1200	12.5～38	交　流

二、埋弧焊机

埋弧焊机分为半自动化焊机和自动化焊机两大类。

1. 半自动化焊机

半自动化焊机主要由控制箱、送丝机构、带软管的焊接手把组成，典型的焊机技术数据见表 4-3。

表 4-3　　MB-400A 型自动化埋弧焊机的技术数据

电源电压（V）	220
工作电压（V）	25～40
额定焊接电流（A）	400
额定负载持续率（%）	100
焊丝直径（mm）	1.6～2
焊丝盘容量（kg）	18
焊剂漏斗容量（L）	0.4
焊丝送进速度的调节方法	晶闸管调速
焊丝送进方式	等　速
配用电源	ZX-400

2. 自动化焊机

常用的自动化埋弧焊机有等速送丝和变速送丝两种，一般由机头、控制箱、导轨（或支架）组成。

等速送进式焊机的焊丝送进速度与电弧电压无关，焊丝送进速度与熔化速度之间的平衡只依靠电弧自身的调节作用就能保证弧长及电弧燃烧的稳定性。

变速送进式焊机又称为等压送进式焊机，其焊丝送进速度由电弧电压反馈控制，依靠电弧电压对送丝速度的反馈调节和电弧自身调节的综合作用，保证弧长及电弧燃烧的稳定性。常用的自动化埋弧焊机的主要技术数据见表 4-4。

表 4-4　　常用的自动化埋弧焊机的主要技术数据

型　号	MZ-1000	MZ1-1000	MZ2-1500	MZ-2×1600	MZ9100	MU-2×300	MU1-1000-1
焊机特点	焊车	焊车	悬挂机头	双焊丝	悬臂单头	双头堆焊	带极堆焊
送丝方式	变速	等速	等速	直流等速 交流变速	变速 等速	等速	变速
焊丝直径（mm）	3～6	1.6～5	3～6	3～6	3～6	1.6～2	厚 0.4～0.8 宽 30～80
焊接电源（A）	400～1000	200～1000	400～1500	DC1000 AC1000	100～1000	160～300	400～1000
送丝速度（cm/min）	50～200	87～672	47.5～375	50～417	50～200	160～540	25～100
焊接速度（cm/min）	25～117	26.7～210	22.5～187	16.7～133	10～80	32.5～58.3	12.5～58.3
焊接电流的种类	交、直	交、直	交、直	直、交	直	直	直
配用电源	ZX-1000	BX2-1000 ZX-1000	BX2-2000 或 ZX-1600	BX2-2000 ZX-1600	ZX-1000	AXD-300-1	ZX-1000

三、埋弧焊的辅助设备

在焊接生产过程中，为了保证焊接质量和实施焊接工艺，提高生产率及减轻工人的劳动强度，必须采用各种焊接辅助设备。

1. 焊接操作架

焊接操作架的基本形式有平台式、悬臂式、龙门式、伸缩式等，其功能为将焊接机头准确地送到待焊位置，焊接时以一定的速度沿规定的轨迹移动焊接机头进行焊接。典型的伸缩臂式焊接操作架的主要技术参数见表 4-5。

表 4-5　　　　SHJ 型焊接操作架的技术参数

技术参数＼型号	SHJ-1	SHJ-2	SHJ-3	SHJ-4	SHJ-5	SHJ-6
适用的筒体直径（mm）	1000～4500	1000～3500	600～3500	600～3000	600～3000	500～1200
水平伸缩行程（mm）	8000（二节）	7000（二节）	7000（二节）	6000（二节）	4000	3500
垂直升降行程（mm）	4500	3500	3500	3000	3000	1400
横梁的升降速度（cm/min）	100	100	100	100	100	30
横梁的进给速度（cm/min）	12～120	12～120	12～120	12～120	12～120	12～120
机座的回转角度（°）	±180	±180	±180	±180	回定	手动 ±360
台车的进退速度（cm/min）	300	300	300	300	300	手动
台车轨距（mm）	2000	2000	1700	1600	1500	1000

2. 焊件变位机

常用的焊件变位机有滚轮架和翻转机。它们主要用于容器、梁、柱、框架等焊件的焊接。表 4-6 所示为典型滚轮架的技术参数。

表 4-6　　　　滚轮架的主要技术参数

技术参数＼型号	GJ-5	GJ-10	GJ-20	GJ-50	GJ-100
额定载荷（t）	5	10	20	50	100
筒体直径（mm）	600～2500	800～3900	800～4000	800～3500	800～4000
滚轮的线速度（cm/min）	16.7～167	16～160	10～100	16～160	13.3～133
摆轮的中心距(mm)	ϕ406×120	ϕ400×180	ϕ406×230	ϕ500×300	ϕ560×320
电机功率(kW)	1350	1450	1700	1600	1700

续表

型号 技术参数	GJ-5	GJ-10	GJ-20	GJ-50	GJ-100
质量(t)	0.75	1.1	2.2	4.0	7.5
外形尺寸(主动) A(mm)×B(mm) ×C(mm)	2160×800 ×933	2450×930 ×1111	2700×990 ×1010	2780×2210 ×1160	2350×1500 ×1160

3. 焊缝成形装置

钢板对接时，为防止烧穿的熔化金属的流失，促使焊缝背面的成形，则在焊缝背面加衬垫。焊剂铜槽垫板也是一种衬垫，但应用更广泛的是焊剂衬垫，如图 4-2、图 4-3 所示。生产中还常采用热固化焊剂垫，如图 4-4 所示。

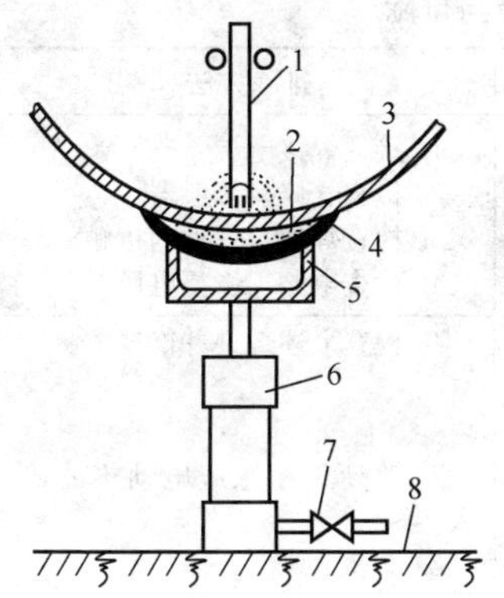

图 4-2 气缸式纵缝焊剂垫

1—焊丝；2—焊剂；3—焊件；4—橡胶托垫；5—槽钢；6—气缸；7—气阀；8—底座

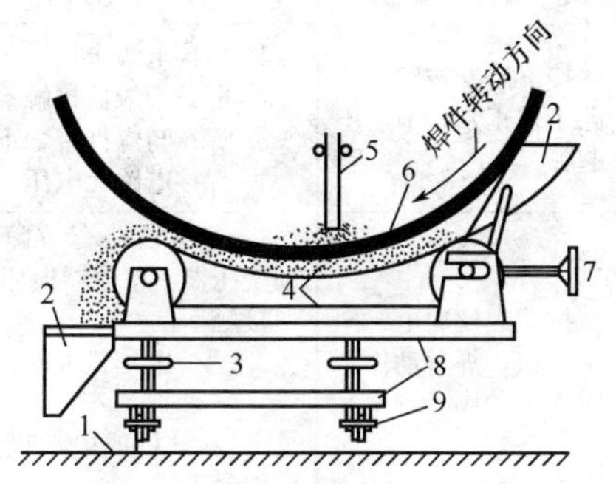

图 4-3 带式环缝焊剂垫

1—轨道；2—焊剂漏斗；3—升降调节手轮；4—焊剂输送带；5—焊丝；6—焊剂；7—输送带调节手轮；8—槽钢架；9—行走轮

热固化焊剂垫长约 600mm，利用磁铁夹具固定于焊件的底部。这种衬垫的柔顺性大，贴合性好，安全方便，便于保管，其各组成部分的作用如下。

双面粘接带：使衬垫紧紧地与焊件贴合。

热收缩薄膜：保持衬垫的形态，防止衬垫内部组成物移动和受潮。

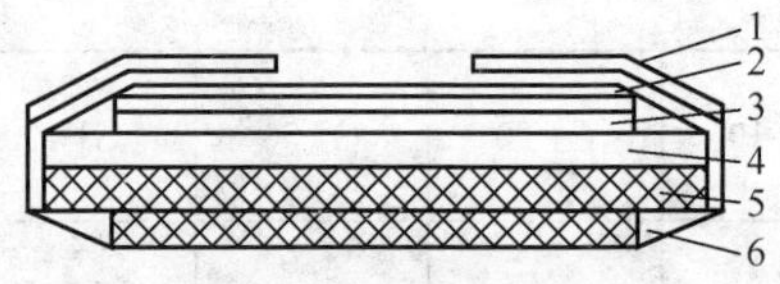

图 4-4　热固化焊剂衬垫

1—双面粘接带；2—热收缩薄膜；3—玻璃纤维布；4—热固化焊剂；5—石棉布；6—弹性垫

玻璃纤维布：使衬垫表面柔软，以保证衬垫与钢板的贴合。

热固化焊剂：热固化后起衬垫作用，一般不熔化，它能控制在焊缝背面的高度。

石棉布：作为耐火材料，保护衬垫材料和防止熔化金属及熔渣滴落。

弹性垫：在固定衬垫时，使压力均匀。

四、埋弧焊机的常见故障及排除方法

埋弧焊机的常见故障、产生原因及排除方法见表 4-7 和表 4-8。

表 4-7　　机械化埋弧焊机的故障与排除

故障现象	产生的原因	排除方法
按下启动按钮，线路工作正常，但引不起弧	1. 焊接电源未接 2. 电源接触器接触不良 3. 焊丝与焊件接触不良 4. 焊接电路无电压	1. 接通焊接电源 2. 检查、修复接触器 3. 检查焊丝与焊件的接触 4. 检查电路，恢复电压
按下焊丝向上、向下按钮，焊丝动作不对或不动作	1. 控制线路有故障，辅助变压器、整流器损坏，按钮接触不良 2. 感应电动机方向相反 3. 发电机或电动机的电刷接触不好	1. 检查上述部件并修复 2. 改变三相感应电动机的输入接线 3. 调整电刷
启动后焊丝一直向上反抽	电弧反馈接线未接或断开	将线接好
按下启动按钮后，继电器工作，接触器不能正常工作	1. 中间继电器失常 2. 接触器线圈有问题 3. 接触器的磁角铁接触面生锈或污垢太多	1. 检修中间继电器 2. 检修接触器 3. 清除锈或污垢
焊机启动后，焊丝周期地与焊件粘住，或常常断弧	1. 粘住说明电弧电压太低、焊电流太小、或网路电压太低 2. 常常断弧说明电弧电压太高、焊接电流太大、或网路电压太高	1. 增加电弧电压或焊接电流 2. 减小电弧电压或焊接电流，改善网路的负荷状态

续表

故障现象	产生的原因	排除方法
线路工作正常，焊接参数正确，而送丝不均匀，电弧不稳定	1. 送丝压紧轮太松或已磨损 2. 焊丝被卡住 3. 送丝机构有故障 4. 网路电压波动太大	1. 调整或更换压紧轮 2. 清理焊丝 3. 检查送丝机构 4. 焊机可以使用专用线路
焊接过程中，焊车突然停止行走	1. 焊车离合器脱开 2. 焊车轮被电缆等物阻挡	1. 关紧离合器 2. 排除车轮的阻挡物
焊接过程中，焊剂停止输送或输送量小	1. 焊剂用完 2. 焊剂漏斗阀门处被堵	1. 添加焊剂 2. 清理并疏通焊剂斗
焊接过程中，机头或导电嘴的位置不时改变	焊车有关部件有游隙	检查、清除游隙或更换磨损零件
焊丝未与焊件接触，焊接回路有电	焊车与焊件绝缘损坏	检查焊车车轮绝缘，检查焊车下面是否有金属物与焊件短路
焊丝在导电嘴中摆动，导电嘴以下的焊丝不时变红	1. 导电嘴磨损 2. 导电不良	1. 更换导电嘴 2. 清理导电嘴
导电嘴末端随焊丝一起熔化	1. 电弧太长，焊丝伸出太短 2. 焊丝送给和焊车皆已停止，电弧仍在燃烧 3. 焊接电流太大	1. 提高焊丝的伸出长度 2. 检查焊丝、焊车停止送给速度，增加焊丝的原因 3. 减小焊接电流
焊接电路接通时，电弧未引燃，而焊丝粘结在焊件上	焊丝与焊件接触太紧	使焊丝与焊件轻微接触
焊接停止后，焊丝与焊件粘住	1. 停止按钮按下速度太快 2. 不经停止 1，而直接按下停止 2	慢慢按下停止 1，待电弧自然熄灭后，再按停止 2

表 4-8 半自动化埋弧焊机的故障与排除

故障现象	产生原因	排除方法
按下启动开关后，电源接触器不接通	1. 熔断器有故障 2. 继电器损坏或断线 3. 降压变压器有故障 4. 启动开关损坏	检查、修复或更新
启动后，线路工作正常，但不起弧	1. 焊接回路未接通 2. 焊丝与焊件接触不良	1. 接通焊接回路 2. 清理焊件
送丝机构工作正常，焊接参数正确，但焊丝送给不均匀或经常断弧	1. 焊丝压紧轮松 2. 焊丝给送轮磨损 3. 焊丝被卡住 4. 软管弯曲太大或内部太脏	1. 调节压紧轮 2. 更换焊丝给送轮 3. 整理被卡焊丝 4. 软管不要太弯，用酒精冲洗内弹簧管
焊机工作正常，但焊接过程中电弧常被拉断或粘住焊件	1. 前者为网路电压突然升高所致 2. 后者是网路电压突然降低所致	1. 减小焊接电流 2. 增大焊接电流
焊接过程中，焊剂突然停止下漏	1. 焊剂已用光 2. 焊剂漏斗堵塞	1. 添加焊剂 2. 疏通焊剂漏斗
焊剂漏斗带电	漏斗与导电部件短路	排除短路
导电嘴被电弧烧坏	1. 电弧太大 2. 焊接电流太大 3. 导电嘴伸出太长	1. 减小电弧电压 2. 减小焊接电流 3. 缩短导电嘴的伸出长度
焊丝在给送轮和软管口之间常被卷成小圈	软管的焊丝进口与给送轮间的距离太远	缩短此距离
焊丝送给机构正常，但焊丝不送不出	1. 焊丝在软管中塞住 2. 焊丝与导电嘴熔接住	1. 用酒精洗净软管 2. 更换导电嘴
焊接停止时，焊丝与焊件粘住	停止时焊把未及时移开	停止时及时移开焊把

第三节 埋弧焊接头坡口的基本形式

焊接接头的坡口形式和尺寸是满足工艺要求、保证焊接质量的必备条件。对于碳素钢和低合金钢的埋弧焊焊接接头，按 GB/T 985.2—2008《埋弧焊焊缝坡口的基本形式和尺寸》，其坡口形式有数十种，常用的坡口形式及尺寸见表 4-9。

表 4-9　　　　埋弧焊焊缝常用的坡口形式及尺寸

序号	板厚（mm）	符号	坡口形式	坡口尺寸（mm）
1	6～20		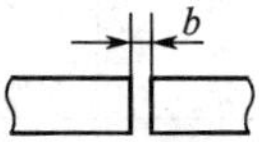	$b=0\sim2.5$
2	6～12			$b=0\sim4$
3	6～24			$b=0\sim4$
4	10～24		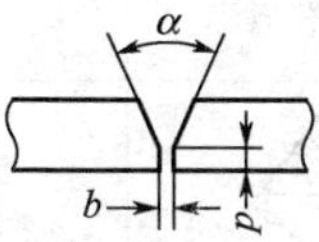	$\alpha=50°\sim80°$ $b=0\sim2.5$ $p=5\sim8$
5	10～30			$\alpha=40°\sim80°$ $b=0\sim2.5$ $p=6\sim10$
6	24～60		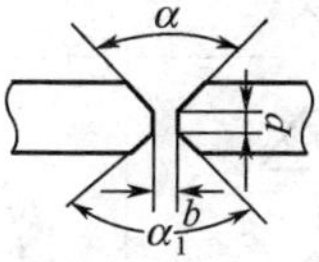	$\alpha=50°\sim80°$ $\alpha_1=50°\sim80°$ $b=0\sim2.5$ $p=5\sim10$
7	50～160		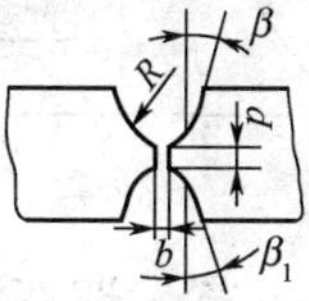	$\beta=5°\sim12°$ $b=0\sim2.5$ $p=6\sim10$ $R=6\sim10$ $\beta_1=5°\sim12°$
8	60～250		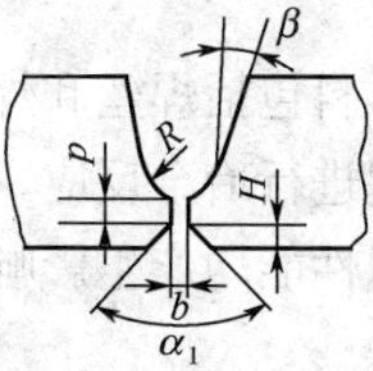	$\alpha=70°\sim80°$ $\beta=1°\sim3°$ $b=0\sim2$ $p=1.5\sim2.5$ $H=9\sim11$ $R=8\sim11$
9	6～14			$b=0\sim2.5$

续表

序号	板厚（mm）	符号	坡口形式	坡口尺寸（mm）
10	10～20	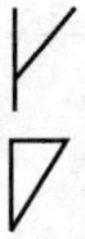	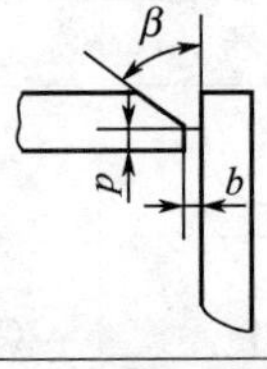	β=35°～45° b=0～2.5 p=0～3
11	20～40		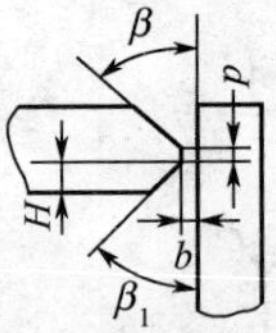	β=35°～45° β_1=40°～50° b=0～2.5 p=1～3 H=6～10
12	10～24	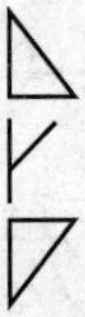	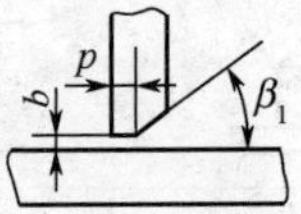	β=35°～45° b=0～2.5 p=3～7
13	10～40		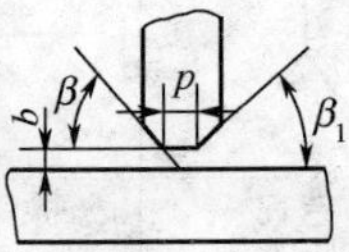	β=10°～50° β_1=10°～50° b=0～2.5 p=3～5

第四节　埋弧焊用焊接材料

埋弧焊用焊接材料包括焊丝和焊剂。埋弧焊时焊丝与焊剂在焊接熔池内与母材一起进行冶金反应，从而对焊接工艺性能、焊缝金属的化学成分、组织性能均产生影响。所以，正确地选择焊丝与焊剂很重要。

一、焊丝

埋弧焊所用的焊丝有实心焊丝与药芯焊丝两种。普遍使用的是实心焊丝，有特殊要求时使用药芯焊丝。

根据所焊金属材料的不同，埋弧焊用焊丝分为：碳素结构钢焊丝、合金结构钢焊丝、高合金钢焊丝、各种有色金属焊丝和堆焊焊丝。根据焊接工艺的需要，除不锈钢焊丝和有色金属焊丝外，焊丝表面均镀铜，镀铜层有利于防锈并改善导电性能。

二、焊剂的分类与用途

1. 焊剂的分类

埋弧焊的焊剂按用途可分为钢用焊剂和有色金属用焊剂；按制造方法可分为熔炼焊剂、烧结焊剂和陶质焊剂，见表 4-10。

表 4-10　焊剂的制造类别

分 类	制 造 工 艺
熔炼焊剂	按配方比例配料—干混拌均匀—熔化—注入冷水或在激冷板上粒化—干燥—捣碎—过筛，制成玻璃状、结晶状、浮石状焊剂
熔结焊剂	按配方比例配料—混拌均匀—加水玻璃调成湿料—在 750～1000℃ 下烧结—破碎—过筛
陶质焊剂	按配方比例配料—混拌均匀—加水玻璃调成湿料—制成一定尺寸的颗粒—在 350～500℃下烘干

2. 焊剂的型号、牌号

（1）焊剂的型号。钢用埋弧焊焊剂按照 GB/T 5293—1999《埋弧焊用碳钢焊丝和焊剂》的规定，焊剂型号的表示方法如下。

$$HJX_1X_2X_3-H\times\times\times$$

HJ——表示埋弧焊用焊剂。

X_1——表示焊缝金属的拉伸力学性能，见表 4-11。

X_2——表示拉伸试样和冲击试样的状态，见表 4-12。

X_3——表示焊缝金属冲击韧度值不小于 34.3J/cm^2 时的最低试验温度，见表 4-13。

H×××——焊丝牌号。

表 4-11　X_1 数字的含义

焊剂型号	σ_b（MPa）	σ_s（MPa）	δ（%）
$HJ3X_2X_3-H\times\times\times$	411.9～549.2	≥304.0	≥22.0
$HJ4X_2X_3-H\times\times\times$	411.9～549.2	≥329.5	
$HJ5X_2X_3-H\times\times\times$	480.5～647.2	≥398.1	

表 4-12　　　　X_2 数字的含义

焊剂型号	试样状态
HJ$X_1$0X_3-H×××	焊态
HJ$_1$1X_3-H×××	焊后热处理状态

表 4-13　　　　X_3 数字的含义

焊剂型号	试验温度（℃）	冲击韧度（J/cm^2）
HJ$X_1X_2$0-H×××	—	无要求
HJ$X_1X_2$1-H×××	0	≥3403
HJ$X_1X_2$2-H×××	−20	
HJ$X_1X_2$3-H×××	−30	
HJ$X_1X_2$4-H×××	−40	
HJ$X_1X_2$5-H×××	−50	
HJ$X_1X_2$6-H×××	−60	

（2）焊剂的牌号及焊剂牌号的编制方法。

1）熔炼焊剂：HJ 表示熔炼焊剂；牌号的第一位数字表示焊剂中 MnO 的含量，见表 4-14；牌号的第二位数字表示焊剂中 SiO_2、CaF_2 的含量，见表 4-15；牌号的第三位数字表示同一类型焊剂的不同牌号，按 0～6 顺序排列；当生产两种颗粒度的焊剂时，对细颗粒焊剂在其后面加注 X。

表 4-14　　　　熔炼焊剂牌号的第一位数字系列

牌　号	焊剂类型	ω_{MnO}（%）
HJ1××	无锰	<2
HJ2××	低锰	2～15
HJ3××	中锰	15～30
HJ4××	高锰	>30

表 4-15　　　　熔炼焊剂牌号的第二位数字系列

牌　号	焊剂类型	MnO_2（%）	ω_{MnF_2}（%）
HJ×1×	低硅低氟	<10	<10
HJ×2×	中硅低氟	10～30	<10
HJ×3×	高硅低氟	>30	<10
HJ×4×	低硅中氟	<10	10～30

续表

牌 号	焊剂类型	MnO_2（%）	ω_{MnF_2}（%）
HJ×5×	中硅中氟	10～30	10～30
HJ×6×	高硅中氟	>30	10～30
HJ×7×	低硅高氟	<10	>30
HJ×8×	中硅高氟	10～30	>30
HJ×9×	其他	—	—

2）烧结焊剂：SJ 表示烧结焊剂；牌号的第一位数字表示渣系，见表 4-16；牌号的第二、三位数字表示同一渣系类型不同牌号的焊剂，按 01～09 顺序编排。

表 4-16　　烧结焊剂第一位数字熔渣系列

焊剂牌号	渣系类型	主要化学成分（质量分数）（%）
SJ1××	氟碱型	$CaF_2 \geqslant 15$　$SiO_2 \leqslant 20$ $CaO+MgO+MnO+CaF_2>50$
SJ2××	高铝型	$Al_2O_3 \geqslant 20$，$Al_2O_3+MgO>45$
SJ3××	硅钙型	$CaO+MgO+SiO_2>60$
SJ4××	硅锰型	$MNO+SiO_2>50$
SJ5××	铝钛型	$Al_2O_3+TiO_2>45$
SJ6××	其他型	—

（3）焊剂牌号、型号举例。

1）牌号为 HJ431X；符合 GB/T 5293—1999 的型号标记为：HJ401-H08A。

a. HJ431X。

HJ——熔炼焊剂；

4——高锰；

3——高硅低氟；

I——序号为 1；

X——颗粒直径为 0.28～1.42mm（60～14 目）。

b. HJ401-H08A。

HJ——焊剂；

4——力学性能 σ_b=411.9～549.2MPa，$\sigma_s \geqslant$329.5MPa，$\delta \geqslant$22%；

0——焊态试样；

1——在 0℃时的冲击韧度值≥34.3J/cm^2；

H08A——配用焊丝为 H08A。

2）牌号为 SJ401；符合 GB 5293—1985 的型号标记为：SJ401。

SJ——烧结焊剂；

4——硅锰型（$\omega_{MnO}+\omega_{SO_2}>50\%$）；

01——顺序号。

颗粒直径为 0.45～2.5mm（40～8 目）。

1——在 0℃时的冲击韧度值≥34.3J/cm²；

H08A——配用焊丝为 H08A。

3. 焊剂的主要用途（见表 4-17）

表 4-17　焊剂的主要用途

焊剂类型	主　要　用　途
高硅型熔炼焊剂	根据 MnO 含量的不同，分为高锰高硅、中锰高硅、低锰高硅、无锰高硅 4 种焊剂，可向焊缝中过渡硅，锰的过渡量与 SiO_2 含量有关，也与焊丝中的含 Mn 量有关。应根据焊剂中 MnO 的含量来选择焊丝。该焊剂用于焊接低碳钢和某些低合金结构钢
中硅型熔炼焊剂	碱度较高，大多数属于弱氧化性焊剂，焊缝金属含氢量低，韧性较高，配合适当的焊丝焊接合金结构钢，加入一定量的 FeO 成为中硅性氧化焊剂，可焊接高强度钢
低硅型熔炼焊剂	对焊缝金属没有氧化作用，配合相应的焊丝可焊接高合金钢，如不锈钢、热强钢等
氟碱型烧结焊剂	碱性焊剂，焊缝金属有较高的低温冲击韧性度，配合适当的焊丝焊接各种低合金结构钢，用于重要的焊接产品。该焊剂可用于多丝埋弧焊，特别是用于大直径容器的双面单道焊
硅钙型烧结焊剂	中性焊剂，配合适当的焊丝可焊接普通结构钢、锅炉用钢、管线用钢，用多丝快速焊接，特别适用于双面单道焊，由于是短渣，可焊接小直径管线
硅锰型烧结焊剂	酸性焊剂，配合适当的焊丝可焊接低碳钢及某些低合金钢，用于机车车辆、矿山机械等金属结构的焊接
铝钛型烧结焊剂	酸性焊剂，有较强的抗气孔能力，对少量的铁锈及高温氧化膜不敏感，配合适当的焊丝可焊接低碳钢及某些低合金结构钢，如锅炉、船舶、压力容器，可用于多丝快速焊，特别适用于双面单道焊
高铝型烧结焊剂	中等碱度，为短渣熔剂，工艺性能好，特别是脱渣性能优良，配合适当的焊丝可用于焊接小直径环缝、深坡口、窄间隙等低合金结构钢，如：锅炉、船舶、化工设备等

三、焊剂的化学成分

焊钢用熔炼焊剂的标准化学成分见表 4-18，烧结焊剂的化学成分见表 4-19。

表 4-18 焊钢用熔炼焊剂的标准化学成分 (%)

牌号	类别	SiO_2	Al_2O_3	MnO	CaO	MgO	CaF_2	TiO_2	NaF	ZrO_2	FeO	S≤	P≤	R_2O
HJ130	无锰高硅低氟	35～40	12～16	—	10～18	14～19	4～7	7～11	—	—	约2.0	0.05	0.05	—
HJ131	无锰高硅低氟	34～38	6～9	—	48～55	—	2～5	—	—	—	≤1.0	0.05	0.08	≤3.0
HJ150	无锰中硅中氟	21～23	28～32	—	3～7	9～13	25～33	—	—	—	—	0.08	0.08	—
HJ151	无锰低硅高氟	24～30	22～30	—	≤6	13～20	18～24	—	—	—	≤1.0	0.07	0.08	—
HJ172	无锰低硅高氟	3～6	28～35	1～2	2～5	—	44～55	—	2～3	2～4	≤0.8	0.05	0.05	≤3.0
HJ230	低锰高硅低氟	40～46	10～17	5～10	8～14	10～14	7～11	—	—	—	≤1.5	0.05	0.05	—
HJ250	低锰中硅中氟	18～22	18～23	5～8	4～8	12～16	23～30	—	—	—	≤1.5	0.05	0.05	≤3.0
HJ251	低锰中硅中氟	18～22	18～23	7～10	3～6	14～17	23～30	—	—	—	≤1.0	0.08	0.05	—
HJ252	低锰中硅中氟	18～22	22～28	2～5	2～7	17～23	18～24	—	—	—	≤1.0	0.07	0.08	—

续表

牌号	类别	SiO_2	Al_2O_3	MnO	CaO	MgO	CaF_2	TiO_2	NaF	ZrO_2	FeO	S≤	P≤	R_2O
HJ260	低锰高硅中氟	29～34	19～24	2～4	4～7	15～18	20～25	—	—	—	≤1.0	0.07	0.07	—
HJ330	中锰高硅低氟	44～48	≤4.0	22～26	≤3.0	16～20	3～6	—	—	—	≤1.5	0.06	0.08	≤1.0
HJ350	中锰中硅中氟	30～35	13～18	14～19	10～18	—	14～20	—	—	—	≤1.0	0.06	0.07	—
HJ351	中锰中硅中氟	30～35	13～18	14～19	10～18	—	14～20	2～4	—	—	≤1.0	0.04	0.05	—
HJ430	高锰高硅低氟	38～45	≤5	38～47	≤6	—	5～9	—	—	—	≤1.8	0.06	0.08	—
HJ431	高锰高硅低氟	40～44	≤4	34～38	≤6	5～8	3～7	—	—	—	≤1.8	0.06	0.08	—
HJ433	高锰高硅低氟	42～45	≤3	44～47	≤4	—	2～4	—	—	—	≤1.8	0.06	0.08	≤0.5
HJ434	高锰高硅低氟	40～45	≤6	35～40	3～9	≤5	4～8	1～8	—	—	≤1.5	0.05	0.05	—

表 4-19　　焊钢用烧结焊剂的标准化学成分　　（%）

牌号	类型	组成成分
SJ101	氟碱型	(SiO_2+TiO_2)20～30；$(CaO+MgO)$25～35；(Al_2O_3+MnO)15～30；$CaF_2$15～25
SJ201	高铝型	Al_2O_3≥20；$(Al_2O_3+CaO+MgO)$>45；Mn-Fe/Si-Fe=4～12
SJ301	硅钙型	(SiO_2+TiO_2)35～45；$(CaO+MgO)$20～30；(Al_2O_3+MnO)20～30；$CaF_2$5～15
SJ401	硅锰型	(SiO_2+TiO_2)45；$(CaO+MgO)$10；(Al_2O_3+MnO)40
SJ501	铝钛型	(SiO_2+TiO_2)25～35；(Al_2O_3+MnO)50～60；CaF_2 3～10
SJ502	铝钛型	(Al_2O_3+MnO)30；(SiO_2+TiO_2)45；$(CaO+MgO)$10；$CaF_2$5

四、常用焊剂与焊丝的匹配

常用的焊剂与其配用焊丝见表 4-20。

表 4-20　　常用焊剂与焊丝的匹配

牌号	用　　途	配用焊丝	电　流
HJ130	低碳钢、普低钢	H10Mn2	交、直
HJ131	Ni 基合金	Ni 基焊丝	交、直
HJ150	轧辊堆焊	2Cr13、3Cr2W8	直
HJ172	高铬铁素体钢	相应钢种的焊丝	直
HJ230	低碳钢、普通低合金钢	H08MnA、H10Mn2	交、直
HJ250	低合金高强度钢	相应钢种的焊丝	直
HJ251	珠光体耐热钢	Cr-Mo 钢焊丝	直
HJ260	不锈钢、轧辊堆焊	不锈钢焊丝	直
HJ330	低碳钢及低合金结构钢的重要结构	H08MnA、H10Mn2	交、直
HJ350	低合金高强度钢的重要结构	Mn-Mo、Mn-Si 及含 Ni 高强度钢焊丝	交、直
HJ430	低碳钢及低合金结构钢的重要结构	H08A、H08MnA	交、直
HJ431	低碳钢及低合金结构钢的重要结构	H08A、H08MnA	交、直

续表

牌号	用　　途	配用焊丝	电　流
HJ433	低碳钢	H08A	交、直
HJ101	低合金结构钢	H08MnA H08MnMoA H08Mn2MoA H10Mn2	交、直
HJ201	低碳钢及低合金结构钢的重要结构	H08A、H08MnA	交、直
HJ301	普通结构钢	H08MnA H08MnMoA H10Mn2	交、直

第五节　常用金属材料的埋弧焊

一、焊接工艺及焊接参数的选择

1. 焊件准备

焊前的准备工作包括坡口加工、待焊部位的清理以及焊件的装配等。

按要求加工坡口，以保证焊缝根部不出现未焊透或夹渣，又可减少金属的填充量。坡口的加工可使用刨边机、机械化或半机械化气割机、碳弧气刨等。

焊件清理主要是去除锈蚀、油污及水分，防止气孔的产生，可用喷砂、喷丸方法或手工清除，必要时用火焰烘烤待焊部位。

装配焊件应保证间隙均匀、高低平整，定位焊缝长度一般应大于30mm，且定位焊缝的质量应与主焊缝的质量要求一致，必要时应采用专用工装、卡具。

2. 焊接参数

根据焊接工艺要求的不同，可以有单面焊或双面焊；又可以有坡口或无坡口；有间隙或无间隙；有衬垫或悬空焊；单道焊或多道焊等。

(1) 焊剂垫上的单面焊双面成形。埋弧焊时焊缝成形的质量主要与焊剂垫的托力及根部间隙有关。所用的焊剂垫尽可能选用细颗粒焊剂，焊接参数见表4-21。

表 4-21　　焊剂垫上单面对接焊的焊接参数

板厚 (mm)	根部间隙 (mm)	焊丝直径 (mm)	焊接电流 (A)	电弧电压 (V)	焊接速度 (cm/min)	电流种类	焊剂垫压力 (kPa)
3	0～1.5	1.6	275～300	28～30	56.7	交	81
3	0～1.5	2	275～300	28～30	56.7	交	81
3	0～1.5	3	400～425	25～28	117	交	81
4	0～1.5	2	375～400	28～30	66.7	交	101～152
4	0～1.5	4	525～550	28～30	83.3	交	101
5	0～2.5	2	425～450	32～34	58.3	交	101～152
5	0～2.5	4	575～625	28～30	76.7	交	101
6	0～3.0	2	475	32～34	50	交	101～152
6	0～3.0	4	600～650	28～32	67.5	交	101～152
7	0～3.0	4	650～700	30～34	61.7	交	101～152
8	0～3.5	4	725～775	30～36	56.7	交	—
10	3～4	5	700～750	34～36	50	交	—
12	4～5	5	750～800	36～40	45	交	—
14	4～5	5	850～900	36～40	42	交	—
16	5～6	5	900～950	38～42	33	交	—
18	5～6	5	950～1000	40～44	28	交	—
20	5～6	5	950～1000	40～44	25	交	—

（2）铜衬垫上的单面焊双面成形。铜衬垫的截面尺寸如图4-5、表 4-22 所示，焊接参数见表 4-23。

表 4-22　　铜垫板的截面尺寸

焊件厚度	槽宽 b	槽深 h	曲率半径 r
4～6	10	2.5	7.0
6～8	12	3.0	7.5
8～10	14	3.5	9.5
12～14	18	4.0	12

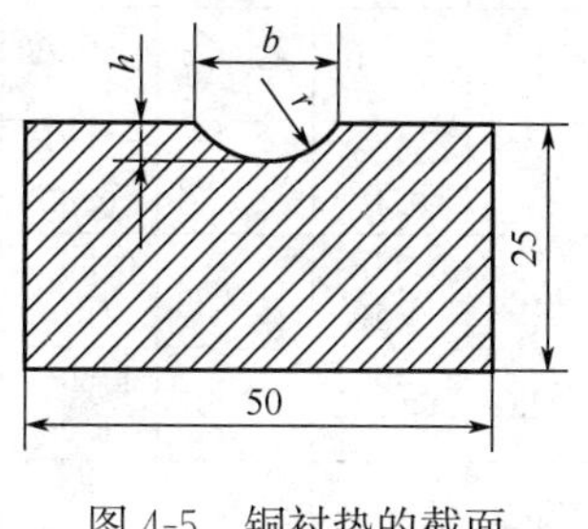

图 4-5　铜衬垫的截面

表 4-23　　铜衬垫上单面对接焊的焊接参数

板 厚 (mm)	根部间隙 (mm)	焊丝直径 (mm)	焊接电流 (A)	电弧电压 (V)	焊接速度 (cm/min)
3	2	3	380～420	27～29	78.3
4	2～3	4	450～500	29～31	68
5	2～3	4	520～560	31～33	63
6	3	4	550～600	33～35	63
7	3	4	640～680	35～37	58
8	3～4	4	680～720	35～37	53.3
9	3～4	4	720～780	36～38	46
10	4	4	780～820	38～40	46
12	5	4	850～900	39～40	38
13	5	4	880～920	39～41	36

二、碳素钢埋弧焊

低碳钢埋弧焊时，为有利于熔池的氧化还原反应，保证焊缝的力学性能，应合理地选用匹配的焊丝与焊剂。低碳钢埋弧焊常用的焊丝见表 4-24；焊丝与焊剂的匹配见表 4-25。

表 4-24　　低碳钢埋弧焊常用焊丝的化学成分　　(%)

牌号	C	Si	Mn	Cr	Ni	Cu	S	P
H08A	≤0.10	≤0.030	0.30～0.55	≤0.20	≤0.30	≤0.20	≤0.030	≤0.030
H08E	≤0.10	≤0.030	0.30～0.55	≤0.20	≤0.30	≤0.20	≤0.020	≤0.020
H08MnA	≤0.10	≤0.07	0.80～1.10	≤0.20	≤0.30	≤0.20	≤0.030	≤0.030
H15A	0.11～0.18	≤0.03	0.35～0.65	≤0.20	≤0.30	≤0.20	≤0.030	≤0.030
H15Mn	0.11～0.18	≤0.03	0.80～1.10	≤0.20	≤0.30	≤0.20	≤0.040	≤0.040
H10Mn2	≤0.12	≤0.07	1.50～1.90	≤0.20	≤0.30	≤0.20	≤0.035	≤0.035
H10MnSi	≤0.14	0.60～0.90	0.80～1.10	≤0.20	≤0.30	≤0.20	≤0.035	≤0.035

表 4-25 低碳钢埋弧焊常用焊丝与焊剂的匹配

钢材牌号	焊 丝	焊 剂
Q235 Q255 Q275	H08A H08A H08MnA	HJ420 HJ431
15、20 20g 20R 25、30	H08A、H08MnA H08MnA、H10MnSi、H10Mn2 H08MnA H08MnA、H10Mn2	HJ430 HJ431 HJ330

生产工艺举例：电站锅炉主焊缝的双面埋弧焊。

(1) 技术要求。

锅筒材料：20g，δ=42mm。

工作压力：3.82MPa。

焊缝表面：外形尺寸符合图样和工艺文件的规定；焊缝及热影响区表面无裂纹、未熔合、夹渣、弧坑、气孔和咬边。

焊缝X射线探伤：按JB/T 4730.2—2005《承压设备无损检测 第2部分射线检测》Ⅱ级。

焊接接头性能：σ_b=400～540MPa，σ_s=225 MPa、δ_5=23%、冷弯α=180°、AKv=27J。

焊接接头宏观晶相：没有裂纹、疏松、未熔合、未焊透。

(2) 焊接工艺。

1) 坡口形式及尺寸如图4-6所示。

2) 选用的焊接材料为ϕ5mm H08MnA焊丝和HJ431。

3) 焊接参数见表4-26，采用多层搭接焊，焊层分布如图4-7所示，层间温度为100～250℃，焊丝偏移量见表4-27。

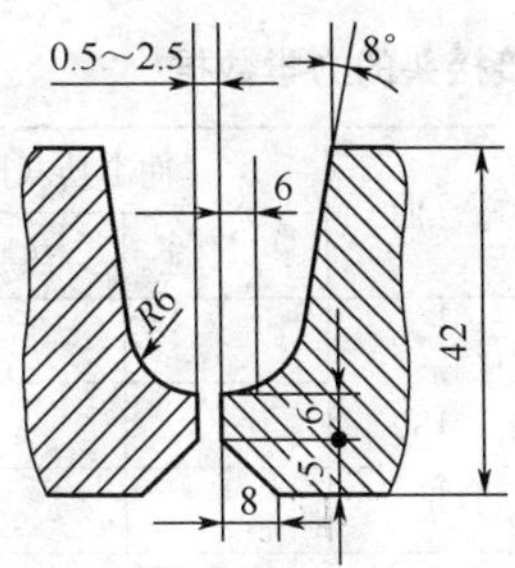

图4-6 电站锅炉主焊缝对接坡口的形状及尺寸

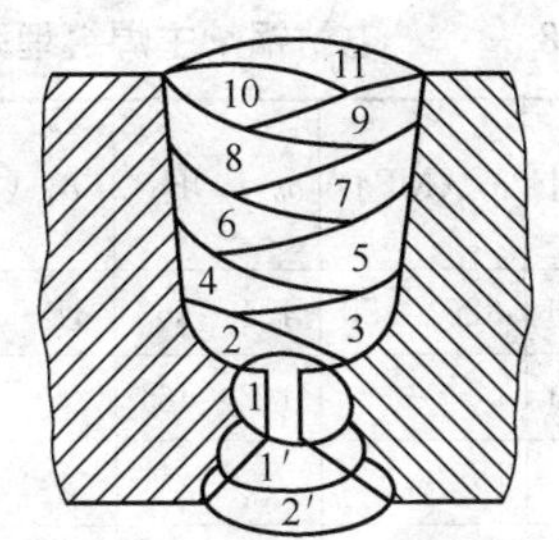

图4-7 电站锅炉主焊缝的焊层分布图

表 4-26　　电站锅炉主焊缝埋弧焊的焊接参数

焊接层次	焊接电流（A）	电弧电压（V）	焊接速度（cm/min）
1′	680～730	34～35	40～41.7
2′	750～770	34～35	40～41.7
背面气刨	碳精棒 ϕ7mm，槽深 4～5mm		
1	730～750	34～35	40～41.7
2～9	750～770	34～35	40～41.7
10	750～770	34～35	40～41.7
11	750～780	34～35	40～41.7

表 4-27　　电站锅炉主焊缝埋弧焊的焊丝偏移量　　(mm)

焊接层次	焊丝位置
1′、2′、1	焊缝坡口中心
2、3	4～5*
4、5、6、7	5～6*
8、9	6～7*
10、11	8～10*

* 为焊丝距坡口侧壁的距离。

(3) 焊接检验。

1) 焊缝成形美观，过渡均匀，焊缝余高为 1.5～3mm，焊缝宽为 35～38mm，焊缝表面无裂纹、咬边、未熔合、气孔等。

2) 按 JB/T 4730.1—2005《承压设备无损检测　第 1 部分通用要求》100%探伤Ⅱ级合格。

3) 力学性能数据（见表 4-28）均合格。

表 4-28　　电站锅炉主焊缝埋弧焊焊接接头的力学数据

检验项目	σ_s（MPa）	σ_b（MPa）	δ_5（%）	弯　曲	冲击功（J）	
					焊　缝	热影响区
焊缝拉伸	326～350	451～463	31～38.7	$D=2S$ $A=180°$ 合格	—	—
接头拉伸	—	447～461	—		—	—
侧　弯	—	—			—	—
冲　击	—	—		—	35～88	30～50

4）宏观晶相检查时，无任何肉眼可见的缺陷。

三、不锈钢埋弧焊

埋弧焊焊接的不锈钢主要指奥氏体型不锈钢。

1. 焊丝与焊剂的选择

焊接奥氏体不锈钢用埋弧焊焊丝的化学成分见表 4-29，焊剂见表 4-30。

表 4-29　　奥氏体不锈钢埋弧焊用焊丝的化学成分　　（%）

牌号	C	Si	Mn	P	S	Ni	Cr	其他
H0Cr21Ni10	≤0.06	≤0.60	1.00～2.50	≤0.030	≤0.020	9.00～11.0	19.50～22.00	—
H00Cr21Ni10	≤0.03					9.00～11.0	19.50～22.00	—
H0Cr20Ni10Ti	≤0.06					9.00～10.50	18.50～20.50	Ti9×C%～1.00
H0Cr20Ni10Nb	≤0.08					9.00～11.0	19.00～21.50	Nb10×C%～1.00

表 4-30　　奥氏体不锈钢埋弧焊用焊剂

焊　丝	焊　　剂
H0Cr21Ni10	HJ151、HJ260、SJ601、SJ641
H00Cr21Ni10	HJ151、HJ260、SJ601、SJ641
H0Cr20Ni10Ti	HJ172、HJ151、HJ260、SJ601、SJ641
H0Cr20Ni10Nb	HJ172、HJ151、HJ260、SJ601、SJ641

2. 奥氏体不锈钢的焊接特点

焊接奥氏体不锈钢的主要问题是热裂纹、脆化、晶间腐蚀和应力腐蚀。

（1）防止形成热裂纹的措施。

1）对 18-8 型不锈钢，使焊缝金属组织为奥氏体—铁素体双相组织，铁素体的质量分数以 4%～12%为宜。

2）减少 S、P 等杂质的含量。

3）对 18-8 型不锈钢，在保证铁素体含量的前提下，适当提高

Mn、Mo的含量，减少C、Cu的含量。

4）采用小的焊接热输入和低的层间温度。

5）采用无氧焊剂。

(2) 防止475℃脆化和相析出脆化的措施。

1）选择合适的焊接参数，使焊接接头在400～600℃和650～850℃两个温度区内有较快的冷却或加热速度。

2）发生脆化时，可以用热处理方法消除。600℃以上短时加热后空冷，可消除475℃脆化，加热到930～980℃后急冷，可消除相脆化。

(3) 防止晶间腐蚀的措施。

1）采用小的焊接热输入、多焊道，以及在焊接过程中采用强迫焊接接头快冷的工艺措施，缩短焊接区在450～850℃的停留时间。

2）用奥氏体—铁素体双相组织焊缝或含有Ti、Nb稳定元素及超低碳的焊丝。

3）对焊后不再经受450～850℃加热的结构，进行固溶处理，对含稳定元素Ti、Nb的不锈钢采用稳定化处理，见表4-31。

表4-31　奥氏体不锈钢埋弧焊的焊后热处理规范

热处理内容	工　艺　参　数
完全退火	加热到1065～1120℃，缓冷
退　火	加热到850～900℃，缓冷
固溶处理	加热到1065～1120℃，水冷或缓冷
消除应力处理	加热到850～900℃，空冷或急冷
稳定化处理	加热到850～900℃，空冷

3. 焊接实例

对于30m^{3}不锈钢发酵罐的焊接。

(1) 技术条件：钢板为0Cr19Ni9全板厚为10mm，筒体直径为2400mm，长L=9896mm；工作压力为0.25MPa；工作介质为发酵液蒸汽；工作温度为145℃。

(2) 焊接工艺规范：采用I形坡口，根部间隙为4mm，坡口及两侧50 mm以内应清理干净，不得有油污及杂质；焊丝为H0Cr21Ni10，并清理干净，直径为4mm；焊剂为HJ260，烘干规范为在250℃下保温2h；电源为直流反接；焊接参数见表4-32。

表4-32　　30m³不锈钢发酵罐的焊接参数

正面焊缝			背面焊缝		
焊接电流（A）	电弧电压（V）	焊接速度（cm/min）	焊接电流（A）	电弧电压（V）	焊接速度（cm/min）
550	29	70	600	30	60

为防止475℃脆化及脆性相析出，在焊接过程中，采用反面吹风及正面及时水冷的措施，快速冷却焊缝。

焊后进行焊缝外观检验，外观合格则进行20%的X射线探伤，且符合JB/T 4730.1—2005标准Ⅱ级要求，同时进行X射线探伤和力学性能试验。合格后进行整流器体水压试验，试验压力为0.31MPa。

四、铜及铜合金埋弧焊

埋弧焊电弧热量集中，焊接接头的力学性能较高，对于纯铜、青铜的焊接性较好，对于黄铜的焊接性尚可，一般多在中等厚度纯铜件的焊接时采用，30mm以下的纯铜板可以实现不预热埋弧焊。

1. 焊丝与焊剂的选择

铜及铜合金埋弧焊用焊丝的化学成分见表4-33，焊剂见表4-34。

表4-33　　铜及铜合金埋弧焊用焊丝的化学成分　　（%）

焊丝牌号	焊丝型号	Cu	Sn	Si	Mn	P	Pb	Al	Zn	杂质
HS201	HSCu	≥98.0	≤1.0	≤0.5	≤0.5	≤0.15	≤0.02	≤0.01		总和≤0.50
HS202	HSCu	99.6～99.8	—	—	—	0.20～0.40	—	—	—	—
HS220	HSCuZn-1	57～61	0.5～1.5	—	—	—	≤0.05	—	余量	总和≤0.50
HS221	HSCuZn-3	56.0～62.0	0.5～1.5	0.1～0.5	—	—	≤0.05	≤0.01	—	总和≤0.50
	HSCu	≥98.0	≤1.0	≤0.5	≤0.5	—	—	—	—	—

表 4-34　　铜及铜合金埋弧焊用焊剂

类　　型	牌　　号
中硅中氟	HJ150
低锰中硅中氟	HJ250
低锰高硅中氟	HJ260
中锰高硅中氟	HJ360
高锰高硅低氟	HJ431

2. 铜及铜合金埋弧焊的特点

(1) 坡口形式。埋弧焊的坡口形式见表 4-35。

表 4-35　　铜及铜合金埋弧焊的坡口形式

板厚（mm）	坡品形式	根部间隙（mm）	钝边（mm）	角度（°）
3～4	I	1	—	—
5～6	I	2.5	—	—
8～10	V	2～3	3～4	60～70
12～16	V	2.5～3.0	3～4	70～80
21～25	V	1～3	4	80
⩾20	X	1～2	2	60～65
35～40	U	1.5	1.5～3.0	5～15

(2) 焊前预热。根据经验纯铜埋弧焊时可不预热，但为保证焊接质量，对于厚度大于 20mm 的焊件最好采取局部预热(200～400℃)，过高的预热温度会引起热影响区的晶粒有长大倾向，并产生剧烈氧化，以致形成气孔、夹渣，降低焊接接头的力学性能。

(3) 焊接用垫板。埋弧焊时采用焊剂垫，可采用纯铜或碳素钢槽支承焊剂垫。焊接双面焊的背面缝时，也适合在焊剂垫上进行。

(4) 焊接参数。铜及铜合金埋弧焊的焊接参数见表 4-36。

焊接极性为反接法，焊丝的伸出长度为 35～40mm，焊丝垂直或前倾 10°，焊件水平或倾斜 5～10°，采用上坡焊。

表 4-36　　铜及铜合金埋弧焊的焊接参数

材料	板厚	坡口形式	焊接材料		焊丝直径(mm)	焊接电流(直流反接 A)	电弧电压(V)	焊接速度(m/h)	备注
			焊丝	焊剂					
纯铜	5～6	对接	HS201 HS202	HJ430 HJ260 HJ150	4	500～550	35～40	25～20	单面单层加垫板
	10～12				5	700～800	40～44	20～15	
	16～20				6	900～1000	45～50	12～8	双面单层焊
	25～40	U形			4～5	1000～1400	50～55	15～10	单面多层加垫板
黄铜	4	对接无坡口	HS220 HS221	HJ431	1.5	180～200	24～26	20	单面单层加垫板
	8				1.5	300～380	26～28	20	
	12				2.0	450～470	30～32	25	
	18	V形			3.0	650～700	32～34	30	双面单层焊
铝青铜	10	对接	HSCuAl	HJ431 HJ150	2	450	35～36	25	
	15	V形			3	550～650	35～36	25	单面双层加垫板
	26	X形			4	750～800	36～38	25	单面多层加垫板

3. 焊接实例

精馏塔纵缝的埋弧焊。

板材为 TU1，厚度 $t=10$mm；焊丝为 HS201，直径为 ϕ2.5mm；焊剂为 HJ431；坡口形式为 V 形，坡口角度为 60°，钝边为 4mm，根部间隙为 1～3mm。

采用双面焊，焊正面时背部采用焊剂垫，焊背面时也采用焊剂垫，焊剂垫与焊件压紧，不得有间隙。

采用直流反接电源，焊接参数见表 4-37。

焊接接头检验：＞200MPa，＞25%，冷弯 180°合格，耐腐蚀性能高于母材。

表 4-37　精馏纵缝埋弧焊的焊接参数

焊接顺序	焊接电流（A）	电弧电压（V）	焊接速度（cm/min）
正　面	410	35	58
铲除焊根			
背　面	410	35	58

第六节　埋弧焊焊接缺陷产生的原因及防止方法

埋弧焊同其他各种熔焊一样，由于材料、设备、工艺等诸多方面因素的影响，也会产生焊接缺陷。金属熔化焊焊接缺陷可分为很多种类，这里着重介绍以下三种。

1. 裂纹

一般情况下，埋弧焊产生两种裂纹：热裂纹——结晶裂纹；冷裂纹——氢致裂纹。

（1）结晶裂纹发生在焊缝金属上。由于焊缝中的杂质在焊缝结晶过程中形成低熔点共晶，结晶时被推挤在晶界，形成液态薄膜，凝固收缩时焊缝金属受拉应力作用，液态薄膜承受不了拉应力而形成裂纹。

所以，要控制焊缝金属中杂质的含量，减少低熔点共晶物的生成。同时焊缝形状对结晶裂纹的形成有明显的影响，熔宽与熔深之比小，易形成裂纹，熔宽与熔深之比大，抗结晶裂纹性较高。

（2）氢致裂纹常发生于焊缝金属或热影响区，特别是低合金钢、中合金钢和高强度钢的热影响区易产生氢致裂纹。

防止氢致裂纹的措施如下。

1）减少氢的来源，采用低氢焊剂，并注意焊剂的防潮，使用前应严格烘干。焊丝和焊件坡口附近的锈、油污、水分等要清除干净。

2）选择合理的焊接参数，降低钢材的淬硬程度，改善应力状态，使之有利于氢的逸出，必要时采取预热措施。

3）采用后热或焊后热处理，使之有利于氢的逸出，并消除应力，改善组织，提高焊接接头的延性。改善焊接接头设计，防止应力集中，降低接头的拘束度。选择合适的坡口形式，降低裂纹的敏感性。

2. 夹渣

埋弧焊时的夹渣与焊剂的脱渣性有关，与坡口形式、焊件的装配情况及焊接工艺有关。

SJ101 比 HJ431 的脱渣性好，特别是窄间隙埋弧焊和小角度坡口焊接时，SJ101 对防止夹渣的产生极为有利。

焊缝成形对脱渣情况有明显的影响，平面凸的焊缝隙比深凹或咬边的焊缝更易脱渣。多层焊时，若前道焊缝与坡口边缘熔合充分，则易脱渣。深坡口焊时，多道焊夹渣的可能性小。

3. 气孔

（1）焊接坡口及附近存在的油污、锈等，在焊接时产生大量的气体，促使气孔的产生，故焊前必须将其清除干净。

（2）焊剂中的水分、污物和氧化铁屑都促使气孔的产生。焊剂的保管要防潮，焊剂使用前要按规范严格烘干，回收使用的焊剂应筛选。

（3）焊剂的熔渣粘度过大不利于气体的释放，在焊缝表面产生气孔。SJ402 焊剂抗气孔能力优于 HJ431，这是由于 SJ402 熔渣的碱度偏低，熔渣有较高的氧化性，有助于防止氢气孔的产生；若焊剂中氟化钙的含量较高，高温下熔渣粘度低，有利于熔池中气体的逸出；焊剂中加入有效的脱氧剂，能镇静熔池，防止一氧化碳气孔的产生。

（4）磁偏吹及焊剂覆盖不良等工艺都促使气孔的产生，施焊时应注意防止。

（5）环境因素及板材的初始状态与气孔的产生有关。相对湿度高的环境易产生气孔，5℃以下时，空气中的水分冷凝成水附在板材表面，焊接时进入熔池形成气孔，为防止气孔的产生，应用气焊火焰对焊件坡口处进行烘干，使水分蒸发。

第五章 气体保护焊

第一节 概 述

一、气体保护焊的定义

用外加气体作为电弧介质并保护电弧和焊接区的电弧焊称为气体保护电弧焊，简称气体保护焊。

二、气体保护焊的特点

气体保护焊与其他焊接方法相比，具有以下特点。

（1）电弧和熔池的可见性好，焊接过程中可根据熔池情况调节焊接参数。

（2）焊接过程操作方便，没有熔渣或很少有熔渣，焊后基本上不需清渣。

（3）电弧在保护气流的压缩下热量集中，焊接速度较快，熔池较小，热影响区窄，焊件焊后变形小。

（4）有利于焊接过程的机械化和自动化，特别是空间位置的机械化焊接。

（5）焊接过程无飞溅或飞溅很小。

（6）可以焊接化学活泼性强和易形成高熔点氧化膜的镁、铝、钛及其合金。

（7）适宜薄板焊接。

（8）能进行脉冲焊接，以减少热输入。

（9）在室外作业时，需设挡风装置，否则气体保护效果不好，甚至很差。

（10）电弧的光辐射很强。

（11）焊接设备比较复杂，比焊条电弧焊设备价格高。

三、气体保护焊常用的保护气体

气体保护焊常用的保护气体有氩气、氦气、氮气、二氧化碳气、水蒸气以及混合气体等。气体保护焊常用保护气体的特点及应用见表 5-1。

表 5-1　　气体保护焊常用保护气体的特点及应用

气体名称	化学性质	主　要　特　点	应　　用
氩气	惰性气体	氩气电离势比氦气低，在同样的弧长下，电弧电压较低。所以，用同样的焊接电流，氩弧焊比氦弧焊产生的热量小，因此，手工钨极氩弧焊最适宜焊接厚度在 4mm 以下的金属 氩气比空气重，氩气大约比氦气重 10 倍，因此，在平焊和平角焊时，只需要少量的氩气就能使焊接区受到良好的保护 电弧稳定性比氦气保护更好 氩弧焊引弧容易，这对减小薄板焊接起弧点金属组织的过热倾向很有好处 具有良好的清理作用，最适用于焊接易形成难熔氧化皮的金属 能较好地控制仰焊和立焊熔池，所以，往往推荐于仰焊和立焊。由于氩气重于空气，所以，在焊接过程中，保护效果比氦气差 自动焊接速度大于 635mm/min 时，会产生气孔和咬边 价格比氦气便宜	用于焊接化学性质较活泼的金属 铝及铝合金；含铝量较高的铁基合金；钛及钛合金；不锈钢手工氩弧焊；黄铜、铝青铜表面堆焊；镍基合金；硅青铜；硅钢；钴基合金；镁及镁合金；马氏体时效钢；重要的低碳钢板、管打底焊缝等
氦气	惰性气体	氦气的电离势较高，用同样的电流焊接，氦弧焊产生的热量会更多，因此，更适用于焊接厚度较大和导热性好的金属 氦气的质量只有空气的 14%，焊接过程中气体流量大，更适用于仰焊和爬坡立焊 热影响区小，采用大的热输入和高的焊接速度，能保证热影响区小，从而使焊接变形也减小，焊缝金属具有较高的力学性能 自动焊时，焊接速度大于 635mm/min，用氦弧焊，焊缝中的气孔和咬边都比较少 氦气成本高，来源也不足，这就限制了它的使用	经化学清洗过的铝合金用直流正接焊接，会产生稳定的电弧焊接速度 用于焊接无氧铜，还能用高速自动焊焊接镍基合金、不锈钢、钛及钛合金等

续表

气体名称	化学性质	主　要　特　点	应　　用
氩-氦混合气体	惰性气体	氩弧焊的电弧柔软，便于控制。氦弧焊的电弧具有较大的熔深，而用按体积计算的氦气 ϕHe80%＋氩气 ϕAr20%的氩-氦混合气体保护焊，兼有上述两个优点，是典型的氩-氦混合气体 氩气在低流量时，保护作用较大，而氦气在高流量时保护作用最大。试验结果表明：ϕHe80%＋ϕAr20%混合气体的保护作用介于上述两种情况之间	广泛应用于自动焊 用于铝合金厚板的焊接
氩-氧混合气体	氧化性	采用氧化性气体保护焊接，可以细化过渡熔滴，克服电弧阴极斑点飘移及焊道边缘咬边等缺陷 降低了保护气体的成本 可以增加母材的输入热量，提高焊接速度 只能用于熔化极气体保护焊中，在钨极气体保护焊中，混合气体将加速钨电极的氧化 有助于稳定电弧，减少焊接飞溅	用于喷射过渡及对焊缝要求较高的场合
二氧化碳气体	氧化性	适用于熔滴短路过渡 电弧穿透力强，熔深较大。熔池体积较小，热影响区窄，焊件焊后的变形小 抗锈能力强，抗裂性能好 大电流焊接时，焊缝表面的成形不如埋弧焊和氩弧焊的焊缝平滑，飞溅较多	用于焊接碳钢和低合金钢
氩-氧-二氧化碳混合气体	氧化性	有较佳的熔深，可以在不同的气体比例下焊接不锈钢或高强度钢，气体比例为 Ar∶O_2∶CO_2＝97∶2∶5。焊接碳钢及低合金钢时，各气体的比例为 Ar∶O_2∶CO_2＝80∶5∶15	焊接不锈钢时用于脉冲喷射过渡、短路过渡和喷射过渡

续表

气体名称	化学性质	主　要　特　点	应　　用
氮　气	还原性	氮气能显著增加电弧电压，产生很大的热量，氮气的热传导效率要比氩气或氦气高得多，在提高焊接速度、降低成本上能获得很好的经济效果 热输入量增大，可以降低或取消预热措施 焊接过程有烟雾或飞溅	只能用于铜及铜合金的气体保护焊
氮-氩混合气体	还原性	电弧较强，比氮弧焊容易操作和控制，输入热量比纯氩气大，用 ϕAr80% + $\phi N_2$20%的混合气体焊接，有一定的飞溅	只能用于铜及铜合金的气体保护焊

四、气体保护焊的分类及应用范围

气体保护焊的分类方法有多种，有按保护气体不同分类的；有按电极是否熔化分类的等。常用的气体保护焊的分类方法及应用见表 5-2。

表 5-2　　常用的气体保护焊的分类方法及应用

分类方法	名　　称	应　　用	备　注
钨极氩弧焊	手工钨极氩弧焊 机械化钨极氩弧焊 脉冲钨极氩弧焊	薄板焊接、卷边焊接、小管对接根部焊道的焊接、根部焊道有单面焊双面成形要求的焊接	加焊丝或不加焊丝
熔化极气体保护焊	半机械化熔化极氩弧焊	小批量、不能进行全自动焊接的铝及铝合金不锈钢等材料的中、厚板焊接，30mm 厚板平焊可一次焊成	加焊丝
	机械化熔化极氩弧焊	适用于中等厚度铝及铝合金板的焊接，还可以焊接铜及铜合金、不锈钢；更换焊炬后可以进行低碳钢、合金钢、不锈钢的埋弧焊，还可以对上述金属材料进行熔化极混合气体保护焊	

续表

分类方法	名　称	应　用	备　注
熔化极气体保护焊	半机械化熔化极氩弧焊	铝及铝合金、不锈钢等材料的全位置焊接	加焊丝
	机械化熔化极氩弧焊	适用于不锈钢、耐高温合金及其他化学性质活泼的金属材料的全位置焊接	
	CO_2 气体保护焊	低碳钢、低合金钢的焊接	

第二节　手工钨极氩弧焊

一、手工钨极氩弧焊的应用特点

手工钨极氩弧焊是用钨作为电极，用氩气作保护气体的一种手工操作的焊接方法，焊接时，钨极不熔化，无电极金属的过渡问题。电弧现象比较简单，焊接工艺过程的再现性较强，焊接质量稳定，在许多重要的工业部门都有广泛的应用。它主要用于薄板的焊接，通常适合于3mm以下的薄板以及厚板的打底焊道。

(1) 变形小。电弧能量比较集中，热影响区小，在焊接薄板时比采用气焊变形小。

(2) 焊接材料范围广。手工钨极氩弧焊能焊接活泼性较强和含有高熔点氧化膜的铝、镁及其合金，适合于焊接有色金属及其合金、不锈钢、高温合金钢以及难熔的活性金属等，常用于结构钢管及薄壁件的焊接。

(3) 适于全位置焊接。手工钨极氩弧焊操作时不受空间位置限制，适用于全位置焊接。焊缝区无熔渣，焊工在操作时可以清楚地看到熔池和焊缝的形成过程。

(4) 焊接效率低。由于手工钨极氩弧焊的熔敷率小，所以焊接速度较低。焊缝金属易受钨的污染，经常需要采取防风措施。

二、焊丝、钨极和保护气体

1. 焊丝

（1）焊丝的特点。钨极氩弧焊对焊丝的要求是很高的，焊丝主要与母材充分熔合形成焊缝，因此，焊丝对焊缝的质量有很大的影响。通常钨极氩弧焊要求焊丝的化学成分应与母材的性能相匹配，同时要严格控制其化学成分的纯度和质量。在焊接时，由于有化学成分的损失，所以焊丝的主要合金成分要高于母材。

（2）焊丝的分类及编号。氩弧焊焊丝主要分钢用焊丝和有色金属焊丝两大类。为了获得优质焊缝，减少化学成分的变化，保证焊缝的力学性能和焊接的工艺性能，选择焊丝时，尽量选用专用焊丝，氩弧焊的焊丝目前我国无专用标准，表5-3推荐了常用的氩弧焊丝，供焊接不同钢种时选用。有色金属焊丝一般是采用与母材相当的填充金属作为氩弧焊丝，也可用与母材成分相同的薄板条当焊丝用。焊丝的编号因钢种不同而异。

表5-3　常用的氩弧焊焊丝选用表

钢的牌号	焊丝的牌号
Q235、Q235-F、Q235g、10、20g、15g、22g、22	H08Mn2Si H05Mn2SiAlTiZr
16Mn、16MnR、25Mn、16Mng	H10Mn2 H08Mn2Si
15MnV、15MnVCu、15MnVN、19Mn5、20MnMo	H08MnMoA H08Mn2SiA
15CrMo 12CrMo	H08CrMoA H08CrMoMn2Si
20CrMo 30CrMoA	H05CrMoVTiRe
12Cr1MoV 15Cr1MoV 20CrMoV	H08CrMoV H05CrMoVTiB
12Cr2MoWVTiB（钢102）	H10Cr2MoWVTiB

续表

钢 的 牌 号	焊 丝 的 牌 号
G106 钢	H10Cr18Ni9
0Cr18Ni9 1Cr18Ni9	H0Cr18Ni9
1Cr18Ni9Ti	H0Cr18Ni9Ti
00Cr17Ni13Mo2	H0Cr18Ni12Mo2Ti
钢 102＋15CrMo 钢 102＋12CrMoV	H08CrMoV
12CrMoV＋碳钢	H08Mn2Si
钢 102＋碳钢	H08Mn2Si H08CrMoV H13CrMo
12CrMoV＋15CrMo	H13CrMo H08CrMoV
钢 102＋1Cr18Ni9Ti	镍基焊丝
09Mn2V	H05Mn2Cu H05Ni2.5
06A1CuNbN	H08Mn2WCu
3.5Ni 06MnNb 06A1CuNbN	H00Ni4.5Mo H05Ni4Ti
9Ni 钢	H00Ni1Co H06Cr20Ni60Mn3Nb

1）碳素钢及合金钢焊丝。

a. 焊丝牌号前面的字母 H 表示焊接用钢丝，紧跟其后面的两位数字表示含碳量，单位是万分之一。如“05”表示焊丝的平均含碳量为 0.05%左右。焊丝中的主要合金元素，除个别微量元素外，均以百分之几表示，当平均含碳量小于 1.5%时，钢丝牌号中一般只标元素符号不标含量。

b. 焊丝中的化学元素采用化学符号表示，如 Si、Mn、Mo 等，稀土元素用 RE 表示，高级优质焊丝在牌号后加 A；特级优质焊丝在牌号后加 E。

2）不锈钢焊丝。

a. 焊丝中含碳量以千分之几表示，例如“H1Cr18”焊丝的平均含碳量为 0.1%。

b. 焊丝中的含碳量不大于 0.03%和不大于 0.08%时，H 后面分别以 00 或 0 表示低碳钢或低碳不锈钢焊丝，例如 H00Cr18Ni12Mo2Ti、H0Cr18Ni9 等，其余各项的表示方法同优质碳素钢和合金结构钢焊丝。例如：H08CrMoVA 中，H 表示焊丝，08 表示含碳量≤0.08%，Cr 表示含铬量为 1.00%～1.30%，Mo 表示含钼量为 0.5%～0.7%，V 表示含钒量为 0.15%～0.35%，A 表示高级优质钢。H1Cr24Ni13 中，H 表示焊丝，1 表示含量碳量≤0.10%，Cr24 表示铬含量为 24%，Ni13 表示镍含量为12%～14%。

（3）焊丝的使用与保管。

1）焊丝应符合国家标准。例如：焊接碳钢与低合金钢用锰硅合金化的焊丝应符合 GB/T 14957—1994《熔化焊用钢丝》的规定；焊接不锈钢的焊丝用钛来控制气孔，用锰来控制裂纹，应符合 GB 4242—1984《焊接用不锈钢焊丝》的规定；焊接铜及铜合金的焊丝应符合 GB/T 9460—2008《铜及铜合金焊丝》的规定；焊接铝及铝合金的焊丝应符合 GB/T 10858—2008《铝及铝合金焊丝》的规定。

2）所用焊丝的化学成分应与母材相近，异种金属焊接时所选用的焊丝，应考虑焊接接头的抗裂性和碳扩散等因素。如异种母材的组织接近，强度级别不同，则选用的焊丝合金含量应介于两者之间，当有一侧为奥氏体不锈钢时，可选用含镍量比较高的不锈钢焊丝。

3）焊丝使用前要清理，使之露出金属光泽。

4）焊丝要分类保管，保持干燥，严格按照产品领用单领取，以免混淆。

2. 钨极

在钨极氩弧焊中，用什么钨极材料作电极是一个很重要的问题，它对钨极材料的烧损及电弧的稳定性和焊接质量都有很大的影响。对钨极的要求应满足下列三个条件。

(1) 耐高温。在焊接过程中，钨极应不易烧损。如果电极在焊接过程中发生烧损，则对焊接过程的稳定性和焊缝成形有明显的影响；若损耗的钨渗入熔池造成焊缝夹钨，会严重影响焊缝的质量。钨极损耗分为正常损耗和异常损耗。正常损耗是指在正常焊接中，钨极因高温蒸发和缓慢氧化等累计的损耗。正常损耗和钨极的化学成分、采用的电流种类及电源极性有关。采用直流反极性时，钨极的烧损比交流高，而用交流时，钨极的烧损又高直流正极性。

(2) 电注容量要大。如果焊接电流超过许用电流，会使钨极端部熔化形成熔球，造成电弧不稳定，甚至钨极端部局部熔化而落入熔池。钨极的许用电流与钨极的材料有很大的关系，但也受其他许多因素的影响，如电流的种类和极性、电极伸出导电嘴的长度。

(3) 引弧及稳弧性能好。引弧及稳弧性能主要取决于电极材料的逸出功，逸出功低，则引弧和稳弧性能就好，反之就差。一般用纯钨做电极材料是不够理想的，因为纯钨的逸出功较高，而且长时间使用大电流焊接时，烧损较明显。若在钨极中加入一些可降低逸出功的元素，如钍、铈等，对提高钨极的发射电子能力是极为有效的。目前广泛使用的钨极是铈钨极和钍钨极，铈钨极就是在纯钨极极中加入 2%的氧化铈，钍钨极就是在纯钨极中加入 1%～2%的氧化钍。不同的电极材料要求不同的空载电压，见表 5-4。

表 5-4　　不同电极材料对焊机空载电压的要求

电极名称	电极符号	所需的空载电压（V）		
		低碳钢	不锈钢	铜
纯钨极	—	95	95	95
钍钨极	WTH-10	70～75	55～70	40～65
铈钨极	Wce-20	40	40	35

3. 保护气体

氩气是无色无味的气体，比空气重25%，用氩气作保护气体，不易漂浮散失，且能在熔池表面形成一层较好的覆盖层。由于氩气是惰性气体，它既不与金属起化学反应，也不熔于金属中。因此，用氩气作保护气可避免焊缝金属中的合金元素烧损及由此带来的其他焊接缺陷，使焊接冶金反应变得简单和容易控制，为获得高质量的焊缝提供了良好的条件，因此它不仅适合于高强度合金钢、铝、镁、铜及其合金的焊接，还适合于补焊、定位焊、反面成形打底焊以及异种金属的焊接。但是，氩气并不像还原性气体和氧化性气体那样，它没有脱氧或者去氢作用，所以焊接时对焊前的清理要求非常严格，否则就会影响焊接质量。

氩气的另一个特点是导热系数较小，而且是单原子气体，高温时不分解吸热，所以在氩气中燃烧的电弧热力学量损失较少。电弧燃烧较稳定，即使在较低的电压时电弧也很稳定，一般电弧电压在8～17V之间。氩气的纯度对焊接质量的影响非常大，按我国现行规定，氩气的纯度应达到99.99%。一旦氩气中的杂质含量超过规定范围，在焊接过程中不但保护效果不好，而且极易产生气孔、夹渣等缺陷，同时也增加钨极烧损的可能性。

在钨极氩弧焊中，除用氩气作保护气体外，还有氦气、氦气与氩气的混合气体等。氦气（He）是最轻的单原子气体，它的热导性较高，要求有较高的电弧电压和线能量。由于氦弧的能量较高，焊接厚板时，经常采用氦气。氦气是从天然气中分离出来的，对氦气的纯度要求也是99.99%。当使用氩气和氦气的混合气体时，可提高焊接速度，混合气体中氦气的比例通常占75%。对于采用何种气体作为保护气体，并没有强制性的标准。一般氩气产生的电弧比较平稳，较容易控制且成本较低，从经济观点来看氩气更为可取，因此，对于大多数用途来说，通常优先采用氩气。在焊接导热性较高的厚板材料时，要求采用有较高穿透力的氦气。表5-5列出了手工氩弧焊时根据母材选择的保护气体。

表 5-5　　保护气体的选择

材　料	厚度（mm）	采用的保护气体
铝及其合金	＜3	Ar
	＞3	
碳　钢	＜3	Ar
	＞3	
不锈钢	＜3	Ar
	＞3	Ar、Ar—He
镍合金	＜3	Ar
	＞3	Ar—He
铜	＜3	Ar、Ar—He
	＞3	Ar、He
钛及其合金	＜3	Ar
	＞3	Ar、Ar—He

三、钨极氩弧焊设备

1. 钨极氩弧焊机

钨极氩弧焊机分手工和自动两类，典型的手工钨极氩弧焊机由焊接电源及控制系统组成，自动钨极氩弧焊机还包括焊接小车与控制机构。

(1) 焊接电源。无论是直流还是交流钨极氩弧焊，都要求焊接电源具有陡降的或垂直下降的外特性。交流氩弧焊时，为使电弧燃烧稳定，如果不采取高频振荡器或脉冲稳弧器稳弧，要求交流电源要有较高的空载电压，交流电源还要有消除直流分量的装置。

1) 直流电源。手工电弧焊用的直流弧焊发电机和磁放大器式弧焊整流器都可以用作直流手工钨极氩弧焊的电源。可控硅整流弧焊电源和晶体管弧焊电源可以给出恒流外特性，能自动补偿电网电压的波动，并具有较宽的电流调节范围。可控硅整流弧焊电源通过串联电抗器来改善焊接电流的脉动率，可调节脉冲电流，但频率较低，失真度较大。晶体管弧焊电源的动态响应速度高，电流脉动率小，调制的脉冲电流频率较高。

2）交流电源。普通手工电弧焊经过安装引弧、稳弧和消除直流分量等装置后，就可以作交流钨极氩弧焊的电源。

a. 引弧装置。引弧装置有高频振荡器和高压脉冲发生器两种。高频振荡器作为引弧装置时，可在引弧完成以后自动消除，也可以一直在焊接回路中稳定电弧。为了减小高频电对操作者的有害影响，通常高频振荡器只作引弧，电弧引燃后自动切断。高压脉冲发生器也可用作引弧装置，当交流弧焊变压器的电压升到负最大值时，高压脉冲发生器产生高达 800V 左右的电压，叠加在电源上，使钨电极与焊件之间的间隙被击穿而引燃电弧。

b. 稳弧装置。稳弧装置主要是高压脉冲发生器，当焊接电源由正半周向负半周转换时，高压脉冲发生器同步产生一个高电压，使电弧在转向时立即引燃，起到稳弧作用。

c. 消除直流分量装置。多数焊机都是通过串接电容器来消除直流分量的。

NSA-120 型交流手工钨极氩弧焊机采用高频振荡器引弧，采用高压脉冲发生器稳弧。NSA-300-1 型交流手工钨极氩弧焊机采用高频振荡器引弧和高压脉冲发生器稳弧，并串接电容器来消除直流分量。NSA-400 型、NSA-500-1 交流手工钨极氩弧焊机和 NSA2-300-1 型交直流两用手工钨极氩弧焊机都采用高压脉冲发生器进行引弧和稳弧，串接电容器来消除直流分量。

3）方波交流电源。方波交流电源是一种借助控制技术开发成功的可控硅交流弧焊变压器，通过电流的负反馈自动调节可控硅的触发角，以获得恒流特性，并消除直流分量。交流方波电源结构紧凑、材耗小、体积小。我国研制的交流方波手工钨极氩弧焊机，具有稳弧和消除直流分量的功能，能提高钨电极的载流能力，非接触引弧采用高频振荡器，电弧引燃后自动切除。

（2）控制系统。钨极氩弧焊机的控制系统主要包括：引弧、稳弧、消除直流分量装置以及对水电气路的控制。

1）高频振荡器。高频振荡器可输出 2000～3000V、150～260kHz 的高频高压电，其功率很小，由于输出电压很高，能在电弧空间产生强电场，一方面加强了阴极发射电子的能力，另一方面

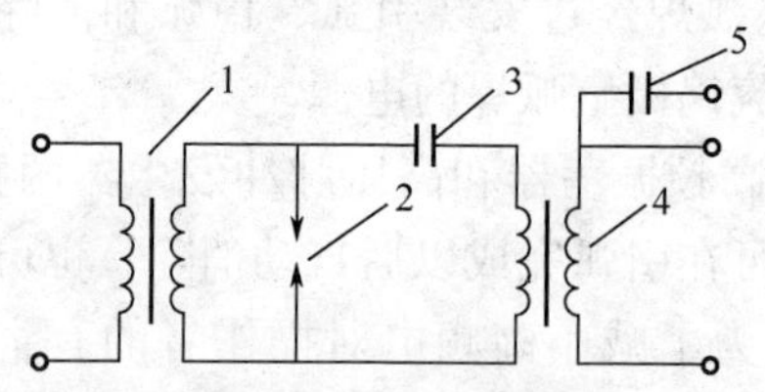

图 5-1　高频振荡器电路
1—升压变压器；2—火花放电器；3—振荡电容；4—振荡电感线圈；5—旁路电容

电子和离子在电弧空间被强电场加速，碰撞氩气粒子时容易电离，使引弧容易。

高频振荡器的电路原理如图 5-1 所示；高频振荡器与其焊接回路的连接图如图 5-2 所示。

使用高频振荡器引弧时会产生以下一些不良影响。

a. 增加对周围空间的干扰，影响微控制系统的正常运行。

b. 焊接回路或焊接电缆的一些其他电子元件容易被击穿。

c. 危及焊工安全，容易被电击。

所以在进行操作时需要特别注意，在焊前和焊后调节焊枪的喷嘴和钨电极时，必须切断高频振荡器的电源。在刚刚灭弧的钨电极尚未足够冷却前，高频振荡器能够在很大的间隙条件下引弧，因此要避免出现偶然的引弧和在不该引弧的地方引弧。

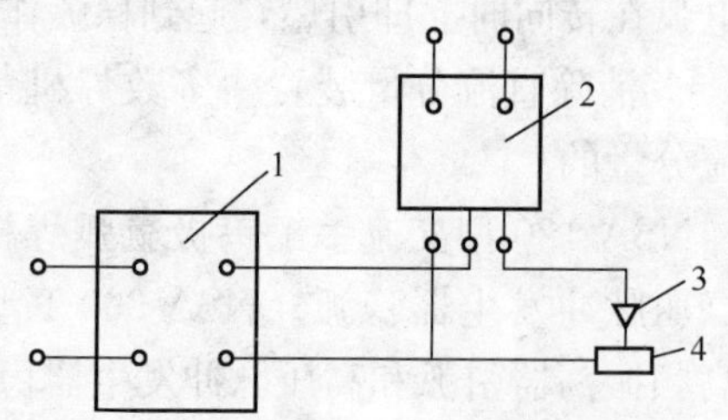

图 5-2　串接高频振荡器的焊接回路
1—焊接电源；2—高频振荡器；3—焊枪；4—工件

2）高压脉冲发生器。高压脉冲发生器是一种继高频振荡器出现之后的又一种非接触式引弧装置，它可避免高频电对人体的危害以及空间干扰和对一些元器件的损坏等。图 5-3 为高压脉冲发生器的电路原理。其中 T1 是升压变压器，在正半周时，经 VD1 和 R1、C1 充电，在负半周时，C1 向高压脉冲变压器 T2 放电，T2 的二次绕组产生 2～3kV 的高电压并串接在焊接回路中，借以击穿电极与焊件之间的间隙而产生电弧。当电弧引燃后，高压脉冲器又起着稳弧的作用。

3）电流衰减装置。钨极氩弧焊机一般都有电流衰减装置，它

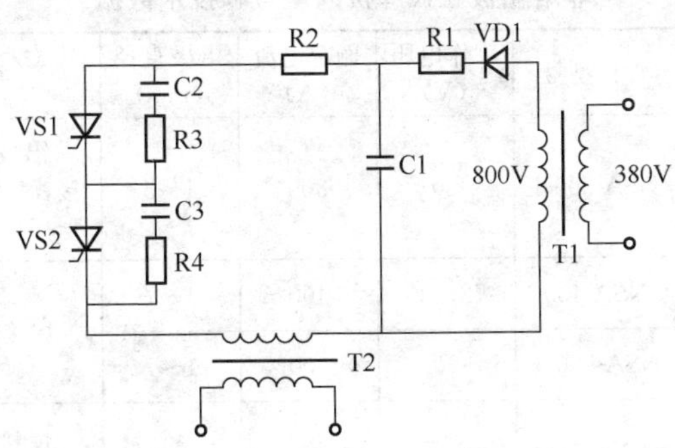

图 5-3　高压脉冲发生器电路

的主要作用是在焊接停止时，使焊接电流逐渐减小，填满弧坑，降低熔融金属的冷却速度，避免出现弧坑、裂纹等缺陷。直流电焊机通过控制励磁线圈的电流进行衰减，弧焊整流器利用控制绕组中的电流衰减，从而实现焊接电流的衰减，晶体管、可控硅直流弧焊电源或交流方波电源通过控制给定的信号来实现焊接电流的衰减。

4）水、电、气路控制系统。水、电、气路控制系统主要用来控制和调节气体、冷却水以及电的工艺参数，在焊接启动和停止时使用。

5）手工钨极氩弧焊的控制过程：首先按下焊枪上的启动开关，此时接通电磁气阀使保护气路接通，延时线路主要控制提前送气和滞后停气。经过延时接通主电路，产生空载电压，接通高频引弧器，使电极和工件之间产生高频火花并引燃电弧。如果是直流焊接，则高频引弧器停止工作；如果是交流焊接，则高频引弧器继续工作。正常焊接时，冷却水路循环开始接通。当启动开关断开时，焊接电流开始衰减，延时后，主电路切断，焊接电流消失，再经过延时后，电磁气阀断开，停止送气，焊接结束。水电气路控制系统必须保证上述控制过程。

（3）钨极氩弧焊机的型号及技术数据。非熔化极氩弧焊机的型号和技术数据见表 5-6。

表 5-6 非熔化极氩弧焊机的型号和技术数据

焊机名称	焊机型号	工作电压(V)	额定电流(A)	电极直径(mm)	主要用途
手工钨极氩弧焊机	NSA-300-1	20	300	1～5	铝及铝合金的焊接，厚度为1～6mm
交流手工氩弧焊机	NSA-400	12～30	400	1～7	焊接铝及铝合金
	NSA-500-1	20	500	1～7	
直流手工氩弧焊机	NSA1-300-2	12～20	300	1～6	焊接不锈钢及铜等金属
交直流手工钨极氩弧焊机	NSA2-160	15	160	0.5～3	焊接厚度在3mm以下的不锈钢、铜、铝等
直流手工氩弧焊机	NSA1-400	30	400	1～6	焊接1～10mm厚的不锈钢及铜等金属
交直流自动氩弧焊机	NZA2-300-2	12～20	300	1～6	焊接不锈钢、耐热钢、镁、铝及其合金
交直流两用手工氩弧焊机	NZA2-250	10～20	250	1～6	焊接铝及其合金，不锈钢、高合金钢、紫铜等
手工钨极氩弧焊机	NZA4-300	25～30	300	1～5	焊接不锈钢、铜及其他有色金属构件
交直流氩弧焊机	WSE-160	16.4	160	1～3	交直流手工焊和氩弧焊
	WSE-250	20	250	1～4	用于交直流氩弧焊
	WSE-315	22.6	315	1～4	交直流手工焊和氩弧焊
	WSE5-315	33	315	1～4	

续表

焊机名称	焊机型号	工作电压（V）	额定电流（A）	电极直径（mm）	主要用途
直流手工钨极氩弧焊机	WS-200	18	200	1～3	用于不锈钢、铜、银、钛等合金的焊接
	WS-250	22.5	250	1～4	
	WS-300	24	300	1～5	
	WS-400	—	400	1～4	
交流手工氩弧焊机	WSJ-300	—	300	1～4	用于铝及铝合金的焊接
	WSJ-400	—	400	1～5	
脉冲氩弧焊机	WSM-250	—	250	1～4	用于不锈钢、铜、银、钛等合金的焊接
	WSM-400	—	400	1～5	
交流手工钨极氩弧焊机	WSJ-500	—	500	1～7	用于铝及铝合金的焊接
	WSJ-630	—	630	1～7	

2. 焊枪

钨极氩弧焊焊枪主要由枪体、喷嘴、电极夹持装置、导气管、冷却水管、按钮开关等组成。

（1）焊枪的功能。钨极氩弧焊焊枪的主要功能是夹持钨极、传导焊接电流、输送保护气体及启动停止焊接等。

（2）对焊枪的要求如下。

1）电极夹持要保证电极装夹方便，有利于钨极的装夹及送进，并能保证钨极对中。

2）导电性能良好，能满足一定的电容量要求；采用循环水冷却的枪体要保证冷却性能良好，冷却水顺利流通，有利于持久工作。

3）喷嘴和焊枪要绝缘，以免发生短路和防止因喷嘴烧坏使焊接中断。

（3）焊枪枪体。焊枪枪体的结构和形状对氩气的保护作用有很大的影响，应保证气流的良好保证。

1）进气部分。焊枪进气部分的主要功能是保护气体进入焊枪后能减速、均匀混合及镇静，尽量减小气体的紊流程度，为气体在焊枪内的顺利流通创造良好的条件。焊枪的进气方式有轴向进气和

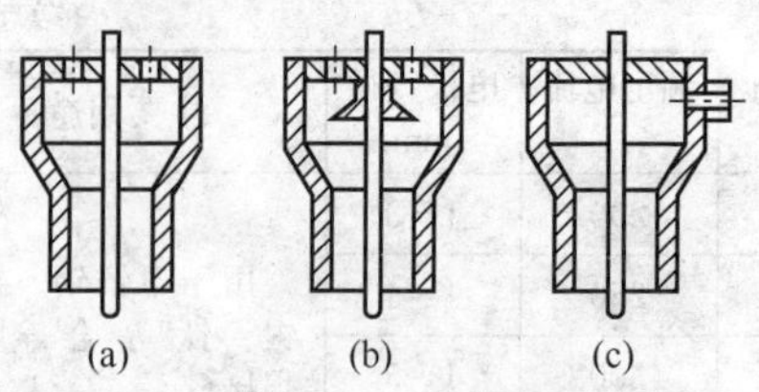

图 5-4　焊枪进气部分的结构形式

(a) 轴向进气方式；(b) 带挡板的轴向进气方式；(c) 径向进气方式

径向进气两种。

a. 轴向进气方式如图 5-4（a）所示，这种进气方式在保护气体进入焊枪后容易产生偏流，影响保护效果。因此，进气部分的结构通常设计成具有一定体积的空腔，即镇静室。在镇静室中加上挡气板，见图 5-4（b），使气流进入焊枪后能够减速并均匀混合。

b. 径向进气方式如图 5-4（c）所示。保护气体从径向直接进入焊枪气室，促进了气体的减速及均匀混合，使气体沿气室横截面积的分布比较均匀，该种结构形式目前被广泛应用。

2）导气部分。导气部分的主要作用是把气体从气室引到喷嘴。由于保护气体从气室流出时具有很大的紊流度，要求导气通道要有足够的长径比，这样会增加焊枪的长度，使操作不便。为了提高短枪的保护性能，一般在导气部分加一个气筛装置以减少紊流。

3）出气部分。喷嘴是焊枪的出气部分，其结构形状与尺寸对喷出气体的状态及保护效果有很大的影响。

a. 喷嘴内的气流通道应比较光滑，保证气体流通顺畅。

b. 气流在焊枪中喷出时，以最小的体积损耗获得最充分的保护。

c. 结构简单，容易加工，便于焊接操作。

（4）喷嘴。喷嘴一般由纯铜、石英或陶瓷材料制成，为了保证焊枪带电体与喷嘴绝缘，通常采用陶瓷喷嘴。陶瓷喷嘴的寿命较长，高温下不宜断裂。喷嘴的上部有较大的空间缓冲气流，下部为圆柱形通道，有时在气体通道中加设多层铜丝网或多孔隔板。

（5）氩弧焊焊枪型号的编制及实例。

1）焊枪的型号编制及含义：其中，操作方式一般不标字母；标字母 Z 时表示自动焊枪，标字母 B 时表示半自动焊枪。出气角度是指焊枪和工件平行时，保护气喷射方向和焊件间的夹角。在冷却方式中，S代表水冷，Q代表气冷。

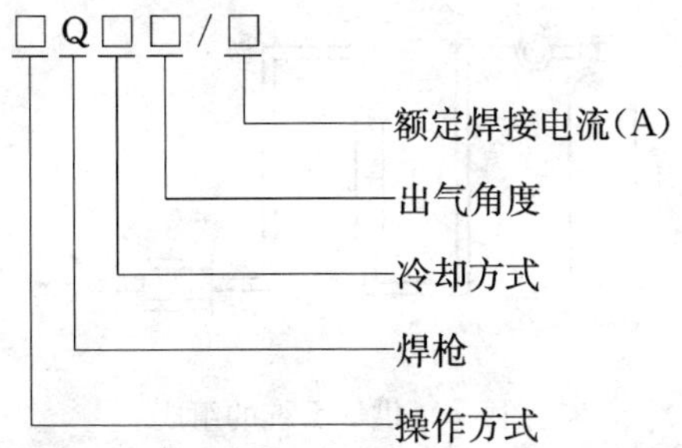

2）钨极氩弧焊焊枪实例。图5-5所示为QS—85°/250型水冷式氩弧焊焊枪的结构分解图。

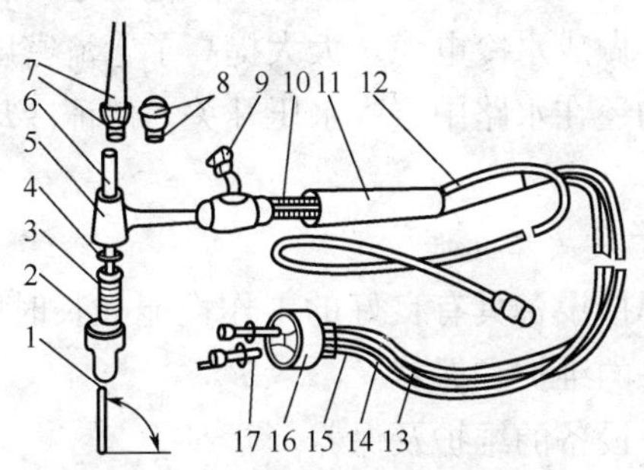

图5-5　QS—85°/250型水冷式氩弧焊焊枪的结构分解图

1—钍钨极；2—陶瓷喷嘴；3—导流件；4、8—密封圈；5—枪体；6—钨极夹头；7—盖帽；9—船形开关；10—扎线；11—手把；12—插头；13—进气管；14—出水管；15—水冷缆管；16—活动接头；17—水电接头

3. 供气系统和水冷系统

（1）供气系统。供气系统由高压气瓶、减压器、浮子流量计和电磁气阀组成，如图5-6所示。高压瓶内储藏高压保护气体，减压器将高压瓶内的高压气体降至焊接时所需要的压力，流量计用来调节和测量气体的流量，流量计的刻度在出厂时按空气标准标定，用于氩气时要加以修正。电磁阀通过控制系统来控制气流的通断。通常把流量计和减压器做成一体。

（2）水冷系统。一般许用电流大于150A的焊枪都为水冷式，

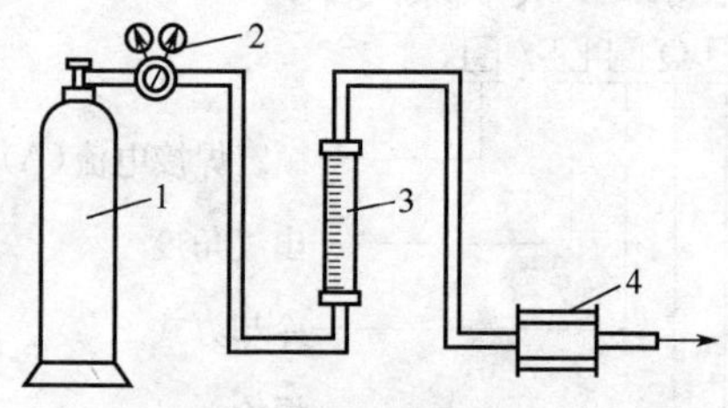

图 5-6　供气系统的组成

1—高压气瓶；2—减压器；
3—流量计；4—电磁气阀

用水冷却焊枪和钨极。对于手工水冷式焊枪，通常将焊接电缆装入到通水软管中，做成水冷电缆，大大提高了电流密度，减轻了电缆的重量，个别的还在水路中接入水压开关，保证冷却水具有一定的压力。

4. 设备维护及故障处理

为了保证焊接设备具有良好的工作性能和长时间的使用寿命，必须加强对设备的维护和保养。

(1) 氩弧焊设备的维护及保养。

1) 焊机外壳必须接地，以免造成危险，外壳未接地或接地线不合格者严禁使用。焊机应按外部接线正确安装，检查铭牌上的电压值与网络电压是否相符。

2) 焊接设备在使用前，必须严格检查水、气管的连接是否良好，保证焊接时正常供水；氩气瓶要严格按照高压气瓶的使用规定执行。

3) 工作完毕或离开现场时，必须切断焊接电源，关闭水源以及氩气瓶阀门等。

4) 要严格按照设备的使用说明书操作，定期进行保养。

(2) 钨极氩弧焊机的常见故障和消除方法。钨极氩弧焊机常见的故障有：钨极的夹紧装置未夹紧；水、气路堵塞；焊枪开关接触不良；控制系统故障等。钨极氩弧焊机的常见故障和处理方法见表5-7。

表 5-7　　　　钨极氩弧焊机的常见故障和处理方法

故障特征	产生原因	消除方法
焊机启动后，无保护气输送	1. 电磁气阀故障 2. 气路堵塞 3. 控制线路故障	检修
焊接电弧不稳	1. 焊接电源故障 2. 消除直流分量线路故障 3. 脉冲稳弧器不工作	检修
焊机启动后，高频振荡器工作，引不起电弧	1. 焊件接触不良 2. 网络电压太低 3. 接地电缆太长 4. 钨极形状或伸出长度不合适	1. 清理焊件 2. 提高网络电压 3. 缩短接地电缆 4. 调整钨极的伸出长度或更换钨极
焊机不能正常启动	1. 焊枪开关故障 2. 控制系统故障 3. 启动继电器故障	检修
电源开关接通，指示灯不亮	1. 开关损坏 2. 指示灯坏 3. 熔断器烧断	1. 更换开关 2. 更换指示灯 3. 更换熔断器

四、手工钨极氩弧焊焊接技术

1. 接头与坡口的制备

对接、搭接、角接等接头形式，在钨极氩弧焊中都有应用。接头与坡口的制备对获得优质焊缝是至关重要的，在焊接不加填充金属的对接接头时显得尤为重要。

（1）对接。钨极氩弧焊的对接接头有：I 形接头、卷边接头和开坡口接头。I 形接头最容易制备，根据焊件的化学成分及厚度，可填充金属或不填充金属进行焊接。I 形接头适用的板厚≤4mm，当接头两边板厚不等且厚板超过 2 倍薄板厚度时，厚板边缘需削薄，使其近于相等。当对接板厚≤1mm 时，应进行卷边对接焊，可进行单卷边或双卷边。当对接板厚大于 3mm 而小于 12mm 时，可采用 V 形坡口对接焊。

（2）搭接。搭接的最大优点是不需要边缘加工，只要两块板的被焊长度区接触良好就可焊接。一般薄板搭接时必须设计专用夹具。

（3）角接。在制造箱形结构时，常采用角接。

（4）端接。端接主要用于筒体与端盖的连接，一般不加填充金属，焊接部位两边的厚度要保持一致，其尺寸要求同双卷边对接接头。

2. 焊前清理

钨极氩弧焊对焊件和填充金属表面的污染非常敏感，因此焊前必须去除母材表面上的油脂、油漆、涂层、加工用的润滑剂及氧化膜等，清理的方法主要有两种。

（1）机械清理。操作简单，而且效果较好，通过打磨、刮削和喷砂等方法可以清理金属表面的氧化膜。对于不锈钢可用砂布打磨；铝合金可用钢丝刷或电动钢丝轮（采用直径小于 0.15mm 的不锈钢钢丝或直径小于 0.1mm 的铜丝刷）及用刮刀刮。用刮刀刮对清理铝合金表面氧化膜是行之有效的，而用锉刀锉则不能彻底去除氧化膜，一般在机械清理后，用丙酮或酒精擦洗，以去除残留的脏物或油污。

（2）化学清理。用于脱脂去油及清除氧化膜的化学清理方法随材质不同而异。一般对于铝、镁、钛及其合金，在焊前需要化学清理。此方法对工件及填充丝都是适用的。由于化学清理对大工件不太方便，因此，此法多用于清理填充丝及小工件。

3. 装配

为了确保焊缝对准和防止焊接过程中产生变形，应采用夹具或夹紧装置进行装配。钨极氩弧焊的焊件一般都是薄壁构件，对焊接变形尤为敏感。手工钨极氩弧焊时，当遇到焊件形状复杂或单件生产等特殊情况而不易采用夹具装配时，应用点固焊装配。薄板钨极氩弧焊时，一般在对接头背面都有衬垫支托，以防止熔化的金属泄漏和空气从背面侵入。衬垫要用无磁性材料制作，最好是铜，铜能避免与焊件焊着。由于铜的导热系数大，加铜衬垫后的焊接电流要相应增大。在铜衬垫上开一条细槽，若细槽尺寸不足会使焊缝背面成形粗糙、不规则。衬垫上还可以开一些适当的槽口，使保护气体能进行背面保护。另外，夹紧装置需能沿整个焊缝长度可靠夹紧。

当焊件厚度小于 1mm 时，宜采用琴键式指形夹具，两边的指形夹具头可独立地用手动或脚踏开关来控制机械系统。

4. 电源的种类与极性

钨极氩弧焊采用的电源种类和极性与被焊金属材料有关，各种金属钨极氩弧焊时的电源种类和极性选择见表 5-8。

表 5-8　　各种金属钨极氩弧焊时的电源种类和极性选择

电源种类与极性	被焊金属材料
直流正极性	低合金高强钢、不锈钢、耐热钢、铜、钛及合金
直流反极性	各种金属的熔化极氩弧焊
交流电源	铝、镁及合金

直流正极性焊接时，工件接正极，温度较高，适于焊接厚工件及散热快的金属。采用交流焊接时，具有阴极破碎作用，工件为负极时受到正离子的冲击，工件表面的氧化膜破裂，使液态金属容易熔合在一起，通常用来焊接铝、镁及合金。

5. 规范参数的选择

手工钨极氩弧焊的主要工艺参数有：钨极直径、钨极形状、钨极的伸出长度、焊接电流、电弧电压、焊接速度、氩气流量及喷嘴与工件的间距离等。

（1）焊接电流与钨极直径。焊接电流通常根据工件的厚度、材质以及焊接接头的空间位置来选择，焊接电流增加时，焊缝的高度和宽度都略有增加。手工钨极氩弧焊用的钨极直径是一个比较重要的参数，它直接决定焊枪尺寸和冷却形式。因此，必须根据焊接电流选择合适的钨极直径。当焊接电流较小、钨极直径较大时，由于电流密度较低，钨极端部温度不够，会产生电弧漂移，破坏电弧的稳定性，破坏保护区，使熔池被氧化。当焊接电流较大而钨极直径较小时，由于电流密度太高，钨极端部的温度较高，当温度达到或超过钨极的熔点时，端部就会出现熔化现象，熔化的钨极会在端部形成一个小尖状的突起，逐渐变大形成熔滴，它不但破坏了保护区，使熔池氧化，焊缝成形不好，还会产生夹钨缺陷。选择合适的焊接电流和钨极直径才能保证电弧的稳定性。表 5-9 列出了不同直径的钨极和不同电源允许使用的焊接电流。

(2) 电弧电压。电弧电压主要由弧长决定，弧长增加，焊缝宽度增加，熔深减小。但弧长太长，易引起未焊透及咬边，且保护效果也不好。电弧太短不易操作，既看不清熔池，又容易引起短路，加大钨极烧损，容易夹钨。通常使弧长近似等于钨极直径。

表 5-9　　推荐的焊接电流值

钨极直径(mm)	焊接电流(A)			
	交　流		直流正接	直流反接
	W	WTh	W，WTh	W，WTh
0.5	5～15	5～20	5～20	—
1.0	10～60	15～18	15～18	—
1.6	50～100	70～150	70～150	10～20
2.5	100～160	140～235	150～250	15～30
3.0	150～210	225～325	250～400	25～40
4.0	200～275	300～425	400～500	40～55
5.0	250～350	400～520	500～800	55～80

(3) 焊接速度。手工进行钨极氩弧焊时，通常是焊工根据熔池的大小和形状及两侧的熔合情况调整焊接速度。焊接速度增加时，熔深和熔宽减小，速度太快，容易产生未焊透，两侧熔合不好，且焊缝高而窄。焊接速度太慢时，焊缝很宽，易产生烧穿等缺陷。一般在选择焊接速度时，应考虑以下几个因素。

1) 在焊接铝及铝合金等高导热性金属时，为减少变形，应采取较快的焊接速度。

2) 焊接有裂纹倾向的合金时，不能采用高速焊接。

3) 在非平焊焊接时，要保证很小的熔池，避免铁水下流，尽量选择快的焊接速度。

(4) 喷嘴的直径与氩气流量。喷嘴的直径越大，保护区范围越大，保护气的流量也越大，可按下式选择喷嘴的内径

$$D = (2.5 \sim 3.5)d_W$$

式中 D——喷嘴的直径或内径，mm；

d_W——钨极的直径，mm。

通常焊枪选定以后，喷嘴直径很少能改变，因此当喷嘴直径确定以后，决定保护效果的是氩气流量。氩气流量太小时，保护效果不好。氩气流量太大时，容易产生紊流，保护效果也不好。保护气流量合适时，喷出的气流是层流，保护效果好，可按下式计算氩气的流量

$$Q=(0.8\sim1.2)D$$

式中 Q——氩气的流量，L/min；

D——喷嘴的直径，mm。

在实际工作中，通常由操作人员通过试焊来选择气体流量，流量合适时，熔池平稳，表面明亮没有渣，焊缝外形美观，表面没有氧化痕迹；如果流量不合适，熔池表面有渣，焊缝表面发黑或有氧化皮。选择氩气流量还要考虑以下几个因素。

1）外界气流和焊接速度的影响。焊接速度越大，保护气流遇到的空气阻力越大，它使保护气体偏向运动的反方向；若焊接速度太大，将失去保护。因此在提高焊接速度的同时，应适当增加气体的流量，在有风的地方焊接时，应适当增加氩气的流量。一般避免在有风的地方焊接。

2）焊接接头形式的影响。对接接头和T形接头焊接时，具有良好的保护效果，在焊接时不必采用其他工艺措施；而在进行端头焊和端头角焊时，除需增加氩气流量外，还应加挡板。

（5）钨极的伸出长度。为了防止电弧热烧坏喷嘴，钨极端部应突出喷嘴以外。钨极端头到喷嘴端面的距离叫钨极的伸出长度。

钨极的伸出长度越小，喷嘴与工件的距离越小，保护效果越好，但过近会妨碍观察熔池。通常焊对接焊缝时，钨极的伸出长度为5～6mm较好，焊接角焊缝时，钨极的伸出长度为7～8mm较好。

（6）喷嘴与工件间的距离。指的是喷嘴端面和工件间的距离，这个距离越小，保护效果越好，但能观察的范围和保护区都小；这个距离越大，保护效果越差。

（7）钨极的端部形状。实践表明，钨极端部的形状对焊接许用电流大小和焊缝成形有一定的影响。一般在焊接薄板和焊接电流较

小时，可用小直径的钨极，并将其磨成尖锥角（约 20°），这样容易引弧且电弧稳定。但如果在焊接电流较大时仍用尖锥角，会使末端过热熔化，增加烧损，使弧柱明显扩散，飘荡不稳，影响焊缝成形。因此，在大电流焊接时，要求钨极端部磨成钝锥角或带有平顶的锥形。

6. 基本操作技术

（1）手工钨极氩弧焊在焊接过程中通常要注意的问题如下。

1）保持正确的持枪姿势，随时调整焊枪角度及喷嘴高度，既要有良好的保护效果，又便于观察熔池。

2）注意焊后钨极形状及颜色的变化，在焊接过程中如果钨极没有变形，焊后钨极端部为银白色，说明保护效果好；如果焊后钨极发蓝，说明保护效果较差；如果钨极端部发黑或有瘤状物，说明钨极已经被污染，很可能是焊接过程中发生了短路，或沾了很多飞溅，必须将这段钨极磨掉，否则容易夹钨。

3）送丝要均匀，不能在保护区内搅动，防止空气侵入。

（2）操作技术。

1）引弧。为了提高焊接质量，手工钨极氩弧焊多采用引弧器引弧，引弧器一般是高频振荡器或高压脉冲器，使氩气电离而引燃电弧，其优点是：钨极与工件不接触，钨极端头损耗小；引弧处的焊接质量高，不产生夹钨缺陷。如果没有引弧器可采用引弧板，不允许钨极直接与试板或坡口面接触引弧。

2）填丝。填丝分连续填丝和断续填丝两种，连续填丝操作技术较好，对保护层的扰动小，但是比较难掌握。它要求焊丝比较平直，用左手拇指、食指、中指配合动作送丝，无名指和小指夹住焊丝的控制方向。连续送丝时手臂动作不大，待焊丝快用完时才能前移。断续送丝用左手拇指、食指、中指掐紧焊丝，焊丝末端应始终处于氩气保护区内。填丝动作要轻，不得扰动氩气保护层，以防空气侵入，更不能像气焊那样在熔池内搅拌，而是靠手臂和手腕的上下反复动作，将焊丝端部的熔滴送入溶池，全位置焊时多采用此法。在填充焊丝时要注意以下几点。

a. 必须等坡口两侧熔化后再填丝，以免造成熔合不良。

b. 焊丝应与工件成15°夹角，快速地从熔池前沿点进，随后撤回，如此反复动作。

c. 填丝要均匀，快慢适当。过快，焊缝余高大；过慢则焊缝隙下凹和咬边。焊丝端头应始终处在氩气保护区内。

d. 装配间隙大于焊丝直径时，焊丝应随电弧作横向同步摆动，无论采用哪种填丝方式，送丝速度都要与焊接速度相适应。

e. 填充焊丝，不能把焊丝直接放在电弧下面，如不慎使钨极与焊丝相碰，发生短路将产生很大的飞溅，造成焊缝污染或夹钨。同时也不能把焊丝抬得过高。撤回焊丝时，不要让焊丝端头离开氩气保护区，以免焊丝端头被氧化，在下次点进时进入熔池，将造成氧化物夹渣或产生气孔。

3）收弧。收弧不当会影响焊缝的质量，使弧坑过深或产生弧坑裂纹。一般氩弧焊设备都有电流自动衰减装置。若无电流衰减装置，多采用改变操作方法来收弧，其基本要点是逐渐减少热量的输入，如改变焊枪角度、拉长电弧、加快焊速等。对于管子封闭焊缝，最后的收弧一般多采用稍拉长的电弧，重叠焊缝20～40mm，在重叠部分不加或少加焊丝。停弧后氩气开关应延迟一段时间再关闭，防止金属在高温下继续氧化。

4）定位焊。为了防止焊接变形，必须保证定位焊缝的距离，可按表5-10选择。

表5-10　定位焊间距

板厚（mm）	0.5～0.8	1～2	>2
定位焊缝间距（mm）	≈20	50～100	≈200

定位焊将来是焊缝的一部分，必须焊牢，如果要求单面焊双面成形，定位焊要焊透必须按正式焊接工艺要求焊定位焊。定位焊不能太高，以免焊到定位焊时接头困难。如果碰到这种情况，最好将定位焊缝两端磨成斜坡，以便焊接时好接头。如果在定位焊缝上发现裂纹、气孔等缺陷，应将该段定位焊缝磨掉重焊，不许用重熔的办法修补。

5）焊接和接头。焊接时要掌握好焊枪角度和送丝位置，力求送丝均匀，才能保证焊缝成形。为了获得比较宽的焊道，保证坡口两侧的熔合质量，氩弧焊枪可以横向摆动，摆动幅度以不破坏熔池的保护效果为原则，由操作灵活掌握。焊接接头是两段焊缝交接的地方，对接头的质量控制是非常重要的。由于温度的差别和填充金属量的变化，该处易出现超高、缺肉、未焊透、夹渣、气孔等缺陷，所以焊接时应尽量避免停弧，减少冷接头次数。由于在焊接过程中需要更换钨极、焊丝等，因此接头是不可避免的，应尽可能设法控制接头的质量。一般在接头处要有斜坡，不留死角，重新引弧的位置在原弧坑后面，使焊缝重叠20～30mm，重叠处不加或少加焊丝，要保证熔池的根部焊透。

7. 工艺缺陷

钨极氩弧焊的工艺缺陷与被焊材料、工装、夹具、焊接设备等诸多因素有关，其中一些缺陷如咬边、烧穿、未焊透等同其他的电弧焊方法相似。钨极氩弧焊经常出现的焊接缺陷、产生原因及防止措施见表5-11。

表5-11　钨极氩弧焊特有的工艺缺陷

缺　陷	产生原因	防止措施
夹　钨	1. 接触引弧 2. 钨极熔化	1. 采用高频振荡器或高压脉冲引弧 2. 减小焊接电流或加大钨极直径，缩短钨电极的伸出长度 3. 调换有裂纹或撕裂的钨电极
气体保护效果差	氢、氮、空气、水等有害气体污染	1. 采取纯度为99.99%的氩气 2. 有足够的提前送气和滞后停气时间 3. 正确连接气管和水管 4. 做好焊前清理 5. 正确选择保护气流量、喷嘴尺寸、电极的伸出长度等
电弧不稳	1. 焊件上有油污 2. 接头坡口太窄 3. 钨电极污染 4. 钨极直径过大 5. 弧长过长	1. 做好焊前清理工作 2. 加宽坡口、缩短弧长 3. 去除污染部分 4. 使用正确的钨电极及夹头 5. 压低喷嘴距离

续表

缺　陷	产 生 原 因	防 止 措 施
钨极损耗过度	1. 气保护不好，钨电极氧化 2. 反极性连接 3. 钨电极直径过小 4. 夹头过热 5. 停焊时钨电极被氧化	1. 清理喷嘴，缩短喷嘴距离，适当增加氩气的流量 2. 增大钨极直径或改为正接法 3. 调大直径 4. 磨光钨极，调换夹头 5. 增加滞后停气时间

第三节　熔化极气体保护焊

一、熔化极气体保护焊原理

熔化极气体保护焊是目前应用十分广泛的焊接方法。利用焊丝与工件间的电弧热量来熔化焊丝和母材金属，并向焊接区域输送保护气体，使电弧、熔化的焊丝、熔池及附近的母材金属得到保护。连续送进的焊丝金属不断熔化过渡到熔池，与熔化的母材一起形成焊缝。熔化极气体保护焊对焊接区的保护简单、方便，焊接区便于观察，焊枪操作方便，生产效率较高，有利于实现全位置焊接，容易实现机械化和自动化。熔化极气体保护电弧焊的过程示意图如图 5-7 所示。

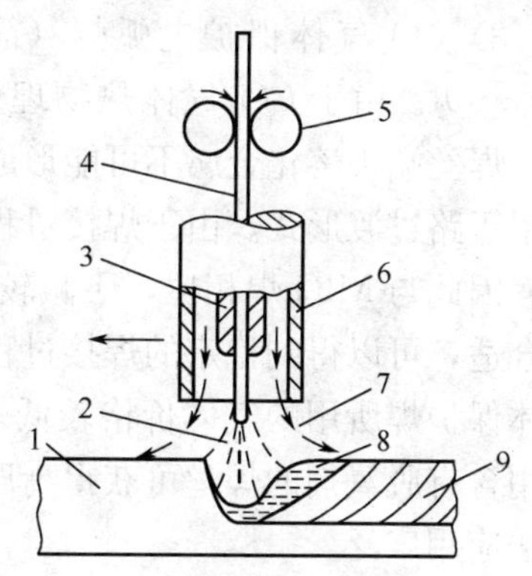

图 5-7　熔化极气体保护焊示意图

1—母材；2—电弧；3—导电嘴；4—焊丝；5—送丝轮；6—喷嘴；7—保护气体；8—熔池；9—焊缝金属

二、熔化极气体保护焊的分类及特点

1. 熔化极气体保护焊的分类

由于不同的保护气体及焊丝形式对电弧特性和冶金反应及焊缝成形都明显不同，因此，通常按照保护气体的种类和焊丝形式的不同来分类。

（1）按焊丝的形式分类。根据所采用的焊丝形式的不同，熔化极气体保护焊可分为实心焊丝气体保护焊和药心焊丝气体保护焊。

(2) 按保护气体分类。根据保护气体的不同，熔化极气体保护焊可分为三种。

1) 熔化极惰性气体保护电弧焊（简称 MIG 焊接)：焊接区通常采用惰性气体氩（Ar)、氦（He）或氩与氦的混合气体（Ar+He）保护。这类惰性气体不与液态金属发生冶金反应，只起到严密包围焊接区、使之与空气隔离的作用。由于电弧是在惰性气体中燃烧的，焊丝端头的金属也在惰性气体中熔化、过渡，因此电弧燃烧稳定，熔滴过渡平稳、安定，飞溅并不严重。在整个电弧燃烧过程中，焊丝连续送进，该种焊接方法适合于铜、铝等有色金属的焊接。

2) 熔化极氧化性混合气体保护焊（简称 MAG 焊接)：保护气体由惰性气体混合少量氧化性气体而成，通常为 $Ar+O_2$、$Ar+CO_2$ 和 $Ar+CO_2+O_2$。在惰性气体中混合少量氧化性气体（一般 O_2：2%～5%，CO_2：5%～20%）的目的是在不改变惰性气体电弧基本特性的前提下，进一步提高电弧稳定性，改善焊缝成形，降低电弧的辐射程度。

3) CO_2 气体保护电弧焊（简称 CO_2 焊)：保护气体为 CO_2、CO_2+O_2。由于 CO_2 气体热物理性能的特殊影响，使用常规电源时，焊丝端头熔化金属不可能形成平稳的轴向自由过渡，通常需要采用短路过渡形式。由于焊接过程不断发生熔滴短路和熔滴缩颈爆断，因此与 MIG 焊相比，飞溅较多。但是如果采用优质焊机，参数合适，可以得到稳定的焊接过程，使飞溅降低到最低程度。CO_2 气体保护焊所用的气体价格较低，采用短路过渡时焊缝成形良好，使用含有脱氧剂的焊丝可获得高质量的焊接接头，因此，该种焊接方法应用广泛。

药心焊丝气体保护焊所采用的保护气体主要有 CO_2、$Ar+CO_2$、$Ar+O_2$。

2. 熔化极气体保护焊的特点

熔化极气体保护焊可用于焊接碳钢、低合金钢、不锈钢、耐热合金钢、铝及铝合金、镁合金、铜及铜合金等；不适于焊接低熔点或低沸点的金属，如铅、锡、锌等。

1）优点。

a. 熔化极气体保护焊可焊接金属的厚度范围较广，最薄可达1mm，最厚几乎不受限制。

b. 焊接效率高，焊丝连续送进，省去手工电弧焊换焊条的时间；不需清理熔渣，特别在多层多道焊中，优势更为明显；焊丝的电流密度较大，大大提高了焊缝金属的熔敷速度。

c. 在相同的电流下，熔化极气体保护焊可获得比手工电弧焊更大的熔深。

d. 焊接薄板时，速度快、变形小。

2）缺点。

a. 灵活性差，进行熔化极气体保护焊时，焊枪必须靠近工件，对焊接区的空间有一定的尺寸要求。

b. 由于电弧和熔池受气体保护，因此焊接区周围要避免较大的空气流动，在室外该焊接方法受到一定的限制。

c. 焊接及辅助设备相对复杂，焊枪不够轻便。

三、熔化极气体保护电弧焊的设备

熔化极气体保护电弧焊的设备可分为半自动焊和自动焊两种类型，焊接设备主要由焊接电源、焊枪、供气系统、冷却水系统和控制系统组成，如图 5-8 所示。焊接电源提供焊接过程所需要的能

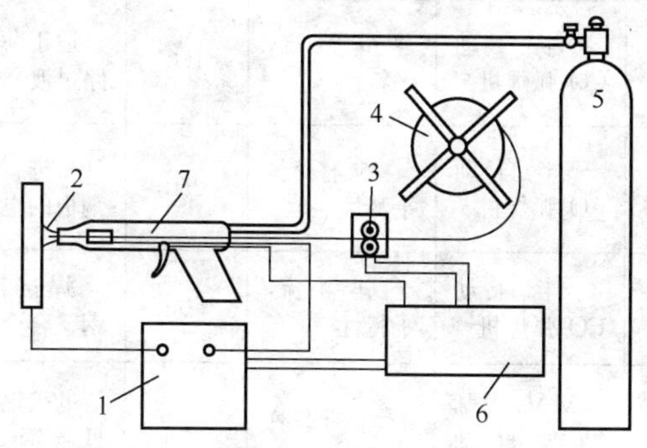

图 5-8　熔化极气体保护电弧焊的设备组成

1—焊机；2—保护气体；3—送丝轮；4—送丝机；5—气源；6—控制装置；7—焊枪

量，维持电弧的稳定燃烧；送丝系统将焊丝从焊丝盘中拉出并送给焊枪；供气系统提供焊接时所需要的保护气体；冷却水系统为水冷焊枪提供冷却水；控制系统是控制整个焊接程序。

1. 焊接电源

熔化极气体保护电弧焊的电源通常采用直流焊接电源，有变压器—整流器式、电动机—发电机式和逆变电源式。焊接电源的额定功率取决于各种用途所需要的电流范围，常见国产熔化极气体保护焊设备的型号及性能见表 5-12。

表 5-12　常见国产熔化极气体保护焊设备的型号及特点

型　号	名　称	外特性	额定电流(A)	应用特点
NBA2-200	半自动熔化极脉冲氩弧焊机	硅整流，垂直下降	200	可控金属过渡，用于铝、不锈钢的半自动全位置焊
NBA-400	半自动氩弧焊机	硅整流，平特性	400	用于铝、不锈钢的焊接，送丝平稳
NZA-1000	自动氩弧焊机	硅整流，缓降特性	1000	适于中厚板的自动焊接，可当埋弧焊机用
NBC1-300	半自动CO_2弧焊机	可控硅整流，平特性	300	适于焊接角焊缝，熔敷系数高，生产率高
NBC-160	半自动CO_2弧焊机	硅整流，平特性	160	适于薄板钢结构的短路过渡CO_2焊
NBC1-250	半自动CO_2弧焊机	硅整流，平特性	250	可进行 1.5～5mm 厚钢板的电力过渡焊接
NBC1-500-1	半自动CO_2弧焊机	硅整流，平特性	500	焊接低碳钢、不锈钢、合金钢
MM-350	MAG 焊脉冲半自动焊机	晶体管整流	350	低碳钢 MAG 脉冲焊、低碳钢 MAG 短路焊、CO_2焊

（1）焊接电源的外特性。熔化极气体保护焊的焊接电源按外特性类型可分为平特性（恒压）、陡降特性（恒流）和缓降特性三种。

1）平特性电源应用。当保护气体为惰性气体（如纯 Ar、富 Ar）和氧化性气体（如 CO_2），焊丝直径小于 1.6mm 时，在生产中广泛采用平特性电源。平特性电源配合等速送丝有很多优点，可通过改变电源的空载电压调节电弧电压，通过改变送丝速度调节焊接电流，焊接规范调节比较方便。使用这种外特性电源，当弧长变化时，可引起较大的电流变化，因此，自调节作用较强；同时，短路电流较大，引弧容易。实际使用的平特性电源都带有一定的下倾率，下倾率不大于 5V/100A 时仍然具有上述优点。

2）下降特性电源应用。当焊丝直径较粗（大于 2mm）时，生产中一般采用下降特性电源，配用变速送丝系统。由于焊丝直径较粗，电弧的自调节作用较弱，弧长变化后，恢复速度较慢，单靠电弧的自调节作用很难保证焊接过程的稳定。因此，电源内部附加电弧电压反馈电路，使弧长的变化及时反馈到送丝控制电路，调节送丝速度，使弧长能及时恢复。

（2）电源输出参数。熔化极气体保护焊电源的主要参数包括输入电压、额定焊接电流范围、额定负载持续率、空载电压等。焊接过程中可以根据工艺需要，对电源的输出参数、电弧电压及焊接电流及时进行调节。

1）电弧电压的调节。电弧电压是指焊丝端头和工件之间的电压降，电弧电压的预调节是通过调节电源的空载来实现电弧电压调节的；缓降或陡降外特性电源通过调整电源外特性斜率来实现电弧电压的调节。

2）焊接电流的调节。平特性电源的焊接电流主要通过调节送丝速度实现，有时也适当调节空载电压，也进行电流的少量调节。对于缓降或陡降外特性电源，主要是通过调节外特性斜率来实现。

2. 送丝系统

送丝系统主要由送丝机构（包括电动机、减速器、校直轮、送丝轮）、送丝软管、焊丝盘组成。

(1) 送丝方式。根据送丝方式的不同，送丝系统可分为推丝式、拉丝式、推拉丝式和行星式 4 种，如图 5-9 和图 5-10 所示。

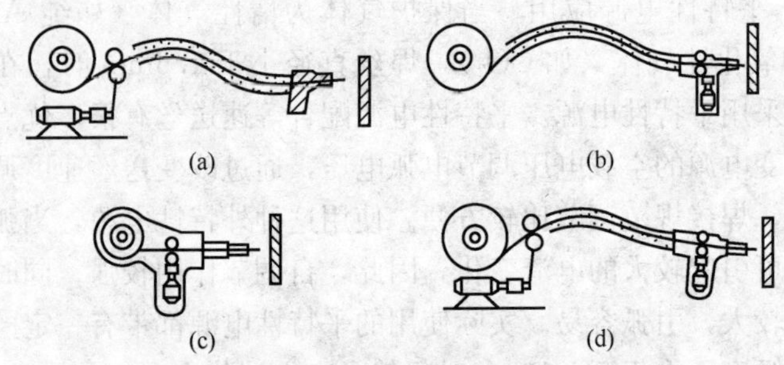

图 5-9 送丝方式示意图

(a) 推丝式；(b)、(c) 拉丝式；(d) 推拉丝式

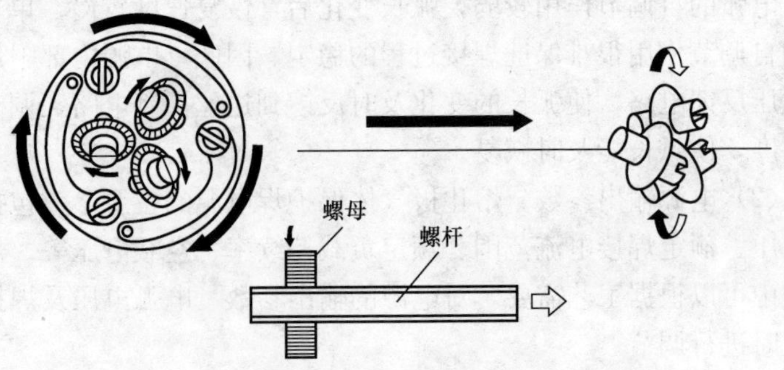

图 5-10 三轮行星式送丝机构的工作原理

1) 推丝式。推丝式是半自动熔化极气体保护焊应用最广泛的送丝方式之一，这种送丝方式的焊枪结构简单、轻便，操作和维修都比较方便，但是，焊丝送进的阻力较大，如果送丝软管过长，送丝稳定性变差，一般送丝软管长为 3～5m。

2) 拉丝式。拉丝式可分为三种形式：一种是将焊丝盘和焊枪分开，两者通过送丝软管连接；另一种是将焊丝盘直接安装在焊枪上，这两种都适合于细丝半自动焊；还有一种是不但焊丝盘与焊枪分开，送丝电动机也与焊枪分开，这种送丝方式可用于自动熔化极气体保护电弧焊。

3）推拉丝式。推拉丝式的送丝软管可加长到15m左右，扩大了半自动焊的操作距离。焊丝的前进既靠后面的推力，又靠前面的拉力，利用这两个力的合力来克服焊丝在软管中的阻力。送丝过程中，要始终保持焊丝在软管中处于拉直状态。这种送丝方式常用于半自动熔化极气体保护电弧焊。

4）行星式送丝。三轮行星式送丝机构见图5-10，它是利用轴向固定的旋转螺母能轴向推送螺杆的原理设计而成的。三个互成120°的滚轮交叉地装置在一块底座上，组成一个驱动盘。这个驱动盘相当于螺母，是行星式送丝机构的关键部分，通过三个滚轮中间的焊丝相当于螺杆。驱动盘由小型电动机带动，要求电动机的主轴是空心的。在电动机的一端或两端装上驱动盘后，就组成了一个行星式送丝机构单元。

送丝机构工作时，焊丝从一端的驱动盘进入，通过电动机中空轴后，从另一端的驱动盘送出。驱动盘上的三个滚轮与焊丝之间有一个预先调定的螺旋角，当电动机的主轴带动驱动盘旋转时，三个滚轮向焊丝施加一个轴向推力，将焊丝往前推送。在送丝过程中，三个滚轮一方面围绕焊丝公转，一方面绕着自己的轴自传。通过调节电动机的转速可调节焊丝的送进速度。

（2）送丝的稳定性。送丝系统的稳定性直接影响着焊接质量，送丝的稳定性一方面与机械特性和控制电路的控制精度有关，另一方面又与焊丝送进过程中的阻力及送丝轮的结构、送丝轮对焊丝的驱动方式有关。焊丝送进时的阻力主要是导电嘴中的阻力和送丝软管中的阻力。

1）导电嘴阻力。导电嘴有合适的孔径和长度，既要保证导电可靠，又要尽可能减少焊丝在导电嘴中的阻力，以保证送丝通畅。导电嘴的孔径过小，送丝阻力增大，当焊丝略有弯曲时，就可能被卡紧在导电嘴中送不出去。如果导电嘴的孔径过大，会使焊丝的导电性和导向性下降，造成送丝不稳定。

对于钢焊丝，一般要求孔径比焊丝直径大0.1～0.4mm，长度一般在20～30mm左右。对于铝焊丝，要适当增大导电嘴的孔径和长度，以减少送丝阻力和保证导电可靠。

2）软管阻力。

a. 软管内径。焊丝直径和软管内径要有适当的配合。若软管内径过小，焊丝与软管内壁间的接触面积增大，增加送丝阻力，如果软管内有杂质，很可能会导致焊丝送不出去；若软管内径过大，焊丝在软管内呈现波浪形送进，如果采用推丝式，同样会使送丝阻力增大，表 5-13 列出了不同直径焊丝的软管内径尺寸。

表 5-13　　不同直径焊丝的软管内径尺寸

焊丝直径（mm）	软管直径（mm）	焊丝直径（mm）	软管直径（mm）
0.8～1.0	1.5	1.4～2.0	3.2
1.0～1.4	2.5	2.0～3.5	4.7

b. 软管材料。一般来说，送丝软管材料的摩擦因数越小越好。软管有两类：一类用弹簧钢丝绕成，另一类用聚四氟乙烯、尼龙制成。

c. 焊丝的弯曲度。焊丝若有局部弯曲，会使焊丝在软管中的阻力大大增加，导致送丝不稳定。所以在条件允许的情况下，尽量选用较大的焊丝，特别是铝焊丝，要求焊丝的曲率越小越好。

d. 软管的弯曲度。软管平直时，送丝阻力较小，相反，软管弯曲时，送丝阻力增大，而且软管弯曲后的送丝阻力比焊丝弯曲后的送丝阻力大得多。因此在焊接时，尽量减少软管的弯曲。

(3) 焊枪。

1）焊枪的结构。熔化极气体保护焊焊枪分为半自动焊枪和自动焊枪，焊枪内部装有导电嘴。为了保证接触可靠，可采用适合于不同焊丝尺寸、材料和类型的纯铜导电嘴。焊枪还有一个向焊接区输送保护气体的通道和喷嘴。喷嘴和导电嘴可以更换。

常用的半自动焊枪有鹅颈式和手枪式两种（见图 5-11）。鹅颈式焊枪适合于小直径焊丝，使用灵活方便，对于空间较窄区域的焊接通常采用该焊枪进行焊接；手枪式焊枪适合于较大直径的焊丝，它要求冷却效果要好，通常采用内部循环水冷却。

自动焊枪的基本结构与半自动焊枪相同，一般采用内部循环水冷却，其载流量较大，可达 1500A，焊枪直接装在焊接机头的下

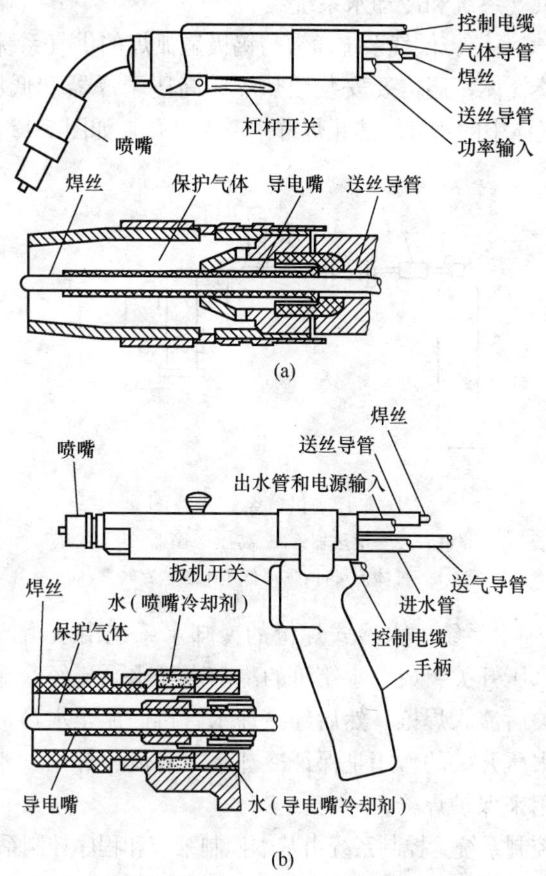

图 5-11 熔化极气体保护焊焊枪

(a) 鹅颈式；(b) 手枪式

部，焊丝通过丝轮和导丝管送进焊枪。

2）冷却方式。焊接电流通过电嘴等部件时产生的热量和电弧辐射热共同作用，会使焊枪发热，因此需要采取一定的措施冷却焊枪。焊枪的冷却方式有空气冷却、内部循环水冷却或两者结合三种方式。对于空气冷却式焊枪，在 CO_2 气体保护电弧焊时，持续负载下一般可使焊接电流高达 600A 左右，但是在使用氩气或氦气保护焊时，通常焊接电流不能超过 200A。

(4) 供气系统和冷却水系统。

1) 供气系统。供气系统通常与钨极氩弧焊的供气系统相似，对于二氧化碳气体，还需要安装预热器、高压干燥器和低压干燥器，用来吸收气体中的水分，防止焊缝中产生气孔，如图 5-12 所示。

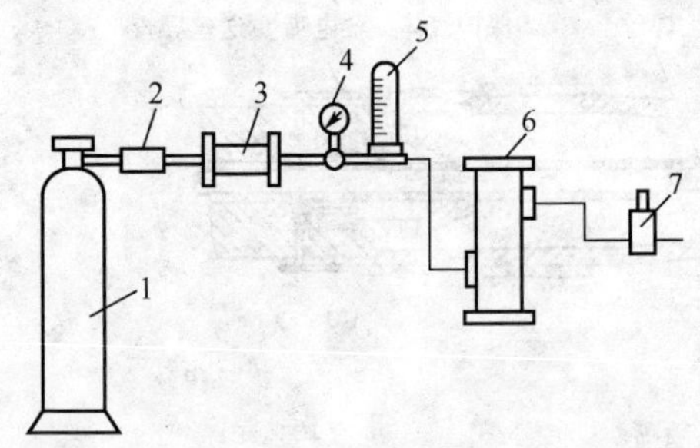

图 5-12 供气系统示意图

1—气瓶；2—预热器；3—高压干燥器；4—减压阀；5—气体流量计；6—低压干燥器；7—气阀

2) 冷却水系统。水冷式焊枪的冷却水系统由水箱、水泵、冷却水管和水压开关组成。水箱里的冷却水经水泵流经冷却水管，经过水压开关后流入焊枪，然后经冷却水管再回流至水箱，形成冷却水循环。水压开关的作用是保证冷却水只有流经焊枪，才能正常启动焊接，用来保护焊枪。

(5) 控制系统。控制系统由基本控制系统和程序控制系统组成。

1) 基本控制系统的构成和作用。基本控制系统主要包括焊接电源输出调节系统、送丝速度调节系统、小车行走速度调节系统（自动焊）和气体流量调节系统。它们的主要作用是在焊前和焊接过程中调节焊接电流或电压、送丝速度、焊接速度和气体流量的大小。

2) 程序控制系统的主要作用如下。

①控制焊接设备的启动和停止。

②实现提前送气、滞后停气。

③控制水压开关动作，保证焊枪受到良好的冷却。

④控制送丝速度和焊接速度。

⑤控制引弧和熄弧。

熔化极气体保护焊的引弧方式一般有三种：爆断引弧、慢送丝引弧和回抽引弧。爆断引弧是指焊丝接触通电的工件，使焊丝与工件相接处熔化，焊线爆断后引弧；慢送丝引弧是指焊丝缓慢向工件送进，直到电弧引燃；回抽引弧是指焊丝接触工件后，通电回抽焊丝引燃电弧。熄弧方式一般有电流衰减（送丝速度也相应衰减，填满弧坑）和焊丝反烧（先停止送丝，经过一段时间后切断电源）两种。

四、CO_2气体保护电弧焊工艺

1. 保护气体与焊丝

（1）保护气体。

1）CO_2气体的性质。CO_2气体是无色有酸味的气体，密度为1.977kg/m³，比空气重，常温下，CO_2气体加压至5～7MPa时变成液体，常温下的液态CO_2比水轻，沸点为－78℃。在0℃和0.1MPa时，1kg的液态CO_2可产生509L的气体。

CO_2有三种状态：固态、液态和气态。不加压力直接冷却时，CO_2气体可直接由气态变成固态，称之为干冰。温度升高时，干冰升华直接变成气体。由于干冰升华时产生的CO_2气体中含有大量的水分，因此不能用来焊接。

2）CO_2气体的提取及储运。目前，我国焊接使用的CO_2气体主要是酿造厂、化工厂的副产品，含水量较高，纯度不稳定。为了保证焊接质量，使用时一般要对CO_2气体进行处理。储藏和运输CO_2气体的装置主要是CO_2气瓶。规定CO_2气瓶的主体喷成黑色，用黄漆标明“二氧化碳”字样。

容量为40L的标准钢瓶，可灌入25kg液态的CO_2，约占钢瓶容积的80％，其余20％空间充满了CO_2气体，气瓶的压力表上显示的就是这部分气体的压力，该压力值与环境温度有关。当环境温度升高时，饱和气压升高；环境温度降低时，饱和气压降低。0℃时，饱和气压为3.63MPa；20℃时，饱和气压为5.72MPa；30℃时，饱和气压为7.48MPa。因此，应防止CO_2气瓶靠近热源或在烈日下暴晒，以免发生爆炸事故。当气瓶中液态的CO_2气体全部挥发成气体后，气瓶内的压力才开始逐渐下降。液态CO_2中可溶解0.05％（按重量）的水，多余的水沉在瓶底，这些水和液态的CO_2

一起挥发后，将混入CO_2气体中进入焊接区。CO_2气体的纯度对焊接质量的影响很大，随着CO_2气体中水分的增加，焊缝金属中的扩散氢含量也增加，容易出现气孔，焊缝的塑性变差。我国规定焊接用CO_2气体的纯度不低于99.5%。

3）CO_2气体中水分的排除方法如下。

a. 当气瓶中液态的CO_2用完后，气体的压力将随着气体的消耗而下降，气体里的水分增加，当气瓶内的气体压力降到1MPa时，应停止使用。

b. 使用前将新灌的气瓶倒置1～2h后，打开阀门，排除沉积在下面的自由状态的水，每隔半小时放一次，需放2～3次，然后将气瓶正立，开始使用。

c. 更换新的气体时，先放气2～3min，以排除装瓶时混入的空气和水分；必要时可在气路中设置高压干燥器和低压干燥器。

（2）焊丝。

1）实心焊丝。采用CO_2气体保护焊时，CO_2气体在电弧的高温区分解为一氧化碳并放出氧气，氧化作用较强，容易产生气孔和飞溅及合金元素的烧损。为了防止气孔、减少飞溅和保证焊缝的力学性能，要求焊丝中要有足够的合金元素。一般在CO_2气体保护焊的焊丝中添加一定量的硅和锰联合脱氧，硅和锰按一定百分比合成的硅酸锰盐，它的密度小，容易从熔池中浮出，不会产生夹渣。

CO_2气体保护焊对焊丝的化学成分有以下要求。

a. 焊丝必须含有足够数量的脱氧元素，防止产生气孔和减少焊缝金属中的含氧量。

b. 焊丝的含碳量要低，一般要求含碳量不大于0.11%，如果含碳量过高，会增加气孔和飞溅的产生。

c. 焊丝的化学成分要保证焊缝金属有较好的力学性能和抗裂性能。

由于焊丝表面的清洁程度直接影响焊缝金属中的含氢量。因此，在焊接前应采取必要的措施，清除掉焊丝表面的水分和污物。

表5-14列出了常用焊丝的化学成分和用途。H08Mn2SiA焊丝目前在CO_2气体保护焊中应用比较广泛，具有较好的工艺性能、力

学性能和抗裂纹能力，用于焊接低碳钢、屈服强度小于500MPa的低合金钢以及部分低合金高强钢。焊丝直径的允许偏差见表5-15。

表5-14　　CO_2气体保护焊焊丝的化学成分和用途

焊丝牌号	化学成分（%）								用途
	C	Si	Mn	Cr	Mo	Ti	S	P	
H10MnSi	≤0.14	0.60～0.90	0.80～1.10	≤0.20	—	—	≤0.030	≤0.040	焊接低碳钢、低合金钢
H08MnSi	≤0.10	0.70～1.0	1.0～1.30	≤0.20	—	—	≤0.030	≤0.040	
H08MnSiA	≤0.10	0.60～0.85	1.40～1.70	≤0.20	—	—	≤0.030	≤0.035	
H08Mn2SiA	≤0.10	0.70～0.95	1.80～2.10	≤0.20	—	—	≤0.030	≤0.035	
H04Mn2SiTiA	≤0.04	0.70～1.10	1.80～2.20	—	—	0.2～0.4	≤0.025	≤0.025	焊接低合金高强钢
H10MnSiMo	≤0.14	0.70～1.10	0.90～1.20	≤0.20	0.1～0.2	—	≤0.030	≤0.040	
H08CrMnSiA	0.15～0.22	0.90～1.10	0.80～1.10	0.8～1.1	—	—	≤0.025	≤0.030	焊接高强钢

表5-15　　CO_2气体保护焊用焊丝的直径及允许偏差

焊丝直径（mm）	允许偏差
0.5～0.6	+0.01 −0.03
0.8～1.6	+0.01 −0.04
2.0～3.2	+0.01 −0.07

2）药芯焊丝。

a. 药芯焊丝的制作。药芯焊丝的外皮是由低碳钢或低合金钢制成的。焊丝的制作过程是将钢皮首先轧制成U形面，然后将配制好的焊药填入已形成的U形钢带中，用轧实辊将已填充焊药的U形钢带压成不同结构的圆形周边毛坯，并将焊药材料压实，最后通过拉丝模拉拔，使焊丝成为符合要求的药芯焊丝。

b. 药芯焊丝中焊药的主要作用如下：①保护熔化金属免受空

气中氧和氮的污染，提高焊缝金属的致密性。②使电弧稳定燃烧，减少飞溅，使接头区域平滑、整洁。③熔渣与液态金属发生冶金反应，消除熔化金属中的杂质，熔渣壳对焊缝有机械性的保护作用。④调整焊缝金属的化学成分，使焊缝金属具有不同的力学性能、冶金性能和耐腐蚀性能。焊剂根据成分可分为钛型、钙型和钛钙型三种，具有良好的流动性且不含吸湿性强的物质。常用的药芯焊丝有低碳钢焊丝、低合金钢焊丝、堆焊用焊丝以及不锈钢焊丝等。

常见的一些药芯焊丝的牌号和性能见表 5-16。

表 5-16　　常见的一些药芯焊丝的牌号和性能

焊丝牌号			YJ502	YJ507(C)	YJ507CuCr	YJ607	YJ707
焊缝金属的化学成分	C		~0.10	~0.10	≤0.12	≤0.12	≤0.15
	Mn		~1.20	~1.20	0.5~1.2	1.25~1.75	~1.5
	Si		~0.5	~0.5	≤0.6	≤0.6	≤0.6
	Cr		—	—	0.25~0.60	—	—
	Cu		—	—	0.2~0.5	0.25~0.45	—
	Mo		—	—	—	—	~0.3
	Ni		—	—	—		~0.1
	S P		≤0.03	≤0.03	≤0.03	≤0.03	≤0.03
焊缝的力学性能	σ_b(MPa)		≥490	≥490	≥490	≥590	≥690
	σ_s(MPa)		—	—	≥343	≥530	≥590
	σ_5(MPa)		≥22	≥22	≥20	≥15	≥15
推荐的工艺参数	I(A)	ϕ1.6	180~350	180~400	110~350	180~320	200~320
		ϕ2.0	200~400	200~450	—	250~400	250~400
	U(V)	ϕ1.6	23~30	23~30	22.5~32	28~32	25~32
		ϕ2.0	25~32	25~32	—	28~35	28~35
	气体流量(L/min)		15~25	15~20	15~25	15~20	15~20

c. 焊丝的断面结构。焊丝的断面结构可以有不同的形式，常见药芯焊丝的断面形状如图 5-13 所示。

O 形断面的焊丝由于焊丝内部的焊药不导电，电弧容易沿钢皮旋转，稳定性较差，飞溅增大，焊缝成分分布不均匀。E 形和双层

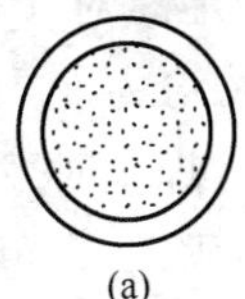
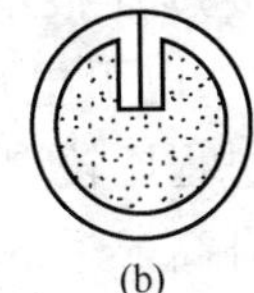

图 5-13　药芯焊丝的断面形状

(a) O形；(b) T形；(c) E形；(d) 双层药芯

药芯电弧燃烧稳定，焊线熔化均匀，冶金反应充分，容易获得优质的焊缝。小直径的焊丝做成其他形状比较困难，一般焊丝直径小于2.4mm时，做成O形。

2. CO_2气体保护焊的熔滴过渡

CO_2气体保护焊时，焊丝的熔化和熔滴过渡是在CO_2气体中进行的，CO_2气体在电弧热作用下将发生分解，该反应是吸热反应，它对电弧有较强的冷却作用，所以对焊丝金属的过渡产生很大的影响。电弧燃烧的稳定性和焊缝成形的好坏取决于熔滴过渡的形式。焊丝直径和焊接电流不同，熔滴过渡的形式也不同。实际生产中常用的熔滴过渡形式有短路过渡和颗粒过渡两种形式，见图 5-14。

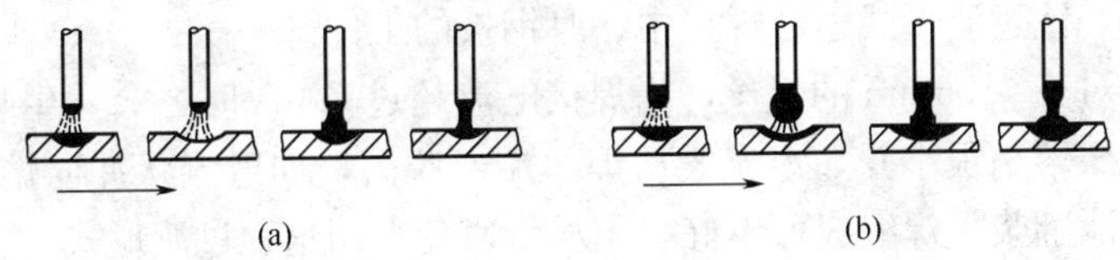

图 5-14　CO_2 气体保护焊熔滴过渡的形式

(a) 短路过渡；(b) 颗粒过渡

(1) 短路过渡。焊丝端部的熔滴与熔池短路接触，在温度和电磁力的作用下使熔滴爆断，直接向熔池过渡的形式称为短路过渡。短路过渡是由于电流较小、电弧长度小于熔滴直径所致。

短路过渡时，熔滴越小，过渡越快，焊接过程越稳定，即当电弧电压合适时，短期频率越高，焊接过程越稳定。影响短路过渡频率的主要因素是电弧电压和送丝速度。当电弧电压太低时，弧长很短，短路频率虽然很高，但电弧燃烧时间较短，可能焊丝端部还未熔化就插入熔池而发生固体短路，由于短路时电流较大，造成焊丝突然爆断，产生严重的飞溅，焊接过程很不稳定。对于直径为0.8mm、1.2mm和1.5mm的焊丝，电弧电压大约为20V左右，这时除了短路频率最高以外，短路过程比较均匀，焊接时发出轻微均匀的啪啪声。随时着电弧电压的升高，短路频率降低，短路持续时间减少，直至变成自由过渡。

(2) 颗粒过渡。当焊接电流较大、电弧电压较高时，会发生颗粒过渡。影响颗粒过渡的主要因素是焊接电流，随着焊接电流的增加，熔滴的体积逐渐减小，过渡频率增加，颗粒过渡也由大颗粒向小颗粒过渡，甚至喷射过渡。

当电弧电压较高、弧长较大而焊接电流较小时，焊丝端部形成的熔滴很不稳定地落入到熔池中，这种过渡形式称大颗粒过渡。大颗粒过渡时，焊接过程很不稳定，飞溅较多，焊缝成形不好，实际焊接时应尽量避免。

当进一步增加焊接电流（如ϕ1.6mm的焊丝，电流达到400A以上）时，熔滴的尺寸不是随着电流的增加而增加，反而减小了，过渡频率较高，称为小颗粒过渡。小颗粒过渡时，飞溅较小，焊丝熔化速度快，熔深较大，焊接效率较高，焊接过程稳定，焊缝成形良好，该过渡形式适合焊接中、厚钢板的工件。

对于ϕ1.6mm的焊丝，当焊接电流超过700A时，会发生喷射过渡。熔滴很小并如水流般从焊丝端部脱落，如射流状冲向熔池，使熔池翻浆，焊缝成形不好，应尽量避免采用这种过渡形式。

3. CO_2气体保护焊的焊接工艺参数

正确选择焊接工艺参数是保证焊接质量、提高生产效率的重要条件。CO_2气体保护焊的工艺参数主要包括焊丝的直径、焊接电流、电弧电压、焊接速度、焊丝的伸出长度、气体流量、电源极性等。

(1) 焊丝直径。实芯焊丝的CO_2气体保护焊焊丝直径的范围较窄，一般直径在0.4～5mm之间。通常半自动焊多采用直径为ϕ0.4～1.6mm的焊丝，而自动焊常采用较粗的焊丝，其直径为ϕ1.6～5mm。ϕ1.0mm以下的焊丝使用的电流范围较窄，通常熔滴过渡以短路过渡为主，很少采用颗粒过渡；而较粗焊丝使用的电流范围较宽，ϕ1.2～1.6mm的焊丝可采用短路过渡和颗粒过渡两种形式；ϕ2.0mm 以上的粗焊丝基本上为颗粒过渡。

焊丝直径主要根据焊件的厚度、焊接位置以及效率等要求来选择，焊丝直径的选择见表 5-17。

表 5-17　　焊丝直径的选择

焊丝直径（mm）	工件厚度（mm）	熔滴的过渡形式	焊接位置
0.4～0.8	0.4～4	短路过渡	全位置
1.0～1.2	1.5～12	短路过渡	全位置
		细颗粒过渡	平焊、横角焊
1.2～1.6	2～25	细颗粒过渡	平焊、横角焊
		短路过渡	全位置
≥2.0	中厚板	细颗粒过渡	平焊、横角焊

焊丝直径对焊丝的熔化速度影响较大，当焊接电流一定时，焊丝越细，熔化速度越快，同时熔深也增加。

（2）焊接电流。焊接电流是重要的焊接工艺参数。焊接电流的大小主要取决于送丝速度，送丝速度增加，焊接电流也随之增加。此外，焊接电流的大小还与电源极性、焊丝的伸出长度、气体成分及焊丝直径有关。

焊接电流对焊缝的熔深影响大。当焊接电流在 60～250A 范围内、以短路过渡形式焊接时，飞溅较小，焊缝熔深较浅，一般在 1～2mm左右，当焊接电流达到 300A 以上时，熔深开始明显增大，随着焊接电流的增加，熔深也增加，焊接电流主要是根据工件厚度、焊丝直径及焊接位置来选择。每种焊丝直径都有一个合适的焊接电流范围，只有在这个范围内焊接过程才能够稳定进行。焊丝直径与焊接电流的关系见表 5-18。

表 5-18　　焊丝直径与焊接电流

焊丝直径（mm）	焊接电流（A）	焊丝直径（mm）	焊接电流（A）
0.6	40～100	1.0	80～250
0.8	50～160	1.2	110～350
0.9	70～210	1.6	≥300

（3）电弧电压。电弧电压是一个重要的焊接参数，它的大小直接影响焊接过程的稳定性、熔滴的过渡特点、焊缝成形以及焊接飞

溅和冶金反应等。短路过渡时弧长较短，并带有均匀密集的短路声，随着电弧电压的增加，弧长也增加，这时电弧的短路声不规则，同时飞溅明显增加。进一步增加电弧电压，一直可达到无短路过程。相反，随着电弧电压的降低，弧长变短，出现较强的爆破声，可以引起焊丝与固体短路。

短路过渡时，焊接电流一般在200A以下，这时电弧电压在较窄的范围内变动，电弧电压与焊接电流的关系可用下式来计算。立焊和仰焊时的电弧电压比平焊时要低些。

$$U = 0.04I + 16 \pm 2$$

当焊接电流在200A以上时，即使采用较小的电弧电压，也难以获得稳定的短路过渡过程。因此，这时电弧电压往往很高，可用下式来计算，这时基本上不发生短路，飞溅较小且电弧稳定。

$$U = 0.04I + 20 \pm 2$$

在粗丝情况下，焊接电流在500A以上时，电弧电压一般在40V左右。短路过渡CO_2焊时，焊接电流与电弧电压的关系见表5-19。当焊接电缆需要加长时，应按照表5-20修正以上两式。

表5-19　短路过渡CO_2焊时焊接电流与电弧电压的关系

焊接电流（A）	电弧电压（V）	
	平　焊	立焊和仰焊
70～120	18～21.5	18～19
120～170	19～23.5	18～21
170～210	19～24	18～22
210～260	21～25	—

表5-20　加长电缆修正电弧电压表

电缆长(m) \ 电流 / 电压(V)	100A	200A	300A	400A	500A
10	1	1.5	1	1.5	2
15	1	2.5	2	2.5	3
20	1.5	3	2.5	3	4
25	2	3.5	4	4	5

在表5-19中，当焊接电流在200A以下时，采用截面为$38mm^2$的导线，当焊接电流在300A以上时，采用截面为$60mm^2$的

导线。当电缆长度超过 25m 时，应根据实际长度修正电压。

电弧电压对焊缝成形的影响也十分明显，当电弧电压升高时，熔深变浅，熔宽明显增加，余高减小，焊缝表面平坦。相反，当电弧电压降低时，熔深变深，焊缝表面窄而高。

（4）焊接速度。在焊接电流和电弧电压一定的情况下，焊接速度增加时，焊缝的熔深、熔宽和余高均减小。如果速度过快，容易出现咬边及未熔合现象；速度减小时，焊道变宽，变形量增加，效率降低。一般半自动焊接时，焊接速度控制在 20～60cm/min 之间比较合适。

（5）焊丝的伸出长度。焊丝的伸出长度是指导电嘴到工件之间的距离，焊接过程中，合适的焊丝伸出长度是保证焊接过程稳定的重要因素之一。

由于 CO_2 气体保护焊的电流密度较高，当送丝速度不变时，如果焊丝的伸出长度增加，焊丝的预热作用增强，焊丝熔化的速度增快，电弧电压升高，焊接电流减小，造成熔池温度降低，热量不足，容易引起未焊透等缺陷；同时电弧的保护效果变坏，焊缝成形不好，熔深较浅，飞溅较多。当焊丝的伸出长度减小时，焊丝的预热作用减小，熔深较深，飞溅少，影响电弧的观察，导电嘴容易过热烧坏，不利于操作。

焊丝的伸出长度对焊缝成形的影响见图 5-15。

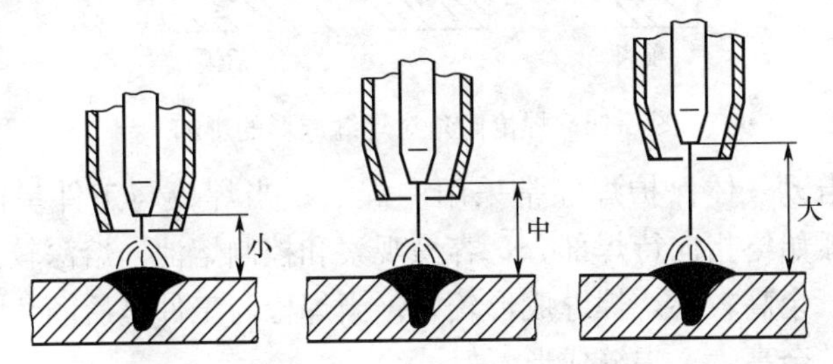

图 5-15　焊丝伸出长度对焊缝成形的影响

（6）保护气体的流量。保护气体的流量不但影响焊接冶金过程，同时对焊缝的形状与尺寸也有显著影响。在正常焊接情况下，保护气体的流量与焊接电流有关，一般在 200A 以下焊接时为 10～15L/min，在 200A 以上焊接时为 15～25L/min。保护气体的流量过大或过小都会影响保护效果。

影响保护效果的另一个因素是焊接区附近的风速，在风的作用下保护气流被吹散，使电弧、熔池及焊丝端头暴露于空气中，破坏保护。实践证明，当风速≥2m/s时，焊缝中的气孔将明显增加。

(7) 电流极性。CO_2保护焊时一般都采用直流反极性。此时焊接过程稳定，飞溅较小。直流正接时，在相同的焊接电流下，焊丝的熔化速度大大提高，约为反接时的1.6倍，而熔深较浅，焊缝余高很大，飞溅增多。

基于以上特点，CO_2气体保护焊正极性焊接主要用于堆焊、铸铁补焊及大电流高速CO_2气体保护焊。

(8) 焊枪角度。焊枪的倾角很小时，对焊缝成形没有明显的影响；当倾斜角度过大时，对焊缝成形有很大影响。焊枪角度对焊缝成形的影响见图5-16。

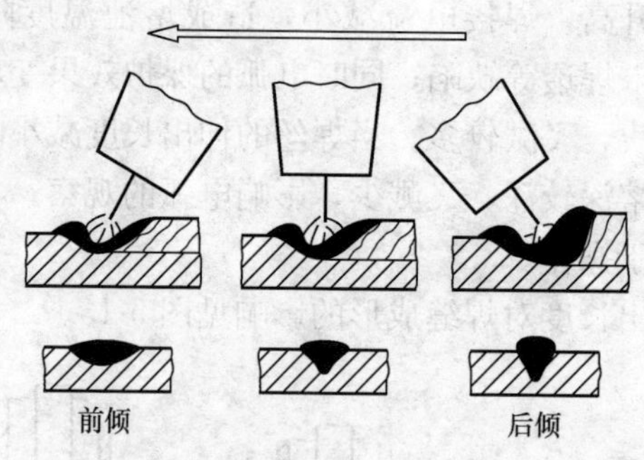

图5-16 焊枪倾角对焊缝成形的影响

半自动气体保护焊经常采用左焊法。当焊枪与工件呈前倾角时，电弧始终指向待焊部分，容易观察和控制熔池，熔深较浅，焊缝较宽，余高较小，焊缝成形较好。当焊枪与工件呈后倾角时，焊缝较窄，余高大，焊缝成形不好。

五、CO_2气体保护电弧焊焊接技术

1. 焊枪操作的基本要领

(1) 半自动CO_2焊接时，焊枪上接有焊接电缆、控制电缆、气管、水管及送丝软管等，焊枪的重量较大，焊工操作时很容易疲劳，而使操作时很难握紧焊枪，影响焊接质量。因此，应该尽量减

轻焊枪把线的重量，并利用肩部、腿部等身体的可利用部位减轻手臂负荷，使手臂处于自然状态并能够灵活带动焊枪移动。

在焊接过程中，保持一定的焊枪角度及喷嘴到工件的距离，并能清楚地观察熔池，同时要注意焊枪移动的速度要均匀以及使焊枪对准坡口的中心线等。通常情况下，焊工可根据焊接电流的大小、熔池形态、装配情况等适当地调节整流器焊枪的角度和移动速度。

（2）引弧、收弧及接头。引弧时，首先要使焊枪喷嘴到工件保持正常焊接时的距离，使焊丝伸出一定的长度，该长度要小于喷嘴与工件间的距离。按焊枪开关，焊机自动提前送气，然后供电和送丝，当焊丝与工件接触短路时，自动引燃电弧。在短路时，焊丝对焊枪有一反作用力，将焊枪向上推起。因此在引弧时，要握紧焊枪，保证喷嘴与工件间的距离。

CO_2气体保护焊在收弧时与手工电弧焊不同，不要像手工电弧焊那样习惯地把焊枪抬起，这样会破坏对熔池的有效保护，容易产生气孔等缺陷，正确的操作方法是在焊接结束时，松开焊枪开关，保持焊枪到工件的距离不变，一般 CO_2 气体保护焊有弧坑控制电路，此时焊接电流与电弧电压自动变小，待弧坑填满后，电弧熄灭。电弧熄灭时，也不要马上抬起焊枪，因为控制电路仍保持延迟送气一段时间，保证熔池凝固时得到很好的保护，等送气结束时，再移开焊枪。

焊道接头的好坏直接影响焊接质量，接头处的处理方法见图5-17。

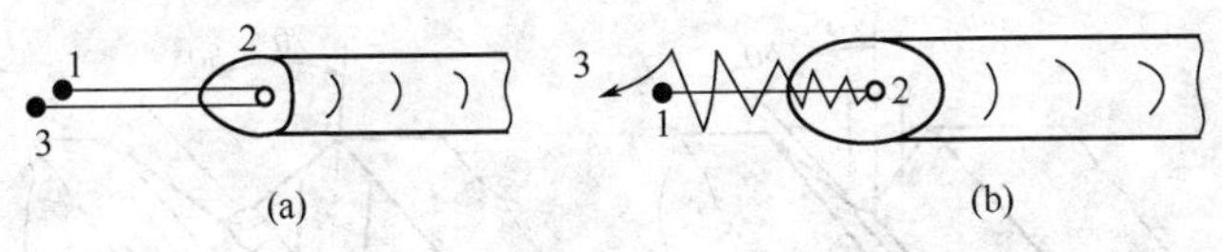

图 5-17　接头处的处理方法

（a）不摆动焊道；（b）摆动焊道

当对不需要摆动的焊道进行接头时，一般在收弧处的前方10～20mm处引弧，然后将电弧快速移到接头处，待熔化金属与原焊缝相连后，再将电弧引向前方，进行正常焊接［见图 5-17（a）］。

对摆动焊道进行接头时，在收弧前方10～20mm处引弧，然后以直线方式将电弧带到接头处，待熔化金属与原焊缝相连后，再从接头中心开始摆动，在向前移动的同时逐渐加大摆幅，转入正常焊接[见图5-17（b)]。

2. 平板对接平焊操作技术

对于薄板对接一般都采用短路过渡。随着工件厚度的增大，大都采用颗粒过渡，这时熔深较大，可以提高单道焊的厚度或减小坡口尺寸。对于中等厚度的钢板，可以采用I形坡口进行双面单层焊，也可以开坡口进行单面或双面焊。通常CO_2气体保护焊时，坡口的印边稍大而坡口角度较小。

以12mm厚的钢板为例，开V形坡口进行焊接，焊接工艺参数见表5-21。

表5-21　焊接工艺参数

焊接层	焊丝直径（mm）	焊丝的伸出长度（mm）	焊接电流（A）	电弧电压（V）	气体流量（L/min）
打底层	1.2	20～25	90～110	17～20	10～15
填充层	1.2	20～25	210～240	23～27	18～20
盖面层	1.2	20～25	230～250	24～26	18～20

(1) 打底焊。打底焊时，如果坡口角度较小，熔化的金属容易流到电弧前面去，而产生未焊透的缺陷。在焊接时可采取右焊法，直线式移动焊枪，见图5-18（a)；当坡口角度较大时，应采用左焊

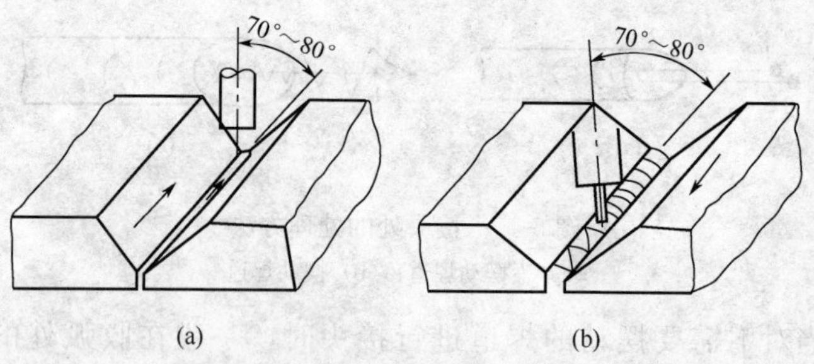

图5-18　打底焊道的焊接方法

(a) 右焊法；(b) 左焊法

法和小幅度摆动焊枪，见图 5-18（b）。当采用左焊法时，一般电弧在坡口两侧稍加停留，使熔孔直径比间隙略大 0.5～1mm，尽量保持熔孔的直径不变，保证坡口两侧熔合良好。打底焊时要保证焊道两侧与坡口结合处略下凹，焊道表面平整，焊道厚度不要太厚，见图 5-19。

（2）填充焊。填充焊时如果采用单层焊，要注意摆动幅度要适当加大，使坡口的两侧熔合良好，保证焊道表面平整并略向下凹，同时还要保证不能将棱边熔化，使焊道表面距离坡口上棱边 1.5～2mm 为好。如果采用多层焊，要注意焊接次序、摆动手法及焊缝宽度等。

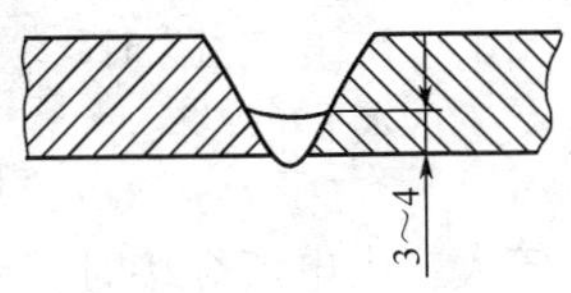

图 5-19 打底焊道

（3）盖面焊。盖面焊时的摆动幅度要比填充焊时大，尽量保证焊接速度均匀，以获得良好的外观成形；要保证熔池边缘超过工件表面 0.5～1.5mm，并防止咬边。

3. 水平角焊缝的焊接

根据工件厚度的不同，水平角焊缝可分为单层单道焊和多层焊。

（1）单道焊。当焊脚高度小于 8mm 时，可采用单道焊。单道焊时工件厚度不同，焊枪的指向位置和倾角也不同，见图 5-20。当焊脚高度小于 5mm 时，焊枪指向根部，见图 5-20（a）；当焊脚高度大于 5mm 时，焊枪的指向如图 5-20（b）所示，距离根部 1～2mm。焊接方向一般为左焊法。

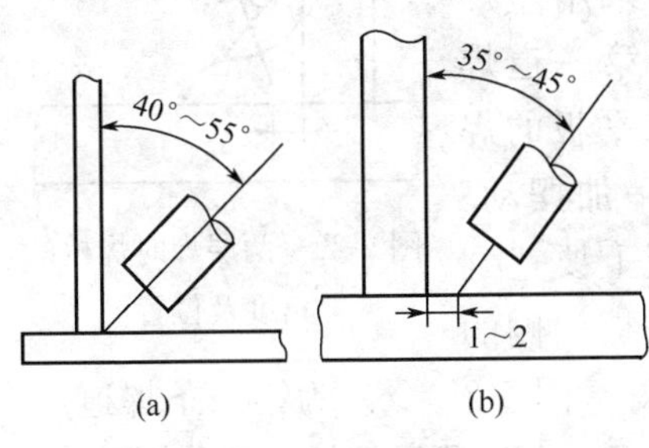

图 5-20 不同角焊缝的焊接

（a）焊脚高度小于 5mm；

（b）焊脚高度大于 5mm

水平角焊缝由于焊枪指向位置、焊枪角度及焊接工艺参数使用不当，将得到不良焊道。当焊接电流过大时，铁水容易流淌，造成垂直角的焊脚尺寸小和出现咬边，

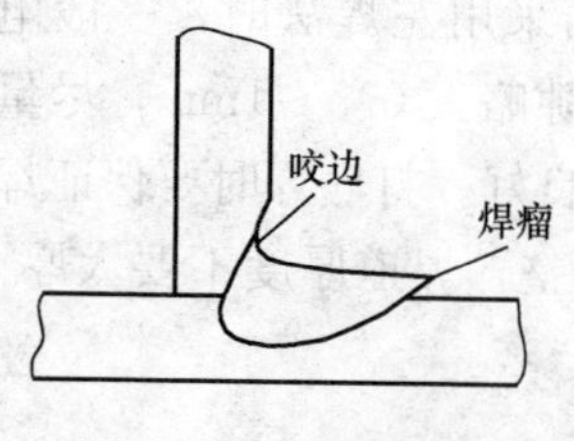

图 5-21　电流过大时的水平角焊缝

而水平板上的焊脚尺寸较大，容易出现焊瘤（见图 5-21）。为了得到等长度的焊脚和焊缝，焊接电流应小于 350A，对于不熟练的焊工，电流应再小些。

(2) 多层焊。由于水平角焊缝使用大电流受到一定的限制，当焊脚尺寸大于 8mm 时，就应采用多层焊。多层焊时，为了提高生产率，一般焊接电流都比较大。大电流焊接时，要注意各层之间及各层与底板和立板之间要熔合良好。最终角焊缝的形状应为等焊脚，焊缝表面与母材过渡平滑。根据实际情况要采取不同的工艺措施。例如，焊脚尺寸为 8～12mm 的角焊缝，一般分两层焊道进行焊接。第一层焊道电流要稍大些，焊枪与垂直板的夹角要小，并指向距离根部 2～3mm 的位置。第二层焊道的焊接电流应适当减小，焊枪指向第一层焊道的凹陷处（见图 5-22），并采用左焊法，可以得到等焊脚尺寸的焊缝。

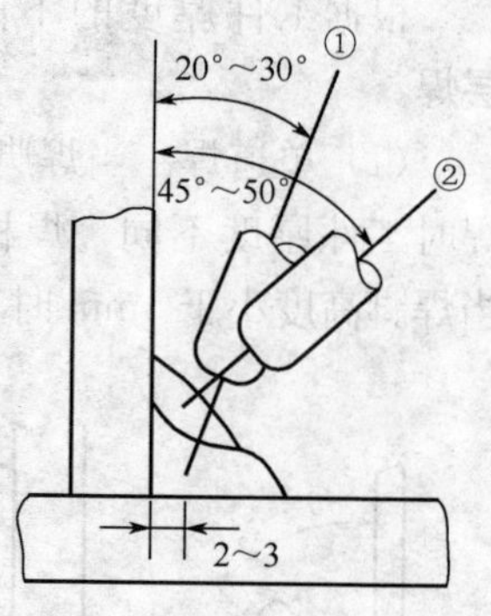

图 5-22　两层焊时焊枪的角度及位置

当要求焊脚尺寸更大时，应采用三层以上的焊道，焊接次序如图 5-23 所示。图 5-23（a）是多层焊的第一层，该层的焊接工艺与 5mm 以上焊脚尺寸的单道焊类似，焊枪指向距离根部 1～2mm 处，焊接电流一般不大于 300A，采用左焊法。图 5-23（b）为第二层的第一道焊缝，焊枪指向第一层焊道与水平板的焊趾部位，进行直线形焊接或稍加摆动。焊接该焊道时，注意在水平板上要达到焊脚尺寸要求，并保证在水平板一侧的焊缝边缘整齐，与母材熔合良好。图 5-23（c）为第二条焊道。当要求焊脚尺寸较大时，可按图 5-23（d）所示焊接第三条焊道。

一般采用两层焊道可焊接 14mm 以下的焊脚尺寸，当焊脚尺寸更大时，还可以按照图 5-23（d）所示，完成第三层、第四层的

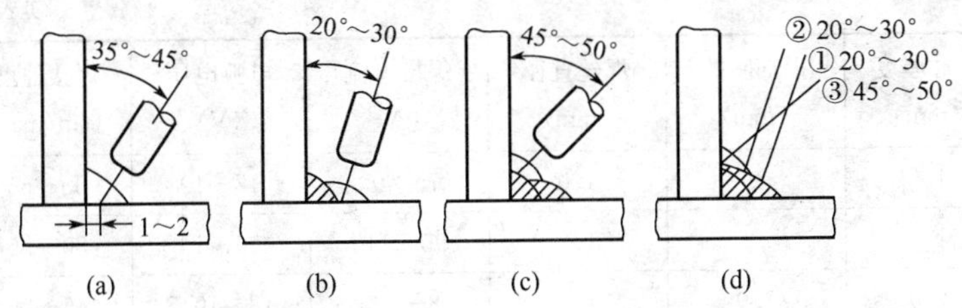

图 5-23　厚板水平角焊缝的焊接次序

(a) 第一层焊缝；(b) 第一条焊道；(c) 第二条焊道；(d) 第三条焊道

焊接。

船形角焊缝的焊接特点与 V 形对接焊缝相似，其焊脚尺寸不像水平焊缝那样受到限制，因此可以使用较大的焊接电流。船形焊时可以采用单道焊，也可以采用多道焊，采用单道焊时可焊接 10mm 厚度的工件。

4. 平板对接立焊操作技术

根据工件厚度的不同，CO_2气体保护焊可以采用向下立焊或向上立焊两种方式。一般厚度小于 6mm 的工件采用向下立焊，大于 6mm 的工件采用向上立焊。立焊的关键是保证铁水不流淌，熔池与坡口两侧熔合良好。

(1) 向下立焊。向下立焊时，为了保证熔池金属不下淌，一般焊枪应指向熔池，并保持如图 5-24 所示的倾角。电弧始终对准熔池的前方，利用电弧的吹力来托住铁水，一旦有铁水下淌的趋势时，应使焊枪的前倾角增大，并加速移动焊枪，利用电弧力将熔池金属推上去。向下立焊主要使用细焊丝、较小的焊接电流和较快的焊接速度，典型的焊接规范如表 5-22 所示。

表 5-22　向下立焊时对接焊缝的焊接规范

工件厚度(mm)	根部间隙(mm)	焊丝直径(mm)	焊接电流(A)	电弧电压(V)	焊接速度(cm/min)
0.8	0	0.8	60～70	15～18	55～65
1.0	0	0.8	60～70	15～18	55～65
1.2	0	0.8	65～75	16～18	55～65

续表

工件厚度(mm)	根部间隙(mm)	焊丝直径(mm)	焊接电流(A)	电弧电压(V)	焊接速度(cm/min)
1.6	0	1.0	75～90	17～19	50～65
1.6	0	1.2	95～110	16～18	80～85
2.0	1.0	1.0	85～95	18～19.5	45～55
2.0	0.8	1.2	110～120	17～18.5	70～80
2.3	1.3	1.0	90～105	18～19	40～50
2.3	1.5	1.2	120～135	18～20	50～60
3.2	1.5	1.2	140～160	19～20	35～45
4.0	1.8	1.2	140～160	19～20	35～40

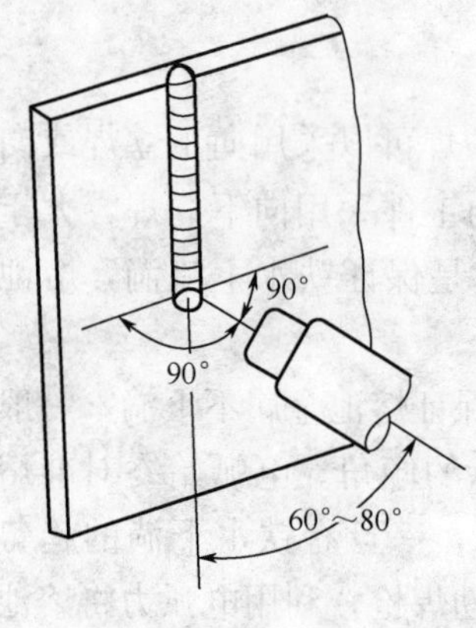

图 5-24　向下立焊时的焊枪角度

薄板立角焊缝也可采用向下立焊，与开坡口的对接焊缝向下立焊类似。一般焊接电流不能太大，电流大于200A时，熔池金属将发生流失。焊接时尽量采用短弧并提高焊接速度。为了更好地控制熔池形状，焊枪一般不进行摆动，如果需要较宽的焊缝，可采用多层焊。向下立焊的熔深较浅，焊缝成形美观，但容易产生未焊透和焊瘤。

(2) 当工件的厚度大于 6mm 时，应采用向上立焊。向上立焊时的熔深较大，容易焊透。但是由于熔池较大，使铁水流失倾向增加，一般采用较小的规范进行焊接，熔滴过渡采用短路过渡形式。

向上立焊时焊枪位置及角度很重要，如图 5-25 所示。通常向上立焊时焊枪都要做一定的横向摆动。直线焊接时，焊道容易凸出，焊缝外观成形不良并且容易咬边，多层焊时，后面的填充焊道容易焊不透。因此，向上立焊时，一般不采用直线式焊接，其摆动方式采用如图 5-26（a）所示的小幅度摆动，焊道容易凸起，因此在焊接时，摆动频率和焊接速度要适当加快，严格控制熔池的温度和大小，保证熔池与坡口两侧充分熔合。如果需要焊脚尺寸较大时，应采用如图 5-26（b）所示的月牙形摆动方式，在坡口中心的移动速度要快，而在坡口两侧要稍加停留，以防止咬边，要注意焊枪摆动要采用上凸的月牙形，不要采用如图 5-26（c）所示的下凹月牙形。因为下凹月牙形的摆动方式容易引起铁水下淌和咬边，使焊缝表面下坠，成形不好。向上立焊的单道焊时，焊道表面平整光滑，焊缝成形较好，焊脚尺寸可达到 12mm。

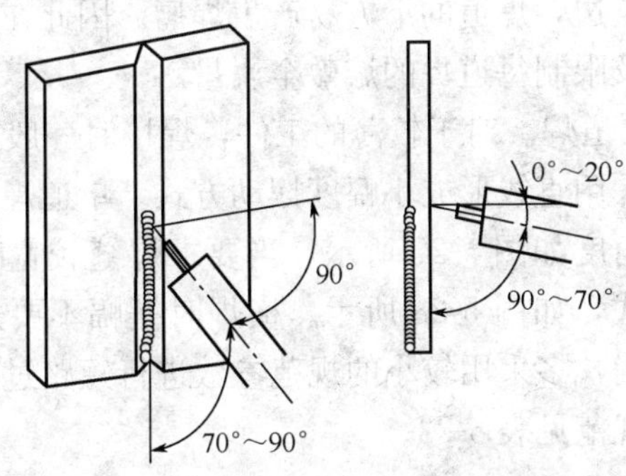

图 5-25　向上立焊时的焊枪角度

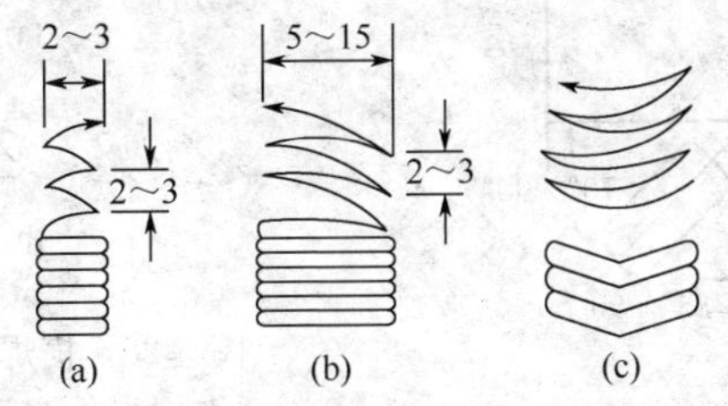

图 5-26　向上立焊时的摆动方式

（a）小幅度锯齿形摆动；（b）上凸月牙形摆动；

（c）下凹月牙形摆动

当焊脚尺寸较大时，一般要采用多层焊接。多层焊接时，第一层打底焊要采用小直径的焊丝、较小的焊接电流和小摆幅进行焊接，注意控制熔池的温度和形状，仔细观察熔池和熔孔的变化，保证熔池不要太大。

填充焊时焊枪的幅度要比打底焊时大，焊接电流也要适当加大，电弧在坡口两侧稍加停留，保证各焊道之间及焊道与坡口两侧很好地熔合。一般最后一层填充焊道要比工件表面低 1.5～2mm，注意不要破坏坡口的棱边。

焊盖面焊道时，摆动幅度要比填充焊时大，应使熔池两侧超过坡口边缘 0.5～1.5mm。

5. 平板对接横焊操作技术

横焊时，熔池金属在重力作用下有自动下垂的倾向，在焊道的上方容易产生咬边，焊道的下方易产生焊瘤。因此在焊接时，要注意焊枪的角度及限制每道焊的熔敷金属量。

(1) 单层单道焊。对于较薄的工件，焊接时一般进行单层单道横焊，此时可采用直线形或小幅度摆动方式。单道焊道一般都采用左焊法，焊枪角度如图 5-27 所示，当要求焊缝较宽时，要采用小幅度的摆动方式，如图 5-28 所示。横焊时摆幅不要过大，否则容易造成铁水下淌，多采用较小的规范参数进行短路过渡，横向对接焊的典型焊接规范见表 5-23。

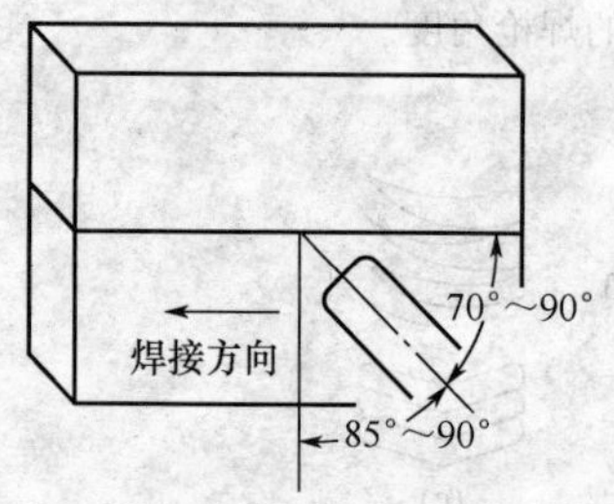

图 5-27　横焊时的焊枪角度

(a)

(b)

图 5-28　横焊时的摆动方式

(a) 锯齿形摆动；(b) 小圆弧形摆动

表 5-23　横向对接焊的典型焊接规范

工件厚度 (mm)	装配间隙 (mm)	焊丝直径 (mm)	焊接电流 (A)	电弧电压 (V)
≤3.2	0	1.0～1.2	100～150	18～21
3.2～6.0	1～2	1.0～1.2	100～160	18～22
≥6.0	1～2	1.2	110～210	18～24

（2）多层焊。对于较厚工件的对接横焊，要采用多层焊接。焊接第一层焊道时，焊枪的角度见图 5-29（a），焊枪的仰角为 0°～10°，并指向顶角位置，采用直线形或小幅度摆动焊接，根据装配间隙调整焊接速度及摆动幅度。

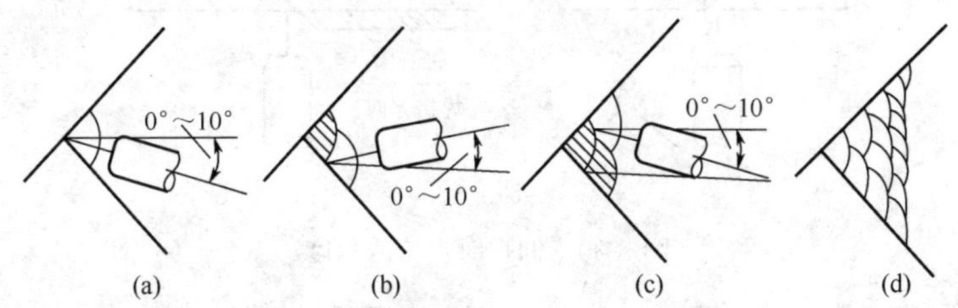

图 5-29　多层焊焊枪的角度及焊道排布

（a）第一层焊道；（b）第一条焊道；（c）第二条焊道；（d）以后的各层焊道

焊接第二层的第一条焊道时，焊枪的仰角为 0°～10°，如图 5-29（b)所示，焊枪以第一层焊道的下缘为中心做横向小幅度摆动或直线形运动，保证上坡口熔合良好。

焊接第二层的第二条焊道时，如图 5-29（c）所示，焊枪的仰角为 0°～10°，并以第一层焊道的上缘为中心进行小幅度摆动或直线形移动，保证上坡口熔合良好。第三层以后的焊道与第二层类似，由下往上依次排列焊道［见图 5-29（d）］。在多层焊接中，中间填充层焊道的焊接规范可稍大些，而焊接盖面层时电流应适当减小，接近于单道焊的焊接规范。

6. 平板对接仰焊的焊接技术

仰焊时，操作者处于一种不自然的位置，很难稳定操作；同时由于焊枪及电缆较重，给操作者增加了操作的难度；仰焊时的熔池处于悬空状态，在重力作用下很容易造成铁水下落，主要靠电弧的吹力和熔池的表面张力来维持平衡，如果操作不当，容易产生烧穿、咬边及焊道下垂等缺陷。

（1）单层单道焊缝。薄板对接时经常采用单面焊，为了保证焊透工件，一般装配时要留有 1.2～1.6mm 的间隙，使用细焊丝短期过渡焊接。

焊接时焊枪要对准间隙或坡口中心，焊枪角度见图 5-30，采用右焊法，应以直线形或小幅度摆动焊枪，焊接时仔细观察电弧和熔池，根据熔池的形状及状态适当调节焊接速度和摆动方式。

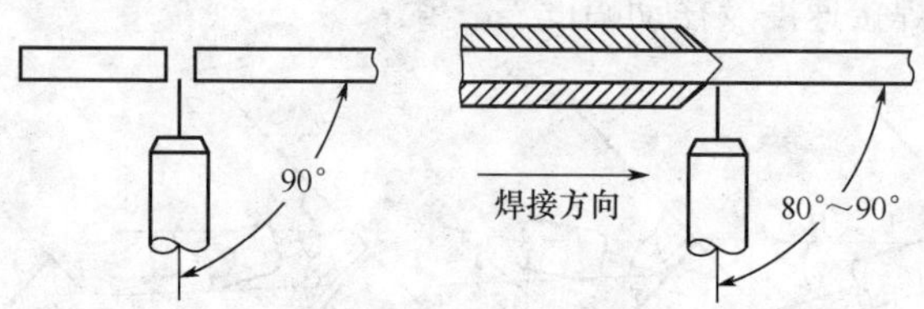

图 5-30　仰焊时焊枪的角度

单面仰焊时经常出现的焊接缺陷及原因如下。

1）未焊透。产生未焊透的主要原因是：焊接速度过快；焊枪角度不正确；焊接速度过慢时，熔化的金属流到前面。

2）烧穿。产生烧穿的主要原因是：焊接电流和电弧电压过大，或者是焊枪的角度不正确。

3）咬边。产生咬边的主要原因是：焊枪指向位置不正确；摆动焊枪时在两侧的停留时间不够或没有停留；焊接速度过快以及规范过大。

4）焊道下垂。焊道下垂一般是由焊接电流、电压过高或焊接速度过慢所致，焊枪操作不正确及摆幅过小时也可造成焊道下垂。

(2）多层焊。如果工件较厚，需开坡口，此时应采用多层焊接。多层焊的打底焊与单层单道焊类似。填充焊时要掌握好电弧在坡口两侧的停留时间，保证焊道之间、焊道与坡口之间熔合良好。填充焊的最后一层焊缝表面应距离工件表面 1.5～2mm 左右，不要将坡口棱边熔化。盖面焊应根据填充焊道的高度适当调整焊接速度及摆幅，保证焊道表面平滑，两侧不咬边，中间不下坠。

7. 插入式管板焊接

(1）垂直固定平角焊。插入式管板焊接平角焊比较容易掌握，操作要点是：焊接过程中要求不断地转动手腕，来保证合适的焊枪角度和位置，要求焊脚对称。焊枪角度见图 5-31。

焊接时一般采用左向焊法，对于焊脚尺寸要求较高的采用单层

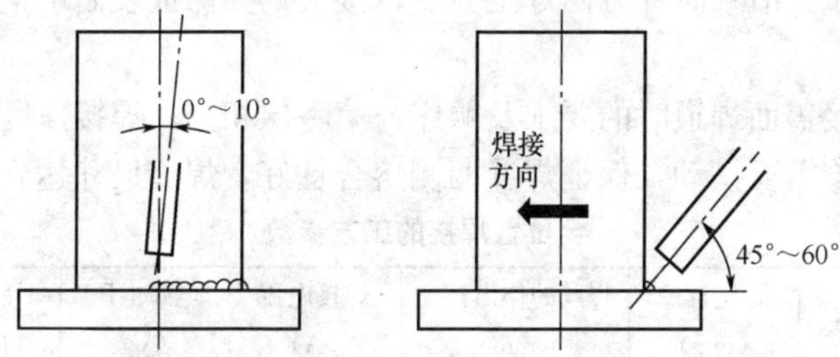

图 5-31　管板焊接平角焊时的焊枪角度

单道焊接。如果管径较大、管壁较厚，要采用多层多道焊接。可采用转动管板进行焊接，一次焊完一圈，也可采用不转动管板分段进行焊接，分段焊接时要保证接头处熔合良好。

（2）水平固定全位置焊。这种全位置焊难度较大，要求对平焊、立焊和仰焊的操作都要熟练。焊接时的焊枪角度见图 5-32。

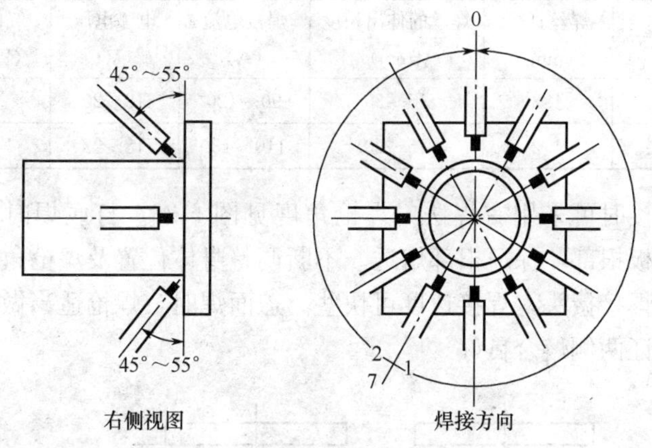

图 5-32　全位置焊时的焊枪角度

1—从 7 点位置逆时针方向焊至 0 点；2—从 7 点位置顺时针方向焊至 0 点

采用两层两道焊时的工艺参数见表 5-24，焊接打底焊时，首先在 7 点钟位置引弧，保持一定的焊枪角度沿逆时针方向开始焊接，当焊到一定位置时，如果身体位置不合适，可断弧保持焊枪位置不变，快速改变身体位置，引弧后继续焊接至 0 点位置后熄弧，最好将 0 点位置的焊缝磨成斜面，以利于封闭接头；然后再从 7 点位置引弧，沿顺时针方向焊至 0 点，接头处要保证表面平整，填满弧坑。

焊接盖面焊道时的要求及顺序与第一层相同，焊接速度相对慢些，焊枪需要摆动，保证焊缝两侧熔合良好，焊缝尺寸达到要求。

表 5-24　　全位置焊接的工艺参数

焊接层次	焊丝直径（mm）	焊丝的伸出长度（mm）	焊接电流（A）	电弧电压（V）	气体流量（L/min）
打底层	1.2	15～20	90～120	18～20	12
盖面层	1.2	15～20	110～130	18～22	15

（3）垂直固定仰焊。垂直固定仰焊的焊接可采用单层单道焊接和多层焊接。以两层两道焊接为例，采用右向焊法，其工艺参数见表 5-25。

表 5-25　　仰焊焊接的工艺参数

焊接层次	焊丝直径（mm）	焊丝的伸出长度（mm）	焊接电流（A）	电弧电压（V）	气体流量（L/min）
打底层	1.2	15～20	90～120	18～20	12
盖面层	1.2	15～20	110～130	18～22	15

焊接时可采用右焊法，焊枪角度见图 5-33。打底焊时，电弧对准管板根部，保证根部熔透。不断调整身体位置及焊枪角度，尽量减少焊接接头，焊接速度可快些。盖面焊时，焊枪适当做横向摆动，保证两侧熔合良好。

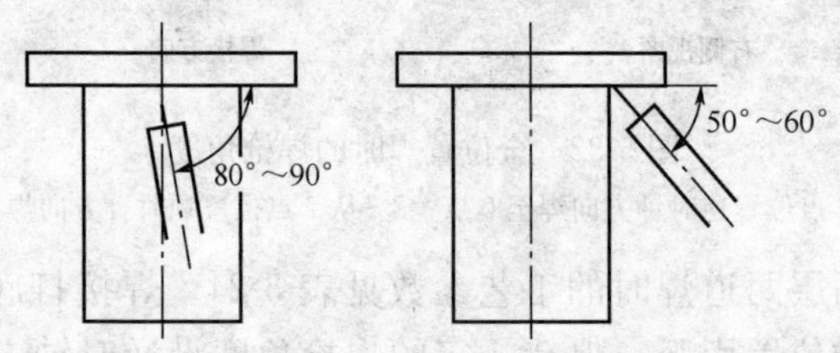

图 5-33　仰焊时的焊枪角度

8. 管子对接

管子对接焊时，小径管和大径管的焊接略有不同，大径管的焊接一般需要多层焊，但是操作要比小径管容易，本章只讨论对小径管的焊接。

（1）水平转动的小径管对接焊。由于管子可以转动，整个焊缝都处于平焊位置，比较容易焊接。一般右手拿焊枪，左手转动管件。焊接时左右手动作要协调。始焊位置在 11～12 点之间，引弧后可匀速转动管子，焊枪位置保持不变进行焊接，也可以由 11 点位置开始焊接，当焊至 1 点钟位置时灭弧，快速将管子转动一个角度后再开始焊接，如图 5-34 所示。

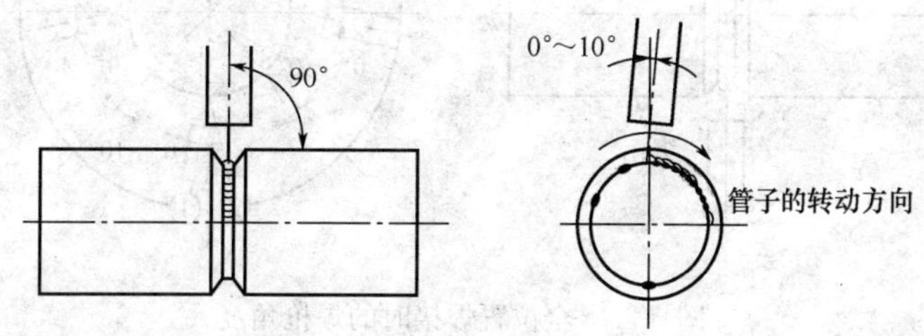

图 5-34　水平转动管的焊枪角度

焊接时要使熔池保持在平焊位置，保证焊缝背面成形，同时正面焊缝美观。如果焊丝直径较粗，可采用单层单道焊；采用细焊丝进行焊接时，开坡口的管子采用多层焊。多层焊的打底焊要保证背面成形。盖面焊时，焊枪适当地做横向摆动，保证坡口两侧熔合良好，焊缝外形美观。

（2）水平固定的小径管对接焊。焊接时管子固定，轴线处于水平位置，属于全位置焊接。它要求操作者对平焊、立焊及仰焊都必须熟练。

若采用两层两道焊接，焊接过程中焊枪的角度变化见图 5-35。首先焊接打底焊缝，分前后两个半周完成。焊前半周时，由 6～7 点钟位置处引弧开始焊接，焊接时保证背面成形，不断调整焊枪角度，严格控制熔池及熔孔的大小，注意不要烧穿。如果在焊接过程中需要改变身体位置而断弧，断弧时不必填满弧坑，断弧后焊枪不能立即拿开，等送气结束、熔池凝固后方可移开焊枪。接头时为了保证接头质量，可将接头处打磨成斜坡形。前半周焊缝焊至 0 点钟位置处停止。后半周焊接与前半周类似，注意处理好始焊端与封闭焊缝的接头工作。盖面焊时焊枪稍加横向摆动，焊枪角度与打底焊时相同，保证熔池与坡口两侧熔合良好，焊缝表面平整，无凸出现象。

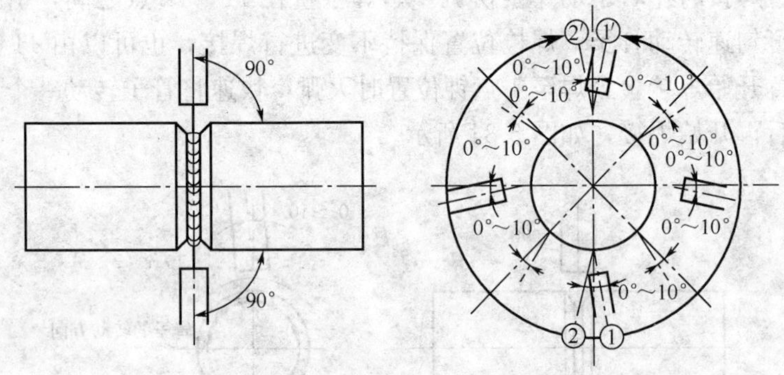

图 5-35　全位置焊接时的焊枪角度

（3）垂直固定的小径管对接焊。垂直固定的管子，中心线处于竖直位置，焊缝在横焊位置。垂直固定管子的焊接与平板对接横焊类似，只是在焊接时要不断转动手腕来保证焊枪的角度，如图 5-36 所示。

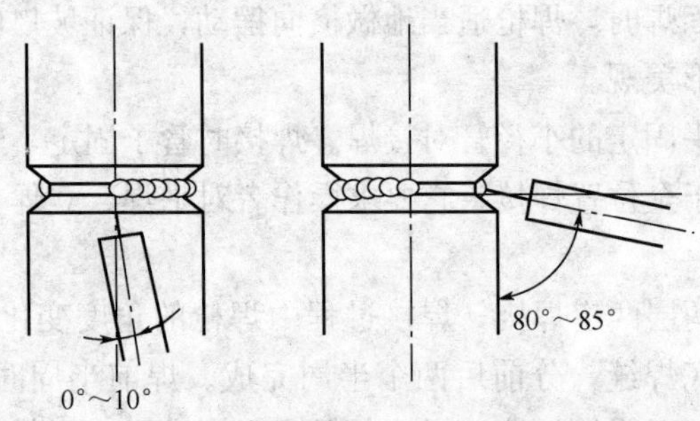

图 5-36　垂直固定小径管的焊枪角度

焊接时采用左焊法，可采用单层单道或两层两道焊缝。焊接打底层焊道时，首先在右侧的定位焊缝处引燃电弧，焊枪做小幅度横向摆动，当定位焊缝左侧形成熔孔后，开始进入正常焊接。

焊接过程中，尽量保持熔孔直径不变，从右向左依次焊接，同时不断改变身体位置和转动手腕来保证合适的焊枪角度。盖面焊时，焊枪沿上下坡口做锯齿形摆动，并在坡口两侧适当停留，保证焊缝两侧熔合良好，注意采用合理的焊接速度，防止烧穿及焊缝下坠。

9. CO_2电弧点焊焊接技术

CO_2电弧点焊是把两张或两张以上的钢板重叠在一起，从单面利用电弧进行点焊的方法。它不需要特殊的焊接设备，只是在普通CO_2焊接设备上附加一套控制系统，使保护气体、电源、电压、送丝速度及电弧燃烧时间按照一定的顺序动作完成电弧点焊。CO_2电弧点焊对工件表面的油、锈等脏物比较敏感，焊接前应仔细清除，同时要将上下两铁板之间压紧，防止未熔合，一般要求较大的焊接电流。CO_2电弧点焊的典型焊接规范见表5-26。

表5-26　CO_2电弧点焊的典型焊接规范

上板厚度（mm）	下板厚度（mm）	焊接电流（A）	电弧电压（V）	燃弧时间（s）
1.2	2.3	320	31	0.6
1.2	3.2	350	32	0.7
1.2	6	390	33	1.1
1.6	2.3	340	32	0.6
1.6	3.2	370	33	0.7
1.6	6	460	35	0.7
3.2	3.2	400	32	1.0
3.2	4.5	400	33	1.5
3.2	6	480	35	2.0

10. CO_2气体保护焊的常见缺陷及产生原因

CO_2气体保护焊时往往由于焊接设备、焊接材料及焊接工艺等因素的影响而产生气孔、飞溅及电弧不稳定等缺陷。

（1）气孔。产生气孔的原因有很多，如焊丝或母材有油、锈及水等脏物；气体纯度不够或气体压力不足；导气管或喷嘴堵塞以及焊接区风力过大等。

(2) 飞溅。CO_2气体保护焊的飞溅较大，其产生的主要原因是：送丝速度不均匀；电弧电压过高；焊丝与工件表面附有脏物及导电嘴磨损过大等。

(3) 电弧不稳。造成电弧不稳的主要原因有：焊机输出电压不稳定；送丝轮的压紧力不合适；送丝软管的阻力过大或焊丝有纠结现象；导电嘴的内孔过大或导电嘴磨损过大。

(4) 未熔合。未熔合的缺陷主要是由于焊接工艺参数不合适或操作方法不正确造成的。为了避免未熔合现象，应做到：开坡口接头的坡口角度及间隙要合适，保证合适的焊丝伸出长度，使坡口根部能够完全熔合，操作时焊枪的横向摆动在两侧的坡口面上要有足够的停留时间，焊枪的角度要正确。

第六章

等离子弧焊接与切割

第一节　概　　述

等离子弧是具有高能量密度的压缩电弧，等离子弧焊接与切割已经成为合金钢及有色金属又一重要的加工工艺。目前，这项技术已经得到了广泛应用。

一、等离子弧的特点

1. 温度高、能量集中

由于等离子弧的弧柱被压缩，使气体达到高度的电离，从而产生很高的温度。弧柱的中心温度为18000～24000K，等离子弧的能量集中，其能量密度可达10^5～10^6W/cm^2；而自由状态的钨极氩弧的弧柱中心为14000～18000K，能量密度小于10^5W/cm^2。因此，等离子弧作为高温热源用于焊接，具有焊接速度快、生产效率高、热影响区小、焊接质量好等优点。等离子弧若用于切割，可切割任何金属，如导热性好的铜、铝等，以及熔点较高的钼、钨、各种合金钢、铸铁、低碳钢及不锈钢。

2. 导电及导热性能好

在等离子弧的弧柱内，带电粒子经常处于加速的电场中，具有高导电及导热性能。所在较小的断面内能够通过较大的电流，传导较多的热量。与一般电弧相比，等离子弧具有焊缝形状狭窄、熔深较大的特点。

3. 电弧挺直度好，稳定性强

与一般电弧相比，等离子弧的弧柱发散角度仅为5°，而自由状态的钨极氩弧为45°，因而等离子弧具有较好的稳定性，弧长变化敏感性小，并且等离子弧的挺直度好。

4. 冲击力大

等离子弧在机械压缩、热收缩及磁收缩等三种收缩的作用下，断面缩小，电流密度大、温升高、内部具有很大的膨胀力，迫使带电粒子从喷嘴高速喷出，焰流速度可达300m/s以上。因此，等离子弧可以产生很大的冲击力，用于焊接，可以增加熔深；用于切割，可以吹掉熔渣；用于喷涂，可以喷出粉末等。

5. 焊接参数调节性好

等离子弧的温度、电流、弧长、弧柱直径、冲击力等参数，均可根据需要进行调节。例如，等离子弧用于焊接时可减少气流，调节成柔性弧，以减少冲击力；用于切割时，则可调成刚性弧，以产生较大的冲击力。

二、等离子弧的形成

借助水冷喷嘴的外部拘束条件使弧柱受到压缩的电弧就是等离子弧。它所受到的压缩作用有以下三种。

1. 机械收缩

机械收缩是指利用水冷喷嘴的孔道限制弧柱直径，以提高弧柱的能量密度及温度。

2. 热收缩

因为水冷喷嘴的温度比较低，所以喷嘴内壁建立起一层冷气膜，迫使弧柱的导电断面进一步缩小，电流密度进一步增大。

3. 磁收缩

由于弧柱电流本身产生的磁场对于弧柱有压缩作用，所以产生磁收缩，又称为磁收缩效应。试验表明：电流密度越大，磁收缩作用越强。

三、等离子弧的类型

按照电源的供电方式，等离子弧可分为以下三种形式。

1. 非转移型等离子弧

电源负极端接钨极，正极端接喷嘴，等离子弧产生在钨极与喷嘴之间，水冷喷嘴既是电弧的电极，又起冷壁拘束作用，而工件却不接电源。在离子气流的作用下，弧焰从喷嘴中喷出，形成等离子焰，这种等离子弧在焊接、切割和热喷涂时，在电极与喷嘴之间建立的等离子弧即非转移弧，也称等离子焰，如图 6-1（a）所示。

2. 转移型等离子弧

电源负极端接钨极，正极端接工件，等离子弧产生在钨极与焊件之间，进行这种等离子弧焊时，在电极与焊件之间建立的等离子弧即转移弧，如图 6-1（b）所示。水冷喷嘴不接电源，仅起冷却拘束作用。转移弧难以直接形成，必须先引燃非转移弧，然后才能过渡到转移弧。因为转移弧能把较多的热量传递给工件，所以焊接及切割几乎都采用转移弧。

3. 联合型等离子弧

当非转移弧及转移弧同时存在时，则称联合型等离子弧，如图 6-1（c）所示。这种形式的等离子弧主要应用于微束等离子弧焊接和粉末堆焊等。

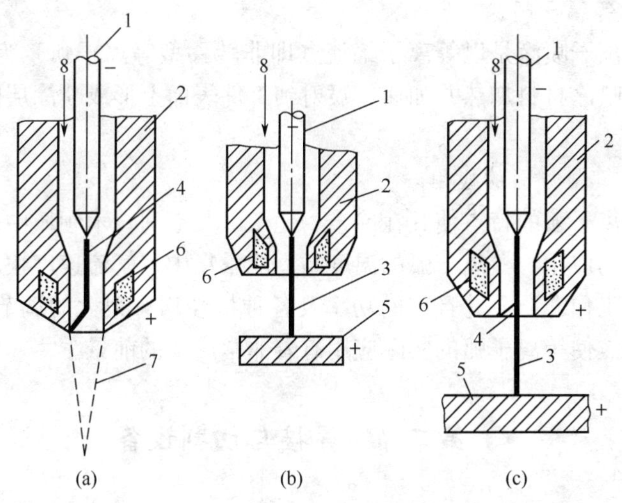

图 6-1　等离子弧的类型

（a）非转移型；（b）转移型；（c）联合型

1—钨极；2—喷嘴；3—转移弧；4—非转移弧；

5—工件；6—冷却水；7—弧焰；8—离子气

四、等离子弧的应用

1. 等离子弧焊接

等离子弧可以焊接高熔点的合金钢、不锈钢、镍及镍合金、钛及钛合金、铝及铝合金等。充氩箱内的等离子弧焊还可以焊接钨、钼、铌、钽、锆及其合金。

2. 等离子弧切割

等离子弧可以切割不锈钢、铸铁、钛、钼、钨、铜及铜合金、铝及铝合金等难于切割的材料。采用非转移型等离子弧，还可以切割花岗石、碳化硅等非金属。

3. 等离子弧堆焊

等离子弧堆焊可分为粉末等离子弧堆焊和填丝等离子弧堆焊。等离子弧堆焊是用等离子弧作主热源，用非转移弧作二次热源，其特点是堆焊的熔敷速度较高、堆焊层熔深浅、稀释率低，并且稀释率及表面形状易于控制。

4. 等离子喷涂

等离子喷涂是以等离子焰流（即非转移型等离子弧）为热源，将粉末喷涂材料加热并加速，喷射到工件表面上形成喷涂层的工艺方法。

5. 其他方面的应用

等离子弧的特点使其在冶金、化工以及空间技术领域中都有许多重要的应用。等离子弧的温度高、能量集中、气流速度快、可使用各种工作介质，并且它的功率及各种特性均有很大的调节范围，这些特点使等离子弧的实际应用有着非常广阔的前景。

第二节　焊接与切割设备

一、等离子弧焊接设备

等离子弧焊接设备可分为手工焊设备和自动焊设备两类。手工焊设备包括焊接电源、控制电路、焊枪、气路及水路等部分。机械化（自动焊）设备包括焊接电源、控制电路、焊枪、气路及水路焊接小车或转动夹具等部分。

按照焊接电流的大小，等离子弧焊设备可以分为大电流等离子弧焊接设备和微束等离子弧焊接设备两类。

1. 焊接电源

等离子弧的焊接电源具有下降或垂降外特性。采用纯 Ar 或 φ_{Ar} 93%＋φ_{H_2} 7%的混合气体作离子气时，电源空载电压为 65～80V。如果采用纯 He 或 φ_{H_2} 高于 7%的 H_2 及 Ar 的混合气体时，为了可靠地引弧，则需要采用具有较高空载电压的焊接电源。

大电流等离子弧大都采用转移型。首先在钨极与喷嘴之间引燃非转移弧，然后再在钨极与工件之间引燃转移弧，转移弧产生之后随即切除非转移弧。因此，转移弧和非转移弧可以合用一个电源。

电流低于 30A 的微束等离子弧焊接，都是采用联合型弧。因为在焊接过程中需要同时保持非转移弧与转移弧，所以需要采用两个独立的电源。

2. 控制电路

控制电路的设计，就是使焊接设备按照焊件的焊接程序控制图的要求完成一系列的规定动作。图 6-2 所示为焊接程序控制图。控制电路应当保证焊接程序的实施，如调节离子气的预通时间、保护气的预通时间、焊件的预热时间、电流的衰减时间、离子气流的衰减时间以及保护气滞后时间等。脉冲等离子弧焊接的

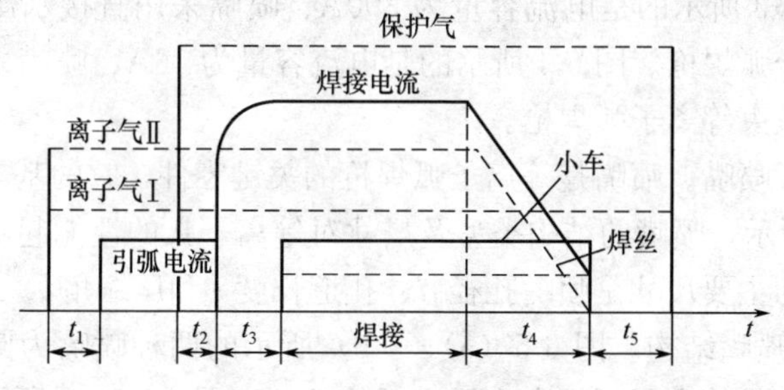

图 6-2　焊接程序控制图

t_1—预通离子气时间；t_2—预通保护气时间；t_3—预热时间；t_4—电流衰减时间；t_5—滞后关气时间

控制电路，还应当能够调节基值电流、脉冲电流、占空比或脉冲频率等。对于微束等离子弧焊接设备的控制电路，还要能够分别调节非转移弧和转移弧的电流。总之，控制电路应当保证全部焊接过程自动按规定的程序进行，此外，还应保证在焊接过程发生故障时，可以紧急停车，如冷却水中断或堵塞时，焊接过程立即自动停止。

3. 等离子弧引燃装置

对于大电流等离子弧焊接系统，可在焊接回路中叠加高频振荡器或小功率高压脉冲装置，依靠产生的高频火花或高压脉冲，在钨极与喷嘴之间引燃非转移弧。

微束等离子弧焊接系统引燃非转移弧的方法有两种。一种是利用焊枪上的电极移动机构（弹簧机构或螺钉调节）向前推进电极，当电极尖端与压缩喷嘴接触后，回抽电极即可引燃非转移弧。另一种方法是采用高频振荡器引燃非转移弧。

4. 焊枪

焊枪是等离子弧焊接时产生等离子弧并且进行焊接的装置。等离子弧焊枪主要由上枪体、下枪体和喷嘴三部分组成。上枪体的作用是：固定电极、冷却电极、导电、调节钨极的内缩长度等。下枪体的作用是：固定喷嘴和保护罩、对下枪体及喷嘴进行冷却、输送离子气与保护气，以及使喷嘴导电等。上、下枪体之间要求绝缘可靠，气密性好，并有较高的同轴度。

图 6-3 所示的是电流容量为 300A、喷嘴采用直接水冷的大电流等离子弧焊枪。图 6-4 所示的是电流容量为 16A、喷嘴采用间接水冷的微束等离子弧焊枪。

(1) 喷嘴。喷嘴是等离子弧焊枪的关键零件，它的基本结构如图 6-5 所示。喷嘴的结构类型及尺寸对等离子弧的性能起决定性作用，它的主要尺寸是喷嘴孔径 d、孔道长度 l 和压缩角 α。

1) 喷嘴结构。图 6-5（a)、（b）所示的两种喷嘴为圆柱形压缩孔道，是等离子弧焊中应用广泛的类型。图 6-5（c）所示为收敛扩散单孔型喷嘴，它减弱了对等离子弧的压缩作用，但是这种喷嘴适用于大电流、厚板的焊接。图 6-5（b）所示的喷嘴为圆柱三孔

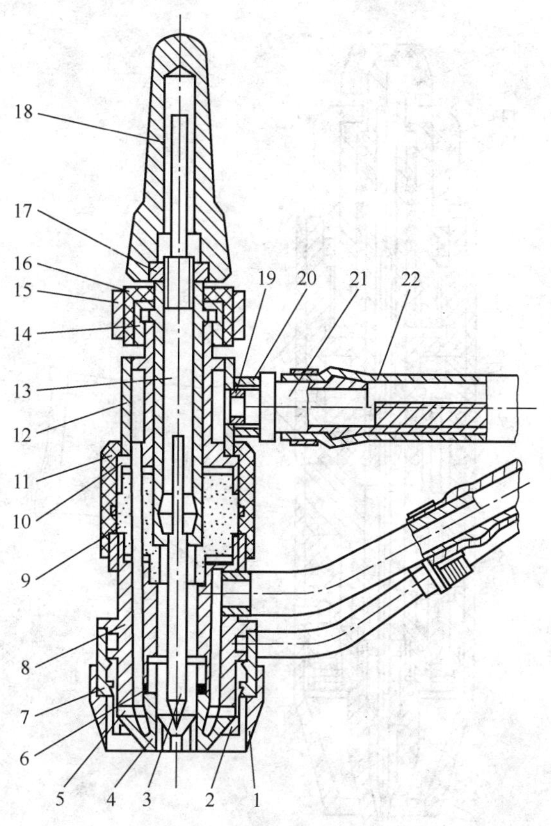

图 6-3　大电流等离子弧焊枪

1—保护罩；2—喷嘴压盖；3—钨极；4—喷嘴；5、6—密封垫圈；7—气筛；8—下枪体；9—绝缘柱；10—密封垫圈；11—绝缘套；12—上枪体；13—钨极夹；14—套筒；15—压紧螺母；16—绝缘帽；17—调节螺母；18—绝缘罩；19—密封垫圈；20—黄铜垫片；21—水电接头；22—绝缘手把

型。三孔型喷嘴除了中心主孔外，其左右各有一个小孔，相互对称。从这两个小孔喷出的等离子气流可将等离子弧产生的圆形温度场改变成椭圆形。当椭圆形温度场的长轴平行于焊接方向时，可以提高焊接速度和减小焊缝热影响区的宽度。例如，圆柱三孔型喷嘴比单孔型可提高焊接速度 30%～50%。

2）喷嘴孔径 d。孔径 d 将决定等离子弧的直径和能量密度。d

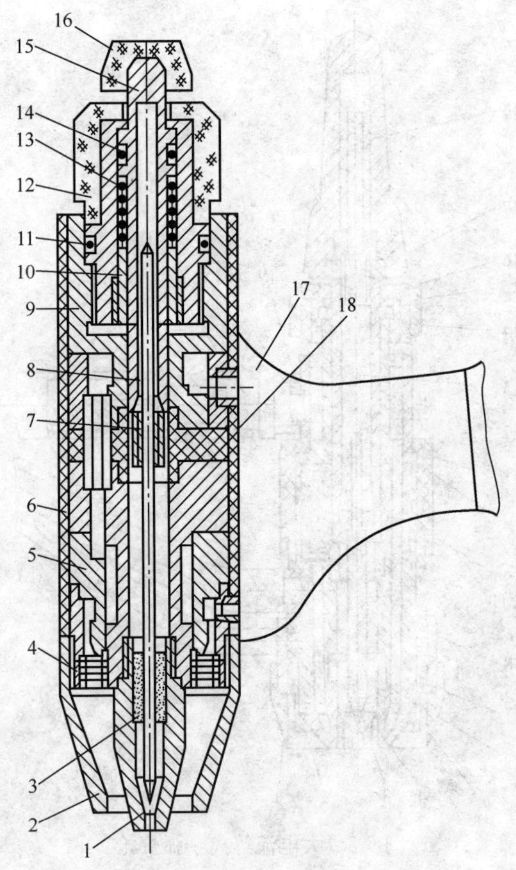

图 6-4 微束等离子弧焊枪

1—喷嘴；2—保护罩；3—对中环；4—气筛；5—下枪体；6—绝缘套；7—钨极夹；8—钨极；9—上枪体；10—调节螺母；11—密封垫圈；12—绝缘罩；13—压缩弹簧；14—密封垫圈；15—钨极套筒；16—绝缘帽；17—焊枪手把；18—绝缘柱

的大小是由电流及离子气的流量来决定的。表 6-1 列出了等离子弧电流与喷嘴孔径间的关系。对于一定的电流值和离子气流量，孔径越大，其压缩作用越小。如果孔径过大，将失去压缩作用；如果孔径过小，则会引起双弧现象，破坏等离子弧的稳定性。

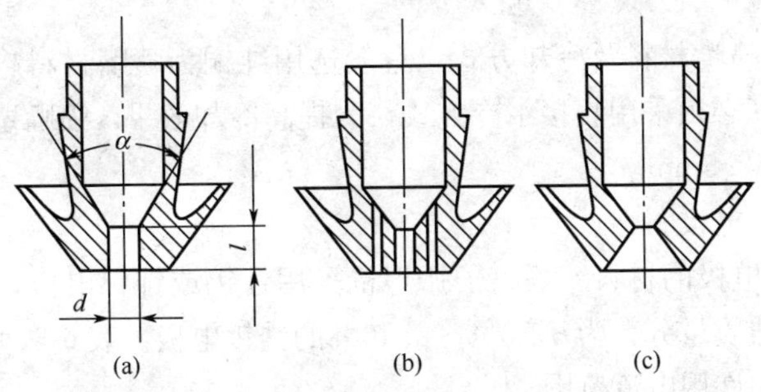

图 6-5　喷嘴的基本结构

(a) 圆柱单孔型；(b) 圆柱三孔型；(c) 收敛扩散单孔型

表 6-1　　等离子弧电流与喷嘴孔径间的关系

喷孔直径 d (mm)	0.8	1.6	2.1	2.5	3.2	4.8
等离子弧电流 (A)	1～25	20～75	40～100	20～100	150～300	200～500
离子气流量 (Ar) (L/min)	0.24	0.47	0.94	1.89	2.36	2.83

3）喷嘴孔道长度 l。当孔道直径 d 为定值时，孔道长度 l 增大，则对等离子弧的压缩作用也增强。通常以 l/d 表示喷嘴孔道的压缩特征，称为孔道比，常用的孔道比见表 6-2。当孔道比超过一定值时，也会出现双弧现象。

表 6-2　　喷 嘴 的 孔 道 比

喷嘴直径 d (mm)	孔道比 (l/d)	压缩角 α (°)	等离子弧类型
0.6～1.2	2.0～6.0	25～45	联合型弧
1.6～3.5	1.0～1.2	6～90	转移型弧

4）压缩角 α。压缩角对等离子弧的压缩影响不大。考虑到与钨极端部形状的配合，通常选取 α 角为 60°～90°，其中应用较多的

是 60°。

5）喷嘴材料及冷却方式。一般选用纯铜为喷嘴材料。对于大功率喷嘴必须采用直接水冷方式，为提高冷却效果，喷嘴壁厚应不大于 2～2.5mm。

（2）电极。

1）电极的材料。等离子弧焊枪采用钍钨或铈钨电极，国外也有采用锆质量分数为 0.15%～0.40%的锆钨电极。表 6-3 列出了钍钨电极的许用电流范围。

表 6-3　钍钨电极的直径与许用电流范围

电极直径（mm）	0.25	0.50	1.0	1.6	2.4	3.2	4.0	5.0～9.0
电流范围（A）	≤15	5～20	15～80	70～150	150～250	250～400	400～500	500～1000

2）电极的端部形状。常用电极的端部形状如图 6-6 所示。为了便于引弧及保证等离子弧的稳定性，电极端部一般磨成 30°～60°的尖锥角，或者顶端稍为磨平。当钨极直径大、电流大时，电极端部也可磨成其他形状，以减慢烧损。

3）电极的内缩长度 l_g。图 6-7（a）表示了电极的内缩长度，

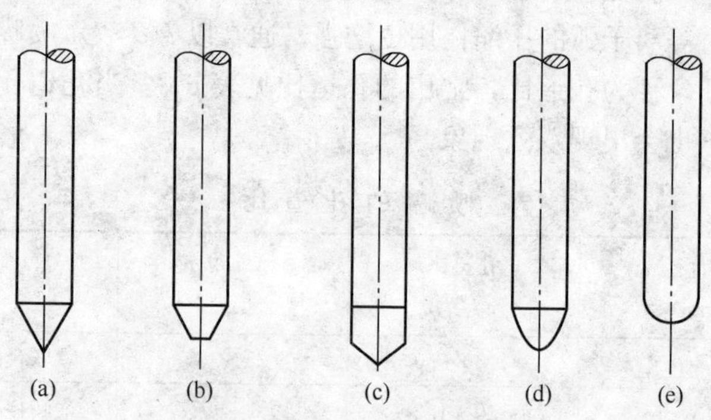

图 6-6　电极的端部形状

（a）尖锥形；（b）圆台形；（c）圆台尖锥形；

（d）锥球形；（e）球形

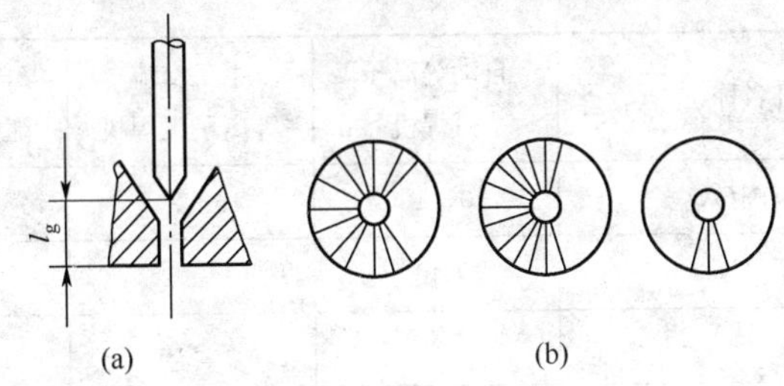

图 6-7　电极的内缩长度和同轴度
(a) 电极的内缩；(b) 电极同轴度与高频火花的分布

它对于等离子弧的压缩与稳定性有很大的影响，一般选取 $l_g=(l\pm0.2)$ mm。l_g 增大，压缩程度提高；l_g 过大，则易产生双弧现象。

4）电极与喷嘴的同轴度。同轴度对于等离子弧的稳定性及焊缝成形有重要的影响。电极偏心会造成等离子弧偏斜、焊缝成形不良以及容易形成双弧。电极的同轴度可根据电极与喷嘴之间的高频火花分布情况进行检测［见图 6-7（b）］，焊接时一般要求高频火花布满圆周的 75%～80%以上。

5）等离子弧焊机的型号及技术数据。大电流等离子弧焊机的型号及技术数据见表 6-4；微束等离子弧焊机的型号及技术数据见表 6-5。

表 6-4　　大电流等离子弧焊机的型号及技术数据

焊机名称	自动等离子弧焊机	手工交流等离子弧焊机	自动等离子弧焊接切割机
电源电压(V)	380	380	380
相数	3	1	3
电源频率(Hz)	50	50	50
电源型号	—	BX1-160	ZX-315
额定负载持续率(%)	—	60	60
空载电压(V)	100	150、110、80	70
额定焊接电流(A)	100	160	315

续表

焊机名称	自动等离子弧焊机	手工交流等离子弧焊机	自动等离子弧焊接切割机
电流的调节范围(A)	10～100	15～200	40～360
维弧空载电压(V)	140	—	—
维弧电流(A)	3	—	—
提前送气时间(s)	35	0.2～10	—
滞后停气时间(s)	5	2～15	—
冷却水耗量(L/h)	60	180	240
离子气(Ar)耗量(L/h)	60～160	100～800	—
保护气(Ar)耗量(L/h)	100～1000	100～800	—
控制器的外形尺寸 A(mm)×B(mm)×C(mm)	720×510×1160	500×700×900	700×480×1610
控制器的质量(kg)	250	75	—

表 6-5　微束等离子弧焊机的型号及技术数据

型　号	LH-16	LH3-16	LH8-16
电源电压(V)	220	220	220
频率(Hz)	—	50	50～60
空载电压(V)	60	120	80(主弧)
额定焊接电流(A)	16	16	16
焊接电流的调节范围(A)	10～40	—	—
维弧空载电压(V)	60%	—	60%
维弧电流(A)	0.4～16	0.1～20	0.4～16
电流调节范围(A)	≥80	100	—
冷却水耗量(L/min)	—	3	—
离子气(Ar)耗量(L/h)	≥1	0.5	—
提前送气时间(s)	—	60	—

续表

型　号	LH-16	LH3-16	LH8-16
保护气(Ar)耗量(L/h)	—	600	—
脉冲频率的调节范围(Hz)	—	—	1～20
脉冲占空比调节	—	—	0.25～0.75
控制器的外形尺寸 A(mm)×B(mm)×C(mm)	670×450×560	560×330×1020	570×280×440
控制器的质量(kg)	85	—	33

二、等离子弧切割设备

等离子弧切割设备包括切割电源、控制电路、割枪、气路及水路系统、自动切割小车等部分。

1. 切割电源

一般都采用陡降外特性的直流电源。切割电源输出的空载电压一般大于150V，水再压缩空气等离子弧切割电源的空载电压可达600V。选用电流等级越大，所选用电源的空载电压越高。以双原子气体及空气作为工作气体、以高压喷射水作为工作介质时，切割电源的空载电压要高一些，这样才能使引弧可靠及切割电弧稳定。

2. 控制电路

等离子弧切割程序图如图6-8所示。根据切割程序要求，控制

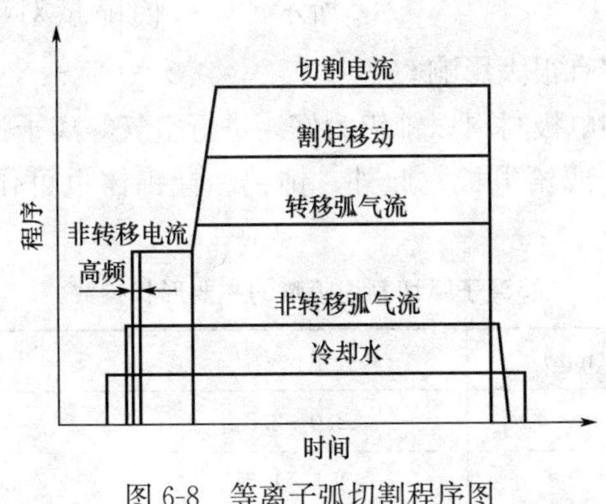

图6-8　等离子弧切割程序图

电路要执行提前送气、引弧、接通切割电流及送切割气、预热（对于厚板）这些任务后，即可进入正常切割程序。切割结束时，控制电路能保证切割小车停止、滞后送气、停止全部程序，此外，当电源短路、电流过大、工作中途断水等故障发生时，控制电路可自动停止切割工作，保证安全。

3. 割枪

等离子弧切割的割枪与等离子弧焊接的焊枪基本相同。它是由电极、电极夹头、喷嘴、冷却水套、中间绝缘体、气室、水路、气路及馈电体等部分组成的。割枪中的工作气体常采用切线旋转吹入式送气，因为这种方式送气对于等离子弧的压缩效果较好。其他的送气方式还有轴向吹入、轴向与切线旋转组合吹入等。在割枪的结构上应保证具有充分的水冷却作用，且要容易更换电极，割枪中的电极要与喷嘴同心。喷嘴的结构及尺寸对于等离子弧的压缩及稳定有重要的影响，同时也关系到切割能力、喷嘴寿命及切口的质量。等离子弧切割用喷嘴的主要形状参数见表6-6，与等离子弧焊接用的喷嘴相比，孔道比及压缩角均有差别。切割材料的厚度与喷嘴孔径的关系如图6-9所示。电极内缩量对于切割效率、电极烧损等都有很大影响。

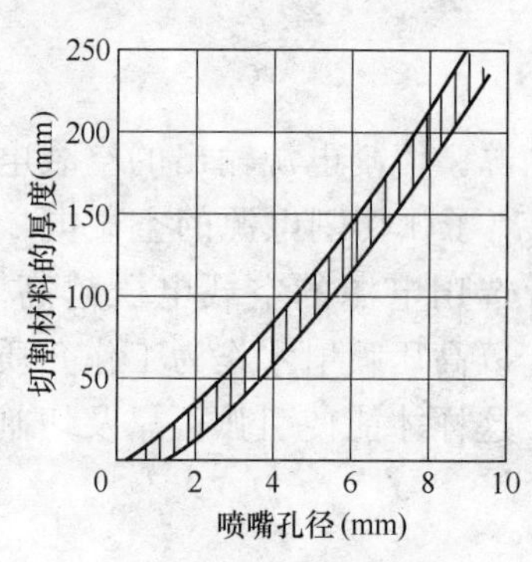

图6-9　切割材料的厚度与喷嘴孔径的关系

割枪中的电极材料以铈钨为好。进行空气等离子弧切割时，宜采用镶嵌式锆或铪电极。此外，铈钨、钍钨棒也可作为割枪中的电极。

表6-6　等离子弧切割用喷嘴的主要形状参数

喷嘴直径 d(mm)	孔道比 l/d	压缩角 α(°)
0.8～2.0	2.0～2.5	30°～45°
2.5～5.0	1.5～1.8	30°～45°

4. 等离子弧切割机的型号及技术数据

等离子弧切割机的技术数据见表 6-7。

表 6-7　　等离子弧切割机的技术数据

型　　号	LG-400-2	Lg8-400-1	LGK8-250A	LGK8-120
电源电压(V)	380	380	380	380
相数	3	3	3	3
频率(Hz)	—	50	50	50
切割电源的空载电压(V)	380(DC)	—	—	<260(DC)
额定切割电流(A)	400	400	120	—
电流的调节范围(A)	100～500	140～400	—	—
额定负载持续率(%)	60	60	60	60
工作电压(V)	100～150	70～150	—	120～140
自动切割速度(m/h)	6～150	—	—	
最大切割厚度(mm)	80	60	80	—
气体流量(L/h)	—	4000	—	—
冷却水流量(L/min)	—	4	—	—
空气压力(MPa)	—	—	0.4～0.6	0.2～0.3
控制器的外形尺寸 A(mm)×B(mm)×C(mm)	440×640×980	600×910×1229	750×800×1200	600×500×600

第三节　等离子弧焊的焊接工艺

一、等离子弧焊的基本方法

1. 穿透型等离子弧焊

电弧在熔池前穿透形成小孔，随着热源的移动，在小孔后形成焊道的焊接方法称为穿透型等离子弧焊。由于等离子弧的能量密度大、等离子流力大的特点，等离子弧将焊件熔透并产生一个贯穿焊件的小孔（见图 6-10）。被熔化的金属在电弧吹力、表面张力及金属重力的相互作用下保持平衡。焊枪前进时，小孔在电弧后方锁闭，形成完全熔透的焊缝。

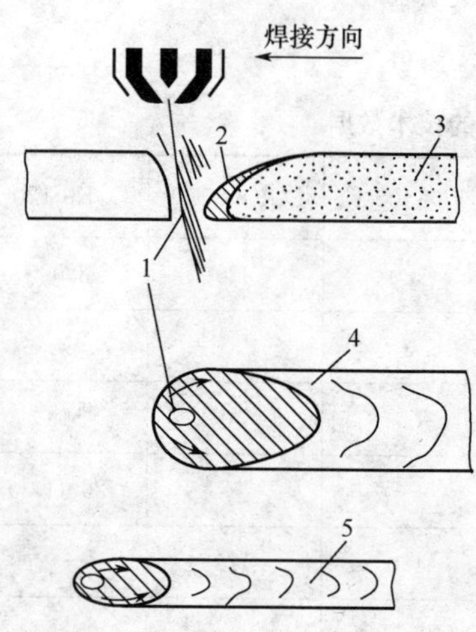

图 6-10　穿透(小孔)型等离子弧焊
1—小孔；2—熔池；3—焊缝；
4—焊缝正面；5—焊缝背面

小孔效应只有在足够的能量密度条件下才能形成。当板厚增大时，所需的能量密度也要增加，而等离子弧能量密度的提高受到一定的限制，所以穿透型等离子弧焊只能在一定板厚范围内实现。表 6-8 列出了各种材料一次焊透的厚度。

表 6-8　　各种材料一次焊透的厚度

材　料	不锈钢	钛及钛合金	镍及镍合金	低合金钢	低碳钢
焊接厚度范围	≤8	≤12	≤6	≤7	≤8

2. 熔透型等离子弧焊

熔透型等离子弧焊即在焊接过程中采用熔透焊件的焊接方法，简称熔透法。这种焊接方法在焊接过程中只熔透焊件而不产生小孔效应。当离子气流量较小，弧柱压缩程度较弱时，等离子弧的穿透能力也较低。这种方法多用于板厚小于 3mm 的薄板单面焊双面成形以及厚板的多层焊。

3. 微束等离子弧焊

利用小电流（通常在 30A 以下）进行焊接的等离子弧焊，通常称为微束等离子弧焊。它采用 ϕ0.6～ϕ1.2mm 的小孔径压缩喷嘴及联合型弧。微束等离子弧又称为针状等离子弧，当焊接电流小于 1A 时，仍有较好的稳定性，其特点是能够焊接细丝及箔材。焊件变形量及热影响区的范围都比较小。

二、等离子弧焊的接头形式

等离子弧焊的通用接头形式有：I 形、单面 V 形及 U 形坡口，以及双面 V 形和 U 形坡口。除对接接头外，等离子弧焊也适用于焊接角焊缝及 T 形接头。

对于厚度大于 1.6mm、但小于表 6-8 所示的厚度值的焊件，可采用 I 形坡口，使用小孔法单面一次焊成。对于厚度较大的厚件，可采用大切边、小角度坡口的对接形式。第一道焊缝采用穿透法焊接，填充焊道采用熔透法完成。

当焊件厚度在 0.05～1.6mm 之间时，通常采用熔透法焊接，其接头形式如图 6-11 所示。

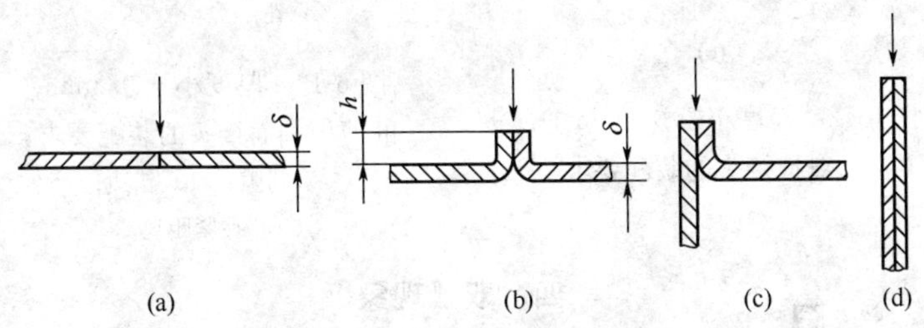

图 6-11　等离子弧焊的薄板接头形式

(a) I 型对接接头；(b) 卷边对接接头；(c) 卷边角接接头；(d) 端接接头

δ—板厚；h—卷边高度；$h=(2\sim5)\delta$

三、等离子弧焊的焊件装配与夹紧

小电流等离子弧焊的引弧处坡口边缘必须紧密接触，间隙不应超过金属厚度的 10%，难以达到此项要求时，必须添加填充金属。

对于厚度小于 0.8mm 的金属，焊接接头的装配、夹紧要求见表 6-9、图 6-12 和图 6-13。

表 6-9　　厚度小于 0.8mm 的薄板对接接头的装配要求

焊缝形式	间隙 b（最大）	错边 E（最大）	压板间距 C		垫板凹槽宽 B	
			（最小）	（最大）	（最小）	（最大）
I 形坡口焊缝	0.2δ	0.4δ	10δ	20δ	4δ	16δ
卷边焊缝	0.6δ	δ	15δ	30δ	4δ	16δ

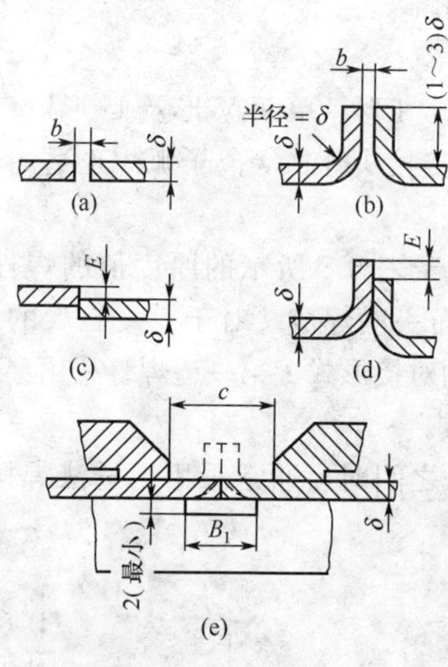

图 6-12 厚度小于 0.8mm 的薄板对接接头的装配要求

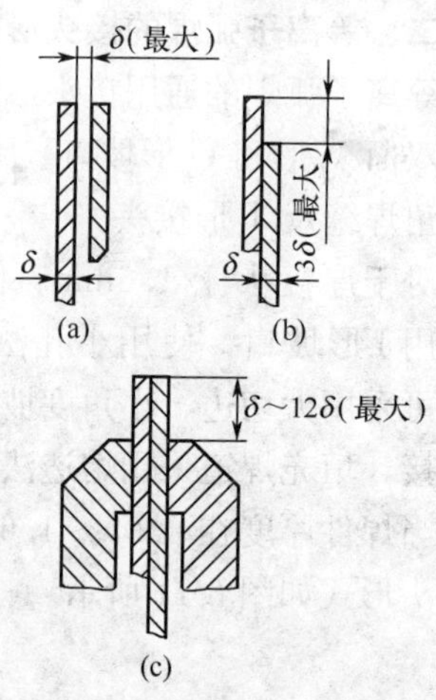

图 6-13 厚度小于 0.8mm 的薄板端面接头的装配要求

(a) 间隙；(b) 错边；

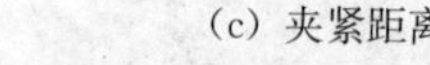
(c) 夹紧距离

四、双弧现象

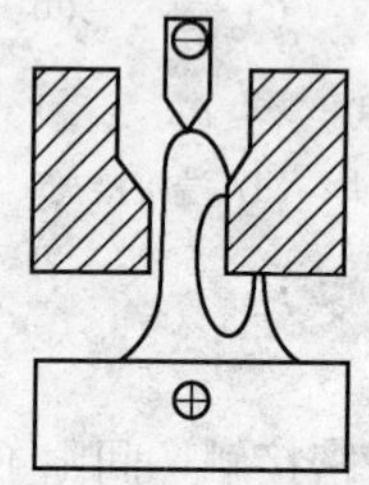

图 6-14 双弧现象

在采用转移弧焊接时，有时除了在钨极和焊件之间燃烧的等离子弧外，还会产生在钨极—喷嘴—焊件之间燃烧的串列电弧，这种现象称为双弧，如图 6-14 所示。双弧现象使主弧电流降低，正常的焊接或切割过程被破坏，严重时将会导致喷嘴烧毁。

防止产生双弧的措施如下。

（1）正确选择电流及离子气的流量。

（2）减小转弧时的冲击电流。

（3）喷嘴孔道不要太长。

（4）电极和喷嘴应尽可能对中。

（5）喷嘴至焊件的距离不要太近。

（6）电极的内缩量不要太大。

（7）加强对喷嘴和电极的冷却。

五、等离子弧焊气体的选择

进行等离子弧焊时，必须向焊枪的压缩喷嘴输送等离子气，向焊枪的保护气罩输送保护气体，以保护焊接熔池及近缝区金属。

焊接中通常选用 Ar 气作为离子气，它适于所有的金属。为了增加输入给焊件的热量，提高焊接生产率及接头质量，可在 Ar 气中分别加入 H_2、He 等气体。例如，焊接不锈钢或镍合金时，可在 Ar 气中加入体积分数为 5%～7.5%的 H_2；焊接钛及钛合金时，在 Ar 气中加入体积分数为 50%～75%的 He 气；焊接铜可以采用体积分数为 100%的 He 气或 100%的 N_2。

大电流等离子弧焊用气体的选择见表 6-10，其离子气的成分和保护气体相同，如果不同，将影响等离子弧的稳定性。

小电流等离子弧焊用气体的选择见表 6-11。这种工艺采用 Ar 气作为离子气，使非转移弧容易引燃及稳定燃烧，保护气的成分可以和离子气相同，也可以不同。

表 6-10　　大电流等离子弧焊用气体的选择

金属	厚度(mm)	焊接方法	
		穿透法	熔透法
碳素钢（铝镇静）	<3.2	Ar	Ar
	>3.2	Ar	He75%+Ar25%
低合金钢	<3.2	Ar	Ar
	>3.2	Ar	He75%+Ar25%
不锈钢	<3.2	Ar，Ar92.5%+$H_2$7.5%	Ar
	>3.2	Ar，Ar95%+$H_2$5%	He75%+Ar25%
铜	<2.4	Ar	He75%+Ar25%，He
	>2.4	不推荐	He
镍合金	<3.2	Ar，Ar92.5%+$H_2$7.5%	Ar
	>3.2	Ar，Ar95%+$H_2$5%	He75%+Ar25%
活性金属	<6.4	Ar	Ar
	>6.4	Ar+He(He50%～75%)	He75%+Ar25%

表 6-11　　　　小电流等离子弧焊用气体的选择

金属	厚 度 (mm)	焊 接 方 法	
		穿透法	熔透法
铝	<1.6	不推荐	Ar,He
	>1.6	He	
碳素钢 (铝镇静)	<1.6	不推荐	Ar,He75%+Ar25%
	>1.6	Ar,He75%+Ar25%	Ar,He75%+Ar25%
低合金钢	<1.6	不推荐	Ar,He,Ar+H_2($H_2$1%~5%)
	>1.6	He75%+Ar25%	Ar,He,Ar+H_2($H_2$1%~5%)
不锈钢	所有厚度	Ar+H_2($H_2$1%~5%)	Ar,He,Ar+H_2($H_2$1%~5%)
		Ar,He75%+Ar25%	
		Ar+H_2($H_2$1%~5%)	
铜	<1.6	不推荐	He75%+Ar25%
			He75%+Ar25%
	>1.6	He,He	He
镍合金	所有厚度	Ar,He75%+Ar25%	Ar,He,Ar+H_2($H_2$1%~5%)
		Ar+H_2($H_2$1%~5%)	
活性金属	<1.6	Ar,He75%+Ar25%,He	Ar
	>1.6	Ar,He75%+Ar25%,He	Ar,He75%+Ar25%

六、常用金属等离子弧焊的焊接参数

碳素钢和低合金钢、不锈钢、钛合金、铜和黄铜等常用金属材料采用穿透型等离子弧焊的焊接参数见表 6-12。

熔透型等离子弧焊的焊接参数见表 6-13 及表 6-14。中、小电流（0.2～100A）熔透型等离子弧焊通常采用联合型弧。由于维弧（非转移弧）的存在，使主弧在很小的电流下（<1A）稳定燃烧。维弧电流一般选用 2～5A，因为维弧的阳极斑点位于喷嘴孔壁上，维弧电流过大容易烧坏喷嘴。

表 6-12　　穿透型等离子弧焊的焊接参数

材料	厚度 (mm)	接头形式及坡口形式	电流（直流正接）(A)	电弧电压 (V)	焊接速度 (cm/min)	气体成分（体积分数）	气体流量 (L/min) 离子气	气体流量 (L/min) 保护气体	备　注
碳素钢和低合金钢	3.2（1010）	I 形对接	185	28	30	Ar	6.1	28	小孔技术
	4.2（4130）		200	29	25		5.7	28	
	6.4（D6ac）		275	33	36		7.1	28	
不锈钢	2.4		115	30	61	Ar95%＋$H_2$5%	2.8	17	
	3.2		145	32	76		4.7	17	
	4.8		165	36	41		6.1	21	
	6.4		240	38	36		8.5	24	
	9.5 根部焊道	V 形坡口	230	36	23		5.7	21	
	9.5 填充焊道		220	40	18	He	11.8	83	填充丝
钛合金	3.2	I 形对接	185	21	51	Ar	3.8	28	小孔技术
	4.8		175	25	33		3.5	28	
	9.9		225	38	25	He75%＋Ar25%	15.0	28	
	12.7		270	36	25	He50%＋Ar50%	12.7	28	
	15.1	V 形坡口	250	39	18		14.2	28	
铜和黄铜	2.4	I 形对接	180	28	25	Ar	4.7	28	
	3.2		300	33	25	He	3.8	25	一般熔化技术
	6.4		670	46	51		2.4	28	一般熔化技术
	2.0(Cu70-Zn30)		140	25	51	Ar	3.8	28	小孔技术
	3.2(Cu70-Zn30)		200	27	41		4.7	28	

表 6-13　熔透型等离子弧焊的焊接参数

材料	板厚 (mm)	焊接电流 (A)	电弧电压 (V)	焊接速度 (cm/min)	离子气 Ar (L/min)	保护气(体积分数)流量(L/min)	喷嘴孔径 (mm)	注
不锈钢	0.025	0.3	—	12.7	0.2	8($Ar+H_2$1%)	0.75	卷边焊
	0.075	1.6	—	15.2	0.2	8($Ar+H_2$1%)	0.75	
	0.125	1.6	—	37.5	0.28	7($Ar+H_2$0.5%)	0.75	
	0.175	3.2	—	77.5	0.28	9.5($Ar+H_2$4%)	0.75	
	0.25	5	30	32.0	0.5	7Ar	0.6	
	0.2	4.3	25	—	0.4	5Ar	0.8	对接焊（背后有铜垫）
	0.2	4	26	—	0.4	6Ar	0.8	
	0.1	3.3	24	37.0	0.15	4Ar	0.6	
	0.25	6.5	24	27.0	0.6	6Ar	0.8	
	1.0	8.7	25	27.5	0.6	11Ar	1.2	
	0.25	6	—	20.0	0.28	9.5($H_2$1%+Ar)	0.75	
	0.75	10	—	12.5	0.28	9.5($H_2$1%+Ar)	0.75	
	1.2	13	—	15.0	0.42	7($Ar+H_2$8%)	0.8	
	1.6	46	—	25.4	0.47	12($Ar+H_2$5%)	1.3	手工对接
	2.4	90	—	20.0	0.7	12($Ar+H_2$5%)	2.2	
	3.2	100	—	25.4	0.7	12($Ar+H_2$5%)	2.2	
镍合金	0.15	5	22	30.0	0.4	5Ar	0.6	对接焊
	0.56	4～6	—	15.0～20.0	0.28	7($Ar+H_2$8%)	0.8	
	0.71	5～7	—	15.0～20.0	0.28	7($Ar+H_2$8%)	0.8	
	0.91	6～8	—	12.5～17.5	0.33	7($Ar+H_2$8%)	0.8	
	1.2	10～12	—	12.5～15.0	0.38	7($Ar+H_2$8%)	0.8	

续表

材　料	板厚(mm)	焊接电流(A)	电弧电压(V)	焊接速度(cm/min)	离子气 Ar(L/min)	保护气(体积分数)流量(L/min)	喷嘴孔径(mm)	注
钛	0.75	3	—	15.0	0.2	8Ar	0.75	手工对接
	0.2	5	—	15.0	0.2	8Ar	0.75	
	0.37	8	—	12.5	0.2	8Ar	0.75	
	0.55	12	—	25.0	0.2	8(He+Ar25%)	0.75	
哈斯特洛依合金	0.125	4.8	—	25.0	0.28	8Ar	0.75	对接焊
	0.25	5.8	—	20.0	0.28	8Ar	0.75	
	0.5	10	—	25.0	0.28	8Ar	0.75	
	0.4	13	—	50.0	0.66	4.2Ar	0.9	
不锈钢丝	ϕ0.75	1.7	—	—	0.28	7(Ar+$H_2$15%)	0.75	搭接时间 1s
	ϕ0.75	0.9	—	—	0.28	7(Ar+$H_2$15%)	0.75	焊接时间 0.6s
镍　丝	ϕ0.12	0.1	—	—	0.28	7Ar	0.75	搭接热电偶
	ϕ0.37	1.1	—	—	0.28	7Ar	0.75	
	ϕ0.37	1.0	—	—	0.28	7(Ar+$H_2$2%)	0.75	
钽丝与镍丝 ϕ0.5		2.5	—	焊一点为0.2s	0.2	9.5Ar	0.75	点焊
纯　铜	0.025	0.3	—	12.5	0.28	9.5(Ar+$H_2$0.5%)	0.75	卷边
	0.075	10	—	15.0	0.28	9.5(Ar+He75%)	0.75	对接

表 6-14　　薄板端接接头等离子弧焊的焊接参数

金　属	板　厚(mm)	电流(直流正接)(A)	焊接速度(cm/min)	保护气体(体积分数)
不锈钢	0.03	0.3	12	Ar99%+$H_2$1%
	0.13	1.6	36	Ar99%+$H_2$1%
	0.25	4.0	12	Ar99%+$H_2$1%
钛	0.08	1.6	12	Ar
	0.20	3.0	12	Ar
Ni-21%Cr-19%Fe	0.13	1.5	24	Ar99%+$H_2$1%
	0.25	3.0	8	Ar
	0.51	6.5	18	Ar
Fe-18%Ni-18%Co	0.26	9.0	51	Ar95%+$H_2$1%

第四节　等离子弧的切割工艺

一、等离子弧切割的分类

1. 一般等离子弧切割

等离子弧切割可采用转移弧或非转移弧。非转移弧适用于切割非金属材料。由于非转移弧的挺度差，所能切割的金属厚度比较小，因此通常采用转移弧切割金属材料。切割薄板金属时，采用微束等离子弧工艺，可获得更窄的切口。

2. 水再压缩等离子弧切割

这种切割工艺就是在喷嘴出口附近用水把等离子弧再进行一次压缩，它的优点是喷嘴不易烧损、切割速度快、切口窄而且切边比较垂直。切割时，由割枪中喷出的除工作气体外，还有高速喷出的水束，共同迅速地将熔化金属排开。这种工艺水喷溅严重，一般在水槽中进行，工件位于水面下 200mm 左右，这样可以使切割噪声降低 15dB 左右，并能吸收弧光、烟尘、金属粒子等，改善了劳动条件。

3. 空气等离子弧切割

空气等离子弧切割有以下两种形式。

（1）单一式空气等离子弧切割：利用空气压缩机提供的压缩空气作为工作气体和排除熔化金属的气流，其切割成本低、气体来源方便、切割速度快。但是这种工艺的电极受到强烈的氧化腐蚀，一般采用镶嵌式纯锆或纯铪电极，不能采用纯钨或氧化钨电极。

（2）复合式空气等离子弧切割。这种工艺方法采用内外两层喷嘴，内喷嘴通入常用的工作气体，外喷嘴通入压缩空气。这样既可以利用压缩空气在切割区的化学放热反应提高切割速度；又可以避免空气与电极的直接接触。所以这种形式的切割可以采用纯钨电极或氧化钨电极，并且简化了电极结构。

二、等离子弧切割气体的选择

等离子弧切割最常用的气体是氩、氮、氩加氢、氮加氢、氮加氩混合气体等，依据被切割材料的种类及厚度、切割工艺条件选择合适的气体种类。表 6-15 所示为等离子弧切割常用气体的选择。

表 6-15　　等离子弧切割常用气体的选择

工作厚度（mm）	气体成分（体积分数）	空载电压（V）	切割电压（V）
≤120	N_2	250～350	150～200
≤150	N_2+Ar（N_2 60%～80%）	200～350	120～200
≤200	N_2+H_2（N_2 60%～80%）	300～500	180～300
≤200	$Ar+H_2$（H_2 约 35%）	250～500	150～300

一般等离子弧切割不用保护气，工作气体和切割气体从同一喷嘴内喷出。引弧时喷出小气流离子气体作为电离介质，切割时喷出大气流气体用来排除熔化金属。水再压缩等离子弧切割采用上述常用气体为工作气体，而外喷射为高压水。空气等离子弧切割采用压缩空气或者子气为常用气体，而外喷射为压缩空气。

氮气是双原子气体，热压缩效应好，而且动能大，但是它的引弧与稳弧性能较差。氢气也是双原子气体，具有热压缩效应好、动能

大的特点，但是它的引弧与稳弧性能更差，常用于切割大厚度板材时的辅助气体。氩气是单原子气体，容易电离，具有良好的引弧性和稳定性，但是它用于切割时气体流量大、不经济，并且纯氩也不适于切割大厚度的板材。因此，一般情况下氩与双原子气体混合使用，其中效果最好的是氩加氢混合气，其次是氮加氩及氮加氢混合气。实际生产中，用纯氮作为工作气体切割不锈钢也取得了很好的效果。

三、常用金属的等离子弧切割工艺参数

不同材料的一般等离子弧切割工艺参数见表 6-16；各种材料的水再压缩等离子弧切割工艺参数见表 6-17；不锈钢、碳素钢的空气等离子弧切割工艺参数见表 6-18；铸铁、不锈钢等材料大厚度工件的切割工艺参数见表 6-19。

表 6-16　　不同材料的一般等离子弧切割工艺参数

材　料	厚度(mm)	喷嘴孔径(mm)	空载电压(V)	切割电流(A)	切割电压(V)	N_2流量(L/h)	切割速度(m/h)
不锈钢	8	3	160	185	120	2100～2300	45～50
	20	3	160	220	120～125	1900～2200	32～40
	30	3	230	280	135～140	2700	35～40
	45	3.5	240	340	145	2500	20～25
铝和铝合金	12	2.8	215	250	125	4400	784
	21	3.0	230	300	130	4400	75～80
	34	3.2	240	350	140	4400	35
	80	3.5	245	350	150	4400	10
纯　铜	5			310	70	1420	94
	18	3.2	180	340	84	1660	30
	38	3.2	252	304	106	1570	11.3
低碳钢	50	10	252	300	110	1230	10
	85	7	252	300	110	1050	5
铸　铁	5			300	70	1450	60
	18			360	73	1510	25
	35			370	100	1500	8.4

表 6-17　　水再压缩等离子弧切割的工艺参数

材　料	工件厚度（mm）	喷嘴孔径（mm）	切割电压（V）	切割电流（A）	压缩水流量（L/min）	氮气流量（L/min）	切割速度（cm/min）
低碳钢	3	$\phi3$	145	260	2	52	500
	3	$\phi4$	140	260	1.7	78	500
	6	$\phi3$	160	300	2	52	380
	6	$\phi4$	145	380	1.7	78	380
	12	$\phi4$	155	400	1.7	78	250
	12	$\phi5$	160	550	1.7	78	290
	51	$\phi5.5$	190	700	2.2	123	60
不锈钢	3	$\phi4$	140	300	1.7	78	500
	19	$\phi5$	165	575	1.7	78	190
	51	$\phi5.5$	190	700	2.2	123	60
铝	3	$\phi4$	140	300	1.7	78	572
	25	$\phi5$	165	500	1.7	78	203
	51	$\phi5.5$	190	700	2	123	102

表 6-18　　空气等离子弧切割的工艺参数

材　料	工件厚度（m）	喷嘴孔径（mm）	空载电压（V）	切割电压（V）	切割电流（A）	压缩空气流量（L/min）	切割速度（cm/min）
不锈钢	8	$\phi1$	210	120	30	8	20
	6	$\phi1$	210	120	30	8	38
	5	$\phi1$	210	120	30	8	43
碳素钢	8	$\phi1$	210	120	30	8	24
	6	$\phi1$	210	120	30	8	42
	5	$\phi1$	210	120	30	8	56

表 6-19　大厚度工件的切割工艺参数

材料	厚度(mm)	空载电压(V)	切割电流(A)	切割电压(V)	功率(kW)	切割速度(m/h)
铸铁	100	240	400	160	64	13.2
	120	320	500	170	85	10.9
	140	320	500	180	90	8.56
不锈钢	110	320	500	165	82.5	12.5
	130	320	550	175	87.5	9.75
	150	320	440～480	190	91	6.55

材料	气体流量（L/h）		气体混合比（%）		喷嘴直径(mm)
	氮	氢	氮	氢	
铸铁	3175	960	77	23	5
	3170	960	77	23	5.5
	3170	960	77	23	5.5
不锈钢	3170	960	77	23	5.5
	3170	960	77	23	5.5
	3170	960	77	23	5.5

第五节　等离子弧焊接与切割的质量分析

一、焊接缺陷及防止措施

等离子弧焊缝的缺陷可分为表面缺陷及内部缺陷两大类。焊缝的表面缺陷包括：余高过大、咬边、未焊透、未填满、表面裂纹等。焊缝的内部缺陷包括：气孔、未熔合、内部裂纹等，其中以气孔、裂纹、咬边等缺陷最为常见。等离子弧焊接的焊缝缺陷与被焊金属的材质、焊前的清理准备、焊接参数、气体保护条件等因素有关。

1. 气孔

当焊件的焊前清理不彻底、焊接电流过大、电弧电压过高、焊接速度过快，以及填充焊丝送进太快时，都会造成焊缝中产生气孔。其防止措施是注意调整焊接参数，使焊接电流、电弧电压、焊接速度、送丝速度等处于最佳参数状态；同时还应调整焊枪位置，使之适当后倾。

2. 裂纹

被焊金属的材质成分、物理性能及冶金性能、焊接过程中焊件受到的拘束力，以及气体保护情况等都是诱发焊接裂纹出现的因素。防止产生裂纹的措施是对焊件进行预热及保温、改善气体的保护条件、调整焊接热输入、减小胎卡具对焊件造成的拘束力。

3. 咬边

等离子弧焊时焊缝的咬边缺陷可分为单侧咬边与双侧咬边。产生咬边的原因是：焊接电流过大、焊接速度过快、离子气的流量过大、电极与喷嘴不同心、焊枪向一侧倾斜，以及装配错位、产生磁偏吹现象等。咬边缺陷的防止措施是：将焊件装配错位处修整、调整电极与喷嘴的同心度、将电极对准焊缝位置的中心、正确连接电缆线，并且对焊接参数进行逐项检查并找出最佳值进行焊接。

二、切割缺陷及防止措施

常用金属材料进行等离子弧切割时的切口缺陷及产生原因见表6-20。切口质量评定包括：切口宽度、切口垂直度、切口表面粗糙度、割纹深度、切口底部熔瘤、切口热影响区的硬度及宽度等。良好的切割质量是：切口表面光洁、切口宽度要窄、切口横断面呈矩形、切口无熔渣或挂渣（熔瘤）、切口表面硬度以不妨碍割后的机械加工为准。当利用离子弧切割焊件的坡口时，要注意切口底部不得残留熔渣，否则将会造成焊接装配工作困难。

切割缺陷的防止措施，可按照表6-20列出的产生原因相应地制定解决方案。但总的说就是调整工艺参数至最佳状态、检查电极与喷嘴的同心度，以及检查喷嘴的结构是否合适，因为喷嘴的烧损会严重影响切口质量。

表 6-20　常用材料的切口缺陷及产生原因

缺陷类型	产生原因		
	低碳钢	不锈钢	铝
上表面切口呈圆形	速度过快，喷嘴距离过大	速度过快，喷嘴距离过大	此缺陷不经常出现
上表面有割瘤	喷嘴距离过大	喷嘴距离过大，气流中的氢气含量过高	喷嘴距离过大
上表面粗糙	此缺陷不经常出现	喷嘴距离过大，气流中的氢气含量过高，速度过大	气流中的氢气含量过小
侧面呈过大的下坡口	速度过快，喷嘴距离过大	速度过快，喷嘴距离过大	速度过快，气流中的氢气含量太小
侧面呈凹形	此缺陷不经常出现	气流中的氢气含量过大	气流中的氢气比例过大，速度太慢
侧面呈凸形	速度太快	速度太快，气流中的氢气含量太小	此缺陷不经常出现
背面边缘呈圆形	速度过快	此缺陷不经常出现	此缺陷不经常出现
背面有割瘤	气流中的氢气含量过大，速度过慢，喷嘴距离过小	速度太慢，气流中的氢气比例过大	速度过快
背面粗糙	喷嘴距离过小	此缺陷不经常出现	气流中的氢气含量太小

第六节　等离子弧焊接与切割的工程实例

一、不锈钢筒体的等离子弧焊

化纤设备 S441 过滤器的结构图见图 6-15，其材质为

1Cr18Ni12Mo2。GR-201 高温高压染色机部件的结构图见图 6-16，其材质为 1Cr18Ni9Ti。

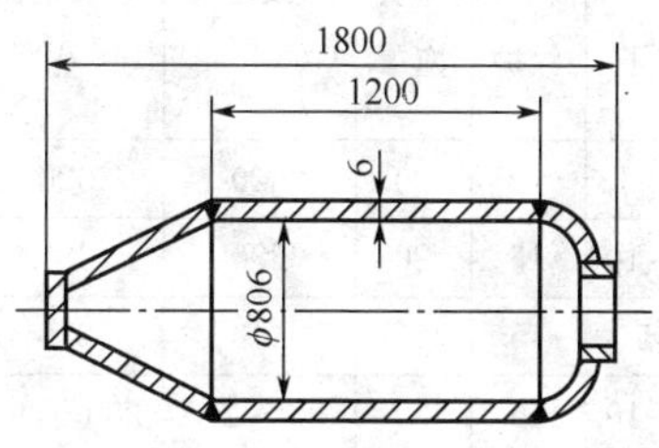

图 6-15 S441 过滤器的结构图

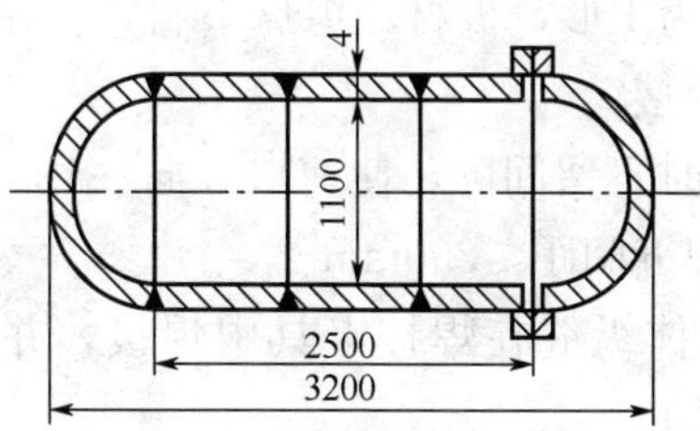

图 6-16 GR-201 高温高压染色机部件的结构图

1. 焊接设备

等离子弧焊采用 LH-300 型等离子弧焊机；焊枪为图 6-3 所示的大电流等离子弧焊枪及对中可调式焊枪；使用的喷嘴为有压缩段的收敛扩散三孔型。

2. 焊接参数

等离子弧焊的焊接参数见表 6-21。

表 6-21　　等离子弧焊的焊接参数

焊接参数 / 板厚(mm)	喷嘴直径(mm)	氩气流量(L/min)			焊接速度(mm/min)	焊接电流(A)	电弧电压(V)	焊丝直径(mm)
		离子	保护	拖罩				
4	3	6～7	12	15	350～400	200～220	23～24	0.8～1.0
5	3.2	7～8	12	15	350	250	26～28	0.8～1.0
6	3.2	8～9	15	20	260～280	260～280	28～30	0.8～1.0

续表

焊接参数 / 板厚(mm)	喷嘴直径(mm)	氩气流量(L/min)			焊接速度(mm/min)	焊接电流(A)	电弧电压(V)	焊丝直径(mm)
		离子	保护	拖罩				
8	3.2	12～13	15	20	320	320	30	1.0
8	3.2	9～10	15	20	280	280	32.5	1.0
10	3.2	15	15	20	340	340	32	1.0
10	3.5	9～10	15	20	280～290	280～290	32～34	1.0

3. 焊接工艺要点

(1)坡口形式为I形，板材经剪床下料，使用丙酮清除油污后即可进行装配、焊接。

(2)接头装配时不留间隙，使剪口方向一致(剪口向上)，进行装配定位，定位焊缝间距≤300mm。

(3)直缝及筒体纵缝在焊接卡具中焊接，并装有引弧板及引出板。

(4)筒体环缝焊的接头处有30mm左右的重叠量，熄弧时焊件停转，电流、气流同时衰减，并且电流衰减稍慢，焊丝继续送进以填满弧坑。

(5)为保证焊接质量及合理使用保护气体，焊缝的保护形式采用以下两种：焊缝背面为分段跟踪通气保护、焊缝正面附加拖罩保护。直形及弧形拖罩长度均为150mm，分别用于直缝及环缝的焊拉接，弧形拖罩的半径为焊件半径加5～8mm。

4. 焊接质量分析

接头的抗拉强度为580～590MPa，冷弯角α>120°，接头经检测无裂纹，经腐蚀试验及晶相分析，焊缝质量达到产品的技术要求。

二、双金属锯条的等离子弧焊

一般机用锯条是由高速钢制成的，实际上只是锯条的齿部需要选用高速钢材质，采用等离子弧焊焊接双金属的方法可以合理地使用高速钢，节约贵重材料。焊接锯条的外形如图6-17所示，齿部用高速钢，背部用低合金钢，这样不仅可以节约高速钢，合理使用材料，而且可以提高锯条的使用寿命，因为背部的低合金钢具有良好的韧性，不易折断。双金属锯条材质的化学成分及硬度值见表6-22，刃部材料为 W18Cr4V，规格为 490mm×9.5mm×1.8mm，冷轧带钢；背部材料为 65Mn，规格为 490mm×30mm×1.8mm，冷轧带钢。以上材料均为退火状态。

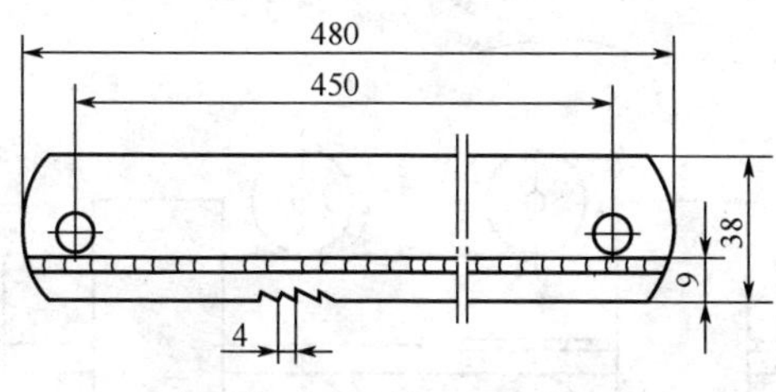

图 6-17　焊接锯条的外形

表 6-22　　双金属锯条材质的化学成分及硬度

牌　号	w_C	w_{Mn}	w_{Si}	w_S	w_p
W18Cr4V	0.1～0.8	≤4	≤4	<0.03	<0.03
65Mn	0.62～0.7	0.9～1.2	0.17～0.57	<0.045	<0.045

牌　号	w_W	w_{Cr}	w_V	w_{Mo}	HRC	用　途
W18Cr4V	17.5～19	3.5～4.4	1～1.4	≤0.3	24	刃部材料
65Mn	—	—	—	—	≤29	背部材料

1. 工艺装备

焊接锯条的简易工装如图 6-18 所示。焊枪固定不动，由动夹具使锯条移动，焊件背面通保护气。在施焊焊件的下部设有适应控制的传感器，可以自动调节焊接参数(例如焊接速度)，以保证焊接质量均匀稳定。

2. 焊接参数

采用三孔型喷嘴，孔径为 2mm，孔道长为 2.4mm，喷嘴孔两边的小孔直径为 0.8mm，小孔间距为 6mm，保护气与离子气均为氩气，焊接参数见表 6-23。

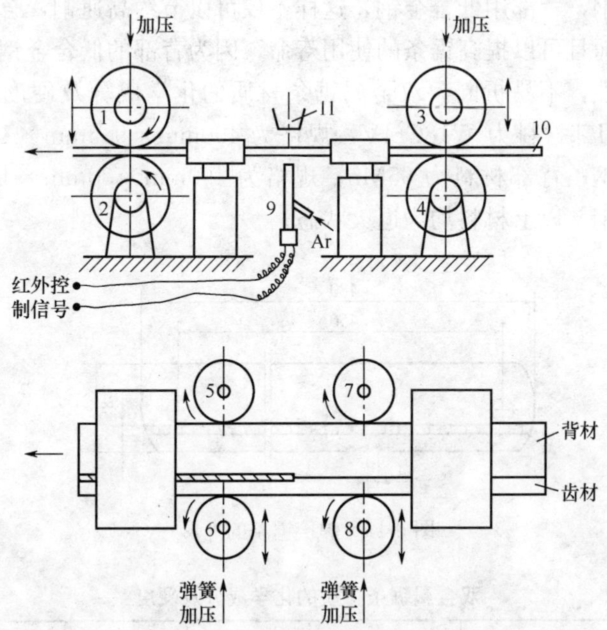

图 6-18　焊接锯条的简易工装夹具

表 6-23　　　　　　　　焊接锯条的焊接参数

焊接方式 \ 焊接参数		焊接电流 (A)	电弧电压 (V)	焊接速度 (mm/min)	离子气流量 (L/h)	保护气流量 (L/h)	背面保护气流量 (L/h)	电极内缩量 (mm)
不加适应控制	穿孔法	105	35	600～690	240～250	600	160～200	2.7
	熔入法	100	32	520	180～190	600	160～200	2.5～2.4
加适应控制	穿孔法	108 110	35	750	275～340	600	160～200	2.6
	熔入法	108 110	32	520～690	150～200	600	160～200	2.5～2.4

3. 硬度测定结果

焊后焊缝的硬度很高，齿部母材及热影响区的硬度也显著增高，而背部母材的硬度较低。

4. 焊接接头的组织分析

双金属焊接接头的焊缝及热影响区都出现了淬硬组织。焊缝中有较多的莱氏体，在靠近高速钢的热影响区中也有少量的莱氏体组织，靠近背部的热影响区较宽(2.65mm)，靠近齿部的热影响区较窄(0.81mm)，焊缝宽度为2.50mm。从晶相组织来看，焊缝及近缝区的晶相组织性能很坏，特别是焊缝很硬很脆，这种不合格的组织经过焊后的热处理可以改善。

5. 焊后退火处理

在焊后24h内需要进行退火处理，退火工艺曲线如图6-19所示。退火后焊缝中的莱氏体组织大量消除，齿部、焊缝及背部的硬度均小于24HRC，能满足加工要求。总之，退火后基本上达到技术要求。焊接接头退火后各区金相的组织分布如图6-20所示。

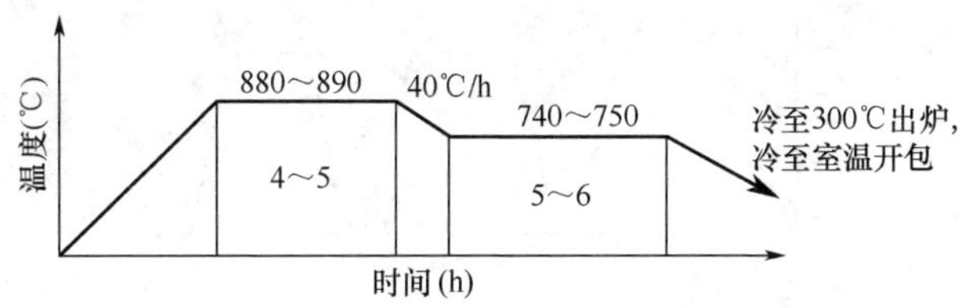

图6-19　退火工艺曲线

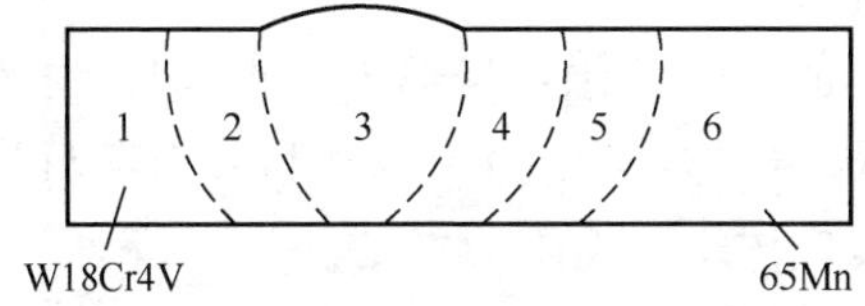

图6-20　退火后各区金相的组织分布

1—索氏体＋残余碳化物；2—索氏体＋少量莱氏体；3—索氏体＋细小莱氏体；4—铁素体全脱碳；5—铁素体＋珠光体贫碳区；6—珠光体＋铁素体

6. 淬火处理

按照高速钢锯条的性能进行淬火处理，并应兼顾背部材料的性能，淬火工艺曲线见图6-21。淬火后齿部硬度为67HRC，焊缝硬度为65.1HRC，背部硬度为52.4HRC，硬度值大大升高，焊缝及热影响区的莱氏体基本消失，但残余莱氏体较多。

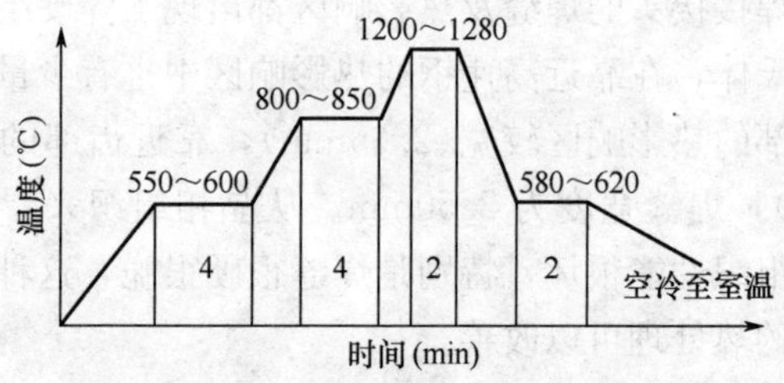

图 6-21 淬火工艺曲线

7. 回火处理

淬火后要进行三次回火处理，回火工艺曲线如图 6-22 所示。淬火后必须及时回火，一般不得超过 24h。

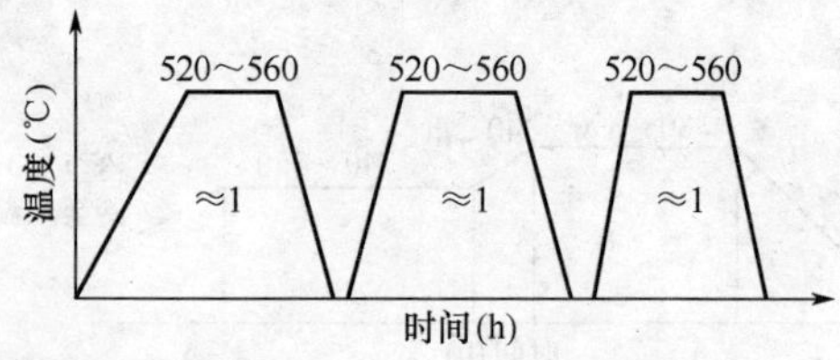

图 6-22 回火工艺曲线

8. 回火后的金相组织

经过回火后的金相组织：齿部为回火马氏体＋少量残余碳化物；焊缝为回火马氏体＋残余碳化物细网；背部材料为针状索氏体＋少量羽毛状贝氏体＋屈氏体。

9. 双金属锯条的使用性能

经过以上工序加工的锯条，经实践证明，可锯 $\phi40$～$\phi130$mm 的圆钢或方钢(材质为 45 钢)。双金属锯条完全可以代替用高速钢制成的锯条。

三、波纹管部件的微束等离子弧焊

1. 技术要求

波纹管与管接头的组合件如图 6-23 所示，要求焊接接头有可靠的致密性及真空密封性，并要保持波纹管的工作弹性及抗腐蚀性。因此，焊接过程中其工作部分的加热温度不得超过 200℃。

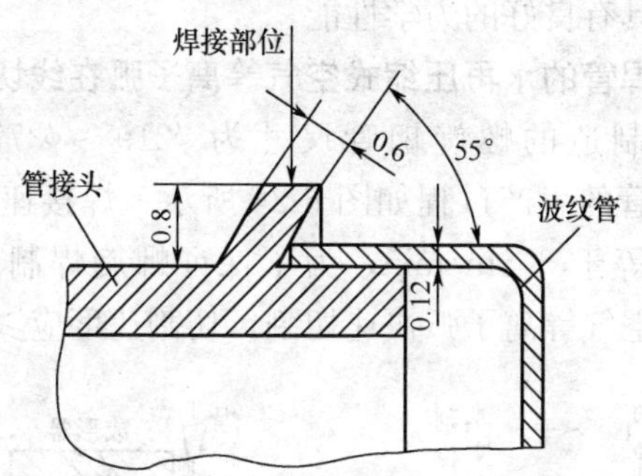

图 6-23　波纹管与管接头的组合件

2. 焊件材质、规格

材质为 1Cr18Ni140Ti 不锈钢，波纹管直径为 ϕ18mm，板厚为 0.12mm，管壁头壁厚为 2～4mm。

3. 接头形式

由于被焊零件的厚度相差很大，散热条件不同，给焊接工作造成困难。为防止波纹管边缘烧穿，应采用图 6-23 所示的接头形式，使用“挡板”结构消除波纹管边缘的烧穿。

4. 工艺装备

将波纹管组合件夹紧在专用胎具中，使波纹管全部工作段也处于胎具中，接缝由胎具中露出约 2mm。

5. 焊接工艺

焊接时焊件绕水平轴旋转或与水平轴倾斜 45°角，焊枪垂直于焊缝。

焊接参数：I=14～16A；U=18～20V；离子气：氩气，流量为 0.4L/min；保护气体：氩气或氩氢混合气体，流量为 3～4L/min；喷嘴至焊件的距离为 2～4mm；焊接速度为 3m/h；这种参数的微束等离子弧焊可使挡板完全熔化，并与波纹管边缘熔在一起，形成良好的焊缝。

6. 焊接质量

实践表明，焊接过程中波纹管工作部分的受热温度不高于 80℃，保证了波纹管的弹性。经气密性试验，焊接接头无泄漏现象，满足真空密封性要求。拉伸试验表明，试样破坏均发生在母材上，焊接接头具有良好的力学性能。

四、螺旋焊管的水再压缩式空气等离子弧在线切割

高频焊接制造的螺旋钢管尺寸为 ϕ219～ϕ377mm，壁厚为7mm。螺旋焊管的生产过程如图 6-24 所示。焊接速度为 5m/min，其圆周速度约等于 3.5m/min，为了保证螺旋焊制钢管的连续生产，要求采用空气等离子弧快速切割，切割速度应≥3.5m/min。

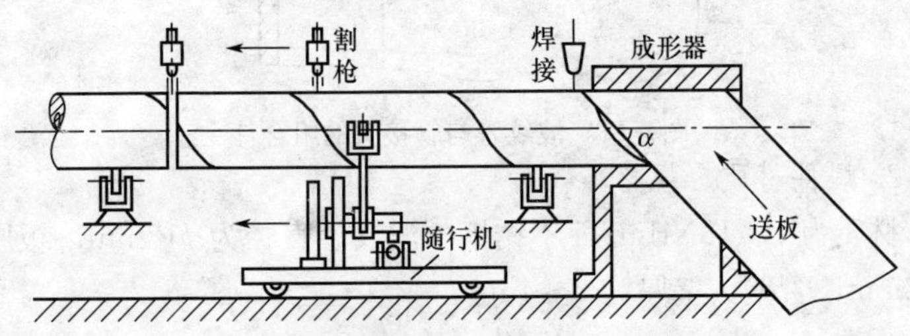

图 6-24　螺旋焊管的生产线及在线切割

1. 切割方法

采用水再压缩式空气等离子弧切割，并且采用刀轮夹紧式切管随行机及有关辅助装置。

2. 切割工艺参数

通过试验找到最佳工艺参数为：I=260A，U=230V，喷嘴孔径 d=3.5mm，气体流量 Q=1.5L/min，压力 p=0.5MPa。

3. 切割结果

切割速度可达 3.9m/min，管端切斜小于 1.5mm/2π，坡口等于 30°，符合产品要求，并且验收合格。

第七章

电　渣　焊

第一节　概　　述

电渣焊是利用电流通过液体熔渣所产生的电阻热进行焊接的方法。根据使用的电极形状，电渣焊可以分为丝极电渣焊、板极电渣焊、熔嘴电渣焊等。由于电渣焊是在垂直位置或接近垂直位置进行焊接，为了保证熔池形状、强制焊缝成形，在接头两侧采用铜滑块作为成形卡具(或在一侧采用固定垫板)，铜滑块内部应通有冷却水。

一、电渣焊的特点

(1)电渣焊适于大厚度的焊接，焊件均为I形坡口，只留一定尺寸的装配间隙便可一次焊接成形，所以生产率高、焊接材料消耗较少。

(2)电渣焊适于焊缝处于垂直位置的焊接。垂直位置对于电渣焊形成熔池及焊缝的条件最好。电渣焊也可用于倾斜焊缝(与地平面的垂直线夹角≤30°)的焊接。焊缝金属中不易产生气孔及夹渣。

(3)焊接热源是电流通过液体熔渣而产生的电阻热。电渣焊时电流主要由焊丝或板极末端经渣池流向金属熔池。电流场呈锥形，是电渣焊的主要产热区，锥形流场的作用是造成渣池的对流，把热量带到渣池底部两侧，使母材形成凹形熔化区。电渣焊的渣池温度可达1600～2000℃。

(4)具有逐渐升温及缓慢冷却的焊接热循环曲线。由于电渣焊的热源特性，使得焊接速度缓慢、焊接热输入较大。电渣焊的热影响区宽度很大，而且高温停留时间比较长，因此热影响区晶粒长大严重。图 7-1 所示为 100mm 厚钢板以电渣焊和多层埋弧焊的热循环曲线对比，表 7-1 所示为焊接参数及热循环曲线的对比。

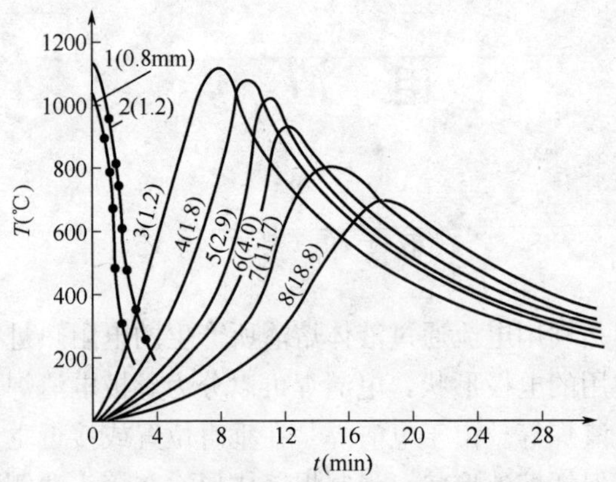

图 7-1　电渣焊与埋弧焊热循环曲线的对比

1、2—埋弧焊；3～8—电渣焊

括号内数字：焊缝边缘的距离(mm)

—●—●—●— 埋弧焊；———— 电渣焊

表 7-1　　电渣焊与埋弧焊的热循环对比

项　目		电渣焊	埋　弧　焊	
			曲线 1	曲线 2
焊接参数	焊接电流(A)	450	500	500
	焊接电压(V)	38～40	32～34	32～34
	焊接速度(m/h)	0.7～0.8	40	6.12
	热输入(J/cm)	81×10^4	1.53×10^4	6.12×10^4
热循环参数	加热至最高温时间(s)	640	3	5
	1000℃以上的停留时间(s)	95	2.5	7
	700～350℃冷却时间(s)	620	12	55
	350～200℃冷却时间(s)	1620	20	220
	热影响区的宽度(mm)	16	2	5

(5)液相冶金反应比较弱。由于渣池温度低，熔渣的更新率也很低，液相冶金反应比较弱，所以焊缝的化学成分主要通过填充焊丝或板极合金成分来控制。此外，渣池表面与空气接触，熔池中活性元素容易被氧化烧损。

(6)为了改善焊缝的组织及力学性能，必须进行焊后热处理。电渣焊焊缝的晶粒粗大，焊缝热影响区严重过热，在焊接低合金钢时，焊缝和热影响区会产生粗大的魏氏组织。进行焊后热处理可以改善焊缝的组织及力学性能。电渣焊焊缝中产生气孔、夹渣的倾向较低，焊接易淬火钢时，产生裂纹的倾向较小。

二、电渣焊的分类及应用

根据电渣焊所使用电极的形状以及是否固定，电渣焊工艺可分为：丝极电渣焊、板极电渣焊、熔嘴电渣焊、管极电渣焊等几种方法。

1. 丝极电渣焊

丝极电渣焊如图 7-2 所示。使用的电极为焊丝，焊丝通过导电嘴被送入熔池，焊接机头随熔池的上升而向上移动，并带动导电嘴上移。焊丝还可以在接头间隙中往复摆动，从而可以获得比较均匀的熔宽和熔深。对于比较厚的焊件可以采用两根、三根或多根焊丝。丝极电渣焊由于焊丝位置及焊接参数都容易调节，所以适用于环焊缝的焊接、高碳钢及合金钢的对接、T 形接头的焊接，缺点是这种

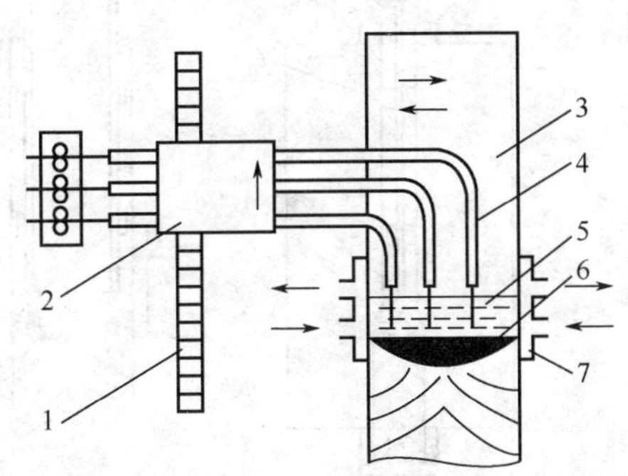

图 7-2　丝极电渣焊示意图

1—导轨；2—焊机机头；3—焊件；4—导电杆；5—渣池；6—金属熔池；7—水冷成形滑块

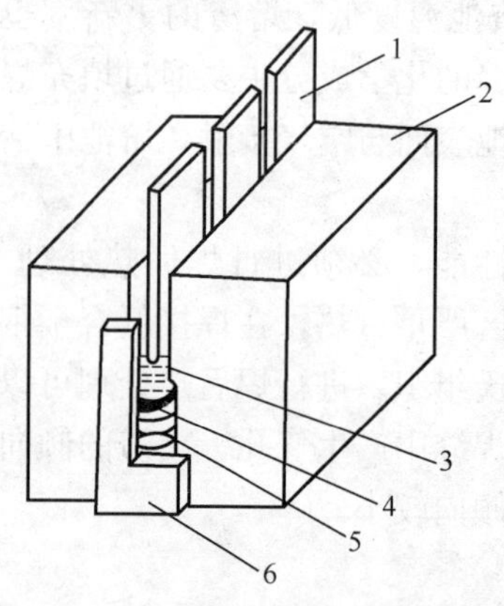

图 7-3　板极电渣焊示意图
1—板极；2—焊件；3—渣池；4—金属熔池；5—焊缝；6—水冷成形块

方法的设备及操作比较复杂。在一般的对接及 T 形接头中较少采用。

2. 板极电渣焊

板极电渣焊如图 7-3 所示。板极电渣焊所使用的电极为板状，板极由送进机构不断向熔池中送进，板极可以是铸件也可以是锻件。这种工艺适于不宜拉成焊丝的合金钢材料的焊接，所以多用于模具钢、轧辊等的堆焊与焊接工作。由于板极一般是焊缝长度的 4～5 倍，因此送进机构高大，焊接时如果板极晃动，易与焊件接触而短路。所以操作比较复杂，一般不用于普通材料的焊接。

3. 熔嘴电渣焊

熔嘴电渣焊如图 7-4 所示。熔嘴电渣焊的熔化电极为焊丝及固

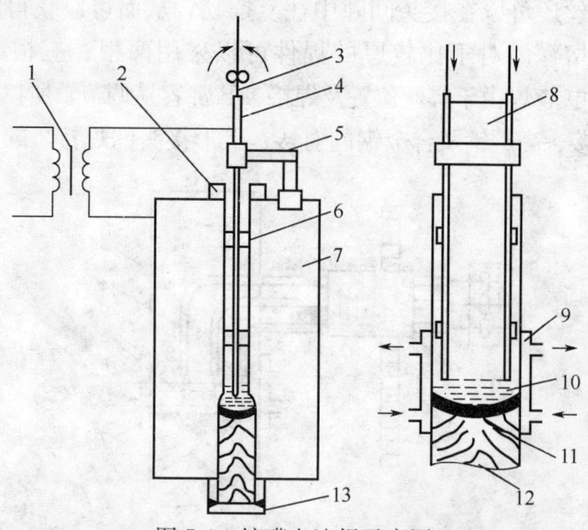

图 7-4　熔嘴电渣焊示意图
1—电源；2—引出板；3—焊丝；4—熔嘴钢管；5—熔嘴支架；6—绝缘块；7—焊件；8—熔嘴钢板；9—水冷成形滑块；10—渣池；11—金属熔池；12—焊缝；13—起焊槽

定于装配间隙中的熔嘴。熔嘴是根据焊接的断面形状，由钢板和钢管点固焊接而成的。焊接时熔嘴不用送进，与焊丝同时熔化进入熔池，所以适于变断面焊件的焊接。根据焊件厚度的不同，熔嘴的数量可以是单个，也可以是多个。这种工艺方法设备简单、操作方便，目前已成为对接、角接焊缝的主要焊接方法，但是熔嘴的制作及安装比较费时间。

4. 管极电渣焊

管极电渣焊如图 7-5 所示，它是熔嘴电渣焊的一个特例。当焊件很薄时，熔嘴即可简化为一根或两根涂有药皮的管子。所以，管极电渣焊的电极是固定在装配间隙中的带有涂料的钢管和管中不断向渣池中送进的焊丝。由于涂料的绝缘作用，管极不会与焊件短路，所以焊件的装配间隙可以缩小，这样就可以节省焊接材料，提高焊接生产率。管极电渣焊多用于薄板及曲线焊缝的焊接。通过管极上的涂料，还可以适当地向焊缝中渗合金以改善焊缝组织、细化晶粒。

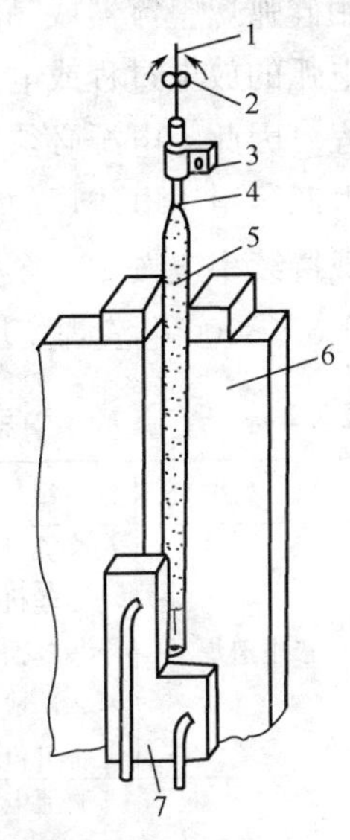

图 7-5 管极电渣焊示意图

1—焊丝；2—送丝滚轮；3—管极支持机构；4—管极钢管；5—管极涂料；6—焊件；7—水冷成形滑块

总之，电渣焊工艺适用于焊件厚度较大的焊缝、难于采用其他工艺进行焊接的曲线或曲面焊缝；受到现场施工或起重能力的限制，必须在垂直位置进行焊接的焊缝；高碳钢、铸铁等焊接性差的金属焊接；大面积的堆焊等。

第二节 电 渣 焊 设 备

一、电渣焊设备的组成

各种电渣焊方法的设备组成及要求见表 7-2。

电渣焊设备的交流电源可采用三相或单相变压器，直流电源可采用硅弧焊整流器或晶闸管弧焊整流器。电渣焊电源应保证避免发生电弧的放电过程或电渣电弧的混合过程，否则将破坏正常的电渣过程。因此，电源必须是空载电压低、感抗小(不带电抗器)的平特性电源。由于电渣焊的焊接时间长，中间不能停顿，所以焊接电源负载持续率应按100％考虑。常用的电渣焊电源有BP1-3×1000和BP1-3×3000电渣焊变压器，其主要技术数据见表7-3。

表7-2　　电渣焊设备的组成及要求

<table>
<tr><th>方　法</th><th>组　成</th><th>基本要求</th></tr>
<tr><td>丝极电渣焊</td><td>交流电源
送丝机构
焊丝摆动机构
水冷成形滑块
提升机构</td><td rowspan="3">电　　源：平或缓降特性
空载电压35～55V
单极电流600A以上
送丝机构：等速控制
调速范围：60～450m/h
摆动机构：行程在250mm以下可调，调速范围20～70m/h
提升机构：等速或变速控制，调速范围50～80m/h</td></tr>
<tr><td>管状焊丝电渣焊</td><td>直流电源
送丝机构
焊丝摆动机构
水冷成形滑块
提升机构</td></tr>
<tr><td>管极电渣焊
熔嘴电渣焊</td><td>交流电源
送丝机构
固定成形块</td></tr>
<tr><td>板极电渣焊</td><td>交流电源
板极送进机构
固定成形块</td><td>板极送进机构：手动或电动，调速范围0.5～2m/h</td></tr>
</table>

表7-3　　电渣焊变压器的主要参数

<table>
<tr><th colspan="2">型　号</th><th>BP1-3×1000</th><th>BP1-3×3000</th></tr>
<tr><td colspan="2">一次额定电压(V)</td><td>380</td><td>380</td></tr>
<tr><td colspan="2">二次电压的调节范围(V)</td><td>38～53.4</td><td>7.9～63.3</td></tr>
<tr><td colspan="2">额定负载持续率(％)</td><td>80</td><td>100</td></tr>
<tr><td rowspan="2">不同负载持续率时的焊接电流(A)</td><td>100％</td><td>900</td><td>3000</td></tr>
<tr><td>80％</td><td>1000</td><td>—</td></tr>
<tr><td colspan="2">额定容量(kVA)</td><td>160</td><td>450</td></tr>
<tr><td colspan="2">相数</td><td>3</td><td>3</td></tr>
<tr><td colspan="2">冷却方式</td><td>通风机，功率1kW</td><td>一次侧空冷，二次侧空冷</td></tr>
</table>

送丝机构与熔化极电弧焊使用的送丝机构类似。送丝速度可以均匀无级调节。摆动机构的作用是扩大单根焊丝所焊的焊件厚度，其摆动距离、摆动速度、在每一行程终端的停留时间均可控制及调整。由于摆动幅度较大，一般都采用电动机正反转驱动，限位开关换向式结构。

提升机构在焊接过程中可提升成形滑块，在丝极电渣焊时还要提升送丝及摆动机构。提升机构可以是齿条导轨式，也可以是弹簧夹持式。

送丝机构、摆动机构及提升机构组成了电渣焊机头。

送丝电动机的速度控制器、焊接机头的横向摆动距离及停留时间的控制器、提升机构垂直运动的控制器以及电流表、电压表等组成了电渣焊机的电控系统。

为了保持电渣焊过程所必需的渣池和金属熔池，必须在电渣焊焊缝两侧设置强迫成形装置，主要用于丝极电渣焊的成形滑块，该装置分整体式及组合式两种，其材质为纯铜，滑块内部通以冷却水，所以又称水冷却成形滑块。对于熔嘴电渣焊及板极电渣焊，多采用固定式成形块，其结构形式与成形滑块相同，通常在熔池的一侧使用沿焊缝全长的固定成形块，另一侧使用两块较短的成形块倒换，以便装配和焊接时观测渣池深度。此外，有时采用密封侧板为强迫成形装置，即采用与母材相同材质的板材制成密封侧板，装配时将侧板点固焊在焊缝位置和焊件侧面。焊接时侧板部分也被熔化并与焊缝熔合在一起，焊后切除或保留在焊件上，这种方法适于熔嘴电渣焊、板极电渣焊的短焊缝以及环焊缝的收尾处。

二、电渣焊焊接的过程控制

1. 电渣焊上升速度的控制

上升速度是电渣焊过程控制中最重要的控制量。常用的上升速度控制方法、原理及应用特点见表 7-4。

表 7-4　　电渣焊上升速度的控制方法

方法	原　理	应 用 特 点
等速控制	根据板厚及装配间隙选定上升速度，靠拖动电动机恒速反馈保持等速提升成形滑块	板厚和间隙均匀性较好时焊缝成形质量尚可，必要时辅以人工调速

续表

方法	原　　理	应　用　特　点
熔池液面自动控制	实时检测熔池液面的高度或其相关量，据此自动调节上升速度	间隙波动时可保障熔池液面高度及焊缝成形质量的稳定性
危机自动控制	实时测算焊缝断面的变化，据此调节送丝速度、摆动幅度及上升速度等	有效地控制变断面熔池的液面高度及焊缝质量

2. 电渣焊熔池液面高度的自动检测

在电渣焊过程中熔池液面高度的检测是很重要的，将检测到的熔池液面高度信号经电动机、放大机或晶闸管、晶体管放大电路的放大后可以控制上升速度，保证获得优质的电渣焊焊接接头。熔池液面自动检测方法见表 7-5，检测方法的示意图如图 7-6 所示。

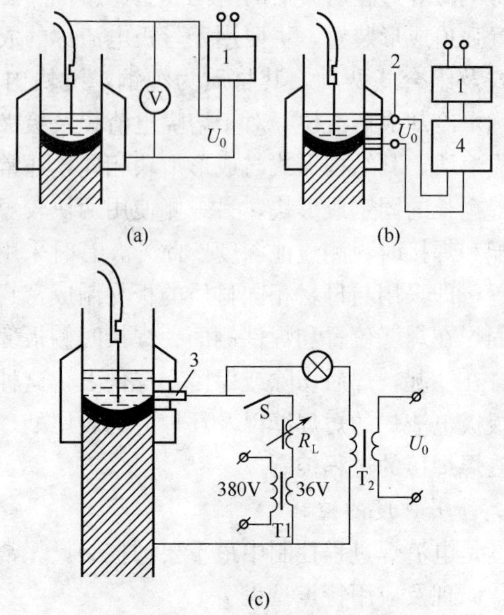

图 7-6　熔池液面高度自动检测方法

U_0—液面检测控制信号

(a) 电压法；(b) 热电势法；(c) 探针法

1—升降电动机拖动控制电路；2—热电偶；3—探针；4—放大器

表 7-5 电渣焊熔池液面高度的自动检测方法

方　法	原　理	应 用 特 点
电压法	直接检测导电嘴与工件间的电压	简单，单值性，受送丝速度影响，精度不高
热电势法	在成形滑块接触熔池液面区间的上下方各焊一个热电偶，检测两者热电势的差值	信号弱，需放大，精度受冷却水流量的影响
探针法	在成形滑块接触熔池液面的上侧安装一个探针，检测探针与工件间的电压	精度较高，单探针易损坏

三、电渣焊机的技术数据

1. HS-1000 型万能电渣焊机

这种焊机是国产通用的电渣焊机，用于 1～3 根焊丝或板极电渣焊。HS-1000 型万能电渣焊机由导轨提升式自动焊接机头、焊丝盘、控制箱以及电渣焊变压器等部分组成，其主要技术数据见表7-6。

表 7-6 HS-1000 型万能电渣焊机的主要技术数据

形　式		导 轨 式
焊接电流（A）	连续（负载持续率 100%）	900
	断续（负载持续率 60%）	1000
焊接电流的调节方式		远距离有级调节
焊接电压（V）		38～53.4
电极尺寸（mm）	焊丝	$\phi3$
	板极	250（最大宽度）
焊接厚度（mm）	单程对接直焊缝	60～250
	对接焊缝	250～500
	T形接头、角接焊缝	60～250
	环形焊缝	壁厚 450（最大直径为 3000）
	板极对接焊缝	800 以下

续表

<table>
<tr><th colspan="2">形　　式</th><th>导 轨 式</th></tr>
<tr><td colspan="2">焊接速度（m/h）</td><td>0.5～9.6</td></tr>
<tr><td colspan="2">焊丝的输送速度（m/h）</td><td>60～450</td></tr>
<tr><td colspan="2">升降速度（m/h）</td><td>50～80</td></tr>
<tr><td colspan="2">焊丝水平往复的运动速度（m/h）</td><td>21～75</td></tr>
<tr><td colspan="2">焊丝水平往复的运动行程（mm）</td><td>250</td></tr>
<tr><td colspan="2">相邻焊丝间的可调距离（mm）</td><td>150</td></tr>
<tr><td colspan="2">停留在焊丝临界点上的持续时间（s）</td><td>6</td></tr>
<tr><td colspan="2">焊丝盘每只焊丝容量（kg）</td><td>135</td></tr>
<tr><td rowspan="3">弧焊变压器</td><td>型号</td><td>BP1-3×1000</td></tr>
<tr><td>电源电压（V）</td><td>3 相，380</td></tr>
<tr><td>额定容量（kVA）</td><td>160</td></tr>
<tr><td colspan="2">升降电动机的功率（kW）</td><td>0.7 直流</td></tr>
<tr><td rowspan="3">滑块</td><td>冷却方式</td><td>水冷</td></tr>
<tr><td>冷却水耗量（L/min）</td><td>25～30</td></tr>
<tr><td>滑块压力（N）</td><td>400～600</td></tr>
<tr><td rowspan="7">外形长(mm)×宽(mm)×高(mm)</td><td>组成直缝焊</td><td>1360×800×1100</td></tr>
<tr><td>组成角缝焊</td><td>1100×800×1100</td></tr>
<tr><td>组成环缝焊</td><td>1130×800×1100</td></tr>
<tr><td>组成板缝焊</td><td>1505×800×1100</td></tr>
<tr><td>控制箱</td><td>885×568×1400</td></tr>
<tr><td>焊丝盘</td><td>700×400×730</td></tr>
<tr><td>变压器</td><td>1400×846×1768</td></tr>
<tr><td rowspan="3">质量（kg）</td><td>焊机</td><td>650（直缝焊）</td></tr>
<tr><td>控制箱</td><td>260</td></tr>
<tr><td>变压器</td><td>1400</td></tr>
</table>

2. HR-1000 型管状焊条丝极电渣立焊机

管状焊条丝极电渣立焊工艺与熔嘴电渣焊工艺基本相同。该焊机采用一根或多根厚壁无缝钢管作为熔嘴，并在钢管的外表涂上一层药皮。焊接过程中，焊丝不断送入钢管内并引入渣池内，随着焊缝的形成，钢管及涂层不断熔化。这种工艺可焊板厚为20～100mm的焊件，电源由单相降压变压器、晶闸管交流调压电路、调速电路、通风系统等部件组成；机头由减速箱、送丝机构、调整机构、焊丝夹紧装置、焊机固定装置等部件组成。HR-1000型管状焊条丝极电渣立焊机的主要技术数据见表7-7。

表7-7　HR-1000型管状焊条丝极电渣立焊机的主要技术数据

项目		数据
电源电压(V)		单相380
频率(Hz)		50
额定输入电流(A)		197
空载电压(V)		78
额定负载持续率(%)		60
额定焊接电流(A)		单丝1000
工作电压(V)		38～55
管状焊条的直径(mm)		10，12
焊丝直径(mm)		2.4～3.2
送丝速度(m/min)		2～3
送丝盘的最大焊丝容量(kg)		15
机头质量(kg)		17.5(不计焊丝)
机头总量(mm)		1200
外形尺寸 长(mm)×宽(mm)×高(mm)	电源	970×660×1080
	操作盒	110×260×190
质量(kg)	电源	330
	操作盒	3

第三节　电渣焊用焊接材料

一、电极材料

1. 焊丝

常用钢材电渣焊焊丝的选用见表7-8。采用丝级电渣焊工艺焊接碳的质量分数小于 0.18%的低碳钢时，可选用 H08A、H08MnA 焊丝。焊接碳的质量分数为 0.18%～0.45%的碳素钢及低合金钢时，可选用 H08MnMoA 或 H10Mn2A 焊丝。在进行丝极、熔嘴、管极电渣焊时，焊丝的直径通常为 ϕ2.4mm 或 ϕ3.2mm。

表 7-8 常用钢材电渣焊焊丝选用表

品　种	焊件牌号	焊丝牌号
钢板	Q235、Q235B Q235C、Q235R	H08A、H08MnA
	20g、22g、25g、 Q345(16Mn)、Q295 (09Mn2)	H08Mn2Si H10MnSi、H10Mn2 H08MnMoA
	Q390(15MnV、15MnTi、16MnNb)	H08Mn2MoVA
	Q420(15MVN、14MnVTiRe)	H10Mn2MoVA
	14MnMoV 14MnMoVN 15MnMoVN 18MnMoNb	H10Mn2MoVA
铸锻件	15、20、25、35	H10Mn2、H10MnSi
	20MnMoB、20MnVB	H10Mn2、H10MnSi
	20MnSi	H10MnSi

2. 板极

在焊接低碳钢、低合金钢时，通常选用 Q295(09Mn2)钢板作为板极或熔嘴板。熔嘴板厚度一般为 10mm，熔嘴管通常是 20 钢无缝钢管，尺寸为 ϕ10mm×2mm，板极尺寸及熔嘴板宽度应按照焊接接头的形状及焊接工艺的要求确定。

3. 管极

管极电渣焊的电极是管状焊条。它由焊芯和药皮组成，焊芯通常是 10 钢、15 钢或 20 钢冷拔无缝钢管。根据焊接接头的形状及尺寸，可选用 ϕ12mm × 3mm、ϕ12mm × 4mm、14mm × 2mm、ϕ14mm×3mm 等型号的无缝钢管。

二、焊剂

常用的电渣焊焊剂的类型、化学成分和用途见表 7-9。HJ360 是最常用的电渣焊专用焊剂，它比 HJ431 适当提高了 CaF_2 的含量，降低了 SiO_2 的含量，因此可以使熔渣的导电性和电渣过程的稳定性得到改善。HJ170 也属于电渣焊专用焊剂，由于含有大量的 TiO_2，使其在固态下具有电子导电性，又称为导电焊剂。可以利用 HJ170 的电阻热使焊剂加热熔化而完成电渣焊的造渣过程。当渣池建立以后，可根据需要添加其他焊剂。此外，HJ431 也广泛应用于电渣焊。

表 7-9　常用的电渣焊焊剂的类型、化学成分和用途

牌号	类型	化学成分(质量分数)(%)	用途
HJ170	无锰 低硅 高氟	SiO_2 6～9　TiO_2 35～41 CaO 12～22　CaF_2 27～40 NaF 1.5～2.5	固态时有导电性 用于电渣焊开始时形成渣池
HJ360	中锰 高硅 中氟	SiO_2 33～37　CaO_4 4～7 MnO 20～26　MgO 5～9 CaF_2 10～19　Al_2O_3 11～15 FeO≤1.0　S≤0.10 P≤0.10	用于焊接低碳钢和某些低碳合金钢
HJ431	高锰 高硅 低氟	SiO_2 40～44　MnO 34～38 MgO 5～8　CaO≤6 CaF_2 3～7　Al_2O_3≤4 FeO≤1.8　S≤0.06 P≤0.08	用于焊接低碳钢和某些低合金钢板

三、管极涂料

管状焊条的外表是 2～3mm 厚的管极涂料，管极涂料的配方见表 7-10。管状焊条的制造方法可以用机器压涂，也可以采用手工沾制。要求管极涂料与钢管应具有良好的粘合力，焊接过程中钢管受热时药皮不应脱落。此外，为了细化晶粒、提高焊缝金属的力

表 7-10　　管极涂料的配方

<table>
<tr><th rowspan="2">母材</th><th rowspan="2">焊丝</th><th colspan="7">药皮成分(质量分数)(%)</th></tr>
<tr><th>锰矿粉</th><th>滑石粉</th><th>石英粉</th><th>萤石粉</th><th>金红石</th><th>钛白粉</th><th>白云石</th></tr>
<tr><td>Q345
(16Mn)</td><td>H08A</td><td>36</td><td>21</td><td>19</td><td>14</td><td>3</td><td>5</td><td>2</td></tr>
<tr><td>Q390
(15MnV)</td><td>H08MnA</td><td>36</td><td>21</td><td>14</td><td>19</td><td>3</td><td>5</td><td>2</td></tr>
</table>

学性能，在管极涂料中可适当地加入锰、硅、钼、钛、钒等合金元素，加入量可根据焊件的材质及采用的焊丝成分而定，管极涂料中铁合金材料的配比见表 7-11。

表 7-11　　管极涂料中铁合金材料的配比

<table>
<tr><th rowspan="3">铁合金名称</th><th colspan="8">每 1000g 配方中铁合金的加入量(g)</th><th rowspan="3">铁合金的主要用途</th></tr>
<tr><th colspan="3">H08A</th><th colspan="3">H08MnA</th><th colspan="2">H10Mn2</th></tr>
<tr><th>Q345
(16Mn)</th><th>15Mn</th><th>Q235</th><th>Q345
(16Mn)</th><th>Q390
(15MnV)</th><th>Q235</th><th>Q345
(16Mn)</th><th>Q390
(15MnV)</th></tr>
<tr><td>低碳锰铁</td><td>300</td><td>400</td><td>—</td><td>100</td><td>200</td><td>—</td><td>—</td><td>—</td><td rowspan="2">提高强度、脱氧、脱硫、提高冲击韧度</td></tr>
<tr><td>中碳锰铁</td><td>100</td><td>100</td><td>100</td><td>100</td><td>100</td><td>—</td><td>—</td><td>100</td></tr>
<tr><td>硅铁</td><td>155</td><td>155</td><td>155</td><td>155</td><td>155</td><td>155</td><td>155</td><td>155</td><td>脱氧、提高强度</td></tr>
<tr><td>钼铁</td><td>140</td><td>140</td><td>140</td><td>140</td><td>140</td><td>140</td><td>140</td><td>140</td><td>细化晶粒、提高冲击韧度</td></tr>
<tr><td>钛铁</td><td>100</td><td>100</td><td>100</td><td>100</td><td>100</td><td>100</td><td>100</td><td>100</td><td>细化晶粒、提高冲击韧度、脱氧、脱氮、减少硫的偏析</td></tr>
<tr><td>钒铁</td><td>—</td><td>100</td><td>—</td><td>—</td><td>100</td><td>—</td><td>—</td><td>100</td><td>细化晶粒、提高强度</td></tr>
<tr><td>合计</td><td>795</td><td>995</td><td>495</td><td>595</td><td>795</td><td>395</td><td>395</td><td>595</td><td>—</td></tr>
</table>

第四节 电渣焊工程实例

一、立辊轧机机架的熔嘴电渣焊

1. 焊件的结构形式

立辊轧机机架的结构及尺寸如图 7-7 所示，机架材质为 ZG270-500

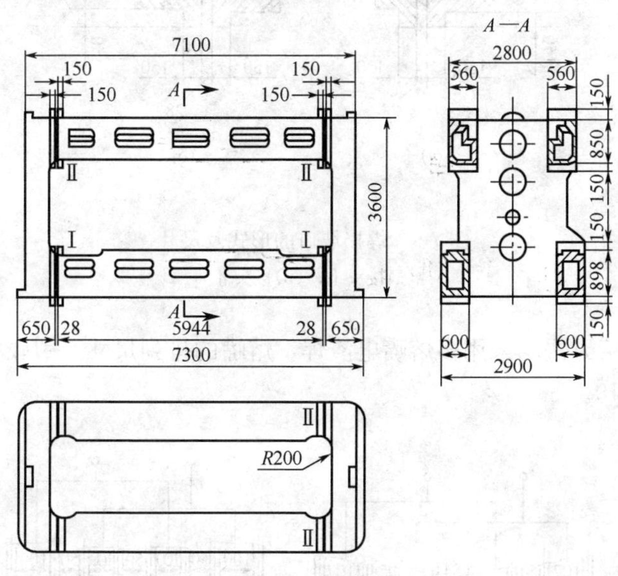

图 7-7 立辊轧机机架

钢，质量为 90t。机架的结构比较复杂，它是由左、右牌坊及前面、后面的上、下横梁组成。机架上、下横梁的分段处为空心截面，在焊接接头部分将横梁的空心断面铸造成矩形截面，以适应电渣焊工艺的要求。

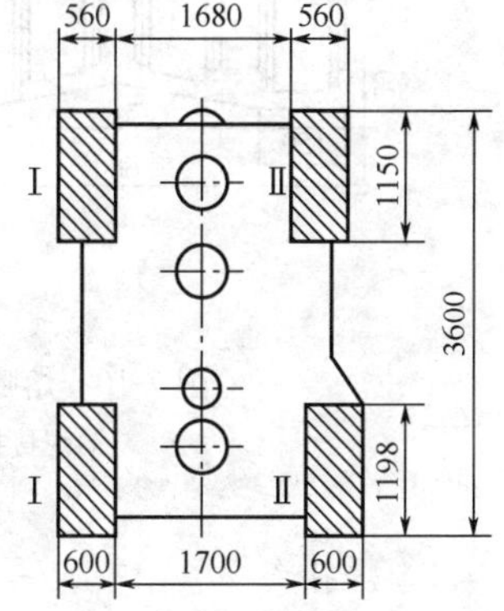

图 7-8 立辊轧机机架的焊接接头

2. 焊接方案

机架的左、右牌坊与 4 个横梁之间有 8 个焊接接头。每个牌坊有 4 个焊接接头，如图 7-8 所示，可以分为两次进行焊接，首先焊接接头Ⅱ，然后翻身再焊接接头Ⅰ。焊接坡口的形式及尺寸如图7-9所示。

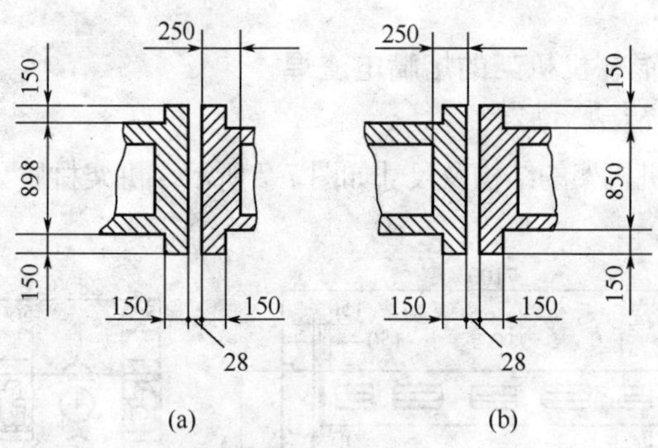

图 7-9　焊接坡口的形式及尺寸

(a)接头Ⅰ；(b)接头Ⅱ

焊接方法均采用多熔嘴电渣焊，熔嘴的排列尺寸及引弧板尺寸见图 7-10。

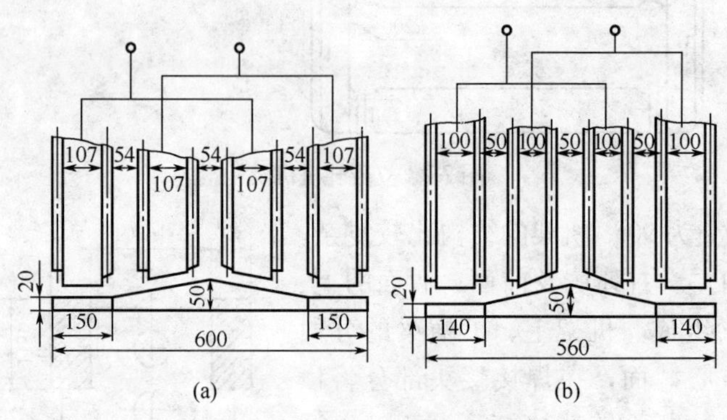

图 7-10　熔嘴的排列尺寸及引弧板尺寸

(a)焊接接头Ⅰ；(b)焊接接头Ⅱ

3. 焊接参数

立辊轧机机架电渣焊的焊接参数见表 7-12。

表 7-12　　立辊轧机机架电渣焊的焊接参数

接头	焊缝位置	焊接断面尺寸宽(mm)×高(mm)	熔嘴数量(块)	熔嘴尺寸厚(mm)×宽(mm)	丝距比(a/b)	电弧电压(V)	送丝速度(m/h)	备　注
Ⅱ	上横梁与牌坊	560×1150	4	10×100	1.83	38～42	72～74	焊接材料 焊丝 ϕ3.2mm H10Mn2 焊剂：HJ431 熔嘴：10Mn2
Ⅰ	下横梁与牌坊	600×1198	4	10×107	1.83	38～42	72～74	

4. 焊后热处理

为了改善焊接接头的组织及性能，立辊机架焊后进行正火及回火处理，其正火-回火热处理条件如图 7-11 所示。

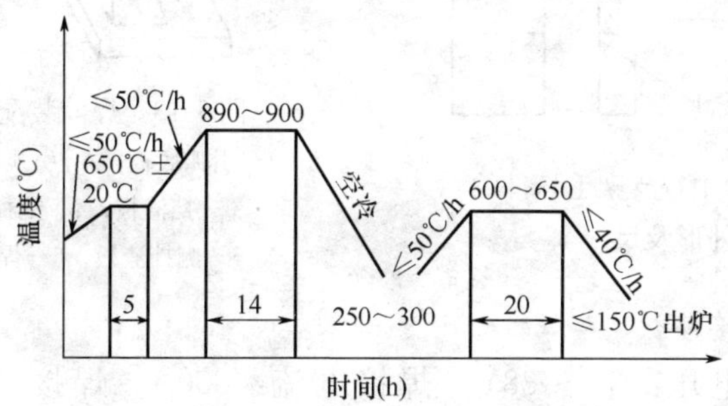

图 7-11　立辊机架正火-回火的热处理条件

二、ϕ250mm 轧机中辊支架的板极电渣焊

1. 焊件的结构形式

中辊支架毛坯件的外形及尺寸如图 7-12 所示，它是锻压-焊接联合结构。根据工艺的可能性及节约原材料的原则，将中辊支架锻制成 5 块，其中件 1 与工件 2 受力不大，使用 45 钢制造；工件 3 承受最大的弯矩，采用 40Cr 钢制造。

中辊支架分为 5 块进行锻造加工，然后用 4 条焊缝焊接成为一体，这种工艺方案既保证了原设计的要求，又节约近50%的40Cr钢。

2. 焊接方案

选用板极电渣焊工艺进行焊接，焊前焊件的装配情况如图7-13所示。板极材料选用40Cr钢，经锻造加工制成10mm×50mm×1500mm的扁钢，焊剂为HJ431。

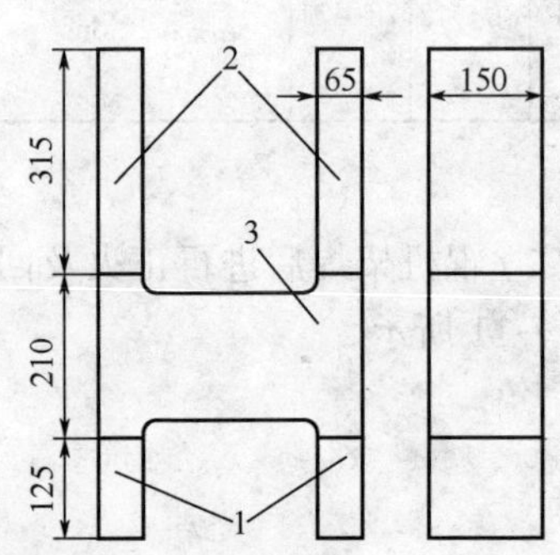

图7-12　中辊支架毛坯件的外形及尺寸

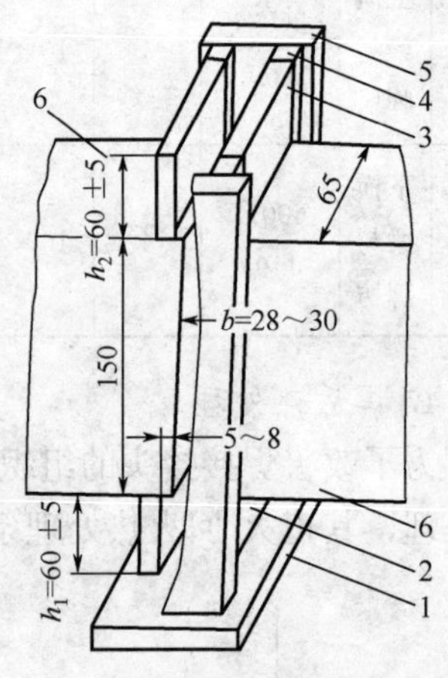

图7-13　焊前装配图

1—引弧底板；2—引弧侧板；3—挡渣板；4—垫板；5—侧挡渣板；6—焊件

3. 焊接参数

电弧电压：36～38V；焊接电流：800A；焊接电流密度：1.6A/mm^2；渣池深度：35mm；装配间隙：28～30mm。

4. 焊后热处理

采用正火处理，焊件在加热炉中，经2.5h使焊件达到800～820℃，保温时间为3h，然后从炉中取出空冷。

第八章

热 喷 涂

第一节 概 述

热喷涂工艺是材料表面加工技术，它是将熔融状态的喷涂材料，通过高速气流使其雾化并喷射在工件表面上，形成喷涂层的一种金属表面加工方法。工件表面的喷涂层使工件具有耐磨、耐蚀、耐热、抗氧化等优良性能。

一、热喷涂的特点

(1)热喷涂工艺的适用范围广。金属及其合金、陶瓷、塑料、复合材料等均可作为涂层。作为接受喷涂的工件材料可以是金属或非金属采用复合粉末制成的特殊涂层，可以把金属或合金与陶瓷或塑料结合起来，以获得优良的综合性能。

(2)热喷涂的涂层厚度可以根据需要在较大的范围内调整。

(3)喷涂工艺灵活。接受喷涂的工件可以是大型结构，也可以是小型的零件；既可以在整体表面上喷涂，也可以在局部区域喷涂；可以在真空或保护气氛中喷涂活性材料，或在野外、施工现场喷涂，均能获得理想的喷涂层。

(4)生产率高。多数喷涂工艺的生产率≤10kg/h；某些工艺可高达 50kg/h。

(5)母材受热程度较低。热喷涂是一种冷工艺，母材受热较小，并且可以控制，因此，热喷涂过程不改变母材的金属组织，避免了由于受热而产生的工件变形及其他损伤。

(6)技术经济性好。大多数的热喷涂工艺设备简单、操作灵活、成本低，具有良好的经济效益。

表 8-1　　各种热喷涂方法及其技术特性

分类	火焰式				爆炸喷涂	电弧喷涂	线爆喷涂	等离子弧喷涂
	线材喷涂	棒材喷涂	粉末喷涂	粉末喷熔				
工作气体	氧气和燃料气体(如乙炔、氢气)				氧气和乙炔	—	—	氩、氮、氢
热源	燃烧火焰				爆炸燃烧火焰	电弧	电容放电能量流	等离子焰
喷涂颗粒加速力源	压缩空气等		燃烧火焰		热压力波	压缩空气	放电爆炸波	焰流
喷涂粒子的飞行速度(m/s)	50～100		30～90		700～800	50～100	400～600	300～350
喷涂材料 形状	线材	棒材	粉末		粉末	线材	线材	粉末
喷涂材料 种类	Al、Zn、Cu、Mo、Ni、NiCr合金、碳素钢、不锈钢、黄铜和青铜等	Al_2O_3、Cr_2O_3、ZrO_2、$ZrSiO_4$和锆酸镁等陶瓷棒料	Ni基、Co基和Fe基自熔合金，Cu基合金，镍包铝，Al_2O_3等	自熔合金或在自熔合金中加部分陶瓷材料	Al_2O_3和Cr_2O_3等陶瓷材料，Ni-Cr+Cr_3C_2、Co-WC等复合材料	Al、Zn碳素钢、不锈钢、铝青铜	Mo、Ti、Ta、W、碳素钢、超硬质合金等	Ni、Mo、Ta、W、Al自熔合金，Al_2O_3、ZrO_2等陶瓷材料，Ni-Al、Co-WC等复合金属、材料
喷涂量(kg/h)	2.5～3.0(金属)	0.5～1.0	1.5～2.5(陶瓷) 3.5～10.0(金属)	3.5～10	—	9～35	—	3.5～10.0(金属) 6.0～7.5(陶瓷)
母材的受热温度(℃)	250 以下			约 1050	250 以下			
结合强度(MPa)	>9.8	—	>6.9	—	16.7	>9.8	>19.6	>14.7
气孔率(%)	5～20	—	5～20	0	<3	5～15	0.1～1.0	3～15

二、热喷涂工艺的分类及特性

根据热喷涂的热源及喷涂材料的种类和形式，热喷涂工艺可以分为：火焰线材喷涂(包括火焰棒材喷涂)、火焰粉末喷涂、火焰爆炸喷涂、电弧喷涂、等离子弧喷涂、脉冲放电线材爆炸喷涂(简称线爆喷涂)等。此外，还有超音速火焰喷涂、低压等离子弧喷涂及火焰喷熔等。各种热喷涂方法及其技术特性见表 8-1。

喷熔工艺就是将喷涂层重新加热至熔融状态，在工件不熔化的情况下，使喷涂层内部发生相互溶解与扩散，从而获得无孔隙、结合良好的熔敷层。

三、喷涂层的结合形式

喷涂过程中，被加热到熔融状态的喷涂材料粒子在喷射到工件表面上以后，因为与工件表面发生撞击而产生变形、互相镶嵌，这些粒子迅速冷却、凝固。这些大量的变形粒子依次互相堆叠，便形成了叠层状结构的喷涂层组织。喷涂材料粒子的撞击以及冷却时的收缩，便造成了喷涂层的内应力。喷涂材料与周围空气相互作用而被氧化或氮化，所以涂层中含有氧化物及氮化物。喷涂粒子的堆叠方式，便形成了涂层中各种封闭的、穿透的或表面的孔隙。

喷涂层与工件表面的结合方式主要是由于相互镶嵌而形成的机械结合。当高温高速的金属喷涂粒子与洁净的金属工件表面紧密接触，其距离达到晶格常数的范围以内时，便会产生金属键结合方式。喷涂放热型复合材料时，在喷涂层与工件表面之间的界面上，有可能在微观局部范围内形成“微焊接”结合方式。

第二节　喷　涂　材　料

一、热喷涂材料的分类

热喷涂(喷焊)材料有线材和粉末两大类，粉末材料比线材应用广泛。

线材包括锌及锌合金、铝及铝合金、锡及锡合金、铅及铅合金、铜及铜合金、镍及镍合金、碳钢、低合金钢、不锈钢及复合线材等。线材喷涂应用得最早，主要是线材气喷和电喷涂。它们要求将喷涂材料制成线材，由于某些喷涂材料的塑性差，不易拉制成线材，而且线材喷涂层与工件之间的结合，是由镶嵌作用造成的机械结合和氧化物的粘合，所以涂层与工件的结合强度较低，因此其应用受到了限制。线材喷涂主要用于各种钢铁设施的防腐喷涂，以及各种机件的耐磨损部位的喷涂保护及修复。

粉末材料包括陶瓷材料及复合材料粉末、喷涂合金粉末和喷熔合金粉末等，本部分重点介绍粉末材料。

二、热喷涂用合金粉末

1. 陶瓷材料及复合材料粉末

陶瓷属高温无机材料，是金属氧化物、碳化物、硼化物、氮化物、硅化物的总称，其熔点高、硬度高、但脆性大，经适当的制备和采用质变喷涂的方法，可以获得良好的涂层。

氧化物陶瓷粉末的涂层与其他耐热材料的涂层相比，绝缘性能好，导热系数低，高温强度高，特别适合作热屏蔽和电绝缘涂层。

碳化物包括碳化钨、碳化铬、碳化硅等，很少单独作为喷涂材料使用，往往采用钴包碳化钨或镍包碳化钨，以防喷涂时产生严重失碳现象。为了获得质量良好的涂层，必须严格控制喷涂的工艺参数，或在含碳的保护气氛中喷涂。碳化钨是一种超硬的耐磨材料，但碳化钨涂层的组织结构及性能很难达到烧结的碳化钨硬质合金那样的水平。碳化铬、碳化硅也可用作耐磨或耐热涂层。

复合粉末由两种或更多种金属、陶瓷、塑料、非金属矿物的固相粉末混合而成。复合粉末的特点是：采用不同的制备方法，能获得金属或合金与非金属陶瓷制成的复合粉末，具有其他加工方法难以达到的优良综合性能；在储运和使用过程中，复合粉末不会出现成分偏析，克服了混合粉末因成分偏析造成的涂层质量不均匀等缺陷；芯核粉末受到包覆粉末的保护，在热喷涂过程中能减少或避免元素氧化烧损或失碳等；能制成放热型的复合粉，使涂层与工件之间除机械结合外，还存在冶金结合，提高了涂层的结合强度；复合粉末的生产工艺简单，组合和配比容易调整，性能容易控制。国产复合粉末的成分及性能见表8-2。

表 8-2 国产复合粉末的成分及性能

名　称	成分(%)	性能及用途
镍包铝	Ni-Al(80/20 或 90/10)	放热型自粘结材料，涂层致密，抗高温氧化，抗多种自熔合金熔体和玻璃的侵蚀
铝包镍	Al-Ni(5/95)	
镍包石墨	Ni-C(75/25 或 80/20)	良好的减磨、自润滑、可磨、密封涂层，用于 500℃以下
镍包硅藻土	NiD. e. (75/25)	良好的减磨、自润滑、可磨、密封涂层，用于 800℃以下
镍包二硫化钼	Ni-MoS_2(80/20)	有良好的减磨性能，用作无油润滑涂层
镍包氟化钙	Ni-CaF_2(75/25)	有良好的减磨性能，用于 500℃以下
镍包氧化铝	Ni-Al_2O_3(80/20，50/50，30/70)	高硬度、高耐磨性、抗腐蚀涂层，随着 Al_2O_3 含量的增加，涂层韧性降低
镍包铬	Ni-Cr(20～25/80～75)	耐磨，抗腐蚀，耐高温
镍包碳化钨	Ni-WC(20/80)	高硬度，耐磨，耐蚀，用于 500℃以下
钴包碳化钨	Co-WC(12/88，17/83)	高硬度，高耐磨性，耐热，耐蚀，用于 700℃以下
镍包复合碳化物	Ni-$WTiC_2$(85/15)	高硬度，高耐磨性
镍包碳化铬	Ni-Cr_3C_2(20/80)	高硬度，高耐磨性，耐蚀，抗高温氧化
镍铬包碳化铬	NiCr-Cr_3C_2(25/75)	高硬度，高耐磨性，耐蚀，抗高温氧化，耐高温
镍基自熔合金包碳化钨	0.6C，14Cr，3B，3Si，≤9Fe，余 Ni+20%WC	耐蚀，抗严重磨损，用于 600℃以下
镍基自熔合金包碳化钨	0.5C，9Cr～12Cr，2.5B～3.5B，2Si～4Si，≤9Fe，余 Ni+35%WC	耐蚀，抗严重磨损，用于 600℃以下

续表

名　　称	成分(%)	性能及用途
镍基自熔合金包碳化钨	0.3C，8Cr～9Cr，1B，2Si，≤9Fe，余 Ni+50%WC	耐蚀，抗严重磨损，用于600℃以下
钴基自熔合金包碳化钨	0.4C，16Ni，17Cr～18Cr，2.5B，3.0Si，≤5Fe，5Mo，0.4W，余 Co+20%WC	耐热，耐腐蚀，抗氧化，抗严重磨损，用于700℃以下
钴基自熔合金包碳化钨	0.3C，13Ni，14Cr，2B，2.5Si，4Mo，3W，≤3Fe，余Co+35%WC	
钴基自熔合金包碳化钨	0.2C，10Ni，11Cr，1.5B，1.5Si，3Mo，2.5W，≤3Fe，余 Co+50%WC	耐热，耐腐蚀，抗氧化，抗严重磨损，用于700℃以下
铁基自熔合金包碳化钨	0.5C，6Ni，13Cr，3B，3Si，余 Fe+20%WC	用于400℃以下，一般耐蚀，抗严重磨损
铁基自熔合金包碳化钨	0.4C，5Ni，10Cr，2.5B，2.5Si，余 Fe+35%WC	
铁基自熔合金包碳化钨	0.3C，4Ni，8Cr，1.5B，2Si，余 Fe+50%WC	
镍包金刚石	Ni-金刚石	高强度，高耐磨性，耐冲刷
钴包氧化锆	Co-ZrO_2	耐热，耐磨，耐腐蚀，抗氧化
镍包铜	Ni-Cu(70/30，30/70)	耐磨，耐腐蚀
镍包铬	Ni-Cr(80/20，60/40)	耐热，耐蚀，抗氧化，耐磨
镍包聚四氟乙烯	Ni-PTFe(70/30)	耐腐蚀，减磨、自润滑涂层
铝-聚苯酯		摩擦系数极低，用于300℃以下

2. 喷涂合金粉末

喷涂合金粉末又称冷喷合金粉末，不需或不能进行重熔处理，按其用途可分为打底层粉末和工作层粉末，打底层粉末用以增加涂层与工件的结合强度，工作层粉末保证涂层具有所要求的使用性能。放热型自粘结复合粉末是最常用的打底层粉末，见表8-3。国产喷涂合金粉末主要有镍基、铁基和铜基三类，见表8-4。

表 8-3 放热型自粘结复合粉末的涂层性能

名 称	化学符号	成分(%)	金属间化合物	涂层性能
镍包铝	Ni-Al	83/17	Ni_3Al，NiAl	自粘结，涂层致密，抗高温氧化，耐高温，抗多种金属熔体和玻璃侵蚀
铝包镍	Al-Ni	5/95	Ni_3Al	
镍铬包铝	NiCr-Al	94/6	含 Cr 的 Ni_3Al	
钼包硅	Mo-Si	61～65/39～35	$MoSi_2$	涂层致密，高温下具有优异的抗氧化能力
硅包钼	Si-Mo	61～65/39～35	$MoSiO_2$	
硅包铬	Si-Cr	15～52/85～48	$CrSi_2$	
铬包硅	Cr-Si	85/15	$CrSi_2$	
铬包锆	Cr-Zr	53/47	锆化铬	
钛包铬	Ti-Cr	65/35	钛化铬	
铝包镧	Al-La	25～30/75～70	铝镧化合物	熔点很高，涂层致密，具有优异的抗高温氧化能力
铝包铬	Al-Cr	38～40/62～60	铬铝化合物	
铬包铝	Cr-Al		铬铝化合物	

表 8-4 国产喷涂合金粉末的成分及性能

种类	牌号	主要成分(%)	硬度(HB)	特性及用途
镍基	Ni100	Ni-23Cr-1. 2Si	100	耐热，耐高温氧化，用作绝热涂层
	粉 111	Ni-15Cr-7Fe	(HV) 150	易切削，用于轴承
	Ni180	Ni-14Cr-7Fe-0. 8Si-0. 3Al	180	加工性好，耐摩擦磨损，用于轴承面、轴类
	粉 112	Ni-15Cr-7Fe-3Al	(HV) 200	涂层致密，用于泵、轴
	Ni222	Ni-14Cr-7Fe-0. 8Si-5Al	222	耐蚀性好，用于印刷辊、电枢轴
	粉 113	Ni-10Cr-1. 5B-3Si	(HV) 250	耐磨性较好，用于活塞
	Ni320	Ni-14Cr-7Fe-1. 5B-3Si-1. 5Al	320	高硬度，耐磨，用于机床轴、电枢轴、曲轴、轧辊辊颈
	粉 115	Ni-35WC	(HV) 400	耐磨性好

续表

种类	牌号	主要成分(%)	硬度(HB)	特性及用途
铁基	Fe250	Fe-17Cr-1.5B-2.0Si-10Ni	250	韧性、加工性好，用于汽轮机机箱密封面、轴承面
	粉 313	Fe-15Cr-1.5B	(HV) 250	耐磨性较好
	粉 314	Fe-18Cr-9Ni-1.5B	(HV) 250	
	Fe280	Fe-13Cr-B-2.5Si-37Ni	280	硬度高，耐磨，抗压性好，用于各种耐磨件
	Fe300	Fe-13Cr-2B-3Si-37Ni-4.5Mo	300	
	Fe320	Fe-15Cr-2.0B-1.5Si	320	
	粉 316	Fe-2C-15Cr-1.5B	(HV) 400	耐磨性好，用于滚筒
	Fe500	Fe-15Cr-3B-4.5Si-12Ni	500	硬度高，耐磨，抗压性好，用于各种耐磨件
铜基	粉 412	Cu-10Sn-0.3P	(HV) 80	易切削，用于轴承
	粉 411	Cu-10Al-5Ni	(HV) 150	
	Cu150	Cu0.4P-8Sn	150	摩擦系数小，易加工，用于压力缸体、机床导轨及铝、铜件
	Cu180	Cu-5Ni-10Al	180	
	Cu200	Cu-0.4P-8Sn	200	
打底层粉末	粉 511	Ni-20Al	—	有自粘结作用，用于打底层
	粉 512	Ni-8.0Al-2.0Si	—	

3. 喷熔合金粉末

喷熔合金粉末又称自熔合金粉末，因合金中加入了硼、硅等元素，合金自身具有熔剂作用。经喷熔处理（或重熔处理）的涂层是光滑、稀释率极低、结合强度高、致密、无气孔和夹渣的熔敷涂层。喷熔合金粉末主要有镍基、钴基和铁基三类（见表 8-5）。

表 8-5　　国产喷熔合金粉末成分及性能

种类	牌　号	主要成分(%)	硬度(HB)	特性及用途
镍基	Ni06 Ni06H	Ni-2.5Si-1.5B-2.5Fe	20	耐热，耐蚀，用于修复600℃条件下工作的玻璃模具
	粉 103 铁	Ni-10Cr-1.5B-3Si	25	易加工，用于玻璃模具、铸铁
	Ni25	Ni-1.5B-3.5Si-6Fe		
	F103	Ni-10Cr-1.5B-3.5Si-5Fe	20～30	用于飞机发动机排气阀的等离子或火焰喷涂
	Ni31	Ni-36Cr-0.2B-2Si-5Fe	25～30	
	粉 106 铁	Ni-10Cr-2B-3Si	35	易加工，用于修复气门、齿轮、模具、汽轮机叶片
	Ni01 Ni01H	Ni-10Cr-2B-2.5Si-5Fe	30～35	
	Ni35	Ni-10Cr-2.5B-3.5Si	35	可加工，耐蚀，用于喷涂模具、齿轮面、轴类、气门及阀门
	粉 101 粉 121	Ni-10Cr-2.5B-3Si	45	
	粉 101 铁 粉 121 铁	Ni-10Cr-2.5B-3Si-10Fe	45	
	Ni45	Ni-16Cr-3B-3.5Si-15Fe-10Co	45	高温耐磨，用于内燃机排气阀的密封面
	Ni21 Ni21H	Ni-26Cr-2.5B-3.5Si-5Fe	40～45	
	F101	Ni-10Cr-2.1B-3.5Si-5Fe	35～45	用于模具、链轮、凸轮、排气阀密封面的等离子或火焰喷涂
	Ni55	Ni-17Cr-3.5B-4Si-3Cu-15Fe-3Mo	55	
	Ni02 Ni02H	Ni-15Cr-3.5B-4Si-5Fe	48～58	喷涂内燃机的活塞环、阀门、柱塞及其他金属间的磨损
	Ni02B Ni02BH	Ni-15Cr-3.5B-Si-10Fe		

续表

种类	牌　号	主要成分(%)	硬度(HB)	特性及用途
镍基	F102	Ni-16Cr-4B-4.5Si-5Fe	≥55	用于高磨粒磨损零件的等离子或火焰喷涂
	Ni03 Ni03H	Ni-18Cr-4B-4.5Si-5Fe	≥58	
	Ni03B Ni03BH	Ni-18Cr-4B-4.2Si-15Fe	≥58	用于修复高磨粒磨损零件、风机叶片、密封环、密封面
	Ni07 Ni07H	Ni-28Cr-4B-4.2Si-5Fe	≥58	
	Ni04B Ni04BH	Ni-15Cr-4B-4Si-3Mo-10Fe	50～58	用于金属间磨损件和有 Cl^- 腐蚀的零件，耐酸泵的各种轴和密封环，装甲车的磨损件
	Ni04 Ni04H	Ni-15Cr-4B-4Si-3.5Mo-5Fe	54～60	
	Ni60	Ni-17Cr-3.5B-4Si	60	用于模具、链轮、凸轮、排气阀的密封面、拉丝辊筒
	粉 102 粉 122	Ni-16Cr-4B-4Si	60	耐磨，用于模具、轴类
	粉 102 铁 粉 122 铁	Ni-16Cr-4B-4Si-15Fe	60	
	粉 104	Ni-16Cr-4B-4Si-3Mo-3Cu	60	耐磨性好，用于轴类、密封环
	Ni80 Ni80H	Ni-20Cr-1.5Si	(HB) 100	耐热，用于航空发动机
钴基	Co03 Co03H	Co-2.5Ni-29Cr-6W-0.8Si-0.5Nb-5Fe	30～38	用于修复热锻模、热冲模
	Co01 Co01H	Co-29Cr-5W-1.3Si-5Fe	38～45	用于修复高温高压阀门及密封面
	粉 203 粉 223	Co-21Cr-5W-1.5B	40	耐热、耐蚀、用于阀门

续表

种类	牌 号	主要成分(%)	硬度(HB)	特性及用途
钴基	Co42	Co-19Cr-7.5W-1.2B-3Si-15Ni-6Fe	42	用于高温排气阀的等离子或火焰喷涂
	F203	Co-21Cr-5W-1.8B-2Si-5Fe	42～47	
	F201	Co-26Cr-5W-0.8B-2Si-5Fe	40～45	用于内燃机的进排气阀、排风机叶片的等离子喷涂
	Co04 Co04H	Co-27Cr-11W-0.8B-0.7Si-余量 Fe	≥45	
	Co02 Co02H	Co-29Cr-5W-0.8B-1.3Si-5Fe	40～48	用于喷涂高温高压阀门、内燃机进排气阀的密封面、高压泵柱塞、切纸机刀片
	Co05 Co05H	Co-27Ni-20Cr-5Mo-3B-4Si-5Fe	47～52	
	Co50	Co-19Cr-6Mo-27Ni-3B-4Si-5Fe	50	耐热，抗氧化，用于阀门、高温模具、汽轮机叶片
	粉 202 粉 222	Co-21Cr-8W-2B	50	
	粉 202 铁 粉 222 铁	Co-21Cr-8W-2B-10Fe	50	耐热，抗氧化，用于阀门
	F202	Co-21Cr-5W-2.2B-2Si-5Fe	48～55	用于各种零件的等离子及火焰喷涂
	F204	Co-21Cr-5W-2B-2Si-5Fe	≥55	
	粉 204 粉 224	Co-21Cr-5W-3B	60	耐热，耐磨，耐蚀
铁基	粉 303	Fe-5Cr-1.5B-3Si-30Ni	25	易加工，用于齿轮、铸件
	硅铁粉		28	抗疲劳性好，用于钢轨
	Fe30	Fe-13Cr-2B-3Si-29Ni	30	耐磨，韧性好，用于钢轨、球墨铸铁阀门的堆焊
	Fe01	Fe-19Cr-2.1B-3Si-22Ni	30～35	

续表

种类	牌　号	主要成分(%)	硬度(HB)	特性及用途
铁基	Fe03	Fe-17Cr-2B-2.8Si-23Ni	32～35	用于装甲车磨损件的等离子及火焰喷涂
	F312	Fe-18Cr-2.3B-3Si-11Ni	35～40	
	Fe57A	Fe-20Cr-1.7B-4Si-12Ni-4Mo-0.9W-0.9V-0.9Nb	36～40	用于闸板阀、截止阀等的堆焊
	Fe57B	Fe-20Cr-1.7B-4Si-12Ni-4Mo-0.9W-0.9V		
	粉 321	Fe-13Cr	40	耐磨，用于阀门
	粉 322	Fe-23Cr-13Ni-B-5Si		耐热，耐磨，用于阀门
	Fe04	Fe-15Cr-2.2B-3.2Si-23Ni	36～42	用于修复内燃机的进排气阀、闸板阀、截止阀密封面
	Fe15	Fe-20Cr-2.0B-3.2Si-23Ni-4.0Mo		
	粉 301	Fe-5Cr-3B-4Si-30Ni	45	可加工，用于轴类的等离子及火焰喷涂
	F311	Fe-18Cr-2.3B-3Si-8Ni-1.2Mn-0.7Mo-0.5V	41～46	
	F301	Fe-5Cr-4B-4Si-30Ni	≥45	耐磨，用于轴类、机床导轨的火焰喷涂
	Fe45	Fe-17Cr-3.5B-3.5Si-7Ni	45～50	
	Fe50	Fe-13Cr-4B-4Si-20Ni-4W	50	耐磨，难切削，用于喷涂石油钻杆、工程机械、矿山机械、装甲车磨损件
	Fe07	Fe-17Cr-3.2B-3.5Si-8Ni	51～58	
	Fe14	Fe-30Cr-2B-2Si-5Ni-3.5Mo	≥58	用于修复犁铧、石油钻杆接头、矿山机械
	Fe60	Fe-16Cr-3.5B-3Si-11Ni	50～60	耐磨粒磨损，用于喷涂石油钻杆接头

续表

种类	牌 号	主要成分(%)	硬度(HB)	特性及用途
铁基	Fe11	Fe-13Cr-3.5B-4.2Si-22Ni-10W	53～60	用于修复矿山机械、石油钻杆接头
	粉302	Fe-5Cr-4B-4Si-30Ni	55	耐磨，用于轴类、密封环
	粉323	Fe-3C-27Cr-4Ni-B	55	耐磨，用于冶金、矿山机械
	Fe55	Fe-1.2C-15Cr-3B-4.5Si-12Ni-5Mo	55	耐磨粒，冲刷磨损，用于风机叶片、螺旋输送器
	F314	Fe-2.5C-30Cr-3B-3.5Si	≥58	耐磨，用于冶金、矿山机械的等离子喷涂
	粉325	Fe-4C-27Cr-B	60	
	Fe12	Fe-3.8C-7Cr-16B-Si-4Ni-5Mo-1.2V	≥62	用于喷涂犁铧、矿山机械、挖泥船用铰刀、煤粉机的打击板
	Fe81 Fe81H	Fe-4.7C-47Cr-2.1B-Si	63～68	用于喷涂石油钻杆接头、煤矿机械、农业机械
碳化钨型	Fe65	Fe-4.5C-50Cr-2B-1.5Si	60～65	用于喷涂矿山机械、石油钻杆接头、破碎机
	粉305	粉302+25%WC	55	耐磨，用于犁、耙、铲
	粉105铁	粉102铁+35%WC	60	耐磨，用于风机叶片
	粉125铁	粉122铁+35%WC		
	粉105	粉102+50%WC	60	
	粉108	粉102+80%WC		
	NiWC25	Ni60+25%WC	基体 60WC70	用于风机叶片、螺旋输入器
	NiWC35	Ni60+35%WC		
	CoWC35	Co50+35%WC	基体 50WC70	用于风机叶片、螺旋输入器及炼油催媒装置
铜基	粉422	Cu-10Sn-0.3P	(HB) 80	耐金属间的磨损，用于轴承

第三节 热喷涂的喷涂方法

一、电弧线材喷涂

1. 原理

线状的金属或合金丝作为两个消耗电极，由电机通过变速驱动，在喷枪口相交，由短路产生电弧，端部开始熔化，借助压缩空气雾化成微粒，高速喷向清洁而且粗糙的工件表面后，形成涂层。

2. 特点

表 8-6 列出了不同材料采用电弧喷涂与气体火焰喷涂的涂层性能比较。可以看出，电弧喷涂有以下特点。

(1) 涂层与母材结合强度高。

(2) 涂层剪切强度高。

(3) 熔敷能力大。

(4) 采用两根不同成分的金属丝，可获得假合金涂层。

表 8-6　电弧喷涂与气体火焰喷涂的比较（母材为软钢）

喷涂材料	喷涂法	结合强度(MPa)	剪切强度(MPa)	喷涂能力(kg/h)	耐磨试验的磨损量(μm)	
					摩擦副(0.1%C)	摩擦副(HRC60)
Cr13 钢	电弧法 火焰法	31.36 20.97	225.4 196.0	15 5	25 44	76 24
含碳 0.1%的碳钢	电弧法 火焰法	39.89 16.07		14 5	50 370	450 300
18-8 型钢	电弧法 火焰法	31.36 17.35	274.4 205.8	15 5	355 264	362 525
铝青铜	电弧法 火焰法	25.48	156.8 147.0	16 7	840 645	500 778
铝青铜和 Cr13 假合金	电弧法	24.7	176.4	15		
Al	电弧法 火焰法	18.62 9.31		8 5		
Zn	电弧法 火焰法	7.84 7.84		34 14		

3. 应用范围

一般采用不锈钢丝、高碳钢丝、合金工具钢丝、铝丝、锌丝等作为喷涂材料，广泛应用于轴类零件的修复，以及钢结构防护涂层的喷涂等。

4. 喷涂工艺

喷涂工艺包括被喷工件表面的制备、喷涂、涂层后处理等。

(1) 工件表面的制备。为了提高涂层与基体间的结合强度，要使工件表面洁净(无油、锈等污物)、粗糙。因此，应对工件表面进行预清洁以去除油、锈等污物；对工件表面进行预加工以去除表面的各种损伤(如疲劳层、腐蚀层、电镀层、原喷涂层等)；对工件表面进行粗化处理以增加涂层与工件之间的接触面积，使工件表面活化，提高涂层的结合强度，改善涂层残余应力的分布，粗化方法有喷砂、机械加工、拉毛等。

(2) 喷涂。电弧喷涂工艺参数有线材直径、电弧电压、电弧电流、送丝速度、压缩空气压力和流量、喷涂距离等。钢、锌电弧喷涂的工艺参数见表 8-7。

表 8-7　　钢、锌电弧喷涂的工艺参数(喷枪 SCDP-3)

喷涂材料	线材直径(mm)	电弧电压(V)	电弧电流(A)	送丝速度(kg/h)
钢	$\phi1.6$	35	185	8.5
锌	$\phi2$	35	85	13

(3) 涂层后处理：包括涂层机械加工和涂层封闭处理。大多数涂层由于有孔隙存在，会降低涂层的抗腐蚀性能和绝缘性能，所以必须封闭。通常用石蜡作密封剂，也可以用酚醛树脂或环氧树脂进行封闭处理。

5. 喷涂设备

喷涂设备包括直流电源、喷涂枪、空气压缩机及空气过滤器等，关键设备是喷涂枪。喷涂枪的主要技术数据见表 8-8。

二、气体火焰喷涂

1. 气体火焰线材喷涂

(1) 原理。采用线材或棒材喷涂材料送入氧-乙炔火焰区，线端被加热熔化，借助压缩空气将熔化的喷涂材料雾化成微粒，喷向清洁而粗糙的工件表面，形成涂层。喷涂材料可以是金属线材，也可以是陶瓷棒材。

表 8-8　　电弧线喷涂枪的技术数据

型　号	SCDP-3 型	D5-100 型	D4-400 型	
			固定式	手提式
线材直径(mm)	ϕ1.6～ϕ1.8	ϕ1～ϕ1.3	ϕ3	ϕ2、ϕ2.3
电弧电压(V)	30～50	28～30	36～45	36～45
电弧电流(A)	100～130	50～100	250～350	250
压缩空气的使用压力(MPa)	0.4～0.6	0.5～0.7	0.6～0.7	0.6～0.7
空气的消耗量(m^3/min)	0.8～1.4	1.5	4～5	4～5
喷射角(°)	≤10	≤10	≤10	≤10
颗粒直径(μm)	≤60	≤60	≤60	≤60
喷射生产率(kg/h)	5.5(钢丝)		10(Al 丝)、30(Zn 丝)	7(Al 丝)、20(Zn 丝)

(2)特点及应用范围。气体火焰喷涂应该采用手提操作，灵活方便、设备简单、成本低，广泛采用曲轴、柱塞、轴颈、机床导轨、桥梁、闸门、钢结构件的防护，以及轴瓦、退火包等喷钢、喷铝、喷锌、喷锡和喷氧化铝等。

(3)喷涂工艺及设备。喷涂工艺过程包括工件表面的制备、喷涂、涂层后处理等。工件表面制备和涂层后处理的要求与电弧喷涂相同，喷涂工艺参数见表 8-9。喷涂设备包括喷涂枪、氧-乙炔供给系统、空气压缩机及过滤器等，关键设备是喷涂枪。表 8-10 列出了 SQP-1 型线材喷涂枪的技术数据。

表 8-9　　SQP-1 型气喷枪线材喷涂的工艺参数

工艺参数	喷　涂　材　料	
	喷　锌	喷　铝
压缩空气压力(MPa)	0.5～0.6	0.5～0.6
乙炔压力(MPa)	0.06～0.08	0.06～0.08
氧气压力(MPa)	0.4～0.5	0.4～0.5
送丝速度(r/min)	35～40	25～30
喷涂距离(mm)	120～150	120～150
喷层厚度(mm)	0.2	0.3

表 8-10 SQP-1 型射吸式气体线材喷涂枪的技术数据

操作方式	手持固定两用
动力源	压缩空气吹动气轮
调速方式	离合器
使用热源	氧-乙炔火焰
质量(kg)	≤1.9
外形尺寸(mm)	90×180×215
气体表压力(MPa)	氧 0.4～0.5 乙炔 0.04～0.07 压缩空气 1～1.2
气体消耗量(m^3/h)	氧 1.8 乙炔 0.66 压缩空气 1～1.2
线材直径(mm)	ϕ2.3(中速)、ϕ3.0(高速)
火花束角度(°)	≤4
喷涂生产率(kg/h)	0.4(ϕ2.2Al_2O_3) 2.0(ϕ3.0 低碳钢) 0.8(ϕ2.3 铝) 2.65(ϕ3.0 铝) 1.6(ϕ2.3 高碳钢) 4.3(ϕ3.0 铜) 1.8(ϕ2.3 不锈钢) 8.2(ϕ3.0 锌)

2. 气体火焰粉末喷涂

(1)原理。以氧-乙炔焰为热源，喷涂粉末借助高速气流吸引到火焰区，加热到熔融或高塑性状态，喷射到清洁而粗糙的工作表面，形成涂层。一般是先喷打底层粉末，再在打底层上喷涂工作层粉末。

(2)特点及应用范围。该法设备简单，投资少，操作容易，工件受热温度低，变形小。适用于保护或修复已经精加工的或不允许变形的机械零件，如轴类、轴瓦、轴套等。

(3)喷涂工艺。喷涂工艺包括工件表面的制备、喷涂打底层粉末、喷涂工作层粉末、涂层后处理等。工件表面的制备和涂层后处理与电弧喷涂相同。

打底层一般喷涂铝包镍复合粉末，喷涂火焰为中性焰，喷涂距离一般为 150～200mm。喷涂前工件用中性焰或微碳化焰预热至

100～120℃，打底层粉末较贵，且此层主要起结合作用，所以不必喷得太厚，一般为0.1～0.5mm。

工作层粉末喷涂时，火焰一般为中性焰或微碳化焰，在喷涂铜基合金粉末时，需用氧化焰。喷涂距离一般为180～200mm，喷涂工作层粉末所需火焰的功率要大，出粉量要适当，以粉末加热到白亮色为宜。当工件较小或喷涂层厚度较大时，可采用间断多次喷涂的方法，以防工件温度过高。

(4)喷涂设备。喷涂设备包括喷枪、氧-乙炔供给系统及辅助设备转台、电炉、干燥箱等。喷枪[见图8-1(a)]是喷涂的主要工具，

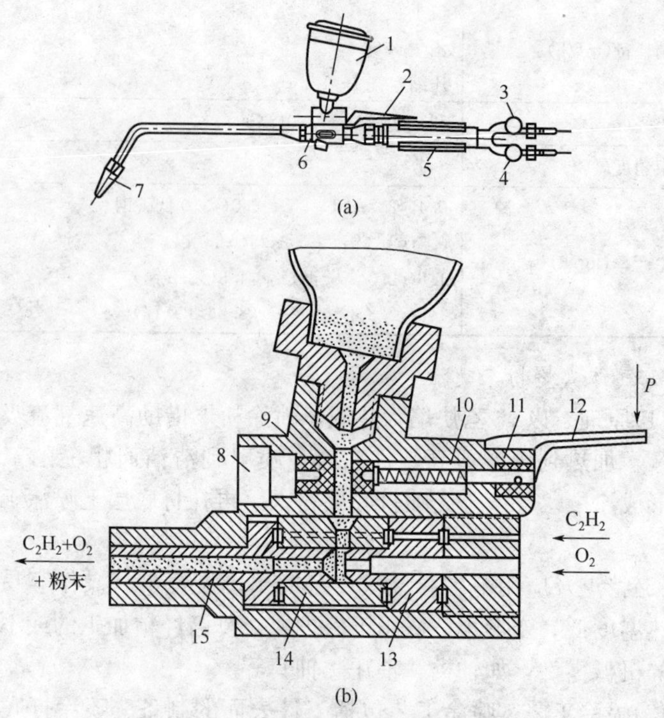

图8-1　气体火焰粉末喷枪的结构

(a)中小型喷枪结构；(b)送粉系统结构

1—粉斗；2—送粉手柄；3—乙炔阀；4—氧气阀；5—手柄；6—本体；7—喷嘴；8—送粉定位螺钉；9—粉阀；10—弹簧；11—阀杆；12—粉阀柄；13—射吸器；14—射吸室；15—混合室

与气焊枪的主要区别在于喷枪上装有特殊送粉机构[见图 8-1(b)]。

3. 气体火焰粉末喷熔

(1) 原理。以氧-乙炔焰为热源，将自熔性合金粉末喷涂在经过制备的工件表面上，然后将喷敷的涂层加热至熔化并润湿工件，通过液态合金与固态工件表面间的相互溶解和扩散，形成牢固结合的表面熔敷层。

(2) 特点及应用范围。火焰粉末喷熔是介于喷涂与堆焊之间的一种新工艺。经喷熔处理的涂层，熔敷层薄而光滑，稀释率极低，熔敷层与母材金属呈冶金结合，强度高，且涂层致密，无气孔和氧化物夹渣。喷熔所用的设备简单，投资少，操作方便，较易掌握，在现场和野外均可操作。使用自熔合金粉末，成分调整方便，其缺点是重熔处理的温度高，工件易产生变形等缺陷。喷熔时可根据使用性能要求，选择不同的合金粉末，如铁基、镍基、钴基自熔合金粉末，获得耐磨、耐蚀、耐高温、抗氧化等各种特殊性能的涂层。喷熔广泛用于各类机械零件的保护和修复。母材金属对涂层喷熔处理的适应性见表 8-11。

表 8-11　母材金属对涂层喷熔处理的适应性

不经特殊处理就可喷熔的母材	需预热至 250～375℃、喷熔后需缓冷的母材	喷熔后需等温退火的母材	不适合于喷熔的金属材料
含 C＜0.25%的一般碳素结构钢 Mn、Mo、V、Cr、Ni 的总含量＜3%的结构钢 18-8 型不锈钢 镍不锈钢 灰铸铁 球墨铸铁 低碳铸铁 纯铜	含 C＞0.4%的一般碳素结构钢 Mn、Mo、V、Cr、Ni 的总含量＞3%的结构钢 含 Cr≤2%的结构钢	含 Cr≥11%的马氏体铬不锈钢 含 Cr≥0.4%的铬钼结构钢	低于自熔性合金熔点的材料 铝及其合金 镁及其合金 黄铜、青铜 淬硬性高的 NiCr 和 NiCrMo 合金钢 含 Cr＞18%的马氏体高铬钢

(3) 喷熔工艺。喷熔工艺包括工件表面制备、工件预热、喷涂合金粉末、重熔处理、冷却、涂层后处理。根据喷涂粉末和重熔处

理的先后次序，火焰粉末喷熔处理分为一步法和二步法两种。一步法就是喷粉和熔化同时进行，采用中小型喷枪，粉末喷洒和熔化工序交替进行。一步法的工艺过程包括工件表面的制备、预热、预喷粉、重熔、冷却以及后加工。二步法就是先喷粉后重熔，即粉末喷洒和熔化是分开进行的。二步法喷熔工艺包括工件表面的制备、预热、喷粉、重熔、冷却以及后加工。

(4) 火焰喷熔设备。火焰喷熔设备包括各种喷枪和重熔枪、氧-乙炔供给系统及辅助装置、喷涂机床、保温炉、干燥箱等，关键设备是喷枪、重熔枪、接长管。

1) 喷枪。除中小型喷枪 SPH-1/h、SPH-2/h、SPH-4/h 型外，还有 SPHT-6/h、SPHT-8/h、SPHD-E、QSH-4、BPT-1 等大型喷枪。

2) 重熔枪。当工件体积较大时，则需要较大的预热和重熔火焰能率，喷枪不能满足上述要求时，需用特制的重熔枪，实际上就是大型的氧-乙炔火焰加热器。为了加大火焰能率，将燃烧气体喷嘴的孔排成梅花形，混合气管也比一般气焊矩长，这样可加大操作者与火焰间的距离，改善劳动条件。常用喷枪和重熔枪的技术数据见表 8-12。

表 8-12　　常用喷枪和重熔枪的技术数据

名称	型号	喷嘴	气体压力(MPa)		气体消耗量(m^3/h)		出粉量(kg/h)
			氧气	乙炔	氧气	乙炔	
喷熔枪	SPH-1/h	1号 2号 3号	0.196 0.245 0.294	>0.049	0.16～0.18 0.26～0.28 0.41～0.43	0.14～0.15 0.22～0.24 0.35～0.37	0.6～1.0
喷熔枪	SPH-2/h	1号 2号 3号	0.294 0.343 0.392	>0.049	0.50～0.65 0.72～0.86 1.00～1.20	0.45～0.55 0.60～0.80 0.90～1.10	1.2 1.6 2.0
喷熔枪	SPH-4/h	1号 2号 3号	0.392 0.441 0.490	0.049～0.0784	1.60～1.70 1.80～2.00 2.10～2.30	1.45～1.55 1.65～1.75 1.85～2.30	2.4 3.0 4.0

续表

名称	型号	喷嘴	气体压力(MPa)		气体消耗量(m^3/h)		出粉量(kg/h)
			氧气	乙炔	氧气	乙炔	
喷涂喷熔两用枪	SPT-6/h	环形 梅花形 梅花形	0.392 0.441 0.190	>0.0392	预热 0.9～1.2 喷粉 1.2～1.7 预热 0.5～0.8 喷粉 0.8～1.8 预热 1.0～1.3 喷粉 1.2～2.3	0.78～1.00 0.43～0.70 0.56～1.15	4～6
喷涂喷熔两用枪	SPT-8/h	环形 梅花形 梅花形	0.441 0.490 0.539	0.049～0.098	预热 0.9～1.2 喷粉 1.2～12.2 预热 1.0～1.3 喷粉 1.3～2.3 预热 1.0～1.4 喷粉 1.3～2.4	0.78～1.0 0.86～1.15 0.9～1.2	6～8
圆形多孔喷熔枪	SPH-C	1号 2号 3号	0.490 0.539 0.588	0.049～0.098	1.3～1.6 1.9～2.2 2.5～2.8	1.1～1.4 1.6～1.9 2.1～2.4	4～6
排形多孔喷熔枪	SPH-D	1号 2号	0.490 0.588	0.049～0.098	1.6～1.9 2.7～3.0	1.4～1.65 2.35～2.6	4～6
重熔枪	SCR-100	1号 2号 3号	0.392 0.490 0.588	0.049～0.098	1.4～1.6 2.7～2.9 4.1～4.3	1.3～1.5 2.4～2.6 3.7～3.9	—
喷涂喷熔两用枪	SPH-E		0.490～0.588	>0.049	预热 1.2 喷粉 1.3	0.75	<7
重熔枪	SPH-C	大 中 小	0.441 0.441 0.392	0.0686 0.049 0.049	4.50 2.68 1.20	2.5 1.2 0.534	—
喷涂喷熔两用枪	QSH-4		0.392	0.00098～0.098	预热 0.94 喷粉 0.60	1.60	2～6
喷熔枪	BPT-1		0.167～0.206	0.0784～0.1078	1.3～1.7	0.9～1	<9

两用枪接长管系 SPH-E 型两用枪的配套件，可扩大应用范围，对内孔表面进行喷涂、喷熔处理。JCG-50 型接长管配有 45°、80°喷嘴各一只，45°喷嘴可喷内孔大于 ϕ150～ϕ200mm 的工件，80°喷嘴可喷内孔大于 ϕ200mm 的工件，可喷的内孔深度为 500mm。

三、等离子喷涂

1. 原理

等离子喷涂是利用等离子焰流即非转移型等离子弧作热源，将喷涂材料加热到熔融或高塑性状态，并在高速等离子焰流引射下，高速撞击到工件表面上。这种高温粉粒具有很大的动能，嵌塞在经过粗化的洁净工件表面上，形成很薄的涂层。涂层与母材的结合仍是以机械结合为主。

2. 特点

等离子焰流温度高达 10000℃以上，可喷涂的材料包括几乎所有的固态工程材料，即各种金属及合金、陶瓷、塑料、非金属矿物以及复合粉末等。等离子喷涂层的致密性和结合强度比火焰喷涂及电弧喷涂高。喷涂层的厚度可严格控制，喷涂的范围从几十微米到 1μm，另外，等离子喷涂时工件受热少，表面温度不超过 250℃，工件材料的组织、性能没有变化。等离子喷涂的缺点是：设备复杂，工艺参数较多且敏感，噪声大并伴有大量的有害气体、粉尘和强烈的光辐射。

3. 喷涂工艺

等离子喷涂工艺参数主要有电弧功率、工作气的种类和流量、送粉气的种类和流量、送粉量、喷涂距离及工件的移动速度等。

(1) 等离子弧功率。电弧功率的大小取决于粉末的种类、熔点、粒度、导热性及送粉量大小等。氮气等离子弧的电流一般为 250～400A；氩气等离子弧电流一般为 400～600A，有时可达 1000A。电弧电压与喷枪结构、工作气的种类和流量有关。氮气等离子弧电压一般为 70～90V，氩气等离子弧电压一般为 200～40V。目前工业上大量应用的功率范围为 25～40kW，最大功率可达 80kW。

(2) 工作气的种类。目前，常用的气体有氮气、氩气、氢气等。一般推荐采用氮气或氮氢混合气(氢 5%～25%)。对易氧化的粉末或涂层质量要求高时，可选用氩气或氦气。

(3) 送粉气和送粉量。送粉气一般采用与工作气相同种类的气体，其流量与送粉器的结构、送粉量大小、粉末密度、粉末流动性等有关，一般为工作气体流量的 1/5～1/3。送粉量的大小与电弧功率、粉末特性和喷嘴结构有关。送粉量过大会使粉末熔化不良，过小则粉末易过热，涂层内氧化物增多。

(4) 喷涂距离和角度。喷涂距离就是喷嘴离工件的距离，对喷涂效率和涂层质量有显著影响。对金属粉末，喷涂距离一般为 100～150mm；对陶瓷粉末，喷涂距离一般为 50～100mm。喷涂角度就是喷嘴与工件的夹角，一般是以 45°～90°的喷涂角度对工件表面进行喷涂。

(5) 喷枪的移动速度。调节喷枪的移动速度实际上是控制每次喷涂的厚度，每次喷涂的厚度不能太大，否则易产生较大的内应力和降低涂层与母材的结合强度。一般情况下，一次喷涂的厚度不超过 0.25mm。喷枪的移动速度还对工件的温升有影响，因此，以选用较快的喷枪移动速度为宜。

4. 喷涂设备

喷涂设备包括喷枪、电源、送粉器、供气系统、供水系统及控制系统等，关键设备是喷枪。GP-80 型等离子喷涂设备附有 5 种型号的等离子喷枪，即 PQ-ISA、PQ-1JA、PQ-1NA、PQ-2NA 和 PQ-3NA。等离子喷枪的最大功率和喷涂范围见表 8-13。

表 8-13　等离子喷枪的最大功率和喷涂范围

型　号	最大电流(A)	最大功率(kW)		喷 涂 范 围	
		Ar	N_2	喷涂的最小孔径(mm)	喷涂深度(mm)
PQ-1SA、PQ-1JA	1000	80		102	500～700
PQ-1NA	500	40		60	450～600
PQ-2NA	500	37.5	38.5	45	450
PQ-3NA	500	30	40		

第四节 热喷涂工程实例

一、水闸门火焰线材喷涂的防腐涂层

水闸门是水利工程中的钢结构件，其工作条件是长期处于干湿交替、浸没水下等恶劣环境中，并受日光、大气、水、水生物的侵蚀，以及泥沙、冰块、漂浮物等的冲磨，容易发生磨蚀、大气腐蚀、锈蚀等。为提高水闸门的使用寿命，通常采用涂料保护，一般保护周期为3～4a(年)，较好的为7～8a。采用喷锌涂层，水闸门的使用寿命可延长到20～30a。

1. 涂层的选择

采用喷涂锌层是因为锌的标准电极电势比较低。被喷工件的材质是钢铁，它与涂层锌将构成一个原电池，锌为阳极，而钢铁为阴极。由于阳极锌的熔解极其缓慢，使钢铁不受腐蚀，从而延长了水闸门的使用寿命。

2. 喷涂工艺

(1) 对水闸门的喷涂表面进行喷砂处理、去污、除锈，并且粗化水闸门表面。喷砂时，采用硅砂，其粒径为0.5～2mm。

(2) 使用的喷枪为SQP-1型火焰喷涂枪。

(3) 喷涂材料为锌丝。

(4) 喷涂工艺参数：氧气压力为392～490kPa；乙炔压力为39.2～49kPa；压缩空气压力为490～637kPa；火焰为中性焰或稍偏碳化焰；喷涂距离为150～200mm；涂层总厚度为0.3mm(多次喷涂的累计应达到0.3mm，以防止涂层翘起脱落)。

(5) 涂层质量检验合格后，进行喷后处理。涂刷油漆封孔，油漆一般选用沥青漆。

二、200m^{3}球罐的火焰粉末喷涂修复

被喷工件为200m^{3}的球罐，材质为Q345R(16MnR)，壁厚为24mm，储存介质为液化石油气。由于液化石油气中含H_2S量较高，球罐在工作5a后，发现有严重的应力腐蚀开裂。裂纹主要分布在焊接接头部位，因此对球罐的安全使用造成了严重威胁。

1. 涂层的选择

采用喷涂铜合金粉末是因为根据电化学原理，控制喷涂保护区的阴极析氢反应造成球罐基体金属与液化石油气之间产生隔离层，进行喷涂时对金属的加热可以减小焊接接头的应力。

2. 喷涂工艺

(1) 对于探伤合格的焊缝及热影响区，使用砂轮机打磨，清除锈斑。打磨宽度为150～170mm，并且用丙酮擦洗2～3次。

(2) 工件预热是在喷涂部位的外壁用液化石油气火焰加热，用表面温度计测量球罐内的表面温度，预热温度控制在250～350℃。

(3) 使用第一把喷枪喷镍包铝粉末，作为打底结合层，紧接着用第二把喷枪喷铜合金粉末。

(4) 喷涂工艺参数：氧气压力为588～784kPa，乙炔压力为49～98kPa，喷枪与工件的距离为150～200mm；喷涂层的宽度为120～150mm。

(5) 开始喷涂后，将预热用的液化气火焰调小，当该段喷涂完毕后应立即灭火。喷涂后，球罐经182d(天)的运转考核，效果良好，未发现腐蚀开裂。

三、大制动鼓密封盖的等离子弧喷涂修复

重载车辆大制动鼓密封盖的材质为耐磨铸铁，其零件图如图8-2所示。该零件与密封环相配合工作，由于两者之间的相对运动速度较高，磨损情况严重，如采用焊接工艺修复，对于这样的薄壁零件容易产生变形超差而报废，所以采用等离子弧喷涂修复工艺。

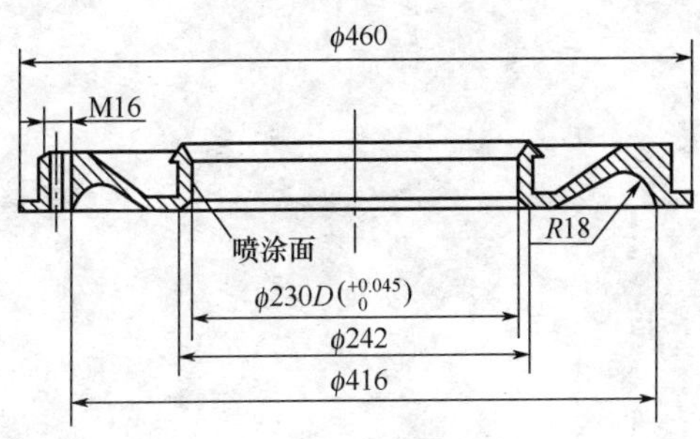

图8-2 大制动鼓密封盖的零件图

喷涂工艺如下。

(1) 清洗工件。由于工件材质为铸铁，应将其放在炉内加热或使用火焰反复烘烤，待油污渗出工件表面后，采用清洗剂进行清洗，加热时温度应≤250℃，炉内加热时间为2.5h。

(2) 表面预加工。在零件待喷涂面的半径方向下切0.3mm，并车掉工件表面上的磨损层及疲劳层。

(3) 喷砂处理。使用20～30号的钢玉砂(Al_2O_3)进行喷砂，然后使用压缩空气将工件表面吹净，并且立即进行喷涂。

(4) 喷涂。选用镍-铝复合粉末为结合底层材料，粒度为－160～＋240目，选用NiO_4粉末为工作层材料，粒度为－140～＋300目，喷涂工艺参数见表8-14。

表8-14　大制动鼓密封盖喷涂的工艺参数

工作气体的(N_2)流量(m^3/h)		送粉量(g/min)		喷涂的电功率(kW)		结合底层的厚度(mm)	喷涂后的零件尺寸(mm)
等离子气	送粉气	结合底层	工作层	结合底层	工作层		
1.9～2.1	0.6～0.8	19～23	18～22	22～25	20～24	0.03～0.05	<φ229.5

(5) 喷后的机械加工。车削后进行磨削，以获得规定的尺寸，也可通过车削加工至规定的尺寸。

第九章

钎　焊

第一节　概　述

钎焊是采用比母材熔点低的金属材料作钎料，将焊件和钎料加热到高于钎料熔点、低于母材熔点的温度，利用液态钎料润湿母材，填充接头间隙并与母材相互扩散实现连接焊件的方法。

一、钎焊的特点

(1) 钎焊工艺的加热温度比较低，因此钎焊以后焊件的变形小，容易保证焊件的尺寸精度，同时，对于焊件母材的组织及性能的影响也比较小。

(2) 钎焊接头好、外形美观。

(3) 钎焊工艺适用于各种金属材料、异种金属、金属与非金属的连接。

(4) 可以一次完成多个零件或多个钎缝的钎焊，生产率较高。

(5) 可以钎焊极薄或极细的零件，以及粗细、厚薄相差很大的零件。

(6) 根据需要可以将某些材料的钎焊接头拆开，经过修整后可以重新钎焊。

(7) 钎焊的缺点是：钎焊接头的耐热能力比较差，接头强度比较低，钎焊时表面清理及焊件装配质量的要求比较高。

二、钎焊的分类

1. 按照使用钎料的不同，可分为以下几类

(1) 软钎焊：使用软钎料（熔点低于450℃的钎料）进行的钎焊。

(2) 硬钎焊：使用硬钎料（熔点高于450℃的钎料）进行的钎焊。

(3) 高温钎焊：钎料熔点>900℃、并且不使用钎剂的钎焊。

2. 按照钎焊的加热方法分为以下几类

(1) 以传热方式加热的钎焊：包括普通烙铁钎焊、火焰钎焊、浸渍钎焊、炉中钎焊等。

(2) 以电加热方式的钎焊：包括电阻钎焊、感应钎焊、电弧钎焊和电烙铁钎焊等。

各种钎焊方法的特点及应用见表9-1。

表9-1　　各种钎焊方法的特点及应用

钎焊方法	特　点	应　用　范　围
普通烙铁钎焊	温度低	1. 适用于钎焊温度低于300℃的软钎焊（用锡铅或铅基钎料） 2. 钎焊薄件、小件需钎剂
火焰钎焊	设备简单、通用性好、生产率低(手工操作时)、要求操作技术高	1. 适用于钎焊那些受焊件形状、尺寸及设备等的限制而不能用其他方法钎焊的焊件 2. 可采用火焰自动钎焊 3. 可焊接钢、不锈钢、硬质合金、铸铁、铜、银、铝及其合金等 4. 常用的钎料有铜锌、铜磷、银基、铝基及锌铝钎料
电阻钎焊	加热快、生产率高、操作技术易掌握	1. 可在焊件上通低电压，由焊件上产生的电阻热直接加热，也可用碳电极通电，由碳电阻放出的电阻热间接加热焊件 2. 当钎焊接头面积小于65～380mm^{2}时，经济效果最好 3. 特别适用于钎焊某些不允许整体加热的焊件 4. 最宜焊铜，使用铜磷钎料可不用钎剂；也可用于焊银合金、铜合金、钢、硬质合金等 5. 使用的钎料有铜锌、铜磷、银基，常用于钎焊刀具、电器触头、电机定子线圈、仪表元件、导线端头等

续表

钎焊方法	特　点	应　用　范　围
感应钎焊	加热快，生产效率高可局部加热，零件变形小，接头洁净，易满足电子电器产品的要求 受零件形状及大小的限制	1. 钎料需预置，一般需用钎剂，否则应在保护气体或真空中钎焊 2. 因加热时间短，宜采用熔化温度范围小的钎焊 3. 适用于除铝、镁外的各种材料及导电材料的钎焊，特别适宜于焊接形状对称的管接头、法兰接头等 4. 钎焊异种材料时，应考虑不同磁性及膨胀系数的影响 5. 常用的钎料有银基和铜基
浸渍钎焊	加热快、生产效率高，当设备能力大时，可同时焊多件、多缝，宜大量连续生产，如制氧机铝制大型板式热交换器、单件或非连续生产	1. 在熔融的钎料槽内浸沾钎焊 软钎料用于钎焊钢、铜和合金，特别适用于钎焊焊缝多的复杂焊件，如换热器、电机电枢导线等 硬钎料主要用于焊小件，缺点是钎料消耗量大 2. 在熔盐槽中浸沾钎焊：焊件需预置钎料及钎剂，钎焊焊件浸入熔盐中预置钎料，在熔融的钎剂或含钎剂的熔盐中钎焊 所有的熔盐不仅起到钎剂的作用，而且能在钎焊的同时向焊件渗碳、渗氮 3. 适于焊钢、铜及其合金、铝及其合金，使用铜基、银基、铝基钎料
炉中钎焊	炉内气氛可控，炉温易控制得准确、均匀，焊件整体加热，变形量小，可同时焊多件、多缝，适于大量生产，成本低 焊件尺寸受设备大小的限制	1. 在空气炉中钎焊，如用软钎料钎焊钢和铜合金，用铝基钎料焊铝合金，虽用钎剂，焊件氧化仍较严重，故很少应用 2. 在还原性气体（如氢、分解氨）的保护气氛中，不需焊剂，可用铜、银基钎料钎焊钢、不锈钢、无氧铜 3. 在惰性气体（如氩）的保护气氛中钎焊，不用钎剂，可用含锂的银基钎料焊钢，以银基钎料焊钢，以铜钎料焊不锈钢；使用钎剂时可用镍基钎料焊不锈钢、高温合金、钛合金，用铜钎料焊钢 4. 在真空炉中钎焊，不需钎剂，以铜、镍基钎料焊不锈钢、高温合金（尤其是含钛、铝高的高温合金）为宜；用银铜钎料焊铜、镍、可伐合金、银钛合金；用铝基钎料焊铝合金、钛合金

第二节　钎　　料

一、对钎料的基本要求

为符合钎焊工艺的要求及获得优质的钎焊接头，钎料应满足以下几项基本要求。

（1）钎料应具有合适的熔化温度范围，至少应比母材的熔化温度范围低几十度。

(2) 在钎焊温度下，应具有良好的润湿性，以保证充分填满钎缝间隙。

(3) 钎料与母材应有扩散作用，以使其形成牢固地结合。

(4) 钎料应具有稳定和均匀的成分，尽量减少钎焊过程中合金元素的损失。

(5) 所获得的钎焊接头应符合产品的技术要求，满中力学性能、物理化学性能、使用性能方面的要求。

(6) 钎料的经济性要好，应尽量减少含或不含稀有金属和贵重金属，还应保证钎焊的生产率要高。

二、钎料的分类

1. 按照钎料的熔化温度范围分类

(1) 熔点低于450℃的钎料称为软钎料（俗称易熔钎料），如镓基、铋基、铟基、锡基、铅基、镉基、锌基等合金。

(2) 熔点高于450℃的钎料称为硬钎料（俗称难熔钎料），如铝基、镁基、铜基、银基、锰基、金基、镍基、钯基、钛基等合金。

各种钎料的熔化温度范围见图9-1。

2. 按照钎料的主要合金元素分类

钎料按其主要合金元素可分为锡基、铅基、铝基等材料。

3. 按照钎料的钎焊工艺性能分类

钎料按其钎焊工艺性能可分为自钎性钎料、电真空钎料、复合钎料等。

4. 按照钎料的制成形状分类

钎料按其制成形状可分为丝、棒、片、箔、粉状或特殊形状钎料（例如环形钎料或膏状钎料等）。

三、钎料的选择

钎焊时钎料的选择原则有以下几个方面。

(1) 根据钎焊接头的使用要求选择钎料。对于钎焊接头强度要求不高，或工作温度不高的接头，可采用软钎焊。对于高温强度、抗氧化性要求软高的接头，应采用镍基钎料。

(2) 根据钎料与母材的相互作用选择钎料。应当避免选择与母材形成化合物的钎料，因为化合物大多硬而脆，使钎焊接头变脆、

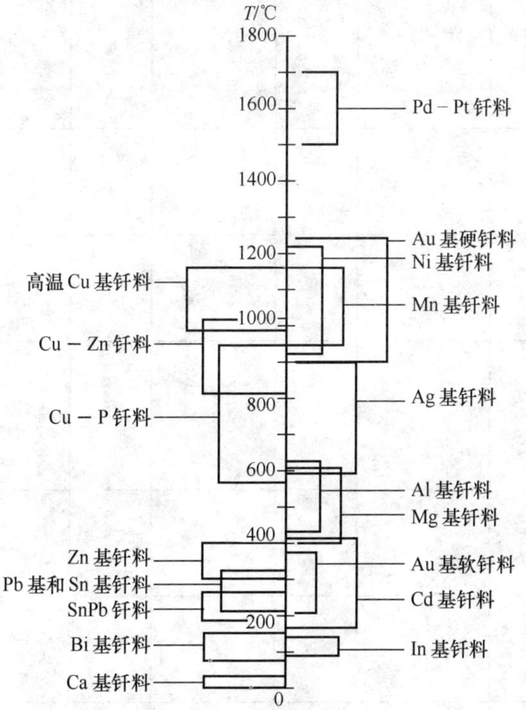

图 9-1 各种钎料的熔化温度范围

质量变坏。例如，铜磷钎料不能用于钎焊钢和镍，因为会在界面上生成极脆的磷化物。

（3）根据钎焊方法及加热温度选择钎料。不同的钎焊方法对于钎料的要求不同，例如真空钎焊要求钎料不含高蒸气压元素；烙铁钎焊只适用于熔点较低的软钎料；电阻钎焊则要求钎料的电阻率高一些。

对于已经调质处理的焊件，应选择加热温度低的钎料，以免使焊件退火。对于冷作硬化的铜材，应选用钎焊温度低于 300℃的钎料，以防止母材钎焊后发生软化。

（4）根据经济性选择钎料。在满足使用要求及钎焊技术要求的条件下，选用价格便宜的钎料。

各种材料组合所适用的钎料见表 9-2。

表 9-2　　各种材料组合所适用的钎料

钎料 材料 \ 材料	Al 及其合金	Be、V、Zr 及其合金	Cu 及其合金	Mo、Nb、Ta、W 及其合金	Ni 及其合金	Ti 及其合金	碳素钢及低合金钢	铸铁	工具钢	不锈钢
Al 及其合金	Al- Sn-Zn Zn-Al Zn-Cd	—	—	—		—	—	—	—	—
Be、V、Zr 及其合金	不推荐	无规定	—	—	—	—	—	—	—	—
Cu 及其合金	Sn-Zn Zn-Cd Zn-Al	Ag-	Ag- Cd- Cu-P Sn-Pb	—	—	—	—	—	—	—
Mo、Nb、Ta、W 及其合金	不推荐	无规定	Ag-	无规定	—	—	—	—	—	—
Ni 及其合金	不推荐	Ag-	Ag- Au- Cu- Zn	Ag- Au- Ni-	Ag- Ni- Au- Pd- Cu- Mn-	—	—	—	—	—
Ti 及其合金	Al-Si	无规定	Ag-	无规定	Ag-	无规定	—	—	—	—

续表

钎料＼材料＼材料	Al 及其合金	Be、V、Zr 及其合金	Cu 及其合金	Mo、Nb、Ta、W 及其合金	Ni 及其合金	Ti 及其合金	碳素钢及低合金钢	铸铁	工具钢	不锈钢
碳素钢及低合金钢	Al -Si	Ag-	Ag- Sn-Pb Au Cu-Zn Cd	Ag- Cu Ni	Ag- Sn-Pb Au- Cu- Ni	Ag-	Ag- Cu-Zn Au- Ni- Cd-Sn-Pb Cu	—	—	—
铸铁	不推荐	Ag-	Ag- Sn-Pb Au Cu-Zn Cd	Ag- Cu Ni	Ag- Cu Cu-Zn Ni	Ag-	Ag- Cu-Zn Sn-Pb	Ag- Cu-Zn Ni Sn-Pb	—	—
工具钢	不推荐	不推荐	Ag- Cu-Zn Ni	不推荐	Ag- Cu Cu-Zn Ni	不推荐	Ag- Cu Cu-Zn Ni	Ag- Cu-Zn Ni	Ag- Cu Cu- Ni-	—
不锈钢	Al-Si	Ag-	Ag- Cd- Au- Sn-P Cu-Zn	Ag- Cu Ni-	Ag- Ni- Au- Pb- Cu- Sn-Pb Mn-	Ag-	Ag- Sn-Pb Au- Cu- Ni-	Ag- Cu- Ni- Sn-Pb	Ag- Cu- Ni-	Ag-Ni Au-Pd- Cu- Sn-Pb Mn

第三节 钎　　剂

钎剂是钎焊时使用的熔剂，它的作用是清除钎料和母材表面的氧化物，并保护焊件和液态钎料在钎焊过程中免于氧化，改善液态钎料对焊件的润湿性。钎焊时使用钎剂的目的是促进钎缝的形成，即保证钎焊过程顺利进行以及获得优质的钎焊接头。对于大多数钎焊方法来说，钎剂是不可缺少的。

一、对钎剂的基本要求

（1）钎剂应具有足够的去除母材及钎料表面氧化物的能力。

（2）钎剂的熔点及最低活性温度应低于钎料的熔点。

（3）钎剂在钎焊温度下具有足够的润湿特性。

（4）钎剂中各成分的气化（蒸发）温度应比钎焊温度高，以避免钎剂挥发而丧失作用。

（5）钎剂及清除氧化物后的生成物，其密度均应尽量小，以利于浮在表面，不在钎缝中形成夹渣。

（6）钎剂及其残渣对钎料和母材的腐蚀性要小。

（7）钎剂的挥发物应当无毒性。

（8）钎焊后，残留钎剂及钎焊残渣应当容易清除。

（9）钎剂原料供应充足、经济性合理。

二、钎剂的分类

1. 软钎剂

软钎剂是在 450℃以下进行钎焊用的钎剂，分为以下两大类。

（1）非腐蚀性软钎剂。这种钎剂化学活性比较弱，对母材几乎无腐蚀作用，松香、胺、有机卤化物等都属于非腐蚀性软钎剂。

松香是最常用的钎剂，一般以粉末或以酒精、松节油溶液的形式使用。松香钎剂只能在 300℃以下使用，超过此温度时将碳化而失效。通常加入活性物质配成活性松香钎剂，以提高其去除氧化物的能力，常用的活性松香钎剂见表 9-3。

表 9-3　　常用的活性松香钎剂

牌号	组成（质量分数）（%）	应用范围
—	松香 40，盐酸谷氨酸 2，酒精 余量	铜及铜合金
—	松香 40，三硬酯酸甘油酯 4，酒精 余量	
—	松香 40，水杨酸 2.8，三乙醇胺 1.4，酒精 余量	
—	松香 70，氯化胺，溴酸	铜、锌、镍
—	松香 24，盐酸二乙胺 4，三乙醇胺 2，酒精 余量	
201	树脂 A20，溴化水杨酸 10，酒精 余量	用于波峰焊、浸沾焊
201-2	溴化水杨酸 10，松香 20.5，甘油 0.5，酒精 余量	
202-B	溴化肼 8，松香 20，水 20，酒精 余量	引线搪锡
SD-1	改性酚醛 55，溴化水杨酸 15	印刷电路板波峰焊，浸沾焊，引线搪锡
HY-3B	溴化水杨酸 12，松香 20，改性丙烯酸树脂 1.3，缓蚀剂 0.25，酒精 余量	
氟碳 B	氟碳 0.23，松香 23，异丙醇 76.7	
—	聚丙二醇 40～50，正磷酸 10～20，松香 35，二乙胺盐酸 5	镍铬丝的钎焊
RJ11	工业凡士林 80，松香 15，氯化锌 4，氯化氨 1	铜及铜合金
RJ12	松香 30，氯化锌 3，氯化氨 1，酒精 余量	铜及铜合金、镀锌铁皮
RJ13	松香 25，二乙胺 5，三羟乙基胺 2，酒精 余量	铜及铜合金、钢
RJ14	凡士林 35，松香 20，硬酯 20，氧化锌 13，盐酸苯胺 8，水 7	铜及铜合金、钢
RJ15	蓖麻油 26，松香 34，硬酯酸 14，氯化锌 7，氯化胺 8，塞规 11	铜合金和镀锌板
RJ16	松香 28，氯化锌 1，氯化氨 2，酒精 65	黄铜挂锡
RJ18	松香 24，氯化锌 1，酒精 75	铜及铜合金
RJ19	松香 18，甘油 25，氯化锌 1，酒精 56	
RJ21	松香 38，正磷酸（比重 1.6），酒精 50	铬钢、镍铬不锈钢的挂锡和钎焊
RJ24	松香 55，盐酸苯胺，甘油 2，酒精 41	铜及铜合金

（2）腐蚀性软钎剂。这种钎剂化学活性强，热稳定性好，可用于黑色金属及有色金属的钎焊，但是钎焊后的残留物必须彻底洗净。

氯化锌水溶液是最常用的腐蚀性软钎剂，在氯化锌中加入氯化氨可提高钎剂的活性及降低其熔点。常用的腐蚀性软钎剂见表9-4。

表9-4　常用的腐蚀性软钎剂

牌号	组成（质量分数）(%)	应用范围
RJ1	氯化锌40，水60	钢、铜、黄铜和青铜
RJ2	氯化锌25，水75	铜及铜合金
RJ3	氯化锌40，氯化氨5，水55	钢、铜、黄铜和青铜
RJ4	氯化锌18，氯化氨6，水76	铜及铜合金
RJ5	氯化锌25，盐酸（密度1.19g/cm³）25，水50	不锈钢、碳素钢、铜合金
RJ6	氯化锌6，氯化氨4，盐酸（密度1.19g/cm³）5，水80	钢、铜及铜合金
RJ7	氯化锌40，二氯化锡5，氯化亚铜0.5，盐酸3.5，水51	钢、铸铁、钎料在钢上的铺展性有改进
RJ8	氯化锌65，氯化钾14，氯化钠11，氯化氨1	铜及铜合金
RJ9	氯化锌45，氯化钾5，二氯化锡2，水48	铜及铜合金
RJ10	氯化锌15，氯化氨1.5，盐酸36，变性酒精12.8，正磷酸2.2，氯化铁0.6，水余量	碳素钢
RJ11	正磷酸60，水40	不锈钢铸铁
QJ205	氯化锌50，氯化氨15，氯化镉30，氯化钠5	铜及铜合金、钢

2. 硬钎剂

硬钎剂是在450℃以上进行钎焊用的钎剂。常用硬钎剂的组分及用途见表9-5。

表 9-5 常用硬钎剂的组分及用途

牌号	组成（质量分数）（%）	钎焊温度（℃）	用途
YJ1	硼砂 100	800～1150	用铜基钎料钎焊碳素钢、铜、铸铁、硬质合金
YJ2	硼砂 25，硼酸 75	850～1150	
YJ6	硼砂 15，硼酸 80，氟化钙 5	850～1150	用铜基钎料钎焊不锈钢和高温合金
YJ7	硼砂 50，硼酸 35，氟化钾 15	650～850	用铜基钎料钎焊碳素钢、铜合金，不锈钢和高温合金
YJ8	硼砂 50，硼酸 10，氟化钾 40	>800	用铜基钎料钎焊硬质合金
YJ11	硼砂 95，过锰酸钾 5		用铜锌钎料钎焊铸铁
QJ-101 QJ-102	硼酐 30，氟硼酸钾 70 氟化钾 42，硼酐 35，氟硼酸钾 23	550～850 650～850	用银基钎料钎焊铜及铜合金、钢、不锈钢和高温合金
QJ-103	氟硼酸钾>95	550～750	用银铜锌镉基钎料钎焊
F301 200	硼砂 30，硼酸 70， 硼酐 66±2，脱水硼砂 19±2，氟化钙 10±1	850～1150	同 YJ1 和 YJ2
201	硼酐 77±1，脱水硼砂 12±1，氟化钙 10±0.5	850～1150	用铜或镍基钎料钎焊不锈钢和高温合金
QJ105	氯化镉 29～31，氯化锂 24～26，氯化钾 24～26，氯化锌 13～16，氯化氨 4.5～5.5	450～600	钎焊铜及铜合金
铸铁钎剂	硼酸 40～45，碳酸锂 11～18，碳酸钠 24～27，氟化钠＋氯化钠 10～20（NaF：NaCl＝27：73）	650～750	活性温度低，适宜于银基钎料和低熔点铜基钎料的钎焊和补焊铸铁

黑色金属常用的硬钎剂是硼砂、硼酸及其混合物。这些钎剂的粘度大、活性温度相当高，必须在 800℃以上使用，并且钎剂残渣难于清除。在硼化物中加入碱金属和碱土金属的氟化物及氯化物，可以改善硼砂、硼酸钎剂的润湿能力，提高其去除氧化物的能力，以及降低钎剂的熔化温度及活性温度。

3. 铝合金用钎剂

(1) 铝用软钎剂。这种钎剂按去除氧化膜方式的不同可分为以下两类，其组分及特性见表 9-6。

表 9-6　　铝用软钎剂的组成及特性

类别	牌号	组成(质量分数)(%)	钎焊温度(℃)	腐蚀性	导电性	
					钎剂	残渣
有机钎剂	QJ204	$Cd(BF_4)_2$ 10，$Zn(BF_4)_2$ 2.5，NH_4BF_4 5，三乙醇胺 82.5	180～270	小	中	低
反应钎剂	QJ203	$ZnCl_2$ 55，$SnCl_2$ 28，NH_4Br 15，NaF_2	280～350	大	高	高
		$SnCl_2$ 88，NH_4Cl 10，NaF_2	300～340	大	高	高
		$SnCl_2$ 88，NH_4Cl 10，NaF_2	330～385	大	高	高

1) 有机钎剂：主要组成为三乙醇胺，为提高活性可加入氟硼酸或氟硼酸盐。钎焊温度不超过 275℃，钎焊热源也不准直接与钎剂接触。因为高于 275℃时，三乙醇胺迅速碳化而丧失活性。有机钎剂的活性小，钎料不易流入接头间隙，有机钎剂的残渣腐蚀性低。

2) 反应钎剂：主要组成为锌、锡等重金属的氯化物，加热时在铝表面析出锌、锡等金属，大大提高了钎料的润湿能力。反应钎剂一般制成粉末状，也可采用不与氯化物反应的乙醇、甲醇、凡士林等调成糊状使用。反应钎剂具有吸潮性，钎剂吸潮后形成氯氧化物而丧失活性。铝用软钎剂在钎焊时都产生大量的白色有刺激性和腐蚀性的浓烟，因此钎焊操作时必须注意通风。

(2) 铝用硬钎剂。铝用硬钎剂的组成和用途见表 9-7，其主要组成是碱金属及碱金属的氯化物，加入氟化物可以去除铝表面的氧化物。在火焰钎焊及某些炉中钎焊时，为了进一步提高钎剂的活性，除加入氟化物外，还可加入重金属的氯化物。

表 9-7　　铝用硬钎剂的组成及特性

牌号	组　成（质量分数）（%）	钎焊温度（℃）	用　途
211	KCl 47，NaCl 27，LiCl 14，CdCl 4，$ZnCl_2$ 3，AlF_3 5	>550	火焰钎焊，炉中钎焊
YJ17	KCl 51，LiCl 41，AlF_3 4.3，KF 3.7	>500	浸渍钎焊
	KCl 44，LiCl 34，NaCl 12，KF-AlF_3 共晶（46% KF，54% AlF_3）10	>560	浸渍钎焊
QJ201	KCl 50，LiCl 32，$ZnCl_2$ 28，NaF 10	460～620	火焰钎焊，在某些钎料炉中钎焊
QJ202	KCl 28，LiCl 42，$ZnCl_2$ 24，NaF 6	450～620	火焰钎焊
H701	KCl 45，LiCl 12，NaCl 26 $KFAlF_3$共晶 10，$ZnCl_2$ 1.3，$CdCl_2$ 4.7	>560	火焰钎焊，炉中钎焊
1712B	KCl 47，LiCl 23.5，NaCl 21，AlF_3 3，$ZnCl_2$ 1.5，$CdCl_2$ 20，TlCl 2	>500	火焰钎焊，炉中钎焊
QF	KF·$2H_2O$42～44，AlF_3 31/2，H_2C 56～58	>570	炉中钎焊

4. 气体钎剂

气体钎剂是炉中钎焊及气体火焰钎焊过程中起钎剂作用的气体，其优点是钎焊后无固体残渣，焊件也不需要清洗。

炉中钎焊最常用的气体钎剂是三氟化硼，它是 KBF_4 在 800～900℃时分解产生的。三氟化硼是添加在惰性气体中使用的，主要应用于在高温下钎焊不锈钢等材料。气体火焰钎焊时，可采用含硼有机化合物的蒸气作为钎剂。

所有用作气体钎剂的化合物，其气化产生均有毒性，使用时必须采取相应的安全措施。

第四节　钎 焊 工 艺

一、钎焊接头的设计

钎焊接头的设计应当考虑接头的强度、焊件的尺寸精度、以及进行钎焊的具体工艺等。钎焊接头的合理设计对于保护良好的钎焊工艺性以及钎焊接头的综合性能有重要作用。

1. 接头的基本形式

钎焊接头的基本形式有对接和搭接两种，T形接头相当于对接，套接相当于搭接。钎焊接头的基本形式如图9-2所示，由于钎料及钎缝的强度一般比母材低，所以钎焊接头主要采用搭接，很少采用对接，如果结构需要对接，也要设法将接头设计成局部搭接型。

2. 接头间隙

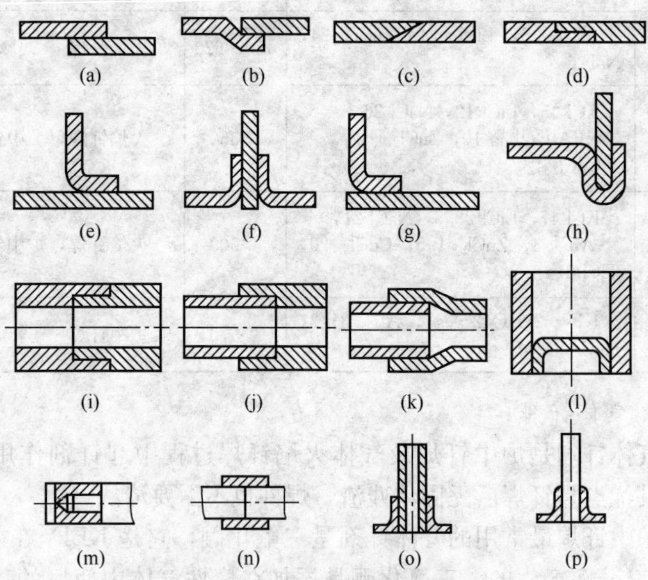

图9-2　钎焊接头的基本形式

(a)、(b) 普通搭接接头；(c)、(d) 对接接头局部搭接化；(e)、(f)、(g)、(h) T形接头和角接接头的局部搭接化；(i)、(j)、(k) 管件的套接接头；(l) 管与底板的接头形式；(m)、(n) 杆件的连接接头；(o)、(p) 管或杆与凸缘的接头接头间隙在很大程度上影响钎缝的致密性及钎接接头的强度。表 9-8 列出了各种金属钎焊接头的合适间隙。间隙过大或过小，都将造成钎料不能填满间隙，影响接头质量。

表 9-8　各种金属钎焊接头的合适间隙

钎焊金属	钎料	间隙（mm）
碳素钢	铜	0.01～0.05
	黄铜	0.05～0.20
	银基钎料	0.05～0.15
	锡铅钎料	0.05～0.20
不锈钢	铜	0.02～0.07
	铜镍钎料	0.03～0.20
	银基钎料	0.05～0.15
	镍基钎料	0.05～0.12
	锰基钎料	0.04～0.15
	锡铅钎料	0.05～0.20
铜和铜合金	铜锌钎料	0.05～0.13
	铜磷钎料	0.02～0.15
	银基钎料	0.05～0.13
	锡铅钎料	0.05～0.20
	镉基钎料	0.05～0.20
铝和铝合金	铝基钎料	0.1～0.30
	锡锌钎料	0.1～0.30
钛和钛合金	银基钎料	0.05～0.10
	钛基钎料	0.05～0.15
镍合金	镍铬合金钎料	0.05～0.10

二、焊前焊件的表面处理

1. 钎焊焊件的表面去油

焊件表面粘附的矿物油可用有机溶剂清除，动植物油可用碱溶液清除。

（1）有机溶剂去油。常用的有机溶剂有三氯乙烯、汽油、丙酮等，三氯乙烯的去油效果最好，但是毒性最大，最常用的是汽油和丙酮。具体做法是：先用汽油擦去焊件表面的油污，将焊件放入到三氯乙烯中浸洗 5～10min，然后擦干；再将焊件放入到无水乙醇中浸泡后，在碳酸镁溶液中煮沸 3～5min；最后用水冲洗，用酒精脱水并烘干。采用丙酮去油：先用汽油浸泡除油，再用丙酮洗净，然后吹干即可。

(2) 碱溶液去油。低碳钢、低合金钢、不锈钢、铜、镍、钛及其合金等可放入质量分数为 10%的 NaOH 水溶液（80～90℃）中浸洗 8～10min。铝及铝合金可放在 70～80℃的 Na_3PO_4 50～70g/L，Na_2SiO_3 25～30g/L，肥皂 3～5g/L 的水溶液中浸洗 10～15min，然后用清水冲洗干净。

2. 氧化膜的化学清理

常用材料表面氧化膜的化学清理方法见表 9-9。清洗后的焊件表面严禁手摸或与脏物接触，清洗后的焊件应当立即装配或放入干燥器内保存。装配时，应戴棉布手套操作，防止污染焊件。

表 9-9　常用材料表面氧化膜的化学清理方法

焊件材料	侵蚀溶液配方	化学清理方法
低碳钢和低合金钢	H_2SO_4 10%水溶液	40～60℃下侵蚀 10～20min
	H_2SO_4 5%～10% HCl 2%～10%水溶液，加碘化亚钠 0.2%(缓蚀剂)	室温下侵蚀 2～10min
不锈钢	HNO_3 150mL，NaF50g，H_2O850mL	20～90℃下侵蚀到表面光亮
	H_2SO_4 10%(浓度 94%～96%) HCl15%(浓度 35%～38%) HNO_3 5%（浓度 65%～68%） H_2O64%	100℃下侵蚀 30s，再在 HNO_3 15%的水溶液中光化处理，然后 100℃下侵 10min，适用于厚壁焊件
	HNO_3 10%，H_2SO_4 6% HF50g/L，余为 H_2O	室温下侵蚀 10min 后，在 60～70℃热水中洗 10min，适用于薄壁焊件
	HNO_3 3%，HCl7%，H_2O90%	80℃下侵蚀后用热水冲洗，适用于含钨、钼的不锈钢深度侵蚀

续表

焊件材料	浸蚀溶液配方	化学清理方法
铜及铜合金	H_2SO_4 12.5%，Na_2CO_3 1%～3%，余量 H_2O	20～77℃下侵蚀
	HNO_3 10%，Fe_2SO_4 10%，余量 H_2O	50～80℃下侵蚀
铝及铝合金	NaOH10%，余量 H_2O	60～70℃下侵蚀 1～7min 后用热水冲洗，并在 $HNO_3$15%的水溶液中光亮处理 2～5min，最后在流水中洗净
	NaOH20～35g/L，$Na_2CO_3$20～30g/L，余量 H_2O	先在 40～55℃下侵蚀 2min，然后用上述方法清理
	$Cr_2O_3$150g/L，$H_2SO_4$30g/L，余量 H_2O	50～60℃下侵蚀 5～20min
镍及镍合金	H_2SO_4（密度 1.87g/L）1500mL，HNO_3（密度 1.36g/L）2250mL，NaCl 30g，H_2O 1000mL	—
	HNO_3 10%～20%，HF 4%～8%，余量 H_2O	
钛及钛合金	HNO_3 20%，HF（浓度 40%）1%～3%，余量 H_2O	适用于氧化膜薄的零件
	HCl 15%，HNO_3 5%，NaCl 5%，余量 H_2O	适用于氧化膜厚的零件
	HF 2%～3%，HCl 3%～4%，余量 H_2O	—
钨、钼	HNO_3 50%，H_2SO_4 30%，余量 H_2O	—

三、焊件装配及钎料放置

1. 焊件的装配

钎焊前需要将零件装配与定位，以确保零件之间的相互位置，典型的定位方法如图 9-3 所示。对于结构复杂的零件，一般采用专用夹具来定位。钎焊夹具的材料应具有良好的耐高温及抗氧化性，应与钎焊焊件材质具有相近的热膨胀系数。

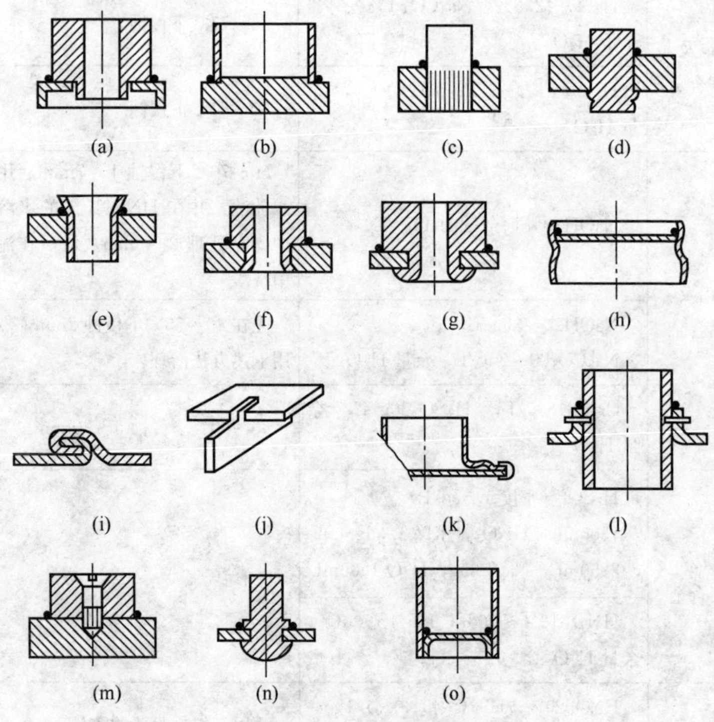

图 9-3 典型的零件定位方法

(a) 重力定位；(b) 紧配合；(c) 滚花；(d) 翻边；(e) 扩口；(f) 旋压；(g) 模锻；(h) 收口；(i) 咬边；(j) 开槽与弯边；(k) 夹紧；(l) 定位销；(m) 螺钉定位；(n) 铆接；(o) 定位焊

2. 钎料的放置

除烙铁钎焊、火焰钎焊之外，大多数钎焊方法都是将钎料预先放置在接头上。安置钎料时，应尽量利用间隙的毛细作用、钎料的重力作用使钎料填满装配间隙。钎料的放置方法如图 9-4 所示，为避免钎料沿平面流失，应将环状钎料放在稍高于间隙的部位［见图 9-4 (a)、(b)］。将钎料放置在孔内可以防止钎料沿法兰平面流失［见 9-4 (c)、(d)］，对于水平位置的焊件，钎料只有紧靠接头才能在毛细作用下吸入间隙［见图 9-4（e）、（f）］。在接头上加工出钎料放置槽的方法，适用于紧密配合及搭接长度较大的焊件［见图 9-4（g）、（h）］。箔状钎料可直接放入接头间隙内［见图 9-4（i）、（j）、（k）］，并应施加一定的压力，以确保钎料填满面间隙。膏状钎料直接涂抹在钎焊处。粉末钎料可选用适当的粘结剂调和后粘附在接头上。

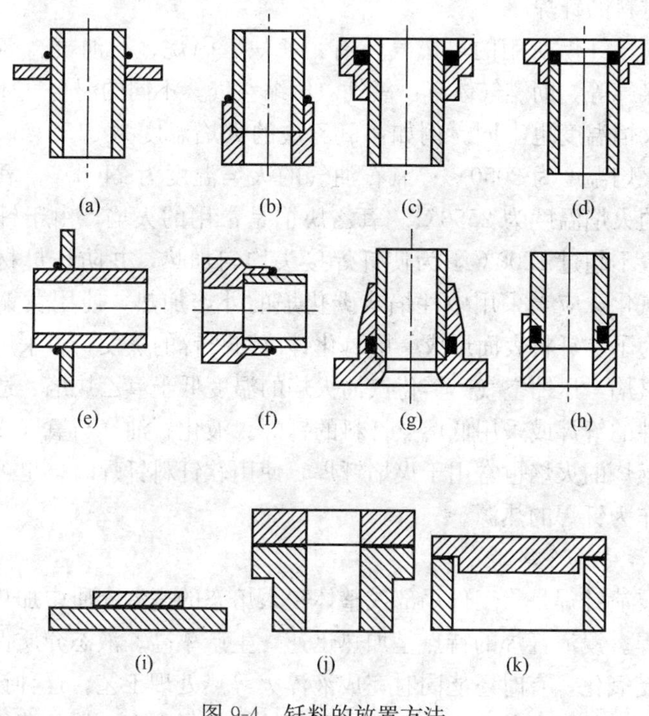

图 9-4　钎料的放置方法

（a）～（h）环状钎料的放置；（i）～（k）箔状钎料的放置

涂阻流剂是为了防止钎料的流失。阻流剂由氧化铝、氧化钛等稳定的氧化物与适当的粘结剂组成。钎焊前将糊状阻流剂涂在靠近接头的零件表面上，由于钎料不能润湿这些物质，所以被阻止流动。引流剂多应用于真空炉中钎焊及气体保护炉中钎焊。

四、钎焊方法

钎焊方法通常以所应用的热源来命名，生产中主要的钎焊方法有以下几种。

1. 火焰钎焊

火焰钎焊是使用可燃气体与氧气（或压缩空气）混合燃烧的火焰进行加热的钎焊。它所用的设备简单、操作方便、燃气来源广、焊件结构及尺寸不受限制，但是这种方法的生产率低、操作技术要求高，适于碳素钢、不锈钢、硬质合金、铸铁，以及铜、铝及其合金等材料的钎焊。

火焰钎焊所用的可燃气体有：乙炔、丙烷、石油气、雾化汽油、煤气等。助燃气体有：氧气、压缩空气。不同的混合气体所产生的火焰温度也不同。例如：氧乙炔的火焰温度为3150℃；氧丙烷的火焰温度为2050℃；氧石油气的火焰温度为2400℃；氧汽油蒸气的火焰温度为2550℃。氧乙炔焰是常用的火焰，由于钎料熔点一般不超过1200℃，为使钎焊接头均匀加热，并防止母材及钎料的氧化，应当采用中性焰或碳化焰的外焰加热，使用黄铜钎料时，为了在钎料表面形成一层氧化锌以防止锌的蒸发，可采用轻微的过氧焰，压缩空气—雾化汽油火焰的温度低于氧乙炔焰，适用于铝焊件的钎焊或采用低熔点钎料的钎焊。液化石油气与氧气或空气混合燃烧的火焰也常用于火焰钎焊，使用软钎料钎焊时，也可采用喷灯作为钎焊的热源。

2. 浸渍钎焊

浸渍钎焊是将工件局部或整体浸入熔态的高温介质中加热，进行钎焊。浸渍钎焊的特点是加热迅速、生产率高、液态介质保护零件不受氧化，有时还能同时完成液淬火等热处理工艺。这种钎焊方法特别适用于大量生产。浸渍钎焊的缺点是耗电多、熔盐蒸气污染严重、劳动条件差。浸渍钎焊有以下几种形式。

(1) 盐浴钎焊。这种钎焊主要用于硬钎焊。盐液应当具有合适的熔化温度、成分，性能应当稳定，对焊件能起到防止氧化的保护作用。钎焊钢、低合金钢时所用的盐液成分见表9-10。钎焊铝及铝合金用的盐液既是导热的介质，又是钎焊过程的钎剂，其成分见表9-7。盐浴钎焊的主要设备是盐浴炉。各种盐浴炉的型号和技术数据见表9-11。放入盐浴炉前，为了去除焊件及焊剂的水分，以防盐液飞溅，应将焊件预热到120～150℃。如果为了减小焊件浸入时盐浴温度的降低，缩短钎焊时间，预热温度可适当增高。

表 9-10　盐浴钎焊钢和低合金钢时所用的盐液成分

盐类	成分及质量分数（%）	钎焊温度（℃）	适用钎料
中性	$BaCl_2$ 100	1100～1150	铜
中性	$BaCl_2$ 95，NaCl 5	1100～1150	铜
中性	NaCl 100	850～1100	黄铜
中性	$BaCl_2$ 80，NaCl 20	670～1000	黄铜
含钎剂	$BaCl_2$ 80，NaCl 20，硼砂 1	900～1000	黄铜
中性	NaCl 5，KCl 50	730～900	银基钎料
中性	$BaCl_2$ 55，NaCl 25，KCl 20	620～870	银基钎料
氰化	Na_2CO_3 20～30，KCl 20～30，NaCN 30～60	650～870	银基钎料
渗碳	NaCl 30，KCl 30，碳酸盐 NaCN 15～20，活化剂余量	900～1000	黄铜

表 9-11　盐浴炉的型号和技术数据

名称	型号	功率（kW）	电压（V）	相数	最高工作温度（℃）	盐熔槽尺寸 A(mm)×B(mm)×C(mm)	最大技术生产率（kg/h）	质量（kg）
插入式电极盐浴炉	RDM2-20-13	20	380	1	1300	180×180×430	90	740
	RDM2-25-8	25	380	1	1300	300×300×490	90	842
	RDM2-35-13	35	380	3	850	200×200×430	100	893
	RDM2-45-13	45	380	1	1300	260×240×600	200	1395
	RDM2-50-6	50	380	3	600	500×920×540	100	2690
	RDM2-75-13	75	380	3	1300	310×350×600	250	1769
	RDM2-100-8	100	380	3	850	500×920×540	160	2690
	RYD-20-13	20	380	1	1300	245×150×430	—	1000
	RYD-25-8	25	380	1	850	380×300×490	—	1020
	RYD-35-13	35	380	3	1300	305×200×430	—	1043
	RYD-45-13	45	380	1	1300	340×260×600	—	1458
	RYD-50-6	50	380	3	600	920×600×540	—	3052
	RYD-75-13	75	380	3	1300	525×350×600	—	1652
	RYD-100-8	100	380	3	850	920×600×540	—	3052

续表

名称	型号	功率(kW)	电压(V)	相数	最高工作温度(℃)	盐熔槽尺寸 A(mm)×B(mm)×C(mm)	最大技术生产率(kg/h)	质量(kg)
坩埚式盐浴炉						D(mm)×h(mm)		
	RGY-10-8	10	220	1	850	ϕ200×350	—	1200
	RGY-20-8	20	380	3	850	ϕ300×555	—	1350
	RGY-30-8	30	380	3	850	ϕ400×575	—	1600

(2) 金属浴钎焊。这种方法主要用于软钎焊。将装配好的焊件浸入到熔态钎料中，依靠熔态钎料的热量使焊件加热，同时钎料渗入接头间隙完成钎焊，这种方法的优点是装配容易、生产率高、适用于钎缝多而复杂的焊件。缺点是焊件沾满钎料，增加了钎料的消耗量，并给钎焊后的清理增加了工作量。

(3) 波峰钎焊。它是金属浴钎焊的一个特例，主要用于印刷电路板的钎焊。波峰钎焊依靠泵的作用使熔化的钎料向上涌动，印刷电路板随传送带向前移动时与钎料波峰接触，进行了元器件引线与铜箔电路的钎焊连接。由于波峰上没有氧化膜，钎料与电路板可保持良好的接触，并且生产率高。

3. 炉中钎焊

炉中钎焊是将装配好钎料的焊件放在炉中加热并进行钎焊的方法，其特点是焊件整体加热、焊件变形小、加热速度慢，但是一炉可同时钎焊多个焊件，所以适于批量生产。

(1) 空气炉中钎焊。空气炉中钎焊使用一般的工业电阻炉将焊件加热到钎焊温度，依靠钎剂去除氧化物。

(2) 保护气氛炉中钎焊。根据所用气氛的不同，保护气氛炉中钎焊可分为还原性气体炉中钎焊和惰性气体炉中钎焊。还原性气的主要组分主要是氢及一氧化碳，它的作用是不仅防止空气侵入，而且能还原焊件表面的氧化物，有助于钎料润湿母材。表 9-12 列出了钎焊用还原性气体。放热型气体是可燃气体与空气不完全燃烧的产物。吸热型气体是碳氢化合物气体与空气在加热温度很高的热罐内和镍触媒的作用下反应形成的产物。进行还原性气体炉中钎焊时，应注意安全操作。为防止氢与空气混合引起爆炸，钎焊炉在加热前应先通 10～15min 还原性气体，以充分排出炉内的空气。炉子排出的气体应点火燃烧掉，以消除气体在炉聚集的危险。钎焊结束后，待炉温降至 150℃以下再停止供气。

表 9-12　　钎焊用还原性气体

<table>
<tr><th rowspan="2">气体</th><th colspan="4">主要成分（体积分数）（%）</th><th rowspan="2">露点（℃）</th><th colspan="2">用　途</th><th rowspan="2">备注</th></tr>
<tr><th>H_2</th><th>CO</th><th>N_2</th><th>CO_2</th><th>钎料</th><th>母材</th></tr>
<tr><td>放热型气体</td><td>14～15</td><td>9～10</td><td>70～71</td><td>5～6</td><td>室温</td><td rowspan="4">铜、铜磷、黄铜、银基</td><td>无氧铜、碳速铜、镍、蒙乃尔</td><td>脱碳性</td></tr>
<tr><td>放热型气体</td><td>15～16</td><td>10～11</td><td>73～75</td><td>—</td><td>−40</td><td rowspan="2">无氧铜、碳速铜、镍、蒙乃尔、高碳钢、镍基合金</td><td rowspan="2">渗碳性</td></tr>
<tr><td>吸热型气体</td><td>38～40</td><td>17～19</td><td>41～45</td><td>—</td><td>−40</td></tr>
<tr><td>氢气</td><td>97～100</td><td>—</td><td>—</td><td>—</td><td>室温</td><td rowspan="3">无氧铜、碳素钢、镍、蒙乃尔、高碳钢、不锈钢、镍基合金</td><td rowspan="3">脱碳性</td></tr>
<tr><td>干燥氢气</td><td>100</td><td>—</td><td>—</td><td>—</td><td>−60</td><td rowspan="2">铜、铜磷、黄铜、银基、镍基</td></tr>
<tr><td>分解氨</td><td>75</td><td>—</td><td>25</td><td>—</td><td>−54</td></tr>
</table>

惰性气体炉中钎焊通常采用氩气，氩气只起保护作用，其纯度高于 99.99%。

（3）真空炉中钎焊。焊件周围的气氛纯度很高，可以防止氧、氢、氮对母材的作用。高真空的条件可以获得优良的钎焊质量。一般情况下钎焊温度时的真空度不低于 13.3×10^3 Pa。钎焊后冷却到 150℃以下方可出炉，以免焊件氧化。真空钎焊设备包括真空系统及钎焊炉。钎焊炉可分为热壁型和冷壁型两类。真空钎焊设备的投资较大、设备维修困难，因此钎焊成本也比较高。

五、钎焊的焊接参数

钎焊温度和保温时间是钎焊的主要参数。钎焊温度通常高于钎料熔点 25～60℃，以保证钎料能填满间隙。

钎焊的保温时间与焊件尺寸、钎料与母材相互作用的剧烈程度有关。大件的保温时间应当长些，如果钎料与母材作用强烈，则保温时间应短些。一定的保温时间促使钎料与母材相互扩散，形成优质接头。保温时间过长会造成熔蚀等缺陷。

六、钎焊后的清洗

大多数钎剂残渣对钎焊接头有腐蚀作用，应当清除干净。软钎剂松香无腐蚀作用，不必清除。含松香的活性钎剂残渣不溶于水，可用异丙醇、酒精、汽油等有机溶剂清除。由有机酸及盐组成的钎剂，一般都溶于水，可以用热水清洗，如果是由凡士林调制的膏状钎剂，则可用有机溶剂清除。

含无机酸的软钎剂可以用热水清洗。含碱金属及碱金属氯化物的钎剂，可用体积分数为 2％的盐酸溶液清洗，然后用含少量 NaOH 的热水洗涤，以中和盐酸。

硬钎焊用的硼砂、硼酸钎剂，其残渣很难清除，通常采用喷砂清除残渣，如在焊件为热态时将其放入水中，钎剂残渣开裂而易于清除。含氟硼酸钾或氟化钾的硬钎剂残渣可采用水煮的方法，或在体积分数为 10％的柠檬酸热水中清除。

七、钎焊接头的缺陷

钎焊接头的缺陷及产生原因见表 9-13。

表 9-13　　钎焊接头的缺陷及产生原因

缺陷种类	产　生　原　因
部分间隙未填满	1. 接头设计不合适（间隙过小，接头装配不好） 2. 钎焊前表面清洗不充分 3. 钎剂选择不当（活性不足、润湿不好、钎剂与钎料熔点相差过大） 4. 钎焊区域温度不够 5. 钎料数量不足
钎料流失	1. 钎焊温度过高 2. 钎焊时间过长 3. 钎料与母材发生化学反应
钎焊区域钎料表面不光滑	1. 钎焊温度过高 2. 钎焊时间过长 3. 钎剂不足 4. 钎料金属晶粒粗大

续表

缺陷种类	产　生　原　因
钎缝中存在气孔	1. 熔化的钎料中混入游离的氧化物（因表面清洗不充分及使用不适当的钎剂所致） 2. 母材与钎料中析出气体 3. 钎料过热
钎缝中夹渣	1. 钎剂量过多 2. 钎料量不足 3. 钎料从钎缝两面同时填缝 4. 间隙选择不适当 5. 钎料与钎剂熔点相差过大 6. 钎剂的密度过大 7. 加热不均匀
钎缝区域有裂纹	1. 钎料凝固过程中工件振动 2. 钎料的固相线与液相线相差过大
母材区域有裂纹	1. 母材过烧或过热 2. 钎料向母材晶间渗入 3. 由于母材的导热性不好造成加热不均匀 4. 由于母材与钎料热膨胀差别过大产生热应力

第五节　常用金属材料的钎焊

一、碳素钢及低合金钢的钎焊

碳素钢表面的氧化物为 FeO、Fe_2O_3 等。低合金结构钢表面除了生成氧化铁以外，还可能生成合金元素的氧化物。除了铬、铝的氧化物影响较大以外，其他氧化物都比较易清除。

1. 钎料

在对碳素钢和低合金钢软钎焊时，可采用各种软钎料，其中以锡铅钎料应用最广泛。使用 H1SnPb10 锡铅钎料钎焊的低碳钢接头的抗拉强度为 93MPa，抗切强度为 37MPa，当采用 H1SnPb68-2 钎料时，则抗拉和抗压强度分别提高到 113MPa 及 49MPa。低碳钢用软钎料钎焊的接头强度见表 9-14。当采用铜、铜基钎料及银基钎料施行硬钎焊时，可获得较高的接头强度。低碳钢用硬钎料钎焊的接头强度见表 9-15。

表 9-14　　低碳钢用软钎料钎焊的接头强度

钎料牌号	抗切强度（MPa）			抗拉强度（MPa）
	低碳钢	镀锌铁皮	镀锡铁皮	低碳钢
纯锡	38	51	—	79
纯铅	14	17	—	79
HL601	51	43	46	105
HL602	50	42	36	115
HL603	60	57	49	101

表 9-15　　低碳钢用硬钎料钎焊的接头强度

钎料	抗切强度（MPa）	抗拉强度（MPa）
纯铜	176	343
H62	225	323
B-Ag40CuZnCd	203	386
B-Ag50CuZnCd	231	402
B-Ag45CuZn	197	363
B-Ag25CuZn	197	375
B-Ag10CuZn	198	376

2. 钎剂

软钎焊时，钎剂采用氯化锌水溶液或氯化锌、氯化氨混合溶液（见表 9-6 和表 9-7）。使用铜基钎料时，采用硼砂硼酸类钎剂或 QJ301。用银基钎料时，采用 QJ101、QJ102 等（见表 9-5）。

二、不锈钢的钎焊

由于不锈钢含有铬、钼、钛等合金元素，所以它的表面氧化物种类也很多，其中铬及钛的氧化物化学稳定性最好，必须采用活性很强的钎剂以及保护气体或真空度高的钎焊方法。

1. 钎料

根据钎焊件的使用要求、钎焊接头的性能、钎焊温度等，可选用不同的软钎料及硬钎料。1Cr18Ni9Ti 不锈钢用软钎料钎焊的接头强度见表 9-16。采用银（硬）钎料钎焊的接头强度见表 9-17。

表 9-16 1Cr18Ni9Ti 不锈钢用软钎料钎焊的接头强度

钎料牌号	抗切强度（MPa）	钎料牌号	抗切强度（MPa）
锡	31	HL603	32
HL601	22	HL604	33
HL602	33	HlAgPb97	21

表 9-17 银钎料钎焊的接头强度

牌号	润湿性		钎焊接头的强度（MPa）	
	温度(℃)	流布面积(cm^2)	抗拉强度(MPa)	抗切强度(MPa)
HL301	900	3.7	394	202
HL302	800	4.9	350	194
HL303	800	5.3	403	202
HL312	700	6.8	417	209
HL313	700	7.5	438	228
HL315	750	5.0	435	221

2. 钎剂

由于铬会形成稳定的氧化物，因此应该采用活性很强的钎剂。

软钎焊时，必须采用氯化锌盐酸溶液、氯化锌-氯化氨盐酸溶液或磷酸溶液。

硬钎焊时，在用银铜锌、银铜锌镉钎料时可采用 QJ101、QJ102。用铜基钎料钎焊时，应采用含氟化钙的 QJ200。

三、铜及铜合金的钎焊

铜及铜合金的钎焊性见表 9-18。铜及铜合金的表面氧化物主要是 Cu_2O_2 和 CuO，还有一些其他合金元素的氧化物。由于这些氧化物的化学稳定性较差，因此容易被还原、清除，几乎所有的钎焊方法都可采用。

表 9-18 铜及铜合金的钎焊性

名称	牌号	主要成分（质量分数）(%)	钎焊性
铜	T2	Cu>99.9	优
无氧铜	YU1	Cu>99.97	优
黄铜	H90	Zn10，余量 Cu	优

续表

名称	牌号	主要成分（质量分数）(%)	钎焊性
	H68	Zn32，余量 Cu	优
	H62	Zn38，余量 Cu	优
铅黄铜	HPb59-1	Zn40，Pb 1.5，余量 Cu	良
锰黄铜	HMn58-2	Zn40，Mn 2，余量 Cu	良
	HMn57-3-1	Zn39，Mn3，Al 1，余量 Cu	困难
铝黄铜	HA160-1-1	Zn40，Al1，Fe1，Mn0.35，余量 Cu	困难
锡黄铜	QSn4-3	Sn4，Zn3，余量 Cu	优
	QSn6.5-0.1	Sn6.5，P0.1，余量 Cu	良
铝青铜	Qal9-2	Al9，Mn2，余量 Cu	差
	Qal16-4-4	Al10，Fe4，Ni4，余量 Cu	差
铬青铜	QCr0.5	Cr0.75，余量 Cu	优
镉青铜	QCd1.0	Cd1，余量 Cu	优
铍青铜	Qbe2	Be2，Ni0.35，余量 Cu	良
硅青铜	Qsi3-1	Si3，Mn1，余量 Cu	良
锰白铜	BMn40-1.5	Ni40，Mn1.5，余量 Cu	优
锌白铜	BZn15-20	Ni15，Zn20，余量 Cu	优

1. 钎料

钎料可根据钎焊件的结构、性能作用进行选择。软钎焊可采用锡铅基、镉基、锌基钎料。硬钎焊采用铜基、铜磷银、银基钎料。采用软钎焊和硬钎焊钎焊铜及黄铜的接头强度见表 9-19 及表 9-20。

表 9-19　　软钎焊铜及黄铜的接头强度

钎料的型号及牌号	抗切度（MPa）		抗拉强度（MPa）	
	铜	黄铜	铜	黄铜
HlSnPb10	45.1	44.0	63.7	68.6
HlSnPb39	34.5	35.2	93.1	78.4
HlSnPb58-2	36.3	45.1	76.4	78.4
HlSnPb68-2	26.5	27.4	89.2	86.2

续表

钎料的型号及牌号	抗切度（MPa）		抗拉强度（MPa）	
	铜	黄铜	铜	黄铜
HlSnPb80-2	20.6	36.3	88.2	95.1
HL605	37.2	37.2	81.3	87.2
S-Sn95Sb	37.2	—	—	—
S-Sn92AgCuSb	35.2	—	−50	—
HlAgPb97	33.3	34.3	87.2	58.8
Hl503	44.1	46.0	73.8	88.2
HlAgCd96-1	57.8	—	90.1	—
HL506	48.0	54.9		96.0

表 9-20　　硬钎焊铜及黄铜的接头强度

钎料的型号及牌号	抗切强度（MPa）		抗拉强度（MPa）	
	铜	H62黄铜	铜	H62黄铜
H62	165	—	176	—
B-Cu60ZnSn-R	167	—	181	—
BCu54Zn	162	—	172	—
H1CuZn52	154	—	167	—
H1CuZn64	132	—	147	—
B-Cu93P	132	—	162	176
B-Cu92PSb	138	—	160	160
B-Cu92Ag	159	219	225	225
B-Cu80Ag	162	220	225	225
HlCuP6-3	152	205	202	202
B-Ag70CuZn	167	199	185	185
B-Ag65CuZn	172	211	177	177
B-Ag50CuZn	172	208	174	174
B-Ag45CuZn	177	216	181	181

续表

钎料的型号及牌号	抗切强度（MPa）		抗拉强度（MPa）	
	铜	H62黄铜	铜	H62黄铜
B-Ag25CuZn	167	184	172	172
B-Ag10CuZn	158	161	167	167
B-Ag72Cu	165	—	177	177
B-Ag50CuZnCd	177	226	210	210
B-Ag40CuZnCd	168	194	179	179

2. 钎剂

使用锡铅钎料焊铜时，钎剂可以是松香酒精溶液，也可以是活性松香和 $ZnCl_2+NH_4Cl$ 水溶液。使用镉基钎料时，钎剂可采用QJ205。使用硬钎料钎焊铜时，所用的钎剂可参照表 9-5 选用。

四、铝及铝合金的钎焊

由于铝及铝合金表面氧化物的化学稳定性很强，所以不易清除。因此，在钎焊时应当采用活性极强的钎剂或真空钎焊等方法。常用的铝及铝合金的钎焊性见表 9-21。

表 9-21　铝及铝合金的钎焊性

牌号	名称	熔化温度范围（℃）	主要成分（质量分数/%）	软钎焊剂	硬钎焊剂
L2-L6	2～6 号纯铝	660 以下	Al>99	优	优
LF21	21 号防锈铝	643～654	Mn1.3，余量 Al	优	优
LF1	1 号防锈铝	634～654	Mn1，余量 Al	良	优
LF2	2 号防锈铝	627～652	Mn2.5，Mn 0.3，余量 Al	困难	良
LF3	3 号防锈铝	—	Mn3.5，Mn0.45，余量 Al	困难	差
LF5	5 号防锈铝	568～638	Mn4.7，Mn0.45，余量 Al	困难	差
LY11	11 号硬铝	515～641	Cu4.3，Mg0.6，Mn0.6，余量 Al	差	差
LY12	12 号硬铝	505～638	Cu4.3，Mg1.5，Mn0.6，余量 Al	差	差

续表

牌号	名称	熔化温度范围（℃）	主要成分（质量分数/%）	软钎焊剂	硬钎焊剂
LD2	2号锻铝	593～651	Cu0.4，Mg0.7，Si0.8，余量Al	良	良
LD6	6号锻铝	555以上	Cu2.4，Mg0.6，Si0.9，余量Al	良	困难
LC4	4号超硬铝	477～638	Cu1.7，Mg2.4，Zn6，Mn0.4，Cr0.2，余量Al	差	差
ZL102	—	577～582	Si12，余量Al	差	困难
ZL202	—	549～582	Cu5，Mn0.8，Ti0.25，余量Al	良	困难
ZL301	—	525～615	Mg10.5，余量Al	差	差

1. 钎料

采用软钎料钎焊铝时，例如用锌基、镉基钎料时，所得到的接头腐蚀性较差、强度低。采用硬钎料可以提高接头的耐蚀性及强度。表9-22列出了铝合金硬钎料的适用范围。铝及铝合金钎焊的接头强度见表9-23。

表9-22　　铝合金硬钎料的适用范围

钎焊牌号	钎焊温度（℃）	钎焊方法	可钎焊的金属
HlAlSi7.5	599～621	浸渍、炉中	L2～L6，LF21
HlAlSi10	588～604	浸渍、炉中	L2～L6，LF21
HlAlSi12	582～604	浸渍、炉中、火焰	L2～L6，LF21，LF1，LF2，LD2
HlAlSiCu10-4	585～604	浸渍、炉中、火焰	L2～L6，LF21，LF1，LF2，LD2
HL403	562～582	火焰、炉中	L2～L6，LF21，LF1，LF2，LD2
HL401	555～576	火焰	L2～L6，LF21，LF1，LF2，LD2，LD5，ZL102，ZL202

续表

钎焊牌号	钎焊温度（℃）	钎焊方法	可钎焊的金属
B62	500~550	火焰	L2 ~ L6，LF21，LF1，LF2，LD2，LD5，ZL102，ZL202
HlAlSiMg7.5-1.5	599~621	真空炉中	L2~L6，LF21
HlAlSiMg10-1.5	588~604	真空炉中	L2~L6，LF21，LD2
HlAlSiMg12-1.5	582~604	真空炉中	L2~L6，LF21，LD2

表 9-23　铝及铝合金钎焊的接头强度

钎料	抗切强度（MPa）			抗拉强度（MPa）		
	L3	LF21	LD2	L3	LF21	LD2
HL400	40	58	—	68	98	—
HL401	41	59	—	69	98	—
HL402	42	57	90	70	95	156
HL403	42	60	91	68	96	155
HL501	39	51	—	63	85	—
HL502	40	56	—	65	86	—
HL505	43	48	83	65	96	135
HL607	41	—	—	62	73	—

2. 钎剂

钎焊铝及铝合金用钎剂的牌号、组分、适用的钎焊温度等见表9-6及表9-7。对于铝及铝合金钎焊，应当注意钎焊后必须清除残渣。否则，钎焊接头在使用过程中容易腐蚀破坏。

第六节　钎焊工程实例

一、铜管翅式散热器的软钎焊

管翅式散热器用于汽车散热，其结构如图9-5所示。散热器由扁形铜管与铜片焊接而成，铜管内通水冷却，翅片为空冷散热用。

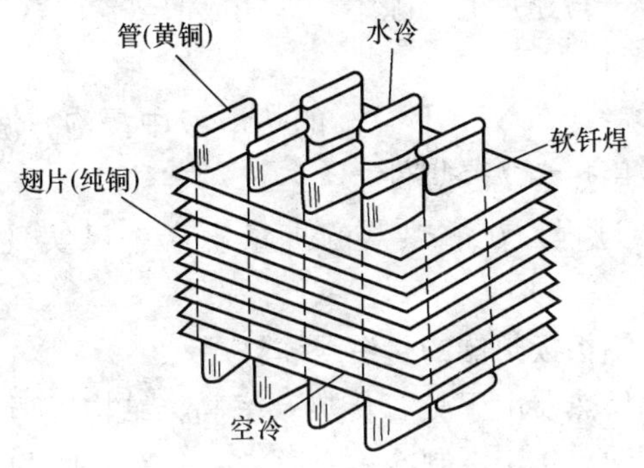

图 9-5　管翅式散热器的结构

1. 钎焊前的准备

(1) 将黄铜带材表面热浸，涂软钎料，钎料为锡铜钎料(HL603)。所用钎剂为氯化锌水溶液，成分为 4.5L 溶液内含氯化锌 3.5kg。黄铜带材表面浸涂钎料的厚度为 0.015～0.025mm。

(2) 将涂有钎料的黄铜带材卷绕成管[见图 9-6(a)～图 9-6(e)]，并切断成规定的长度。

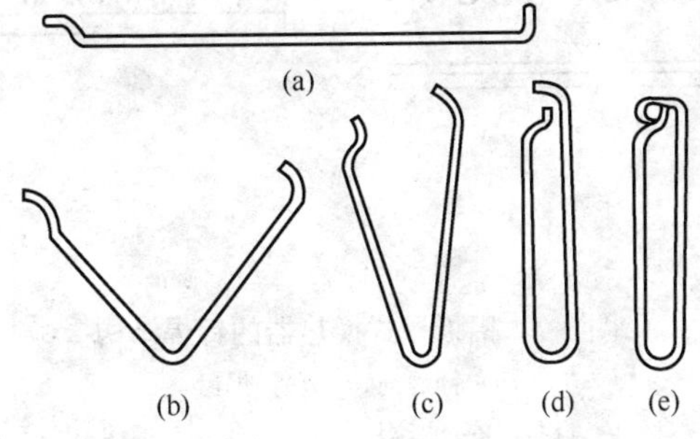

图 9-6　卷管的工艺过程

(3) 按照散热器的图样要求，将管子插入翅片，装配成焊件，间隙为 0.025～0.05mm。

2. 钎焊工艺过程

(1) 将装配好的焊件浸入上述钎剂中。

(2) 焊件在炉中（或烘箱中）加热，使钎料熔化后填入到管子卷边接缝及管子与翅片的间隙中，即完成散热器的软钎焊。

3. 钎焊后清洗

焊件出炉后，在（HCl）2%的热溶液中浸泡、洗涤，去除钎剂残渣，最后用热水洗净焊件。

以上生产过程，在散热器的批量生产中已实现机械化及自动化。

二、大型铝板换热器的盐浴浸渍钎焊

铝板翅片换热器由于具有传热效率高、结构轻巧紧凑等特点，广泛应用于石油、化工、制冷、交通、冶金等工业部门，并且逐渐替代了铜管式换热器。图 9-7 是典型的铝板翅式换热器的钎焊结构，它由隔板、波纹板、封条等组成，其全部材质为 LF21 铝合金。钎料为 HlAlSi7.5，熔化温度范围为 557～612℃。钎料可制成箔状铺放在隔板上，但是较多的情况是采用轧制方法将钎料复合于隔板上制成双金属板，从而简化装配工艺。

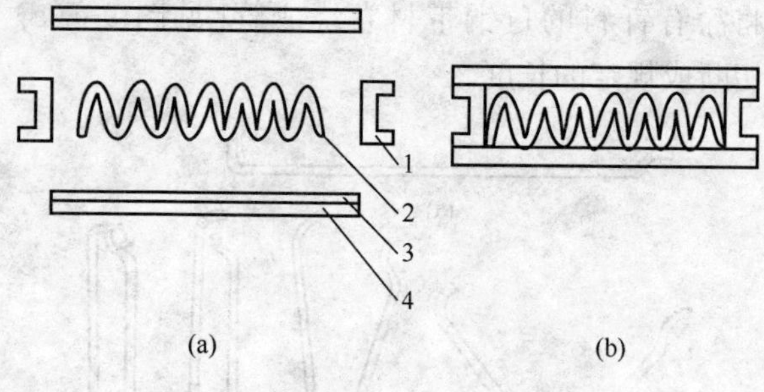

图 9-7　铝板翅式换热器的钎焊结构

(a) 钎焊前；(b) 钎焊后

1—封条；2—波纹板；3—钎料；4—隔板

1. 钎焊前的准备

(1) 零件先在 ω（Na_2CO_3）为 2%～5%和 $\omega_{(601洗涤剂)}$ 为 2%～6%的混合液中去油。

(2) 然后在 $\omega_{(NaOH)}$ 为 5%～10%溶液中去除氧化物。

(3) 用 $\omega_{(HNO_3)}$ 为 20%～40%的溶液进行中和处理。

(4) 用流动的清水洗净并烘干零件。

(5) 在夹具中装配成所要求的结构，外形尺寸为 710mm×750mm×2100mm，共 66 层。

(6) 将装配好的结构在功率为 150kW 的预热炉中预热至 560℃，3h。预热的目的如下。

1) 提高焊件在盐浴炉中的温度。

2) 防止钎剂凝固阻塞焊件通道。

3) 缩短钎焊时间。

2. 钎焊的工艺过程

(1) 预热完毕的焊件立即浸入到温度保持在 615℃的盐浴槽中钎焊。盐液既是导热的介质，把焊件加热到钎焊温度，又是钎焊过程中的钎剂。钎剂成分（质量分数）为：KCl 44%，NaCl 12%，LiCl 34%，$KF \cdot AlF_3$ 10%（熔点为 480～520℃）。盐浴槽为电极式盐浴电阻炉，盐浴槽的尺寸为 3200mm×1300mm×1400mm，功率 250kW。

(2) 钎焊时采用三次浸渍工艺：第一次焊件以 30°角左右倾斜浸入，浸入的速度适当慢一些，以利于空气的排出。待焊件全部浸入时，再把焊件放平，保持 4min 以后，焊件从另一端以 30°吊起离开盐浴面，待钎剂大部分排出后，再第二次浸入。如此顺序共进行三次浸渍，浸渍的保持时间是：第一次 4min，第二次 2min，第三次 4min，焊件在盐浴中的加热时间共计 10min，在最后一次倒盐时，应尽量将焊件中的钎剂排尽。

3. 钎焊后的清洗

(1) 钎焊完毕后，焊件在空气中冷却 90min，待焊件的中心温度降到 200～300℃时，即可在沸水中速冷。

(2) 按表 9-24 所列出的顺序清洗，去除钎剂造成的任何痕迹，直到各通道中倒出来的内存水氯离子含量通过“盐迹试验”。

表 9-24　钎焊后的清洗过程

工序	清　洗　液	时间（min）	温度（℃）
1	浸入热水槽速冷	2～5	>80
2	循环水冲洗	4～8h	>60

续表

工序	清　洗　液	时间（min）	温度（℃）
3	草酸2%～4%　佛化钠1%～2% 601洗涤剂2%～4%　（烷基磺酸钠）	5～20	室温
4	循环水冲洗	10～30	>60
5	硝酸10%～20%	5～10	室温
6	循环水冲洗	5～30	>60
7	铬酸1.1%，硼酸1.9% 氟硅酸钠1.9%	1～5	室温
8	循环水冲洗	10～30	>60

4. 渗漏检验

(1) 用热空气干燥。

(2) 进行渗透漏检验，该换热器的设计压力为0.6MPa，经检验达到质量要求即完成制造工程。

第十章

电　阻　焊

第一节　概　　述

电阻焊是将被焊工件压紧于两电极之间并通过电流，利用电流经过工件接触面及邻近区域产生的电阻热将其加热到熔化或塑性状态，使金属结合的一种方法。电阻焊具有生产效率高、成本低、节省材料、易于自动化等特点，因此广泛用于航空、航天、能源、电子、汽车、轻工等工业部门，是现代焊接技术中最重要的焊接工艺之一。

一、电阻焊的特点

电阻焊的主要特点如下。

（1）熔核形成时始终被塑性环包围，熔化金属与空气隔绝，冶金过程简单。

（2）加热时间短，热量集中高，热影响区域小，所以变形与应力也小，焊接后不需要矫正和进行热处理。

（3）无须焊丝、焊条等填充金属，生产成本相对较低。

（4）操作简单，易于掌握，容易实现机械化和自动化，生产效率大大地提高，但电阻焊因有火花喷溅，所以焊接时需要进行隔离操作。

（5）目前还比较缺乏可靠的无损害的检验方法，焊接质量只能依照试样的破坏性实验来检测以及通过监测技术来保证。

（6）点、缝焊的搭接接头不仅增加了构件的质量，而且也使接头的抗拉强度及疲劳强度有所降低。

二、电阻焊的分类

电阻焊的分类有很多，按照工艺方法可分为电阻点焊、缝焊、凸焊和对焊 4 种，具体的分类如图 10-1 所示。

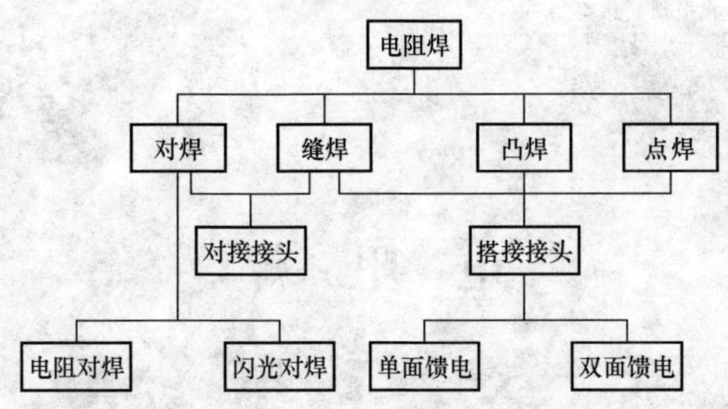

图 10-1　按照工艺方法分的电阻焊种类

第二节　点　　焊

一、点焊的过程

点焊时工件只在有限的接触面上，即所谓“点”上被焊接起来，并形成扁球形的熔核，点焊又分为单点焊和多点焊。多点焊时使用两对以上的电极，在同一工序内同时形成多个熔核。因此电焊过程实际上可以分为三个阶段：焊件在电极之间预先加压、将焊接部位加热到所需的温度、焊接部位在电极压力的作用下冷却。

点焊是一种高速、经济的连接方法，它主要适用于制造可以采用搭接的工件，以及接头不要求气密的薄板构件，如汽车驾驶室、金属车厢的钣金等。

二、点焊工艺

1. 焊件的表面处理

焊接前应清除焊件表面的油、锈、氧化皮等污物，一般情况下可以采用机械打磨方法和化学清洗的方法。

2. 焊件的装配

为了控制好焊件的间隙（<0.5～0.8mm），一般可以采用夹具来保证装配质量。

3. 焊接顺序的安排原则

（1）多余的焊点都应尽量在分流最小的条件下焊接。

(2) 焊接时应先进行定位点焊。定位点焊应选择在结构最重要和难以变形的部位。

(3) 尽量减小焊件的变形。

4. 点焊的焊接参数

对于电极力不变的单脉冲点焊，其焊接参数包括焊接电流、焊接的通电时间、电极压力和电极工作端面的形状及尺寸。

三、常用金属材料的点焊

1. 低碳钢的点焊

交流点焊机通常用于0.25～6.0mm厚的冷轧、热轧钢板，在此范围以外的板材需采用特殊的点焊机。表10-1列出了厚度为0.5～3.2mm的低碳钢点焊的焊接参数。表10-2列出了厚度为3～8mm低碳钢单点焊的焊接参数（使用容量>150kVA、有脉冲时间调节的点焊机）。

表10-1 低碳钢板点焊的焊接参数

参数类别	板厚(mm)	电极直径(mm)	焊接的通电时间（周）	电极压力(N)	焊接电流(kA)	熔核直径(mm)	抗切力(N)
最佳参数	0.5	ϕ4.8	6	1350	6	4.3	2400
	0.8	ϕ4.8	8	1900	7.8	5.3	4400
	1.0	ϕ6.4	10	2250	8.8	5.8	6100
	1.2	ϕ6.4	12	2700	9.8	6.2	7800
	2.0	ϕ8.0	20	4700	13.3	7.9	14500
	3.2	ϕ9.5	32	8200	17.4	10.3	31000
中等参数	0.5	ϕ4.8	11	900	5	4.0	2100
	0.8	ϕ4.8	15	1250	6.5	4.8	4000
	1.0	ϕ6.4	20	1500	7.2	5.4	5400
	1.2	ϕ6.4	23	1750	7.7	5.8	6800
	2.0	ϕ8.0	36	3000	10.3	7.6	13700
	3.2	ϕ9.2	60	5000	12.9	9.9	28500
一般参数	0.5	ϕ4.8	24	450	4	3.6	1750
	0.8	ϕ4.8	30	600	5	4.6	3550
	1.0	ϕ6.4	36	750	5.6	5.3	5300
	1.2	ϕ6.4	40	850	6.1	5.5	6500
	2.0	ϕ8.0	34	1500	8.0	7.1	13050
	3.2	ϕ9.2	105	2600	10.0	9.4	26600

表 10-2　低碳钢粗 2 组 A 类电极多脉冲单点焊的焊接参数

板厚(mm)		电极直径(mm)	电极压力(N)	焊接电流(kA)	焊接脉冲数			单点抗力(kN)
					单点	焊点的中心距(mm)		
δ_1	δ_2					25～50	50～100	
3	3	ϕ11	8.2	16	3	5	4	20
3	5	ϕ11	8.2	16	3	5	4	20
3	6	ϕ11	8.2	16	3	5	4	20
5	5	ϕ13	8.9	19	6	18	12	45
5	6	ϕ13	8.9	19	6	18	12	45
5	8	ϕ13	8.9	19	6	18	12	45
6	6	ϕ14	9.2	21	20	20	15	67
6	8	ϕ14	9.2	21	20	20	15	67
8	8	ϕ16	11.0	25	27	27	20	91

注　存在分流时，焊接电流相应增大。

2. 低合金钢的点焊

低合金钢的点焊通常采用以下三种工艺方法。

(1) 软参数焊接：减小熔核凝固速度，防止形成裂纹，降低冷却速度，以提高焊点的塑性。这种方法焊接的通电时间是焊接同厚度低碳钢板的 3～4 倍。

(2) 双脉冲参数。这种方法可以直接使熔核在凝固时受到补充加热，降低凝固的速度，增强了电极压力的压实效果，防止了裂纹的产生。

(3) 电极间热处理的点焊。此方法需要的是双脉冲焊接参数，而且两个脉冲之间的间歇时间较长。第一次加热后的焊点温度能降低到马氏体转变温度以下，产生淬火。第二脉冲的电流约为第一脉冲的 50%，使再次加热时的焊点温度低于重结晶温度，而超过马氏体的转变温度，以产生回火效应，使焊点的塑性提高。

3. 不锈钢的点焊

不锈钢的电导率低，仅为低碳钢的 17%～20%，其导热率也低，是低碳钢的 33%，因此可以采用小电流或短时间点焊。

4. 高温合金的点焊

高温合金的电阻率及高温强度比不锈钢更大，点焊时间可以减小焊接电流，但必须增大电极压力，还应注意表面的清理。

5. 铝合金的点焊

铝合金点焊的最小间距一般大于板厚的 8 倍。

6. 钛及钛合金的点焊

钛及钛合金点焊时采用的焊点间距和最小边缘距离见表 10-3。

表 10-3　　钛及钛合金点焊的焊点边距和间距　　(mm)

钛板的总厚度	最小边距	最小点距	钛板的总厚度	最小边距	最小点距
>0～2.0	6.3	6.3	4.6～5.0	11.1	25.4
2.1～2.5	6.3	9.5	5.1～6.0	12.7	30.1
2.6～3.0	7.9	12.7	6.1～7.0	14.0	36.5
3.1～3.5	7.9	15.8	7.1～8.0	15.8	42.5
3.6～4.0	9.5	19.0	8.1～9.0	15.8	49.0
4.1～4.5	9.5	22.2	6.1～9.5	15.8	55.5

7. 铜及铜合金的点焊

与铝合金相比，铜合金的电阻率稍高而导热性稍差，所以点焊并无太大的困难。厚度小于 1.5mm 的铜合金，尤其是低电导率的铜合金广泛应用于实际生产中。纯铜由于电导率极高，所以点焊比较困难。

铜及铜合金的焊接参数见表 10-4 和表 10-5。

表 10-4　　黄铜（75∶35）点焊的焊接参数

厚度（mm）	电极压力（kN）	波形调制（周）	焊接时间（周）	焊接电流（kA）	抗切力（kN）
0.8+0.8	3	3	6	23	1.5
0.8+1.6	3	3	6	23	—
0.8+2.3	3	3	8	22	—
0.8+3.2	3	3	10	22	—
1.2+1.2	4	3	8	23	2.3
1.6+1.6	4	3	10	25	2.9
1.6+2.3	4.5	3	10	26	—
1.6+3.2	4.5	3	10	26	—
2.3+2.3	5	3	14	26	5.3
2.3+3.2	6	3	14	31	—
3.2+3.2	10	3	16	43	8.5

表 10-5　　用复合电极点焊黄铜的焊接参数

板料厚度（mm）	电极压力（kN）	焊接时间（周）	焊接电流（kA）	抗切力（kN）
0.4	0.6	5	8	1
0.6	0.8	6	9	1.2
0.8	1.0	8	9.5	2
1.0	1.2	11	10	3

四、点焊接头的质量

点焊接头的质量，首先是接头应具有一定的强度，这主要取决于熔核尺寸（熔核直径及熔透率）、熔核及其周围热影响区的金属组织及缺陷。点焊焊接结构的缺陷见表 10-6。点、缝焊由于毛坯准备不好（如圆角尺寸不符合要求、折边不正，即折边角度与尺寸不合要求），组合件装配质量不良、焊机电极臂刚度较差等都会造成焊接结构的缺陷，这些缺陷同样也会引起质量问题。甚至出现废品。

表 10-6　　点焊焊接结构的缺陷

缺陷种类	产生的可能原因	改进措施
焊点间板件起皱或鼓起	装配不良、板间间隙过大	精心装配、调整
	焊序不正确	采用合理的焊序
	极臂刚度差	增强刚度
搭接边错移	没定位点焊或定位点焊不牢	调整定位点焊的焊接参数
	定位焊点的间距过大	增加定位焊点
	夹具不能保证夹紧焊件	更换夹具
接头过分翘曲	装配不良或定位焊距离过大	精心装配、增加定位焊点的数量
	参数过软、冷却不良	调整焊接参数
	焊序不正确	采用合理的焊序

五、点焊设备

1. 组成

点焊机及缝焊机的简图如图 10-2 所示。点焊机应当能够以一定的压力压紧焊件，并且能向焊接区域传送电流。点焊机由机架、焊接变压器、加压机构、控制箱等部件组成。

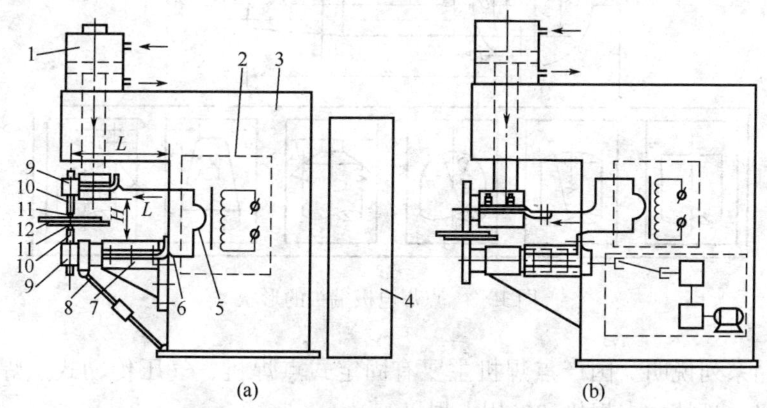

图 10-2　点焊机及缝焊机的简图

（a）点焊机；（b）焊缝机

1—加压机构；2—焊接变压器；3—机座；4—控制箱；5—二次线圈；6—柔性母线；7—支座；8—撑杆；9—机臂；10—电极握杆；11—电极；12—焊件

2. 分类

（1）按安装方式分为：固定式、移动式、轻便式（悬挂式）。

（2）按焊接电流的波形分为：交流型、低频型、电容储能型。

（3）按用途分为：通用型、专用型、特殊型。

（4）按加压机构的传动方式分为：脚踏式、电动凸轮式、气压式、液压式、复合式等。

（5）按活动电极的移动方式分为：垂直行程式、圆弧行程式。

（6）按焊点数目分为：单点式、双点式、多点式。

3. 电极

点焊电极端头的形状如图 10-3 所示。

电极材料主要是铜及铜合金，以及钨、钼等粉末烧结材料。电阻焊的电极材料分为 A、B 两组共 14 类合金。

4. 国产点焊机的型号及主要技术数据

国产点焊机的型号及主要技术数据可参照相关的国家标准及产

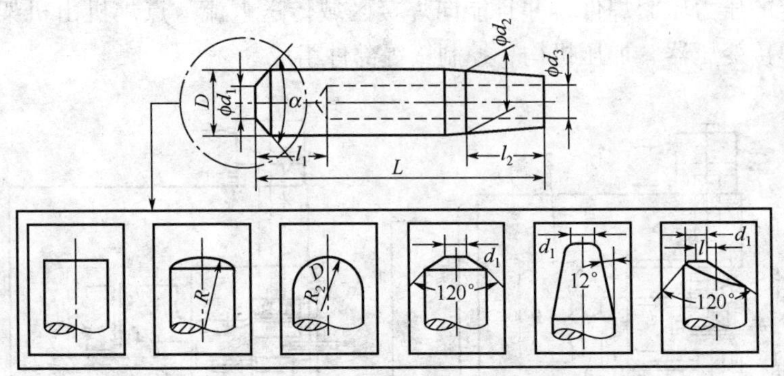

图 10-3 点焊电极端头的形状

品系列说明。国产点焊机主要有固定式点焊机、气压传动式点焊机、悬挂式点焊机和专用点焊机等。

第三节 缝 焊

一、缝焊的基本形式

1. 连续缝焊

连续缝焊是指焊件在两个滚轮电极间连续移动（即滚轮连续旋转），焊接电流也连续通过。这种工艺方法滚轮容易发热磨损，熔核附近也容易过热，焊缝下凹。

2. 断续缝焊

断续缝焊是指焊件连续移动，而电流断续通过，这种情况下，滚轮有冷却的时间，应用比较广泛。但是在熔核冷却时，滚轮已一定程度地离开焊件，不能充分地挤压，致使某些金属容易产生缩孔。

3. 步进焊缝

将焊件置于两滚轮的电极之间，滚轮电极连续加压，间歇滚动，当滚轮停止时通电，当液轮滚动时断电，这样交替进行的缝焊法即步进缝焊。这种缝焊法使焊件断续移动（即滚轮间歇式滚动），电流在焊件静止时通过，熔核在全部结晶过程中都有顶锻力存在，所以焊缝致密。但是这种工艺需要比较复杂的机械装置。

二、缝焊工艺

1. 接头形式

最常用的缝焊接头形式是卷边接头和搭边接头，如图 10-4 所示。滚轮的工作表面如图 10-5 所示。圆柱形常用于焊接钢件，b=4～8mm；球面形用于焊接金属。

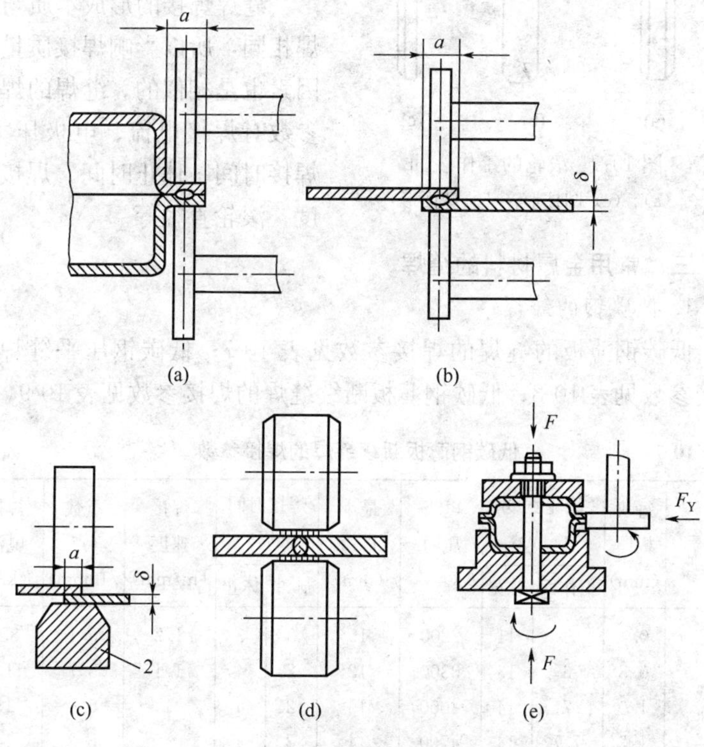

图 10-4　缝焊的接头形式

2. 焊前的表面处理

焊前应对接头两侧附近宽约 20mm 处进行清理。

3. 缝焊的分类

缝焊按接头的形式可分为搭接缝焊、压平缝焊、垫箔对接缝焊和铜线电极缝焊 4 种。其中搭接缝焊以双面缝焊最为常见，压平缝焊的搭接量比一般缝焊要小得多，约为板厚的 1～1.5 倍，垫箔对

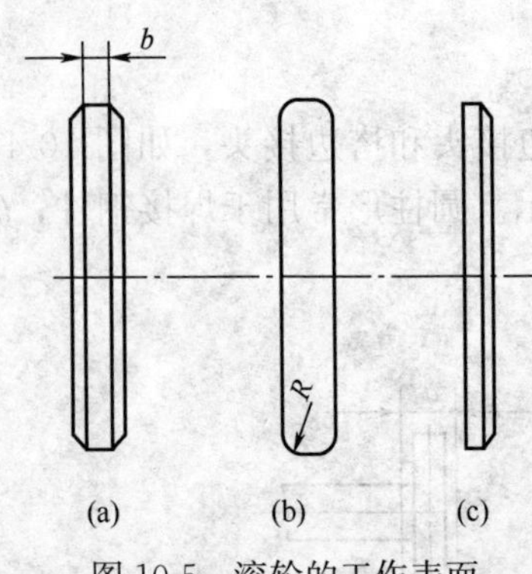

图 10-5　滚轮的工作表面
(a)、(c) 圆柱形；(b) 球面形

接缝焊是解决厚板缝焊的一种方法，铜线电极缝焊是解决镀层钢板缝焊时镀层粘着滚轮的有效方法。

4. 缝焊的焊接参数

缝焊焊接的形成本质与点焊相同，所以影响焊接质量的因素也是相似的。缝焊的焊接参数有焊接电流、电极压力、焊接时间、休止时间、焊接速度、滚轮直径等。

三、常用金属材料的缝焊

1. 低碳钢的缝焊

低碳钢薄板的缝焊的焊接参数见表 10-7；低碳钢压平缝焊的焊接参数见表 10-8；低碳钢薄板断续缝焊的焊接参数见表 10-9。

表 10-7　　　　低碳钢薄板断续缝焊的焊接参数

工艺类别	每块板厚(mm)	滚轮宽度(mm)		电极压力(N)	最小搭边(mm)	焊接时间(周)		焊接速度(m/min)	点数(点/10mm)	焊接电流(kA)
		工作面	总宽			脉冲	休止			
低速缝焊	0.4	5	11	2200	10	3	3	1.2	5.1	8.6
	0.8	6	13	3300	12	2	4	1.1	5.7	11.7
	1.0	7	14	4000	13	2	4	1	6.0	13
	1.2	7.7	14	4700	14	3	4	0.9	5.3	14
	2.0	10	17	7200	17	6	6	0.7	3.9	16.5
	3.2	13	20	10000	22	6	6	0.6	5.2	20
中速缝焊	0.4	5	11	2200	10	2	2	2.0	4.5	9.7
	0.8	6	13	3300	12	3	2	1.8	4.9	13
	1.0	7	14	4000	13	3	3	1.8	3.4	14.5
	1.2	7.7	14	4700	14	4	3	1.7	3.0	16
	2.0	10	17	7200	17	5	5	1.4	2.5	19
	3.2	13	20	10000	22	11	7	1.1	1.8	22

续表

工艺类别	每块板厚(mm)	滚轮宽度(mm)		电极压力(N)	最小搭边(mm)	焊接时间(周)		焊接速度(m/min)	点数(点/10mm)	焊接电流(kA)
		工作面	总宽			脉冲	休止			
高速缝焊	0.4	5	11	2200	10	2	1	2.8	4.2	12
	0.8	6	13	3300	12	2	1	2.6	4.6	15.5
	1.0	7	14	4000	13	2	2	2.5	3.6	18
	1.2	7.7	14	4700	14	2	2	2.4	3.7	19
	2.0	10	17	7200	17	3	1	2.2	4.2	22
	3.2	13	20	1000	22	4	2	1.7	3.4	27.5

表 10-8　　低碳钢压平缝焊的焊接参数

板厚(mm)	搭接量(mm)	电极压力(kN)	焊接电流(kA)	焊接速度(m/min)
0.8	1.2	4	13	320
1.2	1.8	7	16	200
2.0	2.5	11	19	140

表 10-9　　低碳钢垫箔缝焊的焊接参数

板厚(mm)	电极压力(kN)	焊接电流(kA)	焊接速度(m/min)
0.8	2.5	11.0	120
1.0	2.5	11.0	120
1.2	3.0	12.0	120
1.6	3.2	12.5	120
2.3	3.5	12.0	100
3.2	3.9	12.5	70
4.5	4.5	14.0	50

2. 低合金钢的缝焊

低合金钢缝焊的焊接参数见表 10-10。

表 10-10　　低合金钢缝焊的焊接参数

板厚(mm)	滚轮宽度(mm)	电极压力(kN)	焊接电流(kA)	时间(周)		焊接速度(m/min)
				焊接	休止	
0.8	5～6	2.5～3.0	6～8	6～7	3～5	60～80
1.0	7～8	3.0～3.5	10～12	7～8	5～7	50～70
1.2	7～8	3.5～4.0	12～15	8～9	7～9	50～70

续表

板厚(mm)	滚轮宽度(mm)	电极压力(kN)	焊接电流(kA)	时间（周）		焊接速度(m/min)
				焊接	休止	
1.5	7～9	4.0～5.0	15～17	9～10	8～10	50～60
2.0	8～9	5.5～6.5	17～20	10～12	10～13	50～60
2.5	9～11	6.5～8.0	20～24	13～15	13～15	50～60

注 滚轮直径为150～200mm。

3. 不锈钢缝焊

不锈钢缝焊的焊接参数见表10-11。

表10-11　不锈钢缝焊的焊接参数

板厚(mm)	滚轮宽度(mm)	电极压力(kN)	焊接电流(kA)	最大焊接速度(m/min)		脉冲时间(周)	休止时间(周)		最小搭边(mm)
				厚度比[①] 1∶1	厚度比 1∶3		厚度比 1∶1	厚度比 1∶3	
0.15	4.8	1400	4.0	1.52	1.70	2	1	1	7
0.30	6.4	2000	5.6	1.22	1.40	3	2	2	8
0.55	6.4	3200	7.9	1.40	1.40	3	2	3	10
1.0	9.5	5900	13.0	1.20	1.14	3	5	6	13
1.6	12.7	8400	15.1	1.00	1.04	4	6	8	16
2.0	15.9	10400	16.5	1.00	1.04	4	7	8	18
3.2	19.1	15000	17.0	0.97	0.94	6	7	9	22

注 1. 电极材料为ISOA组3类。

2. 球面形滚轮球半径 R 为75mm。

① 厚度比为两块板的厚度比。

4. 铝合金的缝焊

铝合金缝焊的焊接参数见表10-12。

表10-12　铝合金缝焊的焊接参数

板厚(mm)	滚轮的球面半径(mm)	步距(点距)(mm)	LF21、LF3、LF6				LY21CZ、LC4CS			
			电极压力(kN)	焊接时间(周)	焊接电流(kA)	每分钟点数	电极压力(kN)	焊接时间(周)	焊接电流(kA)	每分钟点数
1.0	100	2.5	3.5	3	49.6	120～150	5.5	4	48	120～150

续表

板厚 (mm)	滚轮的球面半径 (mm)	步距（点距）(mm)	LF21、LF3、LF6				LY21CZ、LC4CS			
			电极压力 (kN)	焊接时间（周）	焊接电流 (kA)	每分钟点数	电极压力 (kN)	焊接时间（周）	焊接电流 (kA)	每分钟点数
1.5	100	2.5	4.2	5	49.6	120～150	8.5	6	48	100～120
2.0	150	3.8	5.5	6	51.4	100～120	9.0	6	51.4	80～100
3.0	150	4.2	7.0	8	60.0	60～80	10	7	51.4	60～80
3.5	150	4.2	—	—	—	—	10	8	51.4	60～80

5. 工业纯钛的缝焊

工业纯钛缝焊的焊接参数见表 10-13。

表 10-13　工业纯钛（TA1、TA2）缝焊的焊接参数

板厚 (mm)	焊接电流 (kA)	通电时间 (s)	休止时间 (s)	电极压力 (kN)	焊接速度 (m/h)	滚轮的球面直径 (mm)
0.6+0.6	6000	0.08～0.10	0.10～0.16	1.96～2.45	45～50	50～75
0.8+0.8	6500	0.10～0.20	0.16～0.20	2.45～2.94	42～48	50～75
1.0+1.0	7500	0.13～0.14	0.20～0.28	2.94～3.43	36～42	75～100
1.2+1.2	8500	0.14～0.18	0.28～0.36	3.43～3.92	33～39	75～100
1.5+1.5	9000	0.18～0.24	0.36～0.48	3.92～4.41	30～36	75～100
1.7+1.7	10000	0.18～0.24	0.36～0.48	4.41～4.90	30～36	75～100
2.0+2.0	11500	0.20～0.28	0.40～0.56	4.90～5.88	30～36	100～150
2.5+2.5	14000	0.28～0.32	0.60～0.80	6.37～7.35	20～25	100～150
2.0+3.0	50000～60000	0.16	0.34	8.82	40～45	上轮 Φ205×13
3.0+3.0	50000～60000	0.16	0.34	8.82	40～45	下轮 Φ240×20

四、焊接接头的质量

缝焊接头的质量分析、缺陷产生的原因、改进的措施等与点焊相似，参见表 10-6。

五、缝焊设备

缝焊机与点焊机的区别在于用滚轮电极代替固定电极。

1. 分类

(1) 按缝焊方法分为：连续式、断续式、步进式。

(2) 按安装方式分为：固定式、移动式。

(3) 按焊件移动的方向分为：纵缝缝焊机、横缝缝焊机、纵横通用缝焊机、圆缝缝焊机。

(4) 按馈电方式分为：双侧缝焊机、单侧缝焊机。

(5) 按滚轮数目分为：双滚轮缝焊机、单滚轮缝焊机。

(6) 按加压机构的传动方式分为：脚踏式、电动凸轮式、气压式等。

2. 电极

缝焊电极如图 10-5 所示，其工作表面有圆柱形和球面形。

3. 国产缝焊机的型号及主要技术数据

国产缝焊机的型号及主要技术数据可参见相关国家标准和制造生产厂家的出厂标准。其主要参数包括额定容量、一次电压、一次额定电流、二次空载电压的调节范围、二次电压的调节级数、额定负载的持续率、最大电极压力、电极行程、电极有效伸出长度、焊接直径、焊接厚度、焊接速度、冷却水消耗量、电动机功率、质量、外形尺寸、配用控制箱型号、用途和备注等。

第四节 凸 焊

一、凸焊的过程

凸焊是点焊的一种形式，利用零件上原有的型面、倒角、预制的凸点焊到另一块面积较大的零件上，此种焊法称为凸焊由于零件间是凸点接触，提高了单位面积上的压力电流，有利于热量集中、减少分流及表面氧化物的破裂。这种工艺可用于厚度比超过1∶6的零件焊接。焊件表面上通常预制出多个凸点，这些凸点可以同时焊接起来。必须使电流与电极压力均匀分配在每个凸点上，才能保证各凸点的焊透情况相同。这就要求焊件表面应当仔细清理，焊件及其凸点的冲压必须十分精确。

二、凸焊接头的准备

1. 表面清理

焊接前应清除凸焊接头表面的油、锈、氧化皮等污物。一般情况下可以采用机械打磨方法和化学清洗的方法，清理的过程与点焊基本相同。

2. 凸点、凸环的制备

焊件上的凸点形状如图 10-6 所示，以半圆形及圆锥形凸点应用最为广泛。

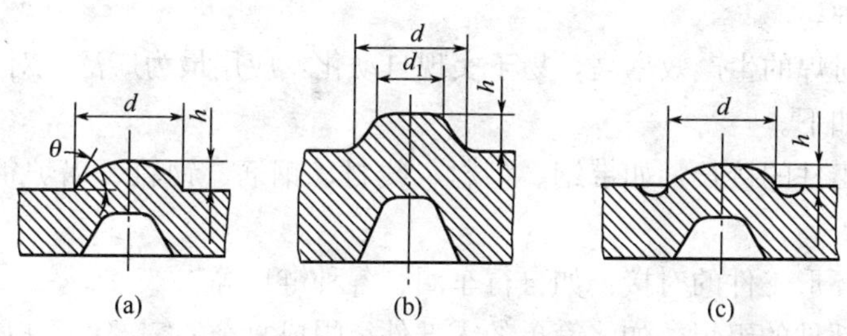

图 10-6 焊件上的凸点形状

(a) 半圆形；(b) 圆锥形；(c) 带溢出环形槽的半圆形

三、凸焊焊接的工艺参数

1. 电极压力

凸焊的电极压力取决于被焊金属的性能、凸点的尺寸和一次焊成的凸点数量等。电极压力应足以在凸点达到焊接温度时将其完全压溃，并使工件紧密结合。电极压力过大会过早地压溃凸点，失去凸焊的作用，压力过小又会引起飞溅。

2. 焊接时间

焊接时间由焊接电流和凸点的刚度来决定。

3. 焊接电流

凸焊每一焊点所需要的电流比点焊同一焊点时用的要小，但在凸点完全压溃之前电流必须能使凸点熔化。被焊金属的厚度和性能仍然是选择电流的主要依据。

四、凸焊机

凸焊机的结构与点焊机类似，其区别在于凸焊机一般都采用平板形电极，要求活动部分灵敏、可靠。凸焊机的型号及主要技术参数可参见相关国家标准和制造生产厂家的出厂标准，结合实际情况和生产的需要进行合理的选用。

第五节　对　　焊

对接电阻焊（简称对焊）是利用电阻热将两个工件沿整个端面同时焊接起来的一种电阻焊方法。对焊可以分为电子对焊和闪光对焊两种。

对焊的生产效率高，易于实现自动化，应用最为广泛。对焊的应用如下。

工件的接长：如带钢、型材、线材、钢筋、钢轨、锅炉钢管、管道等。

环形工件的对接：如自行车圈、各种链环等。

部件的组焊：如将简单的零部件组焊成复杂的零部件，以及汽车的底桥、连杆等。

异种金属的对焊：如刀具、气阀合金头、铝、铜导线的接头等。

一、电阻对焊

将两工件端面始终压紧，利用电阻热加热至塑性状态，然后迅速施加顶锻压力（或不加顶锻压力只保持焊接压力）完成焊接的方法称为电阻对焊。

电阻对焊的工艺参数主要有以下三项。

(1) 伸出长度：即工件伸出夹钳电极端面的长度。确定伸出长度时要考虑顶锻时工件的稳定性和向夹钳的散热情况。

(2) 焊接电流和焊接时间。在电阻对焊中，焊接电流和焊接时间是两个决定性的因素，二者可在一定范围内相应调配，既可采用大电流、短时间；也可采用小电流、长时间。但调配差额太大时易产生接头氧化、晶颗粒粗大等缺陷，影响焊接接头的强度。

(3) 焊接压力和顶锻压力。宜采用较小的顶锻压力进行加热，采用较大的焊接压力进行顶锻。

二、闪光对焊

闪光对焊可分为连续闪光对焊和预热闪光对焊。连续闪光对焊可由闪光阶段和顶锻阶段两部分组成。

1. 闪光阶段

闪光的主要作用是加热工件。在闪光阶段首先接通电流，并使两工件端面轻微接触，形成许多触点。电流通过时，触点熔化，成为连接两端面的液体金属过梁。由于液体金属过梁中的电流密度极高，使过梁中的液体金属蒸发，过梁爆破。随着动夹钳的缓慢推进，过梁不断产生与发生爆破，在蒸汽压力和电磁力作用下，液态金属微粒不断从接口间喷射出来，形成火花，即闪光。

2. 顶锻阶段

在闪光阶段结束时，立即对工件施加足够的顶锻压力，接口间隙迅速减小，过梁停止爆破，即进入顶锻阶段。顶锻的作用是封闭工件端面的间隙，同时挤出端面的液态金属及氧化夹杂物，使洁净的塑性金属紧密接触，形成共同晶颗粒，获得牢固的接头。

预热闪光对焊是在闪光阶段之前先以断续的电流脉冲加热工件至一定温度后，再进入闪光和顶锻阶段。

三、对焊设备

国产对焊机的型号及主要技术数据可参见相关国家标准和制造生产厂家的出厂标准，结合实际情况和生产的需要进行合理的选用。

第六节　电阻焊工程实例

一、铝合金轿车门的点焊

铝合金材料的特点是散热快、电导率高，因此在制定焊接工艺方案时，应当保证在短时间内形成优质的熔核，点焊时需要更大的能量。基于以上考虑，选用大功率二次整流点焊机，采用合理的工艺措施，圆满完成该焊件的点焊工作。

铝合金轿车点焊的焊接参数见表 10-14。

表 10-14　　铝合金轿车点焊的焊接参数

次级电压（V）	8.26	焊接时间（s）	3
电极压力（N）	3000	维持时间（s）	40
预压时间（s）	40	休止时间（s）	99

焊后应检查焊点的质量。从外观上要求配合面的压痕深度≤0.1mm；用扁铲将焊点剥离来检验焊点的强度，要求熔核直径为4～5mm。

总之，对LF3材质的焊件应当采用强参数点焊，且配合适当的电极，可以获得优质的焊接产品。

二、钛框构件的闪光对焊

焊机采用LM-150型对焊机，该焊机适用于650mm^{2}的焊件对焊，对于850mm^{2}截面的焊件对焊却有困难，因此对焊机进行了改进，重新设计了凸轮，使焊接快速进行。

钛的闪光对焊的焊接参数见表10-15。

表10-15　钛的闪光对焊的焊接参数

焊件截面 (mm^2)	熔化或预热电流 (A)	压力 (kN)	伸出电极的长度 (mm)	余量 (mm)		熔化速度 (m/h)	
				熔化	加压	开始	终止
150	1500～2000	3	25	8	3	0.5	6
250	2500～3000	5～8	25～40	10	6	0.5	6
500	5000～7000	10～15	45	10	6	0.5	6
1000	5000预热	20～25	50	12	10	0.5	5
2000	10000预热	40～100	65	18	12	0.5	5
4000	20000预热	150～300	110	24	15	0.5	4
6000	10000预热	350～500	140	28	15	0.5	3.5
8000	40000预热	350～600	165	35	15	0.5	3.0
10000	50000预热	500～1000	180～200	40	15	0.5	2.5

第十一章

气焊与气割

第一节　概　　述

一、气焊的应用范围及特点

利用气体火焰做热源的焊接方法称为气焊，最常用的有氧气乙炔焊，还有氧气丙烷（液化石油气体）焊、氢氧焊等。与焊接电弧相比，气体火焰的温度较低，热量较分散。因此，气焊的生产效率低下，焊接变形较严重，焊接接头显微组织粗大，过热区较宽，力学性能较差。但气焊熔池温度容易控制，有利于实现单面焊双面成形，同时，气焊还便于预热和后热。所以，气焊常用于薄板焊接、低熔点材料焊接、管子焊接、铸铁补焊、工具钢焊接以及无电源的野外施工等。

二、气割的应用范围及特点

利用气体火焰的热能将工件切割处预热到一定温度后，喷出高速切割氧气流，使其燃烧并放出热量实现切割的方法称为气割。

气割的实质是被切割材料在纯氧中燃烧的过程，不是熔化过程。为使切割过程顺利地进行，被切割的金属材料一般应满足以下条件。

（1）金属在氧气中的燃点低于金属的熔点，否则，不能实现氧气切割，而变成了熔割。

（2）金属在氧气流内能够剧烈地燃烧，燃烧时产生的氧化物（熔渣）的熔点应低于金属的熔点，而且在液态下的流动性要好。几种金属及其氧化物的熔点见表 11-1。

（3）金属在氧气中燃烧时应放出较多的热量。

(4) 金属的导热性不应太高。

(5) 金属中含阻碍切割过程进行的成分提高淬硬性的成分及杂质要尽量的少。

表 11-1　　几种金属及其氧化物的熔点　　(℃)

金　属	熔　点		金　属	熔　点	
	金　属	氧化物		金　属	氧化物
纯铁	1535	1300～1500	黄铜、锡青铜	850～900	126
低碳钢	约 1500		铝	657	2050
高碳钢	1300～1400		锌	419	1800
铸铁	约 1200		铬	1550	约 1900
纯铜	1083	1236	镍	1452	

当被切割材料不能满足上述条件时，则应对气体进行改进，如采用振动气割、氧熔剂气割等，或采用其他切割方法（如等离子弧切割等）来完成材料的切割任务。

第二节　气　体　火　焰

一、可燃气体的发热量及火焰温度

自己本身能够燃烧的气体称为可燃气体。工业上常常采用的可燃气体有氢和碳氢化合物，如乙炔、丙烷、丙烯、天然气（甲烷）、煤气、沼气等。可燃气体的发热量与火焰温度见表 11-2。

表 11-2　　可燃气体的发热量与火焰温度

气体名称	发热量 (kJ/m^2)	火焰温度 (℃)	气体名称	发热量 (kJ/m^2)	火焰温度 (℃)
乙炔	52963	3100	天然气(甲烷)	37681	2540
丙烷	85764	2520	煤气	20934	2100
丙烯	81182	2870	沼气	33076	2000
氢	10048	2660	—	—	—

二、氧乙炔焰的种类与应用

目前，采用气焊和气割的可燃气体主要是乙炔气体，乙炔与氧气混合燃烧形成的火焰称为氧-乙炔焰。根据氧和乙炔混合比的不同，氧-乙炔焰可分为中性焰、碳化焰和氧化焰三种，其构造和形状如图 11-1 所示。

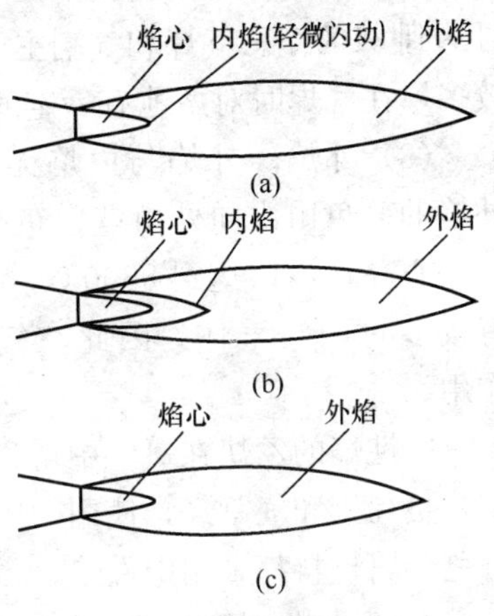

图 11-1　氧-乙炔焰

(a) 中性焰；(b) 碳化焰；(c) 氧化焰

1. 碳化焰

碳化焰又称为还原焰，是氧气与乙炔的混合比小于 1 时的火焰。火焰中含有游离碳，具有较强的还原作用，也有一定的渗碳作用。

整个火焰比中性焰长，碳化焰中有过剩的乙炔，并分解成游离状态的碳和氢，它们会渗透到熔池中，使焊缝的含碳量增加，塑性下降；过多的氢进入熔池，可使焊缝产生气孔和裂纹。由于碳化焰对焊缝金属具有渗碳作用，故碳化焰只适用于含碳量较高的高碳钢、铸铁、硬质合金及高速钢的焊接。碳化焰的最高温度为 2700～3000℃。

2. 中性焰

在焊炬或割炬的混合室内，当氧与乙炔的混合体积比为 1.1～1.2 时，乙炔气体被完全燃烧，无过剩的游离碳和氧，这种称为中性焰。中性焰由焰心、内焰和外焰三部分组成。

(1) 焰心：呈尖锥形，色白而亮，轮廓清晰。焰心的长度与混合气体的流速有关，流速快则焰心长，流速慢则焰心短。焰心的光亮是由碳的颗粒发出所致，亮度较高，但是温度不高，一般不到 1000℃。

(2) 内焰。内焰紧靠焰心的末端，呈杏核形，蓝白色，并带有深蓝色线条，微微闪动。焰心中分解出的碳在该区域内与氧剧烈燃烧，生成 CO，故温度较高，在距离焰心末端 3mm 处的温度最高，可达到 3100℃。气焊和气割主要利用这部分火焰，该处火焰的 CO 较多，在气焊时对熔池有一定的还原氧化物的作用。

(3) 外焰。外焰与内焰无明显的界限，主要靠颜色来区分。外焰的颜色由内向外由蓝白色变为淡紫色和橘黄色。外焰的温度比焰心高，可以达到 2500℃，具有一定的氧化性，由于外焰内含有较多的 CO_2 气体，因此在气焊时，外焰对熔池有一定的保护作用。

中性焰的乙炔在氧气中得到了充分的燃烧，没有乙炔和氧的过剩，是焊接和气割经常使用的火焰。一般焊接低碳钢、低合金钢和有色金属材料都采用中性焰。

3. 氧化焰

氧气和乙炔的混合比大于 1.1 时（一般在 1.2～1.7 之间），混合气体的燃烧加剧，出现过剩的氧，这种火焰称为氧化焰。氧化焰中整个火焰和焰心都明显缩短，内焰消失，只能看到焰心和外焰。焰心呈蓝白色，外焰呈蓝紫色，火焰挺直，并带有“呼呼”的响声，氧的比例越大，火焰就越短，响声就越大。

由于氧化焰的氧化性较强，不适合于焊接钢件，一般焊接黄铜时采用此火焰。

不同的材料应使用不同的火焰来焊接，表 11-3 为各种材料焊接时火焰种类的选择。

表 11-3　　焊接火焰的选择

母　材	应用火焰	母　材	应用火焰
低碳钢	中性焰	铬不锈钢	中性焰或轻微碳化焰
中碳钢	中性焰	铬镍不锈钢	中性焰
低合金钢	中性焰	纯铜	中性焰
高碳钢	轻微碳化焰	黄铜	轻微氧化焰
锰钢	轻微氧化焰	锡青铜	轻微氧化焰
灰铸铁	碳化焰或轻微中性焰	铝及铝合金	中性焰或轻微碳化焰
镀锌铁板	轻微氧化焰	铅、锡	中性焰或轻微碳化焰

第三节　气焊、气割工具及设备

一、气焊炬、割炬的分类及特点

气焊炬是气焊的重要工具，它用来将可燃的气体与氧气按一定比例混合后，从喷嘴喷出，产生适合焊接需要的火焰。按照氧气与可燃气体在焊炬中的混合方式可以分为射吸式和等压式两种。

1. 射吸式焊炬

射吸式焊炬主要靠喷射器（喷嘴和射吸管）的射吸作用来调节氧气和可燃气体的流量，能保证氧气与可燃气体具有固定的混合比，使火焰燃烧比较稳定。在该种焊炬中，可燃气体的流动主要靠氧气的射吸作用，因此，无论使用低压还是中压的可燃气体，都能保证焊炬的正常工作。射吸式焊距是应用最广泛的氧-乙炔焊炬，其结构见图 11-2。

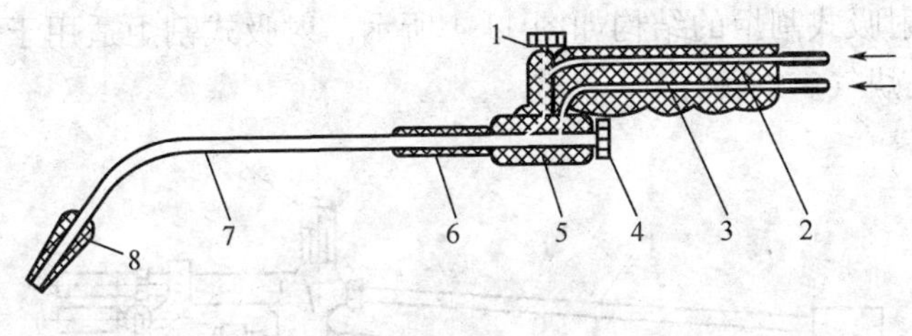

图 11-2　射吸式焊炬

1—乙炔阀；2—乙炔导管；3—氧气导管；4—氧气阀；5—喷嘴；6—射吸管；7—混合气管；8—焊嘴

2. 等压式焊炬

等压式焊炬的氧气与可燃气体的压力基本相等，可燃气体依靠自己的压力直接与氧气混合，产生稳定的火焰。等压式焊炬结构简单，燃烧稳定，可燃气体压力较高，因此不容易产生回火。等压式焊炬的结构见图 11-3。

不同的焊炬要选择不同的焊嘴，焊嘴的大小决定混合气体的流动速度。一般 1 号焊嘴的混合气体流速为 60～80m/s，2～3 号焊嘴为 80～120m/s，4～6 号焊嘴为 120～140m/s，7 号焊嘴为 140～

160m/s。

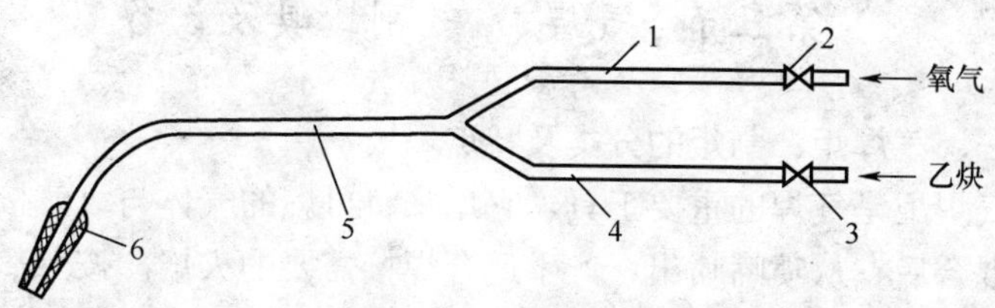

图 11-3　等压式焊炬

1—氧气导管；2—氧气阀；3—乙炔阀；4—乙炔导管；
5—混合气管；6—焊嘴

3. 射吸式割炬

射吸式割炬是在射吸式焊炬的基础上增加切割氧的气路和阀门，采用固定的射吸管，更换切割氧孔径大小不同的割嘴，来适应不同厚度工件的需要。割嘴可分为组合式（环形）和整体式（梅花形）。射吸式割炬的结构如图 11-4 所示。射吸式割炬适用于低压、中压乙炔气。

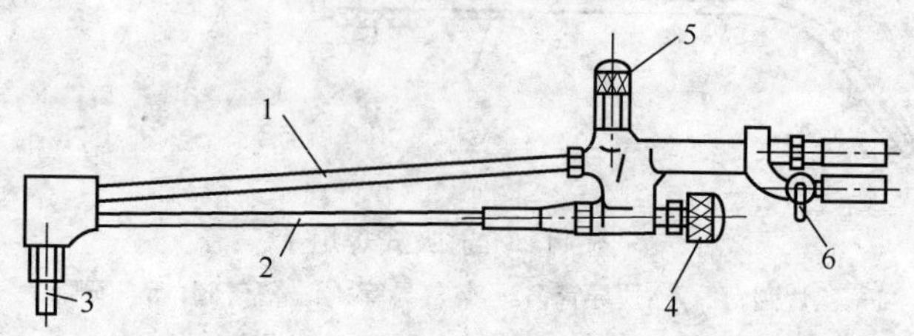

图 11-4　射吸式割炬

1—切割氧气管；2—预热焰混合气体管；3—割嘴；4—预热氧气阀门；
5—切割氧气阀门；6—乙炔阀门

4. 等压式割炬

等压式割炬的乙炔、预热氧、切割氧分别从单独的管路进入割嘴，预热氧和乙炔在割嘴内开始混合而产生预热火焰。它适用于中压乙炔，火焰稳定，不易回火。

5. 焊割两用炬

焊割两用炬是在同一炬体上装上气焊用附件可进行气焊，装上气割用附件可进行气割的两用工具。一般情况下装成割炬形式，当需要气焊时只需拆卸下气管及割嘴，并关闭高压氧气阀门即可。

二、气焊与气割设备

1. 气焊设备

气焊设备主要包括氧气瓶、乙炔瓶、减压器、导气管及焊炬等，气焊设备的连接如图 11-5 所示。

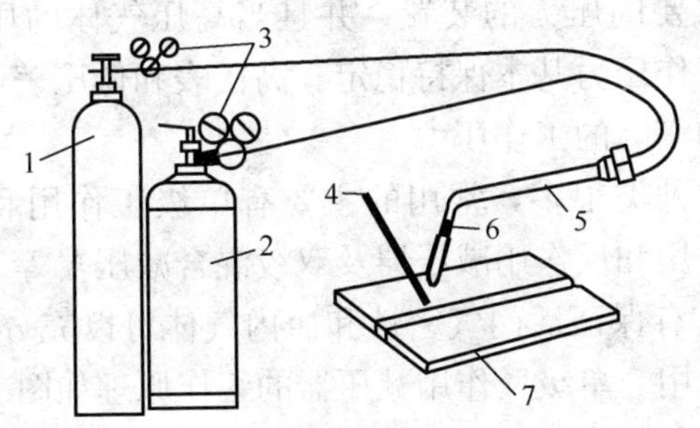

图 11-5　气焊设备的连接图

1—氧气瓶；2—乙炔瓶；3—减压器；4—焊丝；5—焊炬；6—焊嘴；7—工件

（1）氧气瓶。氧气瓶是储存和运输气态氧的高压容器。氧气瓶的外表涂成天蓝色，并在气瓶上用黑色标注“氧气”字样，以区别于其他气瓶，不允许与其他气瓶放在一起。由于瓶内装的是压力很高的助燃气体，如果使用不当极易发生危险，所以对氧气瓶的使用应注意安全。

1）使用氧气时不得将瓶内氧气全部用完，一般要留 1～2 个大气压，以便在装氧气时吹除灰尘和避免其他气体混进。

2）氧气瓶不得沾染油脂，特别是在氧气瓶的瓶阀处，以免发生爆炸。

3）氧气瓶在夏季时应防止暴晒，离开火源至少 8m 以上；如果冬季氧气瓶冻结时，不要用火烤，应采用热水或蒸汽加热解冻；氧气瓶上要有防震橡胶圈，在搬运时严禁碰撞。

通常使用的氧气瓶是用优质的碳素钢或低合金钢轧制成的无缝容器。瓶阀是开闭氧气的阀门，一般致密性较好。阀体一般用黄铜或青铜做成，密封材料一般是采用不燃烧和无油脂的材料。

(2) 乙炔瓶。乙炔瓶是用来储存和运输乙炔的钢瓶。瓶口安装专门的乙炔气阀，在乙炔瓶内充满了丙酮的多孔物质。乙炔瓶的外表涂成白色漆，乙炔瓶在使用时可参照氧气的使用规则，注意乙炔瓶不能横躺放置，只能直立，以防止丙酮流出。

(3) 氧气减压器。减压器是用来将瓶内高压气体的压力降低到实际工作所需要的压力的装置，并且当高压气体的压力发生变化时，它能使工作压力基本保持稳定。高压表和低压表可以实时显示瓶内的压力和实际的工作压力。

减压器的种类很多，常用的主要有单级正作用和反作用减压器、双级正作用和反作用减压器及双级混合减压器等。其中单级反作用减压器具有保证活门气密性和瓶内气体可以充分利用等优点，因此被广泛利用。单级反作用减压器的工作原理如图 11-6 所示。

乙炔气体所用的减压器，其原理、结构和使用方法与氧气减压器基本相同，只是零件的尺寸、形状和材料略有不同，这里就不一一介绍了。

减压器是与高压气瓶直接相连的设备，应注意正确的使用。

1) 使用减压器之前，先稍微打开氧气阀门，吹除瓶嘴处的污物，防止灰尘和水分进入减压器内。打开氧气瓶阀时不能朝向人体方向，减压器的出气口与氧气导气管（氧气带）保证连接紧密，以免该处脱开伤人。

2) 打开氧气阀门前，必须保证减压器的调节螺丝是松开状态，打开氧气阀门时要慢慢开启，不要用力过猛，否则容易损坏减压器和压力表。

3) 氧气减压器和乙炔减压器不能换用，一般氧气减压器涂成蓝色，乙炔减压器涂成白色。减压器不能在敷有油脂时使用。

4) 冬季使用减压器时，如果环境温度较低，减压器经常会发生冻结现象，不要用火烤，要采用热水或蒸汽解冻。

2. 气割设备

气割设备除割炬与焊炬不同之外，其余设备与气焊完全相同，这里就不一一介绍了。

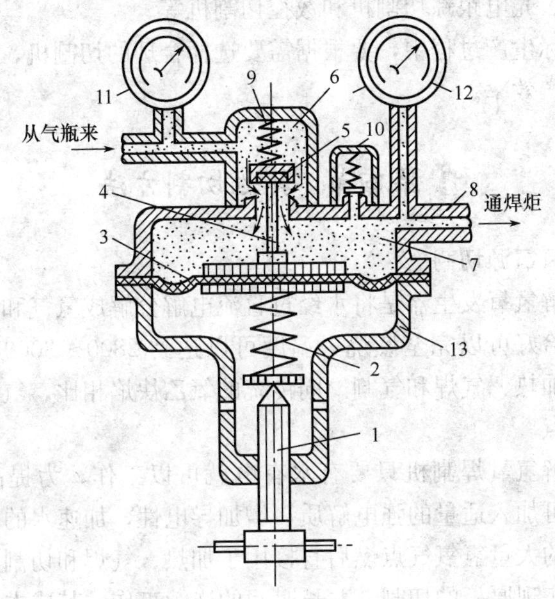

图 11-6　单级反作用减压器的工作原理

1—调压螺杆；2—调压弹簧；3—薄膜；4—活门顶杆；5—活门；6—高压器室；7—低压器室；8—主体；9—副弹簧；10—安全阀；11—高压表；12—低压表；13—罩壳

三、常用回火器的种类及特点

回火有逆火和回烧两种。回烧时，火焰除向喷嘴方向逆行外，还继续向混合室和气体管路燃烧，以至于引起焊（割）炬、管路以及可燃气体储罐的爆炸。回火保险器就是装在燃料气体系统中的防止火焰向燃气管路或气源回烧的保险装置。

现在使用的回火保险器按作用原理可分为水封式和干式两种；按工作部位可分为袖珍割炬式、岗位式和集中式三种。

四、切割机

切割机在生产中已经被广泛使用，其形式五花八门，品种有数十种。如：手持式切割机、黄鼠狼式切割机、直线式切割机、割圆机、椭圆切割机、弧形切割机、多向切割机、摇臂仿形切割机、管子切割机、型钢切割机、厚板 U 形坡口切割机、坡口切割机、门式切割机、光电跟踪切割机和数控切割机等。

在实际生产过程中，要根据需要选择合理的切割机，可以极大地提高生产效率。

第四节 其他切割方法

一、氢氧源切割

水电解氢氧发生器是将水经过直流电解分解成氢气和氧气，其气体比例恰好可以完全燃烧，温度可以达到 2800～3000℃，可以用于火焰加热、气焊和气割。同传统的氧乙炔焰相比，氢氧源切割有许多优点。

水电解氢氧焊割机只要有水有电就可以工作，为提高电解速度，水中可加入适量的强电解质，增加导电性，加速水的电离。水电解产生的大量氢氧气点燃后直接用于加热、气焊和切割，再附加氧气瓶可实现厚板的切割，并长时间的连续工作，其成本仅为氧乙炔焰的 10%。

水电解氢氧焊割机设有多级防回火装置及泄爆装置，使用安全可靠，同时操作简便，产气迅速，开机后不到 1min 即可气焊与切割，停机不用时放空气体，没有任何危险。氢氧焰燃烧时清洁卫生没有污染，而且火焰集中、轴向性好。水电解氢氧焊割机有利于实现一机多用、形式多样的功能，如可一机实现电焊、气焊、气割、喷涂、刷镀等。

所以，采用氢氧混合气不仅节约使用费用和大量的电能，而且有巨大的经济效益和社会效益，应广泛地开发和使用。

二、激光切割

激光切割是用高能量密度的激光作为“切割刃具”的一种材料加工方法。

1. 激光切割的特点

(1) 切割质量好。由于激光光斑小，一般切割碳钢的切缝只有 0.1～0.2mm；切割的表面粗糙度低于十几微米，工件切割后不必再用机械加工，即可直接使用；切口热影响区仅有 0.01～0.1mm，因此变形极小，且切口平整，尺寸精度为±0.05mm。

（2）切割效率高。激光切割的速度快，切割碳钢、钛板等材料时，切割速度每分钟可达到几米到几十米。

（3）激光切割是无接触切割。激光切割没有工具的磨损，不需要更换刀具，噪声低，无污染，可切割多种材料，既能切割金属材料也能切割非金属材料，是一种多能切割工具。

激光切割目前只能切割中、小厚度的板材，对大厚度的材料切割有一定的困难。

2. 激光切割的方法

（1）激光气化切割。高功能密度的激光照射到材料表面时，材料的温度在极短的时间内达到气化点，激光作用下的材料以气体形式或以气体冲出的液、固态颗粒形式逸出，形成割缝。由于材料的气化热很大，因此这种方法大都用于非金属的切割。

（2）激光熔化切割。用激光加热使金属熔化，然后喷吹惰性气体，排出熔化金属，形成割缝，主要用于氧化性材料的切割。

（3）激光氧气切割。与氧-乙炔切割相似，只用激光作为预热的热源，用氧气等活性气体（如空气、氯气）作为切割气体，用来切割碳钢、钛和钼等金属材料。

（4）划片与控制断裂。划片是用激光在一些脆性材料表面划上小槽，然后施加一定的外力，使材料沿着槽口断开。控制断裂是利用激光刻槽的同时，由于激光加热所产生的陡峭温度分布，在脆性材料里产生局部热应力，使材料沿着刻槽断开。

三、水射流切割

1. 水射流切割的原理

水射流切割是利用高压水射流进行切割的方法。高压换能泵产生200～400MPa的高压，并尽可能无损失地将其转变成水束动能，来实现材料的切割。在高压水中添加磨料，并通过特制的喷嘴小孔（材料为人造蓝宝石，孔径为0.12～0.4mm）形成混有磨料的高速水射流，进行切割，即加磨料水射流切割。

这种新工艺的原理是：利用水和磨料的巨大动量对材料产生的冲蚀和剪切作用及磨料的微机加工效应，将工件割开并形成良好的切割面。它适用于切割各种金属和非金属，尤其是其他加工方法难以加工的硬质合金材料和陶瓷材料。

2. 水射流切割的特点

加磨料水射流切割的特点是：无热作用、不产生热应力、不改变被加工材料的性能；具有多方面的切割能力；切割“刀具”不会变钝；效率高；切割过程中粉尘很少；无引起火灾的危险。所以目前在航天、航空工业中应用较多，在船舶行业已经获得应用，另外在海上采油平台、石油化工行业中也获得了应用。

四、碳弧气割

碳弧气割是利用碳极电弧的高温，将金属局部加热到熔化状态，同时用压缩空气的气流把这些熔化金属吹掉，从而对金属进行切割的一种工艺方法。

1. 碳弧气割的特点

(1) 碳弧气割的生产效率比风铲提高 3 倍，在仰位及垂直立位时，其优越性更为突出。

(2) 与风铲相比，碳弧气割没有震耳的噪声，且减轻了劳动强度。

(3) 在狭窄的位置使用风铲有困难，而碳弧气割仍可使用。对于封底焊缝，用碳弧气割割槽时，容易发现各种细小的缺陷。

2. 碳弧气割的应用范围

(1) 用碳弧气割挑焊根。

(2) 返修有焊接缺陷的焊缝时用碳弧气割清除缺陷，并开坡口。

(3) 利用碳弧气割开焊接坡口，特别是 U 形坡口。

(4) 清理铸件的毛边、飞刺、浇冒口，以及铸件中的缺陷。

五、电弧刨割条

电弧刨割条的外形与普通焊条相同，是利用药皮在电弧高温下产生的喷射气流，吹除熔化金属，达到刨割的目的。工作时只需要交、直流弧焊机，不用空气压缩机。操作时其电弧必须达到一定的喷射能力，才能除去熔化的金属。

1. 电弧刨割条的使用性能

(1) 刨割低碳钢后，其表面没有硬化层，可以机械加工，对高强度钢刨割时，其热影响区无渗碳现象，对预防焊接裂纹和提高补焊质量十分有利。

(2) 清除碳素钢或不锈钢的缺陷后，可以不打磨而直接补焊，有专门规定的除外。

(3) 必要时可以用于定位焊或焊接不重要的低碳钢构件。

(4) 电弧刨割条可交、直流两用，使用交流时空载电压应大于70V；使用直流时应正接，电弧电压在40V以上，电流应为焊芯直径的70～100倍。当刨条受潮时应进行100℃、2h的烘干。

典型的刨割条ST-33的工艺参数为：ϕ4mm，电弧电压为45～53V，电流为320～350A。

2. 电弧刨割条的操作要点

(1) 刨割条应沿着焊钳口成180°夹持，不同于碳弧气刨的直角夹持。

(2) 刨槽时，刨割条与钢板的夹角为10°～20°，必须紧贴（加压力）在钢板上，同时要沿焊接方向做快速进退运条，每秒进退3～4次，每次进退约20mm。对于短、浅缺陷也可以不运条，直接前推。

(3) 每次刨槽深度应接近焊芯直径，不宜太深，而且应将前次刨槽的熔渣清除。对于深度不超过10mm，宽度不超过20mm的缺陷，可用ϕ4mm刨割条一次性刨除，直流正接，电流为350A。

六、氧熔剂切割

在切割氧流中加入纯铁粉或其他熔剂，利用它们的燃烧热和造渣作用实现气割的方法为氧熔剂切割。它可用于不锈钢、铸铁和有色金属的氧切割。

氧熔剂切割设备除包括普通气割设备外，需有输送熔剂的装置及氧熔剂切割割炬。

送粉方式有两种：一种是用切割氧从送粉罐把熔剂通过割嘴带到切割部位，称为内送粉式；另一种是用低压的空气或氮气单独将细颗粒熔剂由嘴芯外部送入火焰加热区，称为外送粉式。

熔剂一般用铁粉。粒度：内送粉式为0.5～1mm；外送粉式为0.1～0.3mm。

七、氧矛切割

利用在钢管中通入氧气流对金属进行切割的方法称为氧矛切割。切割开始时，首先将切割处用火焰预热到燃点，然后将钢管一端紧贴该部位，并在钢管中通入氧气流，使钢管及工件燃烧，并吹除熔渣，形成切口。

切割过程中氧气的压力应从低压升到工作压力，防止开始时氧气压力高，冷却作用大使切割不能正常进行。

八、火焰气刨

利用气割原理在金属表面上加工沟槽的方法称为火焰气刨，它可以铲除钢锭表面的缺陷、焊缝表面的缺陷及清除焊根，完成火焰表面清理的任务。

对普通气割割具进行改造，即可完成火焰气刨工作。改造的办法是增加切割氧的孔径，相应减少预热火焰的孔径，封线长度在20～30mm为宜，割嘴与工件的夹角为20°左右。

若改造成为成排的割嘴，即成为火焰表面清理机，大大提高了钢锭表面火焰气刨的效率。若配加氧熔剂切割原理再装置，则可对不锈钢等进行火焰表面清理。

九、水下切割

在水下进行的热切割称为水下切割。其方式主要有水下电—氧切割、水下碳棒喷射切割和水下等离子弧切割。

水下电—氧切割采用直流弧焊电源、反接法，可以切割碳素钢、不锈钢、铸铁和黑铁金属等。割条可用空心碳棒或专用的TS304水下割条，TS304为空心钢管，外涂防水药皮。该割条可长时间放置于淡水或海水中，药皮不会被破坏。

水下碳棒水喷射切割是通过碳棒与工件间短路引弧，并同步移动碳棒与冲刷作用的高压水，使工件不断熔化并被冲走，形成切口。切割时使用电流较大，所以选用平特性弧焊电源，采用反接法。碳棒选用W-802型水下切割碳棒，直径以8mm为宜，其最佳伸出长度约为150mm。为降低与稳定切割电流，采用侧面喷水方式，其喷水压力约为1MPa。喷嘴为两直孔式，喷孔直径为2.5～3mm。

十、钢板下料最优化技术

钢板下料最优化方案的自动编排技术运用了最优化技术原理，利用微型计算机进行计算，能自动地得出钢板（或其他材料）下料的最优方案，并可由计算机绘制出下料工艺图形。通过优化工作可使材料下料利用率一般达到92％～95％，最佳可达99％，使钢板利用率大大提高。它又降低了成本，节约了大量钢材，提高了经济效益，而且，提高了企业的技术水平和企业的管理水平。

钢板下料优化方案自动编排技术是属于成套的新技术，它包括了二维最新最优搜索算法、新的规格化下料剪裁工艺方法以及对各种零件坯料间进行准确配套的计算公式，综合上述三项技术后编成了微机应用软件。该软件适用在IBM PC/XT及其兼容机上运行。

生产中将钢板的规格和所需要剪裁的零件坯料尺寸输入计算机，1min后计算机即可输出最优方案的下料用图样，工人即可按图样剪裁。

第五节 气割工艺及实例

一、合金结构钢的气焊

高压锅炉过热器换热管的气焊，其焊接图样如图11-7所示，其焊接工艺要点如下。

（1）坡口形式。采用V形坡口，其尺寸如图11-8所示。

（2）清理表面。清除坡口处及坡口外10～15mm范围内管子内、外表面的油、锈等污物，直至露出金属光泽。

（3）焊丝及焊剂。焊丝选用H08CrMoVA，ϕ3mm，焊剂选用CJ 101。

（4）焊炬及火焰。采用H01-6焊炬，使用略带轻微碳化焰的中性焰，不能用氧化焰，以免合金元素被氧化烧损。

（5）焊接方向。采用右焊法，火焰指向已经形成的焊缝，能更好地保护熔化金属，并使焊缝金属缓慢冷却，火焰热量的利用率高。

（6）焊接操作。焊接过程中，保证坡口边缘熔合良好，焊丝末端不能脱离熔池，防止氧、氮渗入焊缝。

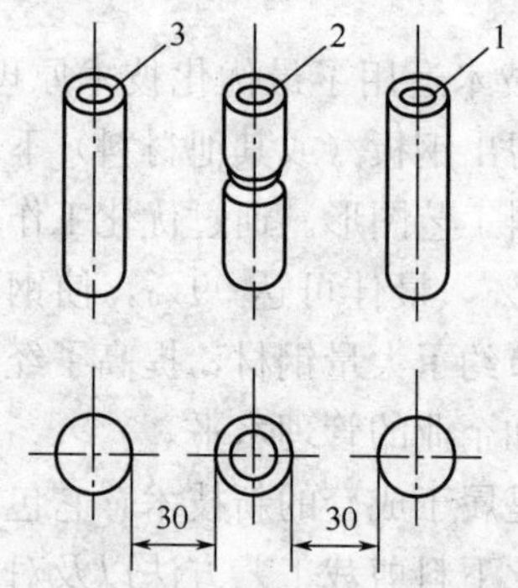

图 11-7 垂直固定管加障碍物

1、3—障碍物；2—焊件

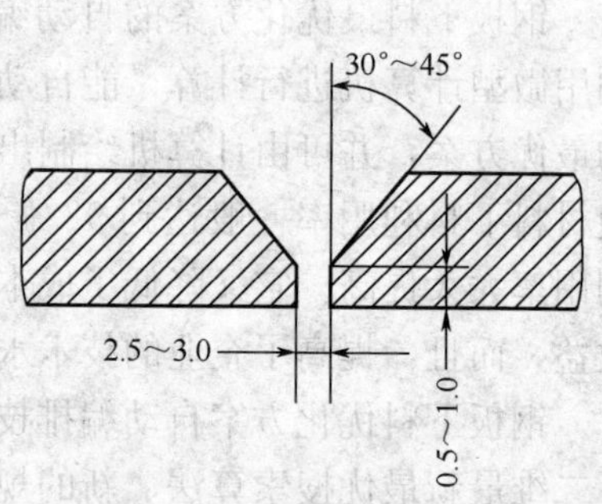

图 11-8 管子 V 形坡口尺寸

（7）焊后处理。焊后加热至 680～720℃，保温 30min，在空气中冷却。

（8）检验。焊缝外观经检验合格后，进行 X 射线探伤，按 JB/T 4730.1—2005《承压设备无损检测》Ⅱ级标准检验是否合格，否则予以返修。

二、不锈钢的气焊

奥氏体不锈钢薄板的对接。

焊接工艺要点如下。

（1）坡口形式。采用Ⅰ形坡口，接头间隙为 1.5mm。

（2）清理表面。使用丙酮将坡口两侧各 10～15mm 范围内、外表面的油、污物清理干净。

（3）焊丝及焊剂。焊丝选用 H0Cr18Ni9，ϕ1.5mm，焊剂选用 CJ101。

（4）焊炬及火焰。需要 H01-2 焊炬，使用略带轻微碳化焰的中性焰。

（5）焊接方向。需要左焊法，火焰指向未焊坡口，喷嘴与焊件成 45°～50°。

（6）焊炬的运动。焊接时焊炬不得横向摆动，焰心到熔池的距离以小于 2mm 为宜。焊丝末端与熔池接触，并与火焰一起沿焊缝移动。焊接速度要快，并防止过程中断。焊接终了时，使火焰缓慢离开火口。

三、铸铁的补焊

汽缸体裂纹的补焊，如图 11-9 所示。

铸铁补焊的焊接工艺要点如下。

(1) 采用“加热减应区”焊接方法，其焊接顺序按 1、2 依次进行。

焊接 1 时，加热点 3 为减应区，2 处为裂纹，能使 1 处自由胀缩；焊接 2 时，加热 1、3 减应区，能使 2 处自由胀缩，减应区加热温度为 600℃左右。

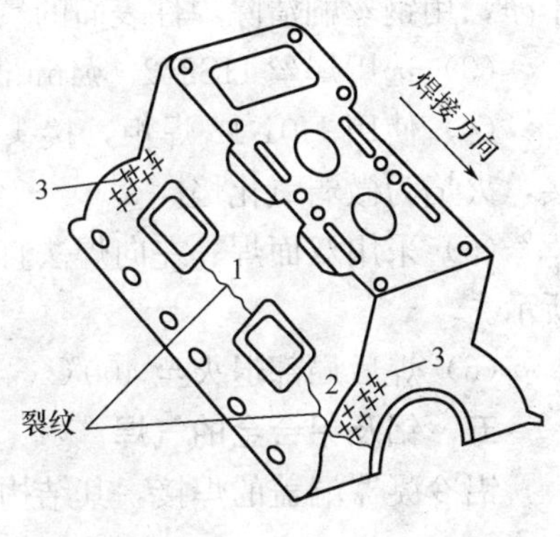

图 11-9　汽缸体裂纹的补焊

(2) 选用铸铁焊丝 HS401，其主要化学成分(质量分数)为：C3.0%～4.2%、Si2.8%～3.6%、Mn0.3%～0.8%、S≤0.08%、P≤0.5%。

选用焊剂为 CJ201，其熔点为 650℃，主要化学成分（质量分数）为：H_3BO_3%、$Na_2CO_3$40%、$NaHCO_3$20%、$MnO_2$7%、$NaNO_3$15%。

(3) 焊前对焊接处进行表面清洗，并用角向磨光机开 90°V 形坡口。

(4) 选用焊炬 H01-12，采用微量乙炔中性焰焊接。需用两把焊炬，一把用于加热减应区，一把用于焊接。焊接过程中应保持减应区温度不变。

(5) 焊接方向为图 11-9 中箭头的指示方向，即由固定端开始焊接。

四、铜及铜合金的气焊

冷凝器壳体的气焊，如图 11-10 所示。

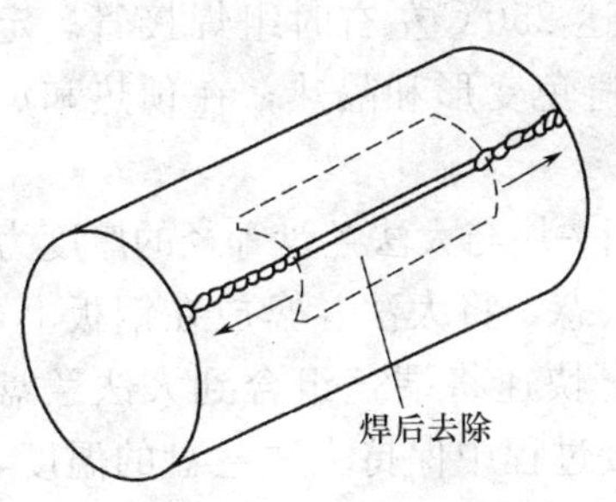

图 11-10　冷凝器壳体的气焊

铜及铜合金气焊的焊接工艺要点如下。

(1) 采用V形坡口，单边坡口角度为30°，卷筒后双边达75°左右，根部间隙为4mm，钝边为2mm。

(2) 用丙酮将焊丝及坡口两侧各30mm范围内的油、污清理干净，用钢丝刷清除焊件表面的氧化膜，直至露出金黄色。

(3) 选用焊丝HS212，ϕ4mm，CJ 301。

(4) 使用H01-12焊炬，接头处预热至350℃，并边预热边焊接，火焰为微弱氧化焰。

(5) 采用双面焊、左向焊法直通焊，焊接方向如图11-10箭头所示。

(6) 焊后局部退火至400℃。

五、铝及铝合金的气焊

铝冷凝器端盖的焊接，其结构见图11-11。

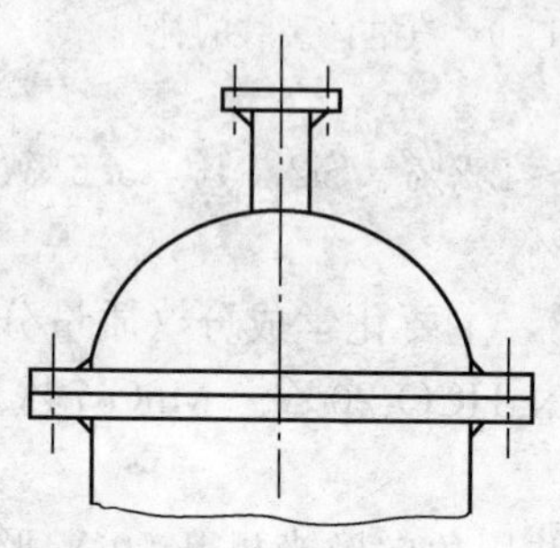

图11-11　铝冷凝器端盖示意图

焊接工艺要点如下。

(1) 采用化学清洗的方法将接管、端盖、大小法兰、焊丝清洗干净。

(2) 焊丝选用SA1Mg5Ti，ϕ4mm，焊剂选用CJ401。用气焊火焰将焊丝加热，在熔剂槽内将焊丝蘸满CJ401备用。

(3) 采用中性焰，右向焊法焊接，焊炬选用H01-12，选用3号焊嘴。

(4) 焊接小法兰盘与接管。用气焊火焰对小法兰均匀加热，待温度达250℃左右时组焊接管。定位焊两处，从第三点进行焊接。为避免变形和隔热，在预热和焊接时，小法兰盘放在耐火砖上。

(5) 焊接端盖与大法兰盘。切割一块与大法兰盘等径的厚度为20mm的钢板，并将其加热到红热状态，将大法兰盘放在钢板上，用两把焊炬将其预热到300℃左右，快速将端盖组合到大法兰盘上。定位三处，从第4点施焊。焊接过程中保持大法兰盘的温度，并不间断焊接。

(6) 焊接接管与端盖焊缝，预热温度为250℃。

(7) 焊后清理：先在60～80℃热水中用硬毛刷刷洗焊缝及热影响区，再放入60～80℃、质量分数为2%～3%的铬酐水溶液中浸泡5～10min，再用硬毛刷刷洗，然后用热水冲洗干净并风干。

第六节　气 割 工 艺

一、低碳钢气割工艺

低碳钢气割工艺参数包括预热火焰能率、氧气压力、切割速度、割嘴与割件的距离及切割倾角。

1. 预热火焰能率

预热火焰能率的大小要根据工件的厚度来选择，割炬与割嘴过大，切口表面棱角熔化；过小则切割过程不稳定，切口表面不整齐，其推荐值见表11-4。

表11-4　预热火焰能率的推荐值

钢板厚度（mm）	3～25	>25～50	>50～100	>100～200	>200～300
火焰能率（L/min）①	5～8.3	9.2～12.5	12.5～16.7	16.7～20	20～21.7

① 指乙炔的消耗量。

2. 氧气压力

根据工件厚度来选择氧气压力，压力过大使切口变宽、粗糙；过小使切割过程缓慢，易造成粘渣，其推荐值见表11-5。

表11-5　氧气压力的推荐值

工件厚度（mm）	3～12	>12～30	>30～50	>50～100
切割氧的压力（MPa）	0.4～0.5	0.5～0.6	0.5～0.7	0.6～0.8

工件厚度（mm）	>100～150	>150～200	>200～300
切割氧的压力（MPa）	0.8～1.2	1.0～1.4	1.0～1.4

3. 切割速度

切割速度与工件的厚度、割嘴形式有关，一般情况下，切割速度随工件厚度的增大而减慢。切割速度太慢会使切口上缘熔化，太快则后拖量过大，甚至割不透。

4. 割嘴与工件的间距

割嘴与工件的间距根据工件厚度及预热火焰的长度来确定，一般以焰心尖端距离工件 3～5mm 为宜，距离过小会使切口边缘熔化及增碳，过大则使预热时间加长。

5. 切割倾角

工件厚度在 30mm 以下时，后倾角为 20°～30°；工件厚度大于 30mm 时，起割时应为 5°～10°的前倾角，割透后割嘴垂直于工件，结束时为 5°～10°的后倾角；机械切割及手工曲线切割时，割嘴应垂直于工件。

二、叠板气割的工艺要点

大批量薄板零件气割时，可将薄板叠在一起进行切割。切割前将每块钢板的切口附近仔细清理干净，然后叠合在一起，钢板之间不能有缝隙，可采用夹具夹紧的方法。为使切割顺利，可使上下钢板错开，造成端面叠层有 3°～5°的倾角。

叠板切割可以切割厚度为 0.5mm 以上的薄板，总厚度不应大于 120mm。切割时的氧压力应增加 0.1～0.2MPa，速度应该慢些，采用氧丙烷切割比氧乙炔要优越。

三、大厚度钢板气割的工艺要点

大厚度钢板是指厚度在 300mm 以上的钢板，其主要问题是在工件厚度方向上的预热不均匀，下部的比上部的慢，切口后拖量大，甚至切不透，切割速度较慢。

因此大厚度钢板切割时应采用相应的工艺措施。

(1) 采用大号的割炬和割嘴。切割时要保证充足的氧气供应，可将数瓶氧气汇集在一起。

(2) 切割时的预热火焰要大。要使钢板厚度方向全部均匀的加热，见图 11-12 (a)，否则产生未割透，见图 11-12 (c)。

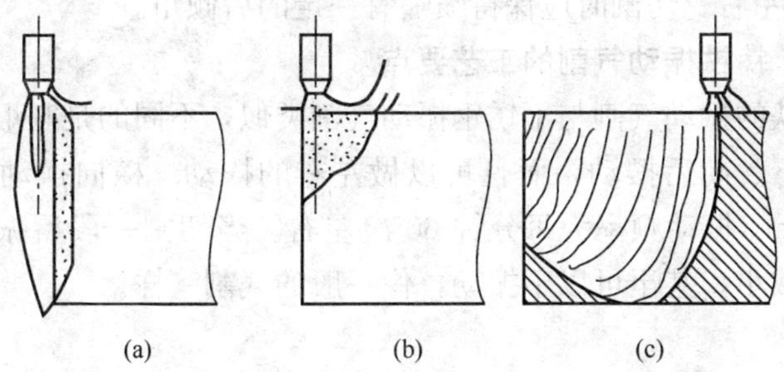

图 11-12　大厚度钢板切割预热

(a) 正确；(b) 不正确；(c) 未割透

四、不锈钢振动气割的工艺要点

不锈钢振动气割的特点是在切割过程中使割炬振动，以冲破切口处产生的难熔氧化膜，达到逐步分离切割金属的目的。

振动切割不锈钢时预热火焰应比切割碳素钢的大而且集中，氧气压力也要增大 15%～20%，采用中性火焰，切割过程如图 11-13 所示。

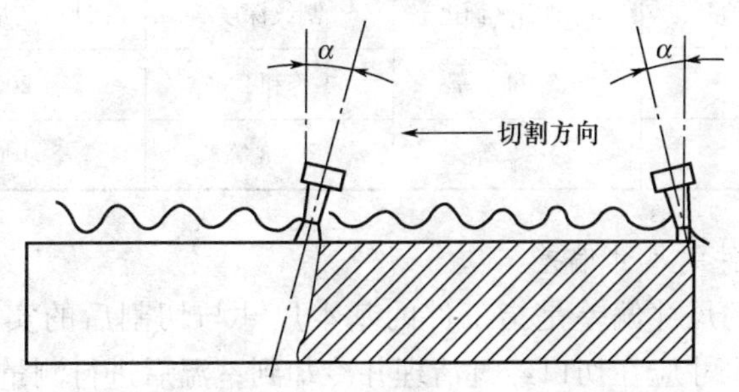

图 11-13　不锈钢的振动气割

切割开始时将工件边缘预热到熔融状态，打开切割氧阀门，少许提高割炬，熔渣即从切口处流出，这时割炬做一定幅度的前后、上下摆动。振动的切割氧气气流冲破切口处产生的高熔点氧化铬，使铁继续燃烧，并通过氧气流的上下、前后冲击研磨作用，把熔渣冲掉，实现连续切割。

振动气割的振幅为 10～15mm，前后振幅应大些，频率为每分钟 80 次左右。切割时应保持喷嘴有一定的后倾角。

五、铸铁振动气割的工艺要点

铸铁的振动气割与不锈钢振动气割类似，不同的是割炬不仅可以做上下、前后摆动，而且可以做左右的摆动。横向摆动振幅为 8～16mm，振动频率为每分钟 60 次左右。当切割一段后振幅频率可逐渐减小，甚至可以不振动，像一般的气割一样。

第七节　气割的缺陷及防止方法

一、火焰切割的质量要求

1. 切割面的质量

切割面的质量以切割面的平面度、割纹深度、缺口的最小间距三项参数进行等级划分。后拖量、上缘熔化度、挂渣不作质量等级评定。切割面质量分Ⅰ、Ⅱ两级，见表 11-6。

表 11-6　　切割面质量的划分

切割面质量	切割面平面度	割纹深度	缺口的最小间距
Ⅰ级	1 等和 2 等	1 等和 2 等	≥2000mm
Ⅱ级	1～3 等	1～3 等	≥1000mm

2. 工件的尺寸偏差

工件的尺寸偏差是指工件的基本尺寸与切割后的实际尺寸之差。实际尺寸应在切口经过清理并冷却到室温后进行测量。尺寸偏差包括由切割平面度造成的偏差部分，工件的尺寸偏差见表 11-7。

表 11-7　　工件的尺寸偏差

精度	切割厚度	基本尺寸范围			
		35～<315	315～<1000	1000～<2000	2000～4000
A	3～50	±0.5	±1.0	±1.5	±2.0
	>50～100	±1.0	±2.0	±2.5	±3.0

续表

精度	切割厚度	基本尺寸范围			
		35～<315	315～<1000	1000～<2000	2000～4000
B	3～5	±1.5	±2.5	±3.0	±3.5
	>50～100	±2.5	±3.5	±4.0	±4.5

注 表中所列工件的尺寸偏差适用于：①图样上未注公差的尺寸；②长宽比小于或等于4∶1的工件；③切割周长大于或等于350mm的工件。

二、气割质量的检验

对于缺口最小间距可用量具直接测得。对于切割平面度、割纹深度的数值，可用测量仪器分别测定。为了方便切割面质量的分级评定，将切割面质量样板作为鉴定切割面质量的比较样板，而对比得出的切割面质量等级便可作为评定的结果。

火焰切割表面的质量标准由14个样块组成，其中由15mm、30mm、50mm三种不同切割厚度的样块组成。样块的尺寸和表面等级排列见表11-8。

表11-8　标准样块的尺寸与表面质量等级

样块序号	1	2	3	4	5	6	7	8	9	10	11	12	13	14
样块尺寸 A(mm)×B(mm)	15×30						30×30						50×30	
适用对比切口的厚度(mm)	3～20						20～40						40～60	
质量级别	Ⅰ				Ⅱ		Ⅰ				Ⅱ		Ⅰ	Ⅱ
平面度值分等	1	1	2	2	3	3	1	1	2	2	3	3	2	3
割纹深度值分等	1	2	1	2	2	3	1	2	1	2	2	3	1	2

三、气割的缺陷及防止方法

1. 影响气割质量的因素

（1）工件。工件的材质、厚度、力学性能、平面度、清洁度，工件的气割形状、坡口情况、切口在工件上的分布、套裁方法以及切口四周的余量情况等均影响气割的质量。

(2) 燃气和氧气。气体的纯度、气体的压力及压力的持久稳定性等均影响气割的质量。

(3) 设备的工装。设备的精度、操作性能、气割平台的平整度、工件夹紧装置或冷却装置、排渣的方便程度等均影响气割的质量。

(4) 气割工艺。割炬规格和割嘴号的选择、预热火焰的选择、风线的调节、加热时间的控制、割嘴离工件的高度、割嘴的前后倾角和左右垂直度、气割速度、气割顺序及路线等均影响气割的质量。

2. 气割缺陷的防止

常见的气割缺陷及防止方法见表11-9。

表11-9　　常见气割缺陷产生的原因及防止方法

缺陷形式	产生原因	防止方法
切口端面刻槽	1. 回火或灭火后重新气割 2. 割嘴或工件有振动	1. 防止回火和灭火，检查割嘴是否离工件太近、工件表面是否清洁、下部平台是否阻碍熔渣排出 2. 避免周围环境的干扰
下部出现深沟	切割速度太慢	加快切割速度，避免氧气流的扰动产生熔渣旋涡
气割厚度出现喇叭口	1. 切割速度太慢 2. 风线不好	1. 提高切割速度 2. 适当增大氧气的流量，采用收缩-扩散型割嘴
后拖量过大	1. 切割速度太快 2. 预热火焰能率不足 3. 割嘴倾角不当	1. 降低切割速度 2. 增大火焰能率 3. 调整割嘴后倾角
厚板凹心大	切割速度快或速度不均匀	降低切割速度，并保持速度平稳
产生裂纹	1. 工件含碳量过高 2. 工件厚度大	1. 可采取预热及割后退火处理办法 2. 预热温度为250℃
碳化严重	1. 氧气纯度低 2. 火焰种类不对 3. 割嘴距离工件太近	1. 换纯度较高的氧气，保证燃烧充分 2. 避免加热时产生碳化焰 3. 适当提高割嘴的高度

第八节　气焊气割中常见的故障及排除方法

一、割炬“不冲”

割炬不冲是专指预热火焰弱，混合气体喷出速度低，切割氧冲击力小的现象。

1. 形成原因

（1）气体杂质堵塞，烟尘在管壁内沉积，造成气路不畅。

（2）使用维修不当，使射吸管直径变大或形状改变，虹吸效果下降。

（3）针形阀阀针变秃或弯曲，喷嘴孔阻塞或直径变大，致使由喷嘴喷出的氧气流量变小或气流集中性变差，对乙炔的吸力下降。

2. 排除方法

（1）清理割嘴外套、内芯和割嘴座上沉积的杂质和烟尘。

（2）更换孔径变大或形状改变的射吸管。

（3）车削变秃的阀针，矫正弯曲的阀针，并注意不要伤阀针的外表，喷嘴孔径变大可用“收口”的办法，再用扁通针刮研修整。

二、割嘴漏气

1. 割嘴漏气的原因

（1）螺纹不严。内芯与割嘴座之间漏气，当打开切割氧阀门时，割嘴内发出连续的“啪啪”声或回火。

（2）压合不严。若小压盖处不严，打开切割氧阀门，则会出现回火。若大压盖与割炬结合面不严以及外套与割嘴座不严，混合气体从大螺帽的间隙中漏出来，则有漏火或回火发生。

2. 排除方法

（1）螺纹不严时可以在螺纹上涂铅油，如果没有效果，说明螺纹尺寸误差太大，应更换某个部件。

（2）大压盖漏气可以通过多次上紧、松开割嘴外面的大螺母，使小压盖或大压盖产生一定的变形，达到密封，或在大压盖上涂一些研磨砂，用反复研磨的方法来消除漏气。

（3）小压盖漏气可以在小压盖的锥形面上薄薄地涂上一层焊

锡，然后通过反复上紧、松开外面的大螺母，使焊锡变形，达到密封的目的。

三、火焰不正常

火焰指焊炬火焰、割炬火焰和割炬切割焰。正常时焊炬火焰的内焰为圆锥形，割炬预热火焰为圆环形或由 6 个小圆锥形火焰组成的梅花形，割炬的切割焰呈两条平行的直线。

1. 不正常的焊炬火焰

不正常的焊炬火焰从形状上看基本有三种：弯曲形、扫帚形、圆头形，见图 11-14，其产生的原因及排除方法如下。

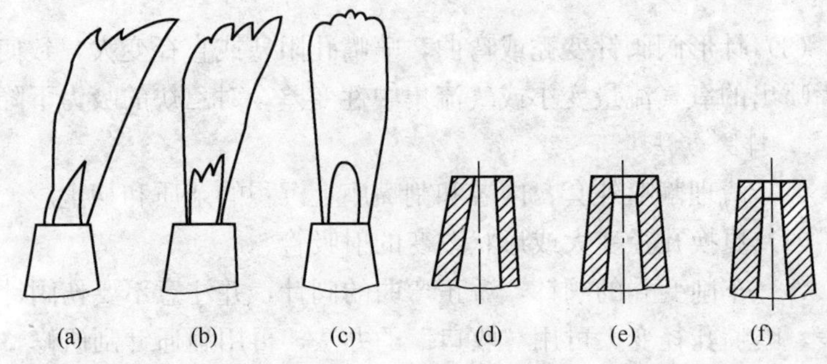

图 11-14　不正常的焊炬火焰

(a) 弯曲形；(b) 扫帚形；(c) 圆头形；(d) 金属飞溅物；(e) 烧损的火口；(f) 喇叭口

(1) 金属飞溅物及熔渣塞住焊嘴或进入焊嘴内，破坏气体的正常流出。

焊嘴外部的飞溅物或熔渣可用扁通针的平端将其刮去；焊嘴内的飞溅物或熔渣，可将焊嘴从焊炬上拧下来，用扁通针的尖端插入焊嘴，通过转动焊嘴来清除。

(2) 焊嘴经过长时间使用，火口处局部金属被烧损，气体达到火口处不能按正确的方向流出。

烧损部分可用锉刀锉掉，保证火口部位的几何形状不变，或将焊嘴拧下来放在平台上，用圆头小手锤轻轻敲打焊嘴火口部位，即“收口”，再用锉刀锉平，并用扁通针刮出锥形形状。

（3）由于维护方法不得当，焊嘴孔端部成直筒形或喇叭形，无法保证火焰的正常形状。可采用“收口”的方法恢复形状，再用扁通针尖端刮出正确的焊嘴几何形状。

2. 不正常的预热火焰

不正常的预热火焰一种是火焰的不整齐，另一种是火焰的不对称。不整齐的火焰是由于割嘴环形孔内有飞溅物，阻塞气体的正常流出，可把割嘴卸下来用通针来处理。火焰不对称是由于割嘴外套与内芯没有装配好，环形孔不对称造成的，可以通过重新调整外套与内芯的位置来解决。

3. 不正常的切割火焰

不正常的切割火焰按其形状有三种：喇叭口形、紊乱形和多线条形，见图 11-15。

（1）喇叭口形风线线条清晰，但是喇叭口形明显，风线比正常风线短。由于不易修复，可更换或用于切割不重要的工件。

（2）紊乱形风线是因割嘴内芯孔中有飞溅物，气体受阻造成的。对于表面飞溅物可用长通针刮去，内部飞溅物可用长通针清理。

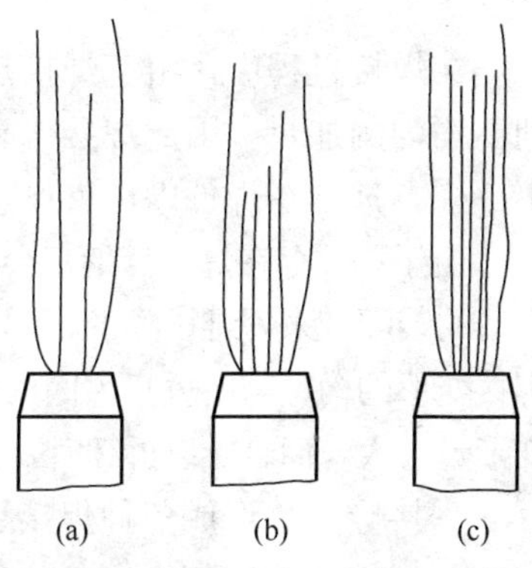

图 11-15　不正常的切割火焰
（a）喇叭口形风线；（b）紊乱形风线；（c）多线条形风线

（3）多线条形风线是由割嘴内芯火口处的金属烧损造成的。可用前面讲过的方法把这部分金属锉掉，但应连同外套一起锉，防止内芯低外套高的情况发生。

第十二章

焊接应力与变形

第一节　概　　述

在焊接过程中，由于焊接热源和焊接热循环的特点，使焊件受到不均匀的加热，因此焊接接头处的金属受热膨胀及冷却的程度也不一样，这样在焊件内部就产生了应力和变形。

由于焊件存在焊接变形，会造成尺寸及形状的技术指标超差，给随后的装配带来困难，降低了焊接结构的装配质量及承载能力。发生焊接变形的构件需要矫正，因此浪费了大量的工时和材料。当焊件的变形量过大，而且难以拆卸时，会导致产品报废，造成经济损失。

焊接应力是形成各种焊接裂纹的因素之一。在温度、金属组织状态及焊接结构拘束度等各项条件的相互作用下，当焊接应力达到一定值时，将会形成热裂纹、冷裂纹以及再热裂纹，其结果是造成潜在的危险。已经发现存在宏观裂纹的焊接结构需要返修或报废，将造成工时和材料的损失。由于焊接应力降低了结构的承载能力，焊接结构中的残余应力与工作应力叠加时，则增加了构件所承受的应力水平，因而降低了结构强度的安全余量，实际上降低了结构的承载能力，当焊接应力超过材料的屈服点时，将会造成该区域的拉伸塑性变形，使材料的塑性受到损失。具有焊接应力的焊接构件，如果经过焊后机械加工则会破坏内应力的平衡，引起焊接构件的变形，影响加工尺寸的稳定性。

由于焊接应力及变形直接影响到焊接结构的产品质量和使用性能，因此应了解焊接应力及变形的原因，掌握控制和防止焊接应力和变形的方法。

第二节 焊接应力和变形产生的原因

一、焊接应力和变形的概念

任何物体在外力作用下都能产生形状或尺寸的改变，这种现象叫变形。变形可分为弹性变形和塑性变形两种。当外力消除后，物体能够恢复到原来的形状时，这种变形称为弹性变形；若物体在外力消除后不能恢复到原来的形状，则该变形为塑性变形，又叫残余变形。

金属在外力作用下发生变形的同时，其内部也产生一种与外力相抗衡的内力，而单位截面积上所承受的内力叫应力。受拉伸时引起的是拉应力，受压缩时引起的是压应力。内应力是在没有外力的条件下，平衡于物体内部的应力，如焊接时焊接构件由于焊接不均匀的加热和冷却，使其内部产生应力，这种应力称为焊接应力，焊接之后残留在焊件内部的应力称为焊接残余应力。

二、焊接应力和变形产生的原因

焊接过程是对金属进行局部加热和冷却的过程，这会造成金属内部不均匀的膨胀与收缩，结果产生了焊接变形和应力。

假设在焊接过程中焊件整体受热是均匀的，加热膨胀和冷却将不受拘束而处于自由状态，那么焊后焊件不会产生焊接残余应力和变形。

焊接时产生变形和应力的过程可借助金属棒的加热和冷却过程加以解释。

1. 金属棒在加热和冷却时产生变形和应力的原因

(1) 金属棒在加热和冷却时自由膨胀和收缩。钢棒在自由状态下加热发生膨胀（伸长），随后冷却时发生收缩（缩短），冷却到室温后，钢棒又回到原来的长度，即没有发生变形，也没有产生应力。金属棒在加热和冷却时自由膨胀和收缩的过程见表 12-1。

(2) 金属棒在加热时膨胀受阻，在冷却时收缩自由。金属棒加热时，膨胀受到阻碍，产生了压应力。在压缩应力的作用下，金属棒会产生一定的热压缩塑性变形，冷却时金属棒可以自由收缩，冷却到室温后金属棒的长度有所缩短，应力消失。金属棒在加热时膨胀受阻、在冷却时收缩自由的过程见表12-2。

表 12-1　　金属棒在加热和冷却时自由膨胀和收缩的过程

应力	无	无	无	无
变形	原长	伸长	缩短	原长
加热过程	室温	加热	冷却	室温
膨胀自由 收缩自由				

表 12-2　　加热时膨胀受阻、在冷却时收缩自由的过程

应力	无	压应力	无	无
变形	原长	膨胀受阻	缩短	缩短（中心变粗）
加热过程	室温	加热	冷却	室温
膨胀自由 收缩自由				

(3) 金属棒在加热和冷却时膨胀和收缩都受拘束。金属棒在加热和冷却过程中都受到拘束，其长度几乎不能伸长也不能缩短。加热时金属棒内产生压缩塑性变形，冷却时的收缩使金属棒内产生拉应力和拉伸变形，当冷却到室温后金属棒长度几乎不变，但是金属棒内产生了较大的拉应力。金属棒在加热和冷却时，膨胀和收缩都受到拘束的过程见表12-3。

表 12-3　　加热和冷却时膨胀和收缩都受到拘束的过程

应力	无	压应力	无	拉应力
变形	原长	膨胀受阻	收缩受阻	原长（中心变粗）
加热过程	室温	加热	冷却	
膨胀自由 收缩自由				

2. 焊接过程中产生变形和应力的原因

在焊接过程中，电弧热源对焊件进行了局部的不均匀加热。焊

缝附近的金属被加热到高温时，由于受到其周围较低温度金属的阻碍，不得自由膨胀而产生了压应力。如果压应力足够大，就会产生压缩塑性变形。当焊缝及其附近的金属冷却发生收缩时，同样也会由于受到周围较低温度金属的拘束，不能自由地收缩，在产生一定的拉伸变形的同时，产生了焊接拉应力。

焊接残余应力和残余变形既同时存在，又相互制约。如果使残余变形减小，则残余应力会增大；如果使残余应力减小，而残余变形相应会增大，应力和变形同时减小是不可能的。

在实际生产中，往往焊后的焊接结构既存在一定的焊接残余应力，又产生了一定的焊接残余变形。

通过以上的分析可知：焊接过程中，对焊件进行局部不均匀地加热是产生焊接应力和变形的主要原因。焊接接头的收缩造成了焊接结构的各种变形。

三、焊接变形的基本形式

焊接结构的整体变形因构件不同而异，常见的变形有：钢板对接焊接要产生长度缩短、宽度变窄的变形；采用 V 形坡口时要产生角变形；钢板较薄时，还可能产生波浪变形；对异型钢梁的焊接要产生扭曲变形等。焊接变形的基本形式见图 12-1。一般来讲，构件焊接后有可能同时产生几种变形。

1. 纵向缩短和横向缩短

（1）纵向缩短。焊件在变形后沿着焊缝长度方向的缩短称为纵向缩短，焊缝的纵向收缩变形值随焊缝长度、焊缝熔敷金属截面积的增加而增加，随整个焊件垂直于焊缝的横截面积的增加而减少。同样厚度的焊件，多层多道焊时产生的纵向收缩变形量比单层焊少。对接和角接焊缝的纵向变形收缩率见表 12-4。

表 12-4　对接和角接焊缝的纵向变形收缩率　（mm/m）

对接焊缝	连续角焊缝	断续角焊缝
0.15～0.3	0.2～0.4	0～0.1

（2）横向缩短。焊件在焊后垂直于焊缝方向发生的收缩叫横向缩短，横向缩短变形量随焊接热输入的提高而增加，随板厚的增加

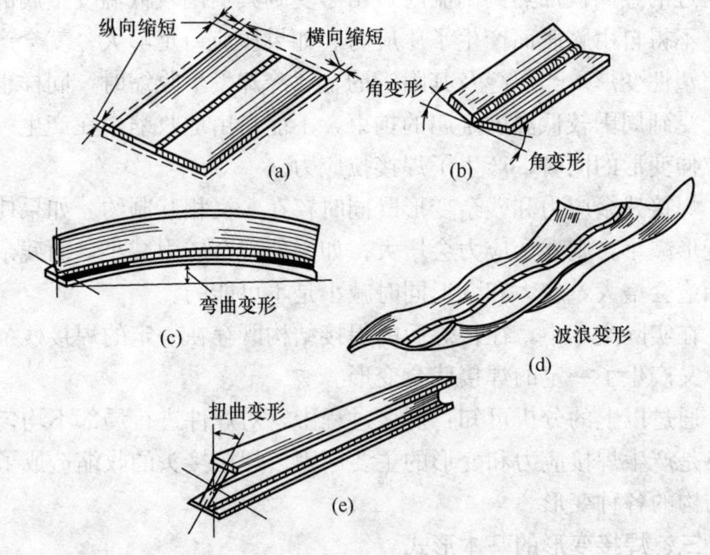

图 12-1　焊接变形的基本形式

(a) 纵向缩短和横向缩短；(b) 角变形；(c) 弯曲变形；(d) 波浪变形；(e) 扭曲变形

而增加。不同板厚对接焊缝的横向收缩量可参见相关专业手册进行比对，这里不再一一讲述了。

2. 角变形

角变形是在焊接时由于焊缝区域沿着板材厚度方向不均匀地横向收缩而引起的回转变形，角变形的大小以变形角 α 进行度量，见图 12-2。在堆焊、搭接和 T 形接头的焊接时，往往也会产生角变形。

焊接角变形不但与焊缝的截面积形状和坡口形式有关，还与焊接操作方法有关。对于同样的板厚和坡口形式，多层焊比单层焊的角变形大，焊接层数越多，角变形越大。

3. 弯曲变形

弯曲变形主要是由于结构上的焊缝布置不对称或焊件断面形状不对称，焊缝收缩引起的变形。

弯曲变形的大小用挠度 f 进行度量。挠度 f 是指焊后焊件的中心轴偏离焊件原中心轴的最大距离，如图 12-3 所示。

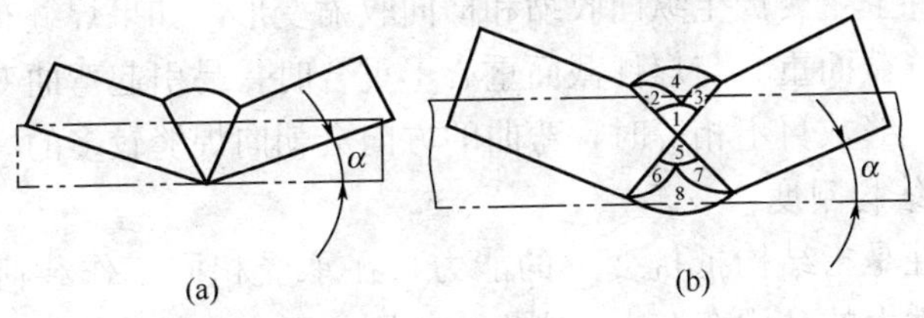

(a) (b)

图 12-2 角变形

(a) V 形坡口对接接头焊后的角变形；(b) 双 V 形坡口对接接头焊后的角变形

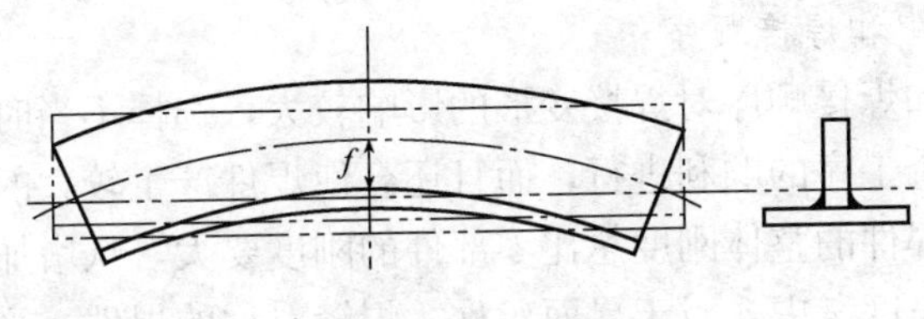

图 12-3 弯曲变形

4. 扭曲变形

如果焊缝角变形沿长度方向分布均匀，焊件的纵向有错边，或装配不良，施焊顺序不合理，致使焊缝纵向收缩和横向收缩没有一定的规律，会引起构件的扭曲变形。

5. 波浪变形

由于结构刚度小，在焊缝的纵向收缩、横向收缩综合作用下造成较大的压应力而引起的变形为波浪变形。薄板容易产生波浪变形，此外当几条焊缝离得很近时，由于角焊缝的角变形连在一起也会形成波浪变形。

上述分析说明了焊后焊缝的纵向收缩和横向收缩是引起各种变形和焊接应力的根本原因；同时还说明了焊缝的收缩能否转变成各种形式的变形，还与焊缝在结构中的位置、焊接顺序和反复性以及结构的刚性大小等因素有直接的关系。

四、影响焊接变形的因素

1. 焊缝位置

若结构的刚性不大，焊缝在结构中的位置对称，施焊顺序合理，焊件上主要产生纵向收缩和横向收缩变形。如果焊缝布置不对称或焊缝截面重心与焊件截面重心不重合时，易引起弯曲变形或角变形。焊缝数目不相等时，弯曲的方向会朝向焊缝较多的一侧。

2. 结构刚度

刚性是指结构抵抗变形的能力。在承受相同工作载荷的情况下，刚性大的结构变形小，刚性小的则变形大。结构抵抗拉伸变形的刚性主要取决于结构的截面积，截面越大，拉伸变形越小。结构抵抗弯曲变形的刚度，主要取决于结构的截面形状和尺寸。焊件长度、宽度和板厚也都影响着变形量。

3. 装配和焊接顺序

装配和焊接顺序对焊接变形的影响较大，选择不当时，不但会影响到整个工序的顺利进行，而且还会使焊件产生较大的变形。一般来说，焊件的整体刚度总比零部件的刚度要大，从增加刚度、减小变形的角度考虑，对于界面对称、焊缝对称的焊件，采用整体装配焊接，产生的变形较小。然而因焊件结构复杂，一般不能整体装配焊接，而是边装配边焊接，此时就要选择合理的装配焊接顺序，尽可能地减小焊接变形。

4. 焊接线能量

焊接线能量越大，焊接变形也越大。在焊件形状、尺寸及刚性形态一定的条件下，埋弧自动焊比手工电弧焊的变形大，这是由于埋弧自动焊输入的线能量大。因此选择能量较低的焊接方法和焊接规范，可有效地防止或减小焊接变形。对于同样厚度的焊件，单道焊比多道焊的变形大，因为单道焊时焊接电流大，焊条摆动幅度大，在坡口两侧的停留时间长，焊接速度慢，所以焊接能量大，产生的变形就大；而多层多道焊时，可采用较小的焊接电流，快速焊，不摆动，输入的线能量小，焊后变形小。

5. 焊缝长度和坡口形式

焊缝越长，焊接变形就越大。焊接变形还与坡口形式有关，坡口角度越大，熔敷金属的填充量越大，焊缝上下收缩量的差别也就越大，则产生的角变形越大。例如：在同样厚度和焊接条件下，V形坡口比U形坡口的变形大；X形坡口比双U形坡口变形大，不开坡口变形最小。此外装配间隙越大，焊接变形越大。

6. 焊接工艺方法

采用不同的焊接方法，如气焊、手工电弧焊、埋弧焊、气体保护焊等，所产生的焊接应力与变形情况也不相同。

7. 其他影响因素

此外，焊接方向和顺序不同，沿焊缝上的热量分布就不一样，冷却速度和冷却所受拘束不同，引起的焊接变形量的大小也不同。

材料的线膨胀系数越大，焊后的变形也越大，比如，铝及铝合金、不锈钢等材料的线膨胀系数大，焊后的变形就大。

焊接结构的自重、形状以及放置的状态等对焊接变形也有影响。

总之，在分析焊接变形时应综合考虑焊接变形的所有因素及每种因素的影响程度。

第三节　焊接变形及其控制

一、设计措施

1. 设计合理的焊接结构

设计合理的焊接结构，包括合理安排焊缝的位置，减小不必要的焊缝；合理选用焊缝的形状和尺寸等，如对于梁、柱一类结构，为减小弯曲变形，应尽量采用焊缝对称布置。

2. 选用合理的焊缝尺寸

焊缝的形状和尺寸不仅关系到焊接变形，而且还决定焊工的工作量大小。焊缝尺寸增加，焊接变形也随之增大，但过小的焊接尺寸，将会降低结构的承载能力，并使接头的冷却速度加快，产生一系列的焊接缺陷，如裂纹、热影响区硬度的增高等。因此在满足结构的承载能力和保证焊接质量的前提下，根据板厚选取工艺上可能的最小焊缝尺寸。如常用于肋板与腹板连接的角焊缝，焊脚尺寸就不宜过大，所以一般对焊脚尺寸都有相应的规定。表 12-5 是低碳钢焊缝的小焊脚尺寸的推荐值。

表 12-5　　低碳钢最小焊脚尺寸

板　厚	≤6	7～13	19～30	31～35	51～100
最小焊脚	3	4	6	8	10

焊接低合金钢时，因对冷却速度比较敏感，焊脚尺寸可稍大于表中的推荐值。

3. 尽可能地减少焊缝的数量

适当选择板的厚度，可减少筋板的数量，从而可以减小焊缝和焊后的变形矫正量，对自重要求不严格的结构，这样做即使重量稍大，仍是比较经济的。

对于薄板结构则可以用压型结构代替筋板结构，以减少焊缝数量，防止焊接变形。

4. 合理安排焊缝位置

焊缝对称布置于构件截面的中心轴，或使焊缝接近中心轴，可减小弯曲变形，焊缝不要密集，尽可能避免交叉焊缝。如焊接钢制压力容器在组装时，相邻筒节纵焊缝的距离、封头接缝与相邻筒节纵焊缝的距离应大于 3 倍的壁厚，且不得小于 100mm。

二、工艺措施

在焊接时采取适当的工艺措施，具体包括反变形法、利用装配顺序和焊接顺序控制焊接变形法、热提法、对称施焊法、刚性固定法和锤击法等，可以控制或矫正焊接变形。

1. 选择合理的装配顺序

(1) 选择合理的装配顺序。刚性大的焊件结构变形小，刚性小的焊件结构变形大。一个焊接结构的刚性是装配、焊接过程中逐渐增大的，装配和焊接顺序对焊接结构变形有很大的影响。因此在生产上常利用合理的装配来控制变形。对于截面对称、焊缝也对称的结构，应先装配成整体，将结构件适当地分成部件，分别装配、焊接，然后再拼焊成整体，使不对称的焊缝或收缩量较大的焊缝能比较自由地收缩而不影响整体结构。然后再用合理的焊接顺序进行焊接，就可以减小变形。按此原则生产制造复杂的焊接结构，既有利于控制焊接变形又缩短了生产周期。

(2) 选择合理焊接顺序。如果只有合理的装配顺序而没有合理的焊接顺序，变形照样会发生。因此大面积的平板拼接时必须还要有合理的焊接顺序。

1）焊缝对称时采用对称焊。当结构具有对称布置的焊缝时，如采用单人先后的顺序施焊，则由于先焊的焊缝具有较大的变形，所以整个结构焊后仍会有较大的变形。具有对称布置的焊缝应采用对称焊接（最好两个焊工对称地进行），使得由各个条焊缝所引起的变形相互抵消。如果不能完全对称地同时进行焊接，允许焊缝先后焊接，但在焊接顺序上尽量做到对称，这样也能减小结构的变形。

2）焊缝不对称时，先焊焊缝少的一侧。因为先焊的焊缝变形大，故焊缝少的一侧先焊时引起的总变形量不大，再用另一侧多的焊缝引起的变形来加以抵消，就可以减小整个结构的变形，这样焊后的变形量最小。

3）复杂结构装焊。对于复杂的结构，可先将其分成几个简单的部件分别装焊，然后再进行总装焊接。这样可使那些不对称的焊缝或收缩量较大的焊缝尽可能地自由收缩，不至于影响到整体结构，从而控制整体的焊接变形。

4）长焊缝焊接。对于焊件上的长焊缝，根据长度大小采用不同的焊接方向和顺序。如焊缝在 1m 以上时，可采用分段焊法、跳焊法；对于中等长度（0.5～1m）的焊缝，可采用分中对焊法。另外在焊接重要构件的焊缝（如压力容器等）时，必须认真按工艺要求操作，保证焊缝的质量。

5）不同焊缝的焊接。如果在结构上有几种形状的焊缝，应首先焊对接焊缝，然后才焊角焊缝及其他焊缝。组合成圆筒形焊件时，应首先焊纵向焊缝，然后焊横向焊缝。

2. 反变形法

为了抵消焊接变形，在焊接前装配时先将焊件向与焊接变形相反的方向进行人为地变形，这种方法称为反变形法。例如 V 形坡口单面对接焊的角变形，采用反变形后，变形基本得以消除，如图 12-4 所示。有时为了消除变形可在焊前先将焊件顶弯。

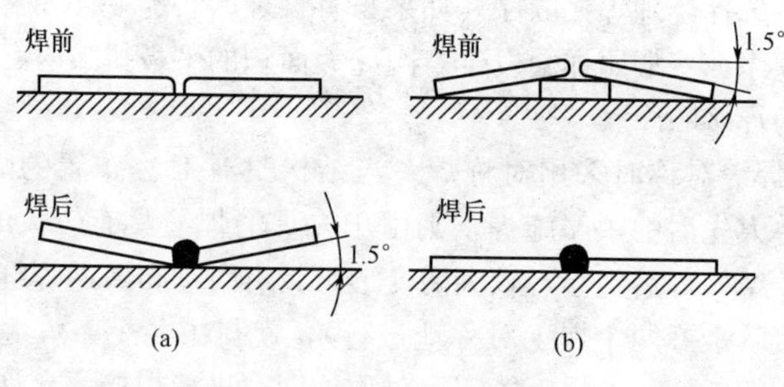

图 12-4　反变形控制
(a) 无反变形；(b) 预装反变形

对于较大刚性的大型工件，下料时可将构件制成预定大小和方向的反变形。这种构件通常是采用腹板顶制上拱的办法来解决，在下料时预先将两侧腹板拼焊成具有大于桥式起重机跨度 1/1000 的上拱。

3. 刚性固定法

焊前对焊件采用外加刚性拘束，强制焊件在焊接时不能自由变形，这种控制变形的方法叫刚性固定法。但这种方法会使得焊接接头中产生较大的残余应力，对于一些焊后易裂的材料应该谨慎使用。

4. 分成焊接法

焊接厚度较大的焊件时，采用分成焊接法，可减小焊接应力和变形。为了减小内应力，每一层最好焊成波浪形焊缝，如图 12-5 所示。焊接时第二层焊缝要盖住第一层焊缝，其焊缝比第一层长 1 倍；第三层焊缝要盖住第二层焊缝，长度比第二层长 200～300mm，最后将短焊缝补满。这种方法可利用后面层焊接的热量对前层焊缝进行保温缓冷，消除应力，减小变形和防止焊缝产生裂纹。

5. 焊件的预热和后热处理

对焊件进行焊前预热既可减少焊件加热部分和未加热部分之间的温差，又可降低焊件的冷却速度，达到减小内应力和焊件变形的效果。

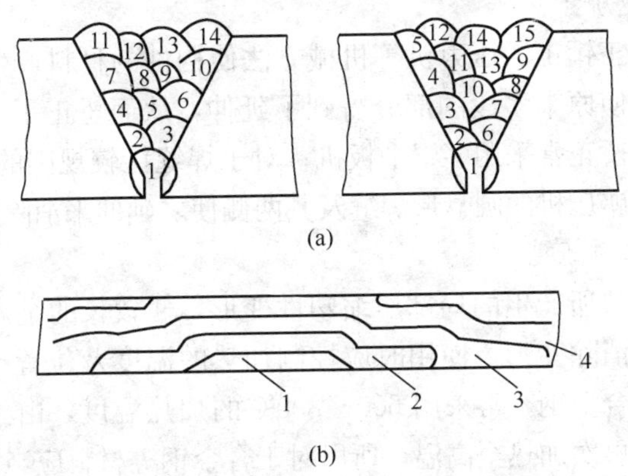

图 12-5　分层焊接与波浪形焊缝

(a) 焊缝横截面分布；(b) 焊缝纵截面及顺序

预热温度的高低一般由焊件含碳量的多少来决定。一般情况下，碳钢预热温度为 250～450℃；铝材的预热温度为 200～300℃。

焊接结束后能够在炉中或保温材料中缓冷（退火），或进行回火处理，内应力大大减小。焊件在炉中的保温时间一般是 2～12h，也可保温到 24h 以上。回火在炉中进行，回火加热温度为 600～650℃，保温一定时间后随炉冷却。

6. 散热法

焊接时用强迫冷却方法使焊接区域散热，由于受热面积减小而达到变形的目的。强制冷却可将焊缝周围浸入水中，也可使用铜冷却块增强焊件的散热。散热法对减小薄板焊件的焊接变形比较有效，但散热法不适用于焊接淬硬性较大的材料。

第四节　焊接变形的矫正方法

焊接结构在生产过程中，虽然采取了一系列措施，但是焊接变形总是不可避免的。当焊接产生的残余变形值超过技术要求时，必须采取措施加以矫正。

焊接结构变形的矫正有两种方法：机械矫正法和火焰矫正法。

1. 机械矫正法

采用手工锤击、压力机等机械方法使构件的材料产生新的塑性变形，这就使原来多段的部分得到了延伸，从而矫正了变形，对于薄板拼焊的矫正常采用多辊平板机；对于焊缝比较规则的薄壳结构，常采用窄轮碾压机的圆盘形焊缝及其两侧使之延伸来消除变形。

2. 火焰矫正法

火焰加热所产生的局部压缩塑性变形，使较长的金属材料在冷却后缩短来消除变形。使用时应控制加热的温度及位置。对于低碳钢和普通低合金钢，常采用600～800℃的加热温度，由于这种方法需要对构件再次加热至高温，所以对于合金钢等材料应当谨慎使用。

（1）火焰矫正的方法有三种。

1）点状加热法：多用于薄板结构，加热直径$d \geqslant 15$mm，加热点中心距a为50～100mm。

2）线状加热法：多用于矫正角变形、扭曲变形及筒体直径过大或椭圆度。

3）三角形加热法：多用于矫正弯曲变形。

（2）利用火焰矫正方法的注意事项。

1）矫正变形之前应认真分析变形情况，指定矫正工作方案，确定加热位置及矫正步骤。

2）认真了解被矫正结构的材料性质。焊接性好的材料，火焰矫正后材料性能变化也小。对于已经热处理的高强度钢，加热温度不应超过其回火温度。

3）当采用水冷配合火焰矫正时，应在当钢材冷到失去红态时再浇水。

4）矫正薄板变形若需锤击，应使用木锤。

5）加热火焰一般采用中性焰。

第五节　焊接应力及其控制

一、焊接应力的分类

焊接过程中焊件的热应力是随时间而变化的瞬时应力，称为焊接瞬时应力。焊后在焊件中残留下来的应力，称为焊接残余应力。此外在焊接结构中由于自身或外加拘束作用而引起的拘束应力，以及在焊接接头中扩散氢在显微缺陷处聚集而形成的氢致局部应力都统称为焊接应力。焊接应力的大小及分布与焊件材质、焊接方法、焊接参数、焊接材料、焊接操作方法、装配焊接顺序、焊接构件的刚度以及外加的拘束程度等因素有关。

按照焊接应力在空间方向的不同，可以分为单向应力、双向应力和三向应力。薄板对接时可以认为是双向应力。大厚度焊件的焊缝、每个方向焊缝的交叉处以及存在裂纹、夹渣等缺陷处通常出现三向应力。三向应力使材料的塑性降低，容易导致脆性断裂，它是最危险的应力状态。

二、影响焊接应力的因素

影响焊接应力的因素有很多，也比较复杂。在焊缝设计及焊接工艺方面采取相应的措施可以减小焊接应力，降低残余应力的峰值，使内应力分布更为合理，避免在大面积内产生较大的拉应力，因此有利于消除焊接裂纹等缺陷。根据焊接结构和焊接过程的特点，主要影响因素有以下几方面。

1. 坡口的形式和尺寸

在保证结构有足够强度的前提下，在焊缝设计方面应当尽量减少焊缝的数量和尺寸，采用填充金属量最少的坡口形式。

2. 焊缝位置

焊缝应避免过分集中，焊缝之间应保持足够的距离；容器接管的焊缝布置、框架转角处的筋板设计，应尽量避免三轴交叉的焊缝；工字梁筋板接头的处理办法是不把焊缝布置在工作应力最严重的区域。

3. 减小结构本身的刚性

采用刚度较小的接头形式，例如用翻边式连接代替嵌入式管连接，使焊缝能够自由地收缩。在残余应力的区域内，应当避免几何不连续性，避免应力集中。焊接封闭焊缝或刚度较大的焊缝时，可以采用反变形法来降低接头的刚度，以减小焊后的残余应力。

4. 采用合理的焊接顺序及方向

(1) 先焊收缩量较大的焊缝，使焊缝尽量能够自由收缩。在具有对接及角接焊缝的结构中，应当先焊收缩量较大的对接焊缝。

(2) 先焊工作时受力较大的焊缝，使内应力合理分布。工字梁应当先焊受力最大的翼板对接焊缝，然后焊接腹板对接焊缝，最后焊接预先留出的翼板角焊缝，这样可使翼板焊缝预先承受压力，而腹板有一定的收缩余地。这样焊成的梁，疲劳强度比先焊腹板的梁约高出 30％。

(3) 拼板时应先焊错开的短焊缝，后焊直通的长焊缝，使焊缝有较大的横向收缩余地。

(4) 焊接平面上的焊缝时应使焊缝比较自由，尤其是横向收缩更应保证自由。对接焊缝的焊接方向应当指向自由端。

5. 锤击焊缝

焊后使用带有小圆弧面的手锤或风枪锤锤击焊缝，使焊缝得到延展，从而降低内应力。锤击应保持均匀、适度，避免因锤击过分而产生裂纹。

6. 局部加热造成反变形

在结构的适当部位进行加热，使它产生与焊缝收缩方向相反的伸长变形。在冷却时，加热区的收缩与焊缝方向相同，由于焊缝的收缩比较自由，从而减小了内应力。

7. 预热

预热的作用有三点。

(1) 降低焊件热影响区的温度梯度，使其在较宽的范围内获得较均匀的分布，从而减小温度应力的峰值。

(2) 降低和控制焊接接头的冷却速度，因而减少淬硬倾向及减弱组织应力。

(3) 有利于氢的扩散逸出，减少氢致应力集中。

因此预热从总体来讲，可降低焊接结构的残余应力。小件可以整体预热，大件局部预热。在局部预热时还要认真考虑结构应力的分布情况，以确定预热部位，使之有利于温度的平缓分布或减少拘束程度。

8. 降低焊缝中氢的含量

为减少氢致应力集中，应尽量选择碱性低氢性焊条，焊条应按要求严格烘干，焊接结构件坡口表面的水、油、锈和其他杂质要清理干净，必要时有的结构件还要采取消氢处理。

三、消除焊接残余应力的方法

焊后结构件是否有必要消除焊接残余应力，要按结构的用途、尺寸、所用材料的性能以及工作条件等方面进行综合考虑，对于下列情况之一者应考虑消除焊接残余应力。

（1）要求承受低温或动载，有发生脆断危险的结构。

（2）厚度超过一定限度的焊接容器。

（3）要进行精密机械加工的结构。

（4）有可能产生应力腐蚀的结构。

1. 整体消除应力退火

将焊件整体放入炉内，缓慢加热到一定的温度，然后保温一定时间，空冷或随炉冷却，这种方法消除焊接残余应力的效果最好，一般可以将80%～90%的焊接残余应力消除掉，这是生产中应用最广泛的一种方法。

2. 局部消除应力退火

对构件局部的残余应力处加热以消除应力，消除应力的效果不如整体消除应力退火，仅可降低残余应力的峰值，使应力分布比较平缓。但此法设备简单，常用于比较简单的、拘束度小的焊接结构，如长筒形容器、管道接头、长构件的对接接头等。

3. 中间消除应力退火

对于厚度、刚度较大的焊件，为了避免在焊接过程中由于应力过大而产生裂纹，往往在中间加一次或多次消除应力的退火热处理。

4. 机械拉伸法

焊后对焊接构件加载，使具有较高拉伸残余应力的区域产生拉伸塑性变形，卸载后可使焊接残余应力降低。加载应力越高，焊接过程中形成的压缩塑性变形就被抵消得越多，内应力也就消除得越彻底。

对于压力容器，一般在室温下进行过载的液压试验，则可以消除部分焊接残余应力，应当指出的是，液压试验介质的温度最好能高于容器材料的脆性断裂临界温度，以免在加载时发生脆断。

5. 温差拉伸法

在焊缝两侧可用移动的火焰进行加热，用与火焰同时移动的喷水进行急冷，因此造成了两侧高、而焊缝区低的温度场。两侧的金属因受热膨胀，对温度低的焊缝区进行拉伸，并且产生拉伸塑性变形，抵消了焊接过程中产生的部分压缩塑性变形，从而降低了焊接残余应力。

这种方法在焊缝比较规则、厚度不大于40mm的容器、船舶等板壳结构时有一定的应用价值。如果工艺参数选择适当，可取得较好的消除应力效果。

6. 振动法

振动法是利用产生振动的交变应力来消除部分残余应力。这种方法的优点是设备简单，操作方便，费用仅为热处理消除应力的8%～10%，能源消耗尚不足热处理的5%，并且没有高温回火时金属表面氧化问题。但是如何选择振动参数，即使内应力降低，而又不使结构发生疲劳破坏等问题尚在研究中。

第十三章

焊接检验

第一节　概　　述

焊接检验包括焊前检验、焊接生产中检验和成品检验。焊前检验的主要目的是预防或减少焊接时产生缺陷，例如，对技术文件（图纸、工艺规程）、焊接材料（焊条、焊剂）和母材进行质量检验；焊接生产中的检验包括检验焊接设备的运行情况、焊接参数的正确与否等，其目的是及时发现缺陷和防止缺陷形成；成品检验是焊接检验的最后步骤，是鉴定焊接质量优劣的根据，对产品的出厂质量和安全使用意义重大。

第二节　焊接缺陷及其产生的原因

焊接缺陷分为外部缺陷和内部缺陷两类。外部缺陷位于焊缝外表面，用肉眼或低倍的放大镜就可观察到，例如，焊缝尺寸不符合要求、咬边、焊瘤、凹坑、表面裂纹等；内部缺陷位于焊缝的内部，这类缺陷用破坏性检验或无损伤方法才能发现，例如，未焊透、内气孔、内部裂纹、夹渣等。

一、电阻焊接头的缺陷

电阻焊接头常见的缺陷有：未熔合和未完全熔合、裂纹、气孔、缩孔、结合线伸入、烧伤、烧穿、边缘胀裂、过深压痕、火口未闭合和过烧组织等。

1. 未熔合和未完全熔合

未熔合的缺陷在宏观金相试件上的表现是看不到熔核或焊缝，

而是呈塑性粘合。未完全熔合缺陷的特征是焊点过小或熔核偏心，形成结合面上的熔核长度小于规定值（见表 13-1）或在点焊和缝焊焊缝中局部熔合，而部分未熔合。

表 13-1　　允许的最小熔核直径

材料厚度（mm）	最小熔核直径（mm）			
	铝合金	碳钢及低合金钢	不锈钢	钛合金
0.3	—	2.2	2.2	2.5
0.5	2.5	2.5	2.8	3.0
0.8	3.5	3.0	3.5	3.5
1.0	4.0	3.5	4.0	4.0
1.2	4.5	4.0	4.5	4.5
1.5	5.5	4.5	5.0	5.5
2.0	6.5	5.5	5.8	6.5
2.5	7.5	6.0	6.5	7.5
3.0	8.5	6.5	7.2	8.5
3.5	9.0	7.0	7.6	—
4.0	9.5	—	—	—

2. 裂纹

裂纹是电阻焊接头缺陷中最有危险性的一种缺陷。

排除裂纹常采用磨去裂纹用电弧焊或氩弧焊进行补焊的方法，对点焊也可以钻掉焊点，以铆钉代之。裂纹对接头性能的影响见表 13-2。

表 13-2　　裂纹对焊接接头性能的影响（点焊）

性能	缺陷					断裂特征
	无裂纹	有表面裂纹	有小于熔核直径 1/3 的内部裂纹	有大于熔核直径 1/3 的内部裂纹	钻 1/3 熔核直径的孔	
抗剪强度（kN/点）	2.28～2.63/2.40	2.33～2.77/2.50	2.33～2.59/2.41	2.32～2.59/2.40	2.08～2.35/2.19	焊点四周
正拉强度（kN/点）	0.72～0.81/0.741	0.66～0.667/0.66	0.695～0.79/0.735	—	0.715～0.84/0.76	焊点四周
纯弯曲疲劳（次）	1～5.8×10^{6}	1～1.9×10^{5}	3.3～9.2×10^{5}	—	6～26×10^{4}	从裂纹处开始断裂
熔核直径 d（mm）	4.2～4.8	4.9～5.0	4.5～5.0	4.5～5.0	4.3～4.7	—

3. 气孔和缩孔

气孔和缩孔是常见的一种缺陷，在高温合金点焊和缝焊时更为普遍。在质量检验标准中，对气孔和缩孔限制不严格，如奥氏体不锈钢的点焊和缝焊中，小于 0.5mm 的气孔不作为缺陷处理，每个焊点中允许有一个小于 1mm 的气孔或缩孔存在。

一般常用电弧焊、氩弧焊或重新点焊的方法修补气孔和缩孔。

4. 过深压痕

点焊和缝焊的压痕深度一般规定应小于板材厚度的 15%，最大不超过板厚的 20%～30%，若超过此规定则称为过深压痕。

过深压痕对焊点焊缝的强度有影响，表 13-3 是 30CrMnSiA 钢点焊接头的实验数据。过深压痕常用电弧焊或氩弧焊修补并锉平整。

表 13-3　　压痕深度对点焊接头强度的影响

压痕深度（%）	性能		
	抗剪强度（kN/点）	正拉强度（kN/点）	弯曲疲劳（次）
14～18	11.81～13.18/12.63	3.76～4.06/3.94	$3.0\sim5.3\times10^{4}$
25～35	8.87～9.31/9.13	2.74～3.25/3.04	$1.9\sim3.2\times10^{6}$

5. 表面发黑

表面发黑是常见的一种缺陷，在铝及铝合金点焊和缝焊时易产生。该种缺陷虽然不会影响接头的强度，但是却会影响接头的表面质量和抗腐蚀性能。表 13-4 为 LY12CZ 铝合金点焊试样腐蚀试验的结果。

表 13-4　　焊点表面发黑对腐蚀性的影响

腐蚀时间（h）	表面发黑的焊点	打磨掉发黑物的焊点	正常焊点
24	焊点腐蚀	焊点轻微腐蚀	未腐蚀
72	表面涂漆的焊点开始腐蚀，漆层破坏	表面涂漆的焊点开始腐蚀，但漆层未被破坏	未腐蚀
240	焊点破坏	焊点开始破坏	未腐蚀，漆层未破坏

6. 结合线伸入

结合线伸入是点焊和缝焊某些高温合金和铝合金时特有的缺陷，是指两板结合面伸入到熔核中的部分。

结合线伸入减小了熔核的有效质量，会降低接头强度，一般将伸入量限制在0.1～0.2mm。

7. 过热组织

在闪光对接焊某些材料的接头热影响区时会出现热组织。典型的过热组织是粗大或网状的魏氏组织，它会使接头变脆，降低接头的冲击韧性和疲劳强度，因此在生产中应该严格限制。

二、钎焊接头缺陷及其产生原因

1. 填隙不良，部分间隙未填满

该缺陷的产生原因如下。

(1) 接头设计不合理，装配间隙过大或过小，装配时零件歪斜。

(2) 钎剂不合适，如活性差、钎剂与钎料熔化温度相差过大、钎剂填隙能力差；或者是气体保护钎焊时气体的纯度低，真空钎焊时真空度低。

(3) 钎料选用不当，如钎料的润湿作用差，钎料量不足。

(4) 钎料安置不当。

(5) 钎焊前准备工作不佳，如清洗不净等。

(6) 钎焊温度过低。

2. 钎焊气孔

钎焊气孔的产生原因如下。

(1) 接头间隙选择不当。

(2) 钎焊前零件清理不干净。

(3) 钎剂去膜作用或保护气体去氧化物作用弱。

(4) 钎料在钎焊时析出气体或钎料过热。

3. 钎缝夹渣

纤缝夹渣的产生原因如下。

(1) 钎剂使用量过多或过少。

(2) 接头间隙选择不当。

(3) 钎料从接头两面填缝。

(4) 钎料与钎剂的熔化温度不匹配。

(5) 钎剂比重过大。

(6) 加热不均匀。

4. 钎焊开裂

钎焊开裂的产生原因如下。

(1) 由于异种母材的热膨胀系数不同，冷却过程中形成的内应力过大。

(2) 同种材料钎焊加热不均匀，造成冷却过程中收缩不一。

(3) 钎料凝固时零件相互错动。

(4) 钎料结晶温度间隔过大。

(5) 钎缝脆性过大。

5. 母材开裂

母缝开裂的产生原因如下。

(1) 母材过烧或过热。

(2) 钎料向母材晶间渗入，形成脆性相。

(3) 加热不均匀或由于刚性夹持工件而引起过大的内应力。

(4) 工件本身有内应力而引起的应力腐蚀。

(5) 异种母材的热膨胀系数相差过大，而其延展性又低。

6. 钎料流失

钎料流失的产生原因如下。

(1) 钎料温度过高或保温时间过长。

(2) 钎料安置不当以致未起到毛细作用。

(3) 局部间隙过大。

7. 母材被熔蚀

母材被熔蚀的产生原因如下。

(1) 钎焊温度过高，保温时间过长。

(2) 母材与钎料之间的作用太剧烈。

(3) 钎料量过大。

第三节　常用的检验方法

一、非破坏性检验

非破坏性检验无损检验，是不损坏被检验材料或产品的性能和完整，而检测其缺陷的方法。

1. 外观检验

用肉眼或借助样板，或用低倍放大镜观察焊件，以发现焊缝外的气孔、咬边、满溢以及焊接裂纹等表面缺陷的方法。

2. 致密性试验

对于储存气体、液体、液化气的各种容器、反应器和管路系统，都需对焊缝和密封面进行致密试验，常用的致密性试验有密封性检验和气密性检验。密封性检验是检查有无漏水、漏气和渗油等现象的试验；气密性检验是将压缩空气（或氨、氟利昂、氦、卤素气体等）压入焊接容器，利用容器内外气体的压力差检查有无泄漏的试验方法。

(1) 盛水检验。盛水检验是最简单的密封性检验方法，常用于不受压或只受到容器液体自重所产生静压的场合。

(2) 水压试验。水压试验用来检验焊缝的致密性和美好度。试验方法是：用水把容器灌满，并堵塞好容器上的一切孔和眼，用水泵把水压提高到容器工作压力的1.25～1.5倍进行强度试验。在强度试验过程中应注意把容器放在安全地点，试验人员及其他人员均不得接近试压容器，防止非正常爆破造成损失。在此压力持续一段时间（一般规定为5min）后，再降至工作压力，进行致密性试验。此时工作人员可接近容器并观察。若发现焊缝上有水滴或细水纹出现，则表明焊缝不致密，应做出标记，以便补修，这种方法常用于封闭的容器。对于要求透视检查和焊后热处理的容器，超压水压试验应在热处理及透视后进行。

(3) 气压试验。气压试验用压多为空气，其压力一般低于焊接件的工作压力。焊缝处涂肥皂水检验有无渗漏现象。此方法适用于不受压或低压的容器、管道、储藏灌等，对于强度试验，不宜采用此方法。

（4）煤油试验。煤油试验时先在容器的外侧焊缝上刷一层石灰水，待干燥泛白后，再在焊缝内侧刷涂煤油。由于煤油的表面张力小，具有透过极小孔隙的能力，当焊缝有穿透性缺陷时，煤油能透进去，并在有石灰粉层的一面泛出明显的油斑或带条。为准确地确定缺陷的大小和位置，应在涂煤油后立即观察，一般观察的时间为15～30min，此方法适用于不受压的一般容器、循环水管等。

3. 渗透探伤

渗透探伤是利用带有荧光染料（荧光法）或红色染料（着色法）渗透剂的渗透作用，显示缺陷痕迹的无损检验法。荧光法一般用于有色金属表面探伤；着色法不受材料种类的限制，也不受缺陷形状和尺寸的影响，但只适用于焊件表面的开口性缺陷。

渗透探伤的基本操作程序如下。

（1）预处理。在喷、涂溶液前，清除周围的油污和锈斑等，然后用丙酮擦干受检表面，再采用清洗剂将受检表面洗净，然后烘干或晾干。

（2）渗透。将渗透剂喷、刷涂到受检的表面，喷涂时，喷嘴距离受检表面以20～30mm为宜，渗透时间为15～30min。为了探测细小的缺陷，可将工件预热到40～50℃，然后进行渗透。

（3）清洗。达到规定的渗透时间后，用棉布擦去表面多余的渗透剂，然后用清洗剂清洗，注意不要把缺陷里的渗透剂洗掉。采用乳化型渗透剂时，要求在洗净之前用浸浴、刷涂或喷涂方法在受检表面上施加乳化剂，它对检查线类的裂纹形表面缺陷特别有效果。乳化剂在受检表面上停留的时间一般为1～5min，而后用清水洗干净。

（4）显影。表面上刷涂或喷涂一层薄而均匀的显相剂，厚度为0.05～0.07mm，保持15～30min后观察。

（5）检查。用肉眼或放大镜观察，当受检表面有缺陷时，即可在白色的显像剂上显示出红色的图案。荧光法用黑光灯或紫外线灯在黑暗处进行照射，有缺陷处即显示出明亮的荧光图像。

4. 磁粉探伤

磁粉探伤是利用在强磁场中，铁磁性材料表层缺陷产生的漏磁场吸附磁粉的原理而进行的无损检验法。图 13-1 为磁粉探伤试验的原理示意图。在焊缝表面撒上磁性氧化铁粉，根据铁粉被吸附的痕迹，就能判断缺陷的位置和大小。磁粉检验后，焊件应进行退磁处理。

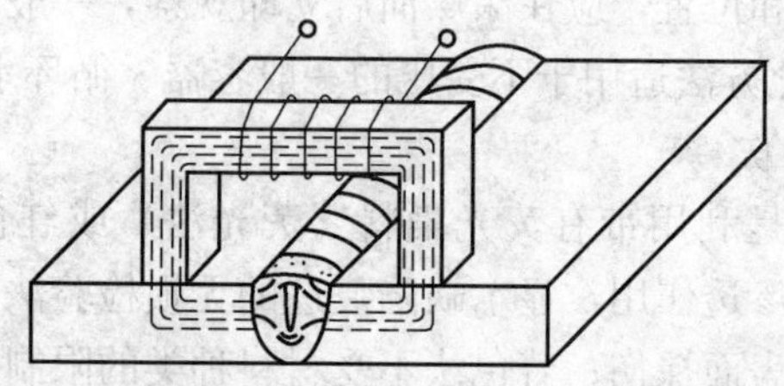

图 13-1　磁粉检验原理示意图

磁粉探伤的基本程序如下。

(1) 清理。在磁粉探伤前，应对受检的焊缝表面及其附近 30mm 区域进行干燥和清洁处理。当受检表面妨碍显示时，应进行打磨或喷砂处理。

(2) 磁化。根据受检面形状和易产生缺陷的方向，选择磁化方法和磁化电流，通电时间为 0.5～1s。磁化方法有电极接触法（用两个电极接触在受检查焊缝表面的两个点上，产生磁场）和磁轭法（电磁铁法或永久磁铁法）两种。采用电极触电法，其磁化电流的范围见表 13-5，电极触电间距一般为 80～200mm。采用磁轭法，要求使用的磁铁具有一定磁动势，交流电磁轭提升力≥50N；直流电或永久磁铁磁轭提升力≥200N，两磁极间的距离宜在 80～160mm 之间。

表 13-5　　磁化电流的范围

工件厚度（mm）	磁化电流（A）/触电间距（mm）	工件厚度（mm）	磁化电流（A）/触电间距（mm）
≥20	40～50/10	＜20	35～45/10

(3) 检查。检查操作要连续进行，在磁化电流通过时再施加磁粉，干磁粉应喷涂或撒布，磁粉粒度应均匀，一般用不小于 200 目的筛子筛选。磁悬液应缓慢浇上，注意适量。施用荧光磁粉时需在

黑暗中进行，检查前5min将紫外线探伤灯（或黑光灯）打开，使荧光磁粉发出明显的荧光。常见荧光磁粉悬液的配比见表13-6。为防止漏检，每个焊缝一般需进行两次检验，两次检查的磁力线方向应大体垂直。

表13-6　　荧光磁粉悬液的配比

配比一		配比二	
成分	成分比例	成分	成分比例
水（mL）	1000	水（mL）	1000
乳化剂（g）	10	OJI-20（或OJI-10）	0.5%（容积比）
二乙醇胺（g）	5	亚硝酸钠（g）	5
亚硝酸钠（g）	5	荧光磁粉（g）	0.5～2
荧光磁粉（g）	1～2	消泡剂（g）	1
消泡剂（g）	1	—	—

5. 超声探伤

超声探伤是利用超声波探测材料内部缺陷的无损检验法。由于超声波在金属中传播很远，故可用来探测大型焊件（厚度>40mm）焊缝中的缺陷，并且能较灵敏地发现缺陷的位置，但对缺陷的性质、形状和大小难以确定。图13-2为超声探伤试验示意图。当探头在M位置时，超声波未遇到焊缝中的缺陷，在K处反射，继续向前传播，探头接受不到反射波，在荧光屏上只有一个表示向焊件发出超声波的“终脉冲”a；当探头移到N位置时，超声波遇到焊缝中的缺陷c，从原路反射回来，探头接收到后会在荧光屏上出现“缺陷脉冲”c，从脉冲a到c的距离可以计算出缺陷的深度h，从c的脉冲高度可以确定缺陷的面积。

6. 射线探伤

射线探伤是采用X射线或γ射线照射焊接接头，检查内部缺陷的无损检验法。图13-3为射线探伤的原理示意图。通常用超声探伤确定有无缺陷，在发现缺陷后，再用射线探伤确定其性质、形状和大小。

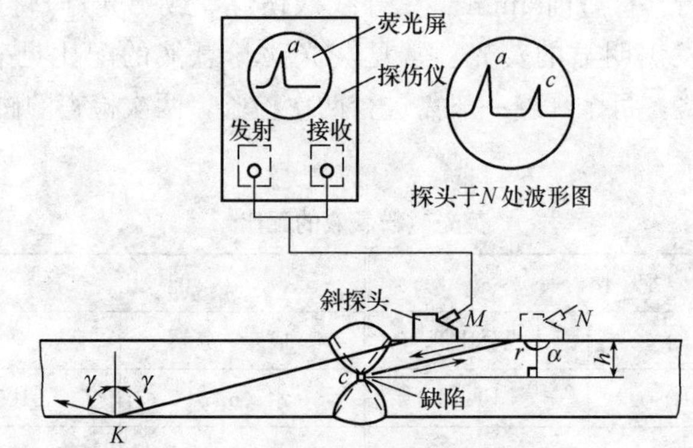

图 13-2　超声探伤试验示意图

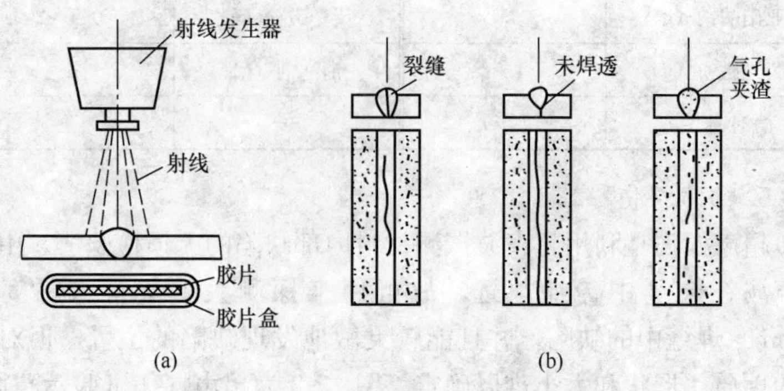

图 13-3　射线探伤的原理示意图

(a）装置图；(b）缺陷在底片上的显示情况

二、破坏性试验

破坏性试验是焊缝及接头性能检测的一种必不可少的手段。破坏性试验主要是为进行焊接工艺评定、焊接性试验、焊工技能评定和其他考核焊缝和焊接接头性能而采用的检验法。常用的破坏试验有力学性能试验、金属理化试验和焊接性能试验三种。

1. 力学性能试验

力学性能试验包括拉伸、弯曲、硬度、冲击、疲劳、蠕变等项目试验，用以测定抗拉强度、屈服强度、伸长率、断面收缩率、弯曲角、硬度、冲击韧性、疲劳极限、蠕变强度等指标。

2. 金属理化试验

理化试验的方法很多，一般情况下由专业检验员进行，焊工可以自己进行宏观检验，供分析问题时参考。

宏观检验是在试片上用肉眼或借助于5～10倍的放大镜进行观察，可以清晰地看到焊缝各区的界限、未焊透、裂纹、严重组织不均匀等。宏观检验时，将焊缝及焊接接头的横断面切下来，用砂轮打磨后再用砂纸抛光，进行浸蚀，常用材料及焊接接头的宏观腐蚀剂见表13-7，所有浸蚀完成后的试样应当在清水中清洗干净，用吹风机热风吹干。

表13-7　各种钢及焊接接头的宏观腐蚀剂

试剂用途	试剂成分	腐蚀特点	附　注
用于碳钢和合金钢焊缝	10%～20%的硝酸水溶液	室温腐蚀时间为5～20min	腐蚀后若再用10%的过硫酸胺水溶液腐蚀，可更好地显示粗晶组织
用于碳钢和合金钢焊缝	盐酸50mL；水50mL	热煮温度为65～75℃，保持10min	能很好地显示各区的宏观组织，根据材料的不同，腐蚀时间可延长或缩短
用于碳钢和合金刚焊缝	过饱和氯化高铁350mL；硝酸250mL；水150mL	室温腐蚀时间为2～20min	作用强烈，组织很清晰
用于显示低碳钢焊缝	二氧化铜1g 氯化铁3g 过氯化锡0.5g 盐酸50g 酒精50g	腐蚀到出现组织为止，在冲洗过程中用棉花把铜从试件上擦掉	硫、磷富集区比其他要亮，多用于腐蚀及重复抛光
用于显示低碳钢、低合金钢和中合金钢的结晶层	20%的硫酸水溶液	煮沸6～8h，到现出组织为止，冲洗时小心擦拭	如重复腐蚀需重新抛光
用于显示低碳钢、低合金钢和中合金钢的结晶层	苦味酸饱和水溶液	腐蚀3～4h，然后抛光重新腐蚀，需进行5～6次	—

续表

试剂用途	试剂成分	腐蚀特点	附　注
用于显示各种合金钢的焊缝	氯化铜 35g；过氯化氨 53g；水 1000mL	腐蚀 30～90s，在冲洗过程中用棉花擦掉铜	显现白点、裂缝、气孔、金属流线，富硫、磷区比其他区要暗
显示奥氏体不锈钢焊缝	盐酸 500mL；硫酸 25mL；硫酸铜 100mL；水 200mL	腐蚀到显现出组织为止	可以清晰显示塑性变形，腐蚀之前需要把磨片抛光
显示奥氏体铝、铜合金钢的焊缝组织	硫酸铜 30g 盐酸 150mL 硫酸 10mL 水 150mL	用棉花擦拭到组织出现为止	作用强烈
显示铜及铜基合金的焊缝	相对密度 1.2～1.3 硝酸	短时间腐蚀	适用于纯铜和黄铜
显示铝焊缝铝合金	硝酸 300mL 盐酸 100	用棉花擦拭到组织出现为止	适用于铜合金
显示铝焊缝铝合金	10%盐酸水溶液 100mL；氯化铁 30g	腐蚀到显现出组织为止	—

3. 焊接性能试验

焊接性能试验主要有断裂韧性试验，冷、热裂纹试验等。

第四节　焊、割件的质量检验标准

一、钢结构焊缝的外形尺寸

焊缝外形尺寸检验的总则如下。

(1) 焊缝外形尺寸检验前，其焊缝及两侧必须清除熔渣、飞溅及其他污物。

(2) 焊缝外形尺寸检验主要用肉眼借助有关辅助量具进行，检验时要保证良好的照明。

(3) 焊缝的坡口形式与尺寸应该符合 GB/T 985.1—2008 和 GB/T 985.2—2008 的有关规定。

(4) 焊缝外形尺寸的标注应按 GB/T 324—2008 的有关规定执行。

二、主题内容与适用范围

本标准规定了钢结构焊接接头焊缝的外形尺寸。

本标准适用于钢结构的熔化焊对接和角接接头的外形尺寸检验。

三、外形尺寸

(1) 焊缝外形应均匀，焊道与基本金属之间应平滑过渡。

(2) I 形坡口对接焊缝（包括 I 形带垫板对接焊缝）见图 13-4。其焊缝宽度 $c=b+2a$，余高 h 值应符合表 13-8 的规定。

表 13-8　对接焊缝的焊缝宽度及余高　(mm)

焊接方法	焊缝形式	焊缝宽度 c		焊缝余高 h
		c_{min}	c_{max}	
埋弧焊	I 形焊缝	$b+8$	$b+28$	0～3
	非 I 形焊缝	$g+4$	$g+14$	
手工电弧焊及气体保护焊	I 形焊缝	$b+4$	$b+8$	平焊：0～3 其余：0～3
	非 I 形焊缝	$g+4$	$g+8$	

(3) 非 I 形坡口对接焊缝见图 13-5，其焊缝宽度 $c=g+2a$，余高 h 值应符合表 13-8 的规定，g 值按图 13-6 与下列公式计算。

在图 13-6（a）中：$g=2\tan\beta\cdot(\delta-P)+b$

在图 13-6(b)中：$g=2\tan\beta\cdot(\delta-R-P)+2R+b$

(4) 焊缝的最大宽度 c_{max} 和最小宽度 c_{min} 的差值，在任意 50mm 的焊缝长度范围内不得大于 4mm，在整个焊缝长度范围内不得大于 5mm。

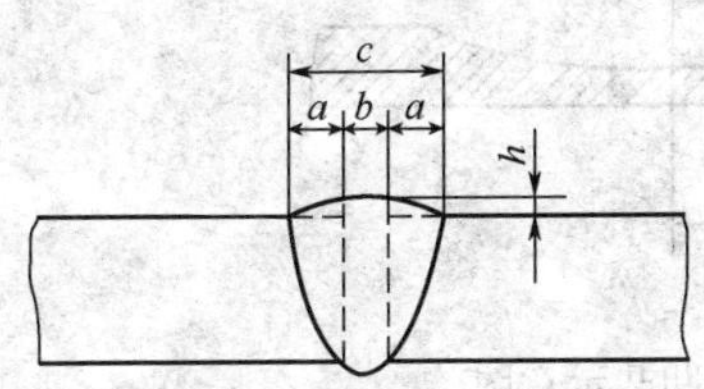

图 13-4　I 形坡口对接焊缝

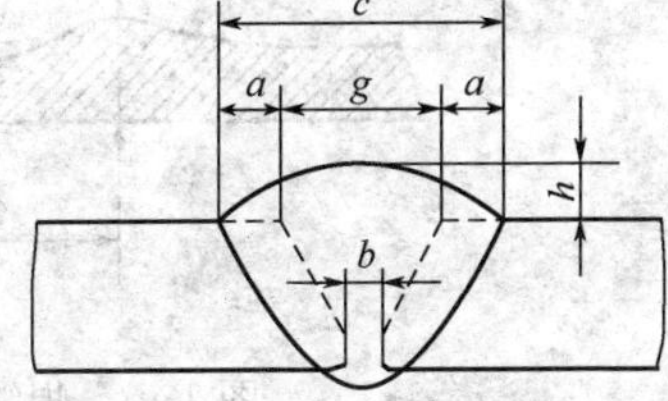

图 13-5　非 I 形坡口对接焊缝

(5) 焊缝边缘的直线度 f，在任意 300mm 连续焊缝长度内，

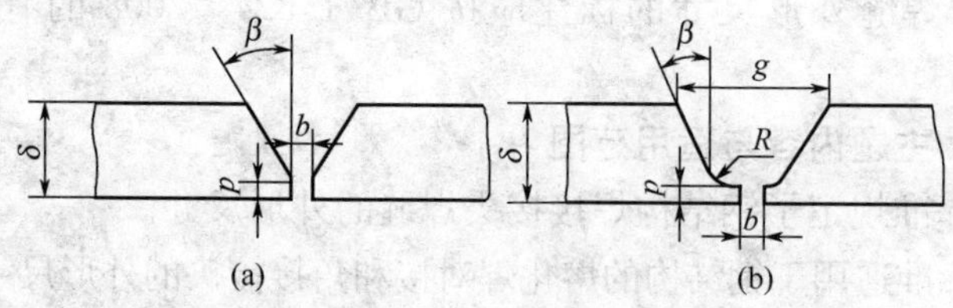

图 13-6　非 I 形坡口对接焊缝的尺寸

焊缝边缘沿焊缝轴向的直线度 f 如图 13-7 所示，其值应符合表 13-9 的规定。

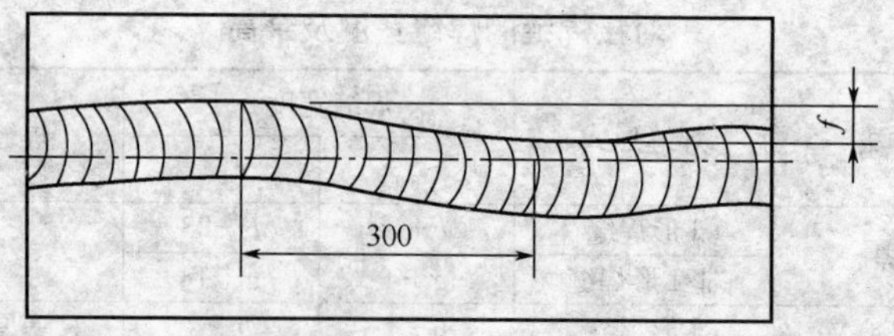

图 13-7　焊缝边缘直线度 f 的确定

表 13-9　　焊缝边缘直线度 f 值　　(mm)

焊接方法	焊缝边缘直线度 f	焊接方法	焊缝边缘直线度 f
埋弧焊	≤4	手工电弧焊及气体保护焊	≤3

(6) 焊缝表面凹凸时，在焊缝任意 25mm 长度范围内，焊缝余高 $h_{max}-h_{min}$ 的差值不得大于 2mm（见图 13-8）。

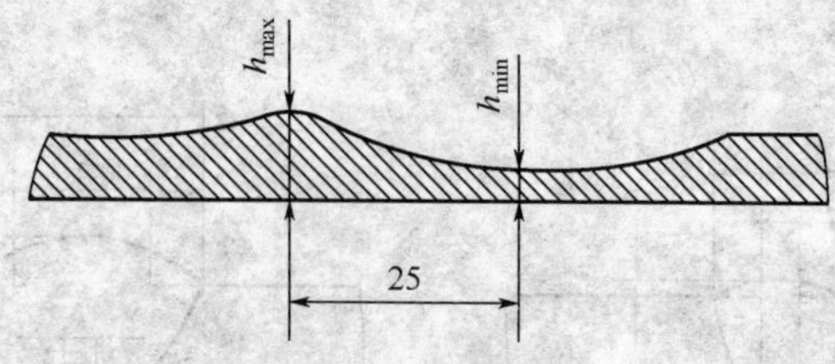

图 13-8　焊缝表面凹凸示意图

(7) 角焊缝的焊脚尺寸 K 值由设计或有关技术文件注明，其焊脚尺寸 K 值的偏差应符合表 13-10 的规定。

表 13-10　　焊脚对 K 值的偏差　　(mm)

焊接方法	尺寸偏差	
	$K<12$	$K\geqslant12$
埋弧焊	+4	+5
手工电弧焊及气体保护焊	+3	+4

焊缝外形尺寸经检验超出上述规定时，应进行修磨或按一定工艺局部补焊，返修后应符合本标准的规定，但补焊的焊缝应与原焊缝间保持圆滑过渡。

四、钢熔化焊接头的要求和缺陷分级

1. 主题内容与适用范围

本标准规定了钢熔化焊接头的要求及缺陷的分级。

本标准适用于熔焊方法施焊的对接和角接（搭接以及 T 形接头）。

2. 对焊接接头的要求

(1) 对接头性能的要求。本标准不对接头的力学性能规定分等，但设计文件或技术要求中必须明确规定出产品对接头（包口焊缝金属）性能要求的项目和指标，且应符合相应产品的设计规程、规则或法规的要求。

对接头性能的要求项目如下。

1）常温拉伸性能。

2）常温冲击性能。

3）常温弯曲性能。

4）低温冲击性能。

5）高温瞬时拉伸性能。

6）高温持久拉伸或蠕变性能。

上述试验的试样应符合 GB/T 2649～2655—2008 的规定。

7）疲劳性能。

8）断裂性能。

9）其他（如耐腐蚀、耐磨等特定性能）。

不应超越产品的服役条件，不能随意增加或删减对接头性能要求的类别和指标。

(2) 接头外观及内在缺陷的分级。本标准对钢熔化焊接头的外观及内在缺陷作了分级规定（见表 13-11）。这一分级可供产品制造及焊接工艺评定时质量验收选用。

在特殊情况下，可经过商定采用与本标准不同的规定，这必须在设计及制造文件中加以说明。

表 13-11　　缺 陷 分 级

<table>
<tr><th rowspan="2">缺陷名称</th><th rowspan="2">GB/T 6417.1—2005</th><th colspan="4">缺 陷 分 级</th></tr>
<tr><th>Ⅰ</th><th>Ⅱ</th><th>Ⅲ</th><th>Ⅳ</th></tr>
<tr><td>焊缝的外形尺寸</td><td></td><td colspan="4">选用坡口由焊接工艺确定，只需符合 GB 10854 或产品的相关规定要求，本标准不作分级规定</td></tr>
<tr><td>未焊满（指不足设计要求）</td><td>511</td><td colspan="2">不允许</td><td>$\leqslant 0.2\delta+0.02\delta$ 且$\leqslant$1mm，每 100mm 焊缝内的缺陷总长$\leqslant$25mm</td><td>$\leqslant 0.2\delta+0.04\delta$ 且$\leqslant$2mm，每 100mm 焊缝内的缺陷总长$\leqslant$25mm</td></tr>
<tr><td rowspan="2">根部收缩</td><td rowspan="2">515</td><td rowspan="2">不允许</td><td>$\leqslant 0.2\delta+0.02\delta$ 且$\leqslant$0.5mm</td><td>$\leqslant 0.2\delta+0.02\delta$ 且$\leqslant$1mm</td><td>$\leqslant 0.2\delta+0.04\delta$ 且$\leqslant$2mm</td></tr>
<tr><td colspan="3">长度不限</td></tr>
<tr><td>咬边</td><td>5011
5012</td><td colspan="2">不允许</td><td>$\leqslant 0.05\delta$ 且 $\leqslant$ 0.5mm，连续长度$\leqslant$100mm，切焊缝两侧的咬边总长小于焊缝全长的 10%</td><td>$\leqslant 0.1\delta$ 且 $\leqslant$ 1mm，长度不限</td></tr>
<tr><td>裂纹</td><td>100</td><td colspan="4">不允许</td></tr>
<tr><td>弧坑裂纹</td><td>104</td><td colspan="3">不允许</td><td>个别长$\leqslant$5mm 的弧坑裂纹允许存在</td></tr>
<tr><td>电弧擦伤</td><td>601</td><td colspan="3">不允许</td><td>个别电弧擦伤允许存在</td></tr>
<tr><td>飞溅</td><td>602</td><td colspan="4">清除干净</td></tr>
<tr><td>接头不良</td><td>517</td><td colspan="2">不允许</td><td>造成缺口深度$\leqslant$ 0.05δ且$\leqslant$0.5mm；每米焊缝不得超过一处</td><td>缺口深 $\leqslant 0.1\delta \leqslant$ 1mm，每米焊缝不得超过一处</td></tr>
<tr><td>焊瘤</td><td>506</td><td colspan="4">不允许</td></tr>
</table>

续表

缺陷名称	GB/T 6417.1—2005	缺陷分级			
		Ⅰ	Ⅱ	Ⅲ	Ⅳ
未焊透（按设计焊缝厚度为准）	402	不允许		不加垫单面焊的允许值≤15%δ且≤1.5mm；每100mm焊缝内的缺陷总长≤25mm	≤0.1δ且≤2.0mm，每100mm焊缝内的缺陷总长≤25mm
表面夹渣	300	不允许		深≤0.1δ 长≤0.3δ 且≤10mm	深≤0.2δ 长≤0.5δ 且≤20mm
表面气孔	2017	不允许		每50mm焊缝长度内的允许直径≤0.3δ，且对于直径≤2mm的气孔，两个孔间距≥6倍孔径	每50mm焊缝长度内的允许直径≤0.4δ，且对于直径≤3mm的气孔，两个孔间距≥6倍孔径
角焊缝厚度不足（按设计焊缝厚度计）		不允许		≤$0.3\delta+0.05\delta$且≤1mm，每100mm焊缝内的缺陷焊缝总长≤25mm	≤$0.3\delta+0.05\delta$且≤2mm，每100mm焊缝内的缺陷焊缝总长≤25mm
角焊缝焊脚不对称	512	差值≤$1a+0.1a$		≤$2a+0.15a$	≤$2a+0.2a$
		a——设计焊缝的有效厚度			
内部缺陷		GB/T 3323—2005 Ⅰ级	GB/T 3323—2005 Ⅱ级	GB/T 3323—2005 Ⅱ级	不要求
		GB/T 11345—2013 Ⅰ级		GB/T 11345—2013 Ⅱ级	

3．缺陷评级的依据

（1）凡是已经有产品设计规程或法定规则的产品，应该遵循这些规定，换算成相应的级别。

（2）对没有相应规程或法定验收规则的产品，在确定级别时应考虑下列因素。

1）载荷性质：①静载荷；②动载荷；③非强度设计（刚性设计的构件以变形为限值，一般情况下强度、余度均较大）。

2）服役环境：①温度；②介质；③湿度；④磨耗。

3）产品失效后的影响：①能引起爆炸或泄漏而导致严重人身伤亡并造成产品报废等经济损失；②造成产品损伤且由停机而造成重大的经济损失；③造成产品损伤但仍可以运行，待检修处理。

4）选用材质：①相对产品要求有良好的强度及韧性余度；②强度余度虽然不大，但韧性余度充足；③高强度、低韧性；④焊接材料的相配性。

5）制造条件：①焊接工艺方法；②企业质量管理制度；③构件设计中焊接的可达性；④检验条件；⑤经济性。

对技术要求较高但又无法实施无损检验的产品，必须对焊工操作及工艺实施产品适应性模拟件考核，并明确规定焊接工艺实施全过程的监督制度和责任记录制度。

4. 缺陷检验

(1) 外观检验及断口宏观检验使用放大镜的放大倍数应以5倍为限制。也可用磁粉或渗透检验方法进行检验。

(2) 无损检验应符合GB/T 3323—2005和GB/T 11345—2013的标准规定。

(3) 在确定缺陷的性质和尺寸及部位时，可能要使用多种检验方法。

5. 标志

(1) 凡是应用本标准缺陷规定分级要求者，可在图样上直接标注本标准号及分级代号以简化技术文件的内容。

(2) 标志示例。

1）用手工焊封底的埋弧焊缝，其缺陷要求为：除咬边按本标准Ⅲ级外，其余均按本标准Ⅱ级。

2）用手工焊焊接的对称角缝，焊脚尺寸为6mm，相同焊缝为N条，缺陷要求为Ⅳ级。

五、钢熔化焊对接接头射线探伤标准

本标准（GB/T 3323—2005）规定了2～200mm母材厚度钢熔

化焊对接接头（以下称焊缝）的X射线和γ射线的照相方法以及焊缝的质量分级。

根据产品的技术条件和有关的规定，选择照相的质量等级、照相范围和焊缝的质量等级，设计、制造和使用单位也可以根据产品的具体情况决定。

1. 焊缝的质量分级

（1）Ⅰ级焊缝内不允许有裂纹、未熔合、未焊透和条状的夹渣存在。

（2）Ⅱ级焊缝内不允许有裂纹、未熔合、未焊透存在。

（3）Ⅲ级焊缝内不允许有裂纹、未熔合以及双面焊和加垫单面焊中的未焊透存在。不加垫板单面焊中的未焊透的允许长度按表13-12条状夹渣长度的Ⅲ级评定。

（4）焊缝缺陷超过Ⅲ级者为Ⅳ级。

表 13-12　　条状夹渣的分级　　(mm)

质量等级	单个条状夹渣的最大长度	条状夹渣的总长
Ⅱ	板厚 $T \leqslant 12.4$ $12 < T < 60$，$T/3$	在任意直线上，相邻两夹渣间距不超过 $6L$ 的任一组夹渣，其累计长度在 $12T$ 焊缝长度内不超过 T
Ⅲ	$T \leqslant 9.6$ $9 < T < 45$，$2/3T$	在任一直线上，相邻两夹渣间距不超过 $3L$ 的任何一组夹渣，其累计长度在 $6T$ 焊缝长度内不超过 T
Ⅳ	大于Ⅲ级者	

2. 圆形缺陷的分级

（1）长宽比小于或等于3的缺陷定义为圆形缺陷。它们可以是圆形、椭圆形、锥形或带有尾巴（在测定尺寸时应包括尾巴）等不规则的形状，包括气孔、夹渣和夹钨。

（2）圆形缺陷按评定区域进行评定，评定区域大小的规定见表13-13。评定区应选在缺陷最严重的部位。

（3）评定圆形缺陷时应将尺寸按表13-14换算成缺陷点数。

（4）不计点数的缺陷尺寸见表13-15。

表 13-13　缺陷评定区　(mm)

母材厚度 T	≤25	＞25～100	＞100
评定区尺寸	10×10	10×20	10×30

表 13-14　缺陷点数换算表

缺陷长径（mm）	≤1	＞1～2	＞2～3	＞3～4	＞4～6	＞6～8	＞8
点数	1	2	3	6	10	15	25

表 13-15　不计点数的缺陷尺寸　(mm)

母材厚度 T	缺陷长径	母材厚度 T	缺陷长径
≤25 ＞25～50	0、6 1、0.7	＞50	1.4%T

（5）当缺陷与评定区边界线相接时，应把它划为该评定区内计算点数。

（6）当评定区附近缺陷较少且认为只有该评定区的大小划分级别不适当时，经供需双方协商，可将评定沿焊缝方向扩大3倍，求出缺陷总点数，用此值的1/3进行评定。

（7）圆形缺陷的分级见表 13-16。

（8）圆形缺陷长径大于 $1/2T$ 时，评为Ⅳ级。

表 13-16　圆形缺陷的分级

质量等级	评定区的母材厚度（mm）					
	10×10			10×20		10×30
	≤10	＞10～15	＞15～25	＞25～50	＞50～100	＞100
Ⅰ	1	2	3	4	5	5
Ⅱ	3	6	9	12	15	18
Ⅲ	6	12	18	24	31	36
Ⅳ	缺陷点数大于Ⅲ级者					

（9）在Ⅰ级焊缝和母材厚度等于或小于5mm的Ⅱ级焊缝内，不计点数的圆形缺陷，在评定区内不得多于10个。

3. 条状夹渣的分级

（1）长宽比大于3的夹渣定义为条状夹渣。

（2）条状夹渣的分级见表 13-12。

4. 综合评级

在圆形缺陷评定区内，同时存在圆形缺陷和条状夹渣（或未焊透）时，应各自评级，将级别之和减 1 作为最终级别。

六、钢管熔化焊对接接头的射线照相

本标准适用于外径小于等于 89mm 的管子的对接焊缝。外径大于 89mm 的管子的对接焊缝可采用双壁单影分段透照，根部不允许未焊透的管子，焊缝质量的评级与 GB/T 3323—2005 相同。

1. 检验方法

（1）采用双壁双影法，射线束的方向应满足上下焊缝的影像在底片上呈椭圆形显示，其间距以 3～10mm 为宜，最大间距不得超过 15mm。

（2）只有当上下两焊缝呈椭圆显示有困难时，才可做垂直透照，垂直透照可以适当提高管的电压。

（3）像质计可采用 GB 3323—2005 规定的像质计或采用下面规定的专用像质计。

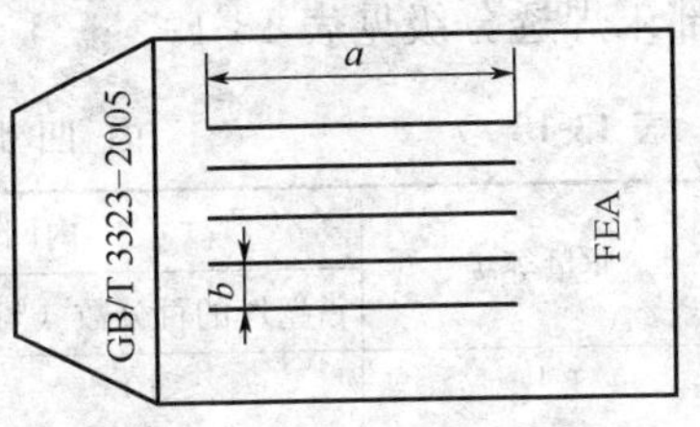

图 13-9　小口径钢管专用像质计
A—代表线编号

专用像质计可由 5 根直径相同的钢丝和铅字符号组成，制作要求按 GB/T 3323—2005 规定，其形式、代号（即线编号）见图13-9，不同管子壁厚应选用的像质计的线编号见表 13-17。

表 13-17　小口径钢管像质计的选用　(mm)

要求达到的像质指数	线直径	尺寸		管子透照厚度	
		a	*b*	倾斜透照	垂直透照
9	0.50	50	3～5	11.6～15.0	10.6～14.0
10	0.40			7.1～11.5	6.1～10.5
11	0.32			4.1～7.0	3.1～6.0
12	0.25			3.1～4.0	2.1～3.0
13	0.20			2.1～3.0	<2.0
14	0.16			<2.0	—

使用专用像质计时，金属线垂直横跨在焊缝表面正中，如数个管子接头在一张底片上同时显示时，应至少放置一个像质计，如果只用一个，则必须放在最边缘的那根管子上。

当选用像质计时，底片上应至少观察到一根以上的钢丝影像。

(4) 对允许存在内坑和单面未焊透的管子，应在焊缝边缘上放置槽形测深计或采用其他要求的方法，判断缺陷的深度。

(5) 为保证上下焊缝影像清晰，焦距不得低于600mm。

(6) 底片上每个管接头应有代号和定位中心标记。

2. 焊缝的质量分级

(1) 裂纹、未熔合、条状夹渣和圆形缺陷的分级按GB/T 3323—2005的规定。

(2) 内凹坑分级见表13-18；设计焊缝系数小于等于0.75的根部未焊透分级见表13-19。

表13-18　　内凹坑的分级

质量等级	内凹坑的深度		长度(mm)
	占壁厚的百分数(%)	深度(mm)	
Ⅰ	≤10	≤1	不限
Ⅱ	≤20	≤2	
Ⅲ	≤25	≤3	
Ⅳ	大于Ⅲ级者		

表13-19　　未焊透的分级

质量等级	未焊透的深度		长度(mm)
	占壁厚的百分数(%)	深度(mm)	
Ⅰ	0	0	0
Ⅱ	≤15	≤1.5	≤10%周长
Ⅲ	≤20	≤2.0	≤15%周长
Ⅳ	大于Ⅲ级者		

七、锅炉和钢制压力容器对焊接的超声波探伤

1. 基本要求

采用脉冲反射式探伤仪，用单斜探头探伤，可探伤的对接焊缝

厚为8～120mm。探伤前将探伤表面打磨平滑并露出金属光泽。根据不同的壁厚采用不同的斜探头（见表13-20）。

表13-20 不同板厚采用的斜探头K值（K为斜探头折射角的正切值）

板厚（mm）	K值
8～25	3.0～2.0
>25～46	2.5～1.5
>46～120	2.0～1.0

2. 评定缺陷的灵敏度

对不同厚度的焊缝采用不同的探伤灵敏度，评定缺陷的定量和判废灵敏度。为补偿因焊缝厚度增加而引起超声波反射波幅度的降低，应用距离—波幅曲线图来表示各种灵敏度的数值。不同焊缝厚度的距离一波幅曲线的灵敏度值见表13-21。该表的数值是以不同孔径、不同深度的各标准孔发射波为基础，并依其相对波幅的分贝（dB）数来规定的。

表13-21 距离—波幅曲线的灵敏度

试块形式	板厚（mm）	测长线（mm）	定量线（mm）	判废线（mm）
CSK－ⅡA	8～46	$\phi2\times\phi40$ －18dB	$\phi2\times\phi40$ －18dB	$\phi2\times\phi40$ －4dB
	>46～120	$\phi2\times\phi40$ －14dB	$\phi2\times\phi40$ －8dB	$\phi2\times\phi40$ ＋2dB
CSK－ⅢA	8～15	$\phi1\times\phi6$ －12dB	$\phi1\times\phi6$ －6dB	$\phi1\times\phi6$ ＋2dB
	>15～46	$\phi1\times\phi6$ －9dB	$\phi1\times\phi6$ －3dB	$\phi1\times\phi6$ ＋5dB
	>46～120	$\phi1\times\phi6$ －6dB	$\phi1\times\phi6$	$\phi1\times\phi6$ ＋10dB

3. 缺陷的探测与定量

焊缝探伤时采用的探伤灵敏度应不低于测长线。发现缺陷后，对反射波幅位于定量线和定量线以上的缺陷应进行幅度和缺陷指示长度的测定，其方法如下。

（1）缺陷的幅度测定。将探头置于出现最大缺陷反射波的位置，读出该波幅的所在区。

(2) 缺陷指示长度的测定。当缺陷反射波只要一个高点时，用半波高度法（6dB）测定；当有多个高点、端部反射波高在定量上Ⅱ区时，用端点半波高度法测定；而当缺陷端部反射波高于Ⅰ区时，可将探头向左右两个方向移动，且均匀移动至波幅降到测长线指示长度的一点，此两点间的距离即表示指示长度。

4. 判废标准

焊缝中不允许存在下列缺陷。

(1) 缺陷发射波的波高位于判废线上及Ⅳ区者。

(2) 缺陷反射波的波高位于定量线上及Ⅱ区的条状缺陷，而且缺陷指示长度超过表13-22中的数值（板厚不等的焊缝应以薄板为准）。

表13-22　允许的最大缺陷指标长度

级　别	条状缺陷的指示长度（mm）
Ⅰ级	$I=1/3T$，最小可为10，最大不超过30
Ⅱ级	$I=2/3T$，最小可为12，最大不超过40

(3) 关于缺陷总长和密集程度的规定。单个缺陷指示长度小于表13-22者，在任意$2T$焊缝长度内（不超过150mm），缺陷指示长度的总和应超过表13-22的规定；在任意测定的8mm深范围内，缺陷测定间距$\alpha<8$mm，以缺陷之和作为单个缺陷计；$\alpha>8$mm，各自分别计算。

反射波高于Ⅱ区的点状缺陷，其指示长度小于10mm，按5mm计。

(4) 不超过上述规定的缺陷，如探伤人员判定为危险性缺陷时，可不受以上规则的限制。

因每一种无损探伤方法均有其优点和局限性，每种方法对缺陷的检出几率既不会有100%，也不会完全相同。如在探伤中发现不能准确判断的波形时，应辅助以其他检验方法综合判断。

八、氧—乙炔切割面的质量标准

对于5～150mm厚度的低碳钢、中碳钢及普通低合金结构钢轧制钢材的氧—乙炔焰，切割表面的质量有7项指标：表面粗糙度、表面平面度、上边缘熔化程度、挂渣状态、缺陷的极限间距、直线度及垂直度等，每项评定内容又各分成4个等级。

1. 表面粗糙度（用 G 表示）

表面粗糙度指切割面波纹峰与波纹谷之间的距离尺寸，其分级见表13-23。

表13-23　　表面粗糙度　　（μm）

等级	波纹高度（G值）
0	≤40
1	≤80
2	≤160
3	≤320

2. 表面平面度（用 B 表示）

表面平面度是指沿切割方向垂直于切割面上的凹凸程度，按被切割钢板厚度 T 计算，平面度的公差见表13-24。

表13-24　　平面度的公差

等级	平面度（B值）	
	$T<20$	T：20～150
0	≤1% T	≤0.5% T
1	≤2% T	≤1% T
2	≤3% T	≤1.5% T
3	≤4% T	≤2.5% T

3. 上边缘的熔化程度（用 S 表示）

熔化程度指气割过程中的烧塌状态，表现为是否产生塌角、形成间断或连续性的熔滴及熔化条状物，其等级划分见表13-25。

表13-25　　上边缘的熔化程度　　（mm）

等级	熔化程度（S）及状态说明
0	基本倾角，塌边宽度≤0.5
1	上缘有圆角，塌边宽度≤1
2	上缘有明显的圆角，塌边宽度≤1.5，边缘有熔融金属
3	上缘有圆角，塌边宽度≤2.5，有连续的熔融金属

4. 挂渣（用 Z 表示）

挂渣指断面下缘附着的金属氧化物，按其附着物的多少和剥离的难易程度来划分等级（见表 13-26）。

表 13-26 挂渣状态

等级	挂渣状态（Z）	等级	挂渣状态（Z）
0	挂渣很少，可自动剥离	2	有条状挂渣，用铲可清除
1	有挂渣，容易消除	3	难清除，留有残迹

5. 缺陷的极限间距（用 Q 表示）

极限间距指沿切线方向的切割面上，由于振动或间断等原因，出现沟痕，使表面粗糙度下降。沟深为 0.32～1.2mm，沟痕宽度不超过 5mm 者称为缺陷，其等级和缺陷的极限间距见表 13-27。

表 13-27 缺陷的极限间距 (mm)

等级	每个缺陷间的间距（Q）	等级	每个缺陷间的间距（Q）
0	≥5	2	≥1
1	≥2	3	≥0.5

6. 直线度（用 P 表示）

在切割直线时，沿切割方向将起止两端连成的直线同实际切割面之间的间隙为直线度。直线度的公差应满足表 13-28 所示的规定。

表 13-28 直线度的公差 (mm)

等　级	直线度的公差（P）
0	≤0.4
1	≤0.8
2	≤2
3	≤4

7. 垂直度（用 C 表示）

垂直度指实际切断面与被切割金属表面垂直之间的最大偏差，按其被切割钢板的厚度 T 计算，垂直度的公差按表 13-29 的规定划分等级。

表 13-29　　　　**垂　直　度**　　　　（mm）

等　　级	垂直度的公差（C）
0	$\leqslant 1\% \ T$
1	$\leqslant 2\% \ T$
2	$\leqslant 3\% T$
3	$\leqslant 4\% \ T$

第十四章

焊接质量与焊接管理

第一节 概　　述

随着科学技术和世界范围的经济、贸易与交往的迅速发展，质量成为一个永恒的、跨越国界的主题。质量管理的日益国际化促进了经济和社会发展。为此，国家技术监督局重新修订了《质量管理和质量保证标准》。该系列标准是质量保证的基础性标准，其通用性强、适用范围广、覆盖面大。而对于焊接这一特殊性问题，国际上采用具体的标准。

一、术语和定义

与质量有关的术语和定义如下。

1. 质量

质量是指反映实体满足明确和隐含需要的能力的特性总和。实体是可单独描述和研究的事物，它可以是活动或过程、产品、组织、体系或人、上述各项的任何组合。

2. 质量方针

质量方针是指由组织的最高管理者正式发布的该组织总的质量宗旨和质量方向。

3. 质量管理

质量管理是指确定质量的方针、目标和职责，并在质量体系中通过诸如质量策划、质量控制、质量保证和质量改进等使其实施全部管理职能的所有活动。质量管理主要体现在建设一个有效运作的质量体系上。

4. 质量策划

质量策划是指确定质量以及采用质量体系要素的目标和要求的活动。质量策划应包括产品策划、管理和作业策划、编制质量计划和规定质量改进等多方面的内容。

5. 质量控制

质量控制是指为达到质量要求所采取的作业技术和活动。这些作业技术和活动贯穿了实体的全过程，即存在于整个质量环中。典型的质量环包括营销和市场调研、产品设计和开发、过程策划和开发、采购、生产或服务提供、验证、包装和储存、销售和分发、安装和投入运行、技术支持和服务、售后、使用寿命结束时的处理或再生利用等。

6. 质量保证

质量保证是指为了提供足够的信任，表明实体能够满足质量要求，而在质量体系中实施并根据需要进行证实的全部有计划的和有系统的活动。质量保证和保证质量是相互联系的，但又是不同的两个概念，前者的目的在于取得足够的信任，而后者的目的在于满足规定的质量要求。

7. 质量改进

质量改进是指为向本组织及其顾客提供更多的收益，在整个组织内所采取的旨在提高活动和过程效益和效率的各种措施。

8. 质量体系

质量体系是指为实施质量管理所需的组织结构、程序、过程和资源。组织结构是组织为行使其职能按某种方式建立的职责、权限及其相互关系。程序是为进行某项活动所规定的途径。在很多情况下，程序可以成为文件，称之为书面程序或文件化程序，其中通常包括活动的目的和范围；做什么和谁来做，何时、何地和如何做；应使用什么材料、设备和文件；如何对活动进行控制和记录。过程是将输入转化为输出的一组彼此相关的资源和活动。质量体系是通过过程把组织结构、资源和程序运作起来，因此质量体系是通过过程和过程组成的过程网络来实施的。资源可包括职员、资金、设施、设备、技术和方法。

二、全面质量管理

全面质量管理是指一个组织以质量为中心，以全员参加为基础，目的在于通过让顾客满意和本组织所有成员及社会受益而达到长期成功的管理途径。最高管理者强有力和持续的领导以及该组织内所有成员的教育和培训是这种管理途径取得成功所必不可少的。

全面质量管理的特点如下。

（1）“三全”的管理思想：包括全面的质量概念、全过程的质量管理、全员参加的质量管理。

（2）“4 个一切”的观点：即一切为用户服务的观点、一切以预防为主的观点、一切用数据说话的观点、一切按 PDCA 循环办事的观点。

第二节　质 量 保 证 体 系

一、基本概念

1. 质量保证体系

质量保证体系是指企业以提高产品质量为目标，运用系统的概念和方法，把质量管理的各个阶段、各个环节、各个部门的质量管理职能和活动合理地组织起来，形成一个有明确任务、职责、权限而又相互协调、相互促进的有机整体。

2. 质量保证体系的建立和健全

建立健全的质量保证体系主要包括以下几个方面。

（1）明确的质量目标、方针和政策。

（2）各类人员、各业务技术部门的质量责任制。

（3）能有效行使职权的质量保证组织。

（4）完整的质量管理制度和质量控制标准、规范、程序。

（5）有效的质量管理活动，确保产品形成的全过程处于受控状态。

（6）质量记录完整，信息畅通，实施闭环管理。

（7）制造、试验、检测、分析手段满足承制产品的精度要求。

（8）外购器材的质量确有保证。

(9) 用户满意的售后服务。

(10) 质量教育坚持始终。

(11) 质量监督（审核）制度化。

(12) 实行质量成本管理，达到质量管理与经济效益统一。

3. 人、机、料、法、环

质量保证体系根据本单位的人、机、料、法、环等5个方面对产品实行全面的质量控制。

人：包括人员结构、人员素质、技术水平、专业特长、工人级别和技术状况以及人员的实际技能等。

机：包括品种、规格、数量、状况、使用、维护设备等的能力。

料：一是原材料及辅料；二是资料，如各种技术资料、书籍等。

法：包括各种规程、规定、规范、标准、规章制度、技术管理制度等。

环：指工作环境、企业容貌。

二、典型产品的质量保证体系

1. 质量保证体系图

质量保证体系图由三部分组成：一是质量保证体系组织机构图；二是质量保证体系图；三是质量保证系统体系图。三个图可根据实际生产的需要结合本单位的具体情况进行绘制和列出。

2. 质量管理手册

质量管理手册是指阐明一个组织的质量方针，并描述其质量体系的文件。质量管理手册应包括下列内容并具有指令性、系统性和可检查性。

1）质量管理的方针、政策和目标。

2）质量保证组织及其职责。

3）产品的质量控制程序和标准。

4）不合格品的管理及纠正措施。

5）质量信息的传递和处理程序。

6）质量保证文件的编制、签发和修改程序。

7）质量工作人员的资格审定办法。

8）群众性质量管理活动，以及检查、评价、奖惩办法。

9）其他有关事项。

第三节 焊工培训与考核

一、基本要求

焊工培训与考核包括基本知识和操作技能两部分。只有基本知识考试合格后才能参加操作技能的考试。

操作技能的考试项目可由焊接方法、母材钢号类别、试件类别、焊接材料等部分组成。焊工考试合格后，发给合格证。对持证焊工应加强管理。

1）持证焊工只能担任考试合格范围内的焊接工作。

2）合格项目的有效期，自签证之日起一般为3年。

3）在有效期内全国有效，但焊工不得自行到单位焊接，否则可吊销其合格证。

4）需要增加操作技能项目时，须增加考核项目的操作技能，可不考基本知识；但改变焊接方法时，应考基本知识。

5）有效期满后，焊工应重新考试，须考操作技能，必要时考基本知识。

6）焊工中断焊接工作6个月以上时必须重新考试。

7）对持证焊工平时的焊接质量进行检查记录并定期统计，建立焊工焊绩档案。

二、典型专业焊工的考试要求

1. 锅炉压力容器焊工的考试要求

（1）考试记录表。考试记录表见表14-1和表14-2。

（2）焊缝评定要求。试件的检验项目、检查数量和试样数量见表14-3。

1）焊缝的外形尺寸应符合表14-4的规定。对于I形坡口试件，焊缝直线度应不大于2mm，焊缝宽度差应不大于2mm，比坡口增宽值可不测量。

表 14-1　　锅炉压力容器焊工考试记录表（一）

<table>
<tr><td>编　号</td><td></td><td>姓　名</td><td></td><td>性　别</td><td></td></tr>
<tr><td>出生年月</td><td colspan="2"></td><td>文化程度</td><td colspan="2"></td></tr>
<tr><td>考前工种</td><td colspan="2"></td><td>焊接工龄</td><td colspan="2"></td></tr>
<tr><td>技术等级</td><td colspan="2"></td><td>焊工钢印</td><td colspan="2"></td></tr>
<tr><td rowspan="2">基本知识</td><td>考试日期</td><td>考试编号</td><td>考试成绩</td><td colspan="2">主考人签章</td></tr>
<tr><td></td><td></td><td></td><td colspan="2"></td></tr>
<tr><td rowspan="9">操作技能</td><td>考试日期</td><td>考试编号</td><td>考试项目（代号）</td><td>考试结果</td><td>主考人签章</td></tr>
<tr><td></td><td></td><td></td><td></td><td></td></tr>
<tr><td></td><td></td><td></td><td></td><td></td></tr>
<tr><td></td><td></td><td></td><td></td><td></td></tr>
<tr><td></td><td></td><td></td><td></td><td></td></tr>
<tr><td></td><td></td><td></td><td></td><td></td></tr>
<tr><td></td><td></td><td></td><td></td><td></td></tr>
<tr><td></td><td></td><td></td><td></td><td></td></tr>
<tr><td></td><td></td><td></td><td></td><td></td></tr>
<tr><td>考试单位</td><td colspan="2"></td><td>考试单位地址</td><td colspan="2"></td></tr>
</table>

考试委员会结论：（允许担任的焊接工作）

考试委员会主任委员：

年　　月　　日

表 14-2　　锅炉压力容器焊工考试记录表（二）

<table>
<tr><td>文件编号</td><td></td><td>考试日期</td><td></td><td>试件位置</td><td colspan="2"></td></tr>
<tr><td colspan="2">母材钢号</td><td colspan="2"></td><td>焊条牌号、直径</td><td colspan="2"></td></tr>
<tr><td colspan="2">钢板厚度</td><td colspan="2"></td><td>焊丝牌号、直径</td><td colspan="2"></td></tr>
<tr><td colspan="2">钢管外径和壁厚</td><td colspan="2"></td><td>焊剂牌号</td><td colspan="2"></td></tr>
<tr><td colspan="2">焊接方法</td><td colspan="2"></td><td>钨极牌号、直径</td><td colspan="2"></td></tr>
<tr><td colspan="2">试件方式</td><td colspan="2"></td><td>保护气体</td><td colspan="2"></td></tr>
<tr><td rowspan="7">外观检查</td><td>焊缝余高</td><td>焊缝余高差</td><td>比坡口每侧增宽</td><td>宽度差</td><td>背面焊缝余高</td><td>焊缝不直度</td></tr>
<tr><td></td><td></td><td></td><td></td><td></td><td></td></tr>
<tr><td>通球检验</td><td>角焊缝凹凸度</td><td>焊脚</td><td>裂纹</td><td>未熔合</td><td>夹渣</td></tr>
<tr><td></td><td></td><td></td><td></td><td></td><td></td></tr>
<tr><td>咬边</td><td>未焊透</td><td>背面凹坑</td><td>焊瘤</td><td>变形角度</td><td>错边量</td></tr>
<tr><td></td><td></td><td></td><td></td><td></td><td></td></tr>
<tr><td>检查人员</td><td colspan="2"></td><td>日期</td><td colspan="2"></td></tr>
<tr><td rowspan="2">无损检测</td><td colspan="2">照相质量等级</td><td colspan="2">焊缝质量等级</td><td>检测报告编号</td><td>检验日期</td></tr>
<tr><td colspan="2"></td><td colspan="2"></td><td></td><td></td></tr>
<tr><td rowspan="2">断口检验</td><td colspan="4">检验结果</td><td>检测报告编号</td><td>检验日期</td></tr>
<tr><td colspan="4"></td><td></td><td></td></tr>
<tr><td rowspan="2">冷弯检验</td><td>面弯</td><td colspan="2">背弯</td><td>侧弯</td><td>检测报告编号</td><td>检验日期</td></tr>
<tr><td></td><td colspan="2"></td><td></td><td></td><td></td></tr>
<tr><td rowspan="2">晶相宏观检验</td><td colspan="4">检验结果</td><td>检测报告编号</td><td>检验日期</td></tr>
<tr><td colspan="4"></td><td></td><td></td></tr>
</table>

表 14-3　　锅炉压力容器焊工试件的检验项目与数量

试件形式	试件厚度或管径(mm)		检验项目						
			外观检查（件）	射线探伤（件）	断口检验（件）	冷弯实验			晶相宏观检验(个)
	厚度	管外径				面弯(个)	背弯(个)	侧弯(个)	
板	3～6	—	1	1	—	1	1	—	—
	10～16	—	1	1	—	1	1	—	—
	≥24	—	1	1	—	—	—	2	—
管	2.5～6	25～60	3	—	2	—	1	—	—
	4～7	108～159	1	1	—	1	1	—	—
	10～20	133～273	1	1	—	1	1	—	—
管板	3～6/12～16	22～60	1	—	—	—	—	—	3

管板试件的焊缝凸度或凹度应不大于 1.5mm。骑座式管板试件的焊脚尺寸为壁厚 δ+(3～6)mm,插入式管板试件的焊脚尺寸为 δ+(2～4)mm。

单面焊的板状试件和外径大于或等于 133mm 的管状试件背面焊缝余高应不大于 3mm。

外径小于或等于 60mm 的管状试件和骑座式管板试件应进行通球检验。管外径大于或等于 32mm 时，通球直径为内径的 85%；管外径小于 32mm 时，通球直径为内径的 75%。

表 14-4　　锅炉压力容器焊缝的外形尺寸　　(mm)

焊接方法	焊缝余高		焊缝余高差		焊缝宽度	
	平焊	其他位置	平焊	其他位置	比坡口每侧增宽	宽度差
手工焊、半机械化焊	0～3	0～4	≤2	≤3	0.5～2.5	≤3
机械化焊	0～3	0～3	≤2	≤2	2～4	≤2

2）各种焊缝表面不得有裂纹、未熔合、夹渣、气孔和焊瘤。机械化焊的焊缝表面还不得有未焊透、咬边和凹坑。手工焊和半机械化焊焊缝表面的咬边、未焊透和背面凹坑不能超过表 14-5 的规定。

表 14-5　　锅炉压力容器焊工考试缺陷的允许尺寸

缺陷名称	允许的最大尺寸
咬边	深度≤0.5mm；焊缝两侧咬边总长度：板状试件不超过焊缝有效长度的15%，管状试件或管板试件不超过焊缝长度的20%
未焊透	深度≤15%δ，且≤1.5mm；总长度不超过焊缝有效长度的10%（氩弧焊打底的试件不允许未焊透）
背面凹坑	当δ≤6mm时，深度≤25%δ，且≤1mm；当δ>6mm时，深度≤20%δ，且≤2mm；除仰焊位置的板状试件不做规定外，总长度不超过焊缝有效长度的10%

3）板状试件焊后变形的角度θ≤3°，试件的错边量不大于10%δ。

4）试件的射线检测应符合JB/T 4730.1—2005《承压设备无损检测　第一部分　通用要求》的规定，射线的照相质量要求不低于AB级，焊缝质量不低于Ⅱ级为合格。

5）管状试件的断口检验应符合下列要求。

a. 没有裂纹和未熔合。

b. 未焊透的深度不大于15%δ，总长度不超过周长的10%。

c. 背面凹坑的深度不大于25%δ，且不大于1mm。

d. 单个气孔沿径向不大于30%δ，且不大于1.5mm，沿轴向或周向不大于2mm。

e. 单个夹渣沿径向不大于25%δ，沿轴向或周向不大于30%δ。

f. 在任何10mm的焊缝长度内，气孔和夹渣不多于3个。

g. 沿圆周方向10δ范围内，气孔夹渣的累计长度不大于δ。

h. 沿壁厚方向同一直线上各种缺陷的总和不大于30%δ，且不大于1.5mm。

6）弯曲试样的弯曲角度应符合表14-6的规定。

表 14-6　　锅炉压力容器焊工考试试样的弯曲角度

形式	钢种	弯轴直径	支座间的距离	弯曲角度
双面焊	碳素钢、奥氏体钢	3δ	5.2δ	180°
	其他低合金钢、合金钢			100°
单面焊	碳素钢、奥氏体钢			90°
	其他低合金钢、合金钢			50°

7）管板试件的每个晶相试样检查经宏观检验应符合下列要求。

a. 没有裂纹和未焊透。

b. 骑座式管板试件未焊透的深度不大于15%δ；插入式管板试件在接头根部的熔深不小于0.5mm。

c. 气孔或夹渣的最大尺寸不超过1.5mm。

2. 船舶类焊工的考试要求

基本知识考试合格后，进行操作技能考试，其操作技能考试分别按船舶焊工、船用锅炉及受压容器焊工、海上设施焊工、水下焊工考试分类及科目实验项目的要求进行。

（1）考试记录表。

（2）焊缝评定要求、试验项目：①焊缝的外形尺寸；②焊缝表面不得有裂纹、未熔合、夹渣、气孔和焊瘤。

（3）焊缝咬边深度不得大于0.5mm，焊缝两侧咬边总长度：试件不超过焊缝全长的10%，管子不超过焊缝全长的20%。

（4）不加垫板的试件焊接后一般允许有未焊透，也允许有深度不超过试件厚度10%、且不大于1.5mm、累计长度不超过焊缝全长10%的局部内凹。

（5）不加垫板的试件焊接后，其根部焊瘤不得大于3mm。

（6）弯曲试样的受拉面，任何方向上，不得有超过3mm的裂纹或其他张开性缺陷。

（7）管板焊接试件的焊缝表面凹陷或凸起应≤1.6mm，两焊脚尺寸之差应≤3.2mm，时钟3点钟及6点钟宏观断面检查时，母材和焊缝应完全熔合，并不得有任何裂纹。

3. 水利电力系统焊工的考试要求

（1）焊工考核登记表。

（2）焊缝评定要求：①焊工分类；②检验项目；③质量标准；④焊缝金相微观检查要求没有裂纹、没有过烧组织、在非马氏体钢中，没有马氏体组织。

第四节 焊接工艺评定

焊接工艺评定就是用拟定的焊接工艺，按标准的规定来焊接试件、检验试件、测定焊接接头是否具有所要求的使用性能。焊接工艺评定应以可靠的钢材焊接性能试验为依据，并在产品焊接之前完成。

一、焊接工艺评定过程

焊接工艺评定过程是：拟定焊接工艺指导书、根据标准的规定施焊试件、检验试件、测定焊接接头是否有所要求的使用性能、提出焊接工艺评定报告；从而验证施焊单位拟定的焊接工艺的正确性；若评定不合格，应修改焊接工艺指导书继续评定，直到评定合格。经评定合格的焊接工艺指导书可直接用于生产，也可以根据焊接工艺指导书、焊接工艺评定报告，结合实际的生产条件，编制工艺卡用于产品施焊。

焊接工艺评定所用的设备、仪表应处于正常工作状态，钢材、焊接材料必须符合标准，由本单位的技能熟练人员焊接试件。

二、焊接工艺因素

焊接工艺因素分为重要因素、补加因素和次要因素。重要因素是指焊接接头抗拉强度和弯曲性能的焊接工艺因素；补加因素是指影响焊接接头冲击韧度的焊接工艺因素；次要因素是指对要求测定的力学性能无明显影响的焊接工艺因素。

当变更任何一个重要因素时，都要重新评定焊接工艺；当增加或变更任何一个补加因素时，则可按增加或变更的补加因素，增焊冲击韧度试件进行试验；当变更次要因素时，不需要重新评定焊接工艺，但需重新编制焊接工艺指导书。

三、焊接工艺的评定试件

焊接工艺的评定试件可有对接焊缝、角接焊缝和组合焊缝，如图 14-1～图 14-5 所示。

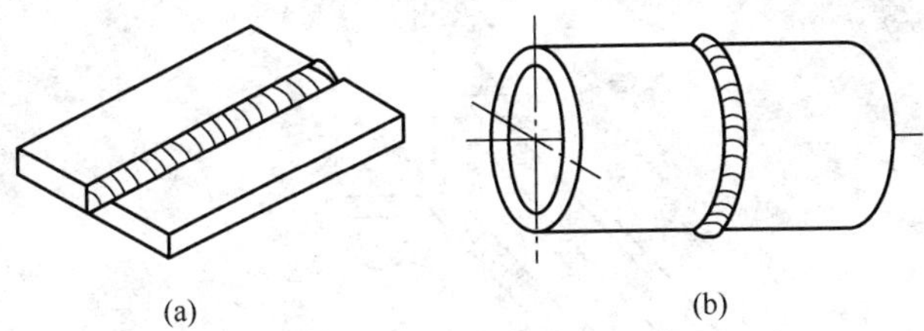

图 14-1　对接焊缝试件

（a）板材对接；（b）管材对接

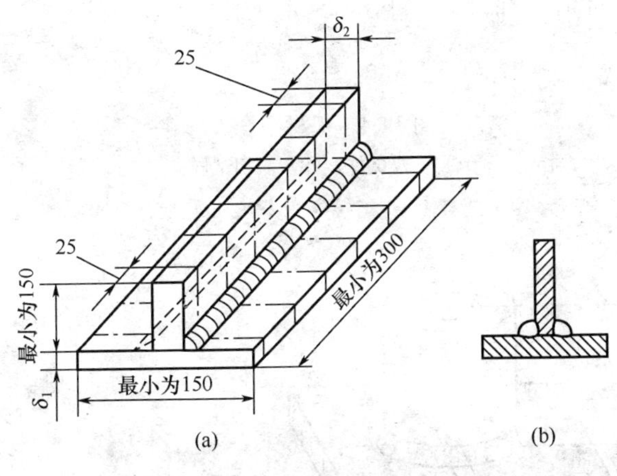

图 14-2　板材角焊缝

（a）试件；（b）晶相试样

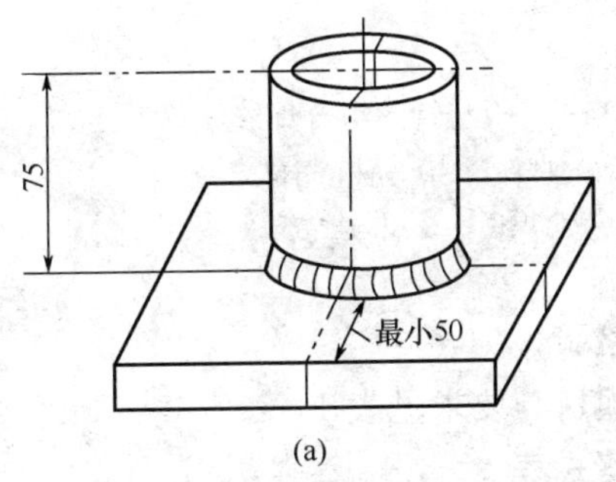

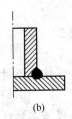

图 14-3　板与管的角焊缝

（a）试件；（b）晶相试样

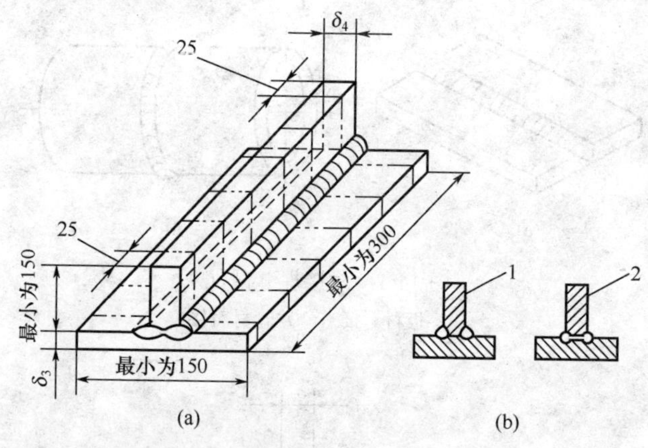

图 14-4 板材组合焊缝

(a) 试件；(b) 晶相试样

1—未全焊透；2—全焊透

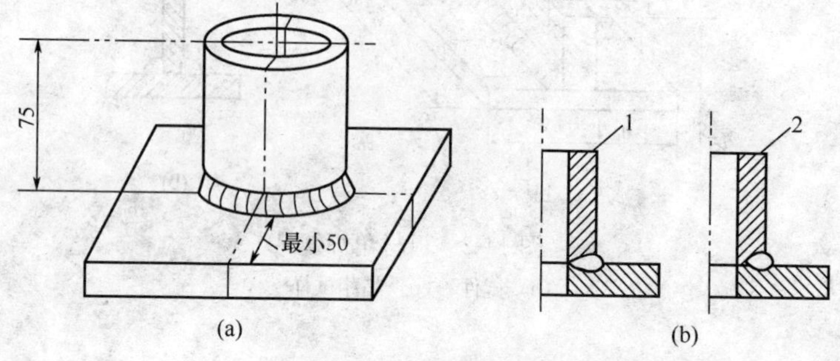

图 14-5 板与管的组合焊缝

(a) 试件；(b) 晶相试样

1—全焊透；2—未全焊透

四、试件与试样的检验

试件与试样的检验项目与要求见表 14-7。

五、焊接工艺评定格式表

焊接工艺评定格式表可根据生产的实际需要以及焊接的难易程度结合焊接过程的需要制定，一般可按表 14-9 和表 14-10 来设计。

表 14-7　　试件与试样的检验项目与要求

焊缝形式	检验项目			
	外观	无损检测	力学能力	晶相（宏观）
对接焊缝	试件接头表面不得有裂纹、未焊透和未熔合	照相质量不低于AB级，焊缝质量不低于Ⅱ级，超声波探伤焊缝质量应为Ⅰ级	拉力试验：试样母材为同种钢号时，每个试样的σ_b不低于母材标准规定值的下限，母材为两种钢号时，每个试样的σ_b不低于两种钢号标准规定值下限的较低值 弯曲试验①：试样到规定角度后，其拉伸面上出现长度大于1.5mm的任一纵向或长度大于3mm的任一纵向裂纹或缺陷为不合格。试样的棱角开裂一般不计，但由焊接缺陷引起的棱角开裂长度应计入 冲击试验：每个区3个试样冲击功的平均值应不低于母材的标准规定值，并且仅允许有一个试样低于规定值，但不低于规定值的70％	—
角接焊缝	试件接头表面不得有裂纹、未熔合	—	—	焊缝根部应焊透，焊缝金属和热影响区不得有裂纹、未熔合；角焊缝两焊脚尺寸之差不大于3mm
组合焊缝	试件接头表面不得有裂纹、未熔合	—	—	焊缝根部应焊透，焊缝金属和热影响区不得有裂纹、未熔合

① 弯曲试验条件见表 14-8。

表 14-8　　弯曲试验条件

钢种		弯轴直径 D (mm)	支座间的距离 (mm)	弯曲角度（°）
双面焊	碳素钢、奥氏体钢	3δ	5.2δ	180
	其他低碳钢、合金钢			100
单面焊	碳素钢、奥氏体钢			90
	其他低碳钢、合金钢			50

表 14-9　　焊接工艺指导书

单位名称＿＿＿＿＿＿＿＿　批准人＿＿＿＿＿＿＿＿

焊接工艺指导书编号＿＿＿＿＿＿日期＿＿＿焊接工艺评定报告编号＿＿＿＿＿＿

焊接方法＿＿＿＿＿＿＿＿　机械化程度＿＿＿＿＿＿＿＿

焊接接头：

坡口形式＿＿＿＿＿＿＿＿＿＿＿＿＿＿＿＿＿＿＿＿＿＿＿＿＿＿＿＿

垫板（材料及规格）＿＿＿＿＿＿＿＿＿＿＿＿＿＿＿＿＿＿＿＿＿＿＿＿

其他＿＿＿＿＿＿＿＿＿＿＿＿＿＿＿＿＿＿＿＿＿＿＿＿＿＿＿＿＿＿

(应当用简图、施工图、焊缝带高或文字说明接头形式、焊接坡口尺寸、焊缝层次和焊接顺序)

母材：

类别号＿＿＿＿组别号＿＿＿＿与类别号＿＿＿＿组别号＿＿＿＿相焊

或标准号＿＿＿＿钢号＿＿＿＿与标准号＿＿＿＿钢号＿＿＿＿相焊

厚度范围：

母材：对接焊缝＿＿＿＿＿＿＿＿角接焊缝＿＿＿＿＿＿＿＿

管子直径、壁厚范围：对接焊缝＿＿＿＿角接焊缝＿＿＿＿组合焊缝＿＿＿＿

焊接金属

其他＿＿＿＿＿＿＿＿＿＿＿＿＿＿＿＿＿＿＿＿＿＿＿＿＿＿＿＿＿＿

焊接材料：

焊接类别＿＿＿＿＿＿＿＿其他＿＿＿＿＿＿＿＿

焊条标准＿＿＿＿＿＿＿＿牌号＿＿＿＿＿＿＿＿

填充金属尺寸＿＿＿＿＿＿＿＿＿＿＿＿＿＿＿＿＿＿＿＿＿＿＿＿＿＿

焊丝、焊剂牌号＿＿＿＿＿＿＿焊剂商标名称＿＿＿＿＿＿＿＿

焊条（焊丝）熔敷金属的化学成分（质量分数）(%)

C	Si	Mn	S	P	Cr	Ni	Mo	V	Ti

续表

焊接位置： 对接焊缝的位置______ 焊接方向：向下______向上______ 角焊缝位置______	焊后热处理： 加热温度______升温速度______ 保温时间______冷却方式______
预热： 预热温度（允许最低值） 层间温度（允许最高值） 保持预热时间 加热方式	气体： 气体保护______ 混合气体组成______ 流量______

电特性：
电流种类______极性______
焊接电流范围______电弧电压______
（按所焊位置和厚度，分别列出电流、电压范围，该数据填入下表中）

焊缝层次	焊接方法	填充金属		焊接电流		电弧电压范围	焊接速度	热输入

钨极类型及规格______
熔化极气体保护焊的熔滴过渡形式______
焊丝、送丝速度范围______

技术措施：
摆动焊或不摆动焊______
摆动参数______
喷嘴尺寸______
焊前清理或层间清理______
背面清根方法______
导电嘴至工件的距离（每面）______
多道焊或单道焊（每面）______
多丝焊或单丝焊______
锤击______
其他（环境温度、相对湿度）______

编制		日期		审核		日期	

表 14-10　　焊接工艺评定报告

单位名称____________批准人____________

焊接工艺评定报告编号________日期______焊接工艺指导书编号______

焊接方法____

机械化程度______________________________

接头____________

(用简图画出坡口形式、尺寸、垫板、焊缝层次和顺序等)

母材：	焊后热处理：
钢材标准号____________	温度____________
钢号____________	保温时间____________
类组别号____与类组别号____相焊	
厚度____________	气体：
直径____________	气体种类____________
其他____________	混合气体成分____________
填充金属：	电特性：
焊条标准____________	电流种类____________
焊条牌号____________	极性____________
焊丝钢号、尺寸____________	焊接电流______电压____
焊剂牌号____________	其他____________
其他____________	
预热：	技术措施：
预热温度____________	焊接速度____________
层间温度____________	摆动或不摆动____________
其他____________	摆动参数____________
	多道焊或单道焊（每面）______
焊接位置：	单丝焊或多丝焊____________
对接焊缝位置____方向（向上、下）	其他____________
角焊缝位置____________	

焊缝外观检查：

续表

无损检测：　　　　　　　　　　　　　　报告编号：

渗透探伤（标准号、结果）_______　　超声波探伤（标准号、结果）_______

磁粉探伤（标准号、结果）_______　　射线探伤（标准号、结果）_______

其他____

拉力试验　　　　　　　　　　　　　　报告编号：

试样号	宽	厚	面积	断裂载荷	抗拉强度	断裂特点和部位

弯曲试验　　　　　　　　　　　　　　报告编号：

试样编号及规格	试样类型	弯轴直径	试验结果

冲击试验　　　　　　　　　　　　　　报告编号：

试样号	缺口位置	缺口形式	冲击

角焊缝试验和组合焊缝试验

检验结果：

焊透________________未焊透________________

裂纹类型和性质（表面）____________晶相____________

两焊脚的尺寸差____________________________

其他检验

检验方法（标准、结果）________________________

焊缝金属的化学成分分析（结果）____________________

其他__________________________________

结论：

评定结果（合格、不合格）________________________

施焊		焊接时间		标记	
填表		日期			
审核		日期			

第五节 焊接工艺规程的编制

焊接工艺是焊接过程中的一整套技术规定，其中包括：焊前准备、焊接材料、焊接设备、焊接方法、焊接顺序、焊接操作的最佳选择以及焊后处理等。

一、焊接工艺规程的内容与要求

焊接工艺规程的编制内容及要求见表 14-11。

表 14-11　焊接工艺规程的编制内容及要求

项目	内容与要求
焊接材料	1. 焊接材料包括焊条、焊丝、气体、电极和衬垫等 2. 应根据母材的化学成分、力学性能结合产品的结构特点和使用条件综合考虑，选用焊接材料 3. 焊缝金属的性能应高于或等于相应母材标准规定值的下限或满足图样规定的技术要求
焊接准备	1. 焊接坡口的选择应使焊缝金属填充尽量少；避免产生缺陷，减少残余焊接变形和应力，有利于操作等 2. 坡口置备时对碳素钢和 $\sigma_b \leqslant 540$MPa 的碳锰低合金钢，可采用冷、热加工方法；对 $\sigma_b > 540$MPa 的碳锰低合金钢、铬钼低合金钢和好合金钢应采用冷加工方法，若采用热加工则应采用冷加工方法去除表面层 3. 焊接坡口应平整，不得有裂纹、分层、夹渣等缺陷，尺寸符合图样规定 4. 坡口表面及两侧应将水、锈、油污、积渣和其他有害杂质清除干净 5. 奥氏体高合金钢坡口两侧应刷防溅剂，防止飞溅沾附在母材上 6. 焊条、焊剂按规定烘干、保温；焊丝需除油、锈；保护气体应干燥 7. 根据母材的化学成分、焊接性能、厚度、焊接接头拘束度、焊接方法和焊接环境等综合因素确定预热与否及其预热温度 8. 采用局部预热时，应防止局部应力过大，预热范围为焊缝两侧各不小于焊件厚度的 3 倍，且小于 100mm 9. 焊接设备等应处于正常工作状态，安全可靠，仪表应定期校验 10. 定位焊缝不得有裂纹、气孔、夹渣 11. 避免强行组装

续表

项目	内 容 与 要 求
焊接要求	1. 焊接环境的风速：气体保护焊时大于2m/s，其他焊接方法大于10m/s，相对湿度大于90%；雨、雪环境或当焊件温度低于－20℃时应采取措施，否则禁焊 2. 当焊件温度为－20～0℃时，应在始焊处100mm范围内预热到15℃以上 3. 禁止在非焊接部位引弧 4. 电弧擦伤处的弧坑需补焊并打磨 5. 双面焊需清理焊根，显露出正面打底的焊缝金属，对于自动焊，经试验确认能保证焊透，可以不做清根处理 6. 层间温度不超过规定的范围，当预热时，层间温度不得低于预热温度 7. 每条焊缝尽可能一次焊完，当中断焊接时，对冷裂纹敏感的焊件应及时采取后热、缓冷等措施，重新施焊时，需按规定进行预热 8. 采用锤击改善焊接质量时，第一层及盖面层焊缝不应锤击
焊后热处理	1. 根据母材的化学成分、焊接性能、厚度、焊接接头的拘束度、产品的使用条件和有关标准，综合确定是否需进行焊后热处理 2. 焊后热处理应在补焊后及压力试验前进行 3. 应尽量整体热处理，当分段热处理时，焊缝加热重叠部分长度至少为1500mm，加热区以外部分应采取措施防止产生有害的温度梯度 4. 焊件进炉时，炉内的温度不得高于400℃ 5. 焊件升温至400℃以后，加热区的升温速度不得超过5000℃/h，且不得超过200℃/h，最小可为50℃/h 6. 焊件升温期间，加热区内任意5000mm长度内的温差不得大于120℃ 7. 焊件升温期间，加热区内最高与最低温差不宜大于65℃ 8. 焊件温度高于400℃时，加热区降温速度不得超过6500℃/h，且不得超过260℃/h，最小可为50℃/h 9. 焊件出炉时炉温不得高于400℃，出炉后在静止的空气中冷却
焊缝返修	1. 对需焊接返修的缺陷应分析产生的原因，提出改进措施，按标准进行焊接工艺评定，编制返修工艺 2. 焊缝同一部位返修次数不宜超过2次 3. 返修前将缺陷彻底清除干净 4. 如需预热，预热温度应较原焊缝适当提高 5. 返修焊缝的性能、质量应与原焊缝相同 6. 对于要求热处理的焊件，如在热处理后返修补焊时，必须重作热处理

续表

项目	内 容 与 要 求
焊接检验	1. 焊前检验包括：母材，焊接材料；焊接设备、仪表、工艺装备；焊接坡口、接头装配及清理；焊工资格、焊接工艺条件 2. 焊接过程中的检验包括：焊接工艺参数；执行工艺情况；执行技术标准及图样规定情况 3. 焊后检验包括：施焊外观及尺寸；后热、焊后热处理；无损检测；焊接工艺纪律检查试板；压力试验；致密性试验等

二、焊接工艺卡片

典型的焊接工艺卡片见表 14-12 和表 14-13。

表 14-12　　焊 接 工 艺 卡 片　(一)

产品名称	制造编号	产品类别	焊接工艺评定编号	焊缝代号	第　页
					共　页

		焊接层次、顺序示意图	焊接层数(正/背)：
材料牌号			坡口角度：
材料规格			钝边：
焊接方法			装配间隙：
电源种类			背面清根：
电源极性			
坡口形式			
焊接位置			

		焊前预热	加热方式		层间温度	
			温度范围		测温方法	
		焊后热处理	种类		保温时间	
			加热方式		冷却方式	
			温度范围		测温方法	

焊接参数

焊层	焊材牌号	焊材直径(mm)	焊接电流(A)	电弧电压(V)	焊接速度(cm/min)	保护气体(L/min)			

备注：其他焊接工艺要求按本单位的《通用焊工工艺守则》执行

表 14-13　　　　　　　**焊 接 工 艺 卡 片 （二）**

<table>
<tr><td rowspan="2"></td><td colspan="3" rowspan="2">焊接工艺卡片</td><td colspan="2">产品型号</td><td colspan="3"></td><td colspan="2">零（部）件图号</td><td colspan="2"></td><td>第 页</td></tr>
<tr><td colspan="2">产品名称</td><td colspan="3"></td><td colspan="2">零（部）件名称</td><td colspan="2"></td><td>共 页</td></tr>
<tr><td colspan="9" rowspan="6">（焊接示意图）</td><td colspan="5">主要组成件</td></tr>
<tr><td>序号</td><td>图号</td><td>名称</td><td>材料</td><td>件数</td></tr>
<tr><td></td><td></td><td></td><td></td><td></td></tr>
<tr><td></td><td></td><td></td><td></td><td></td></tr>
<tr><td></td><td></td><td></td><td></td><td></td></tr>
<tr><td></td><td></td><td></td><td></td><td></td></tr>
<tr><td rowspan="2">工序号</td><td colspan="2" rowspan="2">工序内容</td><td rowspan="2">设备</td><td colspan="2" rowspan="2">工艺装备</td><td colspan="2" rowspan="2">电压气压</td><td rowspan="2">电流焊嘴号</td><td colspan="2">焊条、丝、电极</td><td rowspan="2">焊剂</td><td rowspan="2">其他参数</td><td rowspan="2">工时</td></tr>
<tr><td>型号</td><td>直径</td></tr>
<tr><td></td><td></td><td></td><td></td><td></td><td></td><td></td><td></td><td></td><td></td><td></td><td></td><td></td><td></td></tr>
<tr><td></td><td></td><td></td><td></td><td></td><td></td><td></td><td></td><td></td><td></td><td></td><td></td><td></td><td></td></tr>
<tr><td></td><td></td><td></td><td></td><td></td><td></td><td></td><td></td><td></td><td></td><td></td><td></td><td></td><td></td></tr>
<tr><td></td><td></td><td></td><td></td><td></td><td></td><td></td><td></td><td></td><td></td><td></td><td></td><td></td><td></td></tr>
<tr><td></td><td></td><td></td><td></td><td></td><td></td><td></td><td></td><td></td><td></td><td></td><td></td><td></td><td></td></tr>
<tr><td></td><td></td><td></td><td></td><td></td><td></td><td></td><td></td><td></td><td></td><td></td><td></td><td></td><td></td></tr>
<tr><td></td><td></td><td></td><td></td><td></td><td></td><td></td><td></td><td></td><td></td><td></td><td></td><td></td><td></td></tr>
<tr><td></td><td></td><td></td><td></td><td></td><td></td><td></td><td></td><td></td><td></td><td>设计</td><td>审核</td><td>标准化</td><td>会签</td></tr>
<tr><td></td><td></td><td></td><td></td><td></td><td></td><td></td><td></td><td></td><td></td><td rowspan="2"></td><td rowspan="2"></td><td rowspan="2"></td><td rowspan="2"></td></tr>
<tr><td>标记</td><td>处数</td><td>更改文件号</td><td>签字</td><td>日期</td><td>标记</td><td>处数</td><td>更改文件号</td><td>签字</td><td>日期</td></tr>
</table>

第六节　影响焊接质量的技术因素

产品在焊接生产的工艺过程中，为确保质量，应考虑各有关的技术因素，从而在工艺编制、项目审查、生产组织以及质量管理等各个环节予以贯彻，其影响因素见表 14-14。

表 14-14　　焊接质量的技术影响因素

项目	内　容
材料	1. 母材金属的化学成分、力学性能、均匀性、表面状态和厚度等都会对焊接接头的热裂、冷裂、脆性断裂和层状撕裂倾向产生影响 2. 焊缝金属与母材金属相匹配，匹配要求取决于具体的使用条件。对化学成分或金相组织不同的焊接，需做特殊的考虑 3. 焊缝金属性能受焊接工艺的影响 4. 选择母材和填充金属时，应该考虑接头性能有随时间变化的可能
焊接方法和工艺	1. 焊接方法应适合接头材料的性能和接头施焊位置，应通过试验来证明所选择的方法是合适的 2. 母材金属、焊接方法和焊接材料，都对焊接接头的剖面和表面粗糙度有影响 3. 焊接方法和焊前或焊后的冷、热加工对接头力学性能会带来不可忽视的影响 4. 焊件焊接时的热输入和温度梯度是必须考虑的重要因素
应力	1. 结构的疲劳寿命与焊接接头有关，一般来说，接头敏感的部位，应力集中系数最高，使材料本身的疲劳强度只具有次要的影响 2. 在疲劳状态下的应力集中系数不仅取决于接头的类型，而且取决于接头的几何形状、接头方向，以及内部与外部的缺陷，与载荷方向、大小的关系 3. 由安装、操作和焊接引起的应力必须与设计应力一起考虑 4. 为避免角焊缝根部受拉，单面角焊缝不应承受环绕接头纵轴的弯曲、角焊缝两侧都应施焊 5. 形成及小锐角或及大钝角熔合面的角焊缝，不适宜传递所计算的工作应力达到最大时的载荷，当必须采用这样接头时，焊接工艺要特殊考虑
几何形状	1. 接头几何形状应尽可能不干扰应力的分布 2. 尽可能避免截面上有突变的接头、疲劳工作条件更应注意 3. 非等厚截面的对接焊缝，应削边对接 4. 接头的厚度越厚，材料的缺口敏感性越值得注意 5. 焊接件的组装精度，影响最终的接头性能 6. 尽量避免在有应力叠加或应力集中的区域里布置焊缝，若不可避免，应做特殊处理 7. 为便于焊接和使用中探伤、维修，所有的焊缝都应有合适的可达性

续表

项目	内　　容
环境	1. 接头的任一侧面接触介质时，应采取必要的防护措施（增加壁厚、清除应力等） 2. 在腐蚀或浸蚀介质中，接头的集合形状和粗糙度应保证不存在可能引起腐蚀或浸蚀的区域
焊后处理	1. 焊后热处理是为了减小残余应力或为了获得所需性能，或二者均有 2. 焊后机械处理（如锤击）、振动时效处理，目的是通过改变和改善残余应力的分布来减少由焊接引起的应力集中

第十五章 焊接与切割安全技术

第一节 概 述

焊接与切割属于特种工作业，即焊接与切割时对操作者本人，尤其对他人和周围设施的安全有重大的危害。为了加强特种作业人员的安全技术培训、考核和管理，实现安全产生，提高经济效益，国家指定了特种作业人员安全技术考核管理规则。该规则明确了特种作业人员应具备的条件、培训、考核和发证、复审、工作变迁及奖惩等；指出了从事焊接与切割的作业人员，必须进行安全教育和安全技术培训，取得操作证方能上岗独立作业。

焊接与切割作业中要经常与电气设备、易燃易爆物质、压力容器等接触，如果安全措施不当或工作疏忽，很容易造成事故。为了保障操作者的安全，改善卫生环境，防止工伤事故和减少经济损失，国家指定了标准。该标准包括：气焊与气割设备及操作安全、电焊设备的操作安全、焊接切割劳动保护、焊接作业场所通风、焊接切割中防火等，这是焊接与切割安全的基本原则，也是对操作者的基本要求。

焊接和切割过程中如不严格遵守安全操作规程，就可能发生触电、引起火灾甚至爆炸事故，这不仅危害人身安全，还将造成经济损失。因此每个操作者都必须牢固树立起安全第一的观念，掌握安全防护知识，自觉遵守安全操作规程，才能防止事故的发生。

第二节 焊接的有害因素

采用手工电弧焊、埋弧焊、氩弧焊及 CO_2 气体保护焊等焊接方法作业时，有害因素主要有电弧辐射、金属飞溅、烟尘、有毒气体、高频电磁场、射线和噪声等；气焊时主要是存在有毒气体如乙炔、硫化氢、磷化氢等。这些有害因素与所采用的工艺方法、工艺规范以及焊接材料（焊条、焊丝、保护气体和焊接材料等）有关。各种焊接方法的有害因素见表 15-1。

表 15-1　　　　　　各种焊接方法的有害因素

焊接方法		有害因素						
		电弧辐射	高频电场	烟尘	有害气体	金属飞溅	射线	噪声
手工电弧焊	酸性焊条	1		2	1	1		
	低氢型焊条	1		3	1	2		
	高效铁粉焊条	1		4	1	1		
电渣焊				1				
埋弧焊				2	1			
CO_2 气体保护焊	细丝	1		1	1	1		
	粗丝	2		2	1	2		
	管状焊丝	2		3	1	1		
钨极氩弧焊		2	2	1	2	1	1	
熔化极氩弧焊	焊铝及铝合金	3		2	3	1		
	焊不锈钢	2		1	2	1		
	焊黄铜	2		3	2	1		
等离子弧焊	微束	1	1		1		1	
	大电流	2	1		1		1	
等离子切割	铝材	3	1	2	3	2	1	2
	铜材	3	1	3	4	2	1	2
	不锈钢	3	1	2	2	1	1	2
电子束							3	
气焊（焊黄铜、铝）				1	1			
钎焊	火焰钎焊				1			
	盐浴钎焊				4			

注　表中数字表示影响程度（供参考）：1—轻微；2—中等；3—强烈；4—最强烈。

一、电弧辐射

焊接弧光的辐射源主要包括红外线、可见光线和紫外线。它们是由于物体加热而产生的，属于热谱线。

1. 紫外线

适量的紫外线对人体健康是有意义的，但焊接电弧产生的强烈紫外线的过度照射，对人体健康有一定的危害。紫外线对人体的伤害由于光化作用，它主要造成对皮肤和眼睛的损害。

(1) 对皮肤的作用。不同波长的紫外线为皮肤的不同深度组织所吸收，皮肤受强烈紫外线的作用时可引起皮炎，如弥漫性红斑，有时出现小水疱、渗出液和浮肿，有烧灼感、发痒。皮肤对紫外线的反应因其波长不同而异。波长较长的紫外线作用于皮肤时，通常在6～8h的潜伏期后出现红斑，持续24～30h，然后慢慢消失，并形成长期不褪色的色素沉着。波长较短时，红斑的出现和消失较快，但头痛较重，几乎不遗留色素沉着。紫外线作用强烈时伴有全身症状：头痛、头晕、易疲劳、神经兴奋、发烧、失眠等。全身症状是由于在紫外线作用下，人体的细胞崩溃，产生体液性蔓延，也是紫外线对中枢神经系统直接作用的结果。

(2) 电光性眼炎。紫外线过度照射引起急性角膜结膜炎称为电光性眼炎。这是明弧焊接操作和辅助工人中的一种特殊职业性眼病。波长较短的紫外线，尤其是320nm以下者，能损害结膜和角膜，有时甚至侵及虹膜和网膜。

发生电光性眼炎的主要原因有：几部焊机同时作业距离太近时，在操作过程中易受到临近弧光的辐射；由于技术不熟练，在点燃电弧前未戴好面罩，或熄弧前过早地揭开面罩；辅助工在辅助焊接时，由于配合不协调，在焊工引弧时尚未准备保护（如戴护镜、偏头、闭眼等）而受到弧光的照射；防护镜片破损漏光；工作地点照明不足，看不清楚焊缝，以致先点火后戴面罩，以及其他路过人员受突然强烈的照射等。

紫外线照射时眼睛受伤害的程度与照射的时间成正比，与照射源的距离成反比，并且与光线的投射角度有关。光线与角膜成直角照射时作用最大，偏斜角度越大，其作用越小。

眼睛受强烈的紫外线短时间照射即可导致发病。潜伏期一般在0.5～24h，多数在受照射后4～12h内发病。首先出现两眼高度羞明、流泪，异物感、刺痛眼睑红肿痉挛，并常有头痛和视物模糊症状。一般经过治疗和护理，数月后即恢复良好，不会造成永久性损伤。

(3) 对纤维的破坏。焊接电弧的紫外线辐射对纤维的破坏能力很强，其中以棉织品为最甚。由于光花作用的结果，可导致棉布工作服氧化变质而破碎，有色印染物显著褪色，这是明弧焊焊工棉布工作服不耐穿的原因之一，尤其是氩弧焊、等离子弧焊等操作时更为明显。

2. 红外线

红外线对人体的危害主要是引起组织的热作用。波长较长的红外线可被皮肤表面吸收，使之产生热的感觉；短波红外线可被组织吸收，使血液和深部组织加热，产生灼伤。在焊接过程中，眼部受到强烈的红外线辐射，立即感到强烈的灼伤和灼痛，发出闪光幻觉。长期接触可能造成红外线白内障，视力减退，严重时可能导致失明，此外还会造成视网膜灼伤。

氩弧焊的红外线强度约为手工电弧焊的1.5～2倍；而等离子弧焊又大于氩弧焊。

3. 可见光线

焊接电弧的可见光线的光度，比肉眼正常承受的光度大约大到1万倍。当受到照射时眼睛疼痛、发花、看不清东西，长期作用会引起视力减退，可在短时间内失去劳动力，通常称作电焊“晃眼”，气焊火焰也会发出这种光。

综上所述，焊接电弧是极其强烈的辐射能源，它直接辐射或反射到人体未加防护的部位后，即产生辐射和化学病理影响。辐射对未加防护的视觉器官的影响见表15-2。

表15-2　　电弧光对视觉器官的影响

类　别	波长（μm）	影响的性质
不可见的紫外线（短）	<310	引起电光性眼炎
不可见的紫外线（长）	310～400	对视觉器官无明显影响

续表

类 别	波长（μm）	影 响 的 性 质
可见光	400～750	当辐射光极其明亮时，会损坏视网膜和脉管膜。视网膜损害严重时会使视力减弱，甚至失明，影响的时间会感到眩晕
不可见的红外线（短）	750～1300	反复长时间的影响，会使眼睛水晶体的向目表面上产生白内障，水晶体逐渐变浊
不可见的红外线（长）	1300 以上	当影响很严重时，眼睛才会受到损害

二、金属烟尘

焊接操作中的金属烟尘包括“烟”和“粉尘”。焊条和焊材金属熔融时所产生的蒸气在空气中迅速冷凝及氧化形成的烟，其固体微粒直径往往小于 0.1μm；直径在 0.1～100.1μm 之间的金属固体微粒称为金属粉尘。粉尘是由熔化的金属和化合物的蒸发凝结而产生的，它与焊接材料的关系很大，也受到焊接规范的影响。

焊接产生烟尘的成分复杂，不同焊接工艺的烟尘成分及其主要危害也有所不同。例如：黑色金属涂料焊条手工电弧焊、CO_2 焊、碳弧气刨、镀锌件的焊接以及有色金属气焊时，粉尘是主要的有害因素。粉尘的主要成分是铁、硅、锰，其中以锰的毒性最大，铁、硅的毒性虽然不大，但其尘粒极细（5μm 以下），在空气中的停留时间较长，容易吸入肺内。在碱性焊条的粉尘中还含有极毒的氟。采用镀铜焊丝的气体保护焊时，有毒烟尘中尚有铜。钢材焊接时发尘量及主要毒物见表 15-3。

表 15-3　　焊接钢材时的发尘量及主要毒物

<table>
<tr><th colspan="3">焊 接 工 艺</th><th>发尘量 (g/kg)</th><th>主要毒物</th></tr>
<tr><td rowspan="4">手工电弧焊</td><td colspan="2">低氢型普低钢焊条（J807）</td><td>10～25</td><td>氟、锰</td></tr>
<tr><td colspan="2">钛钙型低碳钢焊条（J422）</td><td>6～8</td><td rowspan="7">锰</td></tr>
<tr><td colspan="2">钛铁矿低碳钢焊条（J423）</td><td>7.5～9.5</td></tr>
<tr><td colspan="2">高效率铁粉焊条</td><td>10～12</td></tr>
<tr><td rowspan="3">气体保护焊</td><td rowspan="2">二氧化碳气体保护焊</td><td>管状焊丝</td><td>11～13</td></tr>
<tr><td>实心焊丝</td><td>8</td></tr>
<tr><td colspan="2">氩+5%氧，实心焊丝</td><td>3～6.5</td></tr>
</table>

在焊接烟尘浓度较大，又没有相应的排尘措施的情况下，长期接触易引起焊工尘肺、锰中毒及焊工“金属热”等职业性疾病。

又如铝和铝合金的氩弧焊，存在着铝尘，细小的铝尘可以引起尘肺等，严重影响焊工的身体健康。

1. 焊工尘肺

尘肺是由于长期吸入超过一定浓度的、能引起肺组织弥漫性纤维病变的粉尘所致。虽然人体对粉尘具有良好的防御功能，但在长时间吸入浓度较高的粉尘，则仍可产生对机体的不良影响，形成焊工尘肺。

焊工尘肺的发病一般比较缓慢，多在接触焊接烟尘 10 年，有的长达 15～20 年或以上（指通风不良条件下）才发病。发病时主要表现为呼吸系统症状，有气短、咳嗽、咳痰、胸闷和胸痛等；部分焊工尘肺患者可能有无力、食欲减退、体重减轻以及神经衰弱症状出现，同时，对肾功能也有影响。

2. 锰中毒

锰中毒主要是由锰的化合物引起的。锰蒸气在空气中能很快氧化成灰色的一氧化锰（MnO）及棕红色的四氧化三锰（Mn_3O_4）烟。它主要作用于中枢神经系统和神经末梢。

焊接锰中毒一般呈慢性过程，大都在接触 3～5 年以后，甚至可长达 20 年后才逐渐发病。慢性锰中毒初期主要表现为头痛、头晕、失眠、记忆力减退、疲乏、四肢无力以及神经衰弱症或植物神经功能紊乱、多汗、心悸、性情孤僻等，特别是舌、眼睑和手指表现出细微震颤。中毒进一步发展时，神经精神症状更加明显，面部呆板、反应迟钝、孤僻淡漠，四肢粗大且出现有节律的静止性震颤。中毒晚期即表现为走路时步伐细小，前冲后倒或左右摇摆，转弯、跨越、上坡、后退、下蹲等都较困难，书写时下笔迟疑、震颤不清等。

3. 焊工“金属热”

焊接金属烟尘中的氧化铁、氧化锰微粒和氟化物等物质均可引起焊工“金属热”反应。采用碱性焊条一般比较容易“产生热”反应。其典型症状为工作后寒颤，继之发烧、倦怠、口内有金属味、喉痒、呼吸困难、胸痛、食欲不振、恶心，翌晨发汗后症状减轻但仍觉疲乏无力。

三、有毒气体

有毒气体主要是臭氧、氮氧化合物、一氧化碳、氟化氢、硫化氢和磷化氢等。

1. 臭氧

空气中的氧在短波紫外线的激发下大量地被破坏，生成臭氧(O_3)。臭氧是一种淡蓝色的气体，具有刺激性气味，浓度较高时一般呈臭味；高浓度时，呈腥臭味并略带酸味。臭氧对人体的危害主要是对呼吸道及肺有强烈的刺激作用。臭氧浓度超过一定限度时，会引起咳嗽、胸闷、食欲不振、疲劳无力、头晕、全身疼痛等。严重时，特别是在封闭容器内焊接而又通风不良时，可引起支气管炎。

臭氧浓度同焊接方式、焊材、保护气体、焊接规范等有关。熔化极气体保护焊的焊材和保护气体对臭氧浓度的影响不一样，例如氩弧焊焊接铝材时，臭氧浓度可高达15.25～29.23mg/m^3，二氧化碳气体保护焊焊接碳钢时，臭氧浓度值为0.7mg/m^3左右。

2. 氮氧化物

氮氧化物是由于电弧高温作用引起空气中的氮、氧分子离解，重新结合而形成的。氮氧化物的种类很多，主要有氧化亚氮(N_2O)、一氧化氮（NO)、二氧化氮（NO_2)、三氧化二氮(N_2O_3)、四氧化二氮（N_2O_4）及五氧化二氮（N_2O_5）等。这些气体因其氧化程度不同，具有不同的颜色（由黄白色到深棕色)。氮氧化物也属于具有刺激性的有毒气体，其毒性比臭氧小。它对人体的主要危害是对肺有刺激作用。慢性中毒的主要表现为神经衰弱症，如头痛、头晕、食欲不振、倦怠无力、体力下降等。此后尚能引起上呼吸道黏膜的发炎、慢性支气管炎，同时可引起皮肤刺激及牙齿酸蚀症。急性中毒时，由于氮氧化物主要作用于呼吸道深部，所以中毒初期仅有轻微的眼和喉的刺激症状，往往不被注意，经过 4～6h 潜伏期或甚至 12～24h 后，急性中毒的症状逐渐出现，也可能突然发生。中毒较轻者，肺部仅发生支气管炎。重度中毒时，咳嗽加剧，可发生肺水肿，呼吸困难、虚脱、全身软弱无力等。

影响氮氧化物浓度的因素类同臭氧，在焊接实际操作中，氮氧化物一般都是同臭氧同时存在的，因此它们的毒性要比单一有毒气体存在时高出 15～20 倍。

3. 一氧化碳

CO_2 气体在电弧高温作用下发生分解，形成 CO、O_2 和 O。

CO 为无色、无臭、无刺激性的气体。它对人体的危害是：CO 经过呼吸道进入人体内，由肺泡吸收进入血液后，与血蛋白结合成碳氧红蛋白。CO 与血红蛋白的亲和力比氧与血红蛋白的亲和力大，而解离速度又慢得多，阻碍了血液带氧能力，使人体组织缺氧坏死。

CO 急性中毒的表现为：轻度中毒时有头痛、眩晕、恶心、呕吐、全身无力、两腿发软症状，以至有昏厥感，立即吸入新鲜空气，症状可迅速消失；中度中毒时，除上述症状加重外，脉搏增快、不能行动、容易进入昏迷状态；严重中毒时，常因短时间内吸入高浓度的 CO 可发生突然晕倒，迅速进入昏迷状态，并常发脑水肿、肺水肿，心肌损害、心率紊乱等症状。

4. 氟化氢

氟化氢主要出现在手工电弧焊中。碱性低氢型焊条，涂料中含有萤石（CaF_2），在电弧高温作用下可形成氟化氢气体。氟化氢为无色气体，极易溶于水，形成氢氟酸，两者的腐蚀性均很强，毒性剧烈。氟化氢能迅速地被呼吸道黏膜吸收，也可经过皮肤吸收而对全身产生毒性作用。吸入较高浓度的氟及氟化物气体或蒸汽，可立即出现眼、鼻和呼吸道黏膜的刺激症状，引起鼻腔和粘膜充血、干燥、鼻腔溃疡等。严重时可发生支气管炎、肺炎。长期接触氟化氢（5～7 年以上）可发生骨质病变，大多数表现为骨质增厚。

5. 硫化氢（H_2S）及磷化氢（H_3P）

硫化氢及磷化氢是用电石制取乙炔时的杂质产物，具有强烈的臭味、毒性，呼吸过多能引起头晕、中毒。

四、其他有害因素

金属飞溅是熔池冶金反应和熔滴过渡时产生的，会引起灼伤，烧破衣物。

使用风铲和碳弧气刨时会发生很强的噪声，强噪声或长期受噪声影响，会引起听觉障碍，甚至耳聋。噪声对中枢神经和心血管系统带来不良影响，并引起血压升高、心跳过速、厌倦、烦躁等。

钨极氩弧焊时常用高频振荡器激发引弧，引弧瞬间会产生高频电磁场，长期接触能引起植物神经功能紊乱和神经衰弱，出现头晕乏力、消瘦及血压下降等症状。

焊工如果长期工作在以上所述的有害因素环境中，对身体健康是极为不利的，因此应采取妥善措施。

第三节　焊接设备的安全技术

一、用电的安全知识

电焊机的安全使用在于防止设备损坏和预防触电。焊接过程中工作场地所有的网路电压为380V或220V，焊机的空载电压一般都在60V以上。当通过人体的电流超过0.05A时，就有生命危险，0.1A的电流流过人体时，只要1s就会使人致命。流过人体的电流不仅取决于线路电压，而且与人体电阻有关。人体电阻包括自身电阻和人身上的衣服、鞋等附加电阻。干燥的衣服、鞋及干燥场地会使人体电阻增加；自身电阻与人的精神、疲劳状态有关。人体电阻一般在800～5000Ω之间变化，当人体电阻降至800Ω时，40V的电压就会导致人的生命危险。所以焊机的电源电压、二次空载电压（70V以上）都远远超过了安全电压（36V），如果设备漏电就可能造成触电事故。因此，焊工应注意安全用电，掌握电气安全技术。电气安全要求见表15-4。

表 15-4　　电气安全要求

焊接方法	安全技术要点
电弧焊、气体保护焊、电子束焊、等离子弧焊接及等离子弧切割	（1）外壳应接地，绝缘应完好，各接线点应紧固可靠。焊炬、割炬和电缆等必须良好 （2）电焊机空载电压不能太高，一般弧焊电源：直流≤100V，交流≤80V；等离子弧切割电流空载电压高达 400V，应尽量采用自动切割，并加强防触电措施 （3）焊机带电的裸露部分和转动部分必须有安全保护罩 （4）用高频引弧或稳弧时应对电缆进行屏蔽 电子束焊设备还应当做到 1）电压≥204V 时，应有铅屏防护或进行遥控操作 2）定期检查设备的放射性（$\leqslant 5.16\times10^{-7}$C/kg）
压力焊	（1）焊机及控制箱必须可靠地接地 （2）由于控制箱内某些元件的电压可达 650V 左右，所以，检查时要特别小心，工作时应关闭焊机门 （3）要采取措施防止焊接时金属飞溅灼伤工人和引起火灾

焊工在操作时应注意以下问题。

（1）焊接设备的安装、修理和检查必须由电工进行，焊工不得自行处理。

（2）防止电焊钳与焊件短路。在锅炉、容器内焊接结束时，应将焊钳放在安全地点或悬挂起来，然后再切断电源。

（3）电缆线应有良好的绝缘，破皮、漏电处应及时修好。

（4）使用闸刀开关时，焊工应戴好干燥手套，同时面部应躲开，以防产生电弧引起烧伤。

（5）在锅炉、容器内焊接时，焊工必须穿绝缘鞋，戴皮手套，脚下垫绝缘垫，以保持人体与焊件间的良好绝缘，同时应由两人轮换工作，以便相互照顾。

（6）使用工作灯时，其电压不得超过 36V。

（7）遇到有人触电时，切不可赤手去拉触电者，应迅速切断电源进行抢救。

二、乙炔发生器的安全知识

乙炔发生器是制取乙炔的设备。乙炔具有易燃、易爆的特点，当压力升至 0.5MPa、温度达到 580～600℃时就可自燃而爆炸，因此要重视乙炔发生器的安全使用。表 15-5 为乙炔发生器的试验数据。

表 15-5　　乙炔发生器的试验

名 称		低压		中压	
		水压	气压	水压	气压
乙炔发生器	强度	1.5 倍工作压力		2.5atm	
	气密性		工作压力		0.15MPa
水封闭回火防止器	强度	1.3 倍工作压力		1.3 倍工作压力	
	气密性		工作压力		0.15MPa
安全阀					0.165MPa
防爆膜			1.25 倍工作压力		1.25 倍工作压力

乙炔发生器按所制取乙炔的压力不同，可分为低压式（乙炔压力在 7kPa 以下）和中压式（乙炔压力为 7～150kPa）两种。目前国内生产的乙炔发生器是中压式的。乙炔发生器是有燃烧爆炸危险的设备。从防爆防火安全技术考虑，对乙炔发生器的设计制造要求如下。

（1）发生器在工作时不得因发生摩擦或冲击而引起火花。

（2）必须保证电石分解反应有足够的电石和水，并且保证乙炔有良好的冷却条件。

（3）发生器的构造必须确保发生仪器内的所以气体能够完全释放出来，以便在重新装电石之前能够把剩余空气排净。

（4）发生器必须是严密的，而且要有足够容量的集气室，以便在忽然停用时，不至于把过剩的乙炔排放到工作间里。

（5）中压乙炔发生器应装有安全阀、泄压膜、压力表等。

（6）发生器的发气室、储气室和回火防止器等处，都应设有预防回火或其他原因引起爆炸的安全装置。

（7）发生器的管理应当简便、省时、安全。乙炔发生器在使用之前要对其安全性能做检查试验，试验数据见表 15-5。

乙炔发生器使用时应注意以下几点，并严格遵守执行。

（1）气焊工应熟悉乙炔发生器的性能及安全常识。固定式乙炔发生器应设专用站，并建立安全规章制度，由专人负责生产及设备的维修。

（2）移动式乙炔发生器应距明火及焊接现场 10m 以外，发生器附近严禁接触火源。

（3）乙炔发生器的压力要维持正常，电石分解后的渣浆应及时清换。对桶内的水温，要求水入电石式发生器不得超过 50℃；电石入水式发生器不得超过 60℃；发气室温度不能超过 80℃。如果超过上述温度，应采用喷淋冷却，待温度降至正常后再使用。

（4）发生器内所装入的电石的大小应合适，不应使用碎块和粉末，加入量不易过多。更换电石后应将空气放净，然后再使用。

（5）乙炔发生器应设防爆及防止回火的安全装置，经常检查发生器及回火防止器的水位，不能使之过低或过高。中压乙炔发生器上应装设乙炔压力表及测水温的仪表。对仪表、安全阀应定期校验，确保灵敏可靠。

（6）不允许在浮桶乙炔发生器的浮桶上压重物或用手摇晃，防止乙炔压力的增加。当发生器着火时严禁搬浮桶，以防将其蹬倒。

（7）在作业前，应检查水封式回火防止器的水位，将其竖直放置，冬季施工时为防止水被冻结可加入盐水。当回火防止器冻结时，可用热水或蒸汽加热解冻，禁止用火烤。

（8）乙炔发生器上的零件及附属工具不能用纯铜制作，以防产生乙炔铜而引起爆炸。含铜 70%以下的铜合金可避免产生乙炔铜。

（9）电石应装在电石桶中密封存放，并置于干燥的通风室内，室内应备干砂箱和灭火器。开启电石桶时，禁止使用铁器敲击，以防止出现火花引起意外爆炸事故。

三、气瓶安全要求

焊接用气瓶的种类较多，大致可分为压缩气瓶、熔解气瓶和液化气瓶等几类。焊接用的高压气瓶，应定期按规定试压检查，而且在使用过程中应当注意安全。

1. 气瓶的安全技术检验

气瓶在使用过程中必须按照国家 TSG R0006—2014《气瓶安全技术监察规程》要求，对充装无腐蚀性气体的气瓶，每 3 年检验一次；充装有腐蚀性气体的气瓶，每 2 年检验一次。在使用过程中如发现有严重腐蚀、损伤和怀疑有损伤时，可提前进行检验。气瓶的检验项目一般包括外部表面检验和水压试验。

（1）内外部检验。在水压试验前后均应进行内外部检验。检验时应先清除油污、铁锈等杂质和有毒、易燃的残存气体。内部检验可借助手电筒或吊入气瓶内的 12V 以下的小灯泡。如发现瓶壁有裂纹、鼓泡或明显变形时，则应报废；若发现有硬伤、局部片状腐蚀或密集斑点腐蚀时，应清除其腐蚀层，并用壁厚测定仪测定剩余壁厚。如剩余壁厚仍大于按下式计算的厚度（不考虑腐蚀余量），气瓶可经除锈、涂漆后继续使用；否则应降级使用或报废。

$$S=\frac{PD_0}{230[\sigma]\psi-P+C}$$

式中 S——圆筒部分的最薄厚度，mm；

P——气瓶的最高工作压力，0.1MPa；

D_0——内径，mm；

ψ——焊接气瓶的焊缝减弱系数；

C——腐蚀余度，mm；

$[\sigma]$——材料的许用应力，10MPa。

$$[\sigma]=\frac{\sigma_b}{n_b}$$

σ_b——温度为 20℃时钢材的抗拉强度，10MPa；

n_b——对抗拉强度的安全系数，对于无缝气瓶，n_b 不得低于 3.0；对于焊接气瓶，n_b 不得低于 3.5。

（2）水压试验。焊接常用气瓶水压试验的压力和受检期限见表 15-6。

表 15-6　　　　　　水压试验的压力和受检期限

<table>
<tr><th colspan="3">气　体</th><th>最高工作压力（MPa）</th><th>水压试验压力（MPa）</th><th>阀门螺纹</th><th>受检期限（年）</th><th>备　注</th></tr>
<tr><td rowspan="2">压缩气体</td><td>可燃气体</td><td>氢
甲烷</td><td rowspan="2">15</td><td rowspan="2">22.5</td><td>左旋</td><td rowspan="2">3</td><td rowspan="2">—</td></tr>
<tr><td>不燃气体</td><td>氧、氮
氦、氩</td><td>右旋</td></tr>
<tr><td rowspan="2">液化气体</td><td colspan="2">石油气</td><td>1.6</td><td>3.2</td><td rowspan="2">右旋</td><td rowspan="2">3</td><td rowspan="2">—</td></tr>
<tr><td colspan="2">二氧化碳</td><td>12.5</td><td>18.75</td></tr>
<tr><td>溶解气体</td><td colspan="2">乙炔</td><td>1.55</td><td>6</td><td>左旋</td><td>—</td><td>易熔塞
105℃±5℃</td></tr>
</table>

在水压试验中，当压力升到工作压力时，应排除水压泵及管路中的气体，并保证接头处不得有渗漏，否则会影响试验的准确性。再升高试验压力，停留 1～2min，然后降到工作压力，进行全面检查。最后降压、放水，并使气瓶内表面干燥。

气瓶进行水压试验后无渗漏现象，且容积残余变形率不超过 10%，即为合格。

2. 气瓶的安全使用技术

气瓶的安全使用技术见表 15-7。

表 15-7　　　　　　气瓶的安全使用技术要点

<table>
<tr><th>类别</th><th>用途</th><th>安全使用技术要点</th></tr>
<tr><td>压缩气体</td><td>气焊、气割、气体保护电弧焊、等离子弧焊、等离子弧切割、等离子喷镀</td><td>（1）不得靠近热源
（2）不要暴晒
（3）瓶体要装有防震胶圈，不应使气瓶跌落或受到撞击
（4）瓶端要装有安全帽
（5）氧气瓶、可燃气瓶与明火的距离不小于 10m，否则应有可靠的防护措施
（6）气瓶内气体不可全部用尽，应留有 0.1～0.2MPa 的余压
（7）氧气瓶严禁沾染油脂
（8）打开阀门时不宜操作过快
（9）氢气瓶与氢气接触的管道及设备要有良好可靠的接地装置，以防静电造成自燃</td></tr>
</table>

续表

类别	用途	安全使用技术要点
液化石油气	气焊气割预热	1. 气瓶不得充满液体，必须留出10%～20%容积的汽化空间，以防止液体随环境温度的升高而膨胀，导致气瓶破裂 2. 胶管和衬垫应用耐油性材料 3. 不要暴晒，储存室内应通风，防火 4. 不应有漏气现象，注意管接头螺纹的磨损和腐蚀，防止在压力下脱扣 5. 气瓶严禁火烤或用沸水加热，冬季可用40℃以下的温水加热，不得靠近暖气片 6. 不得倒出残液，以防止遇火成灾 7. 石油气瓶点火时，应先点燃引火物，后打开瓶阀
溶解乙炔气瓶	气焊气割预热	1. 同压缩气体的1、2、3、4、5、9条 2. 气瓶只能直立，不能卧放，以防止丙酮流出，引起燃烧爆炸

四、焊炬与送气胶管的安全知识

(1) 射吸式焊炬在接通乙炔胶管之前，应事先试验焊炬的乙炔射吸能力，当试验正常时方可使用。

(2) 焊炬用氧气胶管为红色，应能承受1.96MPa的压力。乙炔胶管为深绿色或黑色，应能承受490kPa的压力。两种胶管不能互相换用或代用。焊炬与乙炔胶管连接处，严防漏气，以防止发生烧伤及其他事故。

(3) 氧气胶管内外严禁接触油脂，使用新胶管时应检查内部是否积存橡胶或其他可燃物的粉末，一般可用压缩空气吹干净后再使用。

(4) 焊炬在使用中应防止过分受热，焊嘴温升过高时，可置于水中冷却。当发生回火时，当迅速关闭氧气阀门，然后再关闭乙炔阀门。

(5) 乙炔胶管在使用中破裂或着火时应迅速折起前一段胶管，将其熄灭。氧气胶管着火时应迅速关闭氧气瓶阀门，禁止用折胶管的办法来熄灭火焰。

（6）焊嘴或割嘴应防堵塞，乙炔阀门及氧气阀门严禁漏气，否则一旦焊嘴堵塞或不畅，易使氧气倒流形成混合气而引起爆炸事故。当在容器内焊接时还会因漏气而引起火灾。

（7）在容器内作业、休息或间歇时应将焊炬移到容器外面。

（8）橡胶软管长度应不短于5m，但太长会增加气体流动的阻力，一般以10～15m为宜。

五、管道安全知识

在集中供应焊接或切割用气体的情况下，乙炔、氧气等是用导管输送的。管道中气体流动的静电作用及诸多外因易使管道发生燃烧、爆炸。下面介绍管道的防爆措施。

1. 限定气体的流速

（1）乙炔在管中的最大流速见表15-8。

表15-8　乙炔在管中的最大流速

管道名称	工作压力（0.1MPa）	最大流速（m/s）
厂区管道 车间管道	0.007～0.15	8
乙炔站内管道	≤25	4

（2）氧气在碳素钢管中的最大流速见表15-9。

表15-9　碳素钢管中的最大流速

氧气的工作压力（MPa）	≤0.6	0.6～<1.6	1.6～3	≥10
氧气流速（m/s）	20	10	8	4

注　表中压力范围以外者，其流速可按比例推算。

2. 管材的选择和管径的限定

（1）乙炔管道的管材、管径和管壁厚度，应符合下列要求。

工作压力≤0.007MPa时采用无缝钢管。

工作压力≥0.007MPa
工作压力≤0.15MPa　}　采用无缝钢管，管内径不超过80mm。

工作压力≥0.15MPa
工作压力≤2.5MPa　}　采用无缝钢管，管内径不超过20mm。

(2) 氧气管道的管材选用应符合表15-10要求。

表15-10　　氧气管道的管材选用

<table>
<tr><td rowspan="3">敷设方式</td><td colspan="3">氧气工作压力(MPa)</td></tr>
<tr><td>≤1.6</td><td>>1.6～3</td><td>>3</td></tr>
<tr><td colspan="3">管　材</td></tr>
<tr><td>架空或地沟敷设</td><td>无缝钢管
电焊钢管
水煤气输送钢管</td><td>无缝钢管</td><td>黄铜管
铜管</td></tr>
<tr><td>直接埋地敷设</td><td colspan="2">无缝钢管</td><td>黄铜管
无缝钢管</td></tr>
</table>

3. 管道的阀门、附件的选用和管道连接的安全要求

(1) 乙炔管道：阀门和附件应采用钢、可锻铸铁或球墨铸铁制造，也可采用含铜量不超过70%的铜合金制造产品。阀门和附件的公称压力应符合相关规定。管道的连接应采用焊接，但与设备、阀门和附件的连接处，可采用法兰或螺纹连接。

(2) 氧气管道：工作压力≤3MPa时，可选用可锻铸铁、球墨铸铁或钢制的阀门；工作压力>3MPa时，应选用有色金属或不锈钢制造的阀门。与氧气接触的部分严禁用含油或可燃的材料，阀门的密合圈应为有色金属或不锈钢材料制作，阀门的填料应为用石墨处理过的石棉填料等。氧气管道上用的法兰、垫片应根据相关规定选取。氧气管道应尽量减少拐弯，拐弯时宜采用弯曲半径较大或内部光滑的弯头，不应采用折皱或焊接接头。

4. 防止静电放电的接地措施

管道在室内、外架空或埋地敷设时，都必须接地。

室外管道埋地敷设时，管线每隔200～300m设一接地极；架空敷设时，每隔100～200m设一接地极。室内管道不论架空还是地沟敷设(不宜采用埋地敷设)，每隔30～50m设一接地极。但不论管线的长短如何，在管道的起端和终端及管道进入建筑物的入口处，都必须设接地极。接地装置的接地电阻建议不大于20Ω。

对离地面5m以上的架空敷设的氧气、乙炔管道，为防止雷击放电产生的静电或电磁感应对管道的作用，要求管道两接地极间的

距离应短些，应不超过 50m。

5. 防止外部明火导入管道内部

为了防止外部明火导入管道，可采用水封法，也可采用火焰消除法（或称为防火仪器、阻火器）。

6. 防止管道外围形成爆炸气体滞留的空间

当乙炔管道通入或通过厂房车间时，应保证室内通风良好，并应定期检测是否达到乙炔气体的爆炸下限。当接近或达到下限时，应立即采取措施排除爆炸气体，并检查管道是否有泄漏的地方，以防止燃烧，出现爆炸事故。

7. 管道的脱脂

氧气管道和乙炔管道都应进行脱脂。对脱脂件的脱脂效果必须进行检验。

8. 气密性试验和泄漏量试验

管道应进行气密性试验和泄漏量试验。

9. 埋设、架空管道应注意的问题

（1）埋地乙炔管道不应敷设在烟道、通风地沟和直接靠近高于50℃的热表面；也不能敷设在建筑物、构筑物和露天堆场的下面。架空乙炔管道靠近热源敷设时，宜采取隔热措施，管壁温度严禁超过 70℃。

（2）乙炔管道可与供同一使用目的的氧气管道共同敷设在非燃烧体盖板的不通行地沟内。地沟内必须全部填满沙子，并严禁与其他沟道相通。

（3）乙炔管道严禁穿过生活间、办公室。厂区和车间的乙炔管道，不应穿过不使用乙炔的建筑物和房间。

（4）氧气管道严禁与燃油管道共沟敷设。架空敷设的氧气管道不宜与燃油管道共架敷设，如必需共架敷设时，氧气管道宜布置在燃油管道的上面，且净距不应小于 0.5m。

第四节　焊接劳动卫生及个人防护

焊接操作中产生气体和粉尘两种污染。把人体同生产中的危险因素和有害、有毒因素隔离开，创造安全、卫生、舒适的劳动环境是劳动保护工作的重要内容。

焊接场所的卫生标准见表 15-11。

表 15-11　　焊接卫生标准

烟尘和有毒气体		我国标准	国际标准	毒　性
烟尘（mg/m^3）	低害粉尘	10	10	弱
	氧化铁		10	↓
	氧化钙 CaO		5	
	锰 Mn	0.3（MnO_2）	5	
	氧化锌 ZnO	7	5	
	氧化物	1	2.5	
	镍 Ni		1	
	铬 Cr		1	
	砷 As		0.5	
	铅 Pb	1.01	0.2	
	汞 Hg	0.1（升汞）	0.1	强
烟尘（mg/m^3）	氧化钒 V_2O_5	0.1	0.1	弱
	铜 Cu	0.1	0.1	↓
	铬酸盐	0.1（Cr_2O_3）	0.1	
	氧化镉 CdO	0.1	0.1	
	银 Ag		0.01	
	铍 Be	0.001	0.002	强
有毒气体（1×10^{-6}）	二氧化碳 CO_2		4000	弱
	一氧化碳 CO	26	50	↓
	一氧化氮 NO		25	
	二氧化硫 SO_2	8	5	
	二氧化氮 NO_2	1	5	
	臭氧 O_3		0.1	
	光气 $COCl_2$	0.1	0.1	强

改善劳动条件的措施从焊接材料方面考虑，应控制焊条的发尘

量，特别是锰、氟的含量；从焊接工艺方面考虑，如用埋弧自动焊代替手工焊、半自动焊，以窄间隙坡口代替普通坡口，以单面焊双面成形代替双面焊等；此外，加强通风、吸烟和个人防护等措施也可减轻有害因素的危害，预防职业病的发生。

1. 通风技术措施

通风技术是消除焊接尘毒的危害和改善劳动条件的有力措施。它的任务在于使作业地带的气象条件符合卫生学要求，创造良好的自然环境。

（1）通风技术措施的设计要求必须符合以下几个方面。

1）车间内施焊时，必须保证在焊接过程中所产生的有害物质能够及时地排出，保证车间作业地带的气象条件良好、卫生。

2）已被污染的空气，原则上不应排放到车间内。对于密闭容器内施焊时所产生的气体等物质，因条件限制必须排放到室内时，也应经过滤净化处理，方可排放。

3）有害气体、金属氧化物等在抽排到室外大气之前，原则上应经净化处理，否则将对大气造成污染。

4）采用通风措施必须保证冬季室温在规定的范围内，保证采暖的需要。

5）在设计通风技术措施时，要根据现场及工艺等具体条件，不得影响施焊和破坏保护性。

6）便于拆卸与安装，满足定期清理与修配的需要。

（2）全面性通风：有三种排烟方法，即上排烟、下排烟和横向排烟。

（3）局部通风。局部通风分为送风与排风两种。局部送风是使用电风扇直接吹散焊接烟尘和有毒气体的通风方法。此类方法宜使焊工得关节炎等疾病，不宜采用。局部排气是目前所有类型的通风措施中，使用效果良好、方便灵活、设备费用较少的一种。

局部通风不应破坏电弧的稳定燃烧和焊接气体的保护效果，其风速不应大于 30m/s，风量的选取见表 15-12。

表 15-12　　局部通风风量的选取

排烟罩离电弧或焊炬的距离（mm）	风机的最小风量（m^3/h）	软管直径（mm）
100～150	144	38
—	260	76
150～200	470	90
200～250	720	110
250～300	1020	140

局部通风的装置分为固定式排烟罩、可移式排烟罩、多吸头排烟罩、随机式排烟罩、强力小风机、气力引射器（风抽子）、低电压风机排烟罩、手执式排烟罩、排烟焊枪等。上述各种类型的排烟罩应当根据不同的焊接方式、工作场所和焊件等选用。

2. 个人防护措施

加强个人防护措施，对防止焊接产生的有毒气体和粉尘的危害具有重要意义。个人防护措施包括眼、耳、口、鼻、身各方面的防护用品。个人防护措施见表 15-13；表 15-14 列出了在 14 种主要作用场所下推荐采用的防护措施。

表 15-13　　焊接、切割用个人防护措施

措施	保护部位	品　种	说　明	用　途
眼镜	眼	镀膜眼镜 墨镜 普通白色眼镜	镜片镜架造型应能挡住正射、侧射和底射光。镜片材料可用无机或有机合成材料(如聚碳酸酯)	气焊工 电焊工 辅助工
焊工头盔面罩	眼、鼻、口、脸	滤光玻璃片 ①反射式(4 色号) ②吸收式(14 色号) 标准尺寸 50×108 大号 81×108	头盔面罩材料：玻璃钢或钢纸。反射式玻璃片的滤波范围$(2000\sim4500)\times10^{-10}$m	电焊 等离子切割 碳弧气刨
口罩	口、鼻	送风口罩 静电口罩 氯纶布口罩	静电滤料是带负电过滤乙烯纤维无纺薄膜，氯纶布阻尘率在 90%以上，阻力为 2.6mmH_2O水柱	防尘 防毒用 如氩弧焊、钎焊

续表

措施	保护部位	品　种	说　明	用　途
护耳器	耳	低熔点蜡处理的棉花 超细玻璃棉(防声棉) 软聚氯乙烯 耳塞 硅橡胶耳塞 耳罩	降低噪声 29～30dB	等离子喷镀 风铲清焊根
工作服	躯干 四肢	棉工作服	用于臭氧轻微的场所	一般电焊工
		非棉工作服 (如耐酸尼柞丝绢)	用于臭氧强烈的场所	氩弧焊 等离子切割
		石棉工作服	特殊高温作业	—
通风焊帽	眼、鼻 口、脸 颈、胸	肩托式 头盔式	活动翻窗,头披、胸围和送风系统	封闭容器和舱室内的焊接作业
手套	手	棉、革、石棉	—	—
绝缘鞋	足	普通胶鞋 棉胶鞋 皮靴	—	—
鞋盖	足	—	—	飞溅强烈的场所

表 15-14　　推荐采用的防护措施

工　艺	排烟罩						排烟	强力小风机	气力引射器	通风焊帽	防尘防毒口罩		
	固定式			移动式	随机式						送风	静电	氯纶布
	上抽	侧抽	下抽		近弧	隐弧							
固定工位切割、气刨		2	1										
不固定工位切割、气刨								1				2	3
固定工位手工焊接	2	1		3								4	5
不固定工位手工焊接				1				2				3	4
固定工位半自动焊接	2							3				(3)	

续表

工　艺	排烟罩						排烟	强力小风机	气力引射器	通风焊帽	防尘防毒口罩		
	固定式			移动式	随机式						送风	静电	氯纶布
	上抽	侧抽	下抽		近弧	隐弧							
不固定工位半自动焊接				2				3				4	5
固定工位埋弧自动焊	2				1								
固定工位氩弧自动焊					3	1	2	4				(4)	(5)
固定工位二氧化碳自动焊					3	2	1	4					
小车式埋弧自动焊				2	1								
小车式氩弧自动焊				4	3	1	2	5				(5)	
小车式二氧化碳保护自动焊				4	3	1	2	5				(5)	6
封闭容器、舱室手工焊								1、2	3	1	2	(3)	
封闭容器、舱室半自动焊								1、2、3	4	2	3	(4)	

注　表中数字表示优先采用的顺序，如两栏内有相同数字，表示需同时采用，括号表示可考虑采用。

焊工操作时必须穿戴好必要的劳动保护用品，如工作服、帽、手套及绝缘鞋等。在锅炉、容器内焊接时，或用钨极氩弧焊焊接有色金属时，最好头戴通风焊帽（通净化的压缩空气），不能采用氧气，以免发生燃烧事故。

3. 改革工艺和焊条

焊接工艺实行机械化、自动化，不仅降低了劳动强度，并且可以大大减少焊工接触生产性毒物的机会，是消除焊接职业危害的根本措施。

在保证产品技术的条件下，合理地设计与改革施焊材料，是一项重要的卫生防护措施。采用无毒或毒性较小的焊接材料代替毒性大的焊接材料，也是预防职业性危害影响的比较合理的措施。例如，手工电弧焊产生的危害多数与电焊条，尤其是焊条药皮的成分有关，低氢型碱性焊条的危害较大，而使用又较广泛，因此改革其药皮成分，使之既保持焊条的原有焊接性能，又能使其含氟量和发尘量等明显降低，这是努力的方向。

第五节　常用焊接方法的安全技术

一、气焊、气割的安全技术

氧—乙炔气焊及气割中主要的危害是在操作或装卸电石时，乙炔发生器爆炸，其原因大部分是因为发生器内混进了氧气或空气。此外，用气焊修补储油容器和搬运电石桶时也可能产生爆炸。

1. 使用氧气瓶的安全常识

除遵守本章有关焊接设备的安全技术外，还应做到以下几点。

（1）氧气瓶装好后，在装上减压器之前，应将阀门慢慢打开，吹掉接口内外的灰尘或金属物质。打开阀门时，操作工人应站在与氧气瓶出口处成垂直方向的位置上，以免气流射伤人体，阀门开启不得过快。

（2）装上减压器，拧好连接螺钉，再打开阀门，并检查有无漏气现象，然后将减压器上的调气螺钉慢慢拧紧，检查减压器是否畅通、指示表针是否灵活。开启氧气阀门时，操作工人不应面对减压器。

（3）接上皮管接头并把它拧紧之后，放气检查皮管内有无灰尘和金属物质。皮管用完后，要妥善放好，防止灰尘和金属物质进入管内，皮管接头要保持清洁。

（4）装上焊炬或割炬后，应放气检查是否完全畅通。

（5）氧气瓶与乙炔气瓶并用时，两个减压器应放置在同一方向或相反方向，以免气流射出时相互冲击造成事故。

（6）操作工人严禁穿用沾有各种油脂或油污的工作服、手套和工具等去接触气瓶及其附件，应备有专用工具，以免引起燃烧甚至爆炸。

（7）冬天，氧气出口处如有冻结现象，气体流量不均匀时，严禁使用明火加热或用红热铁块烤烘，以免氧气突然大量冲出造成事故，必要时，可用热水或水蒸气进行解冻。

(8) 氧气瓶不能与用电设备一起置于铁板地面上，必要时瓶子下面要垫木板绝缘，以防瓶体带电。

(9) 车辆搬运氧气瓶时，应妥善地加以固定，最好用设有减震装置或橡胶车轮的专用小车进行搬运。

2. 使用电石的安全要求

(1) 禁止在易燃易爆和有明火作业的场所使用，禁止用可能引起火星的工具开启电石桶。开桶时可用含铜量低于70%的铜合金工具。空的电石桶在没有经过安全处理之前明火，也不能未经覆盖置于露天及潮湿处。

(2) 电石桶倒出的小电石、块电石、粉末，不能随便存放，应随时处理掉，最好集中倒在电石渣坑里，并用水加以处理。

3. 使用乙炔发生器的安全事项

除遵守本章有关焊接设备的安全技术外，还应做到以下几点。

(1) 发生器的管理人员必须是经过专门训练，熟悉发生器的结构、作用及维护规则，并经过技术考试的合格者。

(2) 移动式发生器可以安置在室外，也可以安置在通风良好、溶剂不小于30m^2 的房子里，但绝对禁止将移动式发生器安置在具有明火作业的场所和靠近空气压缩机、通风机等地点。在发生器旁禁止吸烟，不许将已经引燃的焊枪或割炬靠近发生器。

(3) 固定式发生器应装在专门的乙炔站内，站内禁止一切烟火，站外应设有污渣坑及下水道装置，距离易燃场所最好在30m以上。

(4) 发生器上必须装有回火防止器。固定式乙炔发生器除设有总回火防止器外，在网络中的每个支管上（即每只焊割炬上）还必须装有岗位回火防止器。

(5) 发生器发气后，应先排除器内的空气，然后才能向工地输送乙炔。

(6) 当电石未分解完时，严禁打开储气室和发气室，以免空气侵入，造成混合气体爆炸的危险。

(7) 在冬季当环境温度低于0℃时，发生器可以灌入热水，或者在水内加入少量的氯化钠（食盐），以降低冰点。发生器或回火防止器内的水如已冻结，只能用热水或蒸汽来加热，使冰溶化。绝对不能用明火或红热铁块去烘烤。

(8) 乙炔发生器内部必须经常或定期清洗、维护、检查。

4. 焊炬、割炬的安全作业

(1) 使用焊、割炬时，必须检查射吸能力是否良好。检查时，先将焊、割炬接上氧气皮管，打开氧气瓶上的减压器，再打开焊、割炬上的氧气阀，待氧气流入喷嘴后，再打开尚未接上乙炔皮管的乙炔阀，用手指或嘴唇轻轻贴在乙炔进气接口上，当感到有吸力（尤其是低压焊、割炬）时，说明射吸能力良好，可装上乙炔皮管进行工作；如果没有吸力，甚至有推力，则绝对禁止使用，否则，将有氧气倒流至乙炔皮管造成回火爆炸的危险。

(2) 点火时先将乙炔稍稍打开，点火后再按工作需要调节氧气或乙炔量来调整火焰。

(3) 焊、割炬不得过分受热，若温度太高，可置于水中冷却。

(4) 焊、割炬各气体通路不许玷污油脂，防止燃烧爆炸。

(5) 不得将正在燃烧的焊、割炬随意卧放在工件或地面上。

(6) 火焰熄灭时，应先关乙炔后关氧气。当发生回火时，应迅速先关氧气后关乙炔。

5. 常见事故的紧急处理

(1) 当焊、割炬的混合室内发生"嗡嗡"声时，应立即关闭焊、割炬上的乙炔、氧气阀门。稍停后，开启氧气阀门，将枪内混合室的烟灰吹掉，恢复正常后再使用。

(2) 乙炔皮管爆炸燃烧时，应立即关闭乙炔瓶或乙炔发生器的总阀门或回火防止器上的输出阀门，切断乙炔的供给。

(3) 乙炔瓶的减压器爆炸燃烧时，同时应立即关闭乙炔瓶的总阀门。

(4) 氧气皮管燃烧爆炸时，应立即关紧氧气瓶的总阀门，同时把氧气皮管从氧气减压表上取下。

(5) 加料时在发气室发生的着火爆炸事故，往往是由于电石含磷过多，遇水着火，或者因电石蓝碰撞产生火花而发生的。此时，应立即使电石与水脱离接触，停止发气，如果发气室已与大气连通，最好用二氧化碳灭火，然后再打开加料口的门孔压盖，取出电石蓝。若无此类灭火器材，又无法隔绝空气时，要等火熄灭或者火苗减到很小时，操作人站在加料口侧面慢慢打开加料口压盖，把电石篮取出，以防止从加料口喷火伤人。

(6) 当发生器的温度过高时，应立即使电石与水脱离接触，停止发气，并采取必要的降温措施，待降温后，再打开加料口压盖，否则空气从加料口进去遇高温就会发生燃烧爆炸。

(7) 由于焊、割炬嘴孔堵塞而导致氧气倒入乙炔皮管和发生器内，应立即关闭氧气阀门，并设法把皮管和发生器内的乙炔和氧气混合气体放净，才能重新进行点火，否则就会发生爆炸。

(8) 换电石时发生室发生着火爆炸事故的处理办法如下。

1) 中压乙炔发生器的发气室着火时，应立即采用二氧化碳灭火器进行灭火，或者将加料口盖紧隔绝空气，使火焰熄灭。绝对不允许在火焰未熄灭前，就放掉发生器内的水，防止挤压室内的混合气体从下部进入发生室，发生爆炸事故。

2) 横向加料式的乙炔发生器，在发生室着火爆炸时，往往会把加料口的对面或上方的卸压膜冲破，采用隔绝空气的方法灭火确有困难，最好用二氧化碳进行灭火。当条件不具备时，应设法使电石尽快离开水或把电石篮取出，停止发气，火焰就能很快熄灭。

二、手工电弧焊的安全技术

手工电弧焊最容易引起的事故是触电、眼睛被弧光伤害、烧伤或皮肤烤伤及有害气体的危害等。手工电弧焊除遵守本章有关电气安全技术外，还应做到以下几点。

(1) 电焊机在使用之前，应检查设备的安全设施是否完善。对于空载电压较高的焊机，应加强防触电措施。当电焊设备与网路电源接通时，人体不应接触带电部分，如需装配、检查和修理时，均应在切断电源之后进行。

(2) 在合上或拉开电源闸门时，应带干燥的手套，防止触电和保险丝熔断时电弧烧伤皮肤。

(3) 电焊钳子的握柄，必须用电木、橡胶或其他绝缘材料制成，禁止使用无绝缘的焊钳。

（4）电焊机所用的初级导线，最好使用专用的焊接电缆线。连接焊钳的导线必须采用一段专用的焊接电缆软线。

（5）在潮湿的地方进行电焊工作时，应加强防止触电措施，例如必须穿绝缘胶鞋。

（6）焊工应按劳动部门颁发的有关规定和各部门的具体规定使用劳动保护用品，如工作服、帽、手套及绝缘鞋等。在锅炉、容器内焊接时，或用钨极氩弧焊焊接有色金属时，最好头戴通风焊帽（通净化的压缩空气）等。

三、氩弧焊、等离子弧焊及等离子弧切割的安全问题

（1）钨极氩弧焊、等离子弧焊及切割采用具有微量放射性的钍钨棒作为电极。在密闭场所或采用大电流密度情况下工作时，应加强通风和采用防护面罩。采用磨钍钨极端头时，应有良好的通风，工作人员应戴口罩，最好采用机械化密闭式磨削装置。钍钨棒应在铅盒中存放。

（2）氩弧焊的紫外线强度要比手工电弧焊强 5～10 倍，并且采用较高空载电压的电源，所以，焊工应做好个人防护。

（3）为减少高频电对人体的影响，焊枪的焊接电缆外面，应用软金属丝编织成软管进行屏蔽。软管一端接在焊枪上，另一端接地，外面可不包绝缘套。

（4）氩弧焊产生的有害气体主要是臭氧及氮氧化合物和金属烟尘，工作场地要有良好的通风，必要时应设置强迫抽风装置。

第六节　高空作业的安全技术

焊工在坠落高度基准面 2m（含 2m）以上有可能坠落的高处进行焊割作业称为高处焊割作业。高处焊割作业时除遵守因焊接作业的规定外，还应注意以下几点。

（1）高空作业时，必须使用标准的安全带、安全帽，并戴固系牢。

（2）使用的梯子、跳板及脚手架应安全可先靠。工作时要站稳把牢，谨防失足摔伤。

(3) 在蹬上机车、锅炉、煤水车、车辆等位置工作时，对所攀登的物件，须先检查是否牢固，然后再蹬。

(4) 在高空作业时，焊钳软线要绑紧在固定地点，不要缠绕在身上或搭在背上工作；辅助工具如钢丝、手锤、錾子及焊条等，应放在工具袋里，防止掉落伤人；更换焊条时，焊条头不要随便往下扔，以免砸伤、烫伤下面的人员。

(5) 高空作业的下方，要清除所有易燃物品或用石棉板仔细遮盖，尤其在风力大时，更要采取措施，防止火花及熔渣随风飘落引起火灾。

(6) 在高空接近高压线或裸导线排时，必须停电或采取适当措施，经检查确无触电可能时，才能工作。电源切断后，应在电闸上挂以“有人工作，严禁合闸”字样的木牌。

(7) 高空作业时，监护人应密切注意焊工的动态。电源开关设在监护人近旁，遇到危险迹象时，立即拉闸，并进行营救。

(8) 高空作业时，不应使用高频引弧器，以防万一触电，失足摔伤。

(9) 患有高血压、心脏病、癫痫病、不稳定性肺结核者及酒后的工人不宜从事高空工作。

第七节 事 故 案 例

一、焊条电弧焊操作触电

1. 事故经过

××年7月5日，某车间4000kN水压机在检修时发现，地沟内通往操作阀门的一段管路上有裂纹。机修工乙与电焊工甲商量之后，采用焊条电弧焊进行焊补。

电焊工从地沟口进入地沟，沟内铺了一块草垫，甲卧在草垫上用ϕ3mm的焊条焊接。操作过程中，焊钳曾在地沟的铁框上接触短路，产生火花，但未引起甲的重视。

焊工甲出来取ϕ5mm的焊条，第二次进入地沟工作。甲的双腿跪在地沟内，其臀部紧靠在地沟口的铁框上，左手在前扶着地面，右手持焊钳举在右侧肩后，低着头正往前钻时，带电的焊钳上夹持的焊条端部不慎触及甲的右侧后颈部，甲当即呼叫一声，便失去了知觉。此时，站在地沟口上的乙闻声立即跑到 8m 远的电焊机旁断开开关，当把甲拖出地沟后，经人工呼吸等多种方法抢救无效，甲死亡。

2. 原因分析

电焊工甲使用的电焊机空载电压较高，为 100V，大大超过了安全电压；由于是夏天在狭窄的场所作业，首次焊补时身体已经出汗，人体的电阻会降低；当甲第二次进入地沟时，其臂部紧靠铁框上，而铁框早已经意外带电，当焊条触及颈部时，电流正好通过甲的身体，发生触电。由于环境潮湿、人体出汗、电压较高（达 100V），此时人体电阻可能降至 770Ω，通过人体的电流可达 130mA，使心脏瘫痪而死亡。

3. 经验教训

在潮湿狭窄的环境下进行电焊作业时，必须采取可靠的绝缘措施，并且应由两名焊工轮换作业，互相监护，否则不宜作业；作业中若发现异常情况要及时查找原因，消除隐患，如果焊钳与铁框接触产生的火花能及时排除，也可避免这次事故的发生；电焊机应由专人看管，与焊工及时联系，施焊时合上闸刀开关，焊后及时切断电源。

二、气焊回火爆炸

1. 事故概况

××××年 12 月 13 日，某车间管工组使用浮桶式乙炔发生器焊接水管法兰盘。因天气较冷，乙炔管内冷凝水结冰堵塞，不能正常工作。焊工甲使用高压氧吹乙炔管内的冰渣，吹通后，工人乙用一木杆将乙炔管支起，使管内冷凝水很容易流回发生器，防止管内再次结冰堵塞。乙尚未离开发生器，甲便点火，乙炔发生器随即爆炸。爆炸冲击波将乙的右耳膜振坏出血。

2. 原因分析

次发生器未装回火保险器；焊工甲用高压氧吹乙炔管时，乙炔管另一端未从浮桶的出气口拔下，故将大量的氧气吹进了发生器，使乙炔管和发生器内充满了乙炔—空气、乙炔—氧气的混合物；甲不等混合气排净就点火，使焊炬回火，导致发生器爆炸。

3. 经验教训

浮桶式乙炔发生器是极不安全的设备，国家已经明令禁止使用，而未装回火保险器是操作中不允许的；乙炔管内有冰渣只能将管子从两端拔下，用压缩空气吹干净；吹完后将乙炔管插好，开启乙炔气阀门，待管内空气排净后，再点火。由此看来，加强对职工的安全教育，提高安全意识，对防范事故的发生极为重要。

第十六章

焊接新工艺及发展趋势

随着科学技术的发展，越来越多的新的焊接技术、焊接设备和先进的焊接工艺不断被人们发明和利用。焊接技术已成为石油、化工、电力、冶金、交通、电子、国防、民用和各行各业中金属加工的最重要、最基本的方法。焊接已经被广泛用于机构、结构、设备制造与修理的工艺过程中。焊接具有公认的优点，普遍地替代了铸件、铆接件和锻件。这些优点减少了金属消耗、降低劳动强度、简化设备结构、缩短制造周期的可能性，大大扩大了焊接工艺操作的机械化能力，开辟了自动化的良好前景。

实际上焊接过程是一种随机的复杂过程，工作状况也十分恶劣。所以在这种情况下利用传统的焊接方法难以实现焊接过程的自动控制。由于现代控制技术的发展，如传感技术、电子技术和计算机控制技术等的出现，才能实现对焊接过程中出现的偏差进行自动校正以及使一个复杂的焊接过程按预定的程序自动进行。

第一节　焊接新技术与新工艺

一、激光焊

激光焊是近年发展起来的新技术，它是以高能量密度的激光作为热源、熔化金属形成焊接接头的焊接方法，也就是将具有高功率密度（$10^6 \sim 10^{12}$ W/cm^2）的聚焦激光束投在被焊金属上，通过光束和被焊材料的相互作用，光能被材料吸收，最终转变为热能，从而使金属材料熔化的特种焊接方法。

1. 激光焊的特点

激光焊属于高能量密度束流焊接，焊接速度高，线能量小，因而具有焊点小或焊缝窄、热影响区小、焊接变形小、焊缝平整光滑等特点。加之聚焦光束的指向性十分稳定，不受电、磁场及气流的影响，且光束的焦斑位置可预先精确定位，故激光焊特别适合于精密结构件及热敏感器件的装配焊接。

激光焊接设备的造价高，能量转换率低是其不足之处，但激光焊的高生产率及易于实现生产自动化的优点，在大规模生产中仍有可能使每件产品的焊接生产成本相对较低。在激光焊与传统焊接方法的生产成本相等或略高的场合，如果激光焊产品能获得更好的技术性能，如更长的使用寿命、良好的产品外观、较少的焊后表面处理时间等，则采用激光焊仍然是合适的。对于那些非采用激光焊不可的热敏感器件及要求焊接变形极小的精密结构件，焊接生产成本的高低将不再是考虑焊接取舍的决定性因素。

为了提高激光焊的能量利用率及工作效益，目前正在开发电弧强化激光新工艺。激光焊与一般焊接相比较有以下优点。

(1) 功率密度高，焊接以熔深方式进行。

(2) 激光加热范围小、焊接速度快。

(3) 激光焊的焊后残余应力小，变形小。

(4) 可焊接多种难熔金属和非金属材料。

(5) 由于激光能反射、透射，所以能进行远距离或难以到达部位的焊接。

激光焊已在高科技工业中得到了应用，例如：仪表游丝、打印机的针束、组合齿轮、核反应堆零件以及马口铁食品罐头盒等精密难焊零件的焊接。

2. 激光焊设备

激光焊设备主要由激光器、高压激励电源、带有光学观察瞄准器的导光聚焦系统及附有传动装置的焊接工作台等部分组成，如图16-1所示。

(1) 焊接用激光器及其激励电源用于焊接的激光器应有较大的单个脉冲输出能量或较大的连续输出功率。焊接加工常用的激光器

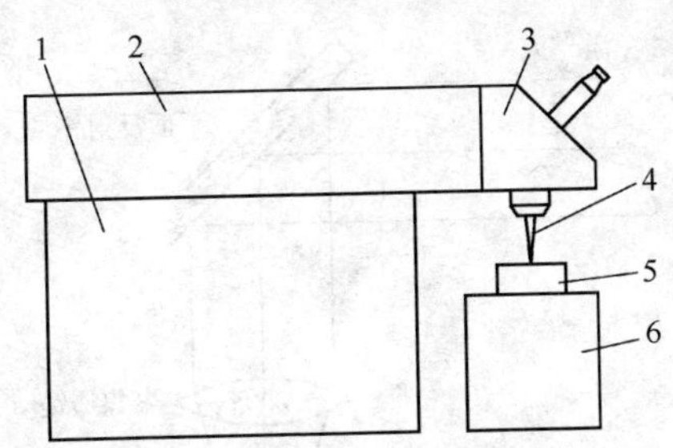

图 16-1　激光焊接设备示意图

1—激励电源；2—激光器；3—观察瞄准器及聚焦系统；
4—聚焦光束；5—工件；6—工作台

及其部分参数见表 16-1。

表 16-1　　焊接用激光器的部分参数

激光介质		工作方式	波长（μm）	光束发散度（mrad）	输出	效率(大约值)(%)
固体	红宝石	脉冲	0.69	1～10	1～20（J）	0.5
	钕玻璃	脉冲	1.06	1～10	1～20（J）	4
	钇铝石榴石	脉冲	1.06	1～10	1～50（J）	3
		连续	1.06	1～10	10～1000（W）	3
气体	二氧化碳	连续	10.6	1～10	100～20000（W）	10

固体激光器的激励电源通常是一套供脉冲氙灯用的脉冲触发电容充放电系统。电容器充电电压一般在 500～2000V 之间，脉冲放电持续时间一般在 2～8ms 之间。CO_2 激光器分为纵向激励和横向激励两种类型，纵向激励采用高电压（数千伏至数十千伏）、低电流（数十至数百毫安）的变压器整流电源。横向激励则采用低压（数千伏）、大电流（数安至数十安）变压器整流电源。

（2）激光束的聚焦方式及焦点特性。波长为 0.69μm 和 1.06μm 的可见及近红外激光束，通常采用透射聚焦方式，如图 16-2 所示。制作透镜的材料为光学玻璃或石英玻璃。波长为 10.6μm 的 CO_2 激光束，依其输出功率等级的不同，分别采用锗、砷化镓、硒化锌材料制作的凸透镜进行透射式聚焦。此外，也可

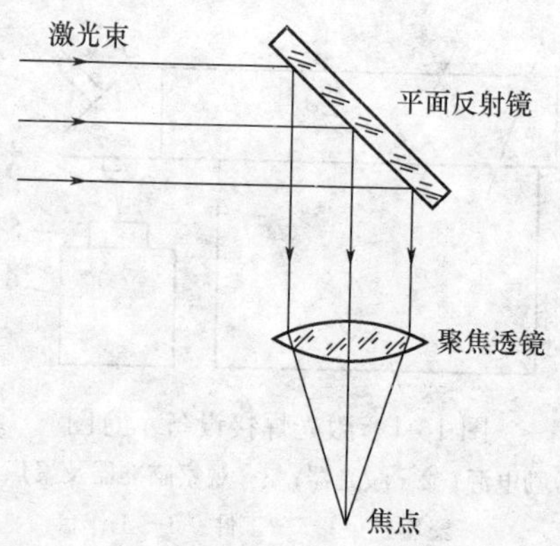

图 16-2　透射聚焦示意图

采用反射式聚焦，用球面反射镜聚焦时，镜片间的相对位置应使光束在下球面镜上的入射角 θ 不大于 8°，才能获得较好的聚焦效果。

聚焦激光束的焦点特性就是聚焦光束的最小光斑直径与聚焦透镜的焦距成正比。当激光束的参数一定时，为了获得较小的光斑尺寸或较高的功率密度，则应选择焦距较短的透镜。

3. 激光焊焊缝的形成

激光焊按聚焦后功率密度的不同，又有熔化焊和小孔焊两种焊接形式。

熔化焊是在激光功率密度不高的情况下，在工件表面加热不超过金属的沸点，当激光能转换为热能后，通过热传导将金属熔化，其熔深形状近似于半球形。这种热导熔化焊过程，类似于非熔化极电弧焊，如图 16-3（a）所示。

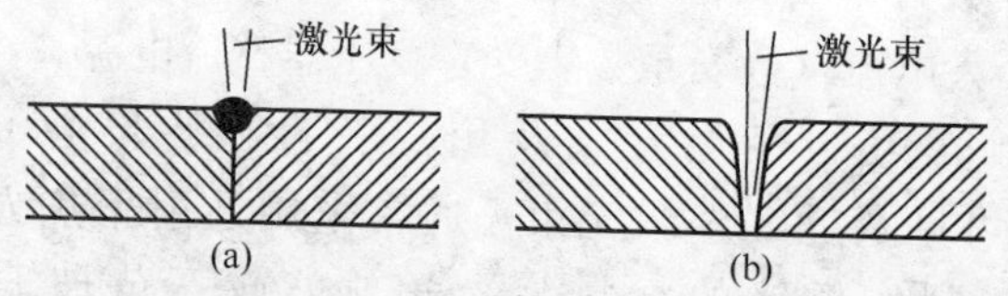

图 16-3　激光焊焊缝的形成示意图

（a）熔化法焊缝；（b）小孔法焊缝

小孔焊需要激光功率有足够大，使金属在激光的照射下迅速加热、升温至沸点。熔化的金属蒸发，产生一个反作用，使熔池的液体形成一个凹坑。随着加热过程的进行，激光束一直伸入坑底，形成一个细长的熔透小孔，熔化金属沿光束运动又流回小孔，形成了焊缝（或焊点），如图 16-3（b）所示。

4. 激光焊工艺

按激光器的工作方式，激光焊可分为脉冲激光点焊和连续激光点焊。

(1) 脉冲激光点焊。脉冲激光点焊属于非接触式焊接，可焊接一般电阻焊因电极无法伸入或无法安置的焊点，焊接时工件不受外力作用，且无电极材料沾染工件之虑。由于加工用脉冲激光处于可见光和近红外波段，因此尚有可能隔着玻璃壳体对其内部的工件进行焊接。

激光点焊的主要参数除聚焦透镜的焦距外，还有单个脉冲能量和脉冲持续时间。前者主要影响金属的熔化量，后者主要影响熔深。适当调节上述两个参数，使被焊材料熔化便可达到激光点焊的目的。

利用激光点焊可对很细的金属线材进行搭接、对接、端接、十字交叉接和丁字接等接头形式的焊接。当使焊点部分重叠时，可对很薄的金属板材进行有密封要求的搭接、对接、角接和端接焊。部分典型的激光点焊工艺参数见表 16-2。

表 16-2　　脉冲激光点焊的工艺参数

焊接的接头形式	材料	直径或厚度 (mm)	输出能量 (J)	脉冲宽度 (ms)
导线与导线的对界接、搭接、交叉接及 T 形接	不锈钢	ϕ0.38	8	3.0
		ϕ0.76	10	3.4
	铜	ϕ0.38	10	3.4
	钽	ϕ0.64	11	3.6
	铜与钽	ϕ0.38	10	3.4

续表

焊接的接头形式	材料	直径或厚度（mm）	输出能量（J）	脉冲宽度（ms）
导线与金属薄板的搭接	镍铬丝与铜片	φ0.1	1	3.4
		0.45		
	镍铬丝与不锈钢片	φ0.1	0.5	4
		0.145		
	硅铝丝与不锈钢片	φ0.1	1.4	3.2
		0.145		
薄板与薄板的搭接	镀金磷青铜与铝	0.3	3.5	4.3
		0.2		
	磷青铜与磷青铜	0.145	2.3	4
		0.145		
	不锈钢与不锈钢	0.145	1.21	3.7
		0.145		
	纯铜与纯铜	0.05	2.3	4
		0.05		
	不锈钢与纯铜	0.145	2.2	3.6
		0.08		

激光点焊除焊接一般金属材料外，尚可焊接钨、钼、钽、锆等难熔金属。此外，激光点焊可对多种金属实现异种金属焊接。

由于脉冲激光点焊的加热过程通常以毫秒计，熔斑直径仅有十至数百微米，焊点定位误差不超过十微米，焊接的热影响区仅数十微米，因而脉冲激光点焊时，焊件几乎没有温升，焊接变形极微。因此脉冲激光点焊广泛用于微电子元器件及仪器仪表制造业中，如焊接集成电路的内外引线、带玻璃绝缘子插脚的微型继电器外壳、阴极射线管中的电子枪组件、彩色显像管中的阴罩、磁控管中钨钼材料的灯丝组件、汽车发电机用火花塞中心杆、小直径铠装热电偶及仪表游丝组件等。

（2）连续激光焊。连续激光焊主要使用 CO_2 激光器，其输出功率从数百瓦至数千瓦，乃至一二十千瓦不等。千瓦级 CO_2 激光束可快速焊接毫米级薄钢板，10～20kW CO_2 激光束可快速焊接5～10mm 的不锈钢板。

大功率连续激光焊因其光束焦斑小、功率密度高，故比氩弧焊及等离子弧焊的焊接速度快、焊缝窄、热影响区小、变形小、能像电子束一样对材料进行穿透型焊接，焊缝的深宽比为 5∶1～6∶1。激光焊可在大气中进行而不需真空条件，且不产生 X 射线是其优点，但激光束的穿透能力不强，且能量转换效率也明显偏低是其不足之处。

连续激光焊可对金属板材进行对接、搭接、角接和端接等接头形式的焊接。由于连续激光焊时金属熔池中的非金属夹杂物在激光束的辐射下被汽化，从而形成了激光束对金属熔池的净化作用。因此，激光焊接头比一般电弧焊接头有更好的力学性能。

连续激光焊接所需的激光功率不仅与材料的厚度及焊接速度有关，而且与金属材料的熔点、热导率以及材料表面对激光的反射和吸收率有很大的关系。因此，对铝、铜等高热导、高反射率材料及钨、钼、钽等高熔点材料，在一般情况下不宜采用 CO_2 连续激光焊接。

连续激光焊已在许多场合中得到应用，如在汽车制造业中，激光焊已用于变速箱齿轮组件的焊接、轿车底板材料的拼焊乃至车身外壳的焊接；在冶金工业中，已用于薄钢板连续轧制时的拼卷焊及小直径薄壁管的连续焊接生产；在仪器仪表制造业中，用于焊接多种压力、温度传感器、波纹管、膜盒及多种仪器仪表组件；在制罐业中，用于焊接食品罐及各种容器罐罐身。

二、爆炸焊

爆炸焊是以炸药为能源，在金属间进行焊接的方法。这种焊接方法是利用炸药爆炸时的冲击波，使被焊金属受到高速撞击，使其在十分短暂的冶金过程中相结合，界面没有或仅有少量熔化，无热影响区，属固相焊接。爆炸焊适用于广泛的材料组合，有良好的焊接性和力学性能，在工程上主要用于制造金属复合材料和异种金属的连接。爆炸焊接复合板（平板）时的工艺方法见图 16-4。

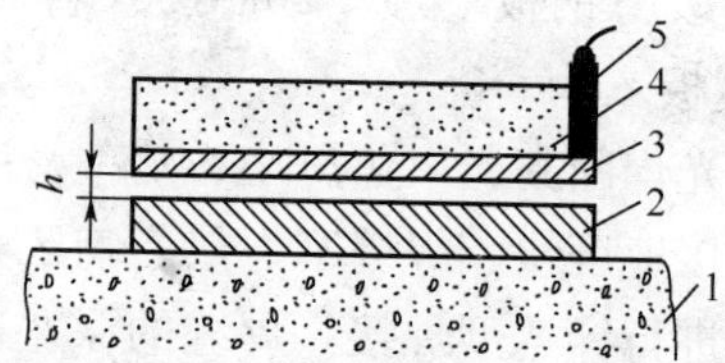

图 16-4　爆炸焊工艺方法示意图

1—基础地面；2—基层板；3—复层板；4—炸药；5—雷管；

h—焊件间隙

1. 爆炸焊原理

爆炸焊的典型装置和金属流动过程见图 16-5。

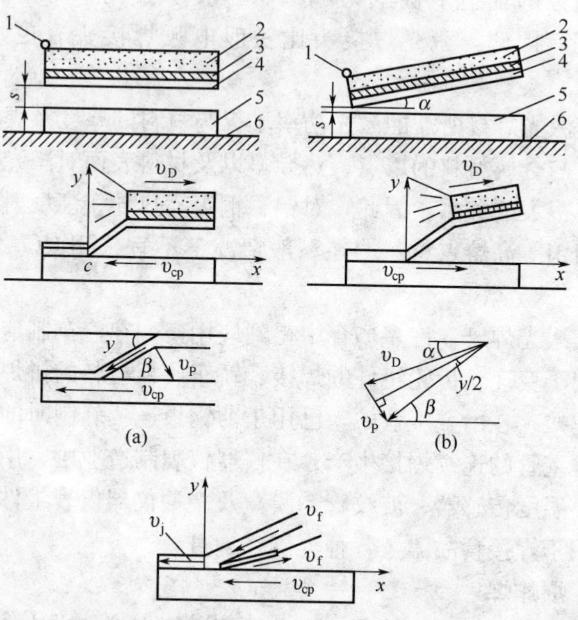

图 16-5　爆炸焊的典型装置及金属流动图

（a）平行法；（b）角度法

1—雷管；2—炸药；3—缓冲层；4—复材；5—基材；6—基础；

v_D—炸药爆速；v_P—复材的碰撞速度；v_{cp}—碰撞点的运动速度；

v_f—束流速度；α—安装角；γ—弯折角；β—碰撞角；S—间距

爆炸焊装置包括炸药—金属系统和金属—金属系统。按初始安装方式的不同，它可分为平行法和角度法。复材和基材之间设置间距，基材放在质量很大的垫板或沙、土基础上，炸药平铺在复材上并用缓冲层隔离，以防损伤复材表面。选择合理的起爆点放置雷管，用起爆器点火。

炸药爆轰驱动复材作高速运动，并以适当的碰撞角和碰撞速度与基材发生倾斜碰撞，在界面产生金属射流，称为再入射流，它有清除表面污染的“自清理”作用。在高压下，纯净的金属表面产生剧烈的塑性流动，从而实现金属界面牢固的冶金结合。因此，形成再入射流是爆炸焊的主要机理。

2. 爆炸焊的工艺参数

爆炸焊的初始参数包括单位面积药量和间距，前者表征输入焊接界面的能量，后者提供了复合加速的空间和便于排除再入射流的条件。爆炸焊是一个动态的过程，复材的碰撞速度（v_P）、弯折角（γ）、碰撞角（β）和碰撞点的运动速度（v_{cp}）是该过程的动态参数。

3. 焊接条件的选择

（1）确定焊接参数的一般原则。

1）选用低爆速炸药。形成再入射流是实现爆炸焊接的关键，为此，v_D 或 v_{cp} 要小于材料的声速。金属板中声音传播的速度 c 是由相应的弹性模量和材料密度比值的平方根给出的。一般 v_D 应为基、复材声速较低值的 1/2～1/3，有关材料的声速值见表 16-3。

表 16-3　　有关材料的声速值　　(m/s)

材料	铁	钢	铜	铝	银	镁	镍
声速	4800	5100	3970	5370	2600	4493	4667
材料	钼	钛	锆	铌	铅	不锈钢	锌
声速	5173	4780	3771	4500	2000～2300	4550	3100

2）碰撞点压力要足够大。一般要求 p 值为基、复材静屈服强度较大值的 10～12 倍，相应要求有足够大的 v_P 值，以保证产生

射流。

3）合适的动态碰撞角范围。动态碰撞角范围一般为 5°～25°，超出此范围，无论 v_P 为何值时都不能实现良好的焊接。不同的金属组合有其合适的碰撞角范围，可通过试验和计算确定。

(2) 焊接参数的确定。合理的焊接参数应以材料组合及焊接要求的动态参数为依据，然后与炸药爆轰对材料作用的对应数据相拟合，来确定合理的初始焊接参数。通过确定焊接性窗口来选择合理的焊接参数，当然是最好的方法。在工程上也可通过少量试验或借助有关资料来确定焊接参数，合理的焊接参数应在焊接性窗口下边界条件的上方，这样会得到优质的焊接界面。

1）炸药性质及单位面积药量。爆炸焊要求化学稳定性好、密度变化小、临界直径和极限直径小的低爆速炸药。通常在炸药中混合一定比例的惰性材料来降低爆速，国内外使用炸药的主要品种如下。

a. 颗粒状硝酸氨与 6%～12%的柴油混合。

b. 硝基胍加惰性材料。

c. 2 号岩石硝铵炸药加盐。

d. 硝酸铵与 TNT 及雾化铝粉混合。

单位面积药量是爆炸焊的重要参数，根据量纲分析。

2）间距 s。根据复材加速至所要求的碰撞速度来确定 s 值。根据复材密度的不同，适用的 s 值在复材厚度的 0.5～2.0 倍之间。

实用的最小 s 值与炸药厚度 δ_e 和复材厚度 δ 有关：$s=0.2(\delta_e+\delta)$。

(3) 界面形态与结合区的性质。爆炸焊的动态参数直接制约界面形态。一般情况下，界面呈现连续的波状形貌，整个界面由直接结合区和旋涡区组成。当再入射流全部喷射出去时，界面全部形成直接结合区。当 v_P 值过大时，界面出现连续的熔化层，若 $v_{CP}<v_T$，截面无波形。

在基材、复材密度相近的情况下，波峰两侧均有旋涡；若密度相差较大，仅在波峰一侧出现旋涡。旋涡内部由熔化物质组成，又称熔化槽，呈铸态组织。前旋涡以基材成分为主；后旋涡以复材成分为主。如旋涡内材料形成的固熔体则呈韧性；如形成金属间化合物则呈脆性。良好的焊接界面应由均匀细小的波纹组成，熔化槽呈孤立隔离状态，此界面有优良的力学性能。

直接结合区是由中间极薄的熔化层（约 2～4μm）和两侧高速变形区组成。熔化层内是排列不规则的特细等轴晶粒，含有非晶和微晶，界面两侧有微量的元素迁移。

（4）爆炸焊的主要类型。按接头形式和结合区形状的不同，爆炸焊可分为点焊、线焊和面焊，面焊是爆炸焊最主要的形式。

1）板材的爆炸焊。采用爆炸焊方法可得到两层及多层金属复合板。复材具有耐蚀、耐热和耐磨等特殊性能，基材提供使用要求的强度和刚度。根据设计和使用要求，可选择合适的材料组合随意确定厚度比。大多数可塑性金属和合金都可进行爆炸，表 16-4 列出了工程上常用的一些金属组合。

表 16-4　　**爆炸焊典型的金属组合**

	锆	锌	镁	钴	钯	钨	铅	钼	金	银	铂	铌	钽	钛及合金	镍及合金	铜及合金	铝及合金	低合金钢	普碳钢	F不锈钢	A不锈钢
A不锈钢	●			●		●		●	●	●		●	●	●	●	●	●	●	●	●	●
F不锈钢								●						●	●	●	●	●	●	●	
普碳钢	●	●	●	●			●	●	●	●		●	●	●	●	●	●	●	●		
低合金钢	●	●	●	●			●	●	●			●	●	●	●	●	●	●			
铝及其合金			●									●	●	●	●	●	●				
铜及其合金								●	●	●		●	●	●	●	●					
镍及其合金			●					●	●		●		●	●	●						
钛及其合金	●		●			●				●	●	●	●	●							
钽								●	●		●	●	●								
铌					●			●			●	●									
铂											●										
银										●											
金									●												

续表

	锆	锌	镁	钴	钯	钨	铅	铜	金	银	铂	铌	钽	钛及合金	镍及合金	铜及合金	铝及合金	低合金钢	普碳钢	F不锈钢	A不锈钢
铜								●													
铅							●														
钨						●															
钯					●																
钴				●																	
镁			●																		
锌		●																			
锆	●																				

注 ●表示可焊的组合。

2）管材及棒材的爆炸焊。应用爆炸焊原理，同样可得到复合管材及复合棒材，还可经拉拔、挤压等工艺得到各种规格的产品。管材爆炸焊分为外爆炸法和内爆炸法（见图 16-6），需采用低熔点金属芯棒和模具来控制变形，与上述方法类似的装置是管和管板的

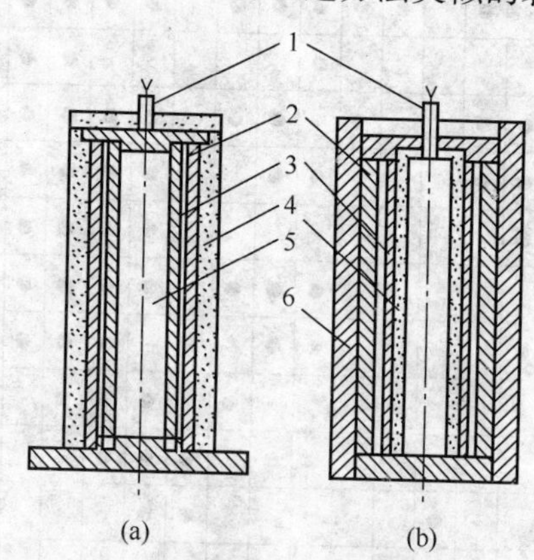

图 16-6　管材爆炸焊示意图

（a）外爆法；（b）内爆法

1—雷管；2—基材；3—复材；4—炸药；5—蕊棒；6—模具

爆炸焊，图16-7示出了平行法和角度法两种装置，可采用单管或分区成组爆炸焊方法进行操作。对于泄漏的热交换器管子，采用管状杯形件进行爆炸焊，可起到堵管的作用，称为爆炸堵管。上述两种方法要求结合区的长度大于复管壁厚的5倍或不小于12.7mm，取其较大值以保证连接强度。

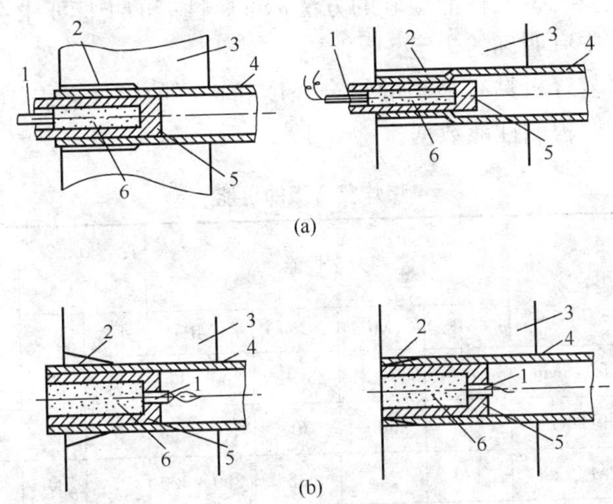

图16-7　管与管板爆炸焊装置示意图

(a) 平行法；(b) 角度法

1—雷管；2—间隙；3—管板；4—管子；5—插入套；6—炸药

3）过渡接头及搭接爆炸焊。用常规的熔焊方法连接异种金属是困难的，有的甚至是不可能的，但用爆炸焊方法可将物理、化学性能（诸如熔点、密度、硬度及线膨胀系数）相差悬殊的金属或合金可靠地连接在一起。过渡接头的作用是把异种金属的焊接变成同种金属的焊接。

过渡接头分为结构过渡接头和导电过渡接头。前者有板状的也有管状的，连接船舶铝上层建筑和钢甲板的铝—钢过渡接头是典型的实例。管状接头也可从厚的复合板上切取。铝、铜和钢的过渡接头是导电过渡接头中最常用的金属组合，既是电的良导体，又能把功率损失降低到最小。此外，爆炸焊还适用于各种形式的搭接，用于解决工程中难以解决的一些问题。

(5) 爆炸复合板的性能及试验方法。爆炸复合板的性能与材料组合、焊接参数及加工过程的工艺质量有关，其检验项目和指标要求以及实验方法在国家标准中都作了相应要求。其中 GB 9396—1986 复合钢板性能实验方法和 GB 7730—1987 复合钢板超声波探伤方法是复合钢板性能检验的方法标准。性能的指标要求在相应的材料标准中有明确的规定。

金属复合板具有很高的结合强度和良好的韧性，表 16-5 列出了常见复合板的性能数据。

表 16-5　　爆炸复合板的性能

材料组合	力学性能				冷弯 $d=2\alpha$、180°		状态
	σ_b(MPa)	σ_s(MPa)	δ_5(%)	τ(MPa)	外弯	内弯	
1Cr18Ni9Ti/16Mn	540～575	330～345	25～28	300～350	良	良	920°，1h
0Cr19Ni9/20G	435	300	300	270～280	良	良	920°，1h
00Cr17Ni12Mo2/20G	470	255	35	290～320	良	良	920°，1h
B30/A3	400	340	27.5	240	良	良	爆炸
T2/16Mn	580	500	18.7	170	良	良	爆炸
Tal/20G	477	344	32	140～330	良	良	爆炸
L1/A3	365	312	17.7	80～122	良	良	爆炸
Ni6/A3	460	315	39	294～343	良	良	爆炸

注　τ——界面的抗拉强度。

(6) 爆炸复合板的应用。金属复合板是先进的工程结构材料，体现了优化设计、合理选材和提高产品可靠性等重要因素，复合钢板已形成标准化和系列化，可满足设计、建造和使用要求。

与采用复材单体金属相比，复合板可节省贵重、稀缺金属，减少设计厚度，延长使用寿命，从而降低设备造价，有明显的经济效益和社会效益。因此在石油、化工、造船、冶金、宇航、轻工等工业部门获得广泛的应用。

三、超声波焊

1. 超声波焊的原理

超声波焊是利用超声波频率（16kHz 以上）的机械振动能量，连接同种或异种金属的一种特殊的焊接方法。

超声波焊接时，不向工件输入高温热能，只是在静态压力下，将弹性振动能转换为工件振动，使工件结合。这种接头间未经过熔化产生的结合，称为固态焊接。

超声波焊主要有点焊、线焊、缝焊、环焊等几种方法，其设备由超声波发生器、声学系统、加压机构和控制装置等 4 部分组成。超声波点焊机设备的结构组成可见图 16-8。

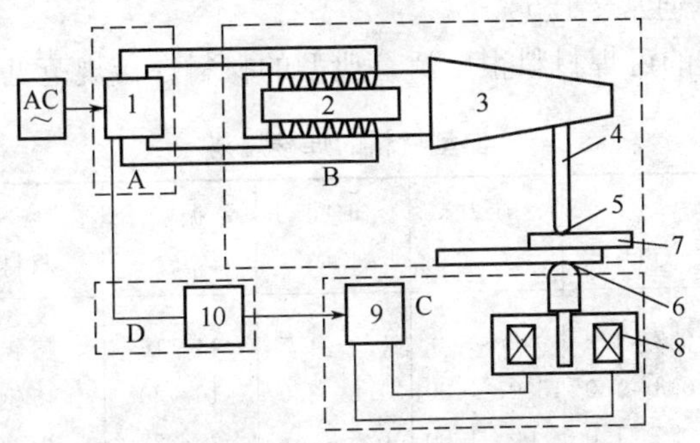

图 16-8　超声波点焊机的组成结构示意图

1—超声波发生器；2—换能器；3—聚能器；4—耦合杆；5—上声极；6—工件；7—下声极；8—电磁加压装置；9—加压控制；10—程控器

2. 超声波焊的特点

超声波焊的特点是不需外加热源，焊接区热输入小，可以焊接金属及非金属材料，适于连接薄厚差别很大的工件，对焊接面有自清理作用，焊点强度高于接触点焊，而焊件变形甚少。因此超声波具有以下的优点。

（1）能组合各种金属材料和非金属材料。

（2）由于是固相焊接，所以不产生污染，可焊接精密零件。

（3）对高导热、高导电的材料，能容易地焊接。

(4) 与电阻焊相比较，功率耗用极小，焊件的变形小、焊点质量可靠。

(5) 对焊件表面的清洁度要求不高。

超声波焊的不足是因受能量的限制，仅适用于丝、箔、片等薄件的焊接，且大都为搭接接头。

3. 超声波焊的工艺参数

超声波焊接工艺的主要参数是频率、振幅、压力和焊接时间。谐振对焊接质量至关重要。振幅与材料的种类及厚度有关，大振幅可提高生产率，但易发生工件与声极咬合的现象。压力与时间也必须匹配，压力过大会发生工件表面的溃促，使接头强度降低，时间不超过 3s，通常≤1.5s。

超声波的可焊材料很广泛，典型的材料焊接规范见表 16-6。

表 16-6　典型材料的焊接规范

材料	厚度 (mm)	压力 (N)	时间 (s)	振幅 (μm)	上声极材料	破断力 (N)
铝	0.3～1.2	200～500	0.5～1.5	14～16	45 钢	—
铜 MI	0.3～1.0	300～1000	1.5～3.0	16～20	45 钢	>1130
钛 BT-1	0.5～1.0	800～1200	0.5～1.5	20～22	BK-20	>2000
锆	0.5	900	0.25	23～25	BK-20	>700
树脂 68	3.2	100	3	35	钢	>10
聚氟乙烯	5	500	2.0	35	橡皮	>2300

第二节　特殊材料的焊接

特殊材料的焊接主要是指非金属材料与金属材料之间以及非金属材料与非金属材料之间的焊接，由于在现实生活和实际的生产中越来越多的领域和地方涉及特殊材料的焊接，因此特殊材料的焊接已经成为日益发展的工业技术的新需要。

一、陶瓷的焊接

由于陶瓷主要是烧结成形，硬度很高而难于机械加工，所以形状复杂的陶瓷零件常需经过焊接组成。许多零件的不同部位有不同的性能要求，就需要将陶瓷与金属焊接起来。因此，陶瓷的焊接既包括陶瓷与陶瓷之间，又包括陶瓷与金属之间的焊接。

1. 陶瓷的性能特点

表 16-7 列出了几种常用结构陶瓷的物理性能和力学性能，同时也列出了两种金属的有关性能作为对照。由表可知，结构陶瓷的特点如下。

（1）密度小（可使零件质量小，惯性小）、弹性模量高。

（2）室温下具有一定的高强度且在高温下强度降低不多。

（3）硬度极高，热膨胀系数一般较小，比热容大，熔点（或分解、升华温度）比一般金属要高。

表 16-7　　常用结构陶瓷的性能

性能	结构陶瓷				金属	
	Al_2O_3	ZrO_2	Si_3N_4	SiC	Fe	Cu
密度（kg/m^3）	3980	5910	3260	3100	7800	8900
弹性模量（GPa）	360	205	230	303	210①	110
抗折强度（MPa）						
室温	440	1020	880	500	300②	220②
1000℃	340	450③	510	475	—	—
1400℃	230	—	160	470	—	—
努普硬度（GPa）（3N 荷重）	20	11.7	15.0	28.0	87④	47④
线胀系数（$\times10^{-6}$/℃）	8.1	10.5	3.3	4.3	11.9	16.5
比热容（J/kg·K）	753.6	502.4	795.5	837.4	460	380
熔点（℃）	2050	≈2500	＞1900⑤	≈2200⑥	1539	1083

① 钢的弹性模量。

② 室温下的抗拉强度。

③ 800℃时的抗折强度。

④ 布氏硬度，HB。

⑤ 分解温度。

⑥ 升华温度。

2. 陶瓷焊接的主要问题

(1) 陶瓷与金属组织结构的明显差异。陶瓷与金属的晶格不同、电子结构不同，因而，当陶瓷与金属焊接，或采用中间层金属连接陶瓷时，主要依靠在焊接温度下，陶瓷与金属相互反应生成反应产物，获得原子尺度的结合界面，从而形成焊接接头。

(2) 陶瓷与金属之间的热应力。由于线胀系数差别大，且陶瓷不易变形，陶瓷与金属连接后，从焊接高温冷却至室温时，因收缩量差异而会在界面附近形成相当大的热应力，这就可能在界面的陶瓷中造成微观损伤甚至引起破断。通常降低焊接温度或在界面处加入过渡层金属，靠金属变形吸收和缓解热应力是有效的办法。

3. 陶瓷的焊接方法

(1) 活性钎料钎焊。普通金属的钎料对陶瓷不能润湿，含有Ti、Zr、Cr等活性元素的钎料能与陶瓷发生反应而经润湿形成结合界面。这种活性钎料钎焊方法在连接陶瓷中有着广泛的应用。钎料中活性元素的含量及钎料温度、保温时间等工艺条件是影响接头强度的主要因素。如果是陶瓷与金属的钎焊，则应加入过渡层以缓解热应力，这样有助于提高接头强度。

与此法相似的还有氧化物连接法，Al_2O_3、B_2O_3、SiO_2、ZnO等氧化物可与陶瓷晶界的玻璃相发生反应并沿晶界渗透，同时陶瓷向氧化物中溶解，也能形成连接。

(2) 真空扩散焊。扩散焊时陶瓷可以直接连接，也可以通过中间层连接，但后者较易实现。所用中间层有Ni、Ti、Al等高塑性金属或其合金，它们无需润湿陶瓷，但应与陶瓷发生反应形成连接，并具有相当的结合强度。

扩散焊主要控制的工艺条件是温度和保温时间，压力也有一定的影响。热等静压可以认为是扩散焊的一种特例，此法加压均匀，质量较好，但设备复杂，成本过高。

(3) 熔焊。陶瓷熔焊主要采用电子束焊、激光焊和等离子弧焊等高能量密度的方法，但适用的陶瓷种类有限，因为有些陶瓷低于熔点便已分解（Si_3N_4）或升华（SiC），而有些则在融化时迅速蒸发（MgO）。

二、塑料的焊接

1. 塑料的焊接条件

塑料焊接的基本原理是热熔状态下的大分子在焊接压力的作用下相互扩散，产生范德华力，从而紧密地焊接在一起。塑料焊接的必要条件如下。

(1) 焊接温度——造成塑料的熔融与流动。

(2) 焊接压力——促进大分子相互扩散，并挤去焊缝中的气隙。

(3) 压力及温度的作用时间，在这短时间里塑料从加热、熔融直至冷却硬化，建立起足够强的焊接强度。

根据塑料焊接的原理和条件，热固性塑料不能够进行焊接，大多数塑性塑料可以焊接。

2. 塑料的焊接方法

选用什么焊接方法取决于塑料的种类、材质和制品形状。目前已得到工业广泛应用的塑料焊接方法主要有热气焊、超声波焊、摩擦焊、挤塑焊和发热工具焊。

(1) 热气焊。热气焊又叫热风焊，属于传统的手工操作焊接方法，一般用0.1～0.5Pa压力的热气体去加热塑料和焊条，同时由焊工用手顶紧焊条形成作用压力，或利用辅助工具施加作用力，从而实现焊接。

热气焊接的接头强度较低，不适宜用于受力部位。热气焊接的温度选择见表16-8，聚氯乙烯的热气温度对焊接接头强度系数的影响见表16-9。

表16-8　不同塑料热气焊的参考温度　(℃)

塑料类别	聚氯乙烯	聚丙烯	有机玻璃	聚碳酸酯
热气温度	210±20	220±20	250±10	330±10

表16-9　硬聚氯乙烯的热气温度与接头焊接强度系数的关系

热气温度 (℃)	200	210	220	230	250	270
强度系数	0.55	0.66	0.67	0.65	0.59	0.45

(2) 超声波焊。塑料超声波焊接的原理与金属超声波焊接相仿。如果超声波振头与塑料焊接面之间的距离很近，一般称为近程焊接，反之则称为远程焊接。由于超声波在塑料中传递时，能量损失较大，所以对于材质较软的塑料，远程焊接的效果不好，可改用近程焊接。塑料超声波焊接的性能通常与材料的硬度或模量成正比。利用超声波还可以进行塑料点焊以及金属零件在塑料中的嵌装焊接。

(3) 摩擦焊。摩擦焊接的制品一般要求轴对称，非轴对称制品可以采用振动焊接，振动焊接的频率在180～250Hz之间，振幅大约为20mm。振动焊接一般以电磁或液压振动系统驱动。

(4) 挤塑焊。挤塑焊接用于聚烯烃材料的厚壁工件焊接，如大容器、大管道，或大面积的贴面焊及表面封焊等，特点是效率高、自动化程度高、质量容易控制，因而近年来发展比较快。

(5) 发热工具焊。发热工具焊接的方式方法很多，适用也很广，其中直接式发热工具焊接的发热体与被焊塑料表面直接接触，而间接式的热量要经过在工件中的传递才能到达被焊面。间接式方法一般用于薄膜或薄片材的焊接。

直接式发热工具焊接一般要经历准备、预热和加热工件、切换热工具和压焊4个阶段。比较典型的应用是塑料管道的焊接。不同壁厚、高密度聚乙烯管材的热板焊接条件见表16-10。

表16-10　　高密度聚乙烯管材的热板焊接条件

壁厚 (mm)	卷边高度 (mm)	加热时间 (s)	切换时间 (s)	冷却保压时间 (min)
2.0～3.9	0.5	30～40	4	4～5
4.3～6.9	0.5	40～70	5	6～10
7.0～11.4	1.0	70～120	6	10～16
12.2～18.2	1.0	120～170	8	17～24
20.1～25.5	1.5	170～210	10	25～32
28.3～32.3	1.5	210～250	12	33～40

发热工具焊接的应用受发热工具自身材料，特别是表面保护涂

层材料的限制，因此高性能工程塑料不能用发热工具进行焊接，而只能依靠运动加热的方法进行焊接。

3. 不同焊接方法接头强度的比较

表 16-11 列出了主要塑料用不同方法焊接的接头强度值比较。一般来讲，同种类、同材料的塑料可以相互焊接，仅在少数特殊情况下才能实现异种塑料的焊接。

表 16-11 主要塑料品种的焊接方法及焊接接头的强度比较（MPa）

塑料	材质说明	热板焊	超声波焊	摩擦焊
HDPE	MFI>2g/10min	17～27	—	20～27
HDPE	—	35～40	—	—
PP	—	20～24	10～18	—
PS	—	—	6～12	—
ABS	—	30～40	15～25	30～45
PC	—	60～65	35～45	—
PDT	—	5～10	7～13	10
PBT 增强	—	20～30	15～20	50～60
PA6	—	45～50	20～30	35～45
PA66	—	—	20～22	50～70
PMMA	高温热板	50～60	5～8	—
POM	—	—	20～30	—

第三节 焊接自动化控制技术

焊接自动化控制技术是一种机械化的焊接方法。为了确保焊接质量，提高生产效率和改善劳动条件，焊接自动控制对焊接机头的位置、焊接熔池的尺寸和焊接过程的程序等方面进行控制。焊接过程自动化控制是一种随机应变的复杂过程，而且随工作状况的不同而不同。所以利用传统的方法难以实现焊接过程的自动化控制，必须依靠现代控制技术的发展，如先进的传感技术、电子技术和计算机控制技术等来实现焊接过程的偏差自动校正，以及复杂的焊接过程按预定程序自动地进行。

一、焊接生产线机器人

“机器人”一词出现于20世纪20年代，捷克作家卡雷·查培克引用这个词来称呼那种用于完成任何人所胜任的工作的人造合成矮人。但其后在短短的40年内，机器人通过了科学实验很快进入了生产领域。许多人是从科学幻想小说和电影中熟悉了“机器人”这个名词的，那是一种完全和人一样的机械。这种机器人今天并不存在，事实上，当今工业生产用的机器人一点也不像人。机器人只是机械或电子工厂中的一种加工工具，一种做工的自动机。它跟别的机器和自动机的区别就在于它以人类手工劳动的原理来动作，并且可以加以训练。自然，这种机器人完全用不着像人一样，它的外形由它所做工作的性质决定。工业中应用的机器人具有机器的外形。工业机器人是一代促新一代的生产工具，它是当代技术革命的重要标志之一。

在工业生产中大部分的简单操作是拿起、移动、放置或在某一时刻开动某一装置，而这种简单的操作一般是很难实现自动化的。结果大量简单的、却单调得令人厌倦的操作只能通过手工劳动来完成。针对这种操作研制出了能够承担一系列迄今为止注定由人来完成生产任务的机器——机器人。

机器人是能够对其环境完成物理动作的机械手臂。因此，在有些国家工业机器人被称为工业机械手。一个确定的机器人能完成许多种任务或用很多方法完成一种给定的任务，灵活性（多样性）是机器人的特征。机器人可能是“智能型”的或能自我适应，因此它们能对环境中的变化作出反应，并采取正确的行动以保证任务成功完成，这使得机器人几乎能在任何环境中独立执行任务，而只需要人的一点点帮助。

现在生产上应用的机器人大多属于第一代机器人，又称为示教再现型机器人。它具有固定的动作程序，没有周围环境的反馈控制，即只能按照人对它示教的操作，一丝不苟地重复再现，而不具备在外界条件变化时能作出反应和自动调整的能力。这类机器人目前大多用微计算机控制。第二代机器人，不仅能重复示教的动作，而且能根据实际情况调整自己的操作，也即具有随机应变处理问题的能力，因此称它为带感觉的机器人。第二代机器人是在第一代机器人的基础上增加了传感器，如视觉、触觉传感器。第三代机器人是一种具有自身发展能力的机器人。它可以自己总结经验、掌握规律，学会去做人并未对它示教过的工作。它与电子计算机和电视设备保持联系，并逐步发展成为柔性制造系统 FMS（Fiexibie Manufacturing System）和柔性制造单元 FMC（Fiexibie Manufacturing Cell）中的重要一环。第三代机器人是在第二代机器人的基础上增加了专家系统。

工业机器人能自动执行任务，但是完全在已知或“机构化”的环境中。机器人不是独自成一体的，而是系统的一部分。该系统由操作者、计算机、机器人和机器人环境 4 部分组成。所有的机器人有 4 层命令和控制结构，如图 16-9 所示。

（1）最低一层是所有自动控制共有的，它由传感器数据的位置跟踪系统组成，其任务是在较高层输入的基础上遵从一定路线。由于摩擦力、惯性和机器人手臂的限度以及描述机器人运动的非线性特征方程，使任务完成较为困难。

（2）第二个控制层即所谓的“反射层”，它帮助机器人（在朝向目标时）躲避障碍或会聚。因此在机器人的适当功能中它代表了一个非常重要的因素。

（3）第三个控制层是“推理”循环，它使用全域传感器（视觉、大范围的探测器、超声等）来分析机器人环境的状态并抽取出一条朝向目标的最优化路线，之后低层的“反馈”控制还可修改这条路线，这是因为在短距离内出现了未预料到的障碍。

（4）控制的最高层是操作者。很有可能将人排除在控制循环之外，但第三控制层目前还需提供充足的全域实时推理，因此操作者必须“教授”机器人新任务，并且如果在任务执行中出现问题，要救援机器人。

1. 机器人的结构

机器人的组成结构与数控电弧焊的数控系统的结构基本相似，只是其中的机床须换成机器人的机械结构——手臂和手爪。手臂和手爪通常具有 4～6 个运动自由度，如图 16-10 所示。机器人的伺

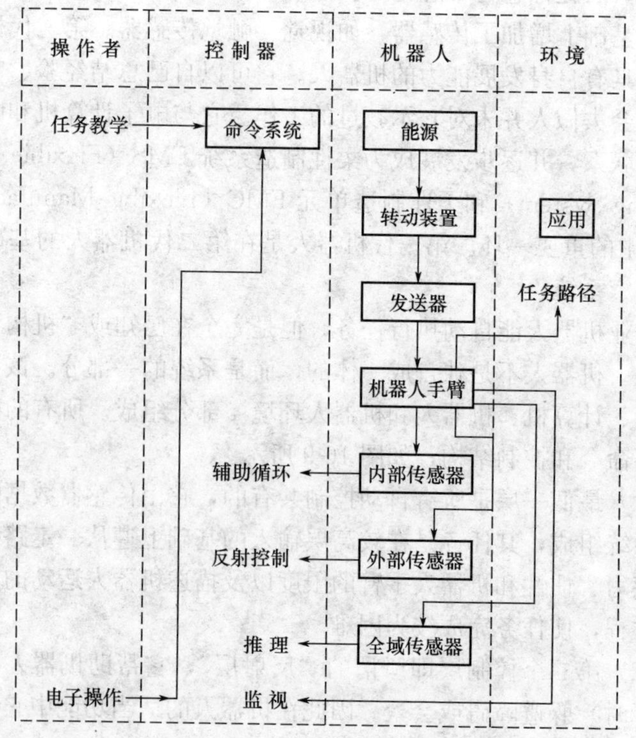

图 16-9 机器人控制系统

服机构可分为如下几种。

（1）简易型。只有一种或几种程序，用继电器限位开关、步进选线器、插销板等实现程序自动控制，结构简单，成本低，适用于程序简单的点位控制，但未能在电弧中得到应用。

（2）示教型。通过示教装置由人工先引导机器人按操作轨迹走一遍，由磁带或磁鼓把程序记录下来，以后就能按记忆的程序重复进行操作，这种控制方式是目前机器人连续轨迹控制中比较成熟的方法。目前国外研究成功的各种弧焊机器人也大多数属于这一类。图 16-11 所示为这种弧焊机器人的结构方框图。国外已用这种控制方法的弧焊机器人焊接了汽车后轿、摩托车车架、变压器冷管式壳体等各种形状的零件。

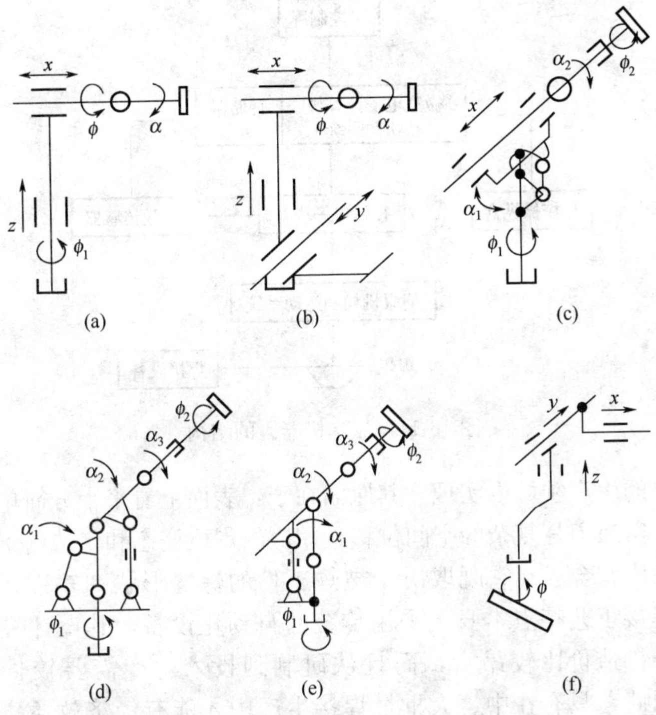

图 16-10　几种弧焊机器人的运动系统结构

（3）外片程型电子计算机控制：就是上述数控机床中采用穿孔带编程的控制法，但对于控制自由度（坐标数）在 4 个以上的系统编程必须采用计算机。

（4）智能型。具有视觉、触觉等多种反馈适应控制机能的数控机器人，对于弧焊机器人来讲就是能在焊接过程中发出有关焊接坡口状况、电弧位置等信息的传感器，使弧焊机器人具有与人工焊接时相同的控制机能。这是目前弧焊机器人发展中的主要困难和最为关切的课题。

2. 焊接机器人的优点

近几十年来，焊接过程机械化、自动化已有很大发展，多种形式的自动焊机已应用于焊接生产。但是，自动化焊接目前只能在相

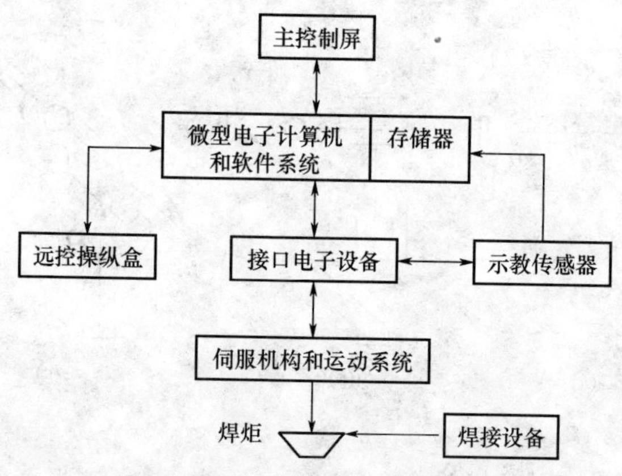

图 16-11　弧焊机器人的结构

当有限的生产领域内实现。其原因在于：表面上看来十分简单的焊接操作实质上是复杂的空间位移、相应的焊枪姿态和优选的工艺参数等的协调合成。它既取决于被焊工件的焊缝形状和轨迹，又取决于焊接工艺特点本身。采用传统的自动化设备，其设计一般比较复杂，造价比较昂贵，而且从研制到投入生产需要较长的时间。因此，只有在中、大批量焊接生产中才能有经济效益。手工操作的焊接可以适应小批量或单件生产所要求的灵活性，但效率低、产品质量难以可靠稳定，以及由于劳动条件差造成新劳动力来源困难。

焊接机器人突破了传统的人和机器之间职能分配的观念，更为重要的是它创出了一条新的自动化路子——柔性自动化，又称为可编程序自动化。示教再现的焊接机器人在人对它示教后，可以高精度地模仿和再现示教即可，而无须对它做什么硬件上的改装。因此，这种焊接机器人能完成一个熟练焊工的工作，而且其动作更准确、生产率高、不知疲倦，不会发生主观错误，并可以在恶劣条件下工作。焊接机器人的主要优点如下。

(1) 能代替人在危险、污染或特殊环境下进行各种焊接工作，例如在高温、高压、高尘、易爆、有毒、放射性、水下、空间等条件下的焊接。

(2) 能代替人从事简单而单调、重复的焊接工作，解放工人从事其他工作，从而节省了劳动力，提高生产率。

(3) 它的焊接操作具有相当高的重复再现精度，不会发生人所常有的错误动作，并能在条件变化中保持操作的不变，因而可以保证焊接质量的可靠稳定。

(4) 它具有相当高的运动精度和焊接规范参数的控制精度，因此可以实现超小型焊件的精密焊接。

(5) 它具有示教再现功能，是中、小批量焊件生产自动化的理想手段，为今后焊接生产全盘自动化——焊接柔性生产线的实现提供了可能。

3. 焊接机器人的基本结构

焊接机器人分为点焊机器人和弧焊机器人两类。点焊机器人只能对工件施行点焊操作，因此对它的运动只要求点位精度。弧焊机器人是1980年前后研制出来的产品，主要用于 CO_2 气体保护焊和氩弧焊两种操作。这类机器人可以焊接空间位置的连续焊缝，因此对它的运动要求有轨迹再现精度。

焊接机器人的主要由控制部分、焊接部分和机械部分组成。

(1) 控制部分：主要任务是控制机器人的自动动作，保证机器人的动作与焊接装置给出的规范参数相协调，在示教时完成程序编制。

(2) 焊接部分：包括焊接电源、送丝机构（点焊机器人夹紧、顶锻机构）、焊枪及其控制系统。焊接部分是一个单独的系统，只和机器人控制系统保持同步联系，即机器人开始工作运动时，它将接受一个启动信号而同时也开始按预定焊接参数工作。机器人运动到需改变焊接参数的位置时，并发出信号后，它将按设定的方式调整规范参数。

(3) 机械部分。机械部分的作用是保证工作机构带着焊枪或焊钳运动。它实际上是一个紧固在底座上的具有几个自由度的操作机。它的外形、结构和尺寸取决于它的工作要求。操作机由独立移位或转动的机构组成。每个机构都装有各自的驱动、动力、信息传达装置。

4. 对焊接机器人的要求

焊接机器人远不是简单地在一台通用机器上安装一个焊枪。因为焊接机器人应用的实质是在实施焊接过程中完全排除人的主观因素，熟练焊工的技艺将被能精确再现地用在示教过程中自动生成的程序所代替。因此在焊接实际操作中，焊接机器人一方面要能高精度地移动焊枪沿着焊缝运动并保证焊枪的姿态。另一方面在运动中不断协调焊接工艺参数，如焊接电流、电压、速度、气体流量、电机高度和送丝速度等。焊接机器人是一个能实现焊接最佳工艺运动和参数控制的综合系统，它比一般通用机器人要复杂得多。焊接工艺对焊接机器人的基本要求可归纳如下。

（1）具有高度灵活的运动系统，能保证焊枪实现各种空间轨迹的运动，并能在运动中不断调整焊枪的空间姿势。因此，运动系统至少应具备 5～6 个自由度。

（2）高度发达的控制系统，能保证机器人执行机构同时沿若干坐标作规定的运动。其定位精度对点焊机器人应达到±1mm，对弧焊机器人应至少达到±0.5mm。其参数控制精度应达到 1%。

（3）机器人机械结构的刚性要好。

（4）机器人要具有简单而精确的示教系统，以尽量减小调整工位机器人示教时所产生的主观误差。其示教记忆的容量至少能保证机器人能连续工作 1h。对点焊机器人应至少能存储 200～1000 个点位置；对弧焊机器人应至少能存储 5000～10000 个点位。

（5）当焊接装置出现大的干扰时，控制装置有高的抗干扰能力与可靠性。能在生产环境中正常工作，其故障率小于 1 次/1000h。

（6）能自动适应毛坯相对给定的空间位置与方向的偏离。

（7）可设置和再现与运动相联系的焊接参数，并能和焊接辅助设备（如夹具、转台等）交换到位信息。

（8）可到位的工作空间应达到 4～6m^3。

（9）具有可靠的自保护和自检查系统。例如，当焊丝或电机与工件“粘住”时，系统能立即自动断电；又例如，焊接电源未接通或焊接电弧未建立时，机器人能自动向前运动并自动再引弧。

5. 焊接机器人的基本功能

(1) 空间焊缝轨迹和与其相适应的焊枪姿势运动。它是由机器人的机械执行机构和运动控制装置实现的。焊接机器人的机械机构是一个实现焊接接头各种运动的操作机，目前焊接机器人的操作机有两种形式：机床式和手臂式（关节式）。

1) 机床式焊接机器人。机床式焊接机器人其轨迹定位精度高，但它的有效工作空间小于机器人本身占有的空间，主要用于焊接小型精密焊件。它可采用直角坐标系，因而其位置运动计算方程比较简单。

2) 手臂式焊接机器人。手臂式焊接机器人的直线高精度轨迹定位比较困难，但有效工作空间大，灵活性和通用性高，因此，它的应用面广。它采用球面坐标系，其运动计算方程比较复杂。

焊接机器人的操作机要保证焊接机头的运动轨迹、运动速度和机头姿态。因此，至少要有 5 个方向的自由度，即 X、Y、Z 方向的直线运动以保证实现任意空间曲线的运动轨迹；两个方向的旋转运动以保证焊枪或焊钳的姿态。如果采用非熔化极焊填丝，则需要三个方向的旋转，即 6 个方向的自由度，才能保证填丝方向的合适角度。

机床式焊接机器人采用三个独立的直线运动坐标轴以移动焊枪到空间的任何预定点上，从而实现跟踪焊缝的任何空间轨迹。2～3 个旋转坐标轴转动焊枪处于焊接工艺所要求的空间姿态。这两类运动是相关联的，一方面焊枪姿态是随焊缝轨迹的不同点而变化的；另一方面当转动焊枪姿态时，焊枪头部所对的轨迹点必将产生位移，需要在保证焊枪姿态的条件下把焊枪头部调回到原轴轨迹点，这个任务是由控制装置自动完成的。

手臂式焊接机器人是一个带传动链和复杂作用的多连杆空间机构。通常用 3 个旋转（或 2 个旋转和一个直线）运动（腰旋转、臂旋转、肘旋转）来完成机器人的手臂运动，以实现跟踪空间的焊缝轨迹。另外 3 个旋转运动完成焊枪的空间姿态变化。它的特点是在操作机底座面积较小的情况下具有较大的工作空间。它的轨迹运动和姿态运动也需要建立相互联系。

实现上述两类运动的指挥机构就是机器人控制装置。现代焊接机器人的控制装置是由微计算机、接口和条件化电路构成的。微机按照示教时建立的程序，顺序地再现每一条指令，其控制方式一般采用轨迹控制和点位控制复合系统。轨迹控制方式是控制三个主坐标运动，每条指令都给出各主坐标的分矢量运动方向和位移量，同时对位移量做细分插补（分直线、圆弧、二次曲线插补），从而实现要求的焊缝轨迹运动。点位控制方式控制焊枪的姿态变化，在每条指令中向三个姿态坐标发出旋转方向和转角。由于焊枪姿态的精度要求比轨迹要求低，因此在点与点之间可以不进行插补处理。

（2）焊接速度控制。焊接机器人应具有良好的运动品质。焊接机器人的操作机是一种多连杆立体机构，而工作机构的任意运动都是沿着各个坐标轴方向的运动分量的合成。运动时沿每个轴作用的动态力不仅取决于该方向给定的位移，还与各个连杆件的相互位置有关。即各连杆相互位置的变化将导致操作机驱动装置上的负荷变化和操作机固有振荡频率的改变。这样的机械结构属于低阻尼低频率振荡系统。当驱动装置停止时，过渡过程会出现低频衰减振动，它会引起定位误差的动态分量，在快速运动中将成为严重的干扰。因此，焊接机器人的允许焊接速度不仅和焊接工艺要求有关，而且和机器人的机构型式和驱动控制方式有关。为了提高焊接机器人的运动动态品质，需要从多方面抑制上述振动。采取的措施是在操作机的工作机构上增加反馈校正，增加操作机的刚性以提高固有频率，在每次从一点到一点的运动时间间隔中确定最合理的速度变化规律（焊接机器人从一点到另一点的运动过程中，其速度是变化的，有启动段和制动段，但其平均速度应符合给定的焊接速度）。

（3）示教与再现。焊接机器人的程序编制大多采用“示教”方法。示教就是操作者应用从机器人控制箱上引出的手控匣，用手控制安装在焊接机器人上的焊枪沿焊缝运动，完成第一次冷态焊接循环（即不引弧），同时逐点地把焊缝位置、焊枪姿态和焊接条件（焊接速度、电流、送丝速度）记入微机内存，从而生成一个焊接该产品的焊接程序。示教完成后，按下运动按钮，焊接机器人将再现示教的全部焊接操作。因此，这种方法是简单方便的，不需要任何附加装置，普通工人就能适应。

焊接机器人的示教控制匣分为机器人运动控制和焊接条件设定两部分。在示教上，焊接参数如电流、电压和焊接速度直接用数字键输入，并由数码管显示以供校核。由于焊接参数是预先试验设定的，而实际焊接情况和实际条件总有所不同，因此示教匣允许对已设定的焊接参数进行实时修正和调整。示教时修正和调整的方法主要有以下几点。

1）检查功能。在示教过程中可以随时显示已存入内存的各点位置和其他信息以便检查。

2）修改已示教的数据。可以用示教一个新的点以代替原来点的数据。

3）对已示教段，可以任意增置新的示教点以修改原示教轨迹。

4）对已示教段，可以任意取消示教点，取消后，程序将自动重新排列编号。

5）在手控匣上设有向前一步（Step Next）和后退一步（Step Back）的按钮，它将使示教者很方便地进行检查和修改。

6）可以实现两个示教程序的连接，这可以减少部分重复的示教操作。

7）出错提示。示教操作者有错误时，显示装置将显示出提示信息。

（4）焊接条件的设定。焊接机器人在逐点示教焊缝轨迹的同时设定焊接条件，而在焊接过程中将这条件逐次读出和实施。

（5）外部设备控制。焊接机器人的生产效率发挥需要完善的配套外部设备，如夹紧工件的夹具、转动工件的转台、翻动工件的翻转台、连续输送工件的输送带等。这些外部设备的运动和位置都是和焊接机器人相配合的，并应具有很高的精度。因此现代焊接机器人都设有数个外部控制端口，它可以提供外部设备的必要信号。

（6）焊接异常检出。焊接机器人进行焊接作业时，由于操作员无需经常监视它的工作情况，因此一旦焊接过程不正常，机器人必须具有自动检出和报警的功能。否则，不但焊不出优质的焊缝，而且会损坏工作或机器人本身。

断弧是一种容易发生的异常现象，它可以由于送丝卡住、钨极烧损、工件变形等许多因素造成。但是，断弧的电特征是明显的，即电流为零和电压跃升为空载电压。焊接机器人一旦检出上述特征，将立刻停止运动并发出警报，等待操作员处理和重新引弧。

焊丝和工件粘住是一种更为危险的异常现象，如不及时处理，就有可能把工件从夹具中拉出来造成严重事故，或者把机器人损坏。因此，焊接机器人对此设定自保护功能。在焊接过程中检测出焊接电流急剧增为短路电流、焊接电压突然变为零时，焊接机器人立即切断焊接电源和停止运动，并发出报警等待处理。

6. 机器人在焊接中的应用

机器人最早应用于机床上下料，目前已逐渐推广到电阻点焊、油漆、抛光等生产操作中。焊接机器人是 20 世纪 60 年代后期国际上迅速发展起来的工业机器人技术的一种应用形式。在美国，焊接机器人是应用最普遍一个领域。图 16-12 所示的是金属加工制造中，机器人在各种作业中所占的比例。由图可知，在金属加工制造业所使用的机器人中，大部分为焊接机器人，约占 50%。焊接机器人适用于各种焊接方法，如点焊、弧焊、电弧点焊、电子束焊、爆炸焊、激光焊接与水下焊接。

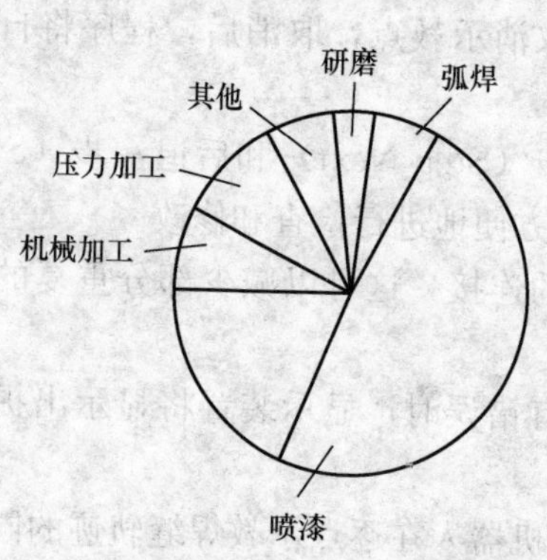

图 16-12 金属加工制造业中使用机器人的比例

(1) 点焊。目前已投入应用的焊接机器人中绝大部分是点位控制的点焊机器人。点焊机器人主要应用于汽车制造业及国防、航空、航天事业。

点焊是一种以电流流经工件，使接头区金属加热并产生塑性变形，从而形成不可拆连接的过程。这个过程是使低压大电流通过预先紧固在一起的金属构件的接触点而完成的。实际上，金属零件是被铜或铜合金电极之间的高压夹持在一起的。这些电极将传导焊接电流通过焊点，当电流从电源通过电极和工件时，在接触点处需克服金属电阻做功而产生热量。在点焊时需要有足够的热量使接触点处的金属熔化，实现材料的熔接过程。因此必须控制电流的大小和导通时间，以保证高质量的焊接，否则会出现并未熔融或烧穿现象。黑色金属非常适合于点焊，因为它们有足够的电阻以产生焊接所需要的热量。

点焊的主要特点是接头的可靠性，以及机械化、自动化水平高，生产率高，能实现文明生产。点焊完成的焊接接头约占焊接接头总数的 30%。从宇宙装置到微型半导体器件与薄膜型电路，点焊都有着特别广泛的应用。点焊在飞机制造业中占主要的地位。在现代化的大型客机中，焊点总数达到几百万点。点焊在汽车制造业中应用极广，例如，“莫斯科人-412”汽车车厢结构中焊点达到 5000 点，点焊还在汽车车辆制造、造船、建筑业等领域得到了广泛的应用。

点焊工艺要求焊枪位置垂直于工件并要求具有很高的灵活性。因此这一工艺非常适于采用具有 6 个自由度机器人。进行点焊的机器人的特点是紧张的工作规范。点焊是一种以几分之一秒的时间计量的迅速操作。考虑到生产中要求移动时间不应大于焊接时间，即需要高速移动。关于点焊机器人的一般技术数据，除了必须满足个别生产任务的条件场合外，可由下列数据来评价。

工作范围：6～10m^3；

自由度数：5～6；

额定负荷：15～30kg；

定位精度：±1mm；

存储点数：200～1000。

点焊机器人已被广泛应用于汽车工业。美国 Chrysler Newark 汽车装配厂使用 Unimate 工业机器人进行点焊和缝焊就是点焊机器人的使用实例之一。Unimate（即万能自动）是 1962 年美国联合国控制公司试制成功的数控示教再现型机器人的商用名。Chrysler Newark 汽车装配厂采用一个往复传动系统把汽车车身移出主装配线，进行点焊操作。传送带有 7 个工位，共有 12 台 Unimate 工业机器人。传送带为步进式可对固定的工件进行焊接。整个焊接作业完成后，工件被送回主装配线。在这个应用中，机器人焊接的主要优点就是焊接的持续稳定性。和人工焊接相比，焊接稳定可减小焊点数量，保证高质量的焊接。另外，机器人的应用使得操作工人摆脱了点焊作业中产生的有害于人的电火花的伤害。

（2）弧焊。弧焊是一种最普遍的焊接形式，在金属结构制造行业中得到了最广泛的应用。

电弧焊是一种高温和尘毒条件下的生产操作，因此，弧焊机器人的研究早就引起了人们的重视。只是由于电弧焊的操作比较复杂，直到最近二十几年，弧焊机器人的研究才取得一些明显的进展。弧焊机器人的问世被认为是使工人摆脱手工操作，特别是操作工人从高温、尘毒、高压、低温、放射性污染等恶劣或不可接近的操作环境中解放出来，也是建成无人车间和工厂的有效手段。

如前所述，点焊和电弧焊可以采用点位控制的焊接机器人来实现自动化，而弧焊和电子束焊则要求建立轮廓控制系统，因此对弧焊机器人有如下一系列要求：程序控制轮廓系统的必要性，确保控制系统规范同执行机构的运动和工艺参数的变化协调；保证工作机构沿实际空间轨迹移动的高精度；用程序控制电极在空间的位置及沿轮廓运动时的速度值；路径函数中对工艺参数（弧焊电流、电弧电压、焊丝送给速度等）进行控制；保证控制系统有高抗干扰稳定性；建立自适应控制系统以适应坡口或焊缝中心线等发生偶然的显著偏差。

与点焊不同，点焊接机器人纯粹把移动焊钳的体力劳动承担过来，而在弧焊时，焊接机器人的运动同工艺过程有机地联系在一起。点焊时，在焊点前后移动工具就足以完成工具的定位；而在弧焊时，除此之外还应在整个焊接工艺循环时间内，连续地调节其运动，以获得沿整个焊接接头长度上优质而均匀的焊缝。为此，首先必须确保焊接电极的基本运动稳定，相对焊缝中心线等距地移动电极，并具有高精度与恒定速度。当焊接载面发生变化的焊缝时，除了上述的稳定性外还要根据工艺要求调节电极沿焊缝中心线运动的速度，同时调节焊接规范参数（焊接电流、电弧电压、气流等）。

熟练的焊工完成复杂的组合运动来填满焊缝，电极沿焊缝中心线不仅以变化的速度送丝，而且有往复运动，此时电极端进行复杂的空间运动；沿焊缝引导电极，不仅控制熔池的形状，而且控制金属与熔渣、气体间的冶金反应。此外还有一些辅助动作，例如导电嘴清理、预防金属从熔池中流出、气体的送停等。弧焊机器人按固定程序实现焊条的基本运动。在一般情况下要求采取轮廓控制，控制其轨迹、速度、误差不超过0.3～0.5个电极直径。整个运动轨迹与不断变化的工艺参数的程序编制导致存储装置的增加。

弧焊机器人的基本技术数据可以表述如下。

工作范围：4～6m^3；

自由度数：5～6个；

最大负荷：5～8kg；

定位精度：±0.5mm；

存储器容量：5000～10000位置。

机器人与弧焊设备的组配是将焊枪固定在机器人的手爪上，通电、导气与送丝可以沿悬挂的管线和沿机器人结构内安装的干线来实现。

弧焊机器人可借助于同步或异步控制系统作轮廓控制。同步系统能够精确地控制焊接电极，控制装置的结构比较简单，但示教时困难很大。带有同步轮廓控制系统的弧焊机器人，有三种示教方法：手工示教、借助跟踪传感器示教、外部程序编制。

手工示教要求进行第一个零件的焊接时，操作者不仅应当保持轨迹，而且要保持电极的运动速度，其优点是可以利用熟练焊工的经验，但示教本身显得过于复杂。这种示教方法可用于焊接有限的较简单焊缝。

应用跟踪传感器示教是手工示教的进一步发展。操作者在焊缝中心线上设置传感器，借助由此引出的控制盘控制电极的方向，并给定轨迹和速度。

外部程序编制就是利用电子计算机准备程序，并将程序存入累加器，能在同步系统可能的范围内，实现任何复杂的运动。这种示教方法的最大优点在于能够按理想的准则自动计算并选择最佳焊接工艺参数。

由上可见，同步控制的特征是生产过程中有比较简单的再现系统，示教较为复杂；而异步控制时，情况与此恰恰相反，示教毫无困难，只是控制装置很复杂，实质上是一种专门的计算机。

异步轮廓控制系统是一种带有速度稳定与插补装置的点位系统。在示教时，以一系列有运动速度指示的位置形式，将原始信息存入存储装置。操作者示教时，采用计算法将若干折线近似代替焊缝，并保证足够小的偏差和误差来给定位置。

在自动工况时，控制装置从存储装置中获得顺序的位置坐标，进行插补，并拟定控制驱动装置的速度指令信号。它与点位系统的区别在于，当进入下一位置时，工作机构的运动速度不降到零，而取决于下一点的坐标，同时还进行位移的检验。如果由于干扰，位移轨迹不符合给定位置时，控制装置能够根据情况自动进行校正。

当焊缝是由直线段与小曲率半径的曲线段组成时，可以采用混合控制，即对于直线段采用有线性插补的异步控制，而对于其余部分采用同步控制，这样就可以大大减少存储装置的容量。在专为弧焊研制的具有磁盘存储装置的“Unimen-4000”工业机器人中，就采用了这处解决方案。

二、数字程序控制电弧焊与切割

电弧焊与普通切割技术是现代工业生产中应用最普遍的焊接生产方法。电弧焊和普通切割在整个焊接生产劳动量中占60%左右。但是电弧焊接和普通切割生产的自动化水平却相当低，即使是在西方发达国家，手工电弧焊的熔敷金属仍占电弧焊熔敷金属量的50%以上，这就是说，手工操作的生产方式还占电弧焊和切割生产量的一半以上，而且在许多自动电弧焊和切割中，实际上仍要求有人工监控。这种状况不仅无法跟金属切削加工的自动化水平相比，就是跟铸、锻、热处理等其他金属热加工生产过程的自动化程度相比，也颇为落后。因此，在自动化技术飞速发展的今天，这样的局面是焊接与切割技术领域内极不满意的。

电弧焊接与普通切割的生产自动化发展迟缓是有一定客观原因的，其中主要有以下几点。

（1）用电弧焊接和普通切割方法制造的产品，其中包括船体、各种容器等大多属于小批、甚至是单件生产。

（2）结构尺寸较大，装夹、搬运自动化很困难，焊接和切割的部位又往往很分散，即对自动化设备的机动灵活性要求很高。

（3）影响电弧焊和切割过程的因素很多，特别是对装配、热变形、电弧跟踪位置等各种因素都采用理想的适应控制还有不少困难。

但是，随着数控技术，特别是电子计算机控制的机器人技术的发展，有关研究人员正在排除上述障碍，开拓电弧焊接与金属切割生产自动化的新局面。

1. 数控系统的基本结构

数控技术是目前迅速发展起来的一种自动控制技术，是以二进数字代码作为指令进行的生产加工过程的自动控制；是实现单件及小批量生产自动化的有效方法。数控技术最早是从切削加工机床的自动控制中发展起来的，如今已经普及到了各种生产加工过程的控制系统，而且正向着电子计算机数控、群控等更高级的形式发展。

数控系统的基本结构如图 16-13 所示，它由下列几部分组成。

（1）程序载体。程序载体又称为控制介质，该程序用来存储数控系统的全部操作指令，穿孔带是最常见的形式。它是根据产品加工的要求或图纸，把有关尺寸、工艺要求等转化为数控系统能够处理的数字指令，按照一定的代码形式用冲孔方式把它们编在纸带上，这一过程称为编程。编程就是把加工过程用数控系统能识别的“语言”记录在穿孔带上，供加工过程中循环使用。改变加工零件时只需要更换穿孔带即可。编程序最初是由人工进行的，目前已经可以采用电子计算机来进行。除了穿孔带外，还有用磁带、拨码开关作为载体的。

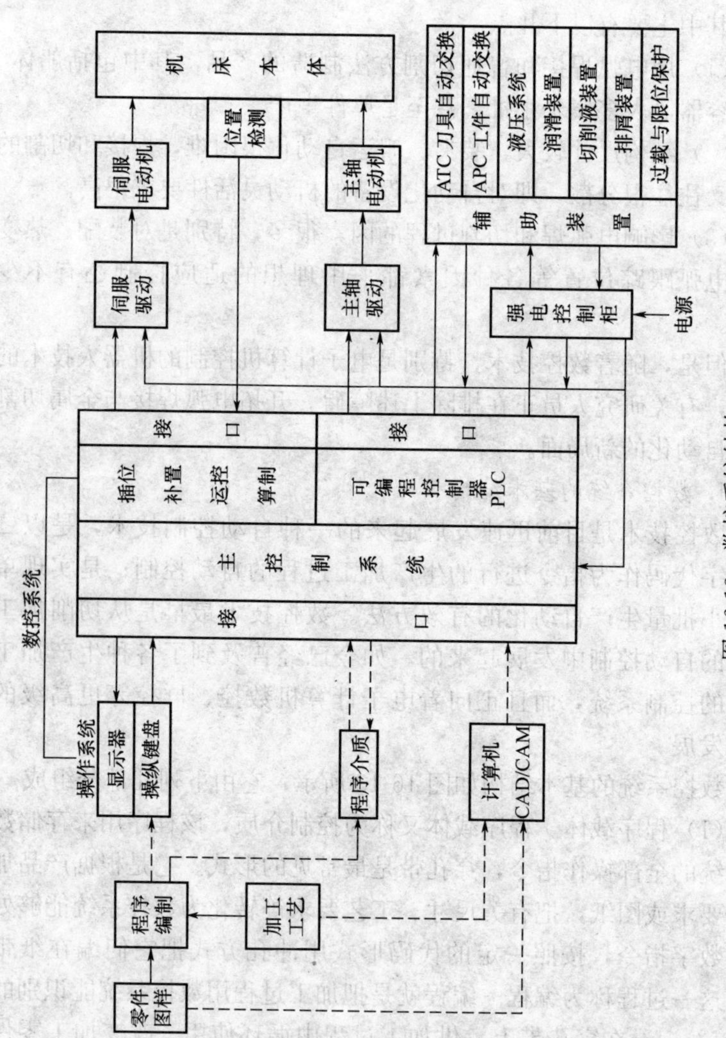

图 16-13 数控系统结构

（2）数字信息处理装置。数字信息处理装置包括光电阅读机、输入电路、运算器、控制器、输出电路等部件。光电阅读机把记录在穿孔带上的代码变成电信号送到输入电路。输入的代码分两类：一类为代表操作程序的文字指令；另一类为代表坐标位置的数码。例如，要求焊炬在 x 轴的正方向以 v_1 速度焊接 100mm，其中 x、十、v_1 为文字指令，100mm 为数码。数码指令进入运算器进行运算，并输出分配脉冲控制机床沿各坐标运动。文字指令通过控制器控制机床的各种操作程序，其中包括各个部分的运动方向、速度以及运算器运算、光阅读机起停及输出脉冲分配等。

根据加工要求所决定的数字信息系统的工作方式不同，数控系统分为点位控制和轮廓控制两大类。前者只要求控制对象点与点之间的位置，不要求控制它们的运动轨迹。这类数控系统的运算器只需进行简单的计算即可，因此结构比较简单。轮廓控制要求控制运动轨迹，其运算器要按运动轨迹要求插补计算，结构比较复杂。数字信息处理装置是由各种各样的门电路、触发器、运算器构成的。

（3）伺服机构。根据数字信息处理的输出脉冲完成各种机床运动，常用的有步进电机、液电伺服电动机等。

按照伺服机构跟数控系统关系的不同，数控系统也有开环、闭环以及半闭环之分。开环系统在伺服机构的输出量跟数字信息处理回路之间没有反馈联系；闭环系统则有反馈联系；半闭环系统的反馈信号直接从伺服机构输出轴取出，反馈回路中不包括机床的运动部件。显然开环系统结构简单，闭环系统的结构最复杂。

2. 数控电焊机

（1）点位控制数控电弧焊机。在数控技术发源地美国，数控电弧焊几乎在数控技术发展的初期就开始进行研究了。1959 年美国通用动力公司的一家分公司投产应用的数控钨极氩弧点焊机是数控电焊机的最早实例。这台焊机是为焊接中程地对空导弹的控制翼和背翅而专门设计的。焊机有 4 个焊炬，可同时焊接 4 个部件。数控系统的主要作用是控制焊炬的 x、y 轴坐标及工件安装台的两个轴向倾角，以实现每个控制翼上的 430 个、背翅上的 730 个焊点的自动电弧点焊。

采用数字程序控制的管子环缝、管板接头全位置钨极氩弧焊机的数控方式也是一种点位控制，其作用不是控制运动轨迹，而是控制焊机动作程序及不同位置上的电弧焊参数。许多国家都已经生产这类自动焊机。图 16-14 为国内研制的这类焊机数控系统的原理方框图，其中 16 步计数器用来控制焊机动作程序及规范参数的动作步骤。

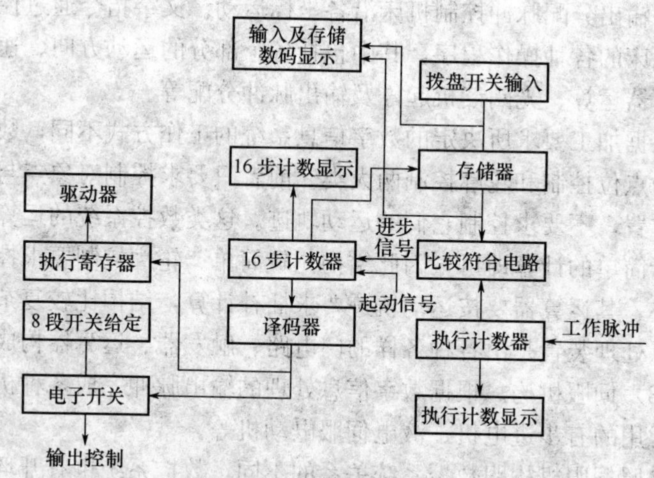

图 16-14 数控全位置焊管机原理

第一步：保护气体供体。

第二步：接通主电源和高频电源进行高频引弧。

第三步：接通脉冲电源，对焊缝起始点进行预热。

第四步：焊炬旋转，焊接开始。

第五步～十二步：实现不同位置规范参数的 8 次转换，其中包括焊缝终点与起点处必要的覆盖。

第十三步：衰减脉冲电流和基值电流。

第十四步：熄弧和停止焊炬转动。

第十五步：停止送气，同时使焊炬反转。

第十六步：复位，一个焊接接头完成。

计数器输出译码后，分别经过执行寄存器和驱动器（电磁气阀）用来控制自动焊机动作程序（第一至第四步及第十三至第十六)，或经过电子开关电路控制脉冲电流的幅值或其他程控规范参数，每一段规范数值可以通过拨盘开关预先给定。计数器的输入端接受起动信号和由比较符合电路给出的进步信号。起动焊接前，通过拨盘开关把上述 16 步的时间要求以脉冲数的形式存入存储器(采用 8 位字长、16 个地址的金属氧化物半导体集成电路存储器)，其中第一至第四步，第十三至第十六步的脉冲数由每一步的工艺要求确定，第八至十二步的脉冲数需根据焊接速度、每段焊接长度及脉冲频率确定。焊接开始后，执行计数器记录脉冲发生器每一步实际执行的脉冲数，当这个数字跟存储器中保存的该步所要求的脉冲数字相同时，比较符合电路就使计数器加一（进步)，计数器输出也同时作为存储器的地址，逐一取出每一步所要求的脉冲数。

(2) 轮廓控制数控电焊机。1962 年美国道格拉斯飞机公司的一家制造导弹和宇航系统的分公司，投产使用了一台五轴数控氩弧焊机，是最早的一台轮廓数控电弧焊机，其数控系统的 5 个控制轴是：焊炬的 x、y、z 三轴向运动，机座 a、b 两轴向旋转。这台数控电弧焊机用来完成工业中特殊圆、圆锥、抛物曲面锥体等构件的空间交贯曲线的连续电弧焊。目前日本、英国等国家都已拥有这类数控电弧焊机。

3. 数控切割机

(1) 工作原理。将要进行切割的零件图样预先编好程序，然后用键盘、纸带、磁带、或磁盘输入到控制机中，经控制机处理，再经伺服系统变换放大调制，驱动 X、Y 方向上的伺服电机，伺服电机的运动经减速箱带动一齿轮在齿条上传动，从而使整个横梁和横梁上的割炬小车以一定规律运动，来完成所需要的钢板零件形状的切割。

数控切割机的工作原理见图 16-15。

(2) 控制机。控制机是切割机的核心部分，接受外来程序指令，经过内部运算处理，然后送出控制信号，驱动切割机各部件运动，同时，它还要满足切割工艺的几种要求。

1) 返回控制。割炬沿程序段运动时，假定在某一点未被割穿或熄火，由操作者或熄火检测系统向控制机发出指令，使割炬能返回到该程序段（或程序）的起点。

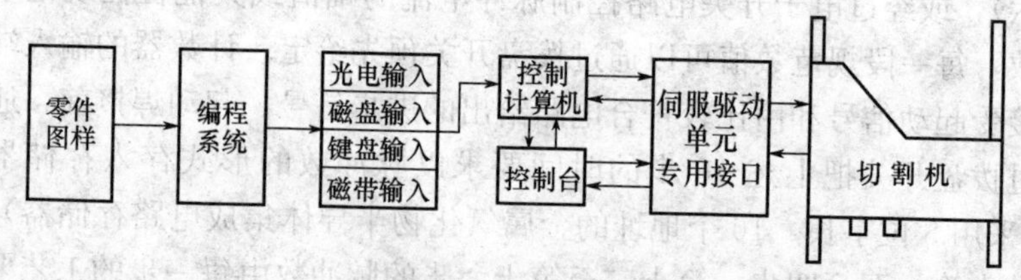

图 16-15　数控切割机的工作原理

2）稳速控制。切割速度的稳定对切割质量及割缝宽度均有影响，严重时造成钢板割不穿。因此，要求割炬沿任何曲线运动时，X、Y 方向的合成速度都是稳定的。

3）减速控制。数控切割机的惯性较大，高速划线或切割时，在拐点处会有过冲现象，因此，在程序段末，应插入减速控制指令。

4）割缝补偿控制。数控切割机是控制割炬火焰中心运动轨迹的。由于存在割缝，且钢板厚度不同，割缝的宽度也不同。所以，控制机应具有割缝宽度自动补偿功能。补偿量的范围在 0～10mm 之间。

5）坡口切割控制。厚钢板切割 X、Y 型坡口时，不但要求割炬沿图形轨迹移动，而且要求割炬围绕中心轴按一定规律旋转，即需增加一轴来控制旋转割炬，该割炬架上，通常安装 2～3 只割炬。

6）切割工艺的程序控制。根据钢板的厚度，在程序中设置割炬下降、预热火焰的点燃，预热时间、开启切割氧阀及切割程序段结束时切割氧阀及燃气阀的并闭，割炬提起等控制性指令。

7）自动穿孔控制。厚钢板切割时，起点如果不是在钢板的边缘，要加入自动穿孔控制程序。预热火焰要前后摆动，在给切割氧的同时，割炬要缓缓提起，以防反射的熔化金属飞溅物堵塞割嘴，穿透后又要缓慢下降，以继续正常切割。

8）自诊断功能。控制机一旦出现故障，应具有自诊断功能，并在屏幕上显示出故障的范围。

（3）控制台。控制台是为切割机的控制电源及机上的各辅助功能（如割炬升降、电磁气阀、自动点火等手动操作），以及一般显示和应急情况的处理而配置的，主要由按钮、开关、指示灯等元器件组成。

（4）伺服驱动单元及专用接口。

1）伺服驱动单元由交流或直流伺服系统组成。由于交流伺服系统动态响应快、开关频率高、噪声低、振动小、易维修等，在数控切割机上应用较多。

2）专用接口。控制机发出的辅助功能控制信号，经过专用接口的逻辑关系来驱动切割机上各执行部件动作。

（5）机械结构。图 16-16 所示为典型的数控切割机的机械结构。

1）导轨安装在对水平和直线性能进行螺钉调整的基座上。若单边驱动，主导轨外侧还装有纵向齿条，若双边驱动，辅导轨外侧也装有纵向齿条。

2）横梁一般为箱形结构，装有横向齿条、钢带，以便带割炬的小车沿其横向运动。

3）端架将横梁支撑在导轨上，是切割机纵向运动的导向部件。

4）纵、横向驱动装置由交（直）流伺服电机驱动，通过精密齿轮减速、末端小齿轮与纵、横向齿条啮合配有消除间隙装置。

5）小车安装在横梁导轨上，小车上装有滚轮，起支撑与导向作用，前部装有单割炬或三割炬，主动小车中装有横向驱动装置，小车后部装有钢带夹紧器。

6）钢带传动装置由滚轮、张紧轮、滑轮、钢带等部件组成，钢带的两端固定在主动小车后部钢带作环状移动，变动从动小车后部的夹紧方向，可使从动小车作对称或同形运动。

7）割炬装在同步或伺服电机驱动的升降装置上，根据工艺需要，可由单、双或三割炬组成。一些辅助装置，如自动点火、自动调高、喷粉划线等也根据需要安装其上。

如切割曲线坡口，还要安装按控制计算机指令规律旋转的三割炬。此时控制计算机要增加一个运动轴。

8）气路系统由阀门、减压器、电磁气阀、回火防止器、胶管等组成。

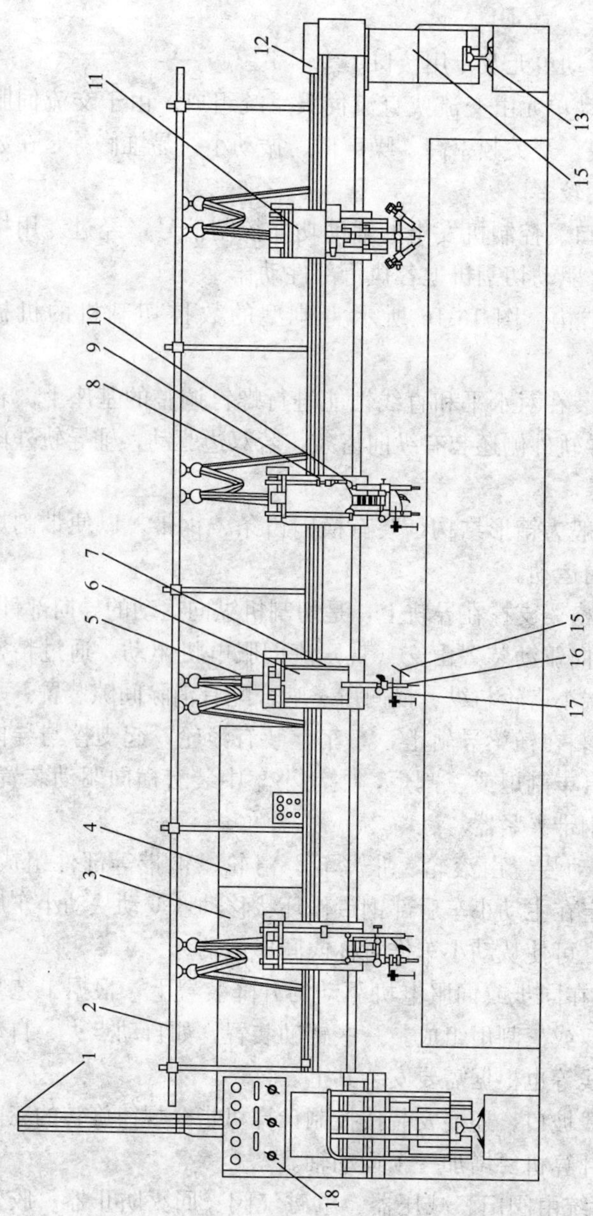

图 16-16 数控切割机

1—纵向挂架；2—横向挂架；3—配电箱；4—电控箱；5—横向传动装置；6—割炬升降架；7—横向移动小车；8—气路胶管；9—喷粉划线枪；10—横梁；11—旋转三割炬；12—钢带传动装置；13—导轨；14—端架；15—点火枪；16—单割炬；17—调高装置；18—控制台

（6）数控切割机的编程系统。

1）功能。相同厚度不同形状的零件，在同一张钢板上如何排列才能使钢材的利用率最高，是编程系统要完成的任务。它是现代数控切割机下料必备的配套系统。编程系统应当具备的主要功能如下。

a. 用于图形的编辑。

b. 用于工件的半自动套料。

c. 用于工件的全自动套料。

d. 用于圆栓、圆锥等零件图形的展开。

2）工作原理。全自动套料系统，其工作原理可分为两类。

a. 货柜或套料。被套料的工件包含在一个货柜中，所谓货柜是一个尽可能小的矩形，将这个货柜放在板材的任意空间中，然后移动货柜到一个适当的位置，使板材利用率最高。

b. 轮廓或套料。当工件的外形被输入后，工件和板材空间及工件与工件之间的距离由计算机进行计算，计算的结果将使工件之间的距离为最小，使材料的利用率为最高。

3）组成。

a. 带键盘和高解像度图显示屏幕的计算机。

b. 绘图仪。

c. 打印机。

d. 高速穿孔读带机。

（7）切割辅助控制。

1）自动点火控制。自动点火控制方法见表 16-12。

表 16-12　　常用的自动点火控制方法

方法	原理	特点
电容放电	利用电容放电，经变压器升压使两极尖端产生火花	结构简单、无机械动作、无噪声、无干扰、着火率高、便于无触点控制
压电陶瓷	用机械法对压电陶瓷加压，陶瓷两端产生电压，产生火花	体积小、经济、使用方便

续表

方法	原理	特点
高频放电	用高频振荡器，经变压器升压（电压2～5kV）后，产生尖端放电	以往用得最多的一种方法，输出线路不能太长
发火枪	用旋转小砂轮与火石摩擦产生火花	人工辅助点火作为附件，有成品供应（不推荐）

2）熄火检测控制。熄火检测控制方法见表16-13。

表16-13　　常用的熄火检测控制方法

方法	原理	优点	缺点
光电法	用传感器接收切割氧化光谱的有无，检测熄火信号	传感器比较成熟	控制系统比较复杂
气压法	采用专门的压缩空气喷嘴及微压开关，当未割透时，有反射气流，微压开关动作	不用电信号放大系统	传感器比较复杂，需供给气源
电势法	测量割嘴与工件间的静电动势，切割时有电动势；熄火时电动势消失；未割透时电动势极性变化	只需测电动势，不用专门的传感器	控制系统比较复杂

3）割炬的高度控制。割炬的高度控制见表16-14。

表16-14　　常用的割炬高度的控制方法

方法	示意图	原理	优点	缺点
手操电动	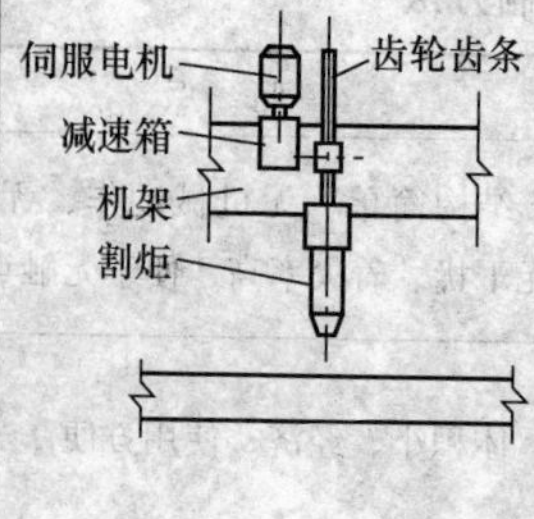 伺服电机　齿轮齿条　减速箱　机架　割炬	操作者控制割炬升降电机、目测割炬高度进行人工控制	简单	人工控制、劳动强度大、精度高

续表

方法	示意图	原理	优点	缺点
浮动机构	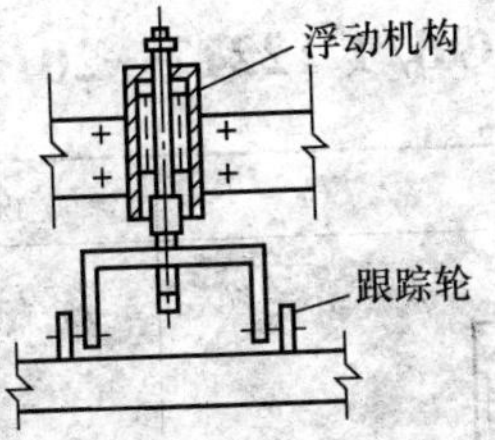	跟踪轮与割嘴作机械连接，割嘴与机架可上下滑动，保持割炬高度不变	简单	接触式，有机械磨损，拖动功率小；结构笨重，精度差（约为5mm），特别会受到工件表面缺陷的影响
变容调节	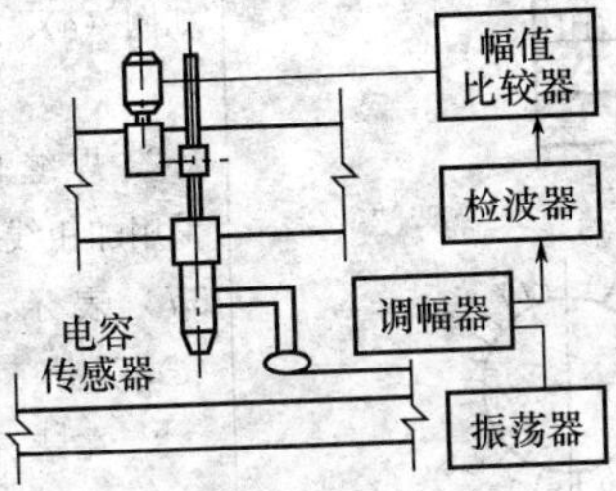	采用环形电容传感器，检测工件与传感器的距离，当距离变化时，电容改变，控制高频振荡器，进行调幅，用调幅波拖动伺服电机，自动控制割炬的高度	精度较高，约为0.5mm，非接触式灵敏度高	线路复杂，成本高
气体反压	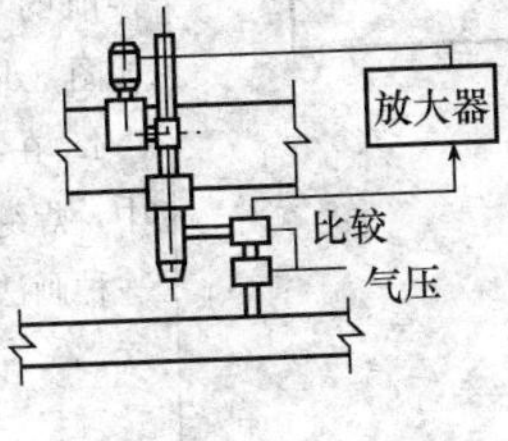	利用作钢板的反射压缩空气，经比较，转换成电控制	非接触式灵敏度高，精度为0.5～2mm，钢板局部缺陷对控制的影响较小	传感器较复杂，需供给专门的气源

附录　焊缝的图示符号及其标注示例

附录 A　焊缝的图示法（GB/T 12212—2012）

表示方法	图　例	说　明
视图	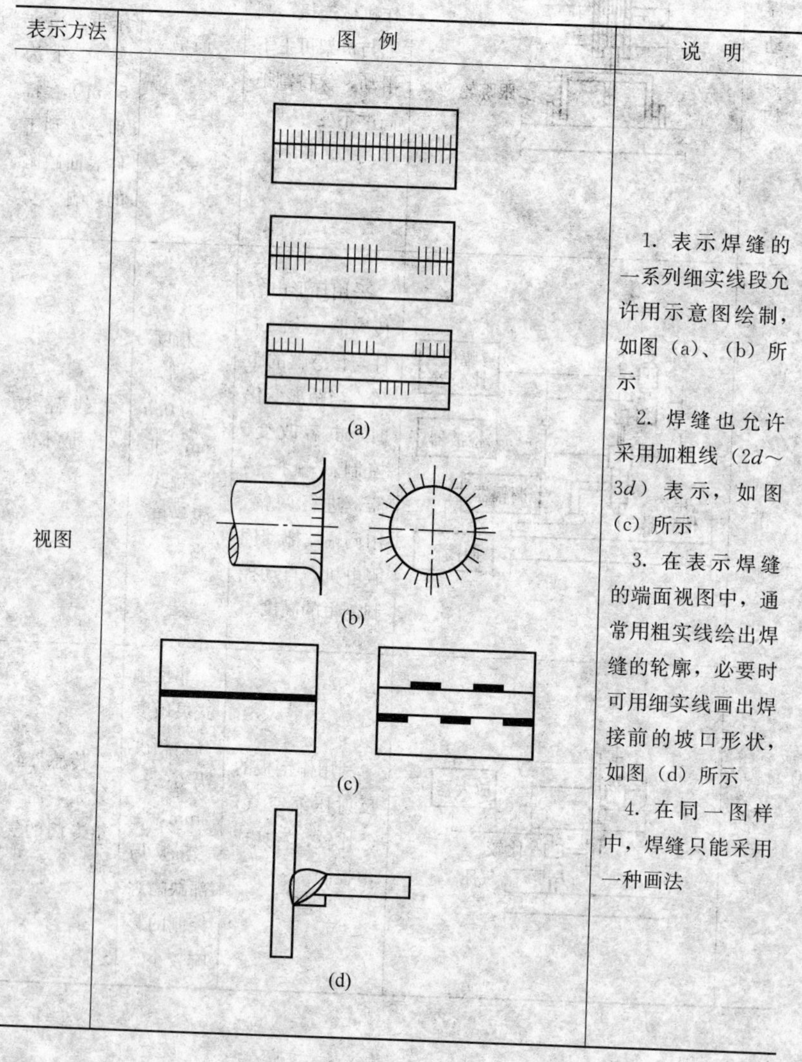	1. 表示焊缝的一系列细实线段允许用示意图绘制，如图（a）、（b）所示 2. 焊缝也允许采用加粗线（$2d$～$3d$）表示，如图（c）所示 3. 在表示焊缝的端面视图中，通常用粗实线绘出焊缝的轮廓，必要时可用细实线画出焊接前的坡口形状，如图（d）所示 4. 在同一图样中，焊缝只能采用一种画法

续表

表示方法	图　例	说　明
剖视图或剖面图	 (a) 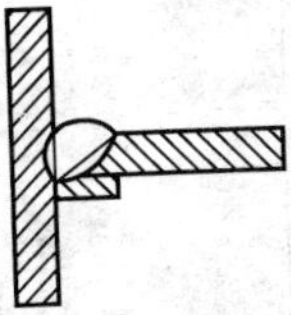　(b)	1. 在剖视图或断面图上，焊缝的金属熔焊区通常应涂黑表示，如图(a)所示 2. 在剖视图或断面图中，若同时需要表示坡口等的形状时，熔焊区亦可用细实线画出焊接前的坡口形状，如图(b)所示
轴测图	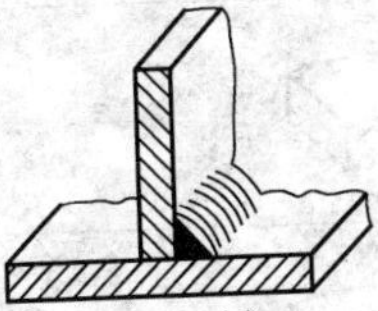 (a) 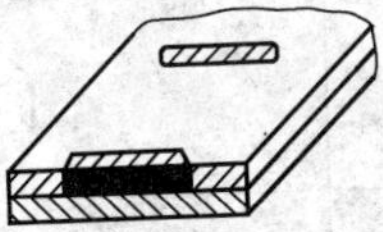　(b)	焊缝可用轴测图示意性地表示
局部放大图	 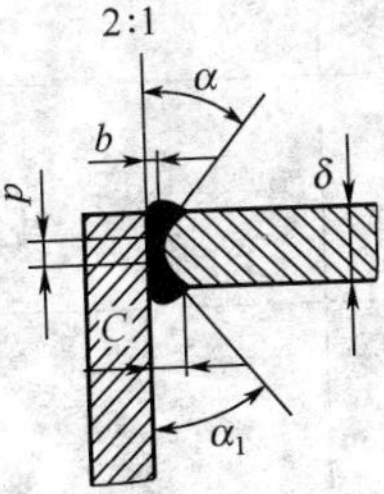 2:1　α　b　p　δ　C　α_1	必要时，可将焊缝部位用局部放大图表示，并标注尺寸

附录 B 焊缝的基本符号（摘自 GB/T 324—2008）

序号	名 称	示 意 图	符 号
1	卷边焊缝（卷边完全熔化）		
2	I 形焊缝		
3	V 形焊缝		
4	单边 V 形焊缝		
5	带钝边 V 形焊缝		
6	带钝边单边 V 形焊缝		
7	带钝边 U 形焊缝		
8	带钝边 J 形焊缝		
9	封底焊缝		
10	角焊缝		

续表

序号	名　称	示　意　图	符　号
11	塞焊缝或槽焊缝	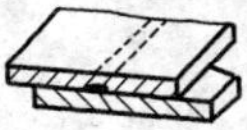	
12	点焊缝		
13	缝焊缝	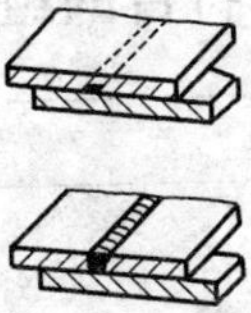	
14	陡边 V 形焊缝		
15	陡边单 V 形焊接		
16	端焊缝		
17	堆焊缝		
18	平面连接（钎焊）	 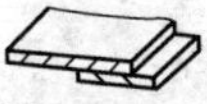	

续表

序号	名　称	示　意　图	符　号
19	斜面连接（钎焊）	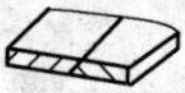	⫽
20	折叠连接（钎焊）		ᘐ

附录C　焊缝基本符合的组合形式（GB/T 324—2008）

序号	名　称	示　意　图	符　号
1	双面V形焊缝（X焊缝）		X
2	双面单V形焊缝（K焊缝）	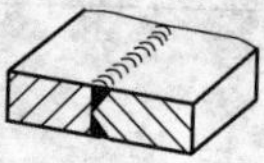	K
3	带钝边的双面V形焊缝		Y̅
4	带钝边的双面单V形焊缝	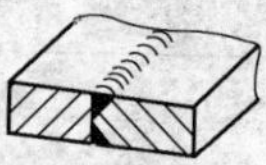	 K
5	双面U形焊缝		

附录 D　焊缝基本符号的应用示例（GB/T 324—2008）

序号	符　号	示　意　图	标注示例	备注
1	∨		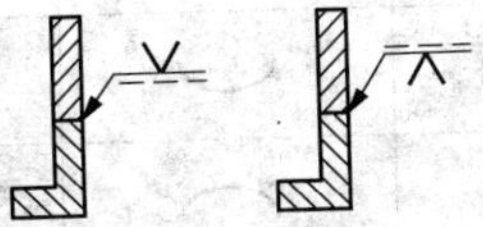	
2	Y	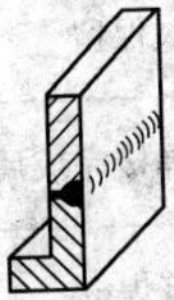	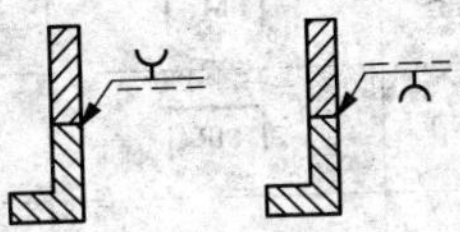	
3	◺	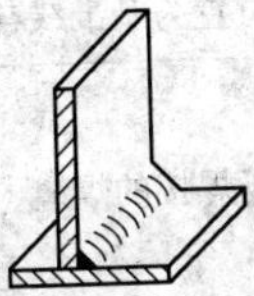	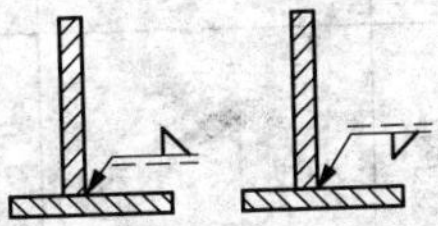	
4	X		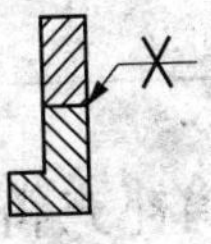	
5	 K		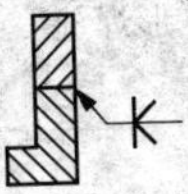	

附录E　焊缝补充符号（GB/T 324—2008）

序号	名　称	补充符号	说　明
1	平面	—	焊缝表面通常经过加工后平整
2	凹面	⌣	焊缝表面凹陷
3	凸面	⌢	焊缝表面凸起
4	圆滑过渡	⌣⌣	焊趾处过渡圆滑
5	永久衬垫	[M]	衬垫永久保留
6	临时衬垫	[MR]	衬垫在焊接完成后拆除
7	三面焊缝	⊏	三面带有焊缝
8	周围焊缝	◯	沿着工件周边施焊的焊缝 标注位置为基准线与箭头线的交点处
9	现场焊缝	⚑	在现场焊接的焊缝
10	尾部	＜	可以表示所需的信息

附录F　焊缝补充符号应用示例（GB/T 324—2008）

序号	名　称	示意图	符　号
1	平齐的V形焊缝		▽
2	凸起的双面V形焊缝		X

续表

序号	名　称	示意图	符　号
3	凹陷的角焊缝		
4	平齐的 V 形焊缝和封底焊缝		
5	表面过渡平滑的角焊缝		

附录 G　焊缝补充符号标注示例（GB/T 324—2008）

序号	符号	示 意 图	标 注 示 例	备注
1			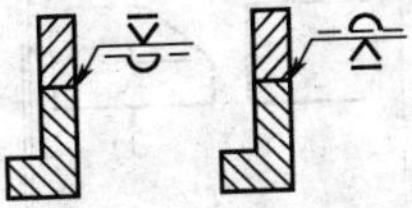	
2			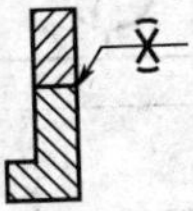	
3				

附录H 焊缝尺寸符号（GB/T 324—2008）

符号	名称	示意图	符号	名称	示意图
δ	工件厚度	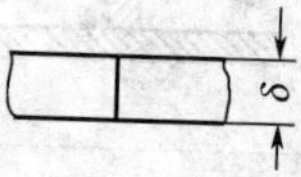 δ	c	焊缝宽度	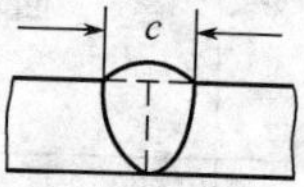 c
α	坡口角度	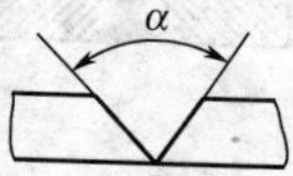 α	K	焊脚尺寸	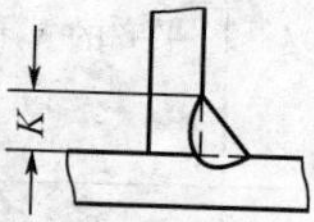 K
β	坡口面角度	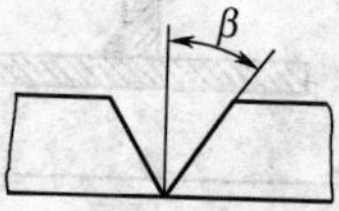 β	d	点焊：熔核直径 塞焊：孔径	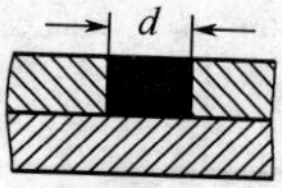 d
b	根部间隙	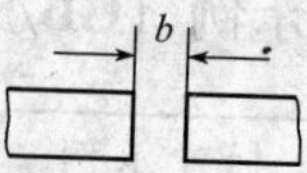 b	n	焊缝段数	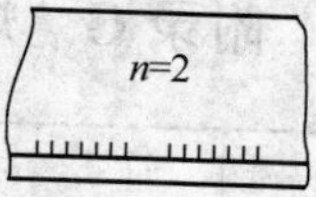 n=2
p	钝边	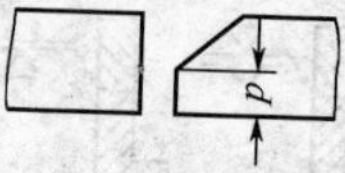 p	l	焊缝长度	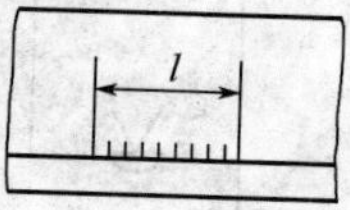 l
R	根部半径	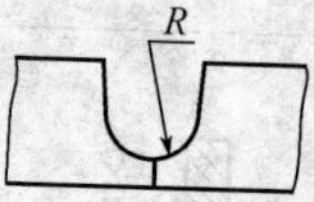 R	e	焊缝间距	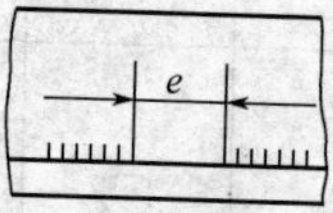 e
H	坡口深度	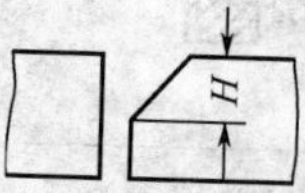 H	N	相同焊缝数量	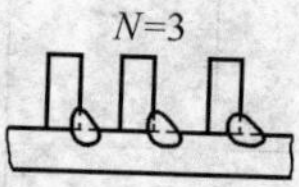 N=3
S	焊缝有效厚度	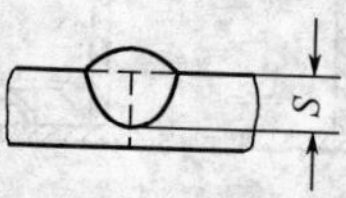 S	h	余高	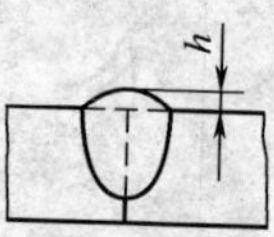 h

附录 I 焊缝尺寸的标注示例（GB/T 324—2008）

序号	名称	示意图	尺寸符号	标注方法
1	对接焊缝	S	S：焊缝有效厚度	S
2	连续角焊缝	K	K：焊脚尺寸	K
3	断续角焊缝	l (e) l	l：焊缝长度 e：间距 n：焊缝段数 K：焊脚尺寸	K n×l(e)
4	交错断续角焊缝	l (e) l (e) l l (e) l	l：焊缝长度 e：间距 n：焊缝段数 K：焊脚尺寸	K n×l (e) K n×l (e)

续表

序号	名称	示 意 图	尺寸符号	标注方法
5	塞焊缝或槽焊缝	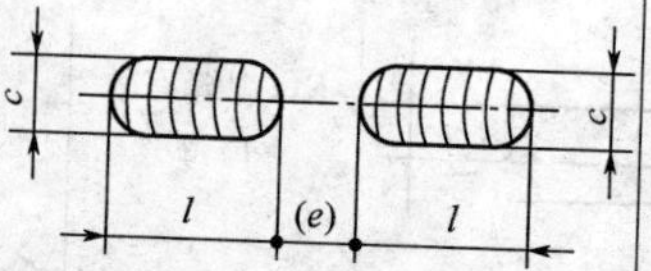 c l (e) l c	l：焊缝长度 e：间距 n：焊缝段数 c：焊缝宽度	c ⊓ $n\times l(e)$
		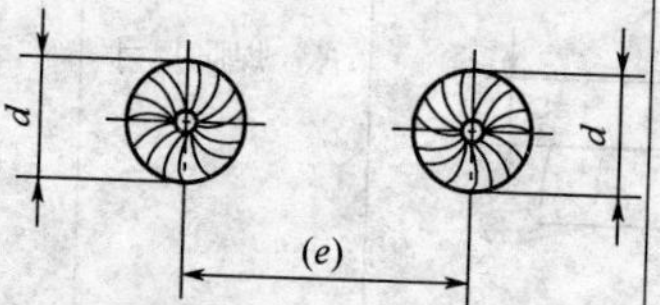 d d (e)	e：间距 n：焊缝段数 d：孔径	d ⊓ $n\times(e)$
6	点焊缝	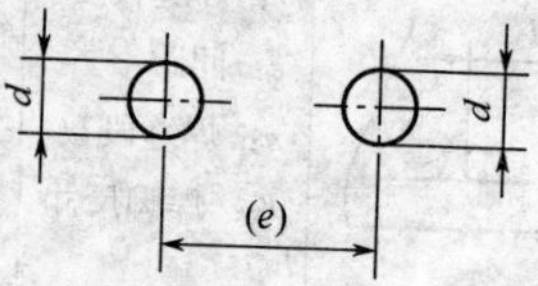 d d (e)	n：焊点数 e：焊点距 d：熔核直径	d ○ $n\times(e)$
7	缝焊缝	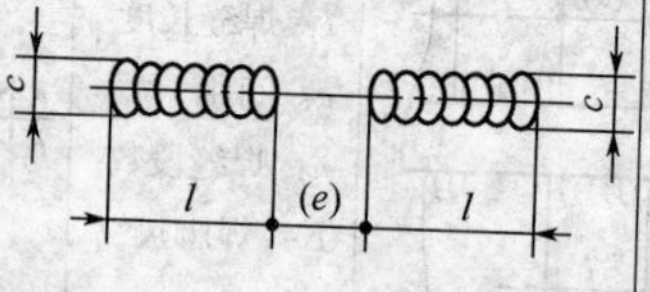 c l (e) l c	l：焊缝长度 e：间距 n：焊缝段数 c：焊缝宽度	c ⊖ $n\times l(e)$

附录 J　焊缝符号应用举例（GB/T 324—2008）

序号	符号	示意图	图示法	标注方法
1			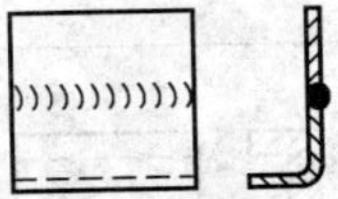	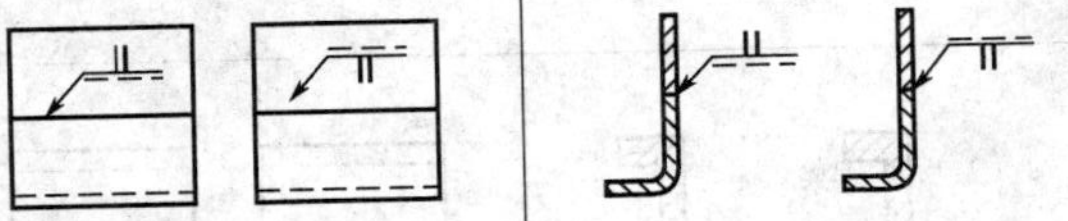
2			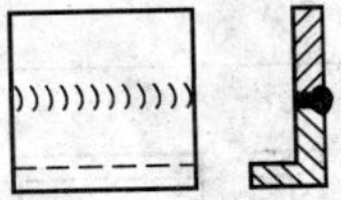	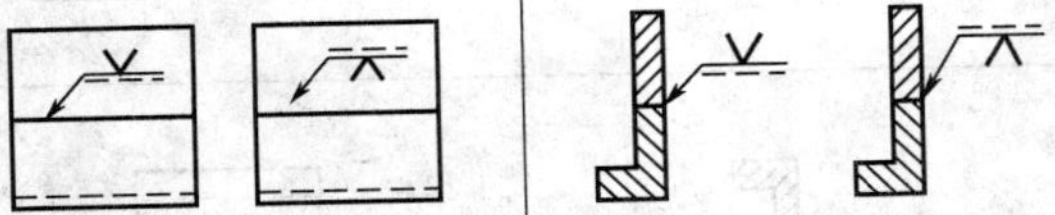
3		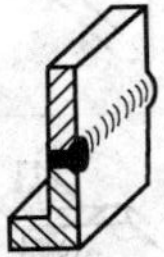	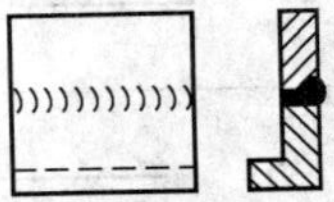	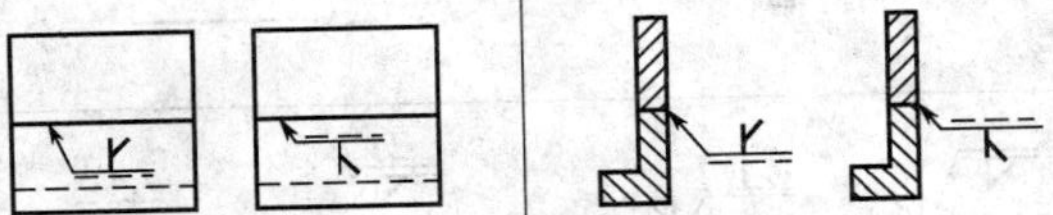
4			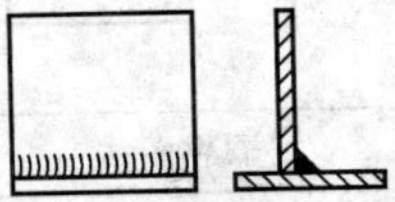	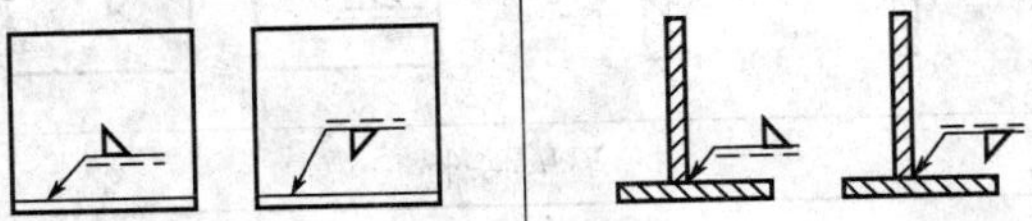

续表

序号	符号	示意图	图示法	标注方法
5	△		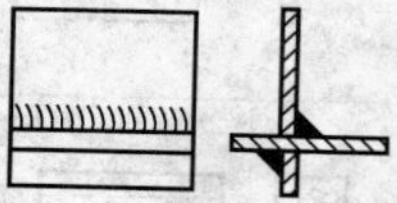	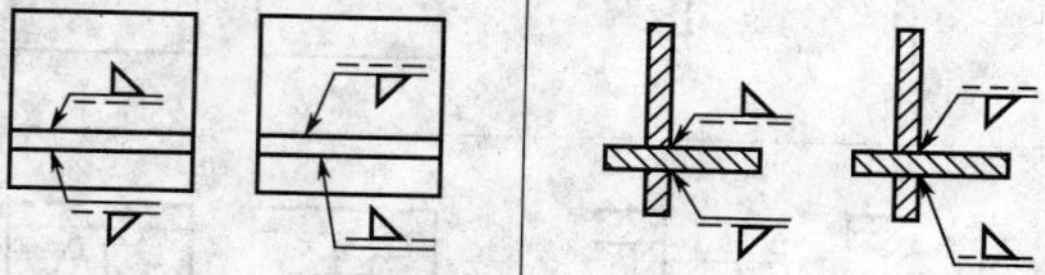
6	双面 ‖		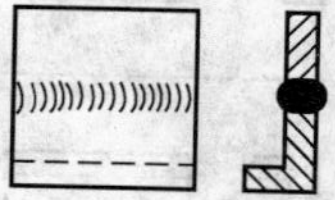	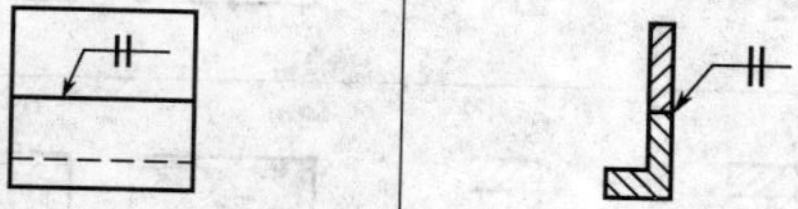
7	 V D		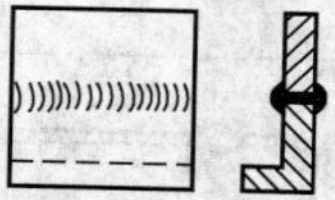	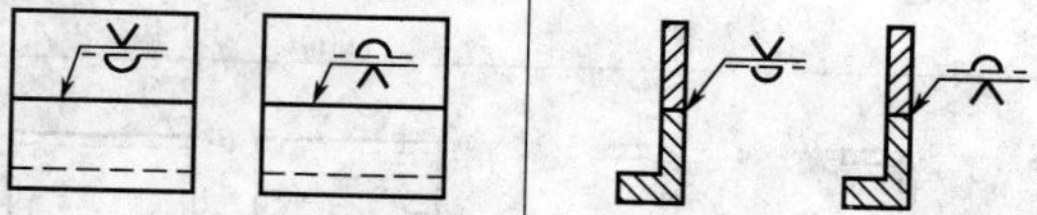
8	双面 V		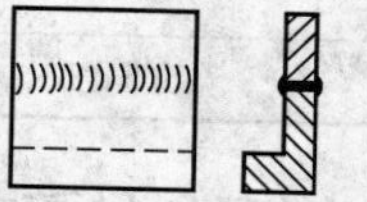	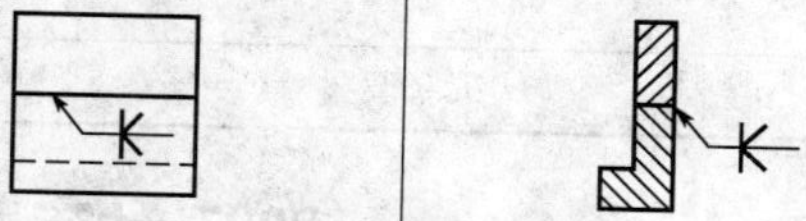

续表

序号	符号	示意图	图示法	标注方法	
9	双面 Y	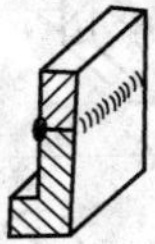	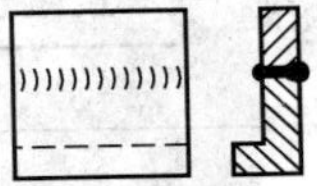		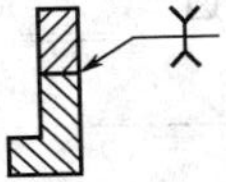
10	 V Y	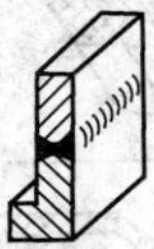	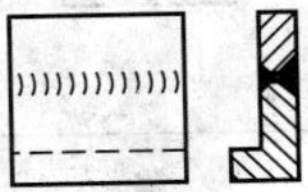	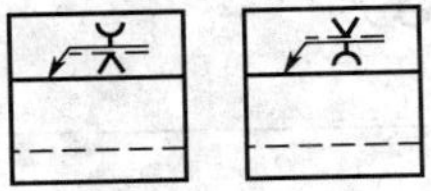	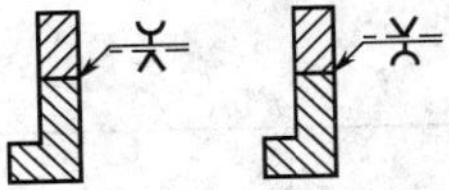
11	◺	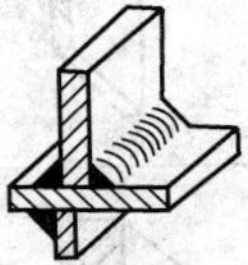	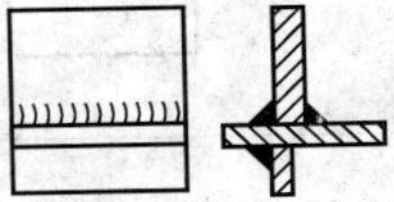	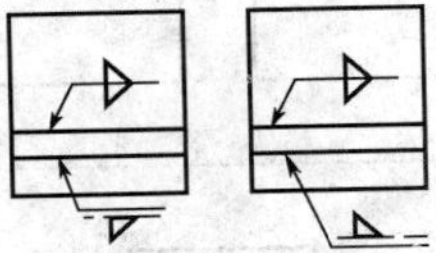	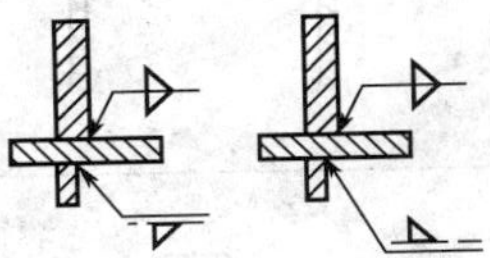
12		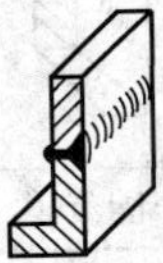	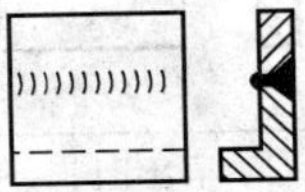	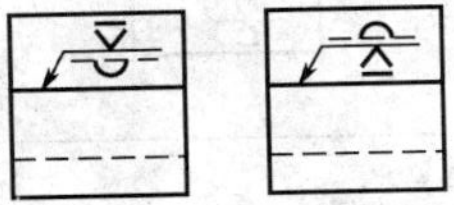	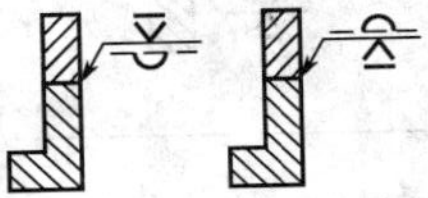

续表

序号	符号	示意图	图示法	标注方法
13	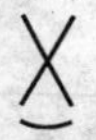	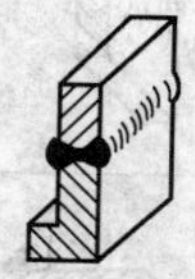	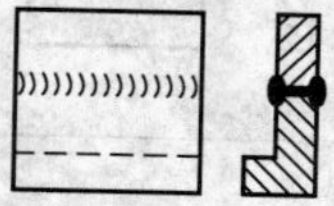	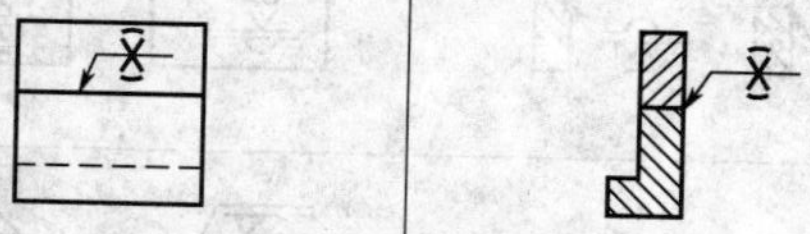
14		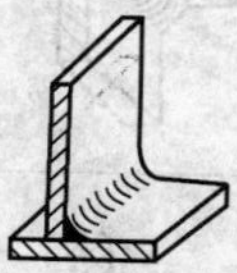	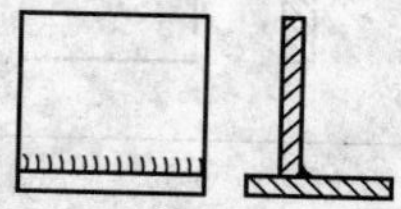	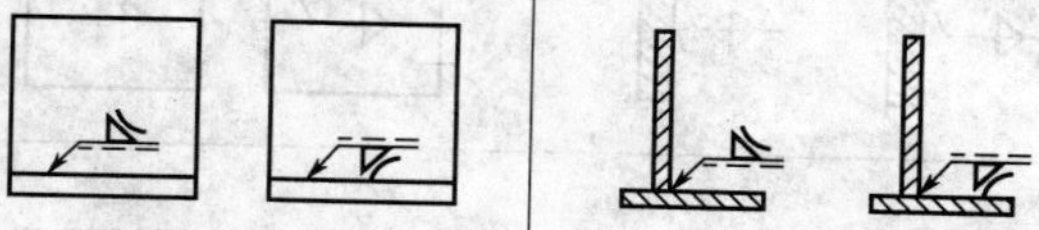
15	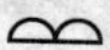	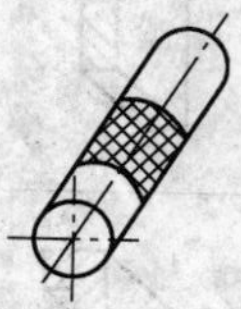	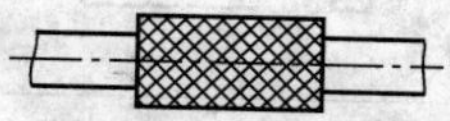	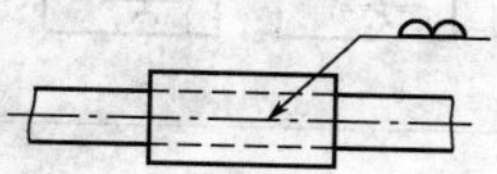
16	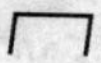	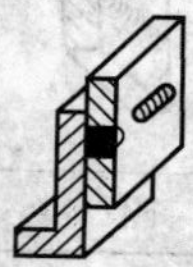	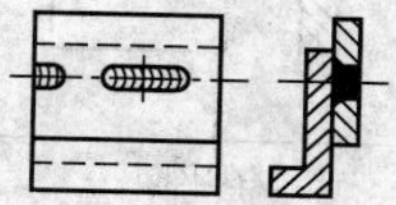	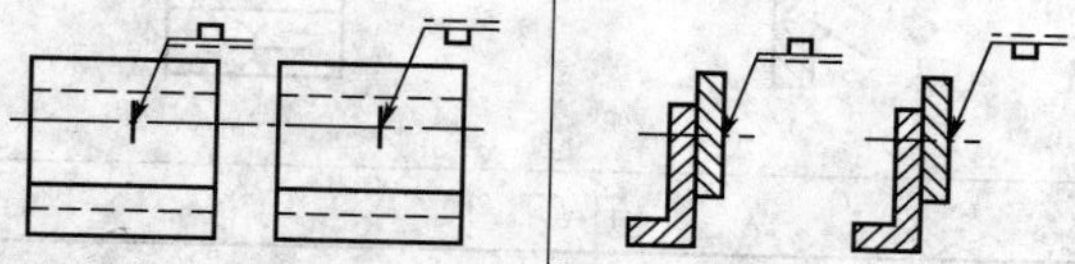